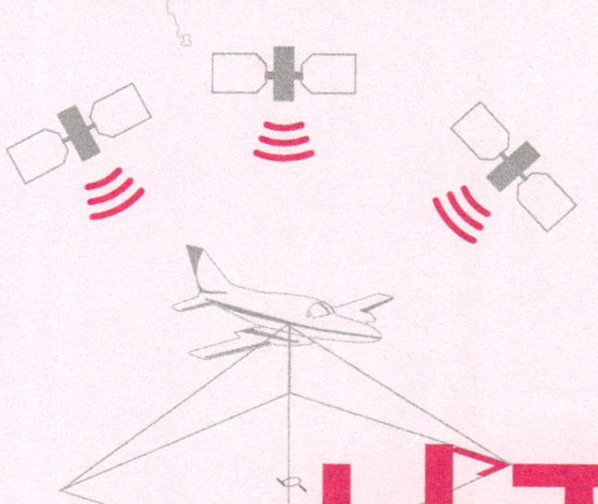

사진측량 및 원격탐측

Photogrammetry & Remote sensing

한승희

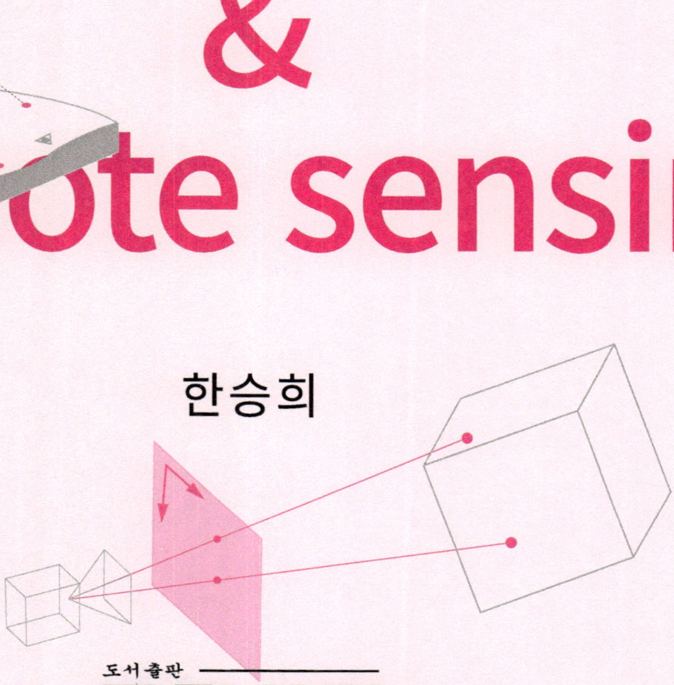

도서출판 구미서관

머리말

사진측량 및 원격탐측은 태양의 전자기파를 이용한 아날로그 및 디지털 영상을 기본데이터로 하는 학문분야이다. 지구 및 우주공간에 대한 영상자료를 획득하고 분석하여 정량적, 정성적인 정보를 구축하고 이로부터 지식을 창출하는 과학기술이다. 우리는 사진측량을 지도를 제작하는 수단으로만 생각하고 있으나 원격탐측의 시발점이며 GIS의 데이터 구축에 있어서 필수적인 역할을 담당하고 있다. 원격탐측은 센서와 처리기술의 발달로 이제 없어서는 안 될 전 지구적 정보획득 기술로 자리매김하고 있다. 본 도서에는 사진측량과 원격탐측이 기본적으로 영상데이터를 처리한다는 점과 해석기하학적면에서 공통점이 있기 때문에 한 권의 책에 개론적인 내용을 담아보려 노력하였다. 사실 책을 읽다보면 서로 중복되는 부분들이 있다는 것을 이해하게 될 것이다. 실무에 대한 내용보다는 이론적 원리를 중심으로 정리하였으며 주로 사진측량과 원격탐측을 처음으로 접하는 독자를 위해 개론적으로 서술하였다.

Part I에는 사진측량내용을 실었다. 1, 2장에는 사진측량 소개, 사진의 원리에 대해 설명하였으며 3, 4장에서는 중심투영, 기복변위, 입체시 등 사진의 기하학적 특성과 사진측량용 아날로그 카메라, 디지털카메라 그리고 광학에 대해 기술하였다. 특히, 광학에서는 렌즈의 왜곡과 보정방법을 실질적으로 기술하였다. 5, 6장에는 사진측량의 기하학적 원리의 뿌리를 두고 있는 공선조건식의 유도와 그에 필요한 좌표변환과 기준점측량에 대해 논하였다. 7, 8, 9장에서는 사진측량의 공정, 항공삼각측량과 표정 그리고 항공사진의 활용에 대해 기술하였다. 10장에는 최근 활용이 빈번히 되고 있는 드론 사진측량을 추가하였으며, 마지막 11장에서는 최근에 GIS와 접목하여 활용되고 있는 Mobile mapping system에 대해 정리하였다.

Part II에는 원격탐측 내용을 실었다. 12, 13장에서는 원격탐측의 원리와 센서 그리고 탑재기에 대해 설명하였으며 14장에서는 센서의 스캐닝방식과 특성, 그리고 센서에 의해 획득된 영상에 대한 기본적인 영상처리를 15장에서 설명하였다. 16, 17장에서는 영상분류와 열원격탐측의 원리와 활용에 대해 정리하였으며 18장에서는 레이더 원격탐측에 대해 설명하였다. 최근 토지피복의 중·세분류를 가능케 한 Hyperspectral Sensing에 대해 다양한 위성영상과 함께 19장에 소개하였으며 마지막으로 원격탐측의 활용에 대해 20장에 정리하였다.

이 책이 사진측량과 원격탐측을 처음 대하는 이들에게 많은 이해를 줄 수 있기를 기대한다. 끝으로, 어려운 출판여건 속에서도 「사진측량 및 원격탐측」의 출판을 위해 수고하신 구미서관 사장님을 비롯한 편집부 관계자 여러분께 감사의 마음을 전한다.

저자 **한승희** 씀

차 례

PART 1 사진측량

CHAPTER 01 사진측량의 소개 ······ 3

1.1 | 사진측량의 정의 3
1.2 | 사진측량의 역사 5
1.3 | 사진측량의 특성 9
1.4 | 사진측량의 분류 11
1.5 | 사진측량의 응용범위 17

CHAPTER 02 사진의 원리 ······ 23

2.1 | 영 상 23
2.2 | 영상획득 디바이스 24
2.3 | 영상저장매체 27
2.4 | 적정노출 44
2.5 | 필 터 49

CHAPTER 03 사진의 기하학적 특성 ······ 51

3.1 | 중심투영(Central projection) 51
3.2 | 기복변위(Relief displacement) 52
3.3 | 특수 3점 54
3.4 | 입체영상 시차(Stereoscopic Parallax) 56
3.5 | 시차방정식(Pallax Equation) 59
3.6 | 입체시 64

CHAPTER 04 사진측량용 카메라와 광학 ······ 71

4.1 | 사진측량용 카메라 71
4.2 | 렌즈의 물리적 특성 75
4.3 | 렌즈의 수차와 왜곡 88
4.4 | 카메라 검정 91
4.5 | 사진좌표의 정오차보정 104

CHAPTER 05 사진측량의 기하학 ······ 109

5.1 | 사진축척 109

5.2 | 사진좌표계 111
5.3 | 좌표변환 117
5.4 | 공선조건 139

CHAPTER 06 기준점측량 및 airborne GPS ······ 145
6.1 | 지상기준점 선점 및 배치 145
6.2 | 기준점측량 방법 153

CHAPTER 07 사진측량의 공정 ······ 157
7.1 | 촬영계획 158
7.2 | 지상기준점측량 166
7.3 | 사진촬영 167

CHAPTER 08 항공삼각측량(Aerial Triangulation) ······ 171
8.1 | 항공삼각측량 종류 171
8.2 | 아날로그 항공삼각측량 173
8.3 | Semi-Analytical 항공삼각측량 186
8.4 | 해석적 항공삼각측량(Analytical aerial triangulation) 192
8.5 | 항공삼각측량 조정단위에 따른 특성 205

CHAPTER 09 정사영상과 사진지도 ······ 211
9.1 | 정사영상 211
9.2 | 사진지도 223
9.3 | 사진판독 226

CHAPTER 10 드론 사진측량 ······ 229
10.1 | 드론의 출현 229
10.2 | 드론의 종류 231
10.3 | 드론의 구조 및 센서 232
10.4 | 드론촬영계획 및 촬영 238
10.5 | 영상처리 246
10.6 | 결과물의 활용 248

CHAPTER 11 동적 지도제작시스템 (MMS;Mobile Mapping System) ······ 249
11.1 | 1세대 MMS 250
11.2 | 최근 MMS 252
11.3 | MMS의 기능 및 활용 258
11.4 | 국내 적용사례 261

차 례

PART 2 원격탐측

CHAPTER 12 원격탐측 일반 ········· 267

12.1 | 서 론 267
12.2 | 원격탐측의 역사 268
12.3 | 원격탐측의 기본개념 271
12.4 | 지형공간정보시스템과의 연계 297

CHAPTER 13 탐측기와 탑재기 ········· 299

13.1 | 탐측기(Sensor) 299
13.2 | 탑재체(Platform) 317

CHAPTER 14 센서의 스캐닝 방식에 따른 기하학적 특성 ········· 331

14.1 | 센서의 스캐닝방식 331
14.2 | Across track 332
14.3 | Along track 339

CHAPTER 15 영상처리 ········· 341

15.1 | 위성영상자료 341
15.2 | 영상처리 소개 344
15.3 | 영상복구 및 기하보정 (Image restoration and geometric correction) 345
15.4 | Image Enhancement 358

CHAPTER 16 영상분류(Image Classification) ········· 375

16.1 | 영상분류 개요 375
16.2 | 무감독 분류(Unsupervised Classification) 377
16.3 | 감독분류(Supervised Classification) 380
16.4 | 정규화식생지수 (NDVI: Normalized Difference Vegetation Index) 382
16.5 | 분류알고리즘 384
16.6 | 분류정확도 평가 396

CHAPTER 17 열 원격탐측 ········ 403

17.1 | 열 방사 원리(Thermal Radiation Principals) 403
17.2 | 열 영상 판독 412
17.3 | 열 스캐너의 방사보정 (Radiometric Calibration of Thermal Scanners) 419
17.4 | 열 스캔데이터를 이용한 열지도 작성 422
17.5 | FLIR(Forward Looking InfraRed) 시스템 423

CHAPTER 18 레이더 원격탐측 ········ 425

18.1 | 레이더파의 특성 425
18.2 | 레이더위성 426
18.3 | 레이더 원격탐측의 원리 428

CHAPTER 19 Hyperspectral Remote sensing ········ 437

19.1 | 하이퍼스펙트럴영상의 분광반사율 437
19.2 | 하이퍼스펙트럴 센서 439
19.3 | 하이퍼스펙트럼영상 큐브 440
19.4 | 하이퍼스펙트럼영상 분석의 예 441

CHAPTER 20 원격탐측의 활용 ········ 449

20.1 | 환경분야의 활용 449
20.2 | 변화양상 분석 451
20.3 | 생태분야 452
20.4 | 자연재해 453
20.5 | 고고학 456
20.6 | 해양관련 분야 456
20.7 | 도시개발 분야 458

참고문헌 ········ 461
찾아보기 ········ 465

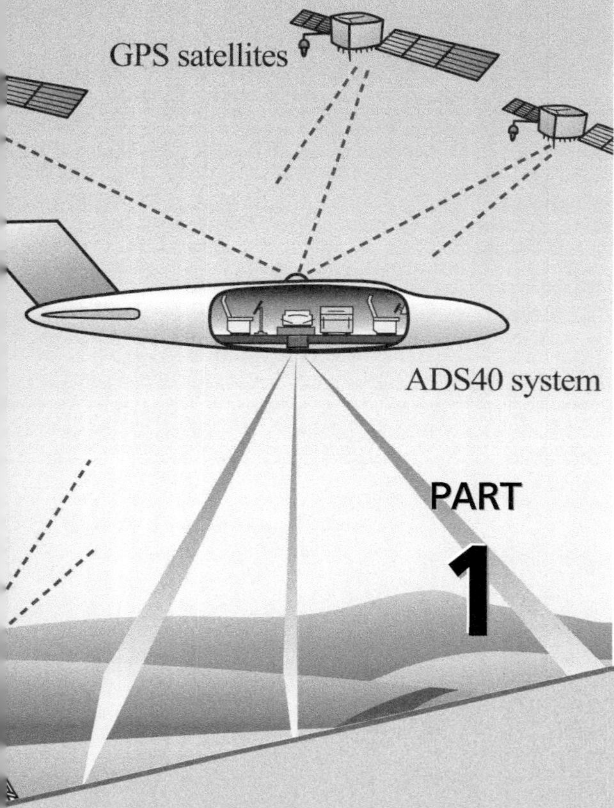

PART 1 사진측량

CHAPTER 1 사진측량의 소개
CHAPTER 2 사진의 원리
CHAPTER 3 사진의 기하학적 특성
CHAPTER 4 사진측량용 카메라와 광학
CHAPTER 5 사진측량의 기하학
CHAPTER 6 기준점측량 및 airborne GPS
CHAPTER 7 사진측량의 공정
CHAPTER 8 항공삼각측량(Aerial Triangulation)
CHAPTER 9 정사영상과 사진지도
CHAPTER 10 드론 사진측량
CHAPTER 11 동적 지도제작시스템(MMS)

CHAPTER 1

사진측량의 소개

1.1 사진측량의 정의

사진측량학(Photogrammetry)이라 함은 태양에서 방사되는 전자파(Electro-magnetic wave)에너지가 렌즈를 통하여 형성한 영상을 기록하고, 이를 이용하여 대상물에 대한 정보를 획득하는 공학의 한 분야이다. 미국 사진측량 및 원격탐측학회(ASPRS ; American Society of Photogrammetry and Remote Sensing)에서 1980년에 발행된 사진측량 매뉴얼은 사진측량을 다음과 같이 정의하고 있다.

> "사진영상, 전자파 복사에너지 및 다양한 자연현상을 저장, 측정 및 해석하여 자연 대상물 및 환경에 대한 정보를 획득하는 자연과학 및 기술"

사진측량학(Photogrammetry)의 어원은 빛(Photos)과 기록(Gramma) 그리고 도량학(Metron)의 합성어로써 직역을 하자면 빛을 이용하여 기록하고 그로부터 다양한 측정을 행하는 학문이라고 말할 수 있다. 그리고 정보라 함은 도량학적인 요소(길이, 면적, 높이, 부피 등)와 같은 정량적(Quantitative)요소와 속성에 대한 요소(대상물의 특성)인 정성적(Qualitative)요소를 의미한다. 이 중 정성적인 분석은 원격탐측(Remote sensing)의 기본적인 원리와 같은 부분이라고 말할 수 있다.

사진측량의 전통적인 사용목적은 항공사진으로부터 지형정보(예 : 지형, 지도)를 추출하는 것이다. 그러나 사진측량 기술은 위성사진측량과 지상사진측량에도 응용되었으며, 이는 촬영된 대상물의 정량적(도형적) 또는 정성적(비도형적) 정보를 얻기 위함이다.

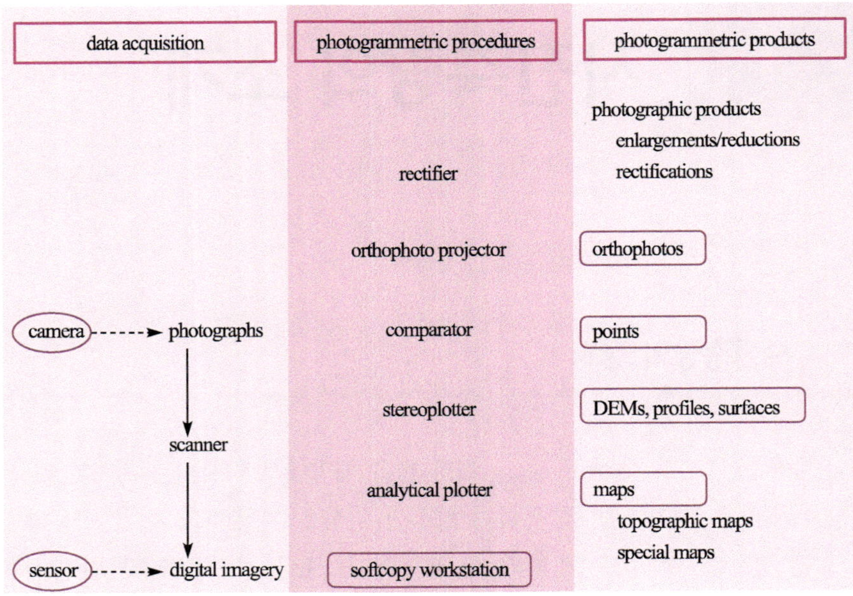

그림 1.1 시스템 접근으로 나타낸 사진측량

시스템적으로 사진측량에 대한 설명을 그림 1.1에 보였다. 영상의 획득은 필름, 스캐닝된 영상 그리고 센서에 의해 얻어지며 입력자료가 된다. 다음은 사진측정학적 알고리즘으로 처리하는데 뒤에 설명할 공선조건(5.4절)을 기본으로 한다. 최근에는 디지털로 처리하기 때문에 Softcopy workstation을 이용한다. 사진측량의 결과물은 일반적으로 정사영상과 3차원 포인트데이터이며 이를 가공하면 DEM과 지도를 만들 수 있다.

사진측량은 디지털센서(사진기)의 발달에 힘입어 수치사진측량(Digital Photogrammetry)으로 발전하였으며, 디지털 결과물(정사영상, DEM, 수치지도)을 생산한다. 수치사진측량의 발전은 원격탐측과 GIS로 통합되고 더욱 가까워지게 되었다.

1.1.1 정량적 사진측량(Quantitative photogrammetry)

대상점 간의 상호위치를 결정함으로써 정밀측정, 표고, 피사체의 형상을 측정하는 것으로 보통 지도제작에 사용되며 측정용 사진측량이라고도 한다. 항공사진, 인공위성사진이나 지상사진을 사용하며 사진으로부터 거리, 각, 면적, 부피, 표고, 크기, 형상 등을 측정한다.

1.1.2 정성적 사진측량(Qualitative photogrammetry)

카메라로부터 얻은 영상으로부터 대상물의 확인 및 속성을 분석하는 사진해석과 원격탐측(Photographic interpretation and Remote sensing)의 한 부류이며 해석적 사진측량이라고도 한다. 원격탐측은 다중파장카메라, 열적외선센서, 적외선센서, SLAR(Side looking Airborne Radar) 등을 사용한다는 점에서 해석적 사진측량과 다르다. 해석전문가는 일반 항공영상으로부터 토질분류, 수종분류, 토양의 습윤도 등에 대한 정보를 획득할 수 있다.

사진측량의 대상공간은 지상, 수중 및 우주공간이며 1968년도에 아폴로의 달착륙시에도 측량용사진기를 우주선에 장치하고 달 표면에 대한 사진지도를 작성한 것을 출발로 우주시대가 도래함에 따라 그 효용성이 증대되고 있다. 최근 디지털시대를 맞이하여 사진저장의 매체도 아날로그(필름)에서 디지털(CCD memory)로 전환되었으며 디지털 사진측량 시대가 되었다.

1.2 사진측량의 역사

사진측량은 사진이 발명되기 오래전부터 오늘날에 이르기까지 많은 발전을 해왔다. B.C 350의 아리스토텔레스는 광학적으로 상을 투사시키는 방법을 발견하였고 18C 초에 Taylor는 사선 원근화법에 대한 논문을 발표하였으며, 뒤이어 Lambert가 이를 이용한 지도제적의 가능성을 시사하였다. 그러나 사진이 발명되기 전까지는 실질적으로 시도되지 못하였다.

1839년에 다게르(Daguerre)는 금속판 표면에 은 입자(Silver iodide)를 입힌 감광재료를 개발하는데 성공하였고 1년 후 아라고(Arago)는 이를 지형측량에 이용하였다. 사진측량기술을 지형도 제작에 실질적으로 최초 활용한 것은 1849년 프랑스군의 로세다트(Laussedat) 대령이었다. 그 시도는 그를 "사진측량의 아버지"로 불리게 하였다. 1861년에는 칼라사진이 발명되었고 북아메리카에는 Devill 선장에 의해 소개되었다.

그림 1.2 기구 위에서 촬영하는 측량사

그림 1.3 공군측량팀의 항공사진촬영

1891년에는 Kodak사에서 롤필름을 개발하였는데 이는 카메라를 소형화시켰으며 현상과 작업에 효율화를 가져왔다. 1894년에는 사진측량에 의해 미국과 캐나다의 경계측량을 실시하였으며 1903년 라이트 형제의 비행기 발명은 사진측량을 한 단계 발전시키는 계기가 되었다. 1909년에는 Carl Pulfrich가 입체사진을 고안함으로써 3차원측량이 가능하게 되었다. 아이러니하게도 1차 세계대전과 2차 세계대전은 사진측량의 발전에 대단한 공헌을 하였는데 군사지도제작과 사진판독을 통하여 적진의 정찰목적으로 활용함으로써 원격탐측의 시초가 되기도 하였다.

1940년대부터 1960년대에 이르기까지 각종 아날로그 도화장비가 개발되었으며 지형도제작에 대한 기술적 개발이 왕성하게 진행되어 정착되기에 이르렀다.

1970년대까지는 전형적인 아날로그 시대였으며 부분적으로 전자장치의 응용이 시도되었다. 1970년대 중반에 개인용 컴퓨터가 발명되면서 사진측량 작업 중 시간이 많이 걸렸던 표정[1)]과 항공삼각측량과정을 컴퓨터를 이용하여 수행하게 되었는데, 이를 해석사진측량(Analytical Photogrammetry)이라 한다. 이와 더불어 1975년 코닥의 디지털카메라의 발명은 사진측량을 수치사진측량(Digital photogrammetry)으로 발전시키는 계기가 되었다(그림 1.4). 이로써 분업화되고 복잡했던 지형도제작과정은 대부분을 자동화되었으며 영상지도에 대한 생산이 수월하게 되었다. 1990년대에 와서 과학기술과 영상처리기술의 획기적인 발전에 힘입어 수치사진측량의 시대가 시작되었다. 수치사진측량(Digital photogrammetry)이라 함은 영상의 획득에서

1) 사진을 촬영 당시의 기하학적 상태로 재현하는 것으로 8장에서 설명

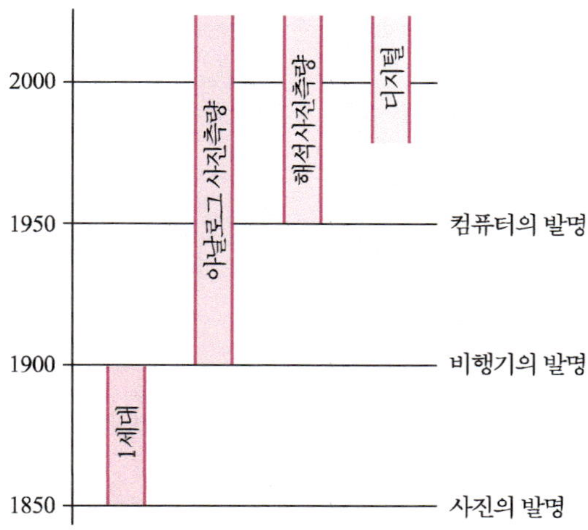

그림 1.4 사진측량의 발달단계

그림 1.5 Kodak사 Steven Sesson이 발명한 최초의 디지털카메라

부터 최종 수치지도까지 디지털형태로 작업이 이루어지는 것을 말한다. 미국과 캐나다 지역에서는 이를 "Softcopy photogrammetry"라고도 한다.
수치사진측량의 문헌상 정의는 자연 대상물에 대한 기하학적, 방사측정학적 및 의미해석학적 정보를 수치영상으로부터 획득하는 정보기술이라고 돼있으며 영상획득, 수치영상처리, 입체영상 등의 데이터중심 하위단계 처리와 지형지물추출 및 분류, 수치영상해석 등의 모델중심의 상위단계로 이루어져 있다.

우리나라의 사진측량의 시작은 1945년 해방 후 미 군정청이 항공사진측량 기법으로 1 : 50,000 국토기본도를 제작한 것이다. 1961년 국방부 산하 지리연구소를 내무부 산하의 국립건설연구소로 이관하고 1966-1969년 기간 동안 네덜란드와 합동으로 항공사진측량에 의해 국토기본도를 개선 · 제작하였다.

최근에는 NGIS(국가 GIS)구축사업에 기본적인 데이터 부분을 구축하는데 역할을 다하고 있으며 전 국토를 피복하는 고해상 정사영상을 제작하기에 이르렀다. 다목적 위성의 영상해상도가 높아지면서 사진측량의 매체가 항공사진기에서 인공위성 센서로 영역을 넓혔으며 1999년 12월에는 아리랑(KOMPSAT) 1호가 발사되어 우리나라도 다목적 위성을 갖게 되었다. 2006년 7월28일에 발사된 아리랑 2호는 흑백 1m급, 칼라 4m의 해상도를 갖는 카메라를 탑재하고 있으며 아리랑 3호(2012.5월 발사)는 0.7m, 아리랑 3A호(2015.3.26 발사)는 0.55m의 해상도를 갖는 영상센서를 탑재하고 있다. 2021년에는 아리랑 6호(0.5m급 레이다 영상) 다목적 실용위성이 발사될 예정이다.

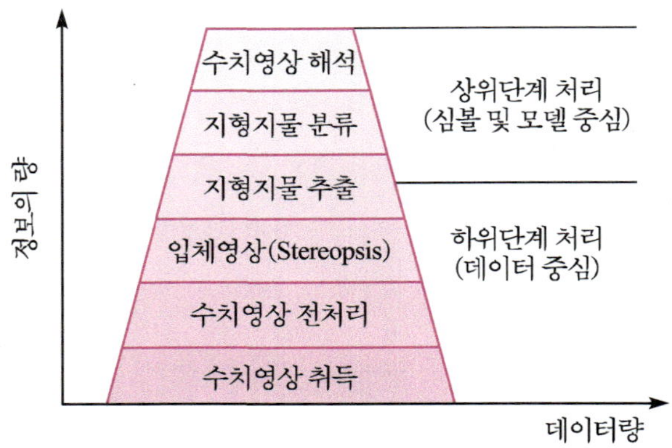

그림 1.6 수치사진측량의 패러다임

촬영경비, 촬영고도, 일기영향, 촬영시간 등의 기존 항공사진 측량의 단점을 보완하기 위해 드론사진측량도 활발히 응용되고 있다.

이와 같이 사진측량은 비행체, 카메라, 센서, 저장매체 등의 발달과 함께 꾸준히 발전을 해오고 있으며 사진측량만이 가지고 있는 여러 가지 장점으로 인하여 기술의 수요가 지속되고 있다.

(a) 항공기

(b) 다목적위성

(c) 회전익 드론

(d) 고정익 드론

그림 1.7 사진측량을 위한 센서플랫폼의 종류

1.3 사진측량의 특성

사진측량 관련 Web site에는 사진측량을 "Photogrammetry is the science of making measurements from photographs"라고 정의하였다. 매우 직관적인 표현이라고 할 수 있다. 사진측량의 주체는 사진이다. 센서가 디지털로 확장되면서 사진은 조금 더 넓은 의미인 영상(Image)이라는 범주에 속하게 되었으며 사진측량은 이 영상을 매체로 한다.

인간의 수정체를 통해 들어온 빛의 강약은 망막에 맺혀 시신경으로 전달되며 우리 뇌에서는 이를 조합하여 하나의 영상(Image)으로 형성한다. 인간은 이 영상으로부터 여러 가지 정보를 획득한다. 거리와 크기 같은 공간적 감지와 색깔, 대상물의 파악과 같은 속성적인 정보에 대한 해석을 일상생활에서 습관적으로 반복하고 있다. 인간에게는 자연스러운 이러한 작업들을 컴퓨터로 수행하기는 쉬운 일이 아니며 영상처리에 대한 연구를 탄생시켰다. 앞에서 거론했듯이 사진측량은 영상을 수단으로 하기 때문에 정량적인 해석과 정성적인 해석을 동시에 할 수 있는 특별한 학문이라고 할 수 있다. 사진측량은 다음과 같은 장·단점이 있다.

1.3.1 장 점

① 비접촉 측량이 가능하며 대축척 공간정보를 비교적 쉽게 획득할 수 있다.

② 지형도제작, 거리, 면적, 부피산정 등 정량적 해석뿐만 아니라 환경 및 자원조사, 오염조사, 재해 및 기상조사, 지질 및 토지이용조사, 삼림조사와 같은 정성적 해석도 가능하다.

③ 4차원 측량(X, Y, Z, t)에 의한 순간이동 피사체에 대한 측정이 가능하다(예를 들어 파도 및 구름의 동태, 하천의 흐름, 구조물 변형, 교통량 조사 및 교통사고 조사, 홍수, 화재 조사 등).

④ 동일 모델 내의 정확도는 균일하다. 일반측량의 경우 측량을 진행해나감에 따라 거리와 방향에 오차가 누적되어 나타나지만 사진측량은 표정된 하나의 모델 내에서는 수평위치 정확도 : 사진축척 분모수 X 10~30μm, 표고정확도 : 촬영고도의 1~2/10,000로 균일하게 측량할 수 있다.

⑤ 군사지역, 극한지방, 열대지역 등 접근하기 어려운 대상물의 관측이 가능하다.

⑥ 최종의 결과물을 얻을 때까지 각 작업단계가 분업화되어 있으므로 작업의 능률성이 있다. 보통 전체 비용 중 계획 및 촬영에 20%, 지상기준점 측량에 50%, 도화(지도 작성)에 30%의 비용이 든다. 특히, 기준점측량비용의 비중이 높아 최근에는 지상기준점측량을 촬영과 함께 Airborne GPS방법으로 수치지도를 제작함으로써 경비를 절감하고 있다.

⑦ 해상도만 만족한다면 축척변경이 자유롭다.

⑧ 넓은 지역, 소축척 일수록 경제성이 있다.

⑨ 실시간 데이터 처리가 가능하다.

1.3.2 단 점

① 빛이 필요하다.

② 항공사진측량의 경우 소규모 대상물은 비경제적이다.

③ 현장측량 방법에 비해 과정이 복잡하고 후처리 관계로 시간이 소요된다.

④ 피사체가 그림자 안에 있는 경우 또는 사각(Dead angle)[2])으로 인해 사진에 나타나지 않는 대상물은 해석이 불가능하다.

⑤ 일기에 영향을 받으며 대기의 상태에 따라 영상의 질이 떨어질 수 있다.

유인항공기를 이용하여 항공사진을 촬영할 경우 활주로, 격납시설, 유지, 조종사의 고용 등 많은 예산이 들어가기 때문에 좁은 지역의 지도제작에는 효율이 떨어진다. 따라서 최근 소규모지역에 대한 지도제작에 무인비행기(UAV ; Unmanned Aerial Vehicle)를 활용하여 단점의 많은 부분을 해결하고 있다.

2) 사진기의 촬영각도에서 벗어나 촬영되지 않는 지역을 의미한다.

1.4 사진측량의 분류

1.4.1 촬영위치와 촬영거리에 따른 분류

사진측량은 카메라의 위치와 촬영거리에 따라 다음과 같이 분류할 수 있다.

표 1.1 사진측량에 이용되는 사진의 종류

사진의 종류	카메라의 위치 및 촬영고도(h), 거리(d)
위성사진측량(Satellite Photogrammetry)	h > 200km
항공사진측량(Aerial Photogrammetry)	h > 300m
지상사진측량(Terrestrial Photogrammetry)	fixed terrestrial location
Close-Range사진측량	d < 300m
마이크로 사진측량(Macro Photogrammetry)	image scale > 1

본 교재에서 다루고자하는 사진측량의 내용은 지상사진측량, Close-Range사진측량, 항공사진측량에 대한 내용이며 Close-Range사진측량은 산업에 대한 응용으로 산업사진측량(Industrial Photogrammetry)이라고도 하며, 일반적으로 지상사진측량에 포함시켜 분류한다. 사진측량을 위해 사용하는 지상사진과 항공사진은 다음과 같은 종류들이 있다.

1) 지상사진

지상카메라로 촬영하므로 촬영위치와 촬영방향을 정확히 결정할 수 있으며 손으로 들고 촬영하는 카메라부터 삼각대에 고정하여 사용하는 카메라가 있다.

그림 1.8 Wild P-31

그림 1.9 P-31로 촬영한 성덕대왕신종

그림 1.10 지상사진측량에 의한 전파망원경 검정

그림 1.11 망원경 표면의 측정타겟

1.5절에서도 설명하겠지만 지상사진측량은 산업전반에 걸쳐 활용되고 있으며 건설 분야에서는 구조물의 변형, 토공량 계산, 도면화 등에 활용하고 있으며 문화재의 측정 및 도면화에도 활용되고 있다.

지상사진은 촬영방향에 따라 다음과 같이 분류할 수 있다.

① **직각수평촬영사진** : 양쪽 카메라의 광축이 촬영기선 B에 대해 직각을 이루도록 촬영한다. 기선길이는 촬영거리의 1/5~1/20이다. 일반적인 경우에 많이 사용하는 방법이다.

② **편각수평촬영사진** : 양쪽 카메라의 광축이 기선에 대해 일정 각도만큼 좌 또는 우로 편각 촬영한다. 하천 양안에서 교량을 촬영하는 경우에 사용하는 방법이다.

③ **수렴수평촬영사진** : 기선 B에 대하여 광축이 한 점으로 수렴하는 방향으로 촬영하는 방법이다. 특히, Z방향의 정확도가 향상되는 방법이다.

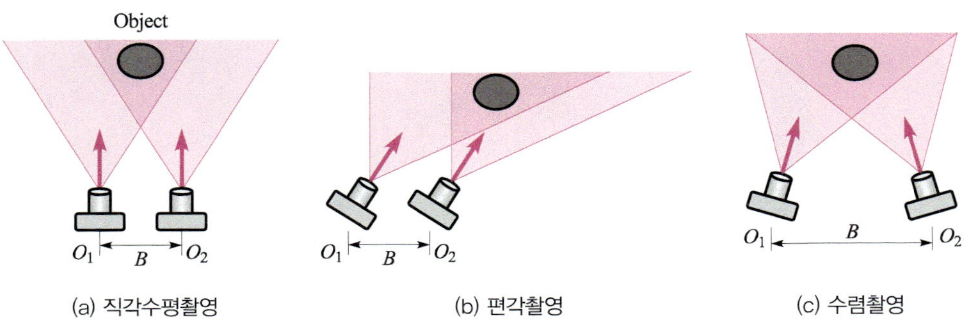

그림 1.12 지상사진촬영방향

Close-Range사진측량은 지상사진에 비해 촬영의 위치, 기선, 중복, 거리를 자유롭게 정하며 손으로 들고 촬영(Hand-held)하는 것이 일반적이며 촬영 시 광축이 수직과 경사를 이룬다(예: 그림 1.13).

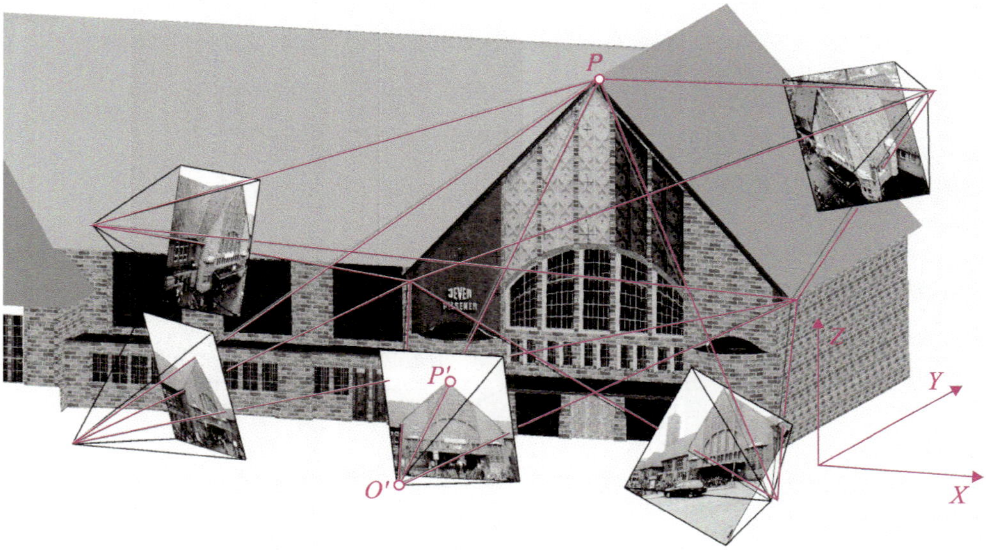

그림 1.13 Clore-Range사진측량의 촬영개념도(Luhmann et al., 2006)

2) 항공사진

지도제작을 위해 항공사진을 촬영한다면 수직으로 촬영해야 하며 일정 범위를 벗어나면 목적에 어긋나므로 재촬영을 해야 한다. 그 외에 계획을 위한 조사목적이나 전체적인 스카이라인 등을 조사할 목적이라면 경사사진이나 수평사진을 촬영해야 할 것이다. 한 장의 사진에 넓은 지역을 촬영할 수 있기 때문이다. 이와 같이 항공사진의 촬영방향은 이용목적에 따라 다르며 수직사진(Vertical photo), 경사사진(Oblique photo), 수평사진(Horizontal photo)으로 분류한다.

① **수직사진** : 광축[3]과 연직선사이의 경사각이 3° 이내로 촬영한 사진
엄격히 얘기해서 수직사진이란 광축방향이 지상에 대해 완전히 수직일 경우에 얻어지는 사진을 말한다. 그러나 카메라의 촬영방향은 비행기의 움직임에 기인한 경사 때문에 완벽한 수직을 유지하기가 어렵다. 따라서 분류상으로는 1°~3° 범위 내의 사진을 수직사진이라 한다. 3°를 벗어나게 되면 지도 작성을 위한 목적으로

3) 필름의 중심과 렌즈초점 중심을 잇는 방향을 광축방향이라 한다. 쉽게 말해 카메라가 향하는 방향을 의미한다.

는 적합하지가 않으며 재촬영을 해야 한다. 최근에 사용되는 사진기는 이러한 재촬영을 하지 않기 위해 자동 수평유지 장치를 가지고 있다.

② **경사사진** : 광축과 연직선사이의 경사각이 3° 이상으로 촬영한 사진을 말하며 경사사진은 지도 제작이 아니라 조사 등의 목적으로, 한 장의 사진에 넓은 지역이 피복되도록 하기 위해 사용하는 사진이다. 사진 상에 지평선이 나타나 있는지 아닌지에 따라 고각도 경사사진과 저각도 경사사진으로 나뉜다.

- ▸ **고각도 경사사진** : 사진 상에 지평선이 나타나 있음.
- ▸ **저각도 경사사진** : 사진 상에 지평선이 나타나 있지 않음.

③ **수평사진** : 광축이 수평선에 거의 일치하도록 촬영한 사진으로 지상사진과 촬영방향이 같다.

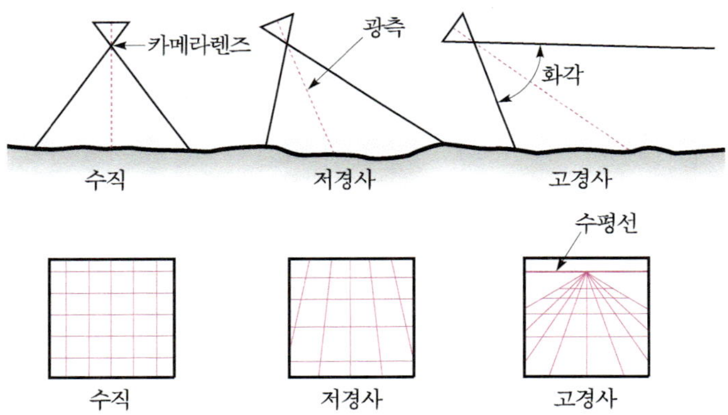

그림 1.14 촬영방향에 따른 항공사진의 분류

그림 1.15 수직사진

그림 1.16 저각도 경사사진

그림 1.17 고각도 경사사진

1.4.2 축척에 의한 분류

지도는 사용목적에 따라 축척이 다르며 축척에 맞는 지도를 제작하기 위해서는 필요한 축척으로 항공사진을 촬영해야 한다. 설계목적을 위한 지도라면 1:500~1:1000이 되어야 하지만 계획이나 조사의 목적이라면 1:10,000~1:50,000이면 충분할 것이다. 따라서 항공사진의 축척은 제작하고자 하는 지도의 축척에 따라 달라진다. 항공사진의 축척은 카메라의 화각과 촬영고도에 따라 달라지며 제작하고자 하는 지도의 축척에 따라 촬영고도를 정하여 촬영한다. 보통 항공사진측량에서는 도화[4)]축척에 따른 촬영고도를 다음과 같이 분류한다.

① **대축척도화**(1:500~1:3,000): 촬영고도 800m 이내

② **중축척도화**(1:5,000~1:25,000): 촬영고도 800~6,000m

③ **소축척도화**(1:50,000~1:100,000): 촬영고도 9,000m 이상으로 촬영해야 한다.

1.4.3 기타 분류

1) 처리 사진/영상의 매수에 따른 분류

① 단 사진 사진측량

단 사진처리, 모노플로팅, 편위 수정, 정사영상

4) 사진측량학에서는 지도 작성을 도화(圖畵, plotting)라고 한다.

② 입체사진측량

두 장사진을 이용한 사진측량, 입체측정

③ 다중사진측량

3장 이상의 사진사용, 번들항공삼각측량

2) 영상기록과 처리방법에 따른 분류

① 평면사진측량(Plane table photogrammetry)

1930년까지 행해진 사진 상 그래픽적인 정보 활용

② 아날로그사진측량(Analogue photogrammetry)

아날로그 사진기로 촬영하여 광학적 메커니즘을 이용하여 측정

③ 해석사진측량(Analytical photogrammetry)

아날로그사진을 컴퓨터로 측정

④ 수치사진측량(Digital photogrammetry)

수치영상을 컴퓨터로 측정

⑤ 비디오사진측량(Videogrammetry)

수치영상 획득방법으로 얻은 동영상의 측정 및 처리

⑥ 파노라마사진측량(Panorama photogrammetry)

⑦ 라인사진측량(Line photogrammetry)

직선과 다항식을 기반으로 한 해석적 측정방법 사용

3) 응용분야에 따른 분류

① 건축사진측량(Architectural photogrammetry)

건축, 문화유산보존, 고고학분야의 활용

② 공학사진측량(Engineering photogrammetry)

건설, 토목분야에 활용

③ 산업사진측량(Industrial photogrammetry)

제조업 분야에 활용

④ 법정사진측량(Forensic photogrammetry)

다양한 법적인 분야에 활용(교통사고, 사건현장)

⑤ 의학사진측량(Biostereometrics)

의학 분야에 활용(정형, 성형, 3D측정)

⑥ 동체사진측량(Motography)

동체의 추적측정

1.5 사진측량의 응용범위

초기의 사진측량은 주로 지형도제작에 사용되었고 아직까지도 주된 업무이지만 최근에 와서는 공학분야뿐만 아니라 비공학분야에도 활용이 확대되고 있다. 사진측량을 이용하여 다른 특수목적의 지도를 제작할 수 있다. 이렇게 만들어진 지도들은 대축척에서 소축적에 이르기까지 예를 들어, 고속도로의 설계, 철도, 운송시스템, 교량, 파이프라인, 도수관, 교통로, 수력댐, 도시재개발계획 등과 같은 다양한 곳에 사용된다. 사진측량은 특히 토지측량에 유용한 방법이다. 사진상의 구조물을 관찰

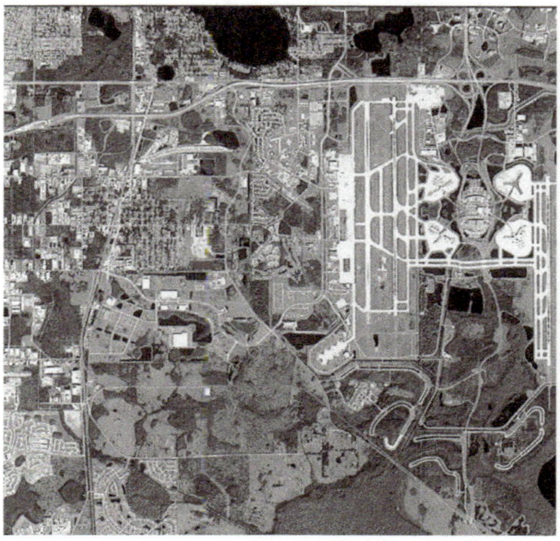

그림 1.18 항공정사영상

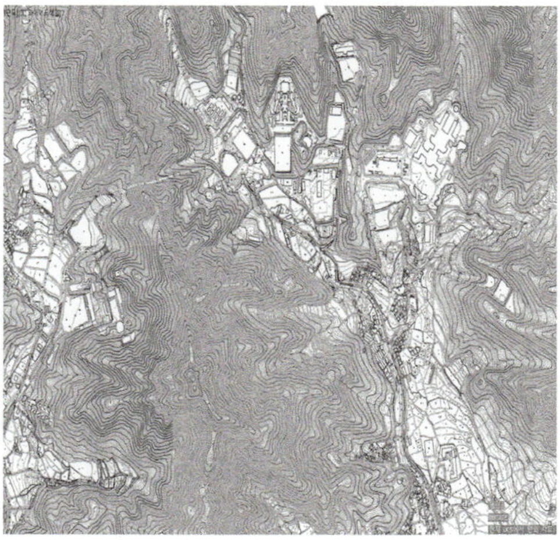

그림 1.19 수치지형도

그림 1.20 City 3D model

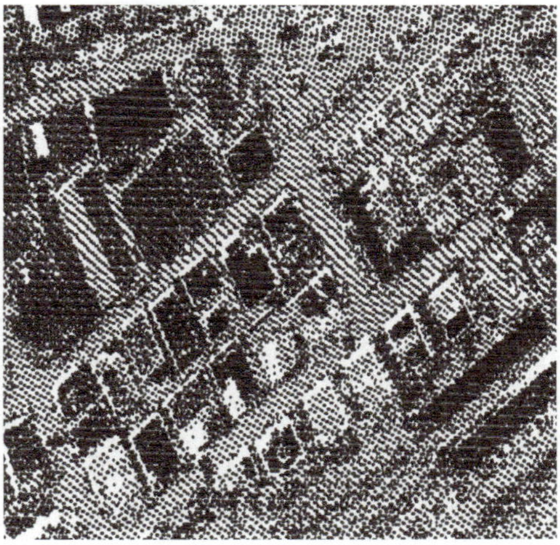

그림 1.21 3D point cloud

하고 도시하여 기술할 수 있으며 입체시를 통해 3차원적으로 분석할 수도 있다. 즉, 사진측정학자들이 실제적으로 현지에 가보지 않고 도면을 제작할 수 있다는 것이다. 고속도로계획에서는 항공모자이크사진에 의해 최상의 노선을 결정할 수도 있다. 소축척지도는 예비계획에 활용하며 대축척지도는 실시설계에 활용할 수 있다. 여러 다른 공학분야에서도 사진측량을 효과적으로 활용할 수 있다. 조세도, 토양도, 지질도, 도시계획도, 건축, 수리, 생태지도 등이 있다.

지상사진측량은 구조물 모니터링, 공업생산라인, 문화재 관리, 의학, 교통사고조사 등 폭넓은 분야에 응용되고 있다. 그림 1.22와 그림 1.23은 철골프레임과 콘크리트빔에 하중을 가하고 변형량을 측정하는 광경이다. 계측기로 측정하는 것과 달리 절대변형량을 산출할 수 있고 거리에 따라 다르지만 수십 μm까지 정밀측정이 가능하다.

그림 1.22 철골프레임의 측량

그림 1.23 콘크리트 빔 시험

제조업 분야에서는 제품이 설계한 대로 제작이 되었는지 모니터링하는데 활용되고 있다. 그림 1.24와 같은 항공기제작, 그림 1.25와 같은 선박의 스크류제작, 벨브의 제작(그림 1.26)시 각 요소의 좌표가 설계한 값과 같은지를 비교함으로써 제작의 정확도를 높일 수 있다.

그림 1.24 항공기제작 모니터링 (www.metrology.com)

그림 1.25 스크류 모니터링 (Linearis3d.com)

그림 1.26 대형벨브에 대한 모니터링

선박의 단면의 형상은 물살에 대한 저항과 긴밀한 관계를 가지고 있으므로 설계대로 정확한 제작이 필요하다. 설계값과의 차이를 구함으로써 부분별로 추가 작업을 통해 정교하게 제작할 수 있다(그림 1.27).

그림 1.27 선박단면 모니터링(www_capture3d_com)

문화재는 한번 훼손이 되면 정확한 측량자료 없이 복원이 불가능하다. 만약의 경우에 대비하여 문화재에 대해 3차원 모델링이 필요하다. 지상사진측량은 이에 대한 적절한 솔루션을 제공한다. 그림 1.28은 고대문화유적지를 사진측량기법으로 모델링한 것이다. 성곽을 재현하는 것도 빈번히 사용되고 있다(그림 1.29). 그림 1.30(a)는 성덕대왕신종의 표면에 양각되어져 있는 비천상을 사진측량기법으로 CAD도면화한 것이며 (b)그림은 1mm 등고선으로 3차원 측정한 것을 나타내고 있다.

그림 1.28 고대유적지의 3차원 모델링

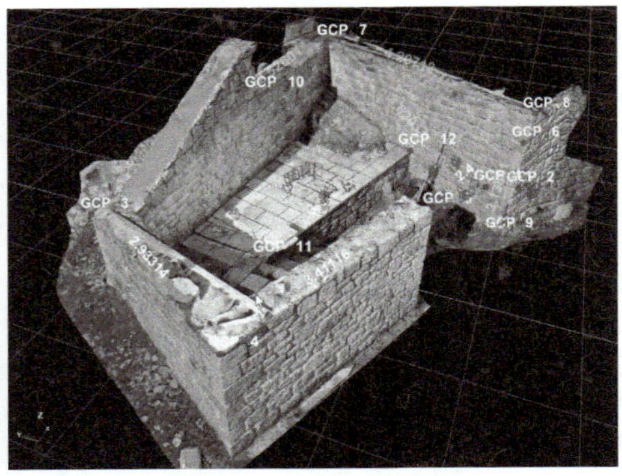

그림 1.29 성곽의 모델링 (pbs.twimg.com)

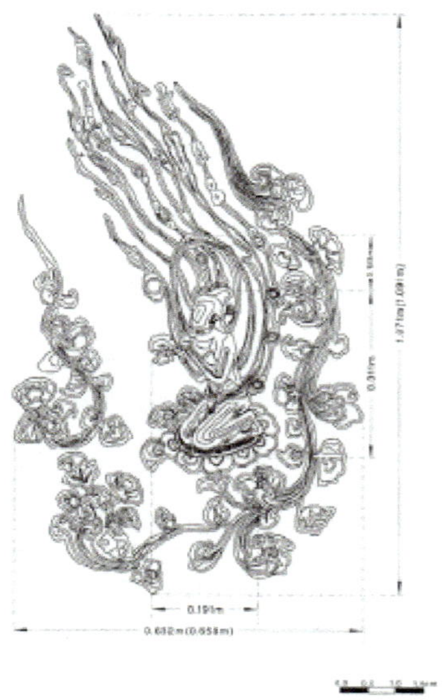

(a) CAD 작성도면

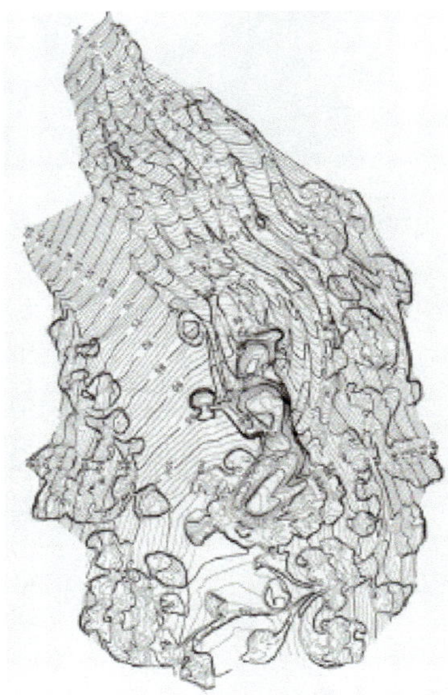

(b) 등고선 측정(1mm)

그림 1.30 문화재 모델링(성덕대왕신종 비천상)

의학분야의 활용은 매우 오래전부터 수행되었다. 주로 정형외과의 치과분야에서 빈번하게 활용되어왔다. 그림 1.31은 정확한 임플란트의 위치결정을 위한 측정장면이며 그림 1.32는 정형외과작 체형을 측정하기 위한 모아레기법의 사진측량결과이다.

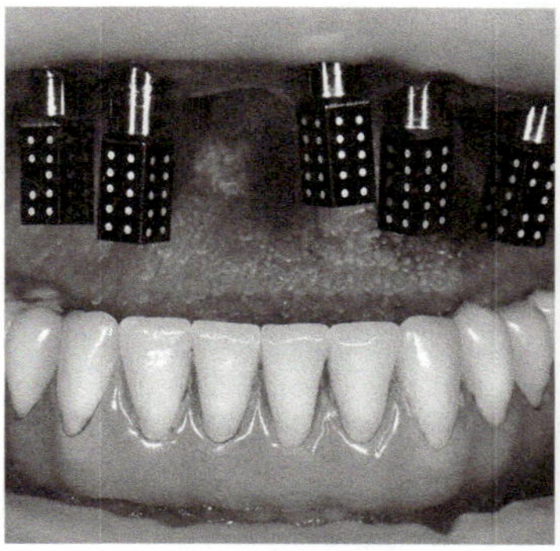

그림 1.31 치아측정

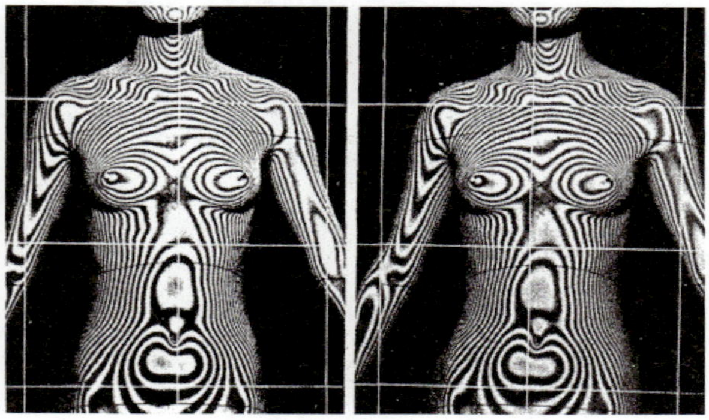

그림 1.32 모아레를 이용한 체형측정(Hiroshi Takasaki_1973)

특히, 사진측량은 역설계(Reverse Engineering)를 위한 수단으로 빈번히 사용되는데 리모델링을 위한 주택의 모델링(그림 1.33), 자동차모형의 모델링(그림 1.34), 플랜트에 대한 역설계에 활발히 사용되고 있다(그림 1.35).

그림 1.33 주택모델링

그림 1.34 자동차의 3D모델링

그림 1.35 플랜트의 역설계

이외에도 탄두 및 미사일의 궤적 측정을 위한 국방과학 분야를 비롯하여 작물, 가축 등의 성장변화를 파악하기 위한 생산과학 분야에도 응용되고 있다. 뿐만 아니라 무인로봇의 움직임 관측, 열기관의 순간 열변형 및 동체의 충격시험 등 여러 산업 분야 활용 가능하며 그 영역을 확장하고 있다.

CHAPTER 2

사진의 원리

사진측량은 렌즈를 통과한 전자파에너지가 필름 또는 센서상에 형성하는 사진 또는 영상을 매개로 한다. 따라서 사진에 대한 전반적인 이해는 많은 도움이 된다. 본장에서는 영상획득기기, 필름 및 센서, 노출등 사진의 원리를 소개한다. 영상(Image)의 사전적 의미는 렌즈를 통하여 형성되는 물리적 이미지를 말한다.

2.1 영 상

인간의 눈에 비유해 본다면, 수정체를 통해 들어온 빛은 망막에 맺혀 시신경으로 전달되며 우리 뇌에서는 이를 조합하여 하나의 영상(Image)으로 형성한다. 인간은 이 영상으로부터 여러 가지 정보를 획득한다. 그림 2.1은 프랑스의 과학자인 조셉 니엡스가 1826년에 촬영한 최초의 사진(영상)이다. 초기에는 감광도가 낮아 오랜 시간동안 노출을 해야 했다.

그림 2.1 최초의 사진(조셉 니앱스, 1826)

인간은 거리와 크기 같은 공간적 정보와 색깔, 대상물의 파악과 같은 속성적인 정보에 대한 해석을 일상생활에서 습관적으로 반복하고 있다. 인간에게는 자연스러운 이러한 작업들을 컴퓨터로 수행하기는 쉬운 일이 아니며 이는 영상처리에 대한 연구를 탄생시켰다. 공간정보에서 다루는 수치데이터에는 좌표, 벡터맵, 수치영상 등이 있다. 이 중에서 영상은 다른 수치데이터와 달리 연속적인 빛의 강도로부터 정보를 획득하는 독특한 수단이라 할 수 있다. 좌표와 수치지도는 대상물을 직관적으로 표현하지만 영상은 그렇지 않다. 인간은 영상을 통해 정성적, 정량적 정보를 추출하기 위해 사진측량과 원격탐측이라는 학문을 탄생시켰다. 특히 사진측량은 영상으로부터 공간적인 관계를 규명하며 속성적인 정보의 획득 노력은 원격탐측으로 발전되었다.

2.2 영상획득 디바이스

2.2.1 아날로그 카메라 메커니즘

아날로그 카메라는 영상획득매체가 필름인 카메라를 일컫는다. 카메라는 렌즈와 셔터, 그리고 필름매거진 부분으로 구성되어 있다. 렌즈에는 빛의 양을 조절하는 조리개와 초점을 조절하는 포커싱장치가 있다. 그림 2.2와 2.3에 비상사진과 항공사진 촬영용 카메라를 보였다. 셔터는 크게 두 가지로 구분되는데 포컬플레인(Focal plane) 셔터와 렌즈셔터식(Leaf shutter)이 있다.

포컬플레인 셔터는 그림 2.5와 같이 SLR(Single Lens Reflection)카메라에 사용되는 셔터로써 필름면 바로 앞에 위치한다. 고속셔터스피드를 실현하기 위해 전막과 후막을 두어 전막과 후막 사이를 통해 필름면에 노출되도록 구조가 되어 있다. 이 카메라는 셔터를 누르면 셔터막 앞의 미러가 올라가고 전막셔터와 후막셔터가 릴레이식으로 작동된다. 셔터스피드에 따라 전막과 후막의 간격이 조절된다. 예를 들어, 수직으로 움직이는 셔터막일 경우 필름면이 완전히 열리는 셔터스피드는 1/125초이다. 렌즈셔터에 비해 카메라 본체에 충격이 발생한다는 단점이 있지만 렌즈를 통해 들어오는 실제영상을 그대로 기록할 수 있으며 렌즈의 구조를 단순하게 함으로써 다양한 렌즈를 자유롭게 교환하여 사용할 수 있다는 장점이 있다. 1/4000, 1/8000sec까지의 고속셔터속도를 만들 수 있다.

그림 2.2 Analog type Metric camera (Rollei 6006)

그림 2.3 렌즈셔터렌즈를 장착한 Rollei AIC항공사진측량용 카메라

렌즈셔터는 그림 2.4와 같이 렌즈 안에 설치된 셔터로 5~6장의 금속 날개모양으로 구성되어 있으며, 평상시에는 닫혀 있다가 셔터를 누르면 셔터속도만큼 열렸다가 닫히는 구조로 되어 있다. 촬영 시 충격이 매우 적어 사진측량용 카메라에서 주로 채택하고 있다. 단점으로는 셔터스피드가 1/500sec 정도가 한계라는 점이다.

그림 2.4 Lens shutter

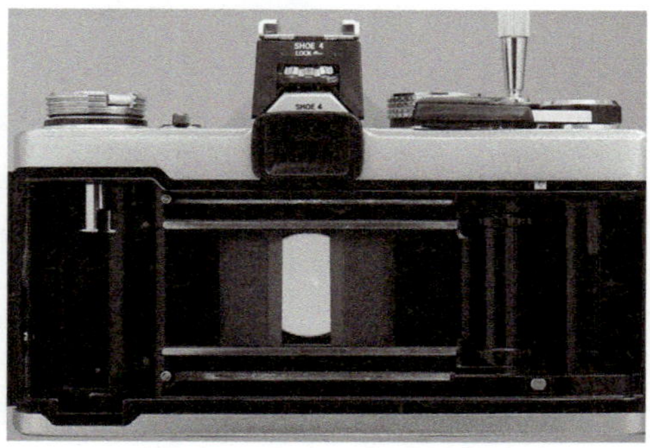

그림 2.5 Focal plane shutter (forum.forthirdsphoto.com)

2.2.2 디지털 카메라 메커니즘

사진기가 발명된 지 100여 년 동안 영상기록 수단은 필름을 이용하였고, 필름에 기록된 영상을 보기 위해서는 현상이라는 단계를 거쳐야 하는 번거로움이 있었다. 따라서 촬영은 잘 됐다 하더라도 현상과정에서 잘못되면 다시 촬영해야한다는 부담감도 있었던 것이다. 가장 불편했던 분야는 실시간으로 생생한 영상을 미디어에 알려야 하는 방송 및 언론분야였을 것이다. 실제로 촬영한 필름을 비행기로 공수하고 이를 받아

현상·인화하여 사진을 사용했었다. 이렇듯 통신으로 영상을 전송할 수 있는 기술개발의 압력이 Kodak사가 디지털사진기를 개발하게 하였다. 1975년 12월 Kodak사의 Steve Sasson에 의해 최초로 개발된 디지털카메라는 필름대신 CCD영상 어레이를 사용하여 촬영하였다. 무게 8파운드, 영상크기 0.01mega에 불과하였으나 촬영한 영상은 파일로 전송되어 인쇄하기에 이른다. 올림픽의 영상이 거의 실시간으로 신문에 실리게 된 것이다(그림 2.6).

카메라 메커니즘은 아날로그 카메라와 동일하였으나 영상을 감지하는 CCD와 이를 변환하여 영상으로 저장하는 기술은 급격한 발전을 지속하고 있다. 과도기적 사진측량에서 사용된 디지털카메라는 기존의 필름매거진 대신 CCD와 파일을 저장할 수 있는 데이터팩을 채용하여 사용하였다. 대표적인 예가 Rollei 6008이다.(그림 2.7)

그림 2.6 최초의 디지털사진기(Kodak co.)

그림 2.7 디지털백을 장착한 Rollei6008

이후 항공사진측량 및 지상사진측량 전용 디지털카메라가 개발되었으며 이로써 사진측량작업과정에서 현상 및 인화단계가 생략되게 되었음은 물론 영상의 저장 및 관리에도 효율적이 되었다.

2.3 영상저장매체

사진측량의 기본자료인 사진을 얻는 매체에는 두 가지가 있다. 한가지는 전통적인 필름을 사용하는 것이며 다른 하나는 디지털센서를 이용하는 방법이다. 디지털카메라에는 그림 2.8에서 보는 것처럼 CCD센서나 CMOS센서가 장착돼 있다. 필름의 경우 일반적으로 사용하는 네가티브와 포지티브 즉, 슬라이드필름을 이용한다. 디지털센서의 경우 자체메모리에 영상이 저장된다. 필름을 이용하는 방법을 전통적인 사진측량이라고 하며 디지털 센서의 경우 미국에서는 소프트카피사진측량이라고 말하기도 하지만 일반적으로는 수치사진측량이라고 한다.

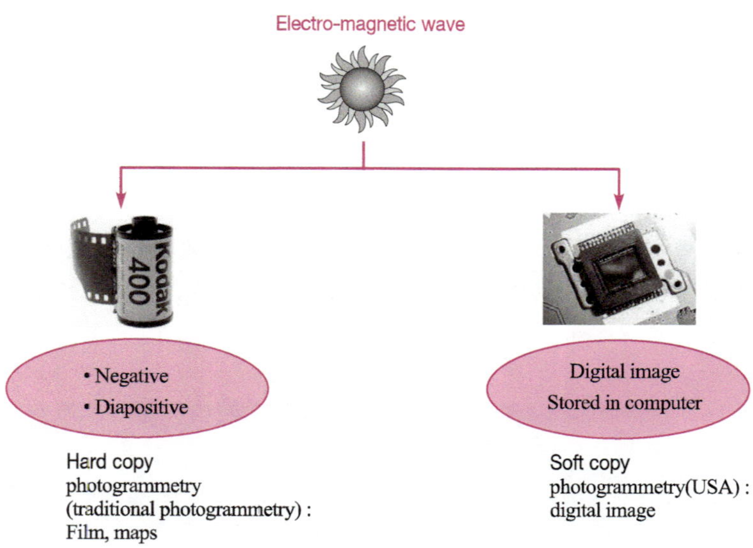

그림 2.8 사진측량의 영상저장매체

이 두 가지 영상매체에 대해 자세히 알아보기로 한다.

2.3.1 필 름

렌즈를 통해 들어온 빛의 형상을 보존(정착)하는 기능을 위해 여러 가지 시도가 있었고 마침내 1889년에 이스트먼 코닥사에서 셀룰로이드에 감광유제를 발라 두루마리 형태로 말아서 제조한 롤필름(Roll film)을 생산해서 판매하기 시작했다. 당시 코닥사는 "You press the button, we do the rest."라는 광고를 앞세우며 시장에 진입했다. 사람들은 이제 사진만 찍으면 되고 현상은 코닥사에 맡기면 되었다. 이렇게 사진 현상까지 대신해주는 기업이 등장하면서 사진 현상을 위한 복잡한 도구를 개인이 가질 필요가 없게 되었고 누구나 쉽게 사진 촬영이 가능한 시대가 되었다.

현재의 사진측량은 대부분 디지털카메라를 사용하며 메모리장치로부터 컴퓨터에 복사하여 처리하고 있다. 하지만 칼라필름으로 사진을 촬영하고 현상하는 원리는 사진측량과 원격탐측에서 기본적인 이론이므로 간단히 설명하고자 한다.

1) 감광유제의 특성

할로겐화은은 은과 할로겐의 접합물로서 빛에 노출되면 약해지는 성질을 갖고 있다. 이 노출된 유제는 직접 볼 수 없는 잠재영상을 포함하고 있다. 현상 시에 빛에 노출된 유제는 검게 변한다. 빛을 받지 못한 부분은 흰 종이에 대었을 때 희게 나타난다. 현상된 영상의 어두운 정도는 잠재영상을 형성하는 유제의 조도와 시간에 따

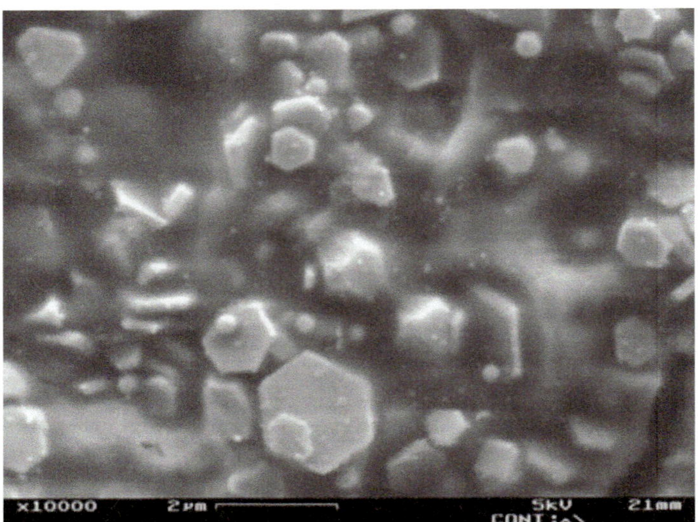

그림 2.9 전자현미경으로 본 감광유제입자(흑백)

http://www.optics.rochester.edu/

라 달라진다. 촬영 시에도 대상물의 배경에 따른 조명상태가 다양하기 때문에, 흑과 백 사이에 다양한 회색 색조가 형성되게 된다. 빛에 많이 노출되면 회색이 아니라 검정으로 변한다.

사람들마다 피부색이 다르듯이 햇빛도 다양하며 유제도 그 민감도가 각기 다르다. 사진 유제의 빛에 대한 민감도는 유제에 포함되어 있는 할로겐화은 또는 입자의 크기와 수에 기인한다. 만약 어떤 유제가 다른 유제보다 더 많은 노출을 요한다면 필름 위에는 더욱 많은 숫자의 입자가 필요하다는 것이다. 그러므로 같은 양의 노출을 얻으려면 더욱 많은 빛이 요구된다. 바꾸어 말하면, 입자의 크기가 커지거나 유제 내의 입자의 수가 감소하게 되면 더욱 적은 양의 빛을 가지고도 적절한 노출을 얻을 수 있다. 따라서 적정 노출보다 적은 노출로도 촬영할 수 있기 위해서는 필름의 입자는 더욱 민감하여야 한다는 것이다. 입자의 크기가 증가함에 따라 영상은 거칠어지고 해상력은 감소한다. 따라서 최상의 사진을 얻으려면 미세한 입자의 유제를 사용해야 함이 바람직하다.

사진사는 다양한 감도를 가진 필름의 현상 노출 지침을 가지고 있어야 한다. 미국에서는 ASA(American Standard Association) 체제를 사용하고 있다. 최근의 디지털카메라에서는 감도를 ISO로 표시하고 있다.ASA 수는 렌즈의 f-stop을 16에 놓았을 때 밝은 햇빛에서의 적정 노출시간의 역수를 말한다. 이 규칙에 따라서 필름의 적정노출이 밝은 햇빛에서 f-stop, (1/200)초라면, 이 필름의 감도는 ASA200으로 규정된다. 그러나 요즘은 이러한 법칙을 많이 사용하지 않는다. 주어진 필름에 대한 ASA를 맞추게 되면 특별한 조명조건이라도 자동적으로 적정노출(f-stop과 셔터속도)을 맞출 수 있기 때문이다. 유럽에서의 감도의 표준은 DIN을 사용한다.

2) 감광유제의 수용범위

태양 또는 전구와 같은 조명은 광범위한 전자기 에너지를 발산한다. 이 전자에너지의 전 영역을 전자 스펙트럼이라 한다. X-ray, 가시광선, 라디오파 등은 전자 스펙트럼에서 익숙한 에너지 파장대이다. 대상물은 색깔을 나타내는 파장에너지를 반사하여 본연의 색깔로 나타난다. 만약 대상물이 에너지를 전부 반사한다면 흰색으로 나타나게 되며, 반대로 반사가 없이 모든 빛을 흡수한다면 검은색으로 나타날 것이다. 대상물이 녹색과 적색 에너지를 흡수하고 나머지만을 반사한다면 이 대상물은 청색으로 보이게 될 것이다.

인간의 망막이 다양한 파장을 감지할 수 있는 것처럼 감광유제도 역시 다양한 파장을 감지할 수 있게 제작되어져 있다. 일반적인 흑백 필름 유제는 단지 청색과 자외선 에너지만을 감지한다. 예를 들어, 적색의 대상물은 이러한 유제에서 영상으로 나타나지 않는다. 이러한 유제는 주로 음화로부터 양화를 만드는 인화지에 사용되어진다. 그러므로 이러한 인화지를 사용할 때 적색이나 노란색 빛, 즉 안전등(Safe-light)이라 불리는 빛을 암실에서 사용하면 유용할 것이다. 왜냐하면 이러한 색깔은 단지 청색 불빛(Blue-light)만을 감지하는 인화지에는 영향을 미치지 않기 때문이다.

그림 2.10은 프리즘 분광으로 본 사진촬영가능 파장영역을 보여준다. 태양으로부터 발생한 에너지는 프리즘 분광과 같이 다양한 파장의 전자파를 가지고 있다. 인간은 가시영역(0.4~0.7μm)에 한하여 볼 수 있지만, 사진은 사진유제에 따라 자외선과 근적외선 부분까지 촬영이 가능하다.

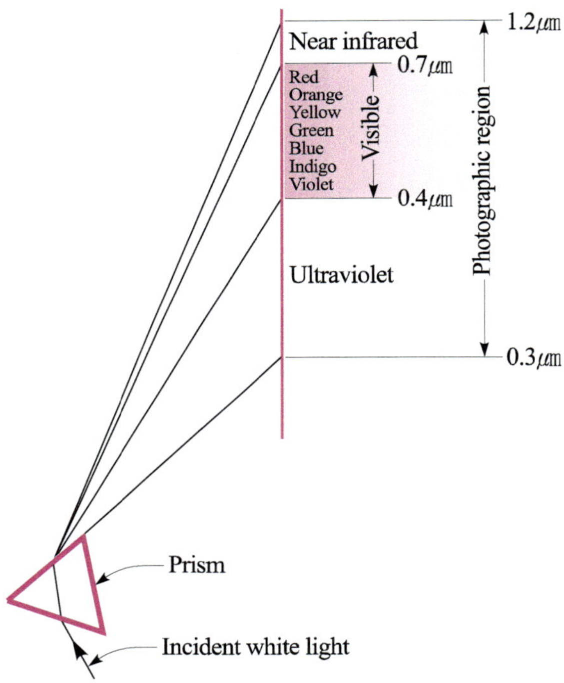

그림 2.10 프리즘 분광으로 본 사진촬영가능 파장영역(Wolf&Dewitt, 2000)

흑백 할로겐화은 유제는 청색 근처의 다른 파장도 감지한다. 청색, 녹색, 적색을 감지할 수 있는 것을 전정색(Panchromatic)이라 하며 근적외선 지역을 감지할 수 있는 유제로 만들어져 있는 경우를 근적외 또는 IR(Infrared)이라고 한다. 이 IR 필름은 육안으로 보이지 않는 에너지의 사진을 얻을 수 있다. 예를 들면, 베어진 나뭇가지 또는 비슷한 색깔의 위장물로 위장한 지역 등을 근적외의 에너지 반사의 차이에 의해 찾아낼 수 있다. IR 필름은 곡물 및 수종의 분석, 관련 주제도 제작 등에도 매우 광범위하게 사용된다.

그림 2.11은 다양한 감광유제의 전형적인 감광도영역을 보여주고 있다. 감광 관용도[1]의 크기는 인화지 → 흑백필름 → 적외선필름 순이다.

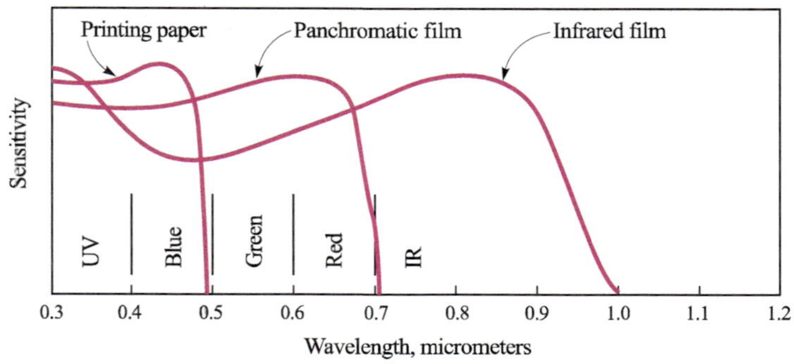

그림 2.11 다양한 감광유제의 전형적인 감광영역(Wolf&Dewitt, 2000)

3) 흑백필름

그림 2.12 흑백필름의 구조

① 보호막층

필름 유제면을 스크래치로부터 보호하기 위해 젤라틴 보호막을 도포한다.

1) 감광 관용도: 빛에 민감한 정도

② 감광유제

빛에 민감하고 규칙적인 반응을 일으키는 염화은(AgCl), 취화은(AgBr), 요오드화은(AgI) 등의 할로겐화은을 젤라틴과 혼합하여 감광성을 갖게 만든 것으로 사용하는 할로겐화은의 함량과 제조방법에 따라 사진의 특성이 달라진다.

③ 필름베이스

광학적으로 투명하고 무색이며 균일하여야 하고 화학적으로 안정되고 유제의 도포가 쉬워야 하며, 물리적으로 장력에 강하고 온도와 습도에 따른 신축이 적어야 한다. 셀룰로이드나 폴리에스터 또는 에스타베이스를 사용한다.

④ 할레이션 방지층

필름에 도달한 빛은 감광층과 베이스에 도달하게 되는데, 여기서 반사되어 다시 가게 되면 감광층에 노이즈를 유발하게 되므로 이를 방지하기 위해 빛을 흡수하는 어두운 톤의 방지층을 두는 것을 말한다.

⑤ 접착층

감광층과 베이스, 베이스와 할레이션방지층 사이에 접착을 위해 둔다.

4) 칼라필름

컬러필름은 이미 Daguerre가 1820년대 시도했고, 영국의 James Clerk Maxwell이 1861년 스펙트럼의 모든 색이 빨강, 파랑, 초록으로 되어있다는 것을 증명한 뒤, 에이레의 John Joly에 의해 최초의 컬러필름이 제작되었다. 이후 Louis와 Auguste Lumiere가 'Autochrome'식 컬러필름을 시판하였는데, 이 필름은 가색법을 이용한 포지티브 필름으로, 컬러필름의 상업적인 예로서 최초이다. 이어서 Leopold Mannes와 Leopold Godowsky가 각각 독자적으로 Kodachrome을 제작하였는데, 이 필름은 감색법을 이용한 포지티브 필름으로서, 여러 장의 색감광층을 쌓아 사진기에서 노출될 때 각 층별로 감광되는 색에 따른 명암만을 나타냈다. 즉, 맨 윗층은 파랑, 가운데는 초록, 맨 아래에는 빨강이 반응하여, 각 층은 해당하는 색상에만 영향을 받으며 현상과정에서 네거티브로 기록된 필름을 포지티브로 반전시키며 흑화은을 씻어내는 현대개념의 컬러필름(리버설 필름)이었다. 1941년에는 Kodachrome에서 반전현상을 제거, 컬러인화를 위한 네거티브 필름이 등장하였다.

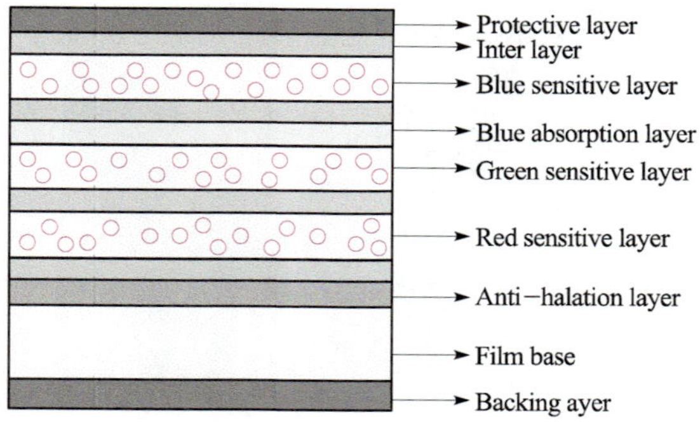

그림 2.13 칼라필름의 구조

칼라필름의 구조는 기본적으로 흑백필름과 같고 발색층이 있다는 것만 다르다. 그림 2.13에서와 같이 청색감광층(B-Y), 녹색감광층(G-M), 적색감광층(R-C)이 존재하며 현상을 통해 각각 Yellow(황색), Magenta(자색), Cyan(시안)으로 발색하게 된다.

① **청색 감광층** : 자연 속에 존재하는 파랑색 파장의 빛에 대해 반응을 일으킨다. 청색감광층에 있는 색입자(커플러)는 파랑의 보색인 노란색(Yellow)을 띠게 되어있는 입자로 현상을 통해 노란색 투명층을 형성한다.

② **황필터층** : 청색 감광층과는 달리 녹색감광층과 적색감광층은 녹색, 적색의 파장은 물론 청색 파장까지 반응을 일으킨다. 황색필터층에 의해 녹색, 적색 유제층에 청색이 들어가지 못하게 되며 따라서 녹색, 적색감광층은 올바른 초록, 빨강에만 반응하게 된다.

③ **녹색 감광층** : 녹색에 반응하는 감광층으로 현상 후 자색(Magenta)로 발색하게 된다.

④ **적색 감광층** : 적색에 반응하는 감광층으로 현상 후 시안(Cyan)으로 발색하게 된다.

그림 2.14에서와 같이 피사체에서 출발한 파장별 광선은 각각의 파장대별 감광특성을 가진 감광유제층에 반응하여 잠재영상을 만든다. 일반적으로 명확한 색깔(RGB)만 있는 것이 아니고 혼합색이므로 각각의 감광층에 비례적으로 감광되게 된다. 나비날개의 까만 부분은 빛을 거의 흡수하므로 RGB모든 층에 감광되지 않는다. 청색은 청색감광층, 녹색은 녹색감광층, 적색은 적색감광층에 반응하여 감광된다. 흰색 부분은 RGB를 모두 반사하므로 RGB모든 감광층에 감광된다.

그림 2.14 컬러필름의 감광

5) 현상

빛에 반응한 할로겐화은은 필름 상에 잠재영상으로 보이지 않으며, 현상이라는 화학적 과정을 통해 실제 상으로 만들어진다. 노출된 컬러 네거티브필름이 현상되면 흑백네거티브영상이 각 감광층에 형성된다(Black dots). 현상과정 중 컬러염료는 각 흑백네거티브영상과 조합된다. 그 염료는 CMY(Cyan, Magenta, Yellow)이다.

이들은 빛의 삼원색을 두 가지씩 혼합한 것이다. 은 입자가 현상과정 중에 표백되면 염색된 입자는 색깔영상으로 중첩되게 되며, 전반적으로 황색계통(인화과정 중 왜곡을 소거하기 위해)의 음화(그림 2.15)가 된다.

그림 2.15 현상된 컬러음화

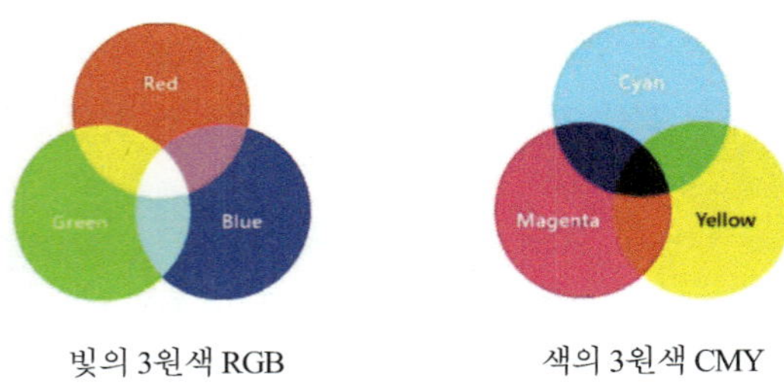

그림 2.16 빛의 감색혼합

즉, 피사체에서 반사된 빛 RGB는 현상을 통해 Cyan, Magenta, Yellow 층으로 만들어지며 인화과정에서 각각의 Cyan, Magenta, Yellow필터 효과에 의해 다시 RGB로 프린팅 되는 것이다.

그림 2.17 필름노광

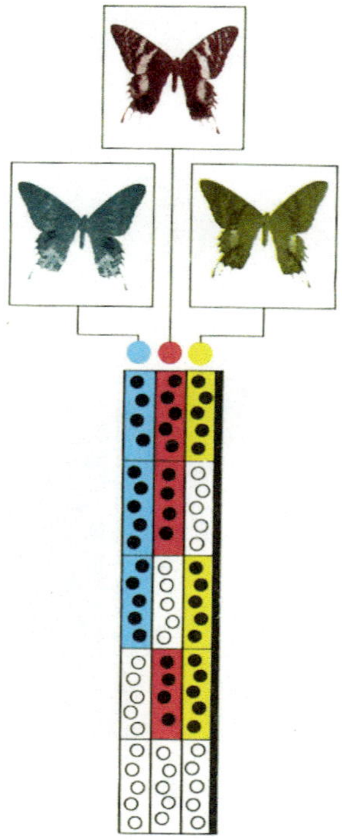

그림 2.18 인화지 현상

컬러네가가 만들어지면 컬러네가에 백색광선을 투과시켜 인화지 위에 인화하게 된다. 인화지는 필름과 같이 RGB에 반응하는 감광층을 가지고 있어 해당 컬러를 만들어낸다. 그림 2.17에서 CMY층을 통과한 백색광은 해당 보색은 흡수하고 나머지를 통과하여 인화지에 도달하게 한다. 예를 들어, Yellow층은 청색 빛은 흡수하고 R, G빛만을 통과시킨다. 컬러네가를 통해 노광된 인화지는 현상액 속에서 화학적 반응을 일으킨다. 해당된 색깔 레이어에 노광된 입자들은 양화로 나타나게 된다. 그림 2.18에서 날개의 검은 부분은 CMY층 모두 발색하므로 검은 색으로 나타나게 되고, 푸른 부분은 CM층에 발색되므로 이들 두 색이 조합된 청색으로 나타나게 된다. 반면에 가장 아랫부분 흰색부분은 어느 층도 발색이 되지 않았으므로 무반응(백색)으로 나타나게 된다.

최종적으로 인화지 위에는 그림 2.19와 같은 컬러 나방이 나타나게 된다. 더 쉽게 설명하면 현상된 네거티브의 인화발색단계는 그림 2.20에서 다시 확인할 수 있다. Blue빛은 Cyan, Magenta층에는 흡수되고 Yellow층에만 통과하여 파란색을 만든다. 반면에 Red빛은 Yellow층과 Magenta층에 흡수되고 Cyan층에만 통과하여 빨간색을 만든다. 실제 사진을 예로 들었다.

그림 2.19 최종적으로 인화된 영상

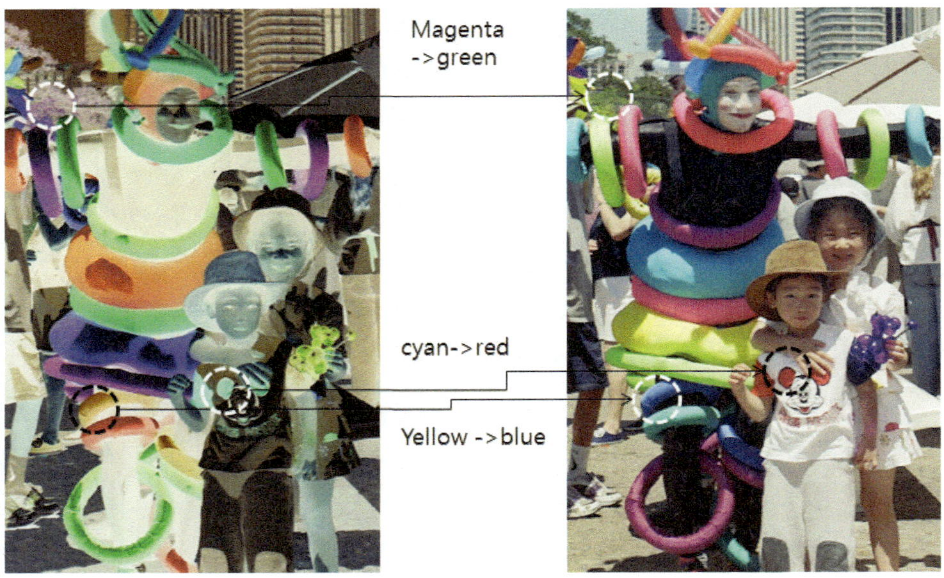

(a) 현상된 칼라 필름 (b) 인화한 사진

그림 2.20 칼라 네거티브의 발색현상

2.3.2 디지털센서

1) CCD센서

CCD는 1970년 Boyle와 Smith가 고안하여 폭발적으로 응용되어 왔다. CCD 이미지 센서는 빛에너지를 전기적인 신호로 변환하는 역할을 하는 수십~수백만 화소를 포함하는 집적회로가 내장된 것으로써 사람 또는 사물 등과 같은 눈에 보이는 원래의 영상을 영상센서 내에서 전기신호로 변환해 출력하는 반도체 소자를 말한다. 예로서 텔레비전으로부터 캠코더, electronic still camera, industrial vision camera, 광학적 문자독취, 바코드 스캐너, 팩스 등에 활발히 적용되어 왔으며, 최근에는 디지털카메라의 주된 매체로 사용되고 있다. 최초의 디지털카메라는 아날로그 빛을 디지털픽셀로 변환하는 수단으로 CCD를 채용하였다.

CCD구조의 3가지 기본 기능은 다음과 같다.

a) 각각의 셀에 도달하는 빛의 세기를 측정

b) 측정된 빛의 세기를 전달

c) 측정가능한 전압으로 변환

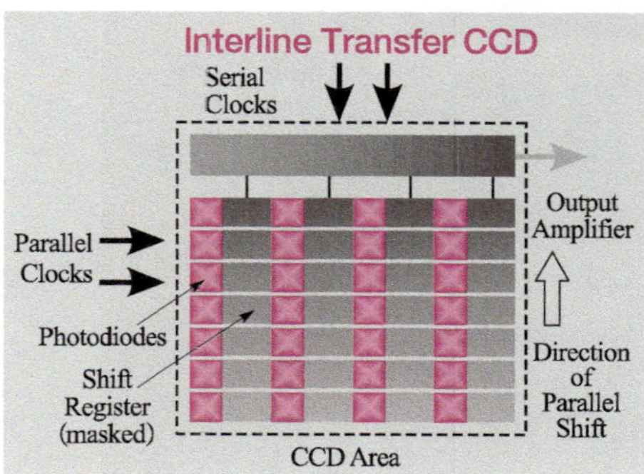

그림 2.21 CCD detector의 구조

그림 2.22 풀프레임 CCD센서(Nikon D600)

그림 2.21과 같이 CCD는 반도체 위에 절연체, 그리고 그 위에 전극으로 구성되어 있다. Photon이 electrode를 때리게 되면 insulator의 반대편에 전자 e가 발생하는데 발생량이 강도에 따라 달라지게 된다. 그러나 CCD array만으로는 이미지를 얻을 수 없고 광학시스템에 의해 array 상에 상을 맺어야 한다. 출력은 일련의 아날로그 펄스이며 이는 특정위치에 대한 광강도(Scene intensity)를 표현한다. CCD는 구조에 따라 기능적으로 frame transfer, interline transfer로 표현되는데 프

레임사진은 full frame arrays, 비디오시스템은 interline transfer device이다.

이해를 돕기 위해 그림 2.23에 제시하였다. 그림(a)에서 각각의 버킷을 CCD셀, 내리는 빗방울을 빛이라고 하자. 다양한 강도의 비가 버킷에 담기게 되고 담긴 병렬버킷열(Parallel bucket array)은 그림(b)에서와 같이 오른쪽으로 수평이동하여 직렬버킷열(Serial bucket array)에 전달하게 된다. 물론 각각의 버킷에 담긴 물은 그 양이 각각 다를 것이다. 그 다음으로 그림(c)와 같이 직렬버킷열에 있는 버킷은 차례로 양을 측정할 수 있는 용기에 부어지게 된다. 이렇게 순차적으로 전달이 되면 한판의 버킷의 각각의 양을 측정할 수가 있다. 즉, CCD에 도달한 빛의 강도를 모두 측정할 수가 있다.

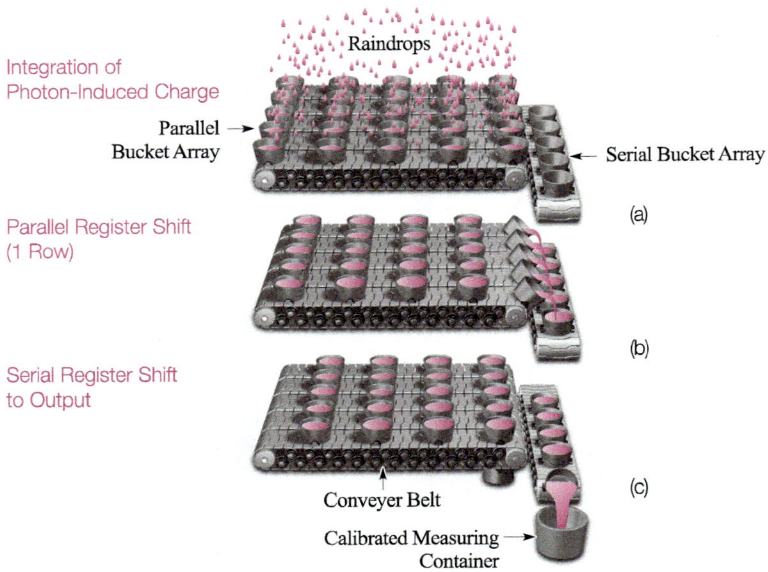

그림 2.23 CCD센서의 데이터저장(https://www.microscopyu.com)

CCD센서는 구조적으로 글로벌 셔터를 사용한다. 이는 전체의 영상을 한꺼번에 획득한다는 것이다. 따라서 느린 셔터속도에서는 영상이 흐려진다는 단점이 있다. 기하학적 정확도가 중요한 사진측량에서는 글로벌셔터를 사용하는 것이 일반적이며 흐림현상을 방지하기 위해 ISO와 셔터스피드를 잘 조절해야 한다.

(a) 원 영상 (b) 글로벌 셔터로 인한 흐림현상

그림 2.24 Global shutter의 blur현상

2) CMOS(Complementary Metal–Oxide Semiconductor)센서

CMOS센서는 1967년 미국의 FairChild사와 RCA사 등이 활발하게 개발을 시작했고 그 후로 일본의 Hitach사가 개발에 주력하였다. CMOS센서는 CCD에 비해 노이즈가 심하고 회로가 복잡하여 밀도가 낮은 단점이 있고, 칩사이즈가 큰 이유로 중단되었다가 1990년도 Olympus사에서 센서를 발표한 후 본격적인 개발을 시작하였고 현재는 Canon카메라에 전격적으로 채용되고 있다.

CMOS센서는 vertical driver, Timing, Generator, CDS/AGC/ADC, Micom, EEPROM, DSP(Digital Signal Processor) 등을 하나의 칩에 집적할 수 있다는 장점이 있다. CCD 센서는 빛에 의해 발생된 전자를 그대로 출력시키는 반면, CMOS센서는 빛에 의해 발생된 전자를 전압으로 바꾸어 출력시킨다.

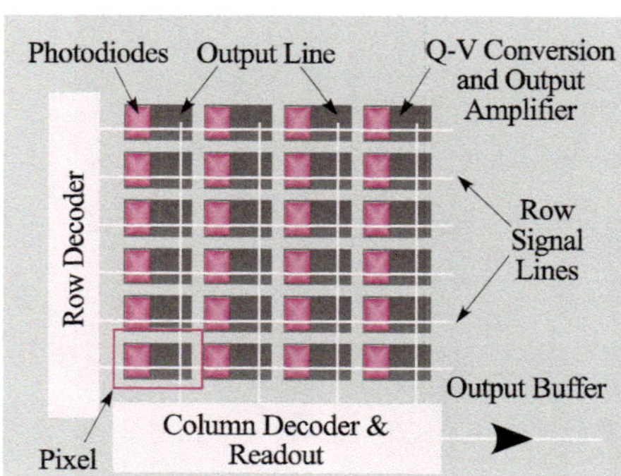

그림 2.25 CMOS의 구조

그림 2.26 풀프레임 CMOS센서 (Canon 5D MarkII)

대부분의 CMOS영상센서를 탑재한 카메라들은 Rolling shutter방식을 사용하여 이미지센서 상 픽셀정보를 행 단위로 순차적으로 판독한다. 즉, 수직방향으로 위에서 아랫방향으로 스캔하듯이 영상을 획득하는 것이다. 이러한 이유로 전체이미지를 센싱하는데 시차가 발생(Jello effect)하여 skew현상이 생긴다.[2] 다음 그림 2.27은 rolling shutter로 촬영한 영상이다.

(b) 간판의 찌그러짐

(b) 회전하는 팬의 왜곡

그림 2.27 Rolling shutter에 의한 skew 현상

3) CCD와 CMOS의 특징 비교

특별한 제조공정만이 왜곡 없는 CCD를 제조할 수 있으며, 이러한 이유로 품질 좋은 영상을 얻는 고품질센서를 만들어낸다. 그러나 특수한 제조공정을 요구하므로 가격이 비싸 CMOS의 출현을 불러일으켰다.

CMOS칩은 각 픽셀에서 charge를 전통적인 와이어를 통해 전달하는 트랜지스터를 사용한다. 각 픽셀은 독립적으로 취급하며 전통적인 마이크로칩을 만드는 공정을 사용할 수 있다는 유연함을 가진다. 따라서 CCD칩보다 저렴하게 제작할 수 있다.

CCD와 CMOS의 가장 큰 차이점은 CCD가 고품질영상을 얻을 수 있으며 CMOS칩은 노이즈가 상대적으로 많다는 것이다. 또한 빛에 대한 민감도가 CCD칩이 좋다. 따라서 CMOS칩으로 적은 노이즈로 양호영상을 얻기 위해서는 더 많은 빛이 필요하게 된다. 그렇다고 해서 CMOS가 더 품질이 낮다는 얘기는 아니며 적은 전력소모로 더 많은 영상을 획득할 수 있다는 장점도 있다. CCD 기술이 오랫동안 축적이 되어왔다는 점과 카메라에 일찍 채택이 되었다는 점은 인정하나 영상처리기술이 발전하므로 영상의 해상도와 질적인 면에서 CMOS와 경쟁하게 될 것이다. 이 두 센서

2) skew : 비스듬하게 영상이 찌그러지는 현상

의 기능적인 면에서의 장·단점을 비교하면 표 2.1과 같다.

표 2.1 CCD센서와 CMOS센서의 특성 비교

	CCD	CMOS
Acronym	Charged Couple Devices	Complimentary Metal Oxide Semiconductor
Cost	More expensive	Cheaper
Shutter type	Global	Rolling
Skew	No	Yes
Wobble[3]	No	Yes
Partial exposure	No	Yes
Vertical smear[4]	Yes	No
Noise	Less	More
Power efficiency	Less efficient	More efficient

4) 디지털센서의 크기

CCD와 CMOS 센서의 진보된 기술의 발전은 점점더 미세한 반도체 구조의 생산을 가능하게 한다. 일반적으로 센서와 픽셀 크기는 하나의 웨이퍼에서 점점 더 많은 센서를 잘라내기 위해 축소된다. 이는 픽셀의 민감성도 점차 향상되는것은 물론 전자 제품의 노이즈 성능이 최적화되고 있기 때문에 가능해졌다.

센서의 크기가 클수록 광량이 작은 환경을 극복할 수 있으며 고속의 대상물을 낮은 노이즈로 영상을 얻을 수 있다. 또한 픽셀을 보다 정교하게 정렬할 수 있으므로 정밀측정이 가능하지만 가격이 고가이다.

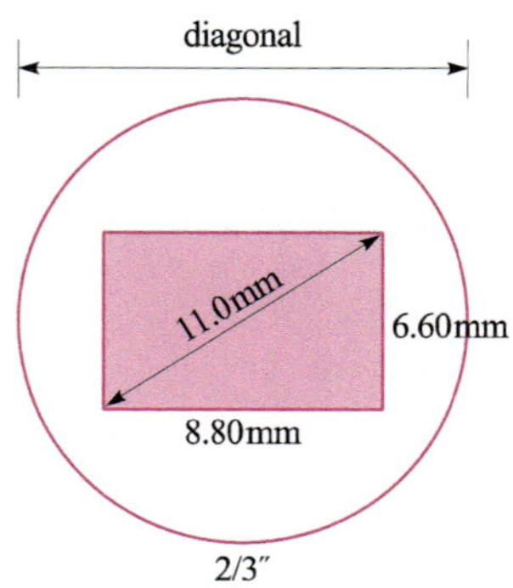

그림 2.28 CCD의 치수

현재 사진측량에서 사용되는 디지털카메라의 영상센서는 영상의 해상도와 질적품질이 하루하루가 다르게 발전하고 있다. 일반적으로 비측정용 사진기의 풀프레임센서라 함은 과거 35mm필름(24mm×36mm)과 같은 크기의 센서를 일컬으며 그보다 작은 크기의 센서는 크롭(Crop)센서라 한다. 항공사진용 카메라는 대부분 특수 제작되고 있으나 지상사진측량용 카메라는 일반 디지털카메라를 검정하여 사용하고 있으므로 매우 다양한 크기의 센서를 이용하게 된다. 그림 2.29

3) wobble: 흔들림

4) Vertical smear: 수직방향으로 발생하는 얼룩

는 일반적인 카메라(비측정용)에 사용되고 있는 CCD 또는 CMOS칩의 크기를 보여준다. 포맷과 실제CCD의 크기가 다른 이유는 진공관튜브를 사용하던 시절에 음극선튜브의 크기에서 유래하기 때문이다.

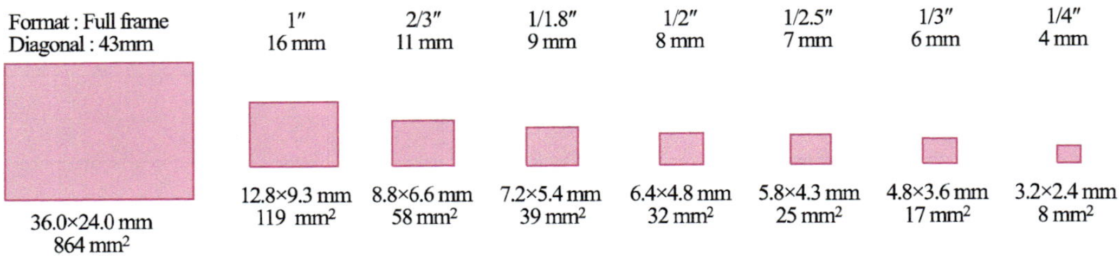

그림 2.29 CCD 및 CMOS센서의 포맷과 실제크기

표 2.2 센서의 크기에 다른 가로 및 세로크기와 대각선 크기

			SenSor (mm)		
Type	Aspect Ratio	Dia. (mm)	Diagonal	Width	Height
1/3.6″	4:3	7.056	5.000	4.000	3.000
1/3.2″	4:3	7.938	5.680	4.536	3.416
1/3″	4:3	8.467	6.000	4.800	3.600
1/2.7″	4:3	9.407	6.592	5.270	3.960
1/2″	4:3	12.700	8.000	6.400	4.800
1/1.8″	4:3	14.111	8.933	7.176	5.319
2/3″	4:3	16.933	11.000	8.800	6.600
1″	4:3	25.400	16.000	12.800	9.600
4/3″	4:3	33.867	22.500	18.000	13.500
APS-C	3:2	n/a	30.100	25.100	16.700
35 mm	3:2	n/a	43.300	36.000	24.000
645	3:2	n/a	69.700	56.000	41.500

영상센서의 크기가 크다는 것은 그만큼 픽셀이 크다는 것이므로 단위면적당 받아들이는 빛의 양이 많음을 의미하며 이는 영상의 질에 밀접한 영향을 미친다. 그림 2.30은 최근 Canon사에서 개발한 202×205mm크기의 초대형 CMOS센서이다. 그림 오른쪽의 풀프레임 센서와 비교해보면 얼마나 큰지 알 수 있다. 이 센서는 달빛에서 HDD급 화질로 초당 60프레임의 영상캡처능력을 가지고 있다.

그림 2.30 202×205mm 60fps video in moonlight
[출처 : 영상기본기(10)] CCD vs. CMOS sensor, David Choi

5)디지털 사진촬영메카니즘

최근의 디지털 이미지를 캡처시스템은 기술적으로 매우 복잡하며 영상캡처를 위해 필요한 작업 횟수가 많고 정확도와 속도 면에서 완성도를 보인다. 단일 영상을 획득하기 위해 반복되는 과정은 다음과 같이 요약할 수 있다.

① 카메라 셔터를 열어 광전자의 축적을 시작하며, 게이트 전극이 전하 수집에 적합하게 편중된다.

② 통합 기간이 끝나면 셔터가 닫히며 픽셀에 축적된 charge는 카메라의 전자장치로부터 클럭 신호로 제어하에 한 줄씩 병렬레지스터를 가로질러 이동한다.

③ 충전 패킷 행은 병렬 레지스터의 한 에지에서 직렬 쉬프트 레지스터로 순차적으로 전송된다.

④ 직렬 레지스터에 있는 픽셀의 충전 내용물은 온칩 앰프가 읽을 출력 노드로 한 번에 한 화소씩 전송되는데, 이 노드는 전자 신호를 증폭시켜 아날로그 전압 출력으로 변환한다.

⑤ ADC는 전압 진폭에 따라 각 픽셀에 디지털 값을 할당한다.

⑥ 각 픽셀 값은 컴퓨터 메모리 또는 카메라 프레임 버퍼에 저장된다.

⑦ 직렬 판독 프로세스는 병렬 레지스터의 모든 픽셀 행이 비워질 때까지 반복되며, 고해상도 카메라의 경우 일반적으로 1000행 이상이다.

⑧ 메모리의 전체 이미지 파일 크기는 수 메가바이트일 수 있으며 시각적 평가를 위해 컴퓨터 모니터에 적절한 형식으로 표시된다.
⑨ CCD는 디지털화 단계를 제외한 전체 판독 사이클을 실행함으로써 다음 노출 전에 잔류 전하를 제거한다.

디지털 영상 화질은 CCD 설계에 의해 부분적으로 결정되는 4가지 정량화 기준의 관점에서 평가될 수 있지만, CCD 검출기의 영상화 성능에 직접적인 영향을 미치는 앞에서 설명한 카메라 작동 변수의 구현도 반영한다. 주요 영상 화질 기준과 그 효과는 다음과 같이 요약된다.

① **공간 해상도** : 화소가 영상에 보이지 않고 미세한 시료 디테일을 캡처할 수 있는 능력을 결정한다.
② **광도 해상도** : 표시된 영상에서 구별할 수 있는 그레이 래벨 수
③ **시간 해상도** : 샘플링 속도는 이동 또는 빠른 운동 과정을 추적할 수 있는 능력을 결정한다.
④ **신호 대 잡음 비** : 영상 배경에 상대적인 신호의 가시성 및 선명도를 결정한다.

2.4 적정노출

필름의 감광도에 따라 노출을 적절하게 하여 필름면에 빛이 도달해야 양질의 영상을 얻을 수 있다. 필름의 감광도는 이미 결정되어 있으므로 피사체의 상황에 따라 조리개와 셔터스피드를 이용하여 광량을 조절한다. 특히, 지상사진측량에서 동체촬영이나 항공사진측량에서 지상을 촬영할 때에는 저속셔터를 사용할 수 없으므로 셔터스피드와 조리개 조절에 주의해야 한다.

그림 2.32에서 렌즈 카메라의 두께를 무시한다면, 렌즈 카메라는 그림 2.31의 핀홀 카메라와 기하학적으로 동일하게 된다. 그러나 핀홀 크기는 그림 2.32의 렌즈 크기 d_2로 확대되었음을 인지할 필요가 있다. 결과적으로 보다 많은 빛의 양으로 빠른 시간에 촬영할 수 있는 것이다. 핀홀 카메라는 대상물의 거리(o)와 상거리(i)에 제한을 받지 않지만, 렌즈 카메라는 렌즈 공식에 의해 제한되어진다. 따라서 렌즈를 이용한 카메라는 렌즈 공식을 만족시키기 위해 각기 다른 대상물 거리의 사물에 각각의 상 거리를 맞춰야 한다. 만약 대상물 거리가 무한대라면 식 (4.3)에서

$1/O$항은 0이 되고 $i=f$가 된다. 항공사진에 있어서는 촬영거리가 초점거리에 비해 매우 크므로 항공카메라들은 초점을 무한대에 고정시켜 제작한다.

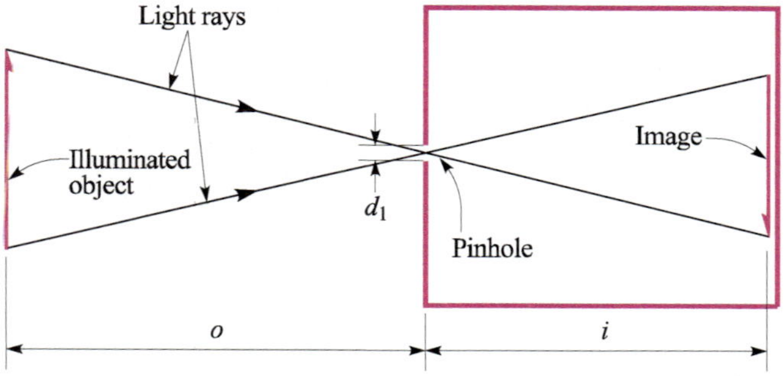

그림 2.31 핀홀카메라의 핀홀 렌즈

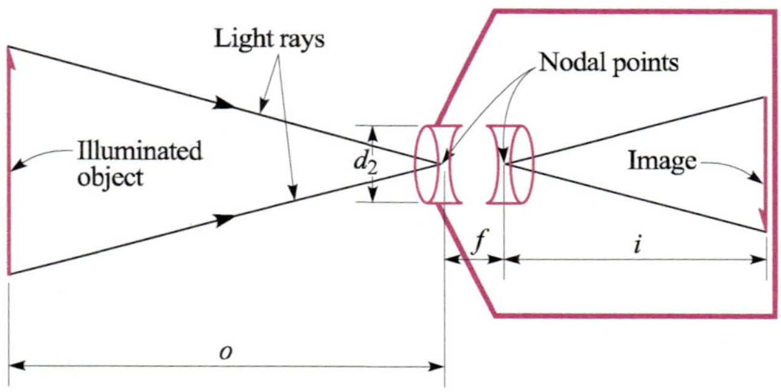

그림 2.32 카메라렌즈의 기하학(Wolf, 2003)

조명(Illumination)은 촬영시간 동안에 상의 단위면적에 받는 빛의 양을 말한다. 단위 조도를 미터-촉(Meter-candle)이라 한다. 1m-촉은 1m 떨어져 있는 1개 촛불의 밝기를 나타낸다. 조도는 촬영기간 동안에 렌즈를 통해 들어온 빛의 양에 비례하며 렌즈의 개방면적에 비례한다. 렌즈의 개방면적은 $\pi d^2/4$이므로 조도는 렌즈의 구경 d^2에 비례한다.

그림 2.33에서와 같이 영상거리에 따라 영상면의 면적이 비례한다.

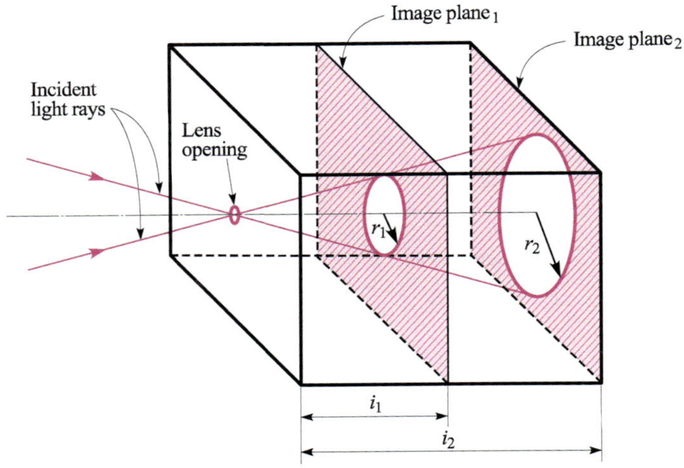

그림 2.33 필름면의 거리에 따른 노출량(Wolf, 2003)

예를 들어, 그림 2.33의 닮은 삼각형에서 $i_2 = 2i_1$ 이라면 $r_2 = 2r_1$ 이다. 따라서 조명을 받는 면적은 구경의 반지름에 비례하게 된다($A_1 = \pi r_1^2$, $A_2 = \pi r_2^2$). 조도는 조명을 받는 면적에 역비례한다. i와 r비례 관계로부터 조도는 $1/i^2$에 비례하게 된다. 즉, 조도는 거리의 제곱에 반비례한다. 식 (4.3)에서 평범한 사진의 경우 $1/O$ 항은 0이 되고 $i = f$가 된다. 그러므로 조도는 $1/f^2$값에 비례하게 된다. 조도는 r^2과 $1/f^2$에 비례하므로 d^2/f^2에도 비례하게 되며 이의 제곱근을 밝기인자(Brightness factor)라고 한다.

$$\sqrt{\frac{d^2}{f^2}} = \frac{d}{f} \tag{2.1}$$

d : 렌즈의 직경

식 (2.1)의 밝기인자를 역으로 표시하면 식 (2.2)와 같은 조리개 수치 또는 f-stop이라고 한다.

$$\text{f-stop} = \frac{f}{d} \tag{2.2}$$

식 (2.2)와 같이 f-stop은 렌즈의 직경에 대한 초점거리의 비로써 정의된다. 렌즈의 직경이 커짐에 따라 f-stop의 수는 감소하고 조도는 증가하게 되므로 적은 노출시간으로도 충분히 촬영할 수 있다. f-stop은 셔터속도와의 상관관계뿐만 아니라 렌즈 속도 또는 렌즈의 "광량 수확(Light gathering)"의 능력을 표현하는 항목으로 쓰인다.

f-stop의 변화는 원형 조리개의 확대와 축소를 가져오며 실질적으로 렌즈의 구경을 조절하여 통과하는 빛의 양을 조절할 수 있다. 렌즈의 구경이 커지면 짧은 시간 내에 촬영하여야 하며 심도는 작아지게 되고 렌즈의 왜곡은 더욱 심하게 나타난다. 이러한 경우에 렌즈의 구경은 작은 것이 바람직하다. 이렇게 되면 심도가 깊어져 모든 상에 선명한 초점을 얻을 수 있다. 셔터속도는 이와 반비례 관계이다. f-stop 수치가 커지게 되면 셔터 속도를 낮추어 충분한 빛이 통과할 수 있도록 한다. 반대로, 움직이는 차량이나 동체를 촬영하기 위해서는 빠른 셔터속도가 필수적이다. 따라서 이러한 경우에는 f-stop 수치를 작게 하여 구경을 증가시킴으로써 충분한 노출을 얻어야 한다.

앞에서 언급한 바와 같이 f-stop과 셔터속도의 관계가 얼마나 중요한지를 알 수 있을 것이다. 만약 노출시간을 1/2로 줄이면 전 노출도 1/2로 줄어들게 된다. 바꾸어 말하면, 만약 구경의 면적이 두 배로 되면 전 노출은 두 배로 된다. 셔터속도가 1/2만큼 줄어든다면 구경은 두 배가 되어야만 동일한 노출을 얻을 수 있는 것이다.

저가의 카메라를 제외한 일반 카메라들은 f-stop과 셔터속도를 변환하게 되어 있다. 보통 f-stop은 1, 1.4, 2, 2.8, 4, 5.6, 8, 11, 16, 22로 되어있다. f-stop이 1이란 의미는 식 (2.2)에서 렌즈의 직경과 초점 길이가 동일하다는 의미이다. f를 1.4로 설정하면 f가 1인 경우에 비해 면적은 절반이 된다. 일련의 f-stop 수는 앞의 조리개 치수에 $\sqrt{2}$를 곱하여 얻을 수 있다. 이를 증명해 보자.

우선 $d_1 = f$라 하자.

그러면, $\frac{d_1}{f} = 1$

f-stop 1에서의 렌즈개방면적 $A_1 = \frac{\pi d_1^2}{4}$

만약에 개방면적이 d_2로 감소한다면 $A_2 = \frac{A_1}{2}$, $\frac{\pi d_2^2}{4} = \frac{\pi d_1^2}{2(4)}$

그러므로 $d_2 = \frac{d_1}{\sqrt{2}}$, $\frac{d_2}{f} = \frac{d_1}{f\sqrt{2}}$

f-stop은 $\frac{f}{d}$이므로 $\frac{f}{d_2} = \frac{f\sqrt{2}}{d_1}$

즉, d_2에 대한 f-stop은

$$\frac{f\sqrt{2}}{d_1} = 1\sqrt{2} = 1.4 \quad (\because \text{앞에서 } \frac{f}{d_1} = 1 \text{이라고 했으므로})$$

f-stop과 셔터속도는 노출의 양을 정하는 흥미로운 상관관계를 나타낸다.

그림 2.34 조리개(Iris)

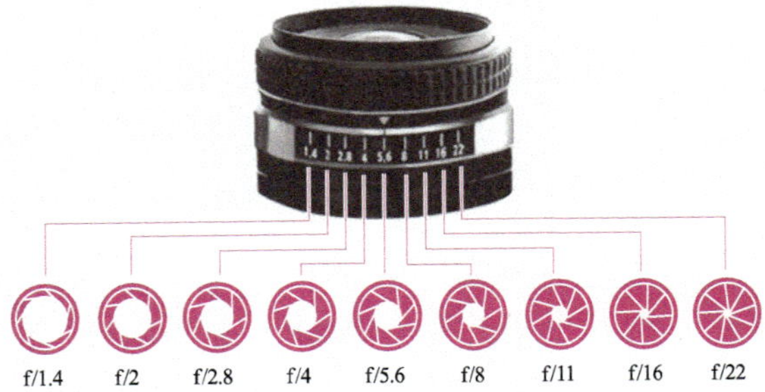

그림 2.35 렌즈와 조리개

예제 2.1

적정노출이 조리개 f-stop이 4, 셔터스피드가 1/250초라 하자. 셔터스피드를 1/500초로 하면 f-stop을 얼마로 하여야 적정노출이 되는가?

풀이 ▸▸▸

셔터스피드가 두 배 빨라졌으므로 f-stop은 두 배의 면적에 해당하는 값으로 세팅해야 한다. 따라서 새로운 $f stop = \frac{4}{\sqrt{2}} = 2.828427\cdots$.

가장 가까운 f-stop의 값은 2.8이다.

예제 2.1에서 f-stop은 2.8이다. f : 2.8의 면적은 f : 4의 2배가 되는 것이며, 셔터 속도를 반으로 줄이면 개방면적을 두 배로 해야 함을 의미한다. 이를 도식으로 나타내면 그림 2.36과 같다.

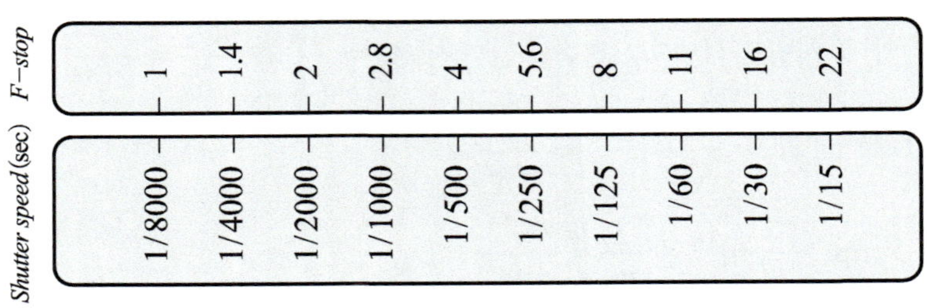

그림 2.36 조리개와 셔터스피드의 관계

앞에서 거론했듯이 피사체의 광량과 움직임에 따라 조리개와 셔터스피드를 조절해야 한다. 조리개는 광량을 조절하는 역할 이외에 심도(Depth of field)에 영향을 준다.

항공사진측량용카메라의 경우 초점이 무한대에 맞추어 생산되지만 조리개는 조절 가능하게 되어있다. 결론부터 말하면, 조리개를 개방하는 것보다 약간 줄여주는 것이 전반적으로 초점범위의 관용범위가 넓어 선명한 영상을 얻을 수 있다. 일반적으로 조리개를 개방하면 심도가 얕아지고 줄이면 심도가 깊어진다고 말하나 피사체의 거리, 피사체와 배경 간의 거리, 렌즈의 종류에 따라 정도가 다르다는 점을 이해해야 할 것이다. 또한 초점부분의 앞쪽보다 뒤쪽의 심도가 더 깊다. 그림 2.37에서 f-stop이 11인 경우에 똑같은 흐림양으로 비교해볼 때 초점으로부터 범위가 넓지만 조리개가 5.6 → 4로 개방됨에 따라 점점 더 좁아지는 양상을 볼 수 있다. 즉, 조리개의 구경이 작을수록 가까운 피사체와 먼 피사체가 고르게 초점이 맞는다는 것이다.

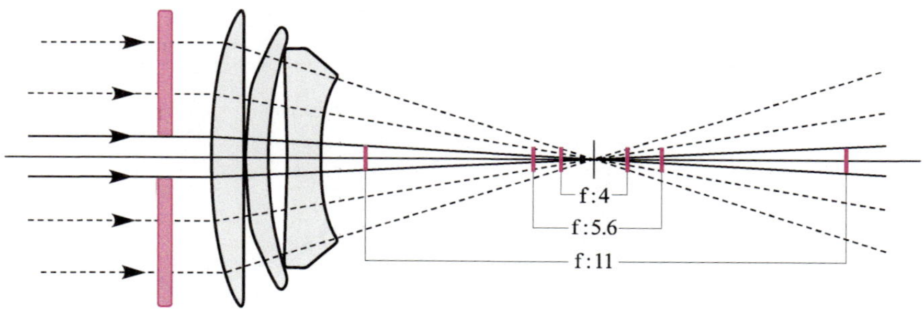

그림 2.37 심도(Depth of field)

2.5 필 터

아날로그카메라의 경우 렌즈의 전면부에 부착하여 사용하는 광학적 평면유리로 특정한 파장을 차단 또는 통과목적으로 사용한다. 만약 필터가 적색이라면 청색, 녹색의 파장은 차단되고 오직 적색파장만을 통과시키게 된다. 이러한 필터들은 원하는 파장만을 투과 노출시키기 위해 카메라 렌즈 앞에 장착되기도 한다. 이는 특정한 대상물만을 영상화할 경우에 매우 유용하다.

대기의 산란은 자외선(UV)과 단파장(청색)의 산란에 기인한다. 이러한 대기의 산란과 상관없이 깨끗한 사진을 얻으려면 헤이즈 필터(Haze filter)를 사용해야 한다. 이 필터는 단파장(헤이즈의 원인)이 카메라 렌즈를 통해 노출되지 않도록 막아준다. 이러한 이점 때문에 항공카메라에는 거의 항상 이러한 필터가 사용된다. 항공카메라의 필터는 매우 고가의 광학유리를 사용하여 제작된다. 그리고 필터를 통과한 광선은 필터에 의해 왜곡될 여지가 있기 때문에 필터를 착용한 후에 카메라를 검정하여야 하며 검정한 후에는 필터를 제거해서는 안 된다.

디지털시대에 와서는 일반적인 디지털카메라 센서의 전면부에 또 다른 필터를 사용하는데 적외선차단필터가 그것이다. 카메라에 장착된 CCD센서들은 광학통로에 IR Cut Filter(ICF)를 장착하고 있다. 그림 2.38에 보인 그래프는 전형적인 태양방사의 분광커브, 인간이 느끼는 곡선, 실리콘(반도체)이 감지하는 강도곡선이다. CCD와 CMOS센서는 실리콘의 특성에 의거한다. 그래프에서 인간은 400~700nm 범위의 가시광선만을 느끼지만 CCD와 CMOS센서는 1,050nm인 적외선 영역까지 감지한다. 이러한 현상은 화질을 떨어뜨리는 경향이 있으므로 일반 RGB카메라는 IR제거하고 가시광선만을 통과시키기 위해 CCD앞 광학통로에 IR Cut Filter(ICF)를 장착하고 있다.

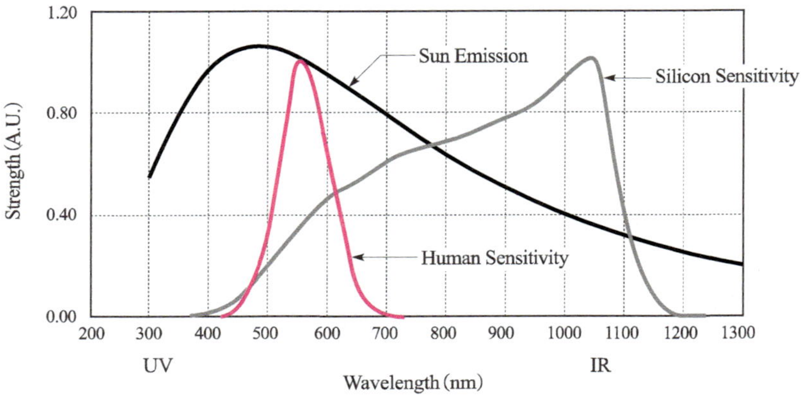

그림 2.38 태양의 방사와 인간, CCD센싱 패턴

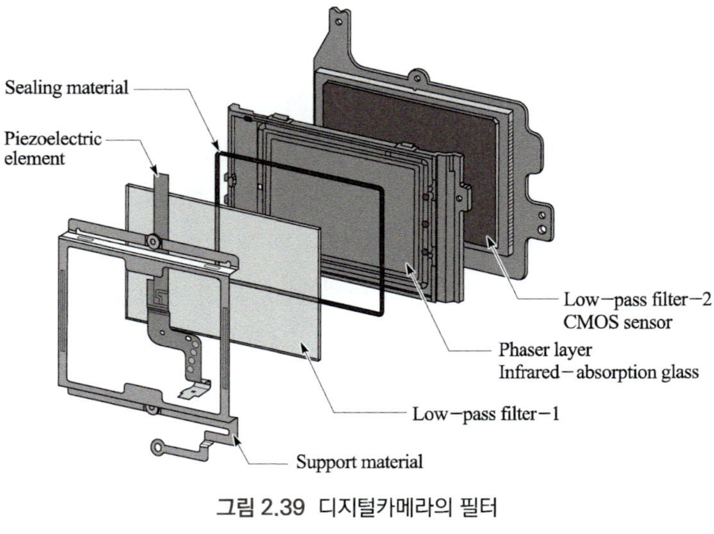

그림 2.39 디지털카메라의 필터

CHAPTER 3 사진의 기하학적 특성

사진측량은 광학계를 통하여 얻은 사진 및 영상을 기본데이터로 이용하므로 특별한 기하학적 특징이 있다. 또한 인간이 감지하는 것과 다른 방법으로 입체시를 해야 하므로 이러한 특징들을 설명하였다. 이러한 기하학적 특징들은 사진측량작업에 어려움을 주지만, 반면에 이를 이용하여 또 다른 정보를 얻기도 한다.

3.1 중심투영(Central projection)

사진의 특성은 대상물로부터 반사된 광이 렌즈 중심에 모였다가 다시 퍼져 필름면에 투영되는 중심투영의 기하학적 성질을 가지고 있다. 반면에 지도는 모든 사물을 정사투영으로 표시하여야 하기 때문에 사진과는 기하학적으로 차이가 있다. 지표가 평탄하다면 축척의 차이를 제외하고는 중심투영과 정사투영은 차이가 없을 것이다. 그러나 지형에 기복이 있는 경우에는 정사투영 지도와 중심투영 사진 간에는 높이로 인한 많은 차이가 발생한다.

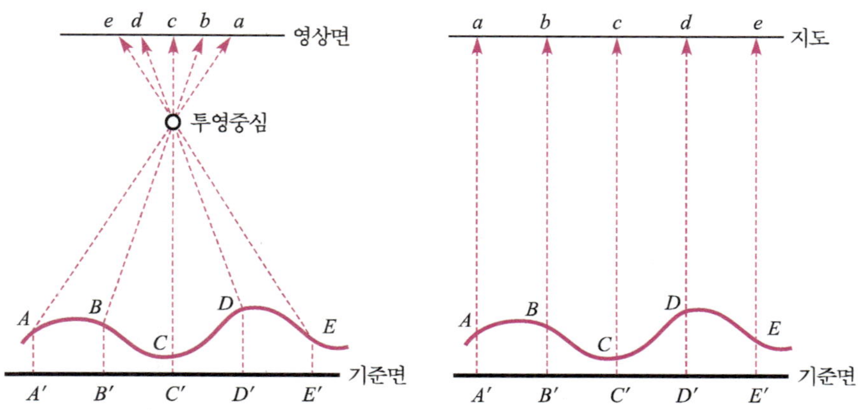

그림 3.1 중심투영과 정사투영(공간정보공학, 2015)

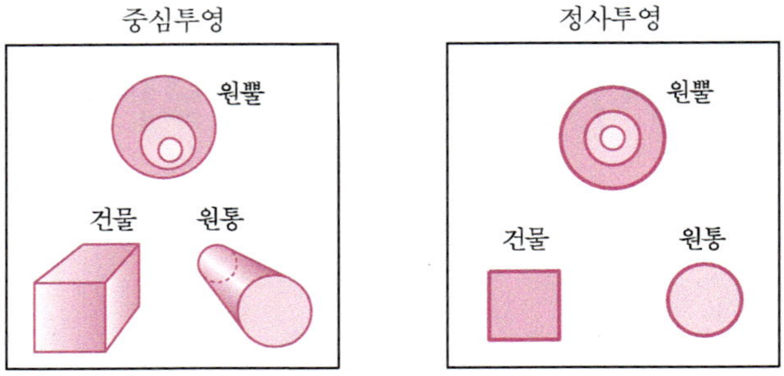

그림 3.2 중심투영과 정사투영으로 본 피사체의 모양(공간정보공학, 2015)

그림 3.1에서 사진의 경우에는 렌즈 중심을 통해 피사체가 필름면에 도달하기 때문에 투영중심으로부터의 거리가 각각 달라 축척이 동일하지가 않다. 그러나 지도와 같은 정사투영은 평행광선으로 투영하기 때문에 축척이 동일하다. 이 두 투영법은 그림 3.2에서와 같이 원뿔과 원통, 건물들에 대해 표현방식이 달라지게 된다. 이는 평행광선으로 투영된 지도와 다르게 만드는 원인이 되지만 변위량을 측정하면 간접적으로 대상물의 높이를 구할 수 있다.

3.2 기복변위(Relief displacement)

기복변위란 대상물에 표고차가 있을 경우 사진중심으로부터 방사방향으로 사진상에 변위(Δr)가 발생하는 것을 말한다. 따라서 연직으로 촬영하여도 축척은 동일하지 않음으로써 발생하는 방사상의 변위를 의미한다. 이로 인하여 영상에 변위가 발생하지만 사진상에서 변위량을 측정하면 반대로 대상물의 표고를 구할 수 있는 이점도 있다.

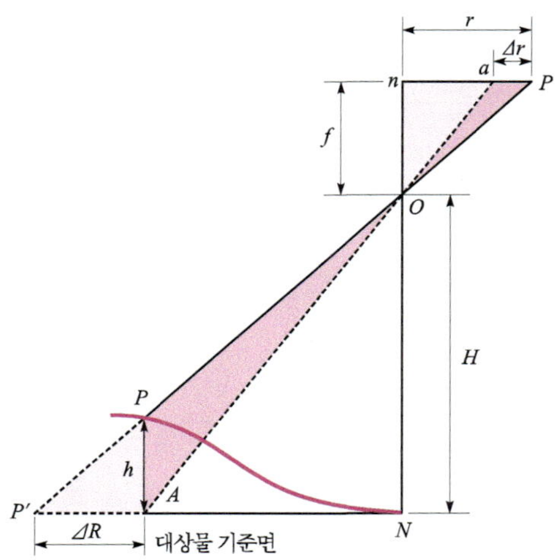

그림 3.3 기복변위(Relief displacement)
(공간정보공학, 2015)

$\Delta PP'A \propto \Delta Opn$에서

$$\frac{\Delta R}{h} = \frac{r}{f},\ \Delta R = \frac{r}{f}h \tag{3.1}$$

$\Delta\, Opa \propto \Delta OAP'$

$$\frac{\Delta r}{\Delta R} = \frac{f}{H},\ \Delta r = \frac{f}{H}\Delta R \tag{3.2}$$

$$\therefore\ \ \Delta r = \frac{h}{H}r$$

$$\therefore\ \ h = \frac{\Delta r}{r}H$$

여기서, Δr : 기복변위량　　　h : 비고
　　　　H : 촬영고도　　　　r : 연직점으로부터 상점까지의 거리

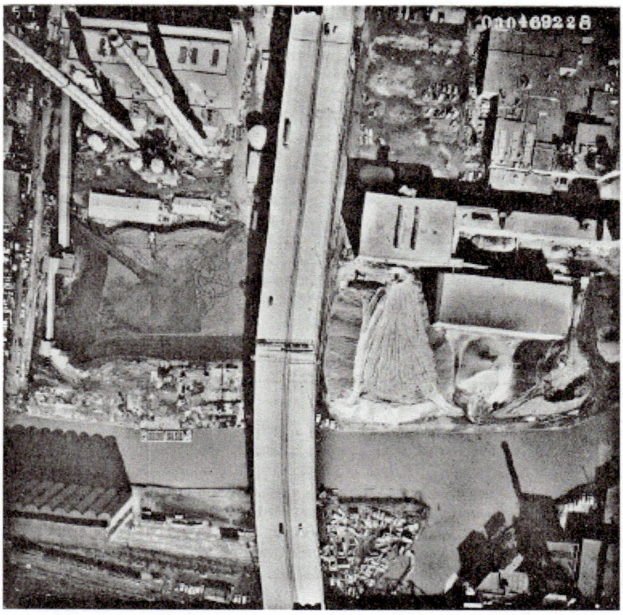

그림 3.4 수직사진에 나타난 기복변위

그림 3.4에서 보듯이 좌측 상단에 보이는 두 개의 굴뚝과 좌측하단의 플랜트는 사진의 중심으로부터 방사방향으로 기복변위가 발생한 것을 볼 수 있다.

예제 3.1

그림 3.4의 수직사진은 평균해수면으로부터 533m의 고도에서 촬영한 것이다. 좌측상단부분에 있는 굴뚝 하단의 높이는 259m이다. 굴뚝의 기복변위 Δr의 측정값은 54mm이고 사진중심으로부터 굴뚝꼭대기까지의 방사거리는 122mm이다. 이 굴뚝의 높이는 얼마인가?

풀이 ▸▸▸

$$h = \frac{\Delta r}{r}H = \frac{54\text{mm}}{122\text{mm}} \times (533\text{m} - 259\text{m}) = 121.3\text{m}$$

예제 3.2

촬영고도 850m에서 촬영한 사진상 굴뚝의 윗부분이 주점으로부터 90mm 떨어져 나타났다. 굴뚝의 높이가 76.5m라면 사진상에 기복변위는 얼마로 나타나겠는가?

풀이 ▸▸▸

$$h = \frac{\Delta r}{r}H \quad \therefore \Delta r = \frac{h}{H} \cdot r = \frac{76.5\text{m}}{850\text{m}} \times 90\text{mm} = 8.1\text{mm}$$

3.3 특수 3점

항공사진은 촬영 시 정확한 수직사진촬영이 어려우므로 엄격히 말해서 경사사진이라고 말할 수 있다. 수직사진의 경우에도 연직점 부근과 가장자리 부분의 사진축척이 다르며, 특히 경사사진의 경우 그 차이가 커 축척의 결정이 쉽지 않다. 이러한 이유로 경사사진의 특수 3점에 대한 정확한 이해와 정의가 필요하다. 이 특수 3점은 경사사진에서 발생하며 수직사진에서는 하나의 점으로 일치된다. 그림 3.5에서 특수 3점은 필름면과 지상에 각각 발생한다. 주점은 지표로부터 사진상에서 구할 수 있으므로 주점으로부터의 특수점까지의 거리를 구하면 된다.

① 사진상 주점(Pricipal point)은 렌즈의 중심으로부터 사진면에 내린 수직점(m), 이며 사진상 주점과 렌즈의 중심을 지나 지상에 형성되는 점을 지상주점(M)이라 한다. 또한 주점은 사진상 지표(Fiducial marks)를 잇는 교차점이 된다.

② 연직점은 렌즈 중심으로부터 사진면에 중력방향으로 내린 점(n) 또는 지상연직점(N)을 얘기하며 각각 사진연직점(n), 지상연직점(N)이라고 한다. 사진의 경사각에 따라 주점으로부터의 거리는 그림 3.6으로부터 다음과 같이 구한다.

$$\overline{mn} = f \cdot \tan i \tag{3.3}$$

사진상의 비고점은 연직점을 중심으로 한 방사선상에 있다.

③ 등각점은 렌즈의 중심에서 주점과 연직점이 이루는 각을 2등분하는 광선이 사진면과 교차하는 점(j)를 의미하며 지상까지 연장하면 지상 등각점(J)이 된다. 경사각을 이등분하므로 주점으로부터 등각점까지의 거리는 다음과 같다.

$$\overline{mj} = f \cdot \tan \frac{i}{2} \tag{3.4}$$

등각점에서의 축척은 사진의 경사각에 관계없이 수직사진의 축척과 같게 된다.

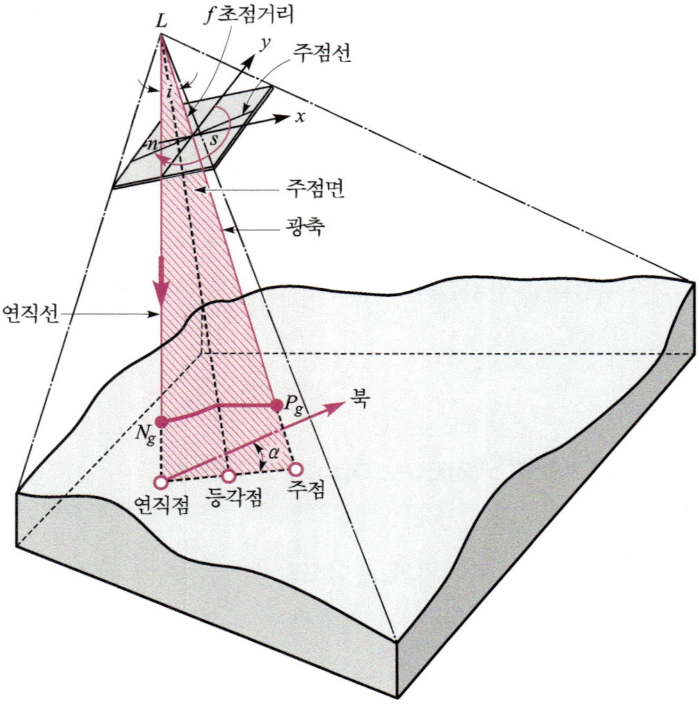

그림 3.5 항공사진의 특수 3점

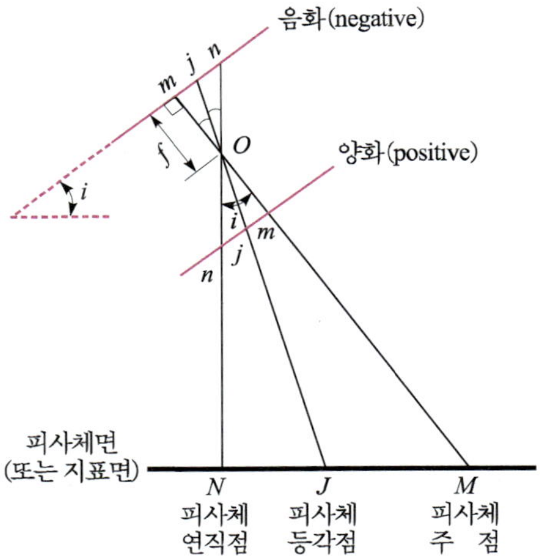

그림 3.6 특수 3점

예제 3.3

촬영고도 3,000m, 축척 1 : 20,000인 항공사진이 있다. 경사각이 5°인 경우의 주점으로부터 연직점과 등각점의 거리는 얼마나 떨어져 있겠는가?

풀이 ▸ ▸ ▸

$$\text{초점거리} = \frac{3000\text{m}}{20000} = 0.15\text{m} = 150\text{mm}$$

주점과 연직점의 거리 $= 150 \times \tan 5° = 13.12\text{mm}$

주점과 등각점의 거리 $= 150 \times \tan 2°30' = 6.55\text{mm}$

3.4 입체영상 시차(Stereoscopic Parallax)

시차(Parallax)란 관측위치가 변함으로써 기준계에 대해 대상물의 위치가 변위로 나타나는 것을 말한다. 눈앞에 손가락을 세우고 손가락은 움직이지 않은 상태에서 손가락을 응시하며 머리를 옆으로 빠르게 움직여 보자. 손가락이 배경에 대해 옆으로 움직이는 것처럼 보이는 것을 알 수 있다. 벽에 걸려있는 액자도 마찬가지이다. 머리를 움직이는 것보다 양쪽 눈을 번갈아가며 깜박거리면 똑같은 효과를 만들 수 있다. 손가락을 가까이 하면 이 효과는 더 크게 나타난다. 이 관측위치가 움직임에 의해 발생하는 손가락의 움직임이 시차이다.

만약에 사람의 눈이 앞으로 날아가고 있는 비행기에 실려 있는 카메라의 뷰파인더라고 생각한다면 지상의 모습이 화면을 가로질러 움직일 것이다. 이 영상의 움직임이 관측위치가 변함에 따라 발생하는 시차의 또 다른 예가 된다. 상기할 점은 카메라에서 가까울수록 이 움직임은 커진다는 것이다.

일정한 간격으로 항공사진의 중복 촬영하는 것은 촬영순간 영상의 위치를 기록하는 것이다. 한 장의 사진과 다음 사진 상의 영상의 변화는 비행기의 움직임에 기인하며 입체영상시차, x시차 또는 간단히 시차라고 한다. 시차는 모든 중복사진 상에 발생한다. 그림 3.7에서 촬영점 L_1, L_2로부터 촬영한 지상점 A, B는 왼쪽 사진 상 a, b에 나타난다. 비행기가 앞으로 움직임에 따라 촬영방향과 평행하게 카메라의 초점면에서 움직인다. 결국 오른쪽 사진 상에는 a', b'로 나타나게 된다. A점이 B점보다 카메라에서 가깝기 때문에 초점면에서의 움직임 양이 b점보다 a점이 더 크다. 바꾸어 말하면 A점의 시차가 B점의 시차보다 더 크다는 것이다.

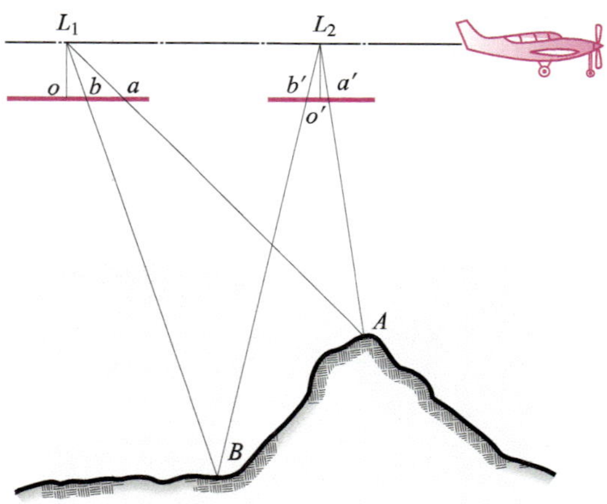

그림 3.7 수직항공사진에서의 입체영상 시차

이것은 입체영상시차의 두 가지의 중요한 사항이 된다.

1) 어떤 점의 시차건 측점의 표고에 직접적으로 영향을 받는다.

2) 시차는 낮은 곳에 있는 측점보다 높은 곳에 있는 측점이 더 크다.

측점에 따른 표고의 변화가 시차에 영향을 준다는 것은 사진 상에서 측정한 시차를 이용하여 측점의 표고를 알 수 있다는 의미이다. 사실, 지상좌표 X, Y, Z는 각각의 시차에 기초하여 계산할 수 있다. 이에 대한 방정식을 3.5절에 소개하였다.

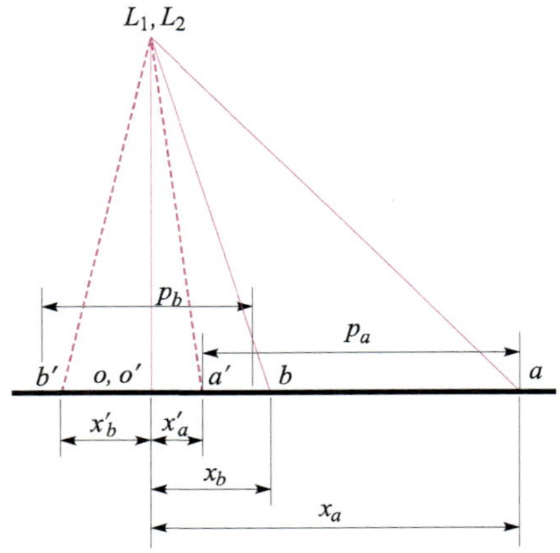

그림 3.8 그림 3.7에서의 두 장의 사진을 기하학적으로 중첩

그림 3.8에서는 그림 3.7에서 두 장의 사진을 기하학적으로 겹쳐놓은 것이다. A와 B점의 시차는 각각 p_a와 p_b이다. 입체영상시차는 입체 쌍의 두 사진 상에 나타난다. 비행방향의 사진좌표를 기준으로

$$p_a = x_a - x'_a \tag{3.5}$$

식 (3.5)에서 A점의 입체영상시차 p_a는 x_a와 x'_a가 필요한데, x_a는 왼쪽 사진에서 a점에 대한 x좌표를 측정하고 x'_a는 왼쪽 사진 상에서 a'점에 대한 x좌표를 측정하면 된다. 이들 사진좌표는 지표좌표시스템과는 다르다. 이는 비행기의 비행방향을 x축으로 시차를 측정한다.

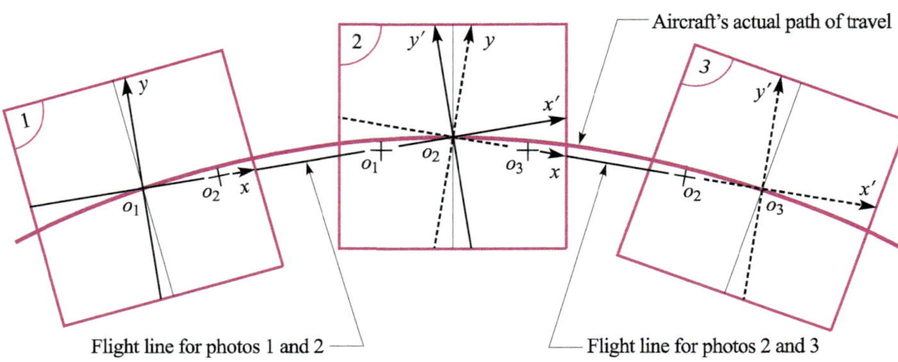

그림 3.9 입체영상시차의 측정을 위한 비행방향 축

3.5 시차방정식(Pallax Equation)

3.5.1 지상기준좌표계를 기준으로 한 시차방정식

앞서 얘기했듯이 해당 측점들의 시차측정을 기본으로 X, Y, Z 지상좌표를 계산할 수 있다. 그림 3.10은 기준면으로부터 똑같은 촬영고도에서 중복 촬영한 한 쌍의 수직사진을 보여주고 있다. 지상점 A는 왼쪽사진과 오른쪽사진에 각각 a, a'로 촬영되어 있다. 지상에서 A점의 측정위치는 X_A, Y_A로 주어져 있다. 기준면으로부터의 높이는 h_A이다. XY 지상좌표계의 원점은 왼쪽사진의 주점에 대한 지상점 P이고 X축은 비행축 x, x'과 같다. Y축은 왼쪽사진의 주점으로부터 비행축에 직각방향이다. 이러한 정의에 의하면 사진입체쌍은 유일한 지상좌표시스템을 가지고 있다. 그림에서 X_A, Y_A, h_A를 유도할 수 있다. 닮음삼각형 L_1oa_y와 $L_1A_oA_y$에서

$$\frac{Y_A}{H-h_A}=\frac{y_a}{f} \tag{3.6}$$

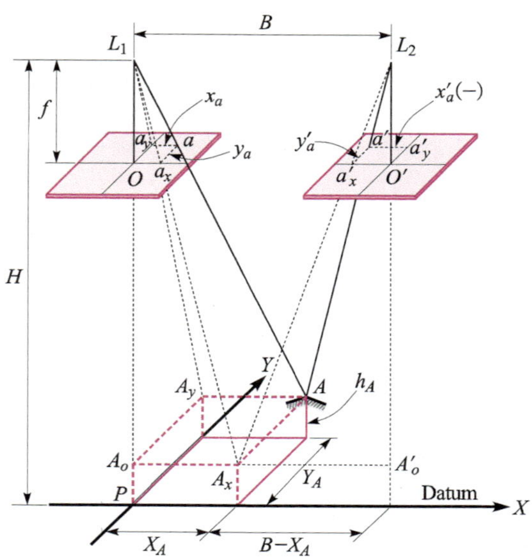

그림 3.10 수직항공사진의 중복 기하학

여기로부터

$$Y_A = \frac{y_a}{f}(H - h_A) \tag{3.7}$$

같은 방법으로 닮음삼각형 L_1oa_x 와 $L_1A_oA_x$ 에서

$$X_A = \frac{x_a}{f}(H - h_A) \tag{3.8}$$

역시 닮음삼각형 $L_2o'a'_x$ 와 $L_2A'_oA_x$ 에서

$$\frac{B - X_A}{H - h_A} = \frac{-x'_a}{f} \tag{3.9}$$

여기로부터

$$X_A = B + \frac{x'_a}{f}(H - h_A) \tag{3.10}$$

식 (3.8)과 식 (3.10)에서

$$h_A = H - \frac{Bf}{x_a - x'_a} \tag{3.11}$$

식 (3.11)에 $x_a - x'_a$를 p_a로 치환하면

$$h_A = H - \frac{Bf}{p_a} \tag{3.12}$$

식 (3.7), 식 (3.8)에 식 (3.12)를 대입하면

$$X_A = B\frac{x_a}{p_a} \tag{3.13}$$

$$Y_A = B\frac{y_a}{p_a} \tag{3.14}$$

식 (3.12), (3.13), (3.14)에서 h_A는 기준면으로부터 A점의 표고이며 B는 촬영기선, f는 카메라의 초점거리, p_a는 A점의 시차, x_a, y_a는 왼쪽 사진의 비행축을 기준으로 측정한 a의 사진좌표이다.

식 (3.12), (3.13), (3.14)를 보통 시차공식이라고 한다. 이 식들은 사진측량사에게 매우 유용한 방정식이다. 이 식들은 입체시 후 중복지역 전체에 대한 완벽한 측량을 가능케 한다. 초점거리는 알고 있으며 충분한 지상기준점이 있다면 B와 H를

계산할 수 있다.

식 (3.13), (3.14)를 사용하여 상점 x_a, y_a에 대한 임의 입체모델좌표계상에서 X, Y좌표를 구할 수 있다. 임의의 좌표계에서 최소한 2점 이상의 지상좌표를 알고 있다면, 다른 모든 점의 XY좌표는 2차원좌표 변환을 통해 지상좌표계로 변환되어 X_A, Y_A좌표를 알 수 있다.

예제 3.4

해발 1,233m의 비행기에서 초점거리 152.4mm의 카메라로 중복 촬영된 수직사진이 있다. 촬영기선은 390m이다. 두 장의 사진을 표정하고 a,b점 좌표를 측정했더니
$x_a = 53.4\text{mm}$, $y_a = 50.8\text{mm}$, $x'_a = -38.3\text{mm}$, $y'_a = 50.9\text{mm}$,
$x_b = 88.9\text{mm}$, $y_b = -46.7\text{mm}$, $x'_b = -7.1\text{mm}$, $y'_b = -46.7\text{mm}$였다. 측점 A, B의 표고와 AB 사이의 수평거리를 구하시오.

풀이 ▸▸▸

식 (3.5)에 의해 a, b점의 시차 p_a, p_b를 계산

$$P_a = x_a - x'_a = 53.4 - (-38.3) = 91.7\text{mm}$$

$$P_b = x_b - x'_b = 88.9 - (-7.1) = 96.0\text{mm}$$

식 (3.12)에 의해

$$h_A = H - \frac{Bf}{P_a} = 1233 - \frac{390(152.4)}{91.7} = 585\text{m (above sea level)}$$

$$h_B = H - \frac{Bf}{P_b} = 1233 - \frac{390(152.4)}{96.0} = 614\text{m (above sea level)}$$

식 (3.13)과 (3.14)로부터

$$X_A = B\frac{x_a}{P_a} = 390\left(\frac{53.4}{91.7}\right) = 227\text{m}$$

$$Y_A = B\frac{y_a}{P_a} = 390\left(\frac{50.8}{91.7}\right) = 216\text{m}$$

$$Y_B = B\frac{x_b}{P_a} = 390\left(\frac{88.9}{96.0}\right) = 361\text{m}$$

$$Y_B = B\frac{y_b}{P_a} = 390\left(\frac{-46.7}{96.0}\right) = -190\text{m}$$

수평거리는

$$AB = \sqrt{(X_B - X_A)^2 + (Y_B - Y_A)^2} = \sqrt{(361-227)^2 + (-190-216)^2} = 427\text{m}$$

3.5.2 시차차(Parallax difference)에 의한 표고 계산

사진측량에서의 시차라 함은 앞 절에서 설명한 시차와 또 다른 의미가 있다. 이는 입체시 표정과정에서 발생하는 시차에 대한 것이다. 그림 3.11(a)에서 두 장의 사진을 표정할 경우 두 투영중심 O_1과 O_2에서 나온 대응광선이 평면 γ와 만나는 점 A′와 A″가 일치하지 않을 경우 평면 γ상의 벡터를 시차라 한다. 이는 X방향과 Y방향으로 나눌 수 있는데

p의 x성분을 횡시차(x-parallax) → px
p의 y성분을 종시차(y-parallax) → py라 한다.

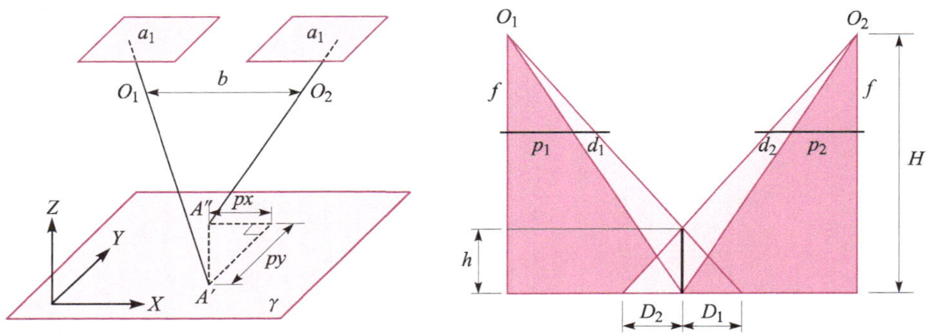

(a) 종시차와 횡시차 (b) 시차공식

그림 3.11 시차

이 중 종시차를 이용하면 대상물의 높이를 구할 수 있다. 그림 3.11(b)에서

$D_1 = (d_1 + p_1)\dfrac{h}{f}$, $D_1 = (d_2 + p_2)\dfrac{h}{f}$ 이므로

$$D_1 + D_2 = \frac{h}{f}(d_1 + d_2 + p_1 + p_2) \tag{3.15}$$

$d_1 + d_2 = \Delta p$(시차차), $p_1 + p_2 = b$(주점기선 길이)라 놓으면

$$h = \frac{f(D_1 + D_2)}{\Delta p + b} = \frac{f}{\Delta p + b} \cdot \frac{H}{f}(d_1 + d_2) = \frac{\Delta p}{\Delta p + b}H \tag{3.16}$$

$$\because D_1 = \frac{H}{f}d_1, \quad D_2 = \frac{H}{f}d_2 \tag{3.17}$$

Δp가 상대적으로 작으므로 분모항의 Δp를 무시하면 다음과 같은 시차공식이 만들어진다.

$$h = \frac{\Delta p}{b} H \tag{3.18}$$

예제 3.5

촬영고도 6,000m, 사진 I 을 기준으로 입체시한 주점기선의 길이가 80mm, 사진 II 를 기준으로 입체시한 주점기선길이가 81mm였다. 시차차가 1.0mm인 굴뚝이 있다면 높이는 얼마인가?

풀이 ▸▸▸

식 (3.18) 이용

$$h = \frac{\Delta p}{b} H = \frac{6000\text{m}}{(80\text{mm} + 81\text{mm})/2} \times 1.0\text{mm} = 74.5\text{m}$$

예제 3.6

1,800m 상공에서 워싱턴 D.C를 촬영하여 한 쌍의 수직사진을 얻었다. 이 사진에서 기념탑 꼭대기에 대한 X축상 거리는 좌·우측 영상에서 각각 x_t=10.97cm, x_t'=1.83cm이었으며, 바닥부분의 거리는 좌·우측 영상에서 각각 x_b=10.06cm, x_b'=1.70cm이었다. 워싱턴 기념비의 높이는 얼마인가? (사진의 기선길이는 8.35cm)

그림 3.12 항공사진

풀이 ▸ ▸ ▸

기념비의 꼭대기의 시차 $P_t = 10.97 - 1.83 = 9.14\text{cm}$

기념비의 바닥부의 시차 $P_b = 10.06 - 1.70 = 8.36\text{cm}$

꼭대기와 바닥부의 시차차 $\Delta P = 9.14\text{cm} - 8.36\text{cm} = 0.78\text{cm}$

$$h = \frac{\Delta p}{b} H = \frac{0.78}{8.35} \times 1800\text{m} = 168.14\text{m}$$

실제 탑의 높이는 169.294m 이다.

3.6 입체시

3.6.1 입체시의 원리

촬영된 사진은 3차원 실세계를 2차원 평면의 필름 위에 표현하므로 한 장의 사진만을 가지고는 3차원 측량이 불가능하다. 이를 가능케 하기 위해서는 우리가 두 눈으로 사물을 보듯 동일 지역을 두 장의 사진에 중복시켜 촬영한 두 장의 사진이 있어야 한다. 중복된 두 장의 사진을 가지고 입체시를 할 수 있으며 실세계를 재현할 수 있는 것이다. 이러한 방법에는 크게 광학적인 방법과 전자적인 방법이 있다. 입체시의 원리를 알아보자.

그림 3.13에서 우리가 사물을 바라볼 때 거리차를 가지고 있는 두 점 P, Q에 대한 두 눈의 각도 γ_1, γ_2를 시차라 하며, 이 값은 같지 않다. 가까울수록 각이 커지고 멀수록 각이 작아진다. 이 차이를 시차차(Parallax difference)라 하며 두뇌에서 이 시차차의 정도에 따라 거리감을 느끼게 한다. 또한 망막에 맺힌 상으로 생각해 보면 PQ점은 왼쪽 눈에서 p'_1, q'_1, 오른쪽 눈에서 p'_2, q'_2가 된다. 왼쪽 망막에 맺힌 p'_1, q'_1를 오른쪽 망막으로 옮겨 생각하면 P점의 시차는 p'_1, p'_2, Q점의 시차는 q'_1, q'_2로 표시되며 차를 시차차, 즉 $\overline{p'_1p'_2} - \overline{q'_1q'_2}$가 된다. 사진측량에서는 이 시차차를 이용하여 PQ의 높이를 얻을 수 있다.

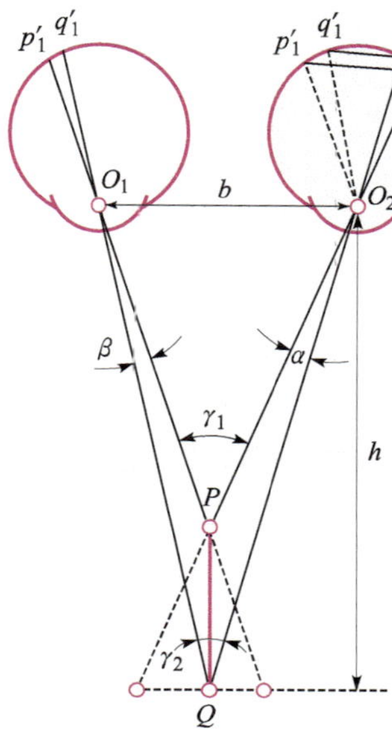

그림 3.13 입체시의 원리

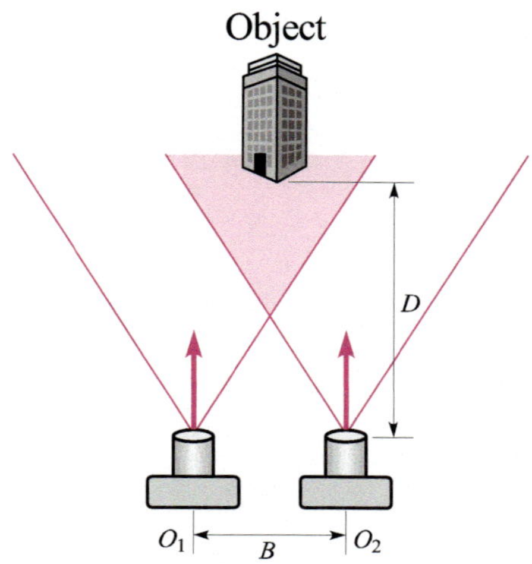

그림 3.14 입체사진 촬영조건

원활한 입체시를 하기 위해서는 그림 3.14와 같이 조건을 만족하도록 중복 촬영해야 한다.

① 각 사진의 광축은 거의 동일평면상에 존재해야 한다.

② 기선고도비(B/H) 또는 기선거리비(B/D)가 지상사진에서 약 0.25, 항공사진측량에서 1/40~1/20 정도이어야 한다.

③ 2매 사진의 축척은 거의 동일하여야 하며, 축척차가 15% 이상 차이가 나게 되면 곤란하다. 장시간 입체시할 경우에는 5% 이상 축척차는 좋지 않다.

그림 3.15(a)에서 건물상의 AB 점은 사진 상에 각각 a_1b_1, a_2b_2로 나타난다. 그림 3.15(b)는 도화기 상에서의 입체시 모형이다. 좌우사진에서의 건물은 사진의 주점으로부터 방사방향으로 나타나게 되며 입체시를 통해 지상의 건물 AB로 재현되게 된다. 건물상 A, B 점에 대한 시차각은 각각 ϕ_a, ϕ_b이며, 이 두 각의 차이는 $\overline{PQ}$가 클수록 커진다.

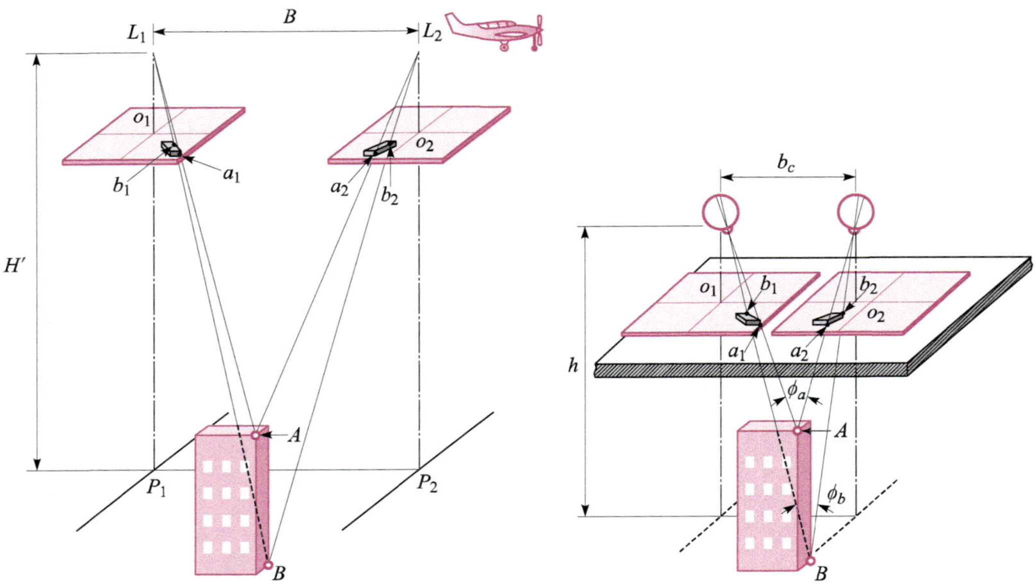

(a) 입체시 항공촬영 (b) 도화기 상 입체모델

그림 3.15 항공촬영 시의 입체시 원리

3.6.2 입체시의 방법

입체시를 위해서는 기본적으로 왼쪽사진은 왼쪽 눈에만 오른쪽사진은 오른쪽 눈에만 보이게 해야 한다. 이렇게 하기 위해서 다음과 같은 다양한 방법을 사용한다.

1) 자연입체시

일상생활에서 입체시를 말한다. 습관에 젖어 인식을 잘 하지 못하지만 우리는 두 눈으로 입체시를 항상 하고 있다. 한쪽 눈을 가리고 거리감을 느끼지 못하는 것은 입체시가 안 되기 때문이다.

2) 육안입체시(Magic eye)

두 장의 중복된 사진을 놓고 매직아이 기법으로 입체시 하는 것이다. 장시간의 입체시가 어려워 지도 작성에 사용하기는 어렵다.

3) 렌즈식 입체시

육안으로 입체시가 되지 않을 경우 렌즈식 입체경을 이용하면 도움을 받을 수 있다.

사진과 렌즈와의 일정한 간격을 유지해야 한다는 제한조건이 있다. 단지, 입체시의 의의가 있으며 기하학적인 결과물을 얻기는 힘들다.

4) 입체경식 입체시(Stereoscope)

반사경과 프리즘, 망원렌즈로 이루어진 입체경은 나름대로 정밀한 광학계를 가지고 있으며 시차를 측정할 수 있는 시차측정간이 있어 입체지역의 대상물들의 시차를 측정하여 고저차 또는 표고를 구할 수 있다. 사진이 놓이는 플레이트와 시차측정간을 전자적으로 적용하면 지형도 작성도 가능하다.

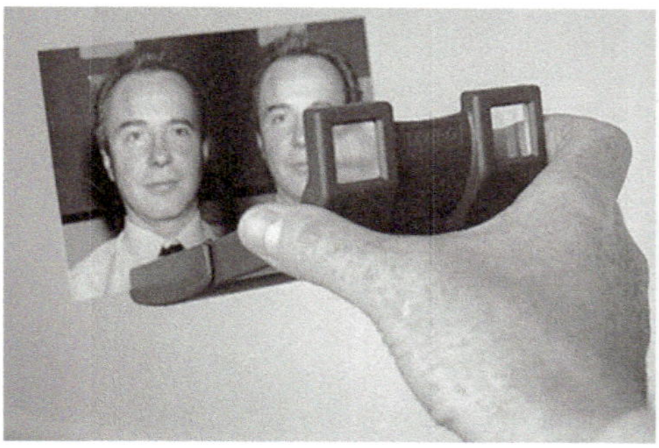

그림 3.16 렌즈식 입체경

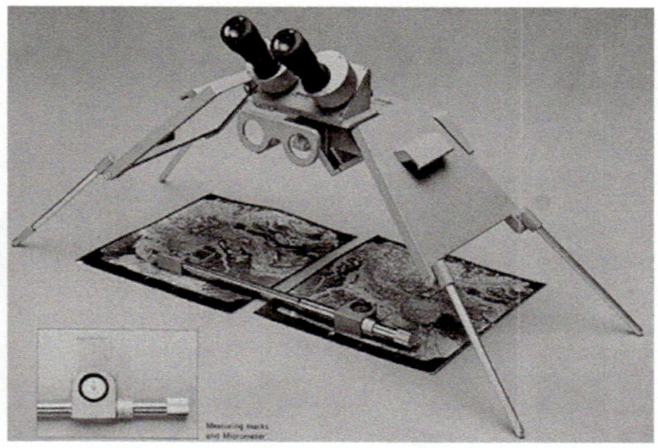

그림 3.17 스테레오스코프와 시차측정간

5) 여색입체시(Anaglyph)

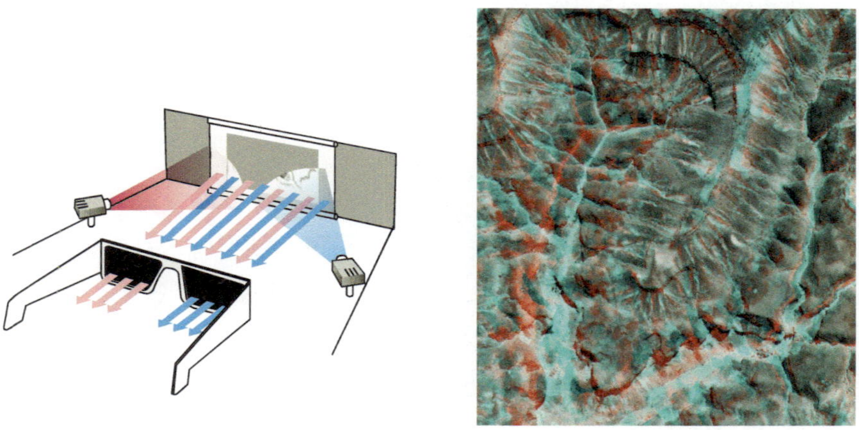

(a) 여색입체시의 원리

(b) 여색입체 항공사진

그림 3.18 여색입체 항공사진

중복 촬영한 두 장의 사진을 촬영 기선만큼 간격을 두어 왼쪽사진은 cyan, 오른쪽 사진은 magenta색상으로 중복 프린팅하여 보색안경을 쓰고 사진을 보면 왼쪽 눈에는 왼쪽 사진만, 오른쪽 눈에는 오른쪽 사진만 보이게 되며 입체시가 된다.

6) 편광입체시(Polarization stereo viewing)

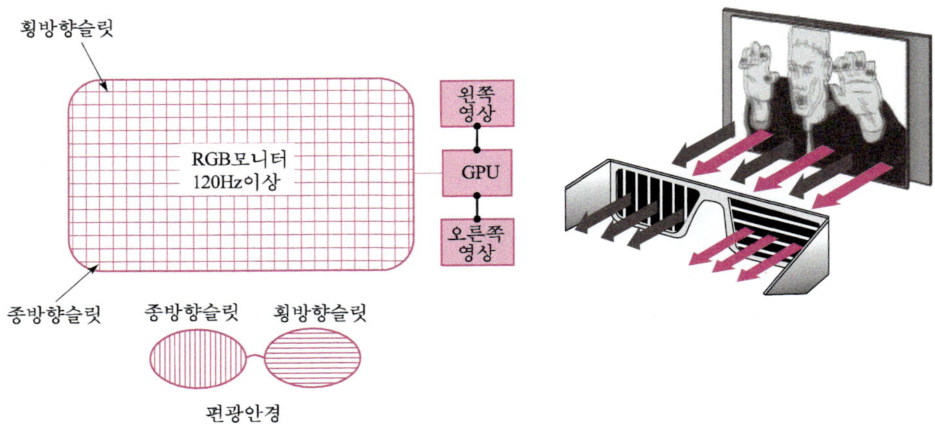

그림 3.19 편광입체시의 원리

편광이라는 특정한 방향의 파장만을 통과시키는 광학적인 원리를 이용한 것으로 왼쪽영상을 횡방향 파장으로 오른쪽 영상을 종방향 파장으로 화면상에 스크린을 통해 디스플레이 한다. 사용자는 편광슬릿을 수평, 수직방향으로 만든 안경을 쓰고 모니터를 보게 되면 왼쪽 눈에는 왼쪽영상만 오른쪽 눈에는 오른쪽 영상만을 보게 되어 입체시가 된다. Leica 수치사진측량 프로그램에서 채택하고 있는 방식이다. 개념도는 그림 3.19와 같다.

7) 프레임순차방법(Alternate Frame Sequencing)

이 방법은 컴퓨터 메모리상에 있는 왼쪽 영상과 오른쪽 영상을 VGA카드에서 순차적으로 번갈아가며 디스플레이 시키는 것이다. 액티브셔터 3D시스템이라고도 한다. 디스플레이 속도가 120Hz이면 각각 60Hz씩 할당하여 하나의 모니터 상에 두 개의 영상이 번갈아가며 표시된다. 사용자는 액티브셔터안경을 쓰게 되는데, 이 안경은 VGA카드와 연동된 방사체의 적외선신호를 받아 TV와 동기화되며 초당 50프레임 속도로 각 영상을 보게 된다. Intergraph Imagestation에서 적용했던 방식이다.

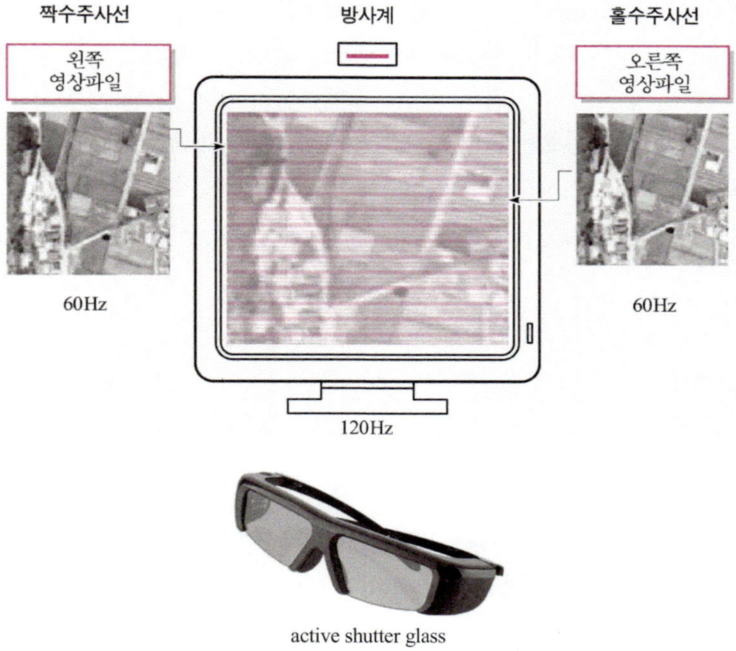

그림 3.20 프레임순차방법에 의한 입체시 시스템(인터레이스 방식)

3.6.3 입체상의 변화

입체시 된 가상현실세계는 촬영상태, 촬영렌즈, 촬영지역의 지형에 따라 그 정도가 달라진다.

만약 좌우사진을 바꾸어 놓고 입체시하면 어떠한 현상이 벌어질까? 이를 역입체시라 하며 기복이 바뀌어 보인다. 예를 들어, 계곡이 솟아오른 능선으로 보이며 산봉우리는 푹 꺼진 계곡으로 보일 것이다.

광학적인 원리로 입체시를 하게 되면 실제와는 조금 다르게 나타나는 경향이 있는데 다음과 같은 것들이다.

① 기선길이가 긴 경우가 짧은 경우보다 더 높게 보인다(기선고도비(B/H)에 영향).
② 초점거리가 짧은 경우(광각)가 긴 경우보다 더 높게 보인다.
③ 낮은 촬영고도로 촬영한 경우가 높은 경우보다 더 높게 보인다.
④ 입체시 할 경우 눈의 위치가 높아짐에 따라 더 높게 보인다.

위와 같은 현상을 과고감(Exageration)이라고 한다. 이는 평면축척보다 수직축척이 더 대축척이 되기 때문이다. 만약 산악지를 촬영하고 있다고 보면 산봉우리는 계곡에 비해 거리가 가깝고 결국 대축척으로 되게 된다. 그렇지 않아도 산봉우리가 높게 입체시 되는데 축척까지 더욱 크게 되니 더욱 높아 보이게 된다.

참고

인간 눈의 수렴각 분해능은 10°~25°(거리 500~1,300m에 해당)에 불과하다. 먼 거리의 수렴각은 거의 0°에 가까워 고저차 또는 원근을 구별할 수 없다.

또한 높아 보이는 정도를 부상비라 하는데, 이 부상비는 안기선과 촬영기선의 비에 따른다.

$$\text{부상비} = \frac{B}{b} \tag{3.5}$$

B : 촬영기선

b : 안기선(52~78mm)

* 과고감은 기선고도비(B/H)에 비례

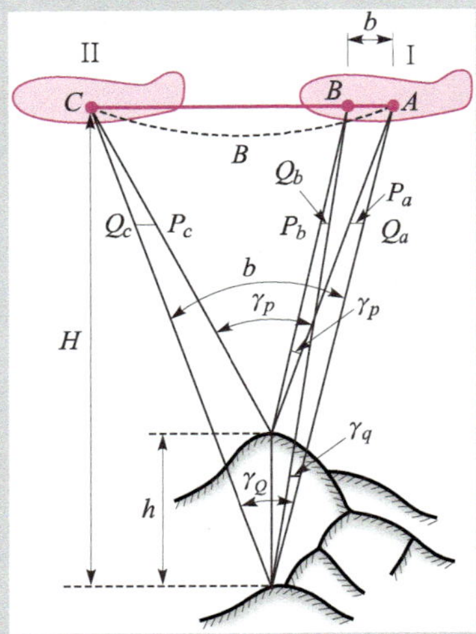

그림 3.21 입체시에 의한 과고감

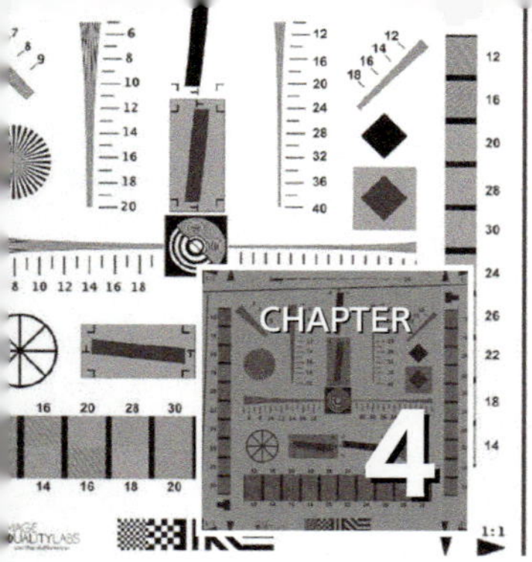

CHAPTER 4

사진측량용 카메라와 광학

사진측량용 하드웨어 중에서 가장 중요한 것을 꼽는다면 영상획득 기기인 카메라일 것이다. 사진측량을 원활히 수행하기 위해서는 사진의 기하학과 카메라에 대한 기초지식, 그리고 작동법의 이해는 필수적이다. 최근 카메라의 놀라운 발전은 정밀 측정용 카메라의 개발과 대용량 영상의 저장을 위한 초고속 데이터 인터페이스의 개발에 이르렀다. 측량용카메라는 일반용과는 달리 왜곡의 최소화, 고해상도에 비중을 두어 특수 개발된다. 사진이 지상사진과 항공사진의 두 부류로 언급되는 것처럼 카메라도 지상 카메라와 항공 카메라의 두 부류로 나눌 수 있다. 측량 분야에서 지상사진의 이용이 증대되고 있지만 아직까지는 위성영상을 포함한 항공사진의 활용 및 적용이 대다수를 차지하고 있다. 본 장에서는 사진측량에 사용되는 카메라와 구조, 광학에 대해 설명하였다.

4.1 사진측량용 카메라

4.1.1 항공사진측량용 카메라

항공사진촬영에는 광학카메라와 디지털카메라가 사용된다. 이들 사진기에는 사진좌표의 기준이 되는 지표(Fiducial mark)가 있다. 측량용사진기는 일반사진기와 다르게 렌즈왜곡[1]을 줄이기 위해 특수 설계되었으며 검정데이터[2]를 가지고 있다. 최근에는 센서와 저장장치의 발달로 필름을 쓰지 않고 CCD 센서를 이용하여 지상을 스캐닝하는 디지털카메라를 사용하고 있다. Intergraph DMC카메라의 경우는 수직사진을 촬영하기 위한 전자식 짐벌을 카메라 하부에 채용하고 있다.

1) 렌즈제작의 불완전으로 인한 기하학적 상이, 즉 필름 상에 촬영되어야 하는 위치에서 벗어나 촬영이 되는 현상
2) 렌즈의 왜곡을 제거하기 위해 여러 가지 보정식을 사용하는데 이 보정식의 계수들을 말한다.

(a) 광학항공사진기(Lecia RC30)

(b) 항공사진기의 부품들(Wolf. 2000)

(c) Intergraph DMC

(d) Leica ADS40

(e) Ultracam

그림 4.1 항공사진측량용 카메라(공간정보공학)

항공측량용 카메라는 일반 카메라와 비교하여 다음과 같은 특징이 있다.

① 초점 길이가 길다(80~210mm).

② 렌즈 지름과 화각이 크다(60°, 90°, 120°). 일반 카메라는 46°

③ 렌즈 왜곡이 극히 적다.

④ 해상도와 선명도가 높으며, 주변부도 입사광선 광량의 감소가 거의 없다(렌즈 중심부 50~80선/mm, 주변부 30~50선/mm)

⑤ 필름이 크며(폭 19cm, 24cm, 길이 60m, 90m, 120m) 압착장치가 있고 난반사(Halation)를 방지할 수 있다. 그림 4.1(b)와 같은 디지털사진기의 경우 3K×2K 크기의 칼라 CCD 4개, 7K×4K 팬크로매틱 CCD 1개를 장착한 카메라가 있으며 최종 7,680×13,824 pixel의 영상을 얻을 수 있다.

⑥ 중량 약 80kg, 셔터속도 1/500~1/1,000, 저속의 셔터스피드는 없다.

⑦ 파인더를 통해 촬영 경로를 확인하고 사진의 중복도를 조정한다.

그림 4.1(b)는 카메라와 액세서리를 보인 것인데 카메라본체, 렌즈, 필터, 필름매거

진, 파인더 등으로 구성되어 있다. 원통모양이 렌즈이며 원통안의 사각형프레임이 필름장착 면이다. 렌즈의 길이가 각기 다른 것은 초점거리가 다르기 때문이며, 이에 따라 촬영할 수 있는 화각(Angle of view)도 달라진다(4.2.1절에서 설명). 렌즈의 재원에 따라 활용하는 목적이 다르다. 이를 표 4.1에 보였다.

표 4.1 항공사진측량용 카메라의 재원 및 활용

유 형	각	초점길이(mm)	필름 크기(cm)	필름 길이(m)	활 용
보통각	60°	210	18×18	120	산림조사용
광 각	90°	152~153	23×23	120	일반도화, 판독용
초광각	120°	88	23×23	80	소축척도화용

4.1.2 항공디지털카메라

디지털사진의 경우 대용량 CCD의 경제성, CCD의 개수, 영상의 용량 등의 문제로 제작사마다 독특한 영상획득방법을 사용하고 있다. 예를 들어, Leica의 ADS40의 경우 CCD가 각각 다른 방향을 촬영하여 이를 조합하게 된다. 즉, 촬영방향에 대해 후방, 수직, 전방의 영상을 동시에 얻는다.

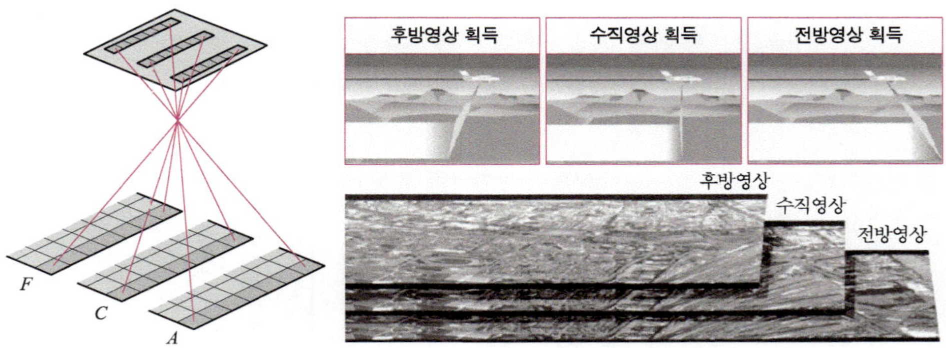

(a) 3 array CCD

(b) 각 센서의 스캐닝 방향 및 영상합성

그림 4.2 Leica ADS40의 영상획득 메커니즘(공간정보공학)

그림 4.2에서 Leica ADS40디지털 사진기는 3열 CCD 센서를 장착하고 있다. 그림 4.2(b)에서 보듯이 일반 프레임 방식의 촬영이 아니고 연속되는 스트립형태의 영상이 얻어진다. CCD는 선형모양의 CCD로 지상을 선형으로 스캐닝하여 조합한다. 3열 CCD는 비행방향에 대해 경사가 각각 다르게 되어있어 독립적인 영상을 얻게 된다. 결국, 똑같은 지역이라도 촬영 각도가 다른 3개의 영상이 존재한다. 이는 입체시를

가능하게 한다. 또한 고층빌딩지역의 촬영 시 사각부분을 최소화하여 건물의 측면도 촬영이 가능하므로 진정한 정사영상(True ortho image) 제작 및 3D시티모델링 시 실제에 가까운 재현이 가능하다.

4.1.3 지상사진측량용 카메라

지상사진측량용 사진기(Close-range metric camera)는 생산될 때부터 렌즈의 왜곡 등 보정데이터가 준비된 사진기이며, 준측정용 사진기(Semi-metric camera)는 일반 아마추어용 사진기를 실험실에서 보정하여 사용하는 사진기를 말한다. 최근에는 디지털센서를 이용한 카메라가 대부분이다.

(a) Rolleiflex 6008 (d) IMU가 장착된 디지털카메라 (e) 산업용 디지털카메라(INCA)

그림 4.3 지상사진측량용 카메라(공간정보공학)

그림 4.3(a)는 Rollei 6006아마추어카메라에 디지털데이터백을 장착하고 렌즈 검정하여 사용하는 준측정용 카메라이다. (a)는 필름 전면에 격자유리판이 장착되어있는 카메라이고, (b)는 IMU 장착 디지털카메라이다. 그림 4.4는 Rollei 6006 지상사진측량용 사진기로 촬영한 사진이다. 화면에 많은 격자마크가 보이는데 지표(Fiducial mark)라고 한다(4.5절에서 설명). 이 마크는 사진좌표를 정의하며 렌즈의 왜곡 및 필름신축 등을 보정하는 기준이 된다. 이들에 대한 좌표는 정밀 측정되어 제작 시 제공된다.

그림 4.4 지상측량용 사진기로 촬영한 사진 (공간정보공학)

4.2 렌즈의 물리적 특성

초기의 사진기는 빛이 들어오지 않는 상자에 바늘구멍을 뚫어 상을 맺히게 했다. 그만큼 빛이 적기 때문에 촬영시간이 길게 걸렸다. 빠른 시간 내에 촬영하기 위해서는 더 많은 빛이 필요했고 그러기 위해서 구멍을 크게 하면 되지만 상이 흐려지는 단점이 있었다. 카메라의 구멍을 렌즈로 대체하면서 빠른 셔터스피드로 선명한 사진을 얻을 수 있었다. 좋은 렌즈란 영상을 변형시키지 않고 선명한 영상을 얻을 수 있어야 한다.

4.2.1 렌즈의 3요소

1) 초점거리(Focal length)

무한대 포커싱을 했을 때 렌즈의 중심에서 필름까지의 수직거리를 말한다. 초점거리는 영상의 획득범위를 결정하는 요소로써 초점거리가 짧으면 광각렌즈, 길면 망원렌즈가 된다. 35mm 카메라의 경우 인간의 시야와 비슷한 45° 화각을 가진 렌즈의 초점거리는 약 50mm이다. 이를 기준으로 이보다 길면 망원렌즈, 짧으면 광각렌즈라 한다. 초점거리를 변화시킬 수 있는 줌렌즈도 있다.

2) 밝기(Lens brightness)

렌즈의 밝기는 조리개를 최대한 개방한 상태에서 렌즈를 통과하여 필름 또는 CCD 센서에 도달하는 빛의 양을 말한다. 렌즈에 1 : 1.4, 1 : 3.5와 같은 수치는 이 밝기를 나타내는 수치이며, 1 : 1.4의 경우 1.4의 빛이 들어왔을 때 필름에 도달하는 빛의 양이 1이라는 의미이다. 따라서 이 수치가 낮을수록 밝은 렌즈라 한다. 밝은 렌즈는 어두운 렌즈에 비해 빠른 셔터속도로 촬영이 가능하므로 보다 빠른 동체, 어두운 환경에서도 촬영이 가능하다.

3) 화각(Field of view)

사진측량에서 화각은 한 장의 사진에 담을 수 있는 지역의 면적과 밀접한 영향이 있으므로 매우 중요하다. 일반적으로 말하는 렌즈의 화각은 필름면 대각선 길이와 초점을 연결한 각도를 말하며 수평화각, 수직화각도 의미가 있다. 대부분의 항공측량용카메라는 영상면이 정사각형이므로 수평, 수직 화각이 동일하다. 화각은 초점거리와 필름 또는 CCD의 크기에 따라 달라진다. 동일한 촬영고도에서 화각이 넓으면 넓을수록 넓은 지역을 촬영할 수 있으나 기하학적 왜곡이 증가하므로 목적에 맞는 적절한 화각의 카메라를 선택할 필요가 있다. 그림 4.5는 35mm필름을 사용하는 사진기를 기준으로 화각을 보인 것이다. 화각이 좁을수록 확대되어 촬영하는 효과를 얻을 수 있다.

$$\theta = 2\tan^{-1}\left(\frac{0.5D}{f}\right) \fallingdotseq \tan^{-1}\left(\frac{D}{f}\right) \tag{4.1}$$

f : 초점길이　　　　　　D : 영상면 대각선 길이

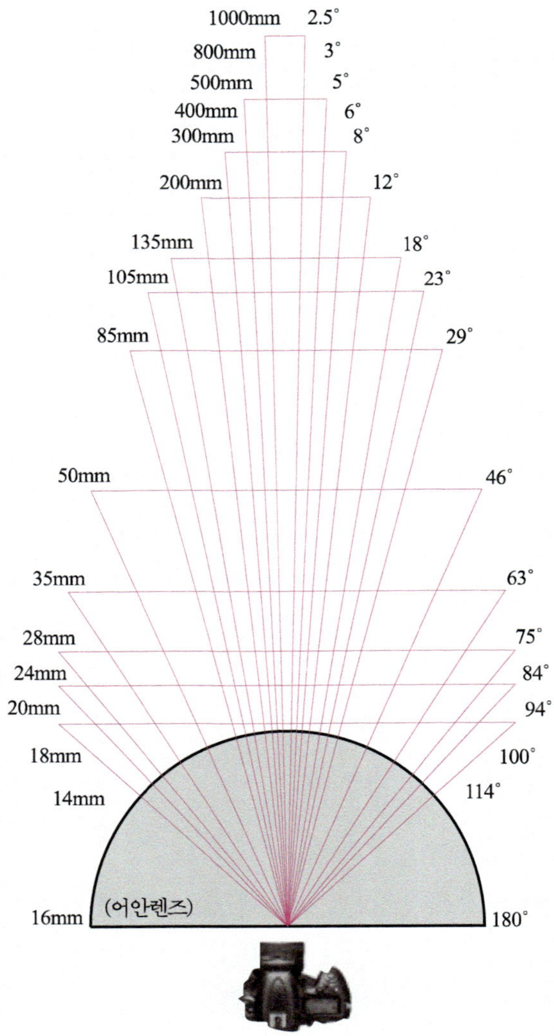

그림 4.5 카메라의 화각

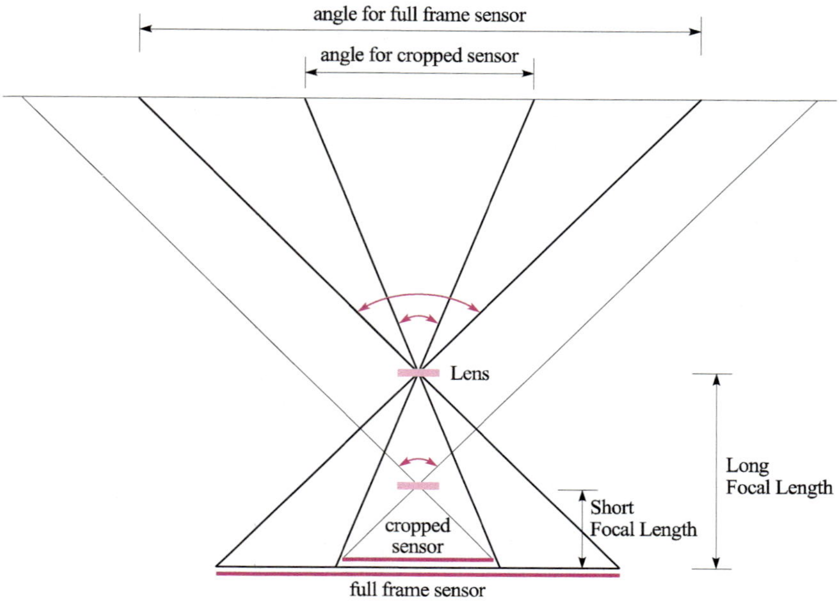

그림 4.6 CCD크기에 따른 화각의 변화

최근에 사용하는 디지털카메라의 경우 CCD크기에 따라 화각이 좌우된다. CCD의 크기가 작을수록 화각이 좁아진다. 따라서 렌즈를 선택할 때 CCD의 크기를 고려해야 한다.

4.2.2 프리즘

카메라 내의 광학은 렌즈를 통해 피사체의 상을 선명하게 맺게 하는 기능과 프리즘을 이용하여 영상을 전달하는 기능으로 이루어져 있다. 렌즈의 기본적인 기능은 사물의 한 점으로부터의 입사한 광선을 집중시켜 렌즈 뒤의 일정한 거리에 초점을 맺게 하는 것이다. 굴절의 원리를 통해 렌즈가 만들어진다. 프리즘은 반사 임계각을 이용하여 빛을 굴절시키며 상을 도립시키거나 좌우 방향전환 등의 효과를 위해 사용한다.

빛이 프리즘면에 닿았을 때 입사각(ϕ)이 임계각(ϕ_c)보다 작을 경우에는 전반사가 일어나며 반대로 클 경우는 통과하게 된다. 프리즘은 거울처럼 오염되는 경우가 없고 광량의 감소가 없어 카메라를 포함한 광학기구에 반사도구로 사용된다.

주로 사용되는 프리즘의 유형은 그림 4.8(a)~(d)와 같다. 가장 일반적인 프리즘은 앞에서 언급한 직각 프리즘이다(a). 이 프리즘의 기능은 광선을 90° 반사시키는 것이다. (b)는 페로(Perro) 프리즘으로써 직각 프리즘의 방향을 바꾼 것이며, 처음 입사한 방향에 대해 180°로 반사하게 된다. 중요한 것은 (a)와 (b)의 상이 도립상이라는 것이다. (d)와 같은 펜타(Penta)프리즘은 입사방향의 빛을 90° 반사시킨다. 피사체의 빛이 미러에 반사되고 펜타프리즘에 의해 도립되어 파인더로 보내주는 역할을 한다.

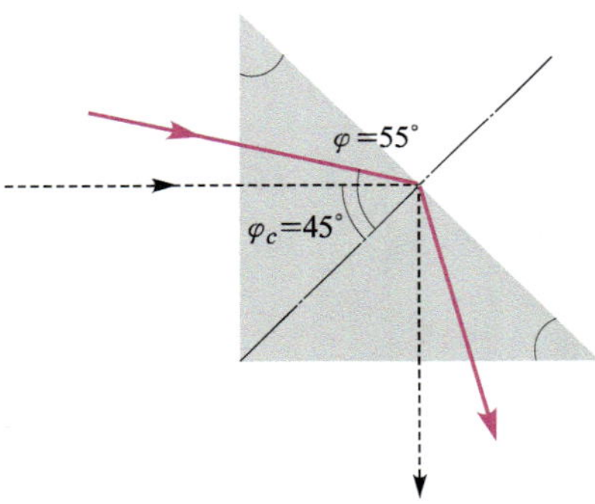

그림 4.7 직각프리즘의 반사원리

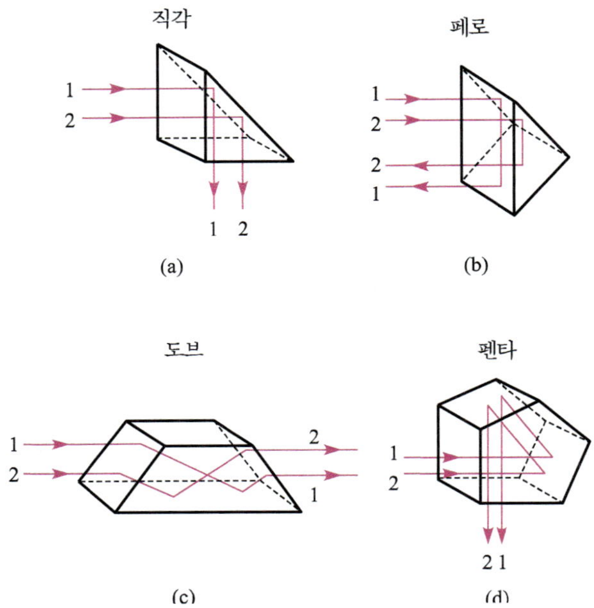

그림 4.8 주로 사용되는 프리즘의 종류

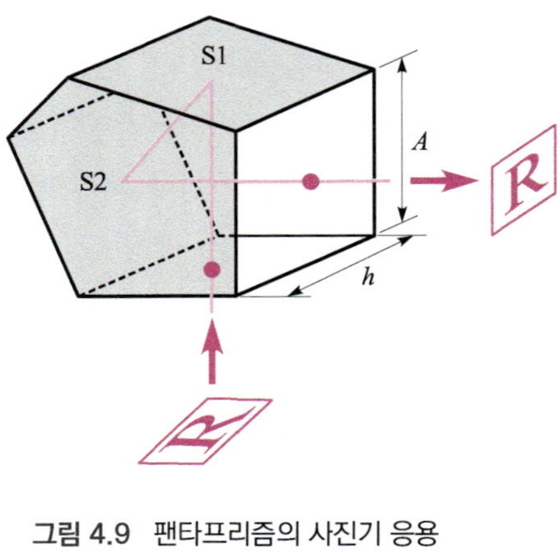

그림 4.9 팬타프리즘의 사진기 응용

4.2.3 렌즈의 기하학적 특성

1) 얇은 렌즈

얇은 렌즈(Thin lens)는 양쪽 면이 곡면인 형태와 한쪽 면만이 곡면인 형태로 구분되어 진다. 그림 4.10(a)는 여러 가지 단일 렌즈의 유형을 나타낸 것이다. 그림 4.10(a)에서 볼록렌즈 ⓐ–ⓒ를 통한 입사광선은 스넬의 법칙에 따라 수렴상태로 굴절되고 오목렌즈 ⓓ–ⓕ는 확산 굴절된다.

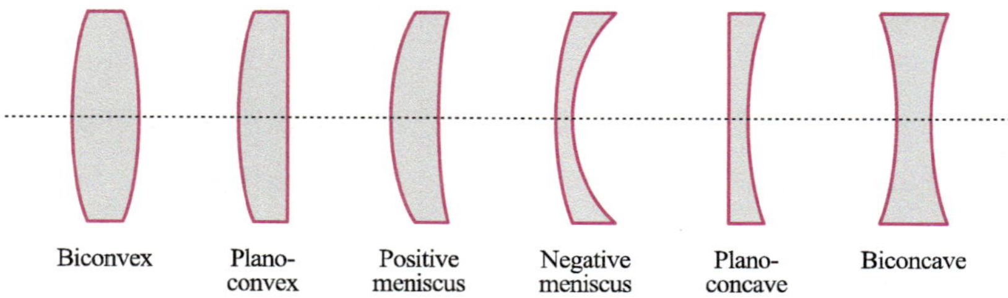

(a) 얇은 렌즈의 단면

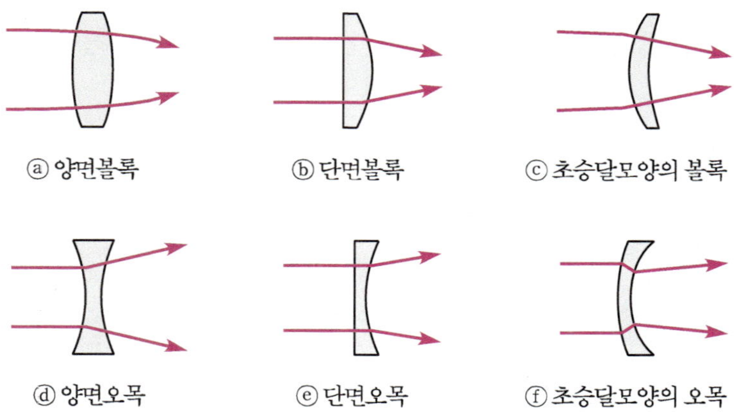

(b) 얇은 렌즈의 굴절

그림 4.10 얇은 렌즈의 단면 및 굴절

렌즈를 통해 입사된 무수한 상점들이 영상 면에 초점을 맺어 대상물의 전체적인 형상을 이루게 된다. 그림 4.11은 얇은 렌즈를 통해 형성된 도립상을 나타낸 것이다. 단일 렌즈의 광축은 렌즈 표면의 곡률반경(R_1, R_2)의 중심을 연결한 것(O_1, O_2)이다.

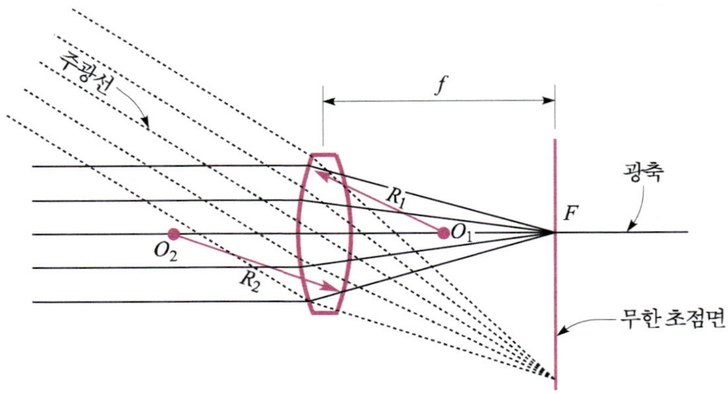

그림 4.11 무한 초점거리

얇은 렌즈의 초점거리는 무한거리에서 오는 평행광선이 초점을 맺는 무한초점면과 렌즈의 중심까지의 거리를 의미한다. 또한 초점거리는 렌즈의 곡률반경과 유리의 굴절지수의 함수이다. 다음의 식은 이들 인자의 상관관계를 나타낸 것이다.

$$\frac{1}{f} = (n-1)\left(\frac{1}{R_1} + \frac{1}{R_2}\right) \tag{4.2}$$

n : 유리의 굴절지수　　　　f : 초점길이
R_1, R_2 : 렌즈표면의 곡률반경

식 (4.2)는 좌측에서 우측으로 광선이 진행한다는 가정 하에서만 유용하다. 이 광선이 처음 만나는 면의 곡률반경이 R_1이며 그 중심이 렌즈의 우측에 있으면 (+)이고 좌측에 있으면 (−)로 한다. R_2는 두 번째로 접하는 면의 곡률반경이며 그 중심이 렌즈의 좌측에 있으면 (+)이고 우측에 있으면 (−)로 고려한다. 따라서 (+) 부호로 언급되면 이는 볼록렌즈를 의미하는 것이고 (−)이면 오목렌즈를 의미하는 것이다. 그림 4.10(b)의 ⓑ 평면볼록렌즈의 반경과 ⓔ의 평면오목렌즈의 반경은 ∞로 간주한다.

예제 4.1

그림 4.11에서와 같이 $R_1 = 50.0\text{mm}$, $R_2 = 70.0\text{mm}$이고 굴절지수가 1.25인 볼록렌즈의 초점길이를 계산하라.

풀이 ▸ ▸ ▸

$$\frac{1}{f} = (1.25-1)\left(\frac{1}{50.0} + \frac{1}{70.0}\right) \qquad \therefore\ f = 116.7\text{mm}$$

앞에서 렌즈의 초점거리는 무한대 평행광선을 기준으로 하였다. 그러나 일반적으로 피사체의 거리는 무한대가 아니다. 따라서 그림 4.12와 같이 무한대보다 가까운 거리에 있는 피사체(B)는 초점거리보다 뒤에 상(a)이 맺힌다. 즉, 피사체의 거리에 따라 초점거리가 변하는 것이며, 이의 관계는 식 (4.3)과 같다.

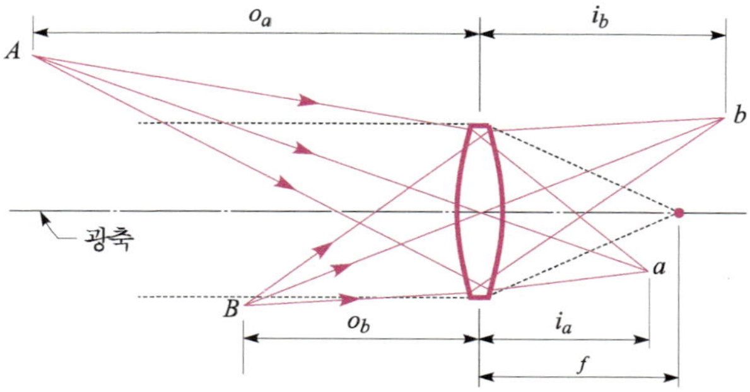

그림 4.12 피사체의 거리에 다른 초점거리

그림 4.13 거리계의 간격

$$\frac{1}{O} + \frac{1}{i} = \frac{1}{f} \tag{4.3}$$

O : 피사체와 렌즈와의 거리
i : 렌즈와 초점면까지의 거리
f : 초점거리(무한대 광선)

위 식 (4.3)에서 i와 O의 관계는 가까운 범위에서 O에 대한 i의 변화량이 먼 곳에서의 변화량에 비해 더 크기 때문에 그림 4.13과 같이 카메라 거리조절링의 간격이 무한대 거리로 갈수록 간격이 좁아지게 된다.

예제 4.2

대상물 거리 5.0m, 초점길이 50.5mm인 렌즈의 상 거리(i)를 계산하라.

풀이 ▸ ▸ ▸

$$\frac{1}{5.0\text{m}} + \frac{1}{\text{i}} = \frac{1}{0.0505\text{m}} \qquad \therefore i = 51.01\text{mm}$$

피사체의 거리에 따라 초점면까지의 거리가 달라지므로 거리가 변하는 피사체의 경우 필름면과 렌즈면이 평행인 상태에서는 선명한 사진을 얻을 수 없다. 즉, 피사체의 거리에 관계없이 필름면 전체에 선명한 영상을 얻기 위해서는 초점면과 렌즈면, 피사체면이 어느 한 점에서 만나야 한다는 Scheimpflug조건을 만족시켜야 한다. 일반적인 카메라는 필름면과 렌즈면이 평행이며, 위 조건을 만족시키기 위해서는 벨로우즈를 사용한 카메라를 이용해야 한다.

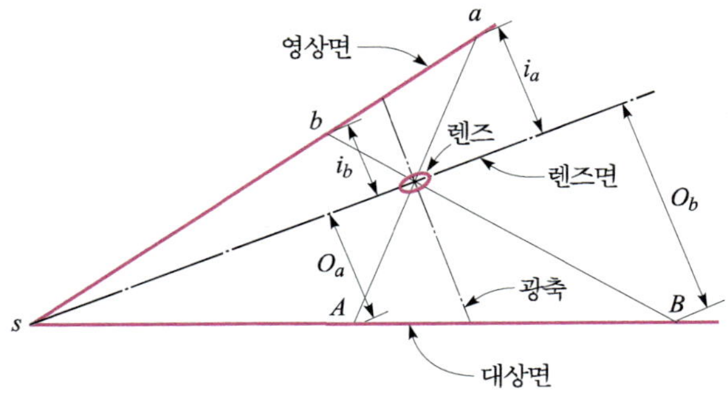

그림 4.14 Scheimpflug조건

2) 두꺼운 렌즈

얇은 렌즈는 그 두께를 무시할 수 있다는 가정 하에서 언급되나 렌즈가 두꺼우면 이러한 가설은 유용하지 못하다. 두꺼운 렌즈는 두 개 이상의 렌즈가 조합되어 붙어져 있거나 렌즈 사이의 간격을 조금씩 두고 접합되도록 구성되어 있다.

두꺼운 렌즈에는 광축상에 입사절점(Incident nodal point)과 반사절점(Emergent nodal point)이라고 불리는 두 개의 절점으로 정의된다. 광선은 입사절점과 반사절점을 통과하여 초기 입사 광선의 방향과 평행한 방향으로 렌즈의 다른 쪽에 나타나는 특성을 가진다. 그림 4.15에서 광선 AN과 $N'a$는 평행이며, BN과 $N'b$도 평행이다. 두꺼운 렌즈에서 N은 입사절점이고, N'는 반사절점이다. 일반적인 카메라에서는 N과 N' 사이에 광량을 조절할 수 있는 조리개를 위치시킨다. 두꺼운 렌즈의 초점거리는 반사절점 N'에서 초점면까지의 거리이다. 그림 4.16과 같은 두꺼운 렌즈는 항공사진용으로 특수 제작되어 사용되는 것이다.

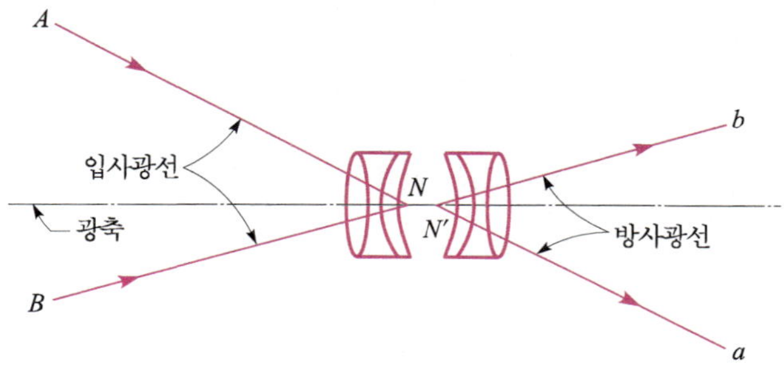

그림 4.15 두꺼운 렌즈의 절점(Nodal point)

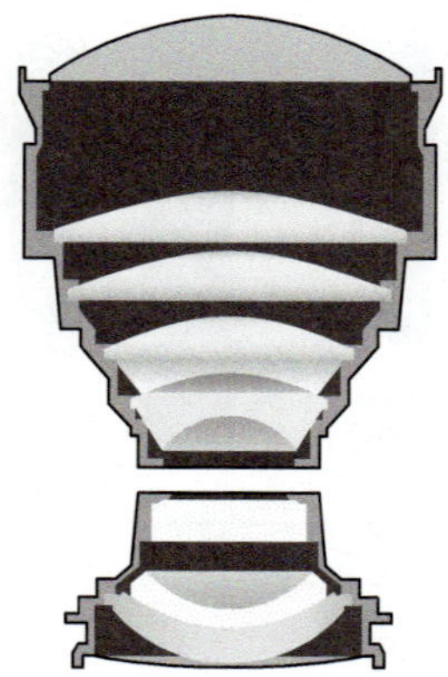

그림 4.16 지도제작용 카메라렌즈 설계 (Courtesy LH system, LLC)

4.2.4 렌즈의 해상도

렌즈는 완벽하지 않으며 렌즈의 특성은 주로 가격과 직결된다. 일반적으로 렌즈들은 그 중심부분에서만 최고의 해상도를 제공하며 해상도가 좋아짐에 따라 상대적으로 영상의 밝기값 대조는 저하된다. 이는 밝기값 대조와 해상도를 비교·도시하는 변조 전달 함수에 의해 정교하게 분석되어야 하나, 실질적으로 시간낭비이고 불필요하므로 보다 간단한 방법이 항공사진의 시스템 해상도를 평가하는데 사용되어야 한다.

사진측량 및 원격탐측에서 사용하는 해상도 측정방법은 두 가지 실험실 방법이 있다. 한 가지는 렌즈에 의해 형성된 선분의 개수가 1mm 안에 몇 개인지 세는 방법이며, 다른 하나는 렌즈의 MTF(Modulation Transfer Function) 방법이다.

1) 선분의 개수를 세는 방법

콜리메터를 사용하여 슬릿의 개수를 세는 방법에서는 렌즈의 부분마다 다르므로 대각선 방향으로 각각의 해상도를 측정하고 4방향의 해상도를 평균하는 방법을 사용하기도 한다. 화면 전체의 해상도를 위해서 AWAR(Area-Weighted Average Resolution)라고 알려진 인자를 사용하기도 한다.

아날로그 필름촬영의 경우 해상도라 함은 단위 폭 당 인식할 수 있는 선의 수로 해상도를 평가하였다. 공간해상도 평가를 위한 테스트 차트는 여러 종류가 있으나 예를 들어 그림 4.17 Koren 차트를 설명한다. 이 차트는 매우 다양한 굵기와 폭으로 이루어진 선분이 있으며, 이를 촬영했을 때 필름 상 1mm 안에 몇 개의 선분을 인식할 수 있는가를 평가하는 것이다.

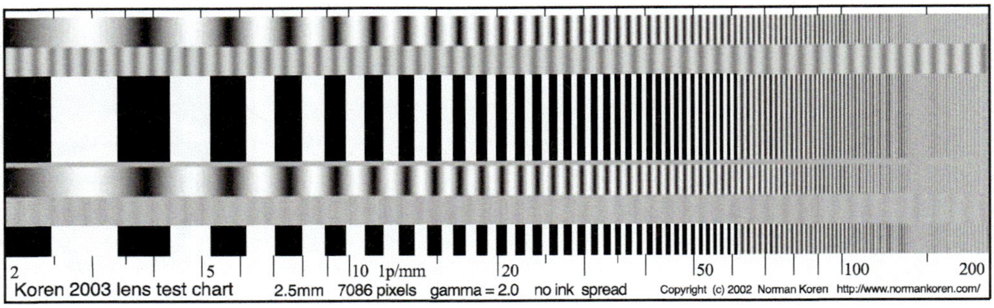

그림 4.17 Koren lens test chart(2003)

디지털카메라의 경우 필름 대신 CCD 또는 CMOS센서이므로 획득한 영상 한 픽셀의 크기가 피사체 공간상에서 얼마의 크기에 해당하는가를 기준으로 한다. 그림 4.18은 디지털 카메라의 해상도 차트 ISO-12233이다.

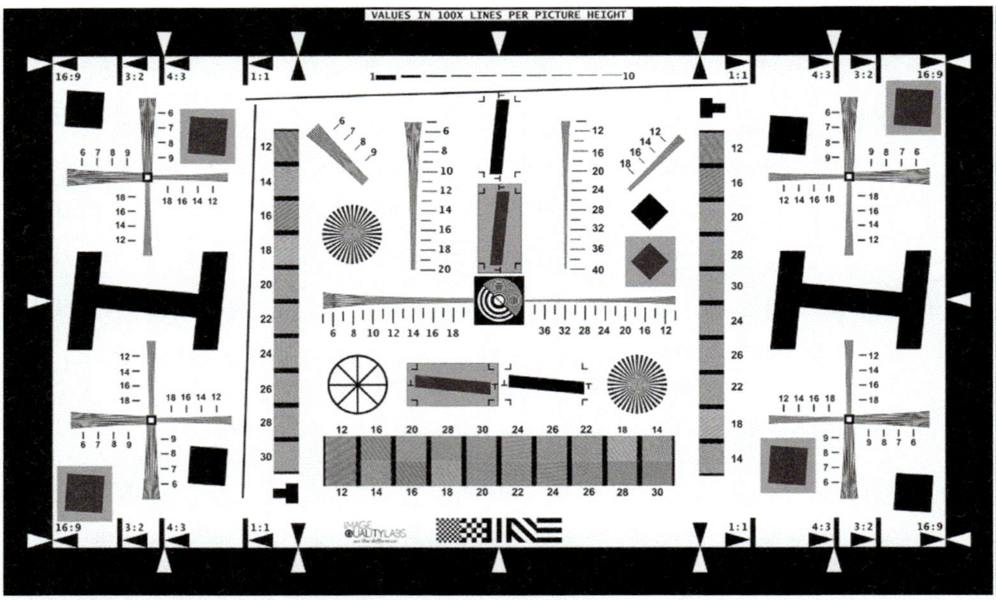

ISO-12233 Enhanced Digital Camera Resolution Chart: IQL-TC012

그림 4.18 디지털카메라 해상도 테스트 차트(ISO-12233)

2) MTF(Modulation Transfer Function) 방법

최대슬릿 수를 세는 방법은 해상도를 평가하기 위해 비교적 간단하고 효율적이나 가장 작은 슬릿까지 계속적으로 테스트해야 하며 검은 선과 흰색 공백을 구분할 수 있는 선명도가 계속 감소한다는 점과 확실하게 분간할 수 있는 최소슬릿패턴이 다소 주관적이라는 단점이 있다. 이러한 면에서 보다 우월한 해상도 측정방법은 MTF 방법이다.

MTF의 정량화를 포함한 기본적인 개념은 공간적 주파수(Spatial frequency)개념이다. 공간적 주파수는 단위거리 당 해당하는 sine파의 사이클 수를 측정하는 것이다. 일반적으로 음향에서의 주파수는 1초당 사이클의 수를 의미하지만, 공간적 주파수는 1mm당 사이클 수를 의미한다. 공간적 주파수는 앞에서 거론했던 1mm 안의 선분의 쌍을 세는 것과 직접적인 관계가 있다. 검은색과 흰색의 선분 쌍은 sine곡선의 골과 마루의 pulse에 해당하므로 wave의 한 사이클로 정의할 수 있다. 그러므로 1mm당 선분 쌍의 개수는 1mm당 사이클 수에 해당한다. 흑과 백의 상태변화가 매우 빈번한 영상은 높은 공간적 사이클을 가지며, 반면에 서서히 완만하게 변하는 영상은 낮은 공간 사이클을 가진다.

MTF를 결정하기 위해서는 그림 4.19, 4.20과 같은 사진측정학적 스캐너를 이용하여 슬릿카운트 방법에서 사용한 것과 유사한 패턴(그림 4.21(a), (c))을 스캐닝한다.

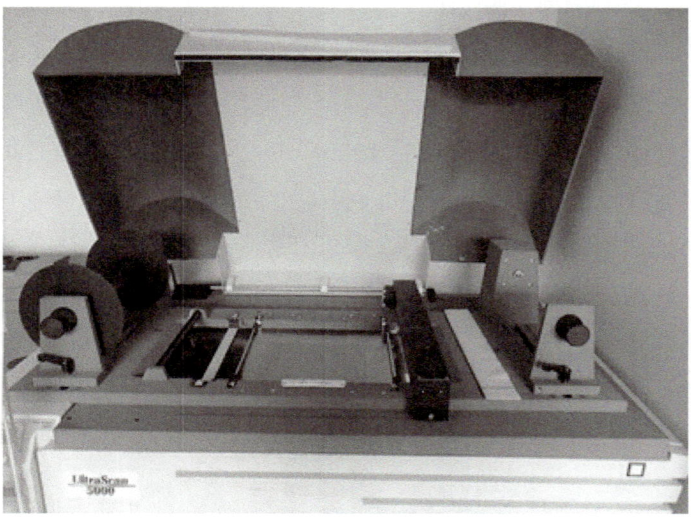

그림 4.19 Vexcel UltraScan 5000
www.aerialsurvey.com

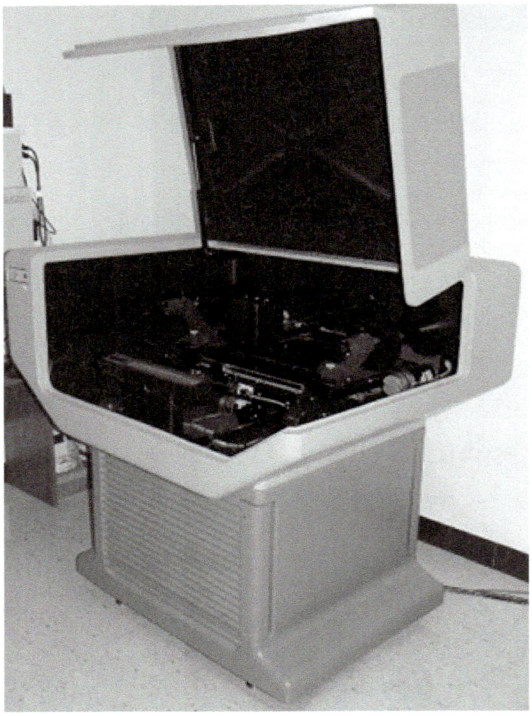

그림 4.20 Leica DSW300 정밀스캐너
www.wild-heerbrugg.com

스캐닝된 두껍고 넓은 선분의 모서리 부분을 밀도측정기로 측정하면 실제 선분의 모서리와 다르게 나타난다. 즉, 그림 4.21(b)와 같이 실제 선분의 모서리(점선) 부분이 실선과 같이 다르게 나타난다. 모서리 부분이 둥글게 나타난 것을 주목해야 한다. 그러나 밝기값의 차이에 대한 진폭은 실제선분과 동일하다. 그러므로 패턴에 대한 modulation transfer는 100%라고 할 수 있다. 그림 4.21(c)는 그림 4.21(a)보다 4배의 주파수 패턴을 보인다. 이 높은 주파수의 결과영상에 대한 밀도 분포는 그림 4.21(d)와 같다. 여기서 모서리가 완전히 둥글게 된 것과 진폭이 거의 반절밖에 되지 않는다는 점에 주목해야 한다. 이는 원래의 대상물에 대해 modulation transfer는 50%라고 할 수 있다.

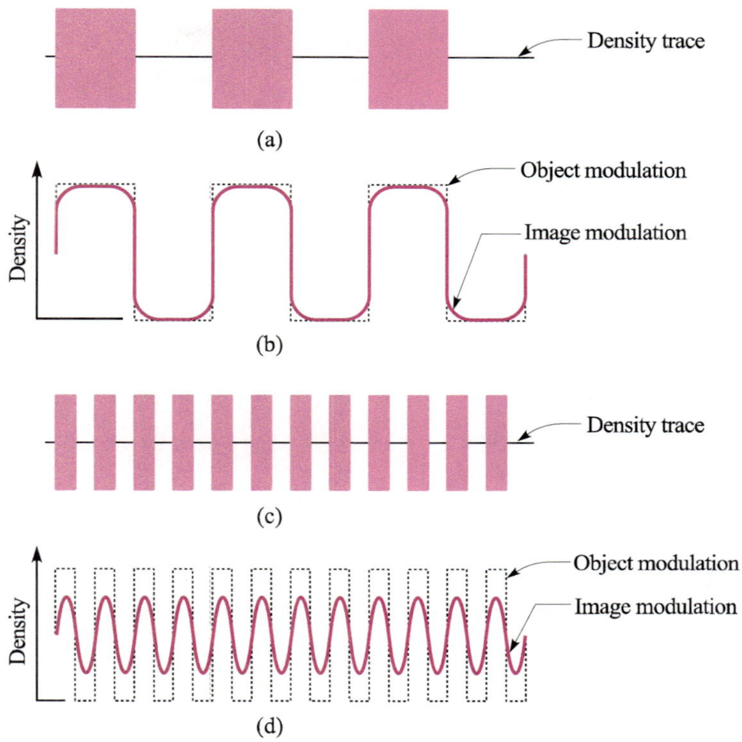

그림 4.21 MTF를 위한 시험대상물과 밀도변조(Wolf & Dewitt, 2000)

보다 엄격한 modulation transfer의 결정을 위해서는 밀도보다 밀도와 로그함수관계가 있는 노출값을 사용해야 한다.

다양한 선분의 폭과 여백에 대해 modulation transfer를 측정하여 그림 4.22와 같은 공간 주파수와의 관계그래프를 그린다. 이 곡선을 변조변환곡선이라 한다.

MTF는 라인수를 세는 방법보다 많은 장점이 있다. 이것은 모서리 효과에 매우 민감한 지시자이며 동시에 자세한 정도를 기대할 수 있는 해상도를 예측하는 능력이 있다. 더구나 MTF 곡선은 다른 렌즈, 필름, 필름현상과정을 조합할 수 있으므로 주어진 어떠한 영상시스템의 조합된 영향을 평가할 수 있다. 이러한 이유로 MTF는 해상도를 표현하는 보다 선호하는 방법이 되었다.

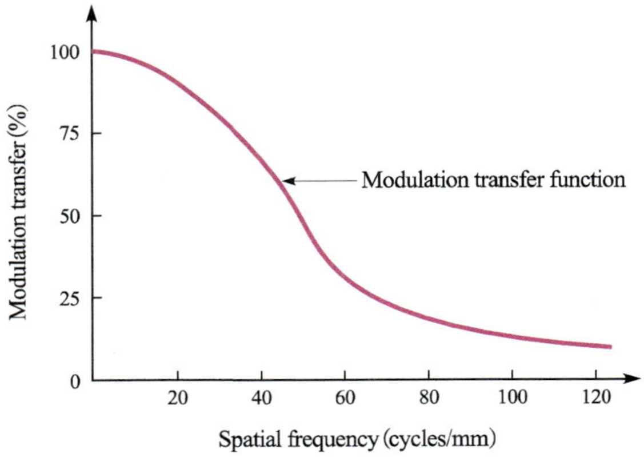

그림 4.22 변조변환 함수 곡선(Wolf & Dewitt, 2000)

4.3 렌즈의 수차와 왜곡

100% 순수한 규사와 화합물을 이용하여 설계한대로 렌즈를 만들면 가장 이상적이지만 불가능하다. 렌즈표면에서의 난반사로 인한 광량의 감소, 프리즘 효과로 인한 색깔의 손실, 표면의 기하학적 불완전으로 선명하지 않은 상의 맺힘, 왜곡 등이 발생하여 영상의 질을 떨어뜨린다. 현대의 광학기술은 이러한 문제점들을 다양한 방법으로 개선 또는 보정하고 있다. 특히, 사진측량의 경우 기하학적 정밀도가 중요하므로 렌즈의 설계 및 검정에 심혈을 기울여야 한다.

렌즈는 영상의 선명도를 저하시키는 수차(Aberration)와 기하학적 위치변화에 대한 왜곡(Distortion)을 가지고 있다.

4.3.1 수차(Aberration)

1) 구면수차(Spherical aberration)

구면수차는 렌즈구면의 연마불량으로 기인되며 그림 4.23에서와 같이 광축 주위에서의 상 분해를 가져온다. 렌즈의 구면을 설계대로 만들지 못했기 때문에 렌즈의 가장자리로 입사한 광선은 렌즈의 중심부분으로 입사된 광선보다 렌즈 가까이에 초점을 형성하게 된다. 이러한 요인에 의해 착란원(Circle of confusion)이 형성된다. 따라서 착란원이 최소가 되는 곳에 상면을 설치함으로써 구면수차에 따른 오차를 줄일 수 있다.

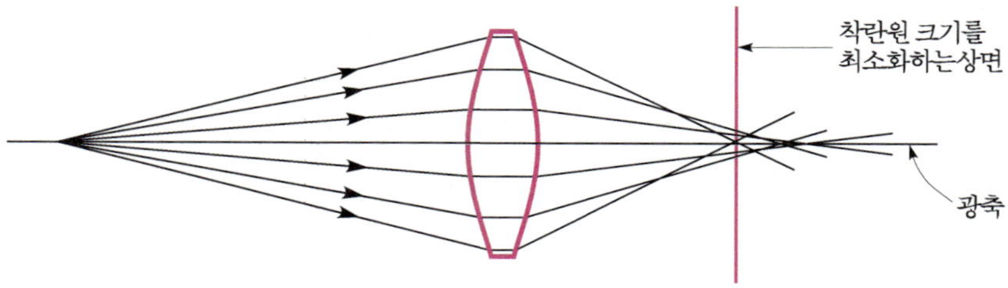

그림 4.23 구면수차

2) 코마(Coma)

구면수차를 보정한 렌즈라도 광원이 광축에 대해 기울어져 입사될 경우에는 뚜렷한 상이 형성되지 못하며 어두운 부분을 정점으로 하여 점차 흐린 꼬리를 가진 혜성 모양의 상이 형성되게 된다. 즉, 광축 밖의 한 점에서 나온 광선이 하나의 상점으로 모이지 않고 혜성 모양의 상을 이루므로 이를 혜성형 수차 또는 코마(Coma)라 한다.

한편 구면수차는 광축에 대해 대칭인데 반해, 코마는 비대칭이므로 비대칭수차라고도 한다. 망원경으로 별을 관측할 때 망원경의 가장자리에 가까운 별일수록 큰 꼬리가 있는 것처럼 보이는 것은 이 때문이다. 코마는 구면수차만큼 중요한 수차이며, 코마와 구면수차를 보정한 렌즈를 애플러뱃이라고 한다.

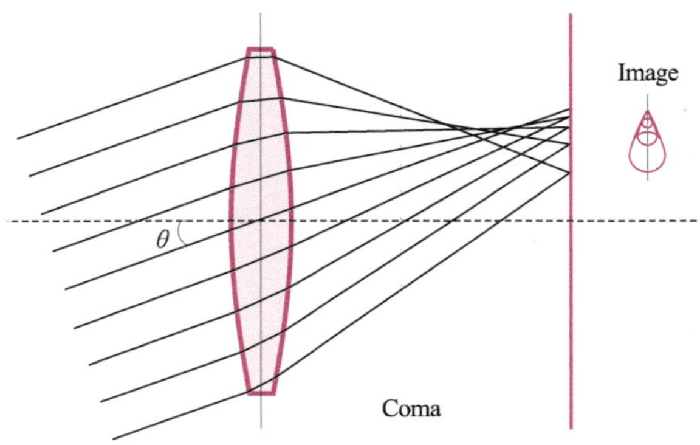

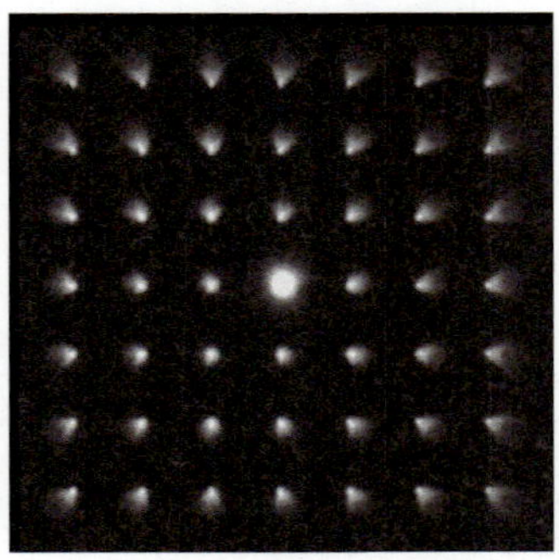

그림 4.24 코마

3) 비점수차(Astigmatism)

비점수차(Astigmatism)는 렌즈 표면이 불완전하기 때문에 발생하며 난수차라고도 한다. 이 수차는 대상물의 거리가 동일할지라도 광축과 이루는 각도가 다양하게 발생하여 곡면을 형성하게 된다. 이를 화면곡률(Curvature of field)이라 하며, 비점수차와 화면곡률은 조합렌즈를 사용하여 최소화할 수 있다.

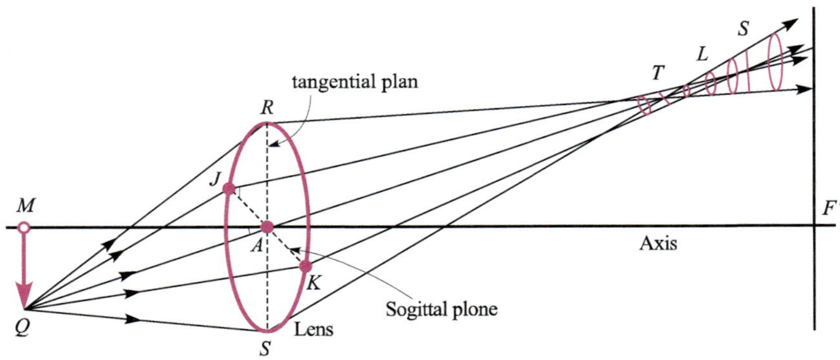

그림 4.25 비점수차(난수차)

4) 색수차(Chromatic aberration)

색수차는 빛을 구성하는 여러 가지 색들의 파장 차에 기인하여 발생한다. 그림 4.26은 색깔마다 굴절률이 다르기 때문에 한 점에서 초점을 맺지 못함을 나타낸 것이다. 색수차의 영향은 볼록렌즈와 오목렌즈를 조합하여 최소화할 수 있다. 앞에서 언급한 수차들은 상의 질이나 선명도를 떨어뜨린다.

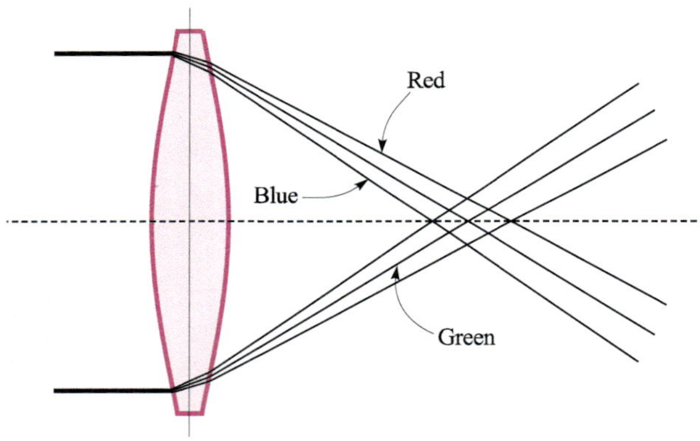

그림 4.26 색수차

4.3.2 왜곡(Distortion)

렌즈의 왜곡수차는 기하학적인 질을 저하시킨다. 즉, 정확히 상이 맺혀야 할 위치가 아니라 엉뚱한 위치에 맺힌다는 얘기다. 왜곡의 방향에 따라 방사방향 왜곡(Radial distortion)과 접선방향의 왜곡(Tangential distortion)으로 나눌 수 있다.

1) 방사왜곡(Radial Lens Distortion)

광축으로부터 방사방향을 따라서 발생되는 왜곡으로 렌즈의 그라인딩 결함에 의하여 생긴다. 그림 4.27에서와 같이 a에 맺혀질 상이 a'에 맺혀질 경우, a, a'간의 방사거리 Δr을 방사왜곡이라고 한다.

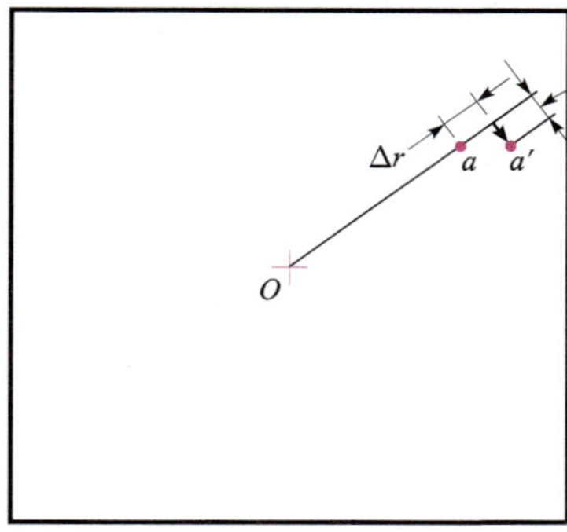

그림 4.27 렌즈의 방사왜곡과 접선왜곡

2) 접선왜곡(Tangential Distortion)

접선방향의 왜곡은 렌즈를 조합할 경우에 렌즈의 중심이 정확히 맞지 않아서 생기며 방사왜곡에 비해 그 양이 훨씬 적으므로 종종 무시된다. 그림 4.27에서 a에 맺혀야할 상이 a'에 맺혀질 경우, Δt를 접선왜곡량이라고 한다. 보정방법은 4.6절에서 설명하도록 한다.

지금까지 살펴본 수차와 왜곡은 렌즈를 만들 때 완전히 제거시킬 수 없기 때문에 조합렌즈를 사용하여 최소화한다. 왜곡이나 수차중의 한 가지를 제거하게 되면 또 다른 악영향이 발생될 수 있으므로 렌즈의 설계 시에 수차와 왜곡을 가능한 적게 할 수 있는 기술이 필요한 것이다. 최근에는 렌즈 설계자들이 컴퓨터를 이용하여 원하는 렌즈를 보다 용이하게 만들고 있다.

4.4 카메라 검정

사진측량에 사용하는 카메라는 렌즈와 본체로 구성되어 있는데 렌즈의 경우에는 광학적으로 완벽하지 못하므로 앞서 설명한 기하학적인 왜곡을 가지고 있다. 또한 렌즈와 본체 사이에도 중심축의 불일치로 인한 문제가 발생한다. 정확한 사진측량을 위해서 이들 오차의 요인을 보정할 수 있는 인자가 필요한데 이를 내부표정요소(Inner orientation factor)라고 한다. 이들 요소를 구하는 과정을 카메라 검정이라 하며 다음과 같은 값들이 구해진다.

(1) EFL(Equivalent focal length) : 렌즈의 중심부에 유효한 초점길이, 검정 전의 초점거리

(2) CFL(Calibrated focal length) : 방사상의 렌즈 왜곡수차를 전체적으로 평균 배분한 초점길이

(3) **렌즈의 방사왜곡(Radial lens distortion)** : 주점으로부터 방사선을 따라 생기는 상점의 위치 왜곡
(4) **렌즈의 접선왜곡(Tangential lens distortion)** : 주점으로부터 방사방향에 직각으로 발생되는 상점의 왜곡. 이 값은 매우 작으므로 정밀도가 높은 측정이 아니면 보통 무시한다.
(5) PPA(Principal point of auto-collimation) : 주점의 위치, 좌표축 X, Y에 대한 주점의 좌표
(6) PPS(Principal Point of Symmetry) : 렌즈왜곡의 대칭주점
(7) 마주보는 지표간의 거리(지표의 좌표값에 의해 주어진다)
(8) 지표를 잇는 두 선의 교차각(90°±1′이어야 한다)
(9) 초점면의 편평도(평면으로부터 : ±0.01mm 이상 벗어나지 않도록 한다)

위와 같은 내부표정요소의 결정뿐만 아니라 해상력도 결정할 수 있다. 위의 (1)~(6)항을 결정하는 과정은 검정방법에 따라서 달라지며 수학적 해석과정도 다소 복잡하다. (7), (8)항은 노출된 유리판 상에서 지표들을 직접 측정하여 구할 수 있다. 지표들의 X, Y좌표는 필름의 수축 및 팽창을 보정하는데 중요한 요소로 사용된다. (8)항은 특수 게이지를 사용하여 직접 측정할 수 있다. 해상력은 사용한 렌즈로부터 얻어진 상을 직접 관측하여 결정할 수 있다.

카메라의 검정으로는 다중시준의 방법(Multi-collimator method), 실험실방법(Laboratory method), 현장방법(Field method), 스텔라방법(Stellar method)을 전통적으로 사용해 왔으나 최근에는 DLT(Direct Linear Transformation)과 Zang's방법(Checker board method)을 주로 사용하며 광학분야에서는 아직도 다중시준의 방법을 사용한다. 이 장에서는 각 검정방법의 개념을 설명하고 광학적 원리를 이해할 수 있는 다중시중의 방법에 대해 자세하게 살펴보기로 한다.

4.4.1 다중시준의 방법

1) 이론적 배경

앞에서 언급한 바와 같이 다중시준의 방법(Multi-collimator)과 측각기에 의한 방법은 렌즈의 정밀검정방법이다. 다중시준의 방법은 정밀하게 각을 배열하여 설치한 여러 개의 시준의를 통해 투영된 측점들의 위치를 영상화한다. 시준의 광선은 무한대광선이며 무한 초점면에 맞도록 설정한 렌즈를 통과한다. 따라서 시준의 십자선

은 렌즈를 통해 평행하게 투영되어 나타난다. 만일 이 광선들이 항공 카메라의 렌즈 방향으로 향한다면 항공 카메라가 평행광선에 대하여 초점을 맞추기 때문에 십자선은 카메라의 초점면에 영상화될 것이다.

카메라의 렌즈 검정을 위한 다중시준의는 직각을 이루는 두 개의 수직면에 설치된 여러 개의 시준의들로 구성되어 있다. 한 평면상의 시준의들은 그림 4.28과 같다. 개개의 시준의들은 그림의 θ와 같이 인접 시준의의 광축들이 정해진 각으로 정밀하게 교차하도록 엄밀하게 장치된다. 검정된 카메라는 초점면이 중심 시준의 축에 직각이 되도록 그리고 렌즈의 제1절점(First nodal point)이 모든 시준의 축의 교점이 되도록 설치한다.

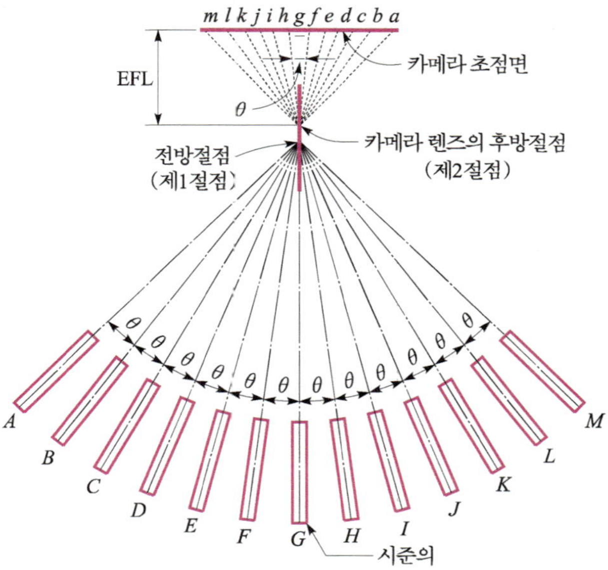

그림 4.28 렌즈검정을 위한 시준의(Collimator)

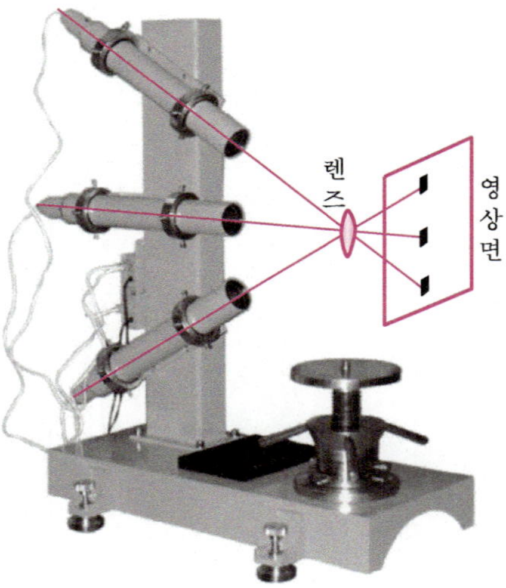

그림 4.29 Collimator

이 표정에서 중심 시준의 상 g를 자동시준의 주점이라 하며 이것은 주점 근처에 생기며 지표를 잇는 선의 교차, 즉 시준 중심 바로 가까이에 맺게 된다. 검정 시에는 그림 4.30에서와 같이 시준의의 십자선이 카메라 포맷의 대각선을 따라 맺힐 수 있도록 카메라를 표정한다. 예를 들면, 그림 4.28의 시준의 십자선 A-M은 그림 4.30에서의 a-m으로 상이 맺힌다. 직각을 이루는 평면의 시준의 십자선은 n-y로 상이 맺힌다. 따라서 영상화된 면에서 직접적으로 십자선 상점들 간의 거리를 정밀하게 측정한다.

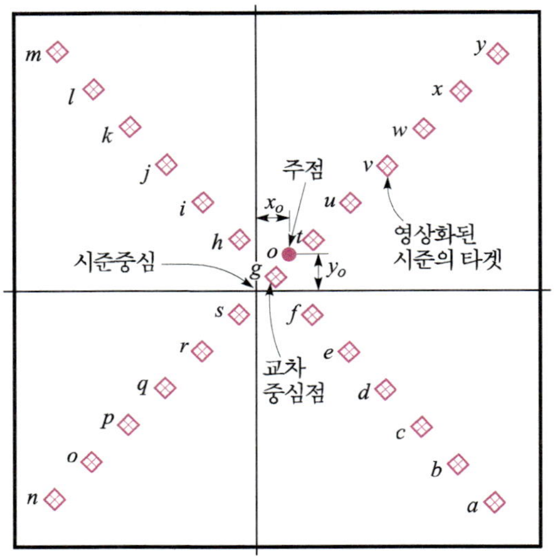

그림 4.30 필름상에 영상화된 시준의 마크

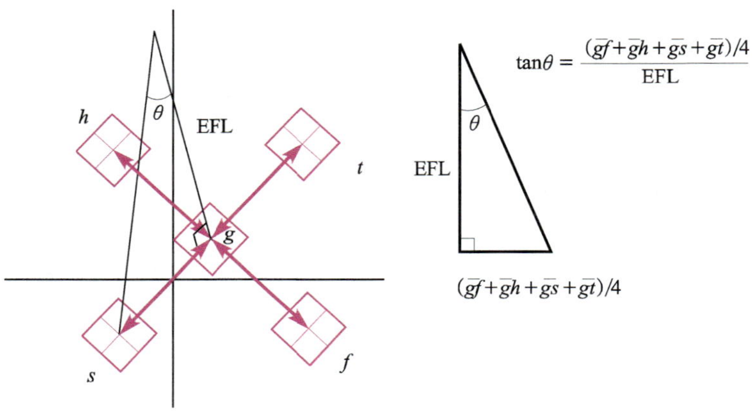

그림 4.31 EFL의 계산

EFL은 왜곡의 영향이 거의 없는 렌즈의 중심부에 유효한 초점길이이다. 영상면에서 중심 시준의의 상이 g일 경우에, 반경은 4개의 시준의 상점 f, t, h, s까지의 평균거리로 한 원내의 지역으로 간주한다. 그림 4.31에서와 같이 EFL은 4개의 측정거리($\overline{gf}$, $\overline{gh}$, $\overline{gs}$, $\overline{gt}$)의 평균값을 $\tan\theta$로 나누어 계산할 수 있다.

$$E.F.L = \frac{\overline{gf}+\overline{gh}+\overline{gs}+\overline{gt}}{4\tan\theta} \tag{4.4}$$

EFL에 근거하여 중심 콜리메이터의 상g에서 다른 시준의 십자선까지의 이론상의 거리를 계산할 수 있다. 예로써 $\overline{\mathrm{ge}}$, $\overline{gi}$, $\overline{gu}$, $\overline{gr}$은 $EFL \times \tan 2\theta$가 된다. 이렇게 계산한 거

리와 직접 4개의 거리를 측정한 값과 비교하면 방사렌즈왜곡을 구할 수 있다. 이러한 방법으로 방사렌즈왜곡을 θ값을 증가시켜가면서 계산할 수 있다.

렌즈의 CFL은 방사왜곡의 전체 평균분포를 산출한 초점길이이고 최대 양(+)의 방사왜곡은 최대 음(−)의 방사왜곡과 동일하게 된다. CFL은 사진측량의 계산에서 표준값으로 사용되며 렌즈방사왜곡의 보정이 제대로 수행되지 않으면 상점에 오차가 발생된다. 이제부터 초점길이는 f로 표시하며 평균 검정 초점길이를 의미한다. 위의 방법에 의해 결정된 렌즈왜곡은 대각선 방향으로 중앙의 시준 십자선을 기준으로 대칭분포를 이룬다. 왜곡이 중앙의 시준 십자선에 대하여 대칭이 아니라면 대칭주점이라 불리는 점에 의하여 대칭이 결정된다. 그러나 정밀 해석사진 측량 작업을 제외하면 주점은 중앙의 시준 십자선에 아주 근접하며 왜곡은 거의 대칭이므로 주점은 왜곡 보정을 하는데 대칭점으로 간주한다. 렌즈의 방사왜곡 보정방법은(4.6.2절)에서 언급될 것이다. 방사왜곡의 분포곡선은 세로축에 방사왜곡을 도시하고 가로축에 중심 시준상으로부터의 방사거리를 표시함으로써 작성될 수 있다(그림 4.32 참조).

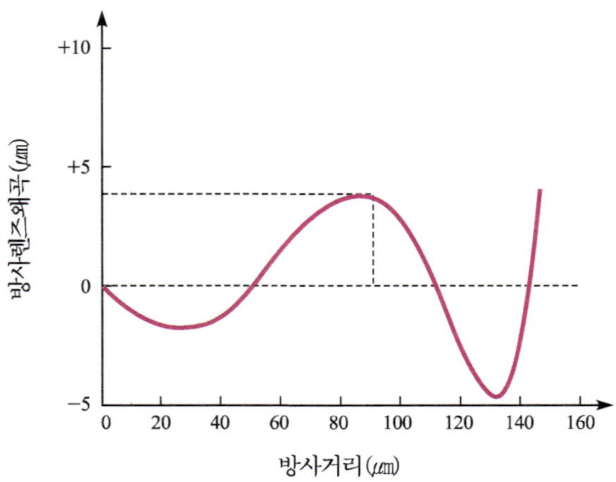

그림 4.32 방사거리에 대한 방사왜곡 곡선

위의 곡선은 렌즈의 방사왜곡 성질을 한 눈에 알 수 있게 해준다. 그림 4.32에서 양(+)의 왜곡과 음(−)의 왜곡량은 같으므로 CFL을 근거로 한 것임을 알 수 있다. 카메라 검정의 다중 시준의 방법과 관련된 역설은 측정점이 포맷의 중심부분은 조밀하고 외곽부는 드물다는 것이다. 이러한 문제는 실험적 방법에서 피할 수 있다. 측각기를 이용한 카메라 검정방법은 다중시준의 방법과 매우 유사하지만 카메라 초점면에 정밀 격자판이 존재한다는 점이 다르다. 격자판 뒤에서 비춘 형상은 렌즈를 통하여 반대편에 투영되고 투영된 격자 광선들의 위치는 측각기로 측정된다.

2) 실험적 적용

① 왜곡계수 구하기

4.4.1절에서 설명한 바 있지만 본 절에서는 실제의 경우를 예를 들어 설명한다. 그림 4.33은 35mm 비측정용 카메라의 시준의 실험을 보여준다. 35mm카메라의 필름은 36mm×24mm이므로 수평방향으로 6°씩 9개의 슬릿, 수직방향으로 4°씩 9개의 슬릿을 노출했다. 이 슬릿들은 이론적으로 중앙슬릿으로부터 $f \cdot \tan\alpha$거리에 촬영이 되어야 하나 왜곡으로 인하여 다른 위치에 촬영되므로 그 차를 계산하여 왜곡량을 구한다. 여기서 $f = EFL$이다.

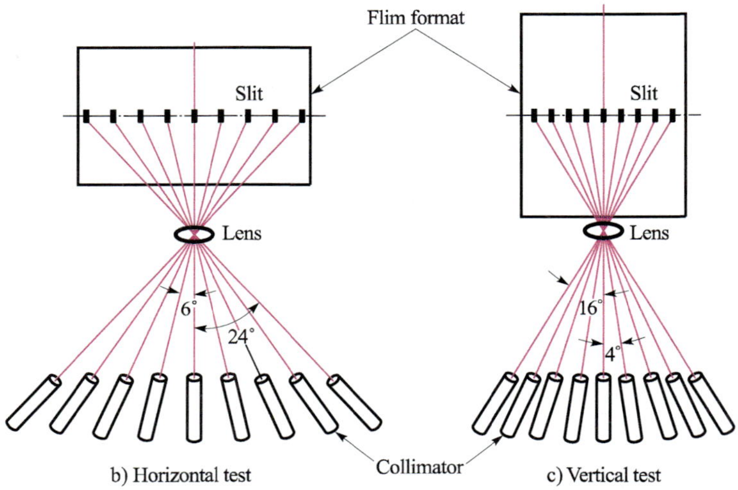

그림 4.33 35mm비측정용카메라의 시준의 실험

표 4.2는 중앙슬릿으로부터 각 슬릿이 촬영된 거리를 측정한 값이다. 예를 들어, 수평방향 ±12°슬릿에 대한 거리는 대칭이어야 하나 −7.696mm와 +7.704mm로 같지 않다.

표 4.2 시준의 주사각도에 대해 촬영된 방사거리

radial distance (mm)	Collimator shift angle									
	(H)	+24°	+18°	+12°	+6°	0°	−6°	−12°	−18°	−24°
	(V)	+16°	+12°	+8°	+4°	0°	−4°	−8°	−12°	−16°
Hr		−16.003	−11.718	−7.696	−3.810	0	3.821	7.704	11.735	16.020
Vr		−10.356	−7.691	−5.086	−2.531	0	2.541	5.093	7.684	10.346

표 4.2의 측정거리는 4.4.1절에서 설명한 방법으로 구한 EFL로 계산한 이상적인 거리와의 차이를 계산하여 방사왜곡량을 계산한다.

식 4.4에 의해 계산한 EFL이 36.284mm라면 각 시준의 각도에 따른 이론적 슬릿의 거리는 $EFL \times \tan$각도로 계산될 수 있으며 그 결과 표 4.3와 같다.

표 4.3 EFL에 의해 계산된 시준의 각도에 따른 슬릿의 이론적 방사거리

Angle	24	18	12	6	0	6	12	18	24
H	16.15468	11.78939	7.712402	3.813602	0	3.813602	7.712402	11.78939	16.15468
Angle	16	12	8	4	0	4	8	12	16
V	10.40427	7.712402	5.099384	2.537224	0	2.537224	5.099384	7.712402	10.40427

실제 측정한 슬릿의 거리(표 4.3)값과 이론적인 슬릿의 거리(표 4.4)의 차이가 방사왜곡량이다. 왜곡량을 도시해보면 그림 4.34와 같다. 이들 방사왜곡량은 EFL에 의한 것이다.

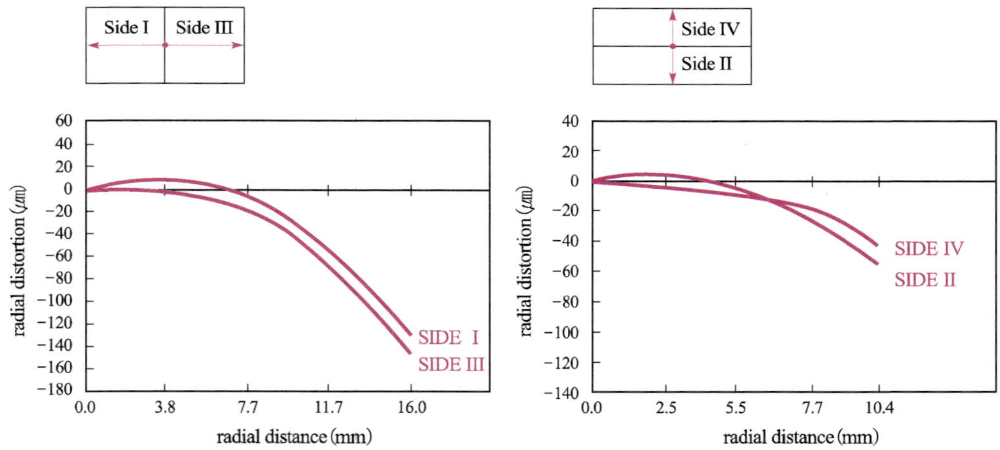

그림 4.34 EFL을 기준으로 한 방사왜곡량

표 4.2의 값을 이용하여 방사왜곡 다항식에 의해 왜곡계수 $k_1, k_2, k_3, \cdots$를 구한다.

$$\Delta r = k_1 r + k_2 r^3 + k_3 r^5 + \cdots \tag{4.5}$$

표 4.4 시준의 테스트에 의해 구한 각 상한 별 왜곡계수(예시)

coeff.	SIDE Ⅰ	SIDE Ⅱ	SIDE Ⅲ	SIDE Ⅳ
K_1	0.003546	0.003174	0.001178	0.004410
K_2	-8.552213E-5	-1.996202E-4	-4.344807E-5	-4.285227E-4
K_3	2.773137E-7	2.024559E-6	-1.133125E-7	7.853835E-6
K_4	-4.608873E-10	-8.256863E-9	4.990564E-10	-4.291548E-8

예제 4.3

카메라의 방사왜곡계수를 구하기 위해 콜리메이터로 실험한 결과 표와 같은 결과를 얻었다. 최소제곱법으로 방사왜곡계수를 구하시오(Wolf, 3rd.). 단, 왜곡다항식은 식 (4.5)를 사용할 것.

Radial distance r, mm	Radial-lens distortion Δr, mm
20.170	0.004
41.051	0.007
63.460	0.007
88.454	0.001
107.276	-0.003
128.555	-0.004

풀이 ▸▸▸

1) 관측방정식을 세운다.(계산의 편의상 방사거리는 m 단위로 함)[3]

$$AX = L + V$$

$$\begin{bmatrix} (0.020170) & (0.020170)^3 & (0.020170)^5 & (0.020170)^7 \\ (0.041051) & (0.041051)^3 & (0.041051)^5 & (0.041051)^7 \\ (0.063460) & (0.063460)^3 & (0.063460)^5 & (0.063460)^7 \\ (0.088454) & (0.088454)^3 & (0.088454)^5 & (0.088454)^7 \\ (0.107276) & (0.107276)^3 & (0.107276)^5 & (0.107276)^7 \\ (0.128555) & (0.128555)^3 & (0.128555)^5 & (0.128555)^7 \end{bmatrix} \begin{bmatrix} k_1 \\ k_2 \\ k_3 \\ k_4 \end{bmatrix} = \begin{bmatrix} 0.004 \\ 0.007 \\ 0.007 \\ 0.001 \\ -0.003 \\ -0.004 \end{bmatrix} + \begin{bmatrix} v_1 \\ v_2 \\ v_3 \\ v_4 \\ v_5 \\ v_6 \end{bmatrix}$$

2) $(A^TA)X = A^TL$

$$\begin{bmatrix} 4.19778\times10^{-3} & 4.85999\times10^{-4} & 6.58695\times10^{-6} & 9.61536\times10^{-8} \\ 4.85999\times10^{-4} & 6.58695\times10^{-6} & 9.61536\times10^{-8} & 1.46503\times10^{-9} \\ 6.58695\times10^{-6} & 9.61536\times10^{-8} & 1.46503\times10^{-9} & 2.29302\times10^{-11} \\ 9.61536\times10^{-8} & 1.46503\times10^{-9} & 2.29302\times10^{-11} & 3.65246\times10^{-13} \end{bmatrix} X = \begin{bmatrix} 6.46630\times10^{-5} \\ -9.20374\times10^{-6} \\ -1.69618\times10^{-7} \\ -2.73878\times10^{-9} \end{bmatrix}$$

3) $X = (A^TA)^{-1}A^TL$

$$X = \begin{bmatrix} k_1 \\ k_2 \\ k_3 \\ k_4 \end{bmatrix} = \begin{bmatrix} 0.229581 \\ -35.8926 \\ 1{,}018.26 \\ 12{,}105.0 \end{bmatrix}$$

3) 방사왜곡다항식은 일반적으로 높은 수의 제곱다항식으로 만들어지므로 조건불량(ill-condition) 문제가 발생한다. 이 문제를 줄이려면 방사거리를 m로 변환하고 고차항을 7승까지 증가시켜 그 결과가 1 이하가 되도록 하는 것이 유용한 방법이다.(wolf, 3rd)

② CFL과 EFL에 의한 왜곡정규화

4.4.1절에서 설명한 바와 같이 렌즈의 왜곡이 거의 발생하지 않는 렌즈의 중앙부에서 산정한 초점거리가 등가초점거리(Eqivalent focal length)이다. 그리고 EFL에 의한 방사왜곡량에 대해 설명하였다. 그림 4.34에서 보는 바와 같이 방사거리가 증가할수록 방사왜곡량이 급격히 증가하고 있다. 따라서 왜곡량을 분산할 수 있는 검정초점거리(CFL:Calibrated Focal Length)를 구하여 사용할 필요가 있다. 렌즈의 검정된 초점거리는 방사상의 초점거리를 모두 평균하여 배분한 것이다. CFL은 $(r - CFL \cdot \tan\theta) + (r - CFL \cdot \tan\theta) = 0$식에 의해 상한I과 III에 대한 수직방향의 왜곡량을 평균한 후 최대와 최소값을 이용하여 구하고 II상한과 IV상한에 대한 수직방향 왜곡량 역시 같은 방법으로 얻는다.

표 4.5 CFL에 의한 방사왜곡량

shift angle(°)		Δr(mm)	
H	V	Hori.	Ver.
± 6	± 4	0.024	0.013
±12	± 8	0.031	0.019
±18	±12	0.004	0.019
±24	±16	-0.051	0.006

CFL에 의한 방사왜곡량을 도시하면 그림 4.35와 같은데 EFL의 경우에 비해 CFL에 의한 경우가 더 왜곡량이 전반적으로 분산된 것을 볼 수 있으므로 사진측량 시에는 필히 검정초점거리를 사용해야 한다.

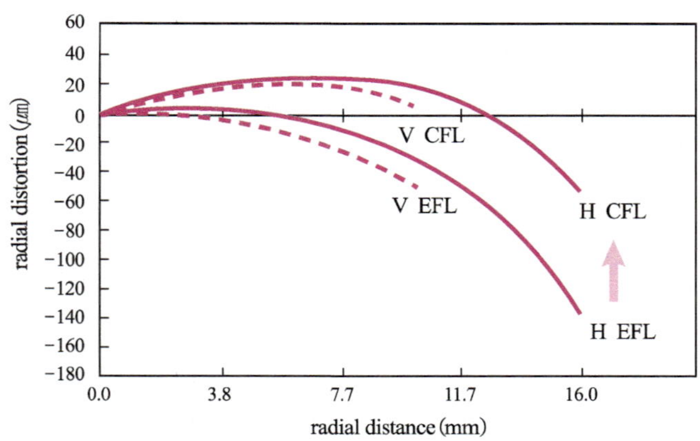

그림 4.35 EFL과 CFL에 대한 방사렌즈왜곡

4.4.2 DLT방법

Karara가 제안한 방법으로 space resection의 반대과정으로 카메라의 내부표정요소와 외부표정요소를 구하는 방법이다. 기본적인 조건과 이론은 역시 공선조건이다. space resection은 사진상의 상점, 대상물공간의 측점위치, 카메라의 내부표정요소를 가지고 촬영점의 위치, 자세를 구하는 과정이었다면 DLT는 역으로 촬영점의 위치와 자세로부터 대상물 공간의 위치를 구하는 방법이다. 이렇게 구한 대상물의 공간위치는 실제 대상물공간 좌표계에서 측량한 위치와 일치하지 않기 때문에 이로부터 랜즈왜곡을 포함한 카메라의 내부표정요소를 추정하는 방법이다.

$$x = PX \tag{4.6}$$

여기서, x는 픽셀좌표 P는 변환, X는 대상물 공간좌표

검정요소는 P에 포함되어 있으므로 P값을 추정하는 것이 주한 내용이 된다. 이를 위해서는 대상물공간과 영상에서의 기지점이 있어야 가능하다. 대상물공간에서의 기지점은 기준점(Control point)로 주어지며 이 기준점이 영상에 기록된 좌표는 영상내에서 측정해야 한다.

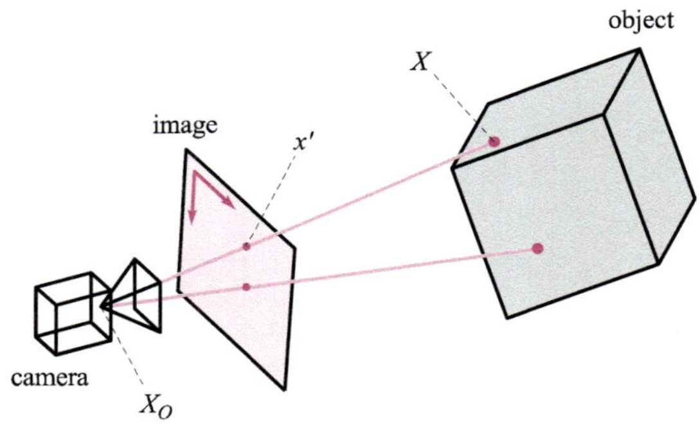

그림 4.36 DLT방법을 위한 기하학적 조건

$$x = KR[I_3 | -X_O]X \tag{4.7}$$

여기서, X_O는 카메라 위치, R은 회전요소, K는 내부검정요소(parameter ; c, s, m, X_H, Y_H), x는 영상좌표, X는 대상물공간에서의 point of the point in the 3D world express이다.

임의공간좌표계에서의 측점과 영상에서의 측점에 대한 DLT map은 다음과 같다.

$$\underset{3\times1}{x'} = \underset{3\times3}{K}\ \underset{3\times3}{R}\ \underbrace{[\underset{3\times3}{I_3} | -\underset{3\times1}{X_O}]}_{3\times4}\ \underset{4\times1}{X}$$
$$= \underset{3\times4}{P}\ \underset{4\times1}{X} \qquad (4.8)$$

모든 요소는 P매트릭스에 저장된다.

$$x' = KR[I_3 | -X_O]X \qquad (4.9)$$

x' : 측정된 영상점(기지값)

K : 카메라검정요소(c, s, m, XH, YH)

R : 회전행렬

X_O : 평행이동량

X : 지상기준점(기지값)

결국 3개의 회전매트릭스, 3개의 평행이동량, 5개의 검정요소를 구하는 것이다. 총 11개의 미지수를 구해야 하므로 다음과 같은 관측방정식이 11개 있어야 한다. 측점 1개 당 x,y 2개의 방정식이 만들어지므로 최소 6점의 기지점이 있어야 한다.

$$x = \frac{p_{11}X + p_{12}Y + p_{13}Z + p_{14}}{p_{31}X + p_{32}Y + p_{33}Z + p_{34}}$$
$$y = \frac{p_{21}X + p_{22}Y + p_{23}Z + p_{24}}{p_{31}X + p_{32}Y + p_{33}Z + p_{34}} \qquad (4.10)$$

4.4.3 Zang's방법

DLT와 달리 같이 미지수를 구하기 위한 최소 6점의 기지점이 없어도 검정이 가능한 방법이다. 체커보드와 같이 일정한 패턴을 인쇄하여 평평한 면에 부착하고 다양하게 촬영함으로써 검정할 수 있다. 다만, 패턴의 크기와 구조는 알고 있어야 한다. 촬영된 영상의 패턴(검은 사각형)이 서로 만나는 모서리점의 픽셀좌표측정은 영상처리기법을 이용하여 자동으로 감지하여 측정된다. 체커보드 상의 모든 측점은 3D 공간상에 있지만 평면에 존재하므로 영상좌표계에서 z=0로 가정할 수 있으므로 x, y만을 가지는 2D데이터가 된다.

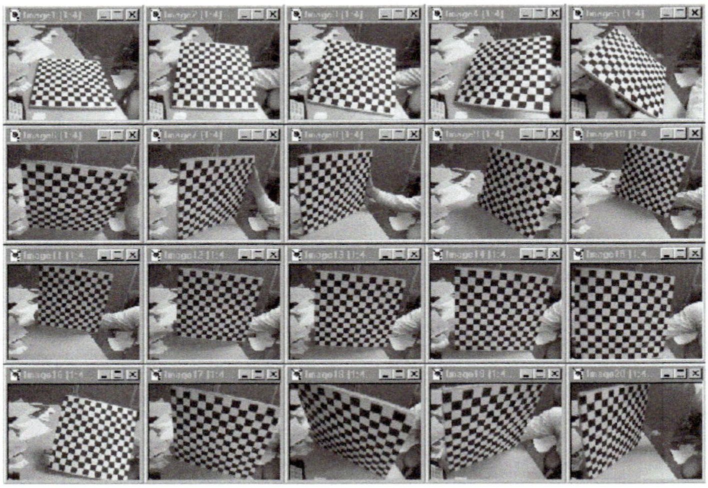

(a) 다양한 방향에서 촬영한 체커보드

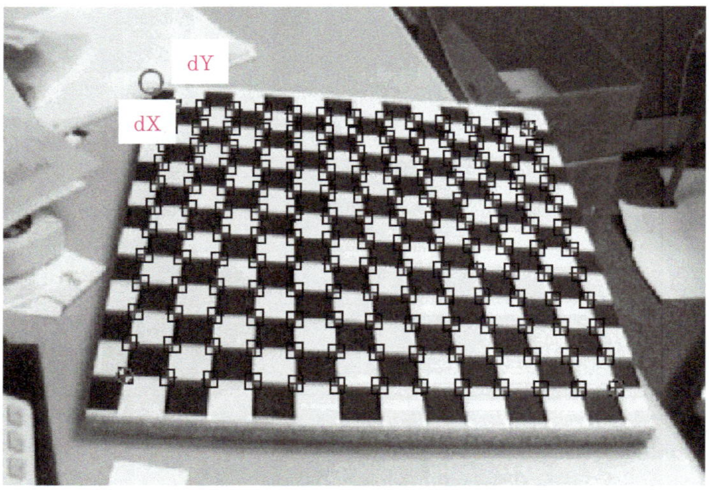

(b) 패턴교차점의 자동감지(MathLab)

그림 4.00 체커보드를 이용한 카메라검정(vision.caltech.edu)

각 영상의 측점은 식 (4.11)과 같은 기하학적관계가 형성된다.

$$\begin{bmatrix} x \\ y \\ 1 \end{bmatrix} = \begin{bmatrix} c & s & x_H \\ 0 & c(1+m) & y_H \\ 0 & 0 & 1 \end{bmatrix} \begin{bmatrix} r_{11} & r_{12} & r_{12} & t_1 \\ r_{21} & r_{22} & r_{23} & t_2 \\ r_{31} & r_{32} & r_{33} & t_3 \end{bmatrix} \begin{bmatrix} X \\ Y \\ \boxed{Z} \\ 1 \end{bmatrix} \tag{4.11}$$

여기서, x, y : $2D$픽셀좌표
$r_{11} \sim r_{33}$: 카메라 회전행렬
$t_1 \sim t_3$: 수평이동량
c, s, m, x_H, y_H : 카메라검정요소

식 (4.11)에서 동일 체커보드 상의 Z값은 0이므로 다음과 같이 단순하게 표현할 수 있다.

$$\begin{bmatrix} x \\ y \\ 1 \end{bmatrix} = \begin{bmatrix} c & s & x_H \\ 0 & c(1+m) & y_H \\ 0 & 0 & 1 \end{bmatrix} \begin{bmatrix} r_{11} & r_{12} & t_1 \\ r_{21} & r_{22} & t_2 \\ r_{31} & r_{32} & t_3 \end{bmatrix} \begin{bmatrix} X \\ Y \\ 1 \end{bmatrix} \tag{4.12}$$

식 (4.12)에서 두 번째 Calibration matrix와 오른쪽 옆 행렬의 곱을 H 행렬이라 하면 다음 식 (4.13)과 같이 표시할 수 있다. 여기서 $r_{11} \sim r_{33}$, $t_1 \sim t_3$ 매트릭스는 더 이상 회전행렬이 아님을 알아야 한다.

$$H = [h_1, h_2, h_3] = \underbrace{\begin{bmatrix} c & s & x_H \\ 0 & c(1+m) & y_H \\ 0 & 0 & 1 \end{bmatrix}}_{K} \underbrace{\begin{bmatrix} r_{11} & r_{12} & t_1 \\ r_{21} & r_{22} & t_2 \\ r_{31} & r_{32} & t_3 \end{bmatrix}}_{[r_1,\ r_2,\ t]} \tag{4.13}$$

카메라검정인자 행렬을 K, 오른쪽 행렬을 $[r_1, r_2, t]$로 표현하면 H행렬은 식 (4.14)와 같이 된다.

$$[h_1, h_2, h_3] = K[r_1, r_2, t] \tag{4.14}$$

결과적으로 식(4.15)와 같이 정리되는데 촬영하여 얻어진 체커보드 상의 마크에 대한 픽셀좌표x, y와 실제공간 체커보트의 마크에 대한 좌표를 이용하여 측점 별 관측방정식을 형상하고 미지인자를 구할 수 있다.

$$\begin{bmatrix} x \\ y \\ 1 \end{bmatrix} = [h_1, h_2, h_3] \begin{bmatrix} X \\ Y \\ 1 \end{bmatrix} = K[r_1, r_2, t] \begin{bmatrix} X \\ Y \\ 1 \end{bmatrix} \tag{4.15}$$

4.5 사진좌표의 정오차보정

전 절에서 설명한 다양한 방법의 카메라 검정을 통해 여러 요소를 구했다. 처음 단순측정된 사진좌표에는 다양한 정오차가 포함되어 있다. 정오차의 원인은 축의 비직교, 필름의 신축으로 인한 축척의 상이, 렌즈의 방사왜곡, 주점편위다. 이중 수치사진측량에서 디지털 센서를 사용하면서부터는 방사왜곡오차와 주점편위오차를 보정한다. 렌즈에서 발생하는 정오차는 왜곡은 대부분 방사왜곡이므로 이 절에서는 방사왜곡 보정에 대해 설명한다. 방사왜곡 보정을 위해서는 방사왜곡계수, PPS (Principal Point of Symmetry), PPA(Principal Point of Auto-collimator)가 필요하다.

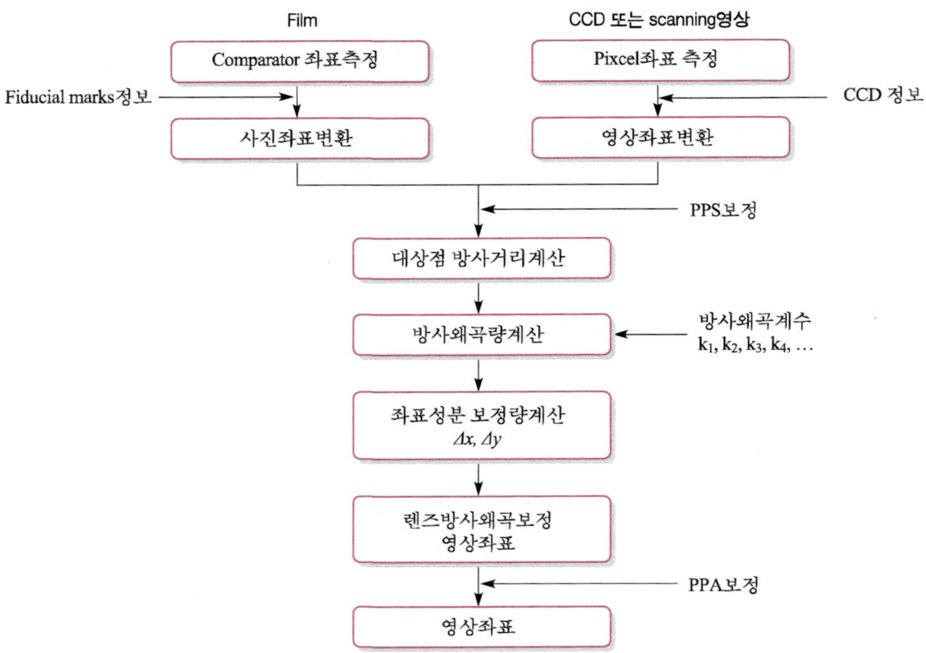

그림 4.36 사진좌표의 정오차 보정

4.5.1 방사왜곡보정

렌즈의 방사방향에 대한 왜곡보정을 실시할 경우 정확한 방사거리를 알아야 하며 방사거리는 사진의 중심으로부터 상점까지의 거리가 아니라 렌즈왜곡의 대칭주점으로부터의 방사거리를 의미하므로 이 대칭주점(PPS ; Principal Point of Symmetry)을 알아야 한다. 그림 4.37은 방사왜곡량의 분포를 등고선 형태로 도시한 것이다. 그림에서와 같이 대부분의 렌즈는 정중앙에 왜곡의 중심이 존재하지 않는다.

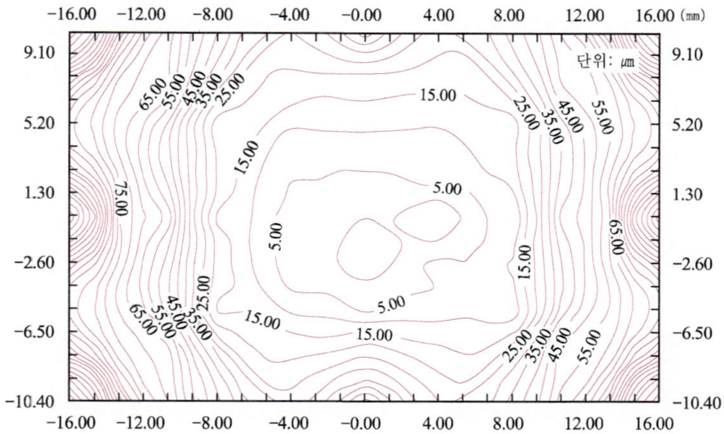

그림 4.37 방사왜곡분포

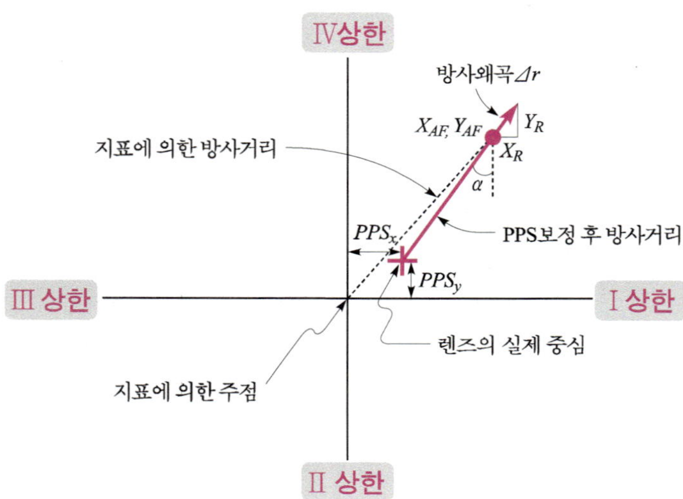

그림 4.38 렌즈왜곡 대칭주점

따라서 방사왜곡을 보정하기 위해서는 대칭주점으로부터의 방사거리를 계산하고 이에 대한 왜곡량으로부터 X, Y축 방향의 보정량을 구해야 한다.

우선 그림 4.38에서 방사거리는

$$r = \sqrt{(X_{AF} - PPS_X)^2 + (Y_{AF} - PPS_Y)^2} \tag{4.6}$$

여기서, X_{AF}, Y_{AF}는 지표에 의한 주점을 기준으로 한 사진좌표.

방사왜곡량 Δr은 상한에 따른 왜곡계수가 주어지므로 식 (4.5)에 의해 구한다.

X, Y좌표방향의 보정량을 구하기 위해서 각 α를 구한다.

$$\alpha = \tan^{-1}\left(\frac{X_{AF}}{Y_{AF}}\right) \tag{4.7}$$

방사왜곡 보정 후의 사진좌표를 구한다.

$$X_R = X_{AF} - \Delta r \cdot \sin\alpha \tag{4.8}$$

$$Y_R = Y_{AF} - \Delta r \cdot \cos\alpha$$

4.5.2 자동시준의 주점(PPA)보정

사진측량처리과정에서 렌즈왜곡보정된 사진좌표를 구하고 이를 이용하여 번들조정의 후방교회법을 수행하게 되는데 카메라에 렌즈를 마운팅할 때 렌즈의 중심과 카메라의 중심이 일치되지 않으므로 이에 대한 보정을 해야 한다. 이 편위량은 자동

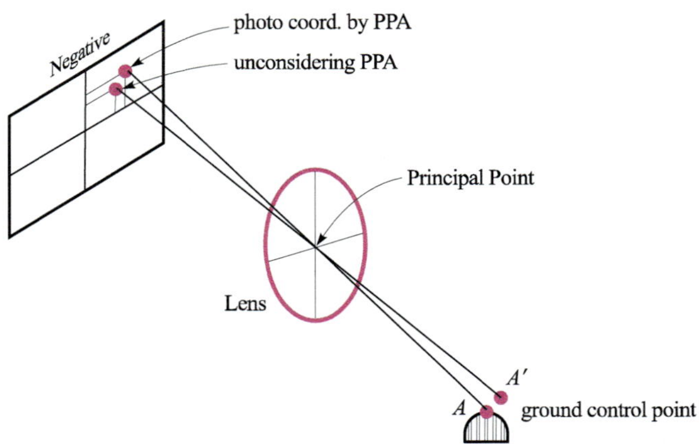

그림 4.39 공선조건과 PPA의 관계

시준의 검정방법에서 중심슬릿을 기준으로 구하기 때문에 자동시준의 주점(PPA)이라 한다. 그림 4.39에서와 같이 PPA의 보정여하에 따라 지상점의 위치가 크게 달라지므로 필히 보정하여야 한다.

자동시준의 검정방법에서 그림 4.40과 같이 중심슬릿과 지표를 연결한 주점과의 차이를 X, Y방향으로 측정하여 구한다.

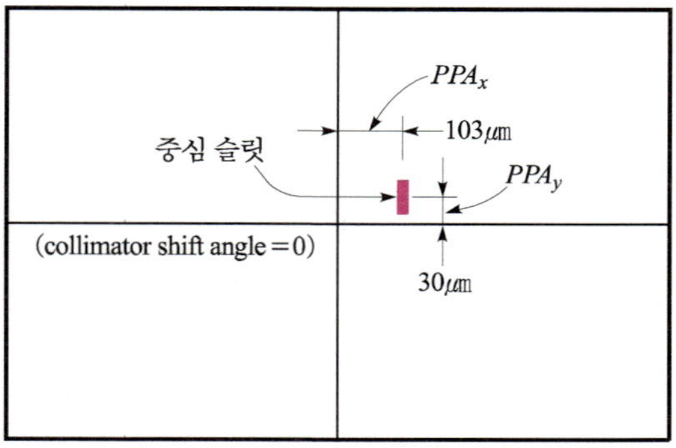

그림 4.40 PPA(Princiapl Point of AutoCollimation) of Nikon F801

PPA를 보정한 후의 최종적인 사진좌표는 다음과 같다.

$$X = X_R - PPA_x \tag{4.9}$$
$$Y = Y_R - PPA_y$$

예제 4.4

필름 상의 지상기준점에 대한 좌표를 측정하였더니 $x = -5.234\text{mm}$, $y = 7.059\text{mm}$ 였다. 방사왜곡보정 후의 사진좌표를 구하시오.

$PPS_X = 15\mu m$, $PPS_Y = -8\mu m$, $PPA_X = -23\mu m$, $PPA_Y = 17\mu m$ 그리고 방사왜곡계수는 표 4.3에 제시한 값을 사용한다.

풀이 ▸▸▸

1) 왜곡대칭주점으로부터의 방사거리를 계산한다.

$r = \sqrt{(-5.234 - 0.015)^2 + (7.059 - (-0.008))^2} = 8.803\text{mm}$

2) 방사왜곡량을 계산한다.

지상기준점이 위치한 좌표로 볼 때 4상한이므로 표 4.3의 4상한 왜곡계수를 이용하여 구한다.

$$\Delta r = 0.004410 \times 8.803 - (0.0004285227 \times 8.803^3) + 0.000007853835 \times 8.803^5$$
$$= 0.162\text{mm}$$

3) X, Y좌표방향의 보정량을 구하기 위해 ∠α를 구한다.

$$\alpha = \tan^{-1}\left(\frac{-5.234}{7.059}\right) = -36°33'20''$$

4) 방사왜곡보정 후의 사진좌표를 구한다.

$$X_R = -5.234 - 0.162 \times \sin 36°33'20'' = -5.330\text{mm}$$
$$Y_R = 7.059 - 0.162 \times \cos 36°33'20'' = 6.928\text{mm}$$

5) PPA를 보정하여 최종좌표를 얻는다.

$$X = -5.330 - (-0.023) = -5.307\text{mm}$$
$$Y = 6.928 - 0.017 = 6.911\text{mm}$$

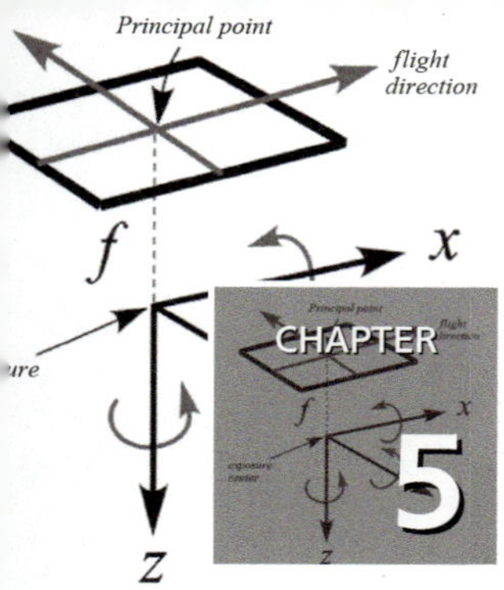

사진측량의 기하학

사진측량을 통한 정량적 해석을 위해서는 기하학적 알고리즘을 필요로 한다. 이번 장에서는 사진측량에 필요한 사진축척, 사진좌표, 2, 3차원 좌표변환, 그리고 공선조건 알고리즘에 대해 설명하였다.

5.1 사진축척

5.1.1 평지에서의 사진축척

사진의 축척은 지상 피사체의 크기가 필름 상에는 얼마의 크기로 촬영되는가에 대한 비율이라 할 수 있다. 한 변이 100m인 축구장이 사진 상에서 1cm로 촬영이 되었다면 $\frac{1\text{cm}}{100\text{m}}$ 이므로 축척은 1:10,000이 된다. 또는 초점거리와 촬영고도의 비로써도 나타낼 수 있다. 다음 그림 5.1에서 축척은

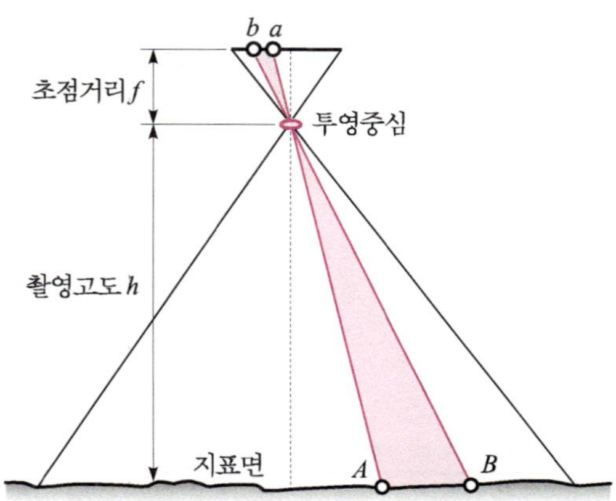

그림 5.1 평지에서의 사진축척

$$M = \frac{1}{m} = \frac{\overline{ab}}{\overline{AB}} = \frac{f}{H} \tag{5.1}$$

여기서, m : 사진축척 분모수 $\overline{ab}$: 사진상 거리
$\overline{AB}$: 지상 거리 f : 초점거리
H : 촬영고도(기준면으로부터 lens의 중심까지)

예제 5.1

항공사진상에 나타난 축구장 한 변의 길이가 10mm였다. 실제 지상의 축구장 한 변의 길이가 110m라고 한다면 이 사진의 축척은?

풀이 ▸ ▸ ▸

$$\frac{10\text{mm}}{110\text{m}} = \frac{0.01\text{m}}{110\text{m}} = \frac{1}{11,000}$$

5.1.2 기복지형에서의 사진축척

평지에서는 문제가 되지 않으나 표고차가 있는 기복지형의 경우에는 축척이 다양하게 나타난다. 이러한 경우에는 촬영고도를 평균표고로 고려한다.

$$\frac{1}{m} = \frac{f}{H-h} \tag{5.2}$$

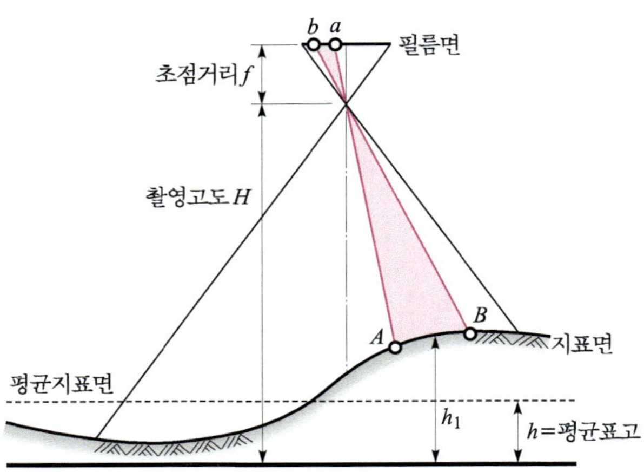

그림 5.2 기복지형에서의 사진축척

5.2 사진좌표계

5.2.1 아날로그 사진

사진측량의 기하학은 사진좌표로부터 출발하며 촬영된 영상의 좌표측정으로부터 시작한다. 사진 상에서 좌표를 정의하기 위해서는 좌표축이 필요한데 기준이 되는 것이 지표(Fiducial mark)이다. 지표는 카메라프레임의 모서리 또는 측면의 중앙에 위치해 있다(그림 5.3). 사진좌표계의 원점은 지표(Fiducial mark)를 연결한 교차점이다. 이론적으로는 지표 1-2와 지표 3-4를 연결한 선분은 90°로 만나며 사진좌표의 원점이 된다. 예를 들어 사진상에 촬영된 a,b점의 사진좌표는 $(x_a, y_a), (x_b, y_b)$로 표시한다. 그러나 이들 선분은 90°로 만나지 않는다. 또한 공장에서 제작할 당시의 지표의 좌표는 필름상에 촬영됐을 경우와 다르다. 필름의 신축이 발생하기 때문이다. 따라서 정확한 사진좌표를 얻기 위해서는 축의 비직교, 필름의 신축에서 발생하는 축척보정을 해야 한다. 일반적으로 사진상에서 비행 방향을 X축, 직각방향을 Y축으로 한다.

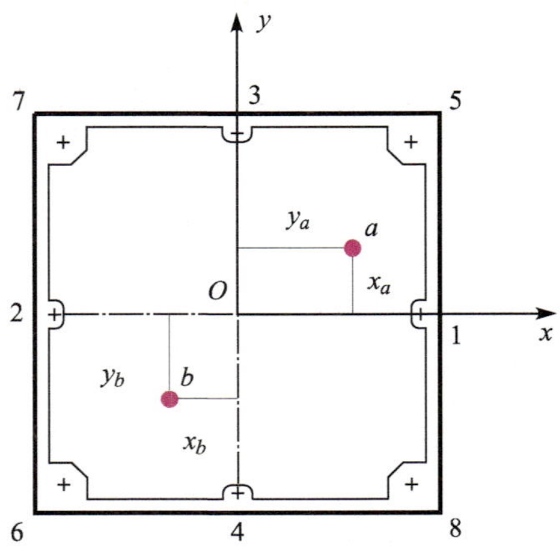

그림 5.3 지표와 사진좌표

항공사진에는 그림 5.4에서 보는 바와 같이 촬영당시의 시간, 고도, 수평상태 초점거리 등의 정보를 기록하는 데이터 주기란과 사진 각 변, 모퉁이에 보통 8개의 지표(Fiducial mark)를 가지고 있다. 최종적으로 수치지형도를 제작한다는 것의 의미는 사진에 나타나 있는 피사체들에 대한 3차원 좌표를 얻는 것이라 말할 수 있다.

그림 5.4의 투영중심과 사진좌표를 공간적으로 보면 그림 5.5와 같다. 지상점A는 렌즈의 투영중심을 지나 필름상 a에 상이 맺히게 되고 a점의 사진좌표는 앞서 말했듯이 (x_a, y_a)가 된다. 사진이 경사 촬영되었을 경우 그림에서와 같이 연직점은 지표중심과 일치하지 않는다.

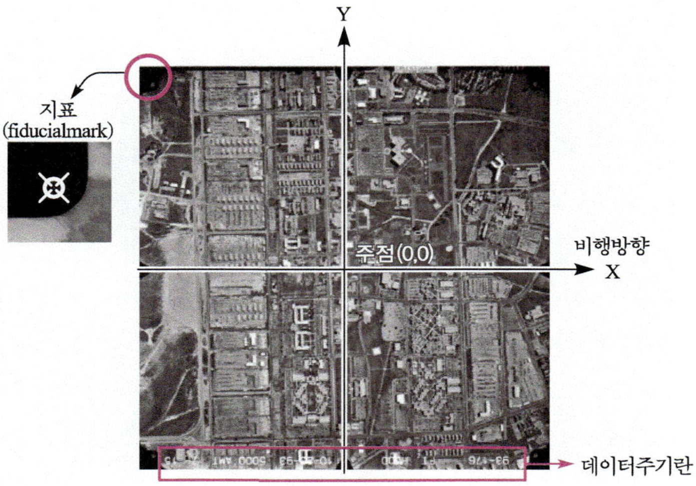

그림 5.4 실제 항공사진에서의 사진좌표계

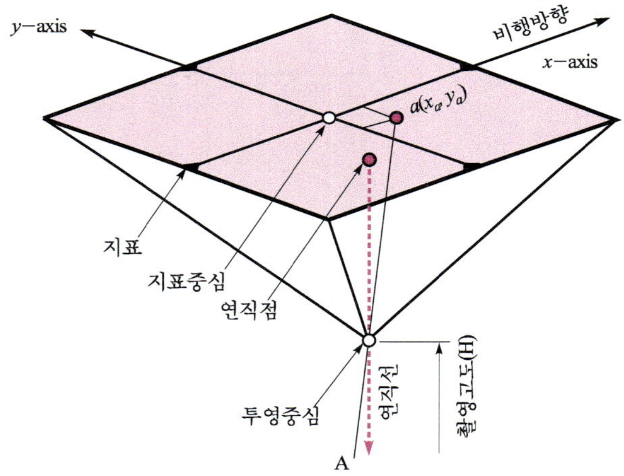

그림 5.5 투영중심과 사진좌표

5.2.2 디지털사진

디지털카메라는 지상으로부터 반사된 광선을 어떤 방법으로 수집하는가? 에 따라 다음 세 가지로 분류된다.

1) 디지털 프레임카메라

카메라의 기하학적 구조는 아날로그 카메라와 비슷하나 초점면에 필름대신 CDD배열이 위치한다. 촬영하는 순간 모든 CCD에 동시에 노광이 됨으로써 수치영상이 얻어진다. 그림 5.6은 Teledyne DALSA사의 CCD array이며 14,600×17,200=251,120,000개(250MPixel)의 CCD cell을 가지고 있다. 대표적인 항공사진카메라는 Z/I DMC카메라이다. 그림 5.7은 지상을 촬영하는 디지털프레임카메라의 원리이다. 지상의 모든 점에서 출발한 빛은 렌즈의 중심으로 수렴되어 CCD에 도달하게 되고 필름을 사용할 때와 마찬가지로 중심 투영된 영상을 얻게 된다. CCD array의 가로와 세로의 크기는 다양하며 가격차이가 크다. 종류에 따라 다르겠지만 CCD셀 하나의 크기는 몇 μm에 불과하다. Ultracam의 경우 5.2μm이다. 디지털사진기의 검정은 아날로그 사진기에 비해 수월하다. 필름의 왜곡이 없기 때문이다.

그림 5.6 프레임카메라를 위한 CCD array(Wolf,2014)

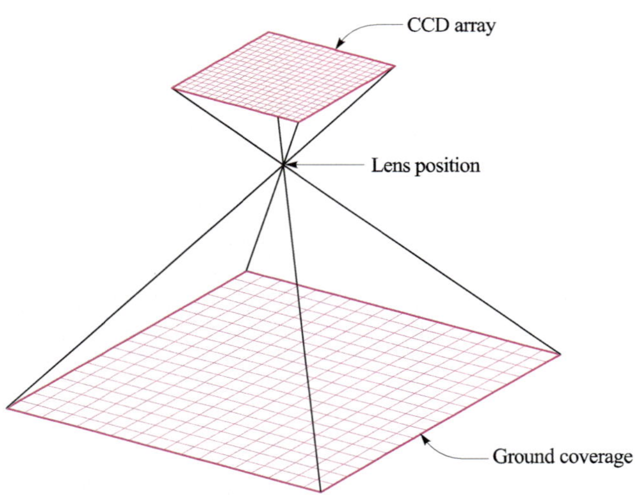

그림 5.7 디지털프레임카메라의 기하학

2) 선형배열사진기(Linear array camera)

선형배열사진기는 단렌즈 프레임사진기와는 기하학적으로 다르다. 영상이 한꺼번에 얻어지는 것이 아니고 한 줄씩 획득되어 이를 조합해야 영상을 얻을 수 있다. 그림 5.8은 선형배열 CCD의 영상획득 원리를 나타내고 있다. 그림에서와 같이 지상의 선형영역에서 반사된 광선은 렌즈를 통해 투영되고 셔터슬릿을 통해 선형CCD배열에 노출되게 된다. 비행기가 진행하면서 다음 선형에 대해 영상을 얻는 작업이 반복되며 완전한 하나의 영상이 얻어질 때까지 반복된다. 비행방향에 대해 직각방향으로 여러 점에 대해 영상이 얻어지므로 이 기하학을 선형투영(Line perspective)이라 부른다. 사진측량학적으로 안정된 기하학적 조건을 위해서는 센서를 실은 비행기가 매우 부드럽게 비행해야 한다. 경사지거나 흔들리게 되면 영상에 왜곡이 발생하기 때문이다(그림 5.10(a)). 그런데 대기 중에서 비행 시에는 안정하기가 어려우므로 대부분 위성에서 촬영하는 경우에 적합한 방식이다.

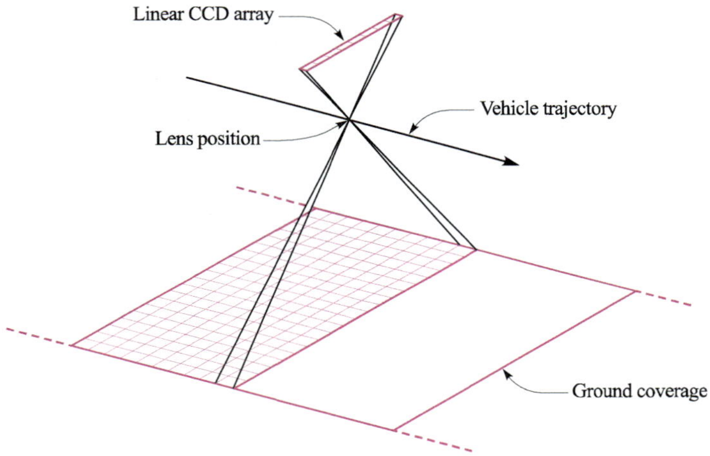

그림 5.8 선형배열카메라의 기하학

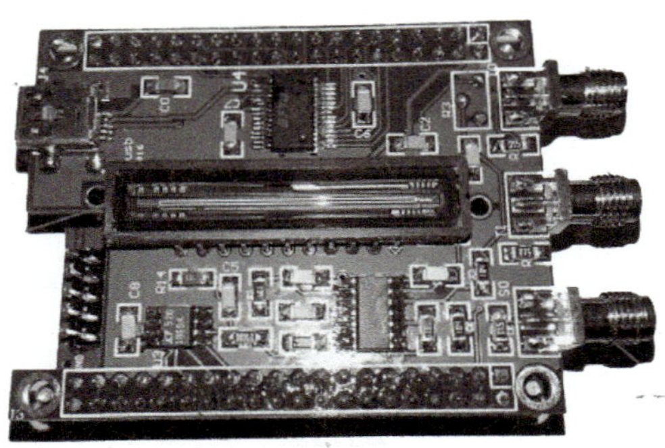

그림 5.9 선형배열 CCD의 예(TCD1304)

(a) 선형배열CCD로 촬영한 영상

(b) GPS/INS데이터를 이용하여 보정한 영상

그림 5.10 비행기의 흔들림으로 인한 디지털영상과 보정한 영상(Wolf, 3rd)

3) 스팟스캐너(Flying spot scanner)

세 번째 방법은 스팟스캔방식인데, 비행방향에 대해 직각방향으로 회전하는 거울에 의해 CCD에 노출하는 방식이다. 선형배열의 경우 1개의 선형에 대해 노출하지만 스팟방식은 하나의 픽셀 단위로 노출이 이루어진다. 기본적인 원리는 그림 5.11과 같다. 거울이 회전하는 동안 비행기가 진행하므로 성형의 영상이 변위를 가지고 있으며 하나의 영상을 얻으려면 변위를 보정하여 조합해야 한다. 사진측정학적으로 지도를 제작하기 위한 영상획득방법으로는 적합하지 않으며, 정확도가 높지 않은 경우에 사용하는 방법이다.

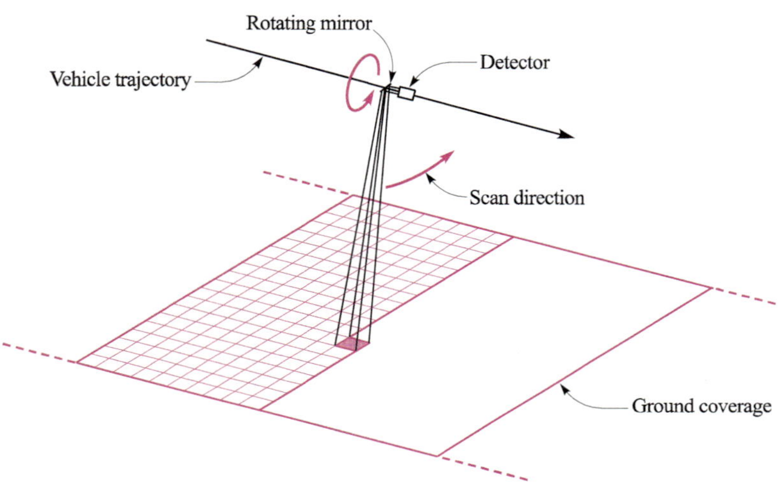

그림 5.11 Flying spot 스캐너의 기하학적 원리(Wolf, 3rd)

4) 디지털영상좌표

디지털영상의 경우 영상좌표계를 사용한다. 영상은 그림 5.12와 같이 픽셀[1]로 이루어져 있는데, 픽셀좌표계는 제일 좌측상단의 첫 번째 픽셀이 (0,0)으로 시작한다. 영상처리 시에는 픽셀좌표를 사용하지만 실제 기하학적 조건을 적용할 경우에는 투영중심을 원점으로 좌표변환한 영상좌표를 사용해야 한다.

그림 5.12(a)에서 좌측상단을 0,0으로 측정한 픽셀좌표(x_o,y_o)에서 그림 5.12(b)와 같은 영상좌표로 변환하기 위해서는 영상의 크기(가로크기: M, 세로크기: N)를 고려하여 계산한다.

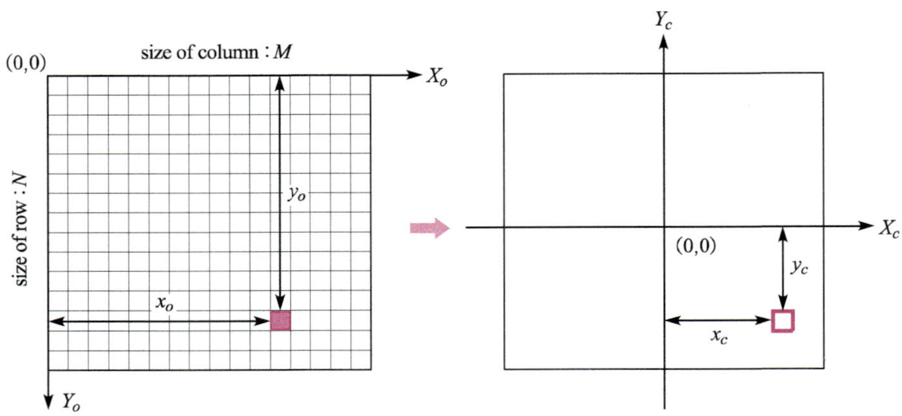

(a) 좌측상단을 원점으로 한 좌표계

(b) 영상중심 좌표계

그림 5.12 영상좌표계

$$x_c = x_o - \frac{M}{2} \tag{5.3}$$

$$y_c = \frac{N}{2} - y_o$$

M : 영상의 가로 픽셀 수

N : 영상의 세로 픽셀 수

1) 픽셀(pixel): 영상의 단위로 영상소 또는 화소라고도 한다.

예제 5.2

525×325 크기의 디지털 영상이 있다. 어떤 피사체의 픽셀좌표가 (312,195)라면 중심좌표계로 변환한 영상좌표는 얼마인가?

풀이 ▸ ▸ ▸

식 (5.3)으로부터

$$x_c = 412 - \frac{640}{2} = 92$$

$$y_c = \frac{480}{2} - 295 = -55$$

즉, (92, −55)가 된다.

5.3 좌표변환

그림 5.13에서 보는 바와 같이 사진측량 알고리즘에는 좌표측정기좌표, 지표좌표, 사진좌표, 카메라 공간좌표, 지상측량좌표 등 많은 좌표계가 사용되며 이들 좌표계 간 좌표변환도 빈번하게 이루어진다. 좌표변환은 크게 2차원 및 3차원 변환으로 분류할 수 있고 각각 x, y축이 직교하며 축척의 변환이 없다고 가정하는 일반변환과 축은 직교하되 축척을 고려하는 conformal 변환, 축의 비직교성 및 각각의 축에 대한 축척을 고려하는 affine 변환으로 나눌 수 있다. 이 장에서는 2차원 일반변환, conformal 변환, affine 변환에 대해 설명한다.

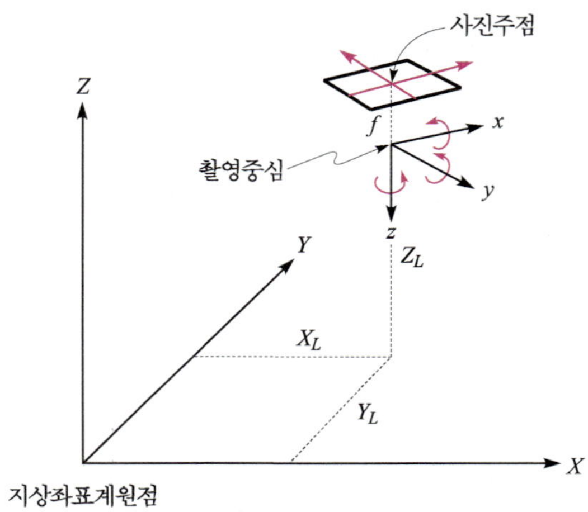

그림 5.13 사진측량에서의 좌표계

5.3.1 2차원 좌표변환

양쪽의 좌표계에서 각각 최소 2점의 기준점좌표를 알아야 하며 정확성을 위해서는 이 두 점은 멀리 떨어질수록 좋다. 그림 5.14(a)에서 임의의 XY좌표계 내 a, b, c의 좌표는 알고 있다. 이를 NE지상좌표계(b)로 변환하여 C점의 좌표를 얻고자 한다. 이를 위해서는 최소 두 점 이상의 기준점에 대해 양쪽좌표계에서 좌표를 모두 알고 있어야 한다.

이를 2차원 직각 좌표변환이라 하며, 다음 3단계에 의해 행해진다.

3단계 : ① 크기변환(Scale Change)
② 회전(Rotation)
③ 이동(Translation)

1) 2차원 일반변환

(1) Step 1 : 축척변환

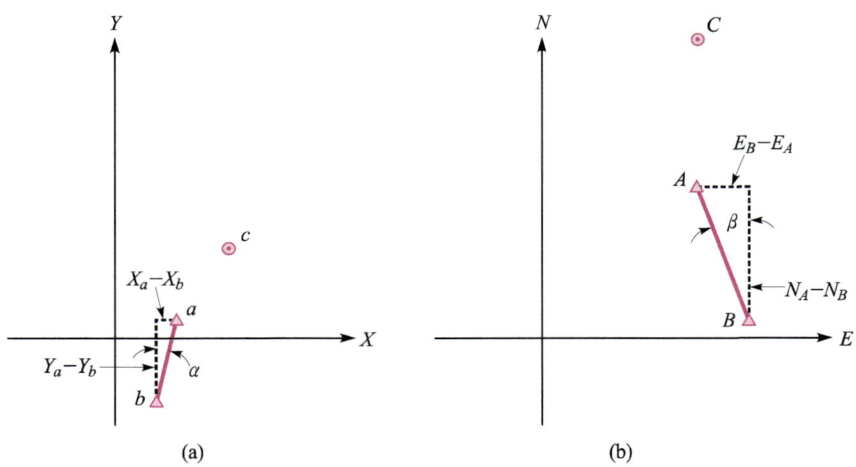

그림 5.14 (a) 임의 2차원 좌표계와 (b) 지상 NE 2차원 좌표계

그림 5.14에서 보여지는 것과 같이 2개의 기준점을 사용하여, 축척계수는 다음과 같이 두 좌표계상에서의 길이 AB와 ab의 관계에서 계산된다.

$$s = \frac{AB}{ab} = \frac{\sqrt{(E_B - E_A)^2 + (N_B - N_A)^2}}{\sqrt{(X_b - X_a)^2 + (Y_b - Y_a)^2}} \tag{5.4}$$

(2) Step 2 : **회전변환**

축척계수를 고려하여 축척변환 후의 좌표를 X', Y'라 하자. 그 다음 좌표계를 θ만큼 회전한 $N'E'$좌표를 구해야 한다.

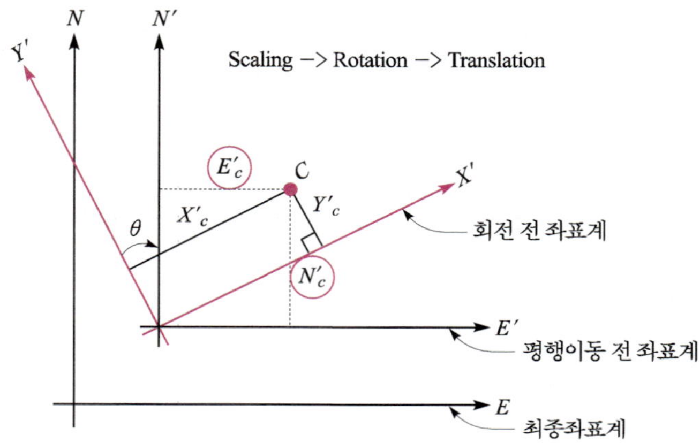

그림 5.15 축척변환 후의 X′Y′ 좌표계와 지상좌표계 N′E′ 및 NE

그림 5.15에서 $X'Y'$좌표계는 $N'E'$좌표계와 평행하도록 θ만큼 회전하게 되며 NE좌표계로 평행이동하면 최종 변환 후의 좌표가 얻어지게 된다.

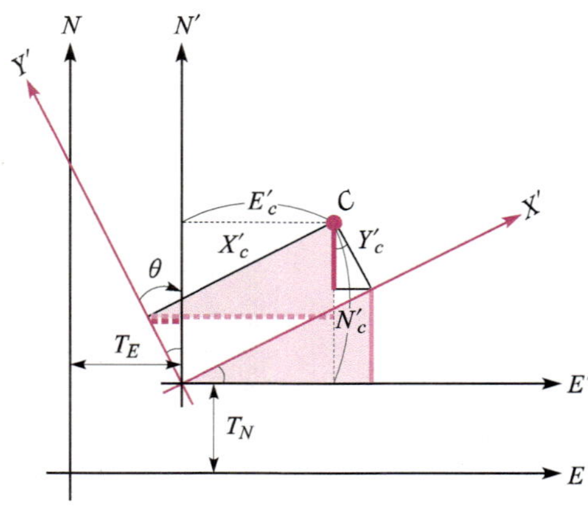

그림 5.16 회전변환 및 평행이동 인자

그림 5.16에서 $X'Y'$좌표계 내에서의 C점의 좌표(X_C', Y_C')는 $N'E'$좌표계로 회전변환 후에 (E_C', N_C')로 된다. 이들 값은 닮은 삼각형의 밑변과 높이에 의해 구할 수 있다.

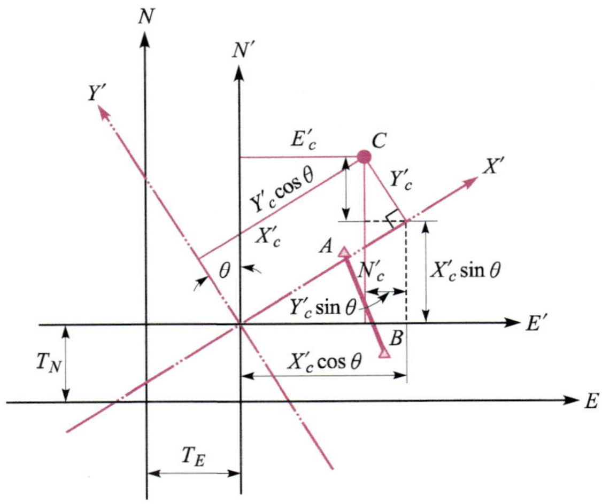

그림 5.17 회전변환 및 평행이동량 인자

따라서 $N'E'$축에 대한 C점의 좌표는 다음과 같다.

$$E_C{}' = X_C{}'\cos\theta - Y_C{}'\sin\theta \tag{5.5}$$
$$N_C{}' = X_C{}'\sin\theta + Y_C{}'\cos\theta$$

식 (5.4)를 행렬로 나타내면,

$$\begin{bmatrix} E_C{}' \\ N_C{}' \end{bmatrix} = \begin{bmatrix} \cos\theta & -\sin\theta \\ \sin\theta & \cos\theta \end{bmatrix} \begin{bmatrix} X_C{}' \\ Y_C{}' \end{bmatrix} \tag{5.6}$$

여기서, 행렬 $R = \begin{bmatrix} \cos\theta & -\sin\theta \\ \sin\theta & \cos\theta \end{bmatrix}$는 2차원 회전행렬이 된다.

그리고 그림 5.16에서 보여지는 회전각 θ는 2개의 기준점 좌표로부터 알 수가 있는데, 그림 5.14의 (a)와 (b)에서 계산되어지는 각 α와 β의 합이 된다.

$$\alpha = \tan^{-1}\left(\frac{X_a - X_b}{Y_a - Y_b}\right) \quad \beta = \tan^{-1}\left(\frac{E_B - E_A}{N_A - N_B}\right)$$

(3) Step 3 : 평행이동

지상좌표계 NE에서 평행이동량 T_E, T_N을 고려한 $N'E'$을 구한다.

따라서 C점에 대한 마지막 E_C와 N_C의 지상좌표는 다음과 같다.

$$E_C = E_C{}' + T_E \tag{5.7}$$
$$N_C = N_C{}' + T_N$$

그리고 이동인자 T_E와 T_N는 다음과 같이 계산된다.

$$T_E = E_A - E_A{}' = E_B - E_B{}' \tag{5.8}$$
$$T_N = N_A - N_A{}' = N_B - N_B{}'$$

예제 5.3

그림 5.14(a), (b)에서 각 좌표계내의 좌표값들이 다음과 같다고 할 때 지상좌표계를 기준으로 한 C점의 좌표는 얼마인가?

point	임의의 좌표계		지상좌표계	
	X	Y	E	N
A	632.17	121.45	1100.64	1431.09
B	355.20	-642.07	1678.39	254.15
C	1304.81	596.37		

풀이 ▸ ▸ ▸

① 우선 축척계수를 구한다.

$$s = \frac{\sqrt{(1678.39-1100.64)^2+(254.15-1431.09)^2}}{\sqrt{(355.20-632.17)^2+(-642.07-121.45)^2}} = 1.61425$$

② 이 축척계수를 임의의 좌표에 각각 곱하여 축척을 동일하게 한다.

	축척보정된 좌표	
	X′	Y′
A	1020.48	196.05
B	573.38	-1036.46
C	2106.29	962.69

③ 그 다음에는 좌표계의 회전각 θ를 구해야 한다.

$$\tan\alpha = \frac{632.17-355.20}{121.45+642.07} = 0.362754 \qquad \therefore \alpha = 19.9384°$$

$$\tan\beta = \frac{1678.39-1100.64}{1431.09-254.15} = 0.490892 \qquad \therefore \beta = 26.1460°$$

$$\theta = \alpha + \beta = 19.9384° + 26.1460° = 46.0845°$$

④ A, B, C점의 회전한 후의 N′, E′좌표는

$$E' = X'\cos\theta - Y'\sin\theta$$
$$N' = X'\sin\theta + Y'\cos\theta$$
$$E_A{}' = 1020.48\ \cos 46.0845° - 196.05\ \sin 46.0845° = 566.57$$

$N_A' = 1020.48\ \sin 46.0845° + 196.05\ \cos 46.0845° = 871.10$

$E_B' = 573.38\ \cos 46.0845° - (-1036.46)\sin 46.0845° = 1144.32$

$N_B' = 573.38\ \sin 46.0845° + (-1036.46)\cos 46.0845° = -305.84$

$E_C' = 2106.29\ \cos 46.0845° - 962.69\ \sin 46.0845° = 767.43$

$N_C' = 2106.29\ \sin 46.0845° + 962.69\ \cos 46.0845° = 2185.01$

⑤ 평행이동량 T_E와 T_N을 구한다.
이미 알고 있는 A, B점으로부터 계산한다.

$T_E = E_A - E_A' = 1100.64 - 566.57 = 534.07$ Check

$T_E = E_B - E_B' = 1678.39 - 1144.32 = 534.07$

$T_N = N_A - N_A' = 1431.09 - 871.10 = 559.99$

$T_N = N_B - N_B' = 254.15 - (-305.84) = 559.99$

⑥ 최종적으로 C점의 좌표에 이동량을 더해줌으로써 지상좌표계에서의 C점 좌표를 구한다.

$E_C = 767.43 + 534.07 = 1301.49$

$N_C = 2185.01 + 559.99 = 2745.01$

2) 2차원 conformal 변환

컴퓨터를 사용할 경우 alternative방법에 의해 좌표변환계산을 수행하는 것이 효율적인데, 이 방법을 2차원 conformal 변환이라 한다.

이 방법에서는 방정식이 양쪽 좌표계에서 좌표를 알고 있는 2개 또는 그 이상의 변환계수를 포함하고 있다. 앞서 설명한 3단계로 진행한다.

(1) Step 1 : 축척변환

$$X_a' = sX_a \tag{5.9}$$
$$Y_a' = sY_a$$
$$X_b' = sX_b$$
$$Y_b' = sY_b$$

(2) Step 2 : 회전변환

$$E_A' = sX_a\cos\theta - sY_a\sin\theta \tag{5.10}$$
$$N_A' = sX_a\sin\theta + sY_a\cos\theta$$
$$E_B' = sX_b\cos\theta - sY_b\sin\theta$$

$$N_B{}' = sX_b\sin\theta + sY_b\cos\theta$$

(3) Step 3 : 평행이동

$$E_A = sX_a\cos\theta - sY_a\sin\theta + T_E \quad (5.11)$$

$$N_A = sX_a\sin\theta + sY_a\cos\theta + T_N$$

$$E_B = sX_b\cos\theta - sY_b\sin\theta + T_E$$

$$N_B = sX_b\sin\theta + sY_b\cos\theta + T_N$$

식 (5.11)에서, $s\cos\theta = a$, $s\sin\theta = b$라 하면,

$$E_A = aX_a - bY_a + T_E \quad (5.12)$$

$$N_A = aY_a + bX_a + T_N$$

$$E_B = aX_b - bY_b + T_E$$

$$N_B = aY_b - bY_b + T_N$$

식 (5.12)에서 보면 이 방정식은 4개의 미지수(a, b, T_E, T_N)를 가지게 된다. 여기서, a와 b의 관계에서 축척과 회전각을 구할 수 있다.

$$S = \sqrt{a^2+b^2} \qquad \theta = \tan^{-1}(\frac{b}{a}) \quad (5.13)$$

(4) 행렬식

기준점 A, B, C 3개가 있다고 가정하여 이것을 행렬 형태로 나타내보고자 한다. 기준점 A, B, C의 관측방정식을 만들기 위해서 식 (5.12)를 이용하면 다음과 같다.

3개의 기준점 → 6개의 관측방정식

$$aX_A - bY_A + T_E = E_A + \nu_{EA} \quad (5.14)$$

$$aY_A + bX_A + T_N = N_A + \nu_{NA}$$

$$aX_B - bY_B + T_E = E_B + \nu_{EB}$$

$$aY_B + bX_B + T_N = N_B + \nu_{NB}$$

$$aX_C - bY_C + T_E = E_C + \nu_{EC}$$

$$aY_C + bX_C + T_N = N_C + \nu_{NC}$$

여기서, ν_{EA}, ν_{NA}, ν_{EB} ,ν_{NB},…는 각 좌표에서 발생하는 잔차이다.

위 식을 행렬 행태로 만들면 다음과 같다.

$$A_{(6,4)}X_{(4,1)} = L_{(6,1)} + V_{(6,1)}$$

여기서, $A_{(6,4)} = \begin{bmatrix} X_A & -Y_A & 1 & 0 \\ Y_A & X_A & 0 & 1 \\ X_B & -Y_B & 1 & 0 \\ Y_B & X_B & 0 & 1 \\ X_C & -Y_C & 1 & 0 \\ Y_C & X_C & 0 & 1 \end{bmatrix}$ $X_{(4,1)} = \begin{bmatrix} a \\ b \\ T_E \\ T_N \end{bmatrix}$

$$L_{(6,1)} = \begin{bmatrix} E_A \\ N_A \\ E_B \\ N_B \\ E_C \\ N_C \end{bmatrix} \qquad V_{(6,1)} = \begin{bmatrix} \nu_{E_A} \\ \nu_{N_A} \\ \nu_{E_B} \\ \nu_{N_B} \\ \nu_{E_C} \\ \nu_{N_C} \end{bmatrix}$$

미지수 $X = (A^TA)^{-1}(A^TL)$로 구한다.

3) 2차원 Affine 좌표변환

2차원 conformal 변환에 약간의 수정이 필요하다. x, y축의 각각 다른 축척계수와 축의 비직교성에 대한 보정요소가 추가된다. 그러므로 4개의 계수에 두 개의 미지인자를 더해 6개의 인자로 형성된다.

2차원 affine 변환 →
- 2차원 conformal 변환의 약간 수정
- x, y방향에서의 여러 축척 인자를 포함
- 축체계의 비직교성을 보정
- 미지수가 6개(s_x, s_y, ε, θ, T_X, T_Y)

앞에 보인 것처럼 변환방정식의 유도는 임의좌표계의 측정특성에 의존한다.

2차원 affine 변환은 기본적으로 4단계에 걸쳐 수행된다.

① x, y의 축척변환

② 비직교성의 조정

③ 회전

④ 평행이동

그림 5.18에서 보는 것과 같이 xy는 임의좌표계이며, 최종적인 좌표계는 XY이다. xy좌표계에서 각 ε에 의해 직교하지 않는다. 두 좌표계가 평행이 될 수 있도록 회전각 θ가 필요하며 원점에서 떨어져있는 평행이동량 T_x, T_y이 필요하다.

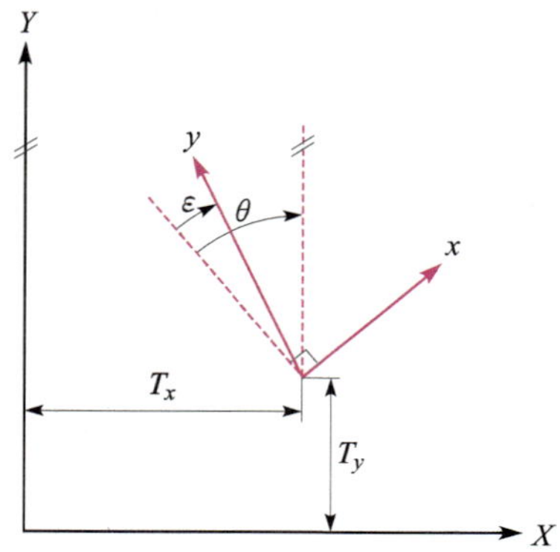

그림 5.18 축의 비직교

(1) Step 1 : x, y좌표에 대한 축척변환

Scale이 다른 x와 y축의 축척을 맞추는 작업으로 각 축의 축척을 고려한 후의 $x'y'$를 구하면

$$x' = s_x x \qquad (5.15)$$
$$y' = s_y y$$

(2) Step 2 : 축의 비직교성의 보정

일반적으로 사진 좌표측정을 위해 좌표측정기를 사용하는데, 좌표측정기의 축은 대부분 직교하지 않으므로 보정이 필요하다. 그림 5.19(a)에서 90°보다 ε만큼 직교하지 않는 좌표계 $x'y'$에서 P점의 좌표는 $x'y'$가 된다. 직교좌표계 $x''y''$에서 직교 보정된 P점의 좌표는 x'', y''가 된다. $x' = x''$가 된다.

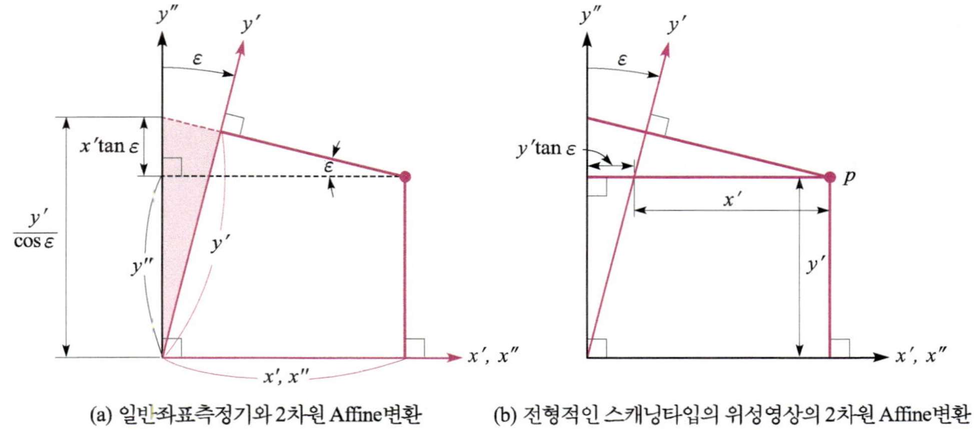

그림 5.19 Affine 변환

일반좌표측정기와 2차원 Affine관계로부터 그림 5.18(a)에서

$$x'' = x'$$

$$y'' = \frac{y'}{\cos\epsilon} - x'\tan\varepsilon \tag{5.16}$$

전형적인 스캐닝타입의 위성영상의 2차원 Affine관계로부터 그림 5.18(b)에서

$$x'' = x' + y'\tan\varepsilon$$

$$y'' = y' \tag{5.17}$$

우선 위의 일반좌표측정기와 2차원 Affine관계에 대해서 고려해 보자

(3) Step 3 : 회전변환

비직교성을 보정한 $x''y''$좌표를 θ만큼 회전변환하여 X', Y'를 구한다.

$$X' = x''\cos\theta - y''\sin\theta$$

$$Y' = x''\sin\theta + y''\cos\theta \tag{5.18}$$

(4) Step 4 : 평행이동

회전변환된 X', Y'좌표를 T_X, T_Y만큼 평행이동하여 최종좌표 X, Y를 구한다.

$$X = X' + T_X$$

$$Y = Y' + T_Y \tag{5.19}$$

모든 식으로 정리하면

$$X = s_x x cos\theta - (\frac{s_y y}{\cos\varepsilon} - s_x\tan\varepsilon)\sin\theta + T_X$$

$$Y = s_x x sin\theta + (\frac{s_y y}{\cos\varepsilon} - s_x\tan\varepsilon)\cos\theta + T_Y \tag{5.20}$$

단순화시키면

$$X = s_x x(\cos\theta + \tan\varepsilon\sin\theta) - s_y y(\frac{\sin\theta}{\cos\varepsilon}) + T_X$$

$$Y = s_x x(\sin\theta + \tan\varepsilon\cos\theta) + s_y y(\frac{\cos\theta}{\cos\varepsilon}) + T_Y \tag{5.21}$$

$$X = T_X + s_x x\frac{\cos\varepsilon\cos\theta + \sin\varepsilon\sin\theta}{\cos\varepsilon} - s_y y\frac{\sin\theta}{\cos\varepsilon} \tag{5.22}$$

$$Y = T_Y + s_x x \frac{\cos\varepsilon \sin\theta + \sin\varepsilon \cos\theta}{\cos\varepsilon} + s_y y \frac{\cos\theta}{\cos\varepsilon}$$

cosine 법칙 이용

$$X = T_X + s_x x \frac{\cos(\varepsilon - \theta)}{\cos\varepsilon} - s_y y \frac{\sin\theta}{\cos\varepsilon}$$
$$Y = T_Y + s_x x \frac{\sin(\varepsilon - \theta)}{\cos\varepsilon} + s_y y \frac{\cos\theta}{\cos\varepsilon} \quad (5.23)$$

여기서,

$$a_0 = T_X \qquad b_0 = T_Y$$
$$a_1 = s_x \frac{\cos(\varepsilon - \theta)}{\cos\varepsilon} \qquad b_1 = -s_x \frac{\sin(\varepsilon - \theta)}{\cos\varepsilon} \quad (5.24)$$
$$a_2 = -s_y \frac{\sin\theta}{\cos\varepsilon} \qquad b_2 = s_y \frac{\cos\theta}{\cos\varepsilon}$$

식 (5.24)를 식 (5.23)에 대입하면 다음과 같다.

$$X = a_0 + a_1 x + a_2 y$$
$$Y = b_0 + b_1 x + b_2 y \quad (5.25)$$

따라서 위 식의 관계에 의해 다음과 같이 미지수를 구할 수 있다.

$$\theta = \tan^{-1}\left(\frac{-a_2}{b_2}\right)$$
$$\varepsilon - \theta = \tan^{-1}\left(\frac{-b_1}{a_1}\right) \qquad \varepsilon = (\varepsilon - \theta) + \theta \quad (5.26)$$
$$s_x = a_1 \frac{\cos\varepsilon}{\cos(\varepsilon - \theta)} \qquad s_y = b_2 \frac{\cos\varepsilon}{\cos\theta}$$
$$T_X = a_0 \qquad T_Y = b_0$$

위성영상의 경우 그림 5.18(b)에 대해 동일한 4단계를 거치면,

$$X = (s_x x + s_y y \tan\varepsilon)\cos\theta - s_y y \sin\theta + T_X \quad (5.27)$$
$$Y = (s_x x + s_y y \tan\varepsilon)\sin\theta - s_y y \cos\theta + T_Y$$

식 (5.27)은 다음 과정으로 단순화시킨다.

$$X = s_x x \cos\theta + s_y y(\tan\varepsilon \cos\theta - \sin\theta) + T_X$$
$$Y = s_x x \sin\theta + s_y y(\tan\varepsilon \sin\theta + \cos\theta) + T_Y \quad (5.28)$$

삼각함수법칙에 따라

$$X = T_X + s_x x\cos\theta + s_y y\frac{\sin\varepsilon\cos\theta - \cos\varepsilon\sin\theta}{\cos\varepsilon}$$
$$Y = T_Y + s_x x\sin\theta + s_y y\frac{\sin\varepsilon\sin\theta + \cos\varepsilon\cos\theta}{\cos\varepsilon} \tag{5.29}$$

cosine 법칙 이용

$$X = T_X + s_x x\theta\cos + s_y y\frac{\sin(\varepsilon - \theta)}{\cos\varepsilon}$$
$$Y = T_Y + s_x x\theta\sin + s_y y\frac{\cos(\varepsilon - \theta)}{\cos\varepsilon} \tag{5.30}$$

여기서,

$$a_0 = T_X \qquad b_0 = T_Y$$
$$a_1 = s_x\cos\theta \qquad b_1 = s_x\sin\theta$$
$$a_2 = s_y\frac{\sin(\varepsilon - \theta)}{\cos\varepsilon} \qquad b_2 = s_y\frac{\cos(\varepsilon - \theta)}{\cos\varepsilon} \tag{5.31}$$

와 같이 치환하면 식 (5.25)와 같이 되며 다음의 미지수를 얻을 수 있다.

$$\theta = \tan^{-1}\left(\frac{b_1}{a_1}\right)$$
$$\varepsilon - \theta = \tan^{-1}\left(\frac{a_2}{b_2}\right) \qquad \varepsilon = (\varepsilon - \theta) + \theta$$
$$s_x = \frac{a_1}{\cos\theta} \qquad s_y = b_2\frac{\cos\varepsilon}{\cos(\varepsilon - \theta)} \tag{5.32}$$
$$T_X = a_0 \qquad T_Y = b_0$$

식 (5.25)에서 conformal 변환에서와 같이 affine 변환계산 역시 두 단계로 해가 얻어진다.

① 양쪽 좌표계에서 알고 있는 좌표로부터 계수 a, b를 구한다.

② 이들 계수를 적용하여 x, y좌표로부터 변환된 좌표 X, Y를 구한다.

사진좌표를 보정하기 위해서는 1단계를 수행하기 위해 지표를 사용한다. 이 지표의 좌표들은 검정을 통해 알고 있으며, 좌표측정(Comparator)으로부터 알게 된다.

주어진 사진에 대해 식 (5.25)와 같이 각 지표에 대해 한 쌍의 식을 쓸 수 있다. 만약 4개의 지표가 있다면 4개의 X에 대한 식과 4개의 Y에 대한 식이 만들어진다. 어느 것이든 3개의 지표를 사용하여 미지수 a, b의 해를 얻을 수 있다. 그러나 보다나은 해법을 위해서는 4개의 지표를 사용해야하며 최소제곱법을 사용해야 한다.

예제 5.4

항공사진 상에 나타난 4개의 지표에 대한 검정된 사진좌표와 좌표측정기 상에서 측정한 좌표가 아래 표에 주어져 있다. 동시에 사진 상 특정 대상물에 대한 3점의 좌표측정값도 주어져 있다. 대상점 3점에 대한 좌표측정기 좌표를 사진좌표로 변환하시오. 예를 들어 그림에서 사진상 점 3번의 좌표측정기 좌표가 $X_3 = 91.505\text{mm}$, $Y_3 = 18.956\text{mm}$일 경우 사진좌표 x_3, y_3를 구하라는 의미이다.

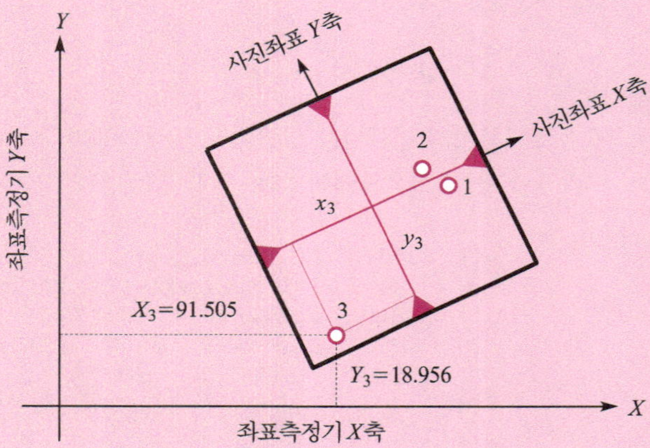

point	Comparator coordinates		Calibrated coordinates	
	X(mm)	Y(mm)	x(mm)	y(mm)
Fiducial A	228.170	129.730	112.995	0.034
Fiducial B	2.100	129.520	−113.006	0.005
Fiducial C	115.005	242.625	0.003	112.993
Fiducial D	115.274	16.574	−0.012	−113.000
1	206.674	123.794	x_1	y_1
2	198.365	132.856	x_2	y_2
3	91.505	18.956	x_3	y_3

풀이 ▸ ▸ ▸

식 (5.25)와 같이 4개의 지표에 대해 잔차를 포함시켜 4쌍의 식을 형성한다.

$$112.995 + v_{X_A} = a_0 + 228.170a_1 + 129.730a_2$$

$$0.034 + v_{Y_A} = b_0 + 228.170b_1 + 129.730b_2$$

$$-113.006 + v_{X_B} = a_0 + 2.100a_1 + 129.520a_2$$
$$0.005 + v_{Y_B} = b_0 + 2.100b_1 + 129.520b_2$$

$$0.003 + v_{X_C} = a_0 + 115.005a_1 + 242.625a_2$$
$$112.993 + v_{Y_C} = b_0 + 115.005b_1 + 242.625b_2$$

$$-0.012 + v_{X_D} = a_0 + 115.274a_1 + 16.574a_2$$
$$-113.000 + v_{Y_D} = b_0 + 115.274b_1 + 16.574b_2$$

위의 4쌍의 식은 다음과 같은 행렬구조로 표시할 수 있다. 그리고 각각의 표기는 다음을 뜻한다.

$${}_8A^6 \quad {}_6X^1 = {}_8L^1 + {}_8V^1$$

여기서 X는 미지변환인자 행렬이며 L은 지표의 검정좌표를 표현하는 상수행렬, 그리고 V는 측정오차에서 오는 잔차행렬이다.

$${}_8A^6 = \begin{bmatrix} 1 & 228.170 & 129.730 & 0 & 0 & 0 \\ 0 & 0 & 0 & 1 & 228.170 & 129.730 \\ 1 & 2.100 & 129.520 & 0 & 0 & 0 \\ 0 & 0 & 0 & 1 & 2.100 & 129.520 \\ 1 & 115.005 & 242.625 & 0 & 0 & 0 \\ 0 & 0 & 0 & 1 & 115.005 & 242.625 \\ 1 & 115.274 & 16.574 & 0 & 0 & 0 \\ 0 & 0 & 0 & 1 & 115.274 & 16.574 \end{bmatrix} \qquad {}_6X^1 = \begin{bmatrix} a_0 \\ a_1 \\ a_2 \\ b_0 \\ b_1 \\ b_2 \end{bmatrix}$$

$${}_8L^1 = \begin{bmatrix} 112.995 \\ 0.034 \\ -113.006 \\ 0.005 \\ 0.003 \\ 112.993 \\ -0.012 \\ -113.000 \end{bmatrix} \qquad {}_8V^1 = \begin{bmatrix} v_{X_A} \\ v_{Y_A} \\ v_{X_B} \\ v_{Y_B} \\ v_{X_C} \\ v_{Y_C} \\ v_{X_D} \\ v_{Y_D} \end{bmatrix}$$

앞 절에서 소개한 바와 같이 동일한 경중률에 대한 최소제곱법으로 해를 구하면

$$X = (A^TA)^{-1}(A^TL)$$

$$X=\begin{bmatrix} a_0 \\ a_1 \\ a_2 \\ b_0 \\ b_1 \\ b_2 \end{bmatrix}=\begin{bmatrix} -115.270 \\ 0.999694 \\ 0.001256 \\ -129.479 \\ -0.000800 \\ 0.999742 \end{bmatrix} \qquad AX-L=V=\begin{bmatrix} v_{X_A} \\ v_{Y_A} \\ v_{X_B} \\ v_{Y_B} \\ v_{X_C} \\ v_{Y_C} \\ v_{X_D} \\ v_{Y_D} \end{bmatrix}\begin{bmatrix} -0.0017 \\ 0.0012 \\ -0.0017 \\ 0.0012 \\ 0.0017 \\ -0.0012 \\ 0.0017 \\ -0.0012 \end{bmatrix}$$

보는 바와 같이 잔차가 매우 작으므로 1, 2, 3측점의 변환계산을 허용할 수 있으며 계산은 다음과 같이하면 된다.

$$x_1=-115.270+(0.999694)(206.674)+(0.001256)(123.794)=91.496$$
$$y_1=-129.479+(-0.000800)(206.674)+(0.999742)(123.794)=-5.882$$
$$x_2=-115.270+(0.999694)(198.365)+(0.001256)(132.856)=83.201$$
$$y_2=-129.479+(-0.000800)(198.365)+(0.999742)(132.856)=3.184$$
$$x_3=-115.270+(0.999694)(91.505)+(0.001256)(18.956)=-23.769$$
$$y_3=-129.479+(-0.000800)(91.505)+(0.999742)(18.956)=-110.601$$

Affine 변환계산에 있어서 최소개수 이상의 기준점을 사용하고 해는 최소제곱법을 이용해야 함을 강력히 추천한다. 덧붙여 최소제곱법의 추가적인 이점은 잔차의 계산을 통해 측정오차의 존재를 알 수 있다는 것이다.

5.3.2 3차원 직각좌표변환

3차원 좌표변환문제는 사진측량뿐만 아니라 학문 전 분야에서 좌표를 다룰 때 흔히 발생하는 일이다. 사진측량을 예로 설명한다.

① 경사사진 좌표체계에서 지상 또는 임의의 대상공간체계에 평행한 수직 사진 체계로 지점들의 좌표를 변환시킬 때 사용한다.

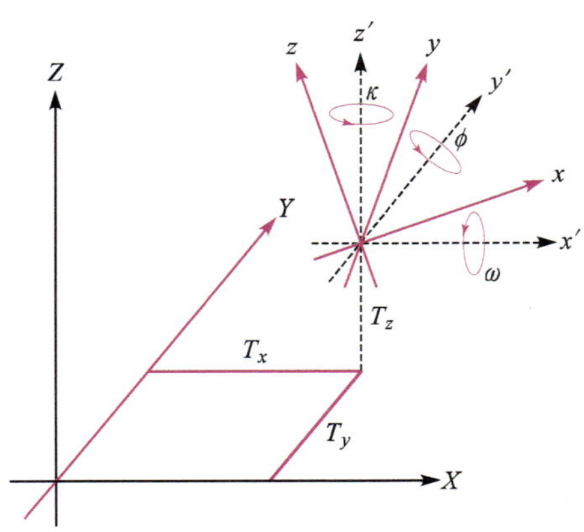

그림 5.20 XYZ, xyz 오른손 3차원좌표계

② 독립적 입체모델에서 연속된 3차원 연속모델을 형성하는 경우에도 필요하다. 필요한 변환방정식은 7개의 독립적인 매개변수로 표현될 것이며 다음과 같다.

- 회전각 : omega(ω), phi(ϕ), kappa(κ)
- 축척계수 : s
- 평행이동인자 : T_X, T_Y, T_Z

여기서, ω, ϕ, κ의 부호는 좌표계의 원점방향에서 축방향으로 봤을 때 시계방향이면 양의 방향이다.

3차원 직각좌표변환은 다음과 같이 크게 2단계에 의해 행해진다.
3차원 직각좌표변환 : ① 회전 ② 축척과 이동

(1) 1단계 : 회전변환

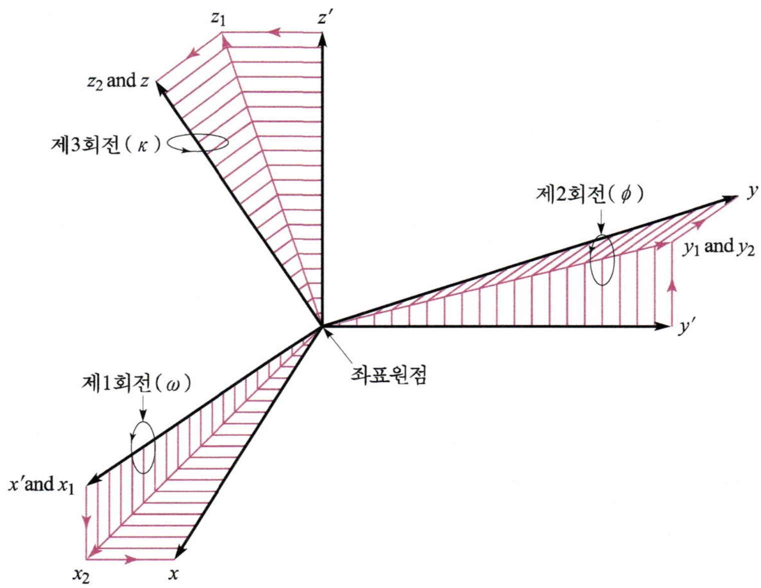

그림 5.21 연속회전변환

① x'축에 대한 omega(ω)회전

$$x'y'z' \Rightarrow x_1y_1z_1$$

$$\begin{aligned} x_1 &= x' \\ y_1 &= y'\cos\omega + z'\sin\omega \\ z_1 &= -y'\sin\omega + z'\cos\omega \end{aligned} \tag{5.33}$$

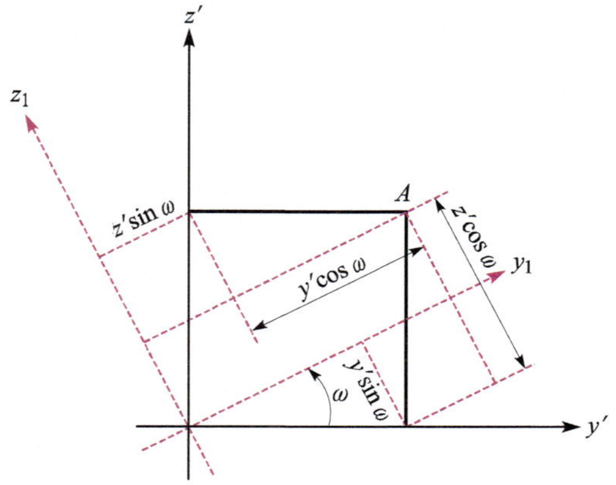

그림 5.22 x'축에 대한 omega 회전

이것을 행렬로 만들면 다음과 같다.

$$\begin{bmatrix} x_1 \\ y_1 \\ z_1 \end{bmatrix} = \begin{bmatrix} 1 & 0 & 0 \\ 0 & \cos\omega & \sin\omega \\ 0 & -\sin\omega & \cos\omega \end{bmatrix} \begin{bmatrix} x' \\ y' \\ z' \end{bmatrix} \tag{5.34}$$

여기서, 행렬 $R_\omega = \begin{bmatrix} 1 & 0 & 0 \\ 0 & \cos\omega & \sin\omega \\ 0 & -\sin\omega & \cos\omega \end{bmatrix}$는 ω에 대한 회전 행렬이 된다.

② y_1축에 대한 phi(ϕ) 회전

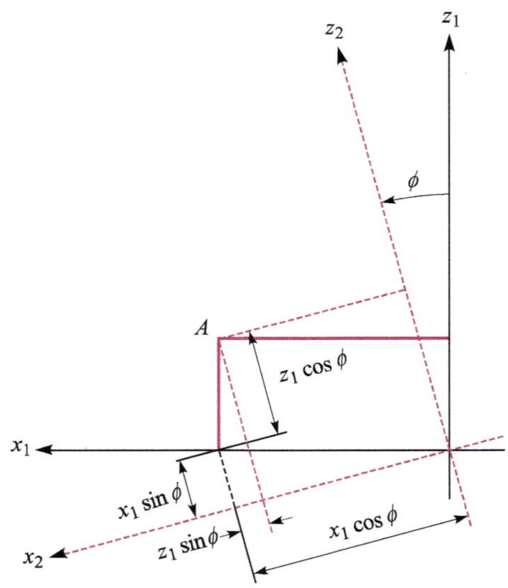

그림 5.23 y_1축에 대한 Phi회전

$$x_1y_1z_1 \Rightarrow x_2y_2z_2$$
$$x_2 = x_1\cos\phi - z_1\sin\phi$$
$$y_2 = y_1 \tag{5.35}$$
$$z_2 = x_1\sin\phi + z_1\cos\phi$$

이것을 행렬 형태로 바꾸어 보면 다음과 같다.

$$\begin{bmatrix} x_2 \\ y_2 \\ z_2 \end{bmatrix} = \begin{bmatrix} \cos\phi & 0 & -\sin\phi \\ 0 & 1 & 0 \\ \sin\phi & 0 & \cos\phi \end{bmatrix} \begin{bmatrix} x_1 \\ y_1 \\ z_1 \end{bmatrix} \tag{5.36}$$

여기서, 행렬 $R_\phi = \begin{bmatrix} \cos\phi & 0 & -\sin\phi \\ 0 & 1 & 0 \\ \sin\phi & 0 & \cos\phi \end{bmatrix}$는 ϕ에 대한 회전행렬이 된다.

③ z_2축에 대한 kappa(κ) 회전

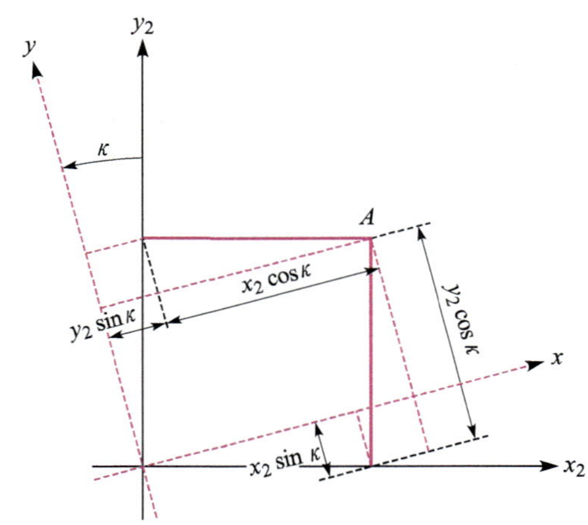

그림 5.24 z_2에 대한 Kappa 회전

$$x_2y_2z_2 \Rightarrow xyz$$
$$x = x_2\cos\kappa + y_2\sin\kappa$$
$$y = -x_2\sin\kappa + y_2\cos\kappa \tag{5.37}$$
$$z = z_2$$

이것을 행렬의 형태로 나타내면 다음과 같다.

$$\begin{bmatrix} x \\ y \\ z \end{bmatrix} = \begin{bmatrix} \cos\kappa & \sin\kappa & 0 \\ -\sin\kappa & \cos\kappa & 0 \\ 0 & 0 & 1 \end{bmatrix} \begin{bmatrix} x_2 \\ y_2 \\ z_2 \end{bmatrix} \tag{5.38}$$

여기서, 행렬 $R_\kappa = \begin{bmatrix} \cos\kappa & \sin\kappa & 0 \\ -\sin\kappa & \cos\kappa & 0 \\ 0 & 0 & 1 \end{bmatrix}$는 κ에 대한 회전행렬이다.

따라서 $x'y'z'$ 좌표체계에서 xyz 좌표체계로의 전체적인 회전변환은 다음과 같다.

$$\begin{bmatrix} x \\ y \\ z \end{bmatrix} = R_\omega R_\phi R_\kappa \begin{bmatrix} x' \\ y' \\ z' \end{bmatrix}$$

$$\begin{bmatrix} x \\ y \\ z \end{bmatrix} = \begin{bmatrix} 1 & 0 & 0 \\ 0 & \cos\omega & \sin\omega \\ 0 & -\sin\omega & \cos\omega \end{bmatrix} \begin{bmatrix} \cos\phi & 0 & -\sin\phi \\ 0 & 1 & 0 \\ \sin\phi & 0 & \cos\phi \end{bmatrix} \begin{bmatrix} \cos\kappa & \sin\kappa & 0 \\ -\sin\kappa & \cos\kappa & 0 \\ 0 & 0 & 1 \end{bmatrix} \begin{bmatrix} x' \\ y' \\ z' \end{bmatrix} \tag{5.39}$$

$$\begin{bmatrix} x \\ y \\ z \end{bmatrix} = \begin{bmatrix} \cos\phi\cos\kappa & \sin\omega\sin\phi\cos\kappa + \cos\omega\sin\kappa & -\cos\omega\sin\phi\cos\kappa + \sin\omega\sin\kappa \\ -\cos\phi\sin\kappa & -\sin\omega\sin\phi\sin\kappa + \cos\omega\cos\kappa & \cos\omega\sin\phi\sin\kappa + \sin\omega\cos\kappa \\ \sin\phi & -\sin\omega\cos\phi & \cos\omega\cos\phi \end{bmatrix} \begin{bmatrix} x' \\ y' \\ z' \end{bmatrix} \tag{5.40}$$

식 (5.40)을 방정식으로 나타내면 다음과 같다.

$$\begin{aligned} x &= x'(\cos\phi\cos k) + y'(\sin\omega\sin\phi\cos k + \cos\omega\sin k) \\ &\quad + z'(-\cos\omega\sin\phi\cos k + \sin\omega\sin k) \\ y &= x'(-\cos\phi\sin k) + y'(\sin\omega\sin\phi\sin k + \cos\omega\cos k) \\ &\quad + z'(\cos\omega\sin\phi\sin k + \sin\omega\cos k) \\ z &= x'(\sin\phi) + y'(-\sin\omega\cos\phi) + z'(\cos\omega\cos\phi) \end{aligned} \tag{5.41}$$

여기서, 이것을 $m_{11} \sim m_{33}$ 변수를 사용하여 간략화시키면 다음과 같다.

$$\begin{aligned} x &= m_{11}x' + m_{12}y' + m_{13}z' \\ y &= m_{21}x' + m_{22}y' + m_{23}z' \\ z &= m_{31}x' + m_{32}y' + m_{33}z' \end{aligned} \tag{5.42}$$

$$\begin{aligned} m_{11} &= \cos\phi\cos k \\ m_{12} &= \sin\omega\sin\phi\cos k + \cos\omega\sin k \\ m_{13} &= -\cos\omega\sin\phi\cos k + \sin\omega\sin k \\ m_{21} &= -\cos\phi\sin k \\ m_{22} &= -\sin\omega\sin\phi\sin k + \cos\omega\cos k \\ m_{23} &= \cos\omega\sin\phi\sin k + \sin\omega\cos k \\ m_{31} &= \sin\phi \end{aligned} \tag{5.43}$$

$$m_{32} = -\sin\omega\cos\phi$$
$$m_{33} = \cos\omega\cos\phi$$

식 (5.42)를 $X = MX'$와 같은 행렬로 나타내어 보면 다음과 같다.

$$X = \begin{bmatrix} x \\ y \\ z \end{bmatrix} \quad M = \begin{bmatrix} m_{11} & m_{12} & m_{13} \\ m_{21} & m_{22} & m_{23} \\ m_{31} & m_{32} & m_{33} \end{bmatrix} \quad X' = \begin{bmatrix} x' \\ y' \\ z' \end{bmatrix} \tag{5.44}$$

여기서, 행렬 M을 3차원 회전행렬이라고 하는데, 이 회전행렬은 다음과 같은 성질을 가지는 대각선 행렬이다.

$$M^{-1} = M^T \tag{5.45}$$

따라서 $X' = M^T X$

$$\begin{bmatrix} x' \\ y' \\ z' \end{bmatrix} = \begin{bmatrix} m_{11} & m_{21} & m_{31} \\ m_{12} & m_{22} & m_{32} \\ m_{13} & m_{23} & m_{33} \end{bmatrix} \begin{bmatrix} x \\ y \\ z \end{bmatrix} \tag{5.46}$$

$$x' = m_{11}x + m_{21}y + m_{31}z$$
$$y' = m_{12}x + m_{22}y + m_{32}z$$
$$x' = m_{13}x + m_{23}y + m_{33}z$$

(2) Step 2 : 축척변환과 평행이동

이제 $x'y'z'$에서 XYZ 좌표계로 변환되었다. 여기에 축척계수(s)와 평행이동량(T_X, T_Y, T_Z)을 고려하면 된다.

$$\begin{aligned} X &= sx' + T_X = s(m_{11}x + m_{21}y + m_{31}z) + T_X \\ Y &= sy' + T_Y = s(m_{12}x + m_{22}y + m_{32}z) + T_Y \\ Z &= sz' + T_Z = s(m_{13}x + m_{23}y + m_{33}z) + T_Z \end{aligned} \tag{5.47}$$

위 식을 행렬형태로 바꾸면 다음과 같다.

$$\overline{X} = sM^T X + T$$

여기서,

$$\overline{X} = \begin{bmatrix} X \\ Y \\ Z \end{bmatrix} \quad T = \begin{bmatrix} T_X \\ T_Y \\ T_Z \end{bmatrix} \tag{5.48}$$

방정식 (5.47)에서 9개의 m은 3개의 회전각 ω, ϕ, κ에 의해서 만들어진 것으로서 서로 독립적이지 않다. 따라서 식 (5.45)는 7개의 미지수를 갖게 된다.

7개의 미지수는 다음과 같다.

- 평행이동량 : T_X, T_Y, T_Z
- 3개의 회전요소 : ω, ϕ, κ
- 축척계수 : s

따라서 미지수를 해결하기 위해서는 7개의 관측방정식이 존재해야 하고, 그 이상이 되었을 때는 최소제곱법으로 해결한다.

그러나 식 (5.47)은 비선형방정식이기 때문에 먼저 선형화를 시켜주어야 한다. 이 선형화방법으로는 Taylor 급수 전개를 이용한다.

식 (5.47)을 Taylor 급수로 전개시키면 다음과 같다.

$$\begin{aligned}
X_P &= (X_P)_0 + (\frac{\partial X_P}{\partial s})_0 ds + (\frac{\partial X_P}{\partial \omega})_0 d\omega + (\frac{\partial X_P}{\partial \phi})_0 d\phi \\
&+ (\frac{\partial X_P}{\partial k})_0 dk + (\frac{\partial X_P}{\partial T_X})_0 dT_X \\
&+ (\frac{\partial X_P}{\partial T_Y})_0 dT_Y + (\frac{\partial X_P}{\partial T_Z})_0 dT_Z \\
Y_P &= (Y_P)_0 + (\frac{\partial Y_P}{\partial s})_0 ds + (\frac{\partial Y_P}{\partial \omega})_0 d\omega + (\frac{\partial Y_P}{\partial \phi})_0 d\phi \\
&+ (\frac{\partial Y_P}{\partial k})_0 dk + (\frac{\partial Y_P}{\partial T_X})_0 dT_X \\
&+ (\frac{\partial Y_P}{\partial T_Y})_0 dT_Y + (\frac{\partial Y_P}{\partial T_Z})_0 dT_Z \qquad (5.49) \\
Z_P &= (Z_P)_0 + (\frac{\partial Z_P}{\partial s})_0 ds + (\frac{\partial Z_P}{\partial \omega})_0 d\omega + (\frac{\partial Z_P}{\partial \phi})_0 d\phi \\
&+ (\frac{\partial Z_P}{\partial k})_0 dk + (\frac{\partial Z_P}{\partial T_X})_0 dT_X \\
&+ (\frac{\partial Z_P}{\partial T_Y})_0 dT_Y + (\frac{\partial Z_P}{\partial T_Z})_0 dT_Z
\end{aligned}$$

여기서, $(X_P)_0$, $(Y_P)_0$, $(Z_P)_0$는 식 (5.46)에서의 오른쪽 항에서 계산되어진 값이다. 이를 간략화하면

$$\begin{aligned}
& a_{11}ds + a_{12}dw + a_{13}d\phi + a_{14}dk + a_{15}dT_X + a_{16}dT_Y + a_{17}dT_Z \\
&= [X_P - (X_P)_0] + v_{X_P}
\end{aligned}$$

$$a_{21}ds + a_{22}dw + a_{23}d\phi + a_{24}dk + a_{25}dT_X + a_{26}dT_Y + a_{27}dT_Z = [Y_P - (Y_P)_0] + v_{Y_P} \quad (5.50)$$

$$a_{31}ds + a_{32}dw + a_{33}d\phi + a_{34}dk + a_{35}dT_X + a_{36}dT_Y + a_{37}dT_Z = [Z_P - (Z_P)_0] + v_{Z_P}$$

$$a_{11} = m_{11}x_P + m_{21}y_P + m_{31}z_P$$

$$a_{12} = 0$$

$$a_{13} = [(-\sin\phi\cos k)x_P + \sin\phi\sin k(y_P) + \cos\phi(z_P)]s$$

$$a_{14} = (m_{21}x_P - m_{11}y_P)s$$

$$a_{15} = a_{26} = a_{37} = 1$$

$$a_{16} = a_{17} = a_{25} = a_{27} = a_{35} = a_{36} = 0$$

$$a_{21} = m_{12}x_P + m_{22}y_P + m_{32}z_P$$

$$a_{22} = (-m_{13}x_P - m_{23}y_P - m_{33}z_P)s$$

$$a_{23} = [(\sin\omega\cos\phi\cos k)x_P + (-\sin\omega\cos\phi\sin k)y_P + (\sin\omega\sin\phi)z_P]s$$

$$a_{24} = (m_{22}x_P - m_{12}y_P)s$$

$$a_{31} = m_{13}x_P + m_{23}y_P + m_{33}z_P$$

$$a_{32} = (m_{12}x_P + m_{22}y_P + m_{32}z_P)s$$

$$a_{33} = [(-\cos\omega\cos\phi\cos k)x_P + (\cos\omega\cos\phi\sin k)y_P + (-\cos\omega\sin\phi)z_P]s$$

$$a_{34} = (m_{23}x_P - m_{13}y_P)s$$

기준점이 1, 2, 3이라고 하고 식 (5.50)을 이용해서 행렬형태로 만들어보면 다음과 같다.

$$A_{(9,7)}X_{(7,1)} = L_{(9,1)} + V_{(9,1)}$$

여기서,

$$A_{(9,7)} = \begin{bmatrix} a_{1_{11}} & a_{1_{12}} & a_{1_{13}} & a_{1_{14}} & 1 & 0 & 0 \\ a_{1_{21}} & a_{1_{22}} & a_{1_{23}} & a_{1_{24}} & 0 & 1 & 0 \\ a_{1_{31}} & a_{1_{32}} & a_{1_{33}} & a_{1_{34}} & 0 & 0 & 1 \\ a_{2_{11}} & a_{2_{12}} & a_{2_{13}} & a_{2_{14}} & 1 & 0 & 0 \\ a_{2_{21}} & a_{2_{22}} & a_{2_{23}} & a_{2_{24}} & 0 & 1 & 0 \\ a_{2_{31}} & a_{2_{32}} & a_{2_{33}} & a_{2_{34}} & 0 & 0 & 1 \\ a_{3_{11}} & a_{3_{12}} & a_{3_{13}} & a_{3_{14}} & 1 & 0 & 0 \\ a_{3_{21}} & a_{3_{22}} & a_{3_{23}} & a_{3_{24}} & 0 & 1 & 0 \\ a_{3_{31}} & a_{3_{32}} & a_{3_{33}} & a_{3_{34}} & 0 & 0 & 1 \end{bmatrix} \qquad X_{(7,1)} = \begin{bmatrix} ds \\ d\omega \\ d\phi \\ d\kappa \\ dT_X \\ dT_Y \\ dT_Z \end{bmatrix}$$

$$L_{(9,1)} = \begin{bmatrix} X_1 - (X_1)_0 \\ Y_1 - (Y_1)_0 \\ Z_1 - (Z_1)_0 \\ X_2 - (X_2)_0 \\ Y_2 - (Y_2)_0 \\ Z_2 - (Z_2)_0 \\ X_3 - (X_3)_0 \\ Y_3 - (Y_3)_0 \\ Z_3 - (Z_3)_0 \end{bmatrix} \qquad V_{(9,1)} = \begin{bmatrix} \nu_{X_1} \\ \nu_{Y_2} \\ \nu_{Z_2} \\ \nu_{X_2} \\ \nu_{Y_2} \\ \nu_{Z_2} \\ \nu_{X_3} \\ \nu_{Y_3} \\ \nu_{Z_3} \end{bmatrix}$$

5.4 공선조건

대상물의 한 점에서 출발한 빛은 렌즈의 중심을 통과해 필름 상에 맺힌다. 이 세 점은 이론적으로 동일직선 상에 있게 된다. 이를 사진측량에 맞게 표현한다면 "공간 상에 존재하는 임의점 A, 투영중심 L, 사진에 찍힌 상점 a는 동일직선 상에 놓여야 한다."라고 할 수 있으며, 이를 공선조건(Collinearity condition)이라고 한다. 이 조건에 의하면 1매 사진으로 2차원 정보를 획득할 수 있으며 2매 이상의 사진으로는 2개 이상의 공선조건이 얻어지므로 3차원 좌표 결정이 가능하다.

그림 5.25에서 항공사진의 촬영점좌표는 지상좌표시스템 XYZ에 대해 X_L, Y_L, Z_L이다. 회전된 영상면의 지상점 A에 대한 영상점 a는 사진공간좌표 x'_a, y'_a, z'_a이며, 사진공간좌표계 x', y', z'는 지상좌표계 XYZ와 평행하다. 초기에 주점(Principal point) o는 xy사진좌표시스템의 원점에 위치한다는 가정을 했다. 이 가정에 대한 올바른 보정은 뒤에 논의하겠다.

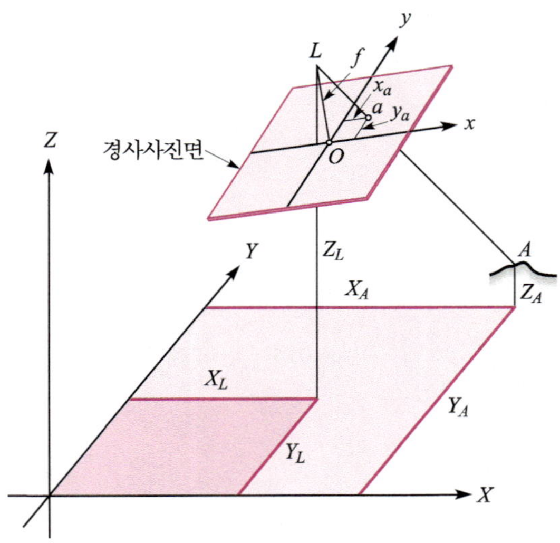

그림 5.25 공선조건

5.4.1 ω, ϕ, κ 회전

5.3.2절에서 유도했던 3차원 회전공식에 의해 그림 5.25에서 경사사진 a점의 좌표 x_a, y_a, z_a는 그림 5.26과 같이 회전변환 후의 좌표계 x', y', z'의 좌표를 가지게 된다.

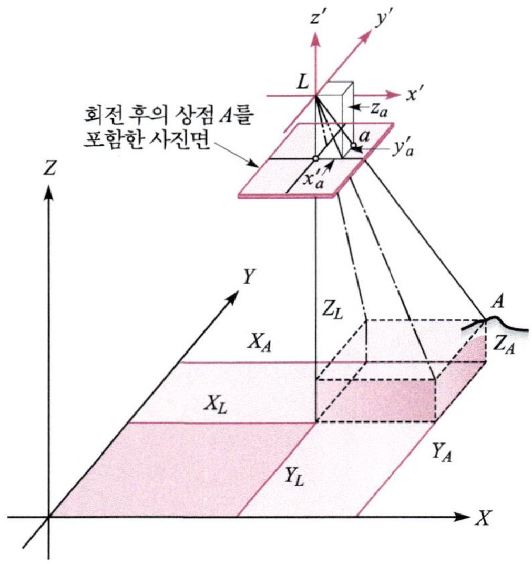

그림 5.26 회전되어 대상물 공간좌표계와 평행이 된 사진좌표계

회전된 영상좌표 x'_a, y'_a, z'_a는 사진좌표 x_a, y_a, 사진기 초점거리, 세 개의 회전요소 ω, ϕ, κ의 측정에 관련된 것이다. 회전공식을 다시 이용하면

$$\begin{aligned} x_a &= m_{11}x'_a + m_{21}y'_a + m_{31}z'_a \\ y_a &= m_{12}x'_a + m_{22}y'_a + m_{32}z'_a \\ x_a &= m_{13}x'_a + m_{23}y'_a + m_{33}z'_a \end{aligned} \tag{5.51}$$

식 (5.51)에서 m계수는 ω, ϕ, κ 각 회전 방정식이다. 이 식들은 식 (5.42)에서 보였다. 그림 5.27에서 $z_a = -f$

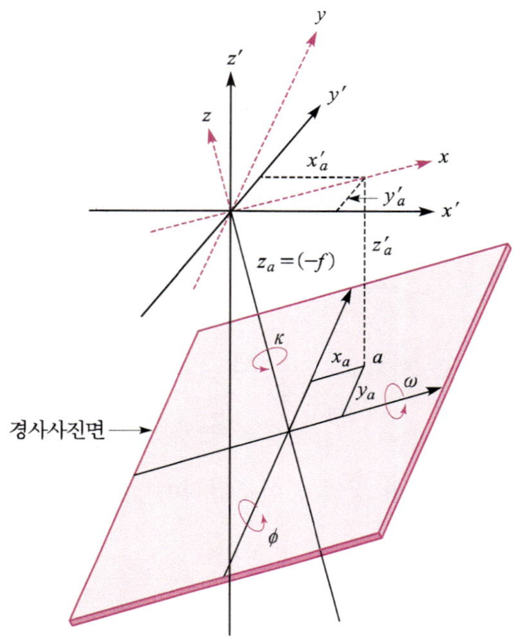

그림 5.27 측정좌표계 x, y, z와 회전된 사진좌표계 x', y', z'

5.4.2 공선조건식의 유도

공선조건식은 그림 5.26에서 닮음삼각형으로부터 다음과 같이 표현할 수 있다.

$$\frac{x'_a}{X_A - X_L} = \frac{y'_a}{Y_A - Y_L} = \frac{-z'_a}{Z_A - Z_L} \tag{5.52}$$

여기서, x'_a, y'_a, z'_a를 구하면

$$x'_a = \left(\frac{X_A - X_L}{Z_A - Z_L}\right) z'_a \tag{5.53}$$

$$y'_a = \left(\frac{Y_A - Y_L}{Z_A - Z_L}\right) z'_a \tag{5.54}$$

$$z'_a = \left(\frac{Z_A - Z_L}{Z_A - Z_L}\right) z'_a \tag{5.55}$$

식 (5.53), 식 (5.54), 식 (5.55)를 식 (5.51)에 대입하면

$$x_a = m_{11}\left(\frac{X_A - X_L}{Z_A - Z_L}\right)z'_a + m_{12}\left(\frac{Y_A - Y_L}{Z_A - Z_L}\right)z'_a + m_{13}\left(\frac{Z_A - Z_L}{Z_A - Z_L}\right)z'_a \tag{5.56}$$

$$y_a = m_{21}\left(\frac{X_A - X_L}{Z_A - Z_L}\right)z'_a + m_{22}\left(\frac{Y_A - Y_L}{Z_A - Z_L}\right)z'_a + m_{23}\left(\frac{Z_A - Z_L}{Z_A - Z_L}\right)z'_a \tag{5.57}$$

$$z_a = m_{31}\left(\frac{X_A - X_L}{Z_A - Z_L}\right)z'_a + m_{32}\left(\frac{Y_A - Y_L}{Z_A - Z_L}\right)z'_a + m_{33}\left(\frac{Z_A - Z_L}{Z_A - Z_L}\right)z'_a \tag{5.58}$$

식 (5.56), (5.57), (5.58)을 $\frac{z'_a}{(Z_A - Z_L)}$로 인수분해하고 식 (5.58)으로 식 (5.56)과 식 (5.57)을 각각 나눈다. 그리고 z_a대신 $-f$로 대체하고 주점편위 보정량 x_0, y_0를 추가하면 다음과 이 한 쌍의 공선조건식이 얻어진다.

$$x_a = x_o - f\left[\frac{m_{11}(X_A - X_L) + m_{12}(Y_A - Y_L) + m_{13}(Z_A - Z_L)}{m_{31}(X_A - X_L) + m_{32}(Y_A - Y_L) + m_{33}(Z_A - Z_L)}\right] \tag{5.59}$$

$$y_a = y_o - f\left[\frac{m_{21}(X_A - X_L) + m_{22}(Y_A - Y_L) + m_{23}(Z_A - Z_L)}{m_{31}(X_A - X_L) + m_{32}(Y_A - Y_L) + m_{33}(Z_A - Z_L)}\right] \tag{5.60}$$

5.4.3 공선조건식의 선형화

식 (5.59), (5.60)은 비선형이며 9개의 미지수(회전요소 ω, ϕ, κ, 대상점 좌표 X_A, Y_A, Z_A, 촬영점 좌표 X_L, Y_L, Z_L)를 가지고 있다. 공선조건식에서 사진좌표 x_a, y_a , 검정인자 x_0, y_0, 초점거리 f는 상수로 간주한다. 비선형 공선조건식은 Taylor 정리에 의해 선형화한다.

식 (5.59), (5.60)을 다음과 같이 다시 쓴다.

$$F = x_o - f\frac{r}{q} = x_a \tag{5.61}$$

$$G = y_o - f\frac{s}{q} = y_a \tag{5.62}$$

여기서, $q = m_{31}(X_A - X_L) + m_{32}(Y_A - Y_L) + m_{33}(Z_A - Z_L)$

$r = m_{11}(X_A - X_L) + m_{12}(Y_A - Y_L) + m_{13}(Z_A - Z_L)$

$s = m_{21}(X_A - X_L) + m_{22}(Y_A - Y_L) + m_{23}(Z_A - Z_L)$

선형화는 Taylor 정리에 의해 각 미지수로 식 (5.61), (5.62)를 편미분함으로써 이루어진다.

$$F_o + \left(\frac{\partial F}{\partial \omega}\right)_o d\omega + \left(\frac{\partial F}{\partial \phi}\right)_o d\phi + \left(\frac{\partial F}{\partial \kappa}\right)_o d\kappa + \left(\frac{\partial F}{\partial X_L}\right)_o dX_L + \left(\frac{\partial F}{\partial Y_L}\right)_o dY_L + \left(\frac{\partial F}{\partial Z_L}\right)_o dZ_L + \left(\frac{\partial F}{\partial X_A}\right)_o dX_A + \left(\frac{\partial F}{\partial Y_A}\right)_o dY_A + \left(\frac{\partial F}{\partial Z_A}\right)_o dZ_A = x_a \tag{5.63}$$

$$G_o + \left(\frac{\partial G}{\partial \omega}\right)_o d\omega + \left(\frac{\partial G}{\partial \phi}\right)_o d\phi + \left(\frac{\partial G}{\partial \kappa}\right)_o d\kappa + \left(\frac{\partial G}{\partial X_L}\right)_o dX_L + \left(\frac{\partial G}{\partial Y_L}\right)_o dY_L + \left(\frac{\partial G}{\partial Z_L}\right)_o dZ_L + \left(\frac{\partial G}{\partial X_A}\right)_o dX_A + \left(\frac{\partial G}{\partial Y_A}\right)_o dY_A + \left(\frac{\partial G}{\partial Z_A}\right)_o dZ_A = x_a \tag{5.64}$$

식 (5.63), (5.64)에서 F_o, G_o는 식 (5.61), (5.62)의 F, G 함수로 9개의 미지수에 대한 초기값이며

$$\left(\frac{\partial F}{\partial \omega}\right)_o d\omega, \left(\frac{\partial G}{\partial \omega}\right)_o d\omega, \left(\frac{\partial F}{\partial \phi}\right)_o d\phi, \left(\frac{\partial G}{\partial \phi}\right)_o d\phi, \ldots etc.$$

등은 F, G함수의 편미분항으로 미지수에 대한 초기값이다. 그리고 $d\omega$, $d\phi$, $d\kappa$ 등은 초기근사값에 대한 미지보정량이다. $d\omega$, $d\phi$, $d\kappa$의 단위는 라디안이다. 사진좌표 x_a, y_a는 측정값이므로, 만약 함수가 최소제곱법으로 사용된다면 방정식을 만들기 위해 필히 잔차항을 포함시켜야 한다. 다음은 이들 잔차항을 포함시켜 선형화된 공선조건식이다.

$$b_{11}d\omega + b_{12}d\phi + b_{13}d\kappa - b_{14}dX_L - b_{15}dY_L - b_{16}dZ_L + b_{14}dX_A + b_{15}dY_A + b_{16}dZ_A = J + \nu_{x_a} \tag{5.65}$$

$$b_{21}d\omega + b_{22}d\phi + b_{23}d\kappa - b_{24}dX_L - b_{25}dY_L - b_{26}dZ_L + b_{24}dX_A + b_{25}dY_A + b_{26}dZ_A = K + \nu_{y_a} \tag{5.66}$$

식 (5.65), (5.66)에서 J, K는 $x_a - F_o$, $y_a - G_o$와 같다. b계수들은 편미분계수와 같다. 편의를 위해 이들 인자를 다음에 제시하였다. 이들 인자들 ΔX, ΔY, ΔZ는 $X_A - X_L$, $Y_A - Y_L$, $Z_A - Z_L$과 같다. 이들 인자의 수치값은 미지수에 대한 초기근사값으로 얻어진다.

$$b_{11} = \frac{f}{q^2}\left[r(-m_{33}\Delta Y + m_{32}\Delta Z) - q(-m_{13}\Delta Y + m_{12}\Delta Z)\right]$$

$$b_{12} = \frac{f}{q^2}\begin{bmatrix} r(\cos\phi\Delta X + \sin\omega\sin\phi\Delta Y - \cos\omega\sin\phi\Delta Z) \\ -q(-\sin\phi\cos\kappa\Delta X + \sin\omega\cos\phi\cos\kappa\Delta Y - \cos\omega\cos\phi\cos\kappa\Delta Z) \end{bmatrix}$$

$$b_{13} = \frac{-f}{q}(m_{21}\Delta X + m_{22}\Delta Y + m_{23}\Delta Z)$$

$$b_{14} = \frac{f}{q^2}(\mathrm{r\,m_{31}} - \mathrm{qm_{11}})$$

$$b_{15} = \frac{f}{q^2}(r m_{32} - \mathrm{qm_{12}})$$

$$b_{16} = \frac{f}{q^2}(\mathrm{r\,m_{33}} - \mathrm{qm_{13}})$$

$$J = x_a - x_o + f\frac{r}{q}$$

$$b_{21} = \frac{f}{q^2}\left[s(-m_{33}\Delta Y + m_{32}\Delta Z) - q(-m_{23}\Delta Y + m_{22}\Delta Z)\right]$$

$$b_{22} = \frac{f}{q^2}\begin{bmatrix} s(\cos\phi\Delta X + \sin\omega\sin\phi\Delta Y - \cos\omega\sin\phi\Delta Z) \\ -q(\sin\phi\sin\kappa\Delta X - \sin\omega\cos\phi\sin\kappa\Delta Y - \cos\omega\cos\phi\sin\kappa\Delta Z) \end{bmatrix}$$

$$b_{23} = \frac{f}{q}(m_{11}\Delta X + m_{12}\Delta Y + m_{13}\Delta Z)$$

$$b_{24} = \frac{f}{q^2}(sm_{31} - qm_{21})$$

$$b_{25} = \frac{f}{q^2}(sm_{32} - qm_{22})$$

$$b_{26} = \frac{f}{q^2}(sm_{33} - qm_{23})$$

$$K = y_a - y_o + f\frac{s}{q}$$

(5.67)

CHAPTER 6

기준점측량 및 airborne GPS

정량적 사진측량에서의 최종목표는 촬영되어진 사진상 측점의 지상좌표계에 대한 위치결정(X, Y, Z)이다. 이는 촬영한 사진 상에서 측정한 대상물의 사진좌표가 기본이 되며 촬영당시의 카메라기하학적인 상태가 재현되어야 한다(Space resection). 실무에서 항공삼각측량을 한다라는 얘기는 이를 의미한다. 항공삼각측량에 의해 카메라의 표정요소가 결정되면 space intersection에 의해 대상물의 3차원 위치를 결정할 수 있다. 본 장에서는 항공삼각측량과 이를 위해 필요한 지상기준점의 설치와 측량방법, airborne GPS에 대해 설명한다.

6.1 지상기준점

6.1.1 서 론

지상기준점(GCP; Ground Control Point)은 항공사진측량을 실시하기 위한 기준이 되며, 현장에서 직접측량에 의해 설치한 점으로 대상물의 수평위치(X, Y)와 높이(H)의 기준이 되는 점을 말한다.

항공사진측량용 기준점은 지상공간 좌표계 상에서 이미 좌표를 알고 있는 대상점과 이 대상점이 사진에 촬영되어 사진상에서 사진 좌표측정에 가능한 점을 의미한다. 기준점좌표는 카메라의 외부표정요소를 결정하는데 필수적이며 항공삼각측량 시에도 필요하므로 정확한 측량이 필요하다. 항공사진에서 대상물 공간은 지표면이 되고 여러 가지 지상좌표계가 기준점의 위치를 나타내는데 사용된다. 지상기준점이라는 의미는 항공사진을 지상좌표계에 연계시켜 표정을 하기 위한 수단으로 사용되기 때문이다. 사진측량 작업은 거의 대부분이 지상기준점을 필요로 한다. 기준점은 일반적으로 수평기준점과 수직기준점으로 분류되며 수평기준점은 수평기준에 따른 대상물공간상의 기준점 위치이고 수직기준점은 기준면에 대한 기지점의 표고를 말한다. 수평, 수직기준점이 별도로 있지만 때에 따라서는 두 가지 기준점 역할을 동시에 하는 기준점도 있다.

지상기준점은 자연점과 인공점으로 나눌 수 있다. 자연점은 촬영지역에 지형이나 지물상에 기준점으로 이용하는 경우이며 인공점은 현장에 직접 대공타겟을 설치하는 경우이다. 자연점이든 인공점이든 공통적인 조건은 사진상에 명확히 나타나야 한다는 것이며 이 기준점에 대한 3차원 좌표를 획득해야 한다는 것이다. 특히, 자연점의 경우 다음과 같은 조건을 만족하는 경우에 설치한다.

- 일정기간 동안 움직임이나 변동이 없는 곳
- 구조물에 의한 그림자의 영향을 받지 않는 곳
- 인접구조물과의 색깔이 다르거나 밝기가 명확히 구분되는 곳
- 접근이 용이하고 표고의 변화가 없는 곳

6.1.2 기준점의 선택방법

기준점을 어떻게 설치하고 어떻게 좌표를 획득할 것인가는 사진측량의 목적에 따라 다르며 프로젝트에서 요구하는 정확도에 따라 결정해야 한다. 대부분의 사진측량에서 기준점선택은 다음 4가지를 사용한다.

(1) 촬영 후 사진상에서 선점 한 후 현장에서 Total이나 GPS측량
(2) 촬영 전 인공타겟을 설치하고 Total이나 GPS측량
(3) 촬영 후 정사영상에서 기준점좌표를 획득
(4) 촬영 후 수치지도에서 기준점좌표를 획득

1) 사진상에서 기준점을 선택하는 경우

일반적으로 사용이 가능한 사진기준점은 다음의 두 가지 요건을 만족해야 한다 ; (1) 모든 사진 상에 선명하고 명확하게 인식되어야 하며, (2) 사진 상의 유용한 위치(고른 분포)에 있어야 한다.

사진측량을 위한 기준점 측량은 사진을 획득한 후에 수행되는 것이 일반적이다. 이는 위의 두 가지 공통조건을 만족시키기 위함이다. 기준점은 획득한 사진을 주의깊게 살펴본 후에 선정해야 한다. 선택한 점의 명확한 인식을 위해 입체경을 사용

한다. 이는 일련의 사진측량 공정이 입체시에서 수행되기 때문이다. 사진기준점의 초기 선정은 실내에서 선정을 하지만, 마지막으로는 직접 사진을 가지고 현장에 가서 선정하는 것이 좋다. 뚜렷하게 인식되고 접근이 용이한 지형조건인지 측량작업의 난이도는 어떠한지 등을 평가할 수 있기 때문이다.

수평기준점은 수직기준점을 위한 영상보다 조금 다른 요구조건을 갖는다. 수평기준점은 수평적으로 위치가 매우 정확하게 측정되어야 하므로 선명하고 수평적으로 날카롭고 명확해야 한다. 일반적으로 이러한 조건을 만족시켜주는 대상물은 그림 6.1에서와 같이 도로의 교차부, 보도의 교차부, 맨홀, 바위, 건물의 모서리, 울타리의 모서리, 전선주, 교량의 모서리, 오솔길, 수로의 표차부 등이다. 기준점이 어떤 사진에서 그림자 부분에 들지 않도록 주의한다.

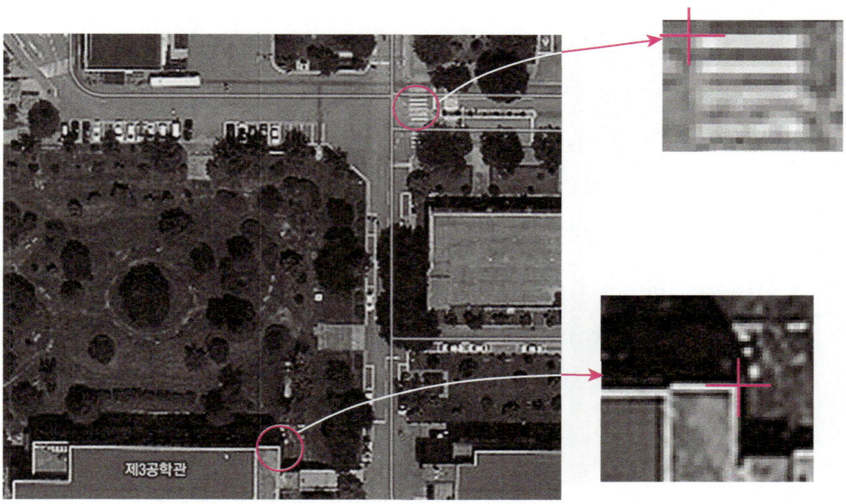

그림 6.1 사진기준점의 선택

사진 상의 수직기준점은 수평기준점과는 달리 날카롭거나 수평적으로 매우 선명할 필요는 없지만 수직적으로 명확해야 한다. 최상의 수직기준점은 작고, 평평하거나 약간 둥근 지역이다. 나무나 바위같이 입체시에서 약간의 입체감을 느낄 수 있는 좁은 지역이 좋다. 풀이 많이 자란 언덕의 정상부나 넓은 개활지 또는 들판 등은 피해져야 한다. 입체시를 통한 높이(깊이) 인식과정에서 야기되는 어려움이 많으므로 현장에서 기준점을 표시하고 위치를 결정하는 작업은 매우 중요하다. 따라서 현장에서 포켓입체경을 사용하여 사진 상의 측점 인식을 확실히 하여 현장측량을 실시하는 게 중요하다.

수치사진측량이나 드론사진측량에서도 GCP는 매우 중요하며 전통적인 방법과 유사하다. 3차원기준점을 사용하는 것이 일반적이며, GCP측량비용의 절약을 위해 Airborn GPS 또는 RTK, PPK 방법을 이용하고 있다.

2) 인공타겟을 설치하는 경우

자연점을 설치할 적절한 대상물이 없거나 기준점 분포상 밀도가 적은 경우 또한 눈이 쌓인 지역이나 사막과 같이 특징점이 없는 지역에 타겟을 직접 설치하는 경우를 말한다. 대부분의 사진측량 공정에서 자연점과 인공점을 모두 사용한다. 자연점의 경우 대상물이나 차선 등이 크기가 큰 편이기 때문에 문제가 되지 않으나 인공타겟의 경우 크기가 한정적이므로 적절한 크기로 잘 제작하여 설치해야 한다. 전통적인 사진측량에서의 인공타겟에 대해 살펴보자.

초원, 산림밀집지역, 사막에는 패널 점(Panel point)이라 불리는 인공기준점이 항공사진촬영 이전에 설치되어야 한다. 이들 지역은 불규칙적인 패턴의 연속으로 지상점에 해당하는 사진 상의 점을 인식하기가 어렵기 때문이다. 마찬가지로 겨울철의 눈덮힌 지역에서는 사진측량에 적합한 자연기준점을 찾기가 어렵다. 이들의 위치는 현장측량 또는 항공삼각측량에 의해 결정된다. 이러한 과정을 선점(Premarking) 또는 패널링(Paneling)이라 한다(그림 6.2). 인공표지는 최상의 사진영상을 획득하고 이에 고정밀 사진해석을 위한 자연기준점이 존재하느냐 하지 않느냐에 따라 사용된다. 그림 6.1과 같이 인공표지는 지도 작성을 위한 사진해석에서 모서리 점이나 경계선을 사용한다.

그림 6.2 대공표식의 예

인공표지의 단점은 (1) 타겟 설치를 위한 현장작업과 고경비, (2) 설치 시간의 소요와 설치 후 사진촬영까지의 여유시간 사이에 기준점이 움직일 우려가 있다는 것, (3) 사진 상의 원하는 위치에 적절하게 나타나지 않을 수 있다는 것이다. 두 번째의 단점을 제거하기 위해서는 타겟 설치 후에 가능한 빠른 시간 내에 사진촬영을 하여야 하는 것이다. 사진 상의 적절한 위치에 타겟이 나타나도록 설치하려면 비행계획을 꼼꼼히 정리하여야 한다.

사진측량에서는 여러 형태의 인공표지가 사용되고 있다. 타겟은 양호한 콘트라스트로써 중앙점을 측정할 수 있는 대칭적인 형태가 좋다. 또한 사진 상의 축척을 고려한 적절한 크기이어야 한다. 타겟의 대조는 어두운 대상지에는 밝은 색깔, 밝은 대상지의 경우는 어두운 색깔을 사용하여 사진 상에서 잘 인식되게 하여야 한다. 그림 6.3의 타겟은 대칭형태이며, 그 중심이 기준점 좌표가 된다. 중심 바깥의 인식표는 단지 사진 상에서 기준점을 찾기 용이하도록 만든 것으로 타겟 중심이 선명하지 않을 경우에 정확한 중심 위치를 찾는데 도움을 준다.

타겟의 크기는 사진 상의 요구 축척에 의해 결정된다. 전통적인 사진측량작업에서 중심타겟 한 변의 길이는 30μm 정도의 크기로 인식된다. 그림 6.3에서와 같이 중심타겟 한 변의 길이가 D이고, 판과 판 사이의 길이도 D이다. 또한 주변 판의 폭도 D이고 그 판의 길이는 보통 5D 정도이다. 이로써 사진 상의 타겟의 최적 크기와 실제 대상물 공간상에서의 크기가 결정된다. 예를 들어, 사진축척이 1 : 20000으로 계획된다면 사진상에서 30μm로 나타나기 위해서는 D를 60cm로 해야 한다.

대공표식의 재질은 합판, 알루미늄, 합성수지와 같이 내구성이 크고, 주위 색상과 대조되어야 하며 무광택 재질로 한다. 설치장소는 대공표식 상부 고도각 45° 내에는 장애물이 없어야 하며, 지면에서 약 30cm 정도 높게 설치한다.

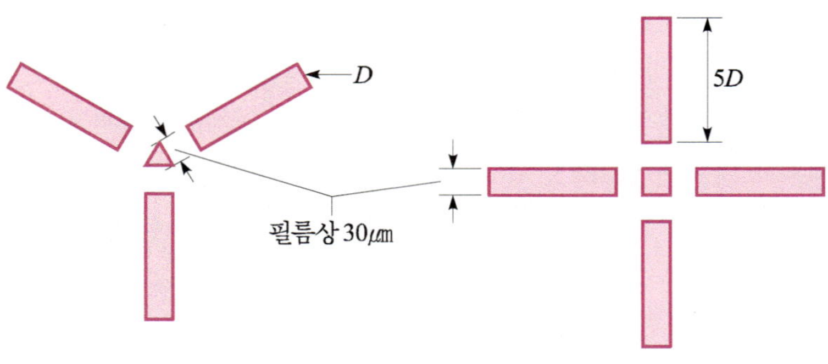

그림 6.3 대공표식의 크기

예제 6.1

초점거리 200mm의 사진기로 촬영고도 2,000m에서 촬영하고자 한다. 대공표지 한 변의 길이를 얼마로 해야 하는가? 단, 사진 상에서 한 변의 길이는 30㎛ 크기로 나타나야 한다.

풀이 ▸▸▸

축척분포 수 $m = \frac{2000}{0.2} = 10{,}000$

사진 상에 한 변의 길이가 30㎛이므로

$30\mu m \times 10{,}000 = 300{,}000\mu m = 30cm$

드론사진측량은 촬영고도가 비교적 낮으므로 전통적인 항공사진측량과는 다소 다르지만 수치사진측량과는 디지털영상을 사용한다는 면에서는 공통점이 있다. 전통적인 사진측량의 경우 광학계를 사용하여 사진을 확대하므로 도화기의 배율에 따라 대공표식의 크기를 결정하였으나 수치사진측량에서는 픽셀을 기본구성요소로 하는 영상을 수치적으로 확대하므로 픽셀의 크기에 영향을 받는다. 즉, GSD(Ground Sampling Distance)에 따라 충분한 크기로 제작해야 한다.

6.1.3 기준점 수 및 배치

한 장의 항공사진을 예로 든다면, 최소 3개의 수직기준점과 2개의 수평기준점을 필요로 한다. 이는 사진에 대한 외부표정요소를 계산하기 위한 최소의 조건이기 때문이다. 수직기준점은 일반적으로 큰 이등변 삼각형의 형태이어야 하고, 수평기준점은 사진 상에 넓게 분포되어야 한다. 이러한 조건이 영상 전체의 후방교회법을 위한 것으로 사진측량의 해석정확도를 증가시킨다. 만약 사진기준점이 지형도 작성을 위한 입체모델의 표정을 목적으로 한다면 각 입체모델에서 요구하는 최소 기준점의 수는 후방교회법(Space Resection) 공간분할에 필요한 점의 수와 같다. 보다 신중한 해석을 위해서는 잉여 기준점을 활용할 수 있다. 실질적으로 입체모델 내에는 3개의 수평기준점과 4개의 수직기준점이 있어야 한다. 수평기준점은 넓게 분포되어 있어야 하고, 수직기준점은 모델의 모서리에 가까이 위치하여야 한다.

만약 사진기준점을 충당할 목적으로 항공삼각측량이 계획되어있다면 훨씬 적은 지상기준점 수가 요구될 것이다. 항공삼각측량을 위해 필요한 지상에서 측량된 사진기준점의 양은 매우 유동적이며 프로젝트지역의 크기와 모양 그리고 자연상태, 사용 장비, 기술자 등에 따라 다르다. 일반적으로 항공삼각측량에 의해 기준점을 충당한다면 지상기준점을 보다 밀도가 높게 측량하는 것이 정확도의 향상에 도움을 준다. 지상에서 측량된 사진기준점 수의 최적은 항공삼각측량의 경제성과 표준 정확도를 유지하는 두 가지를 모두 만족하는 선에서 결정해야 할 것이다. 입체도화기상에서 입체모델의 표정을 위한 기준점획득 목적으로 스트립사진에 대한 항공삼각측량을 수행한다면 2개의 수평기준점과 3개 또는 4개의 수직기준점이 5번째 입체모델마다 나타나야만 한다. 이를 그림 6.4에 보였다. 블록사진에 대한 항공삼각측량 시에는 지상기준점측량은 블록 전반에 걸쳐 규칙적으로 분포되어야 할 것이다 (wolf, 2000).

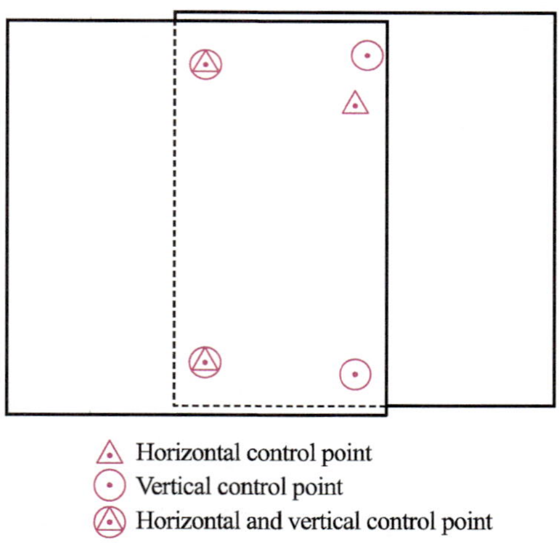

그림 6.4 입체도화기 내에서 입체모델표정을 위한 기준점 (Wolf & Dewitt, 2000 p349)

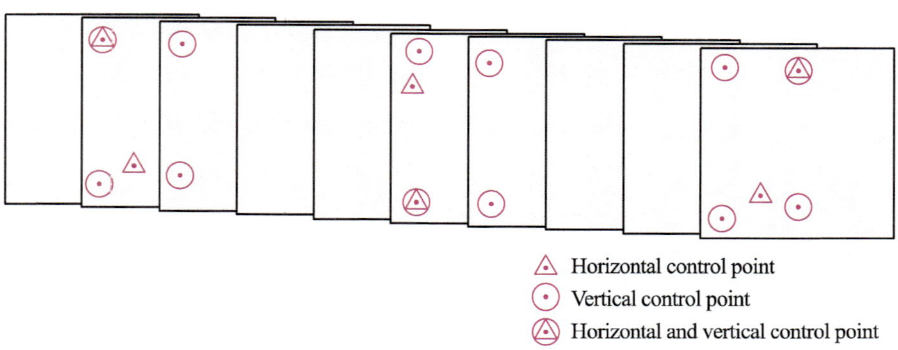

그림 6.5 스트립사진의 기준점 형태 (Wolf & Dewitt, 2000)

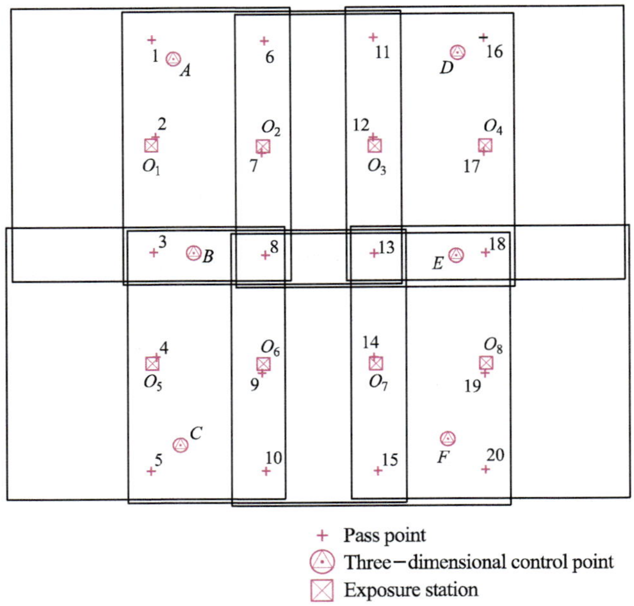

그림 6.6 블럭사진에 대한 기준점 형태 (Wolf & Dewitt, 2000)

촬영지역 내에 기준점배치의 최적화는 오랜기간 동안 연구의 주제였으며 관심거리였다. Airborne GPS를 사용하는 항공촬영, GPS와 IMU센서를 탑재한 드론의 경우 외부표정요소의 초기값을 상당한 정확도로 획득할 수 있으므로 전통적인 기준점배치보다는 상당히 간소화 됐으며 그럼에도 불구하고 요구정확도를 만족시킬 수 있게 되었다. 실제프로젝트 결과를 통해 GCP가 정확도에 미치는 영향을 알 수 있다.

네바다 교통부는 5,400마일의 고속도로와 1,000개 이상의 교량의 계획, 건설, 운영 및 유지보수를 담당하고 있는데 다른 주와 마찬가지로 지도 제작에 드론을 사용한다. 그런데 관할지역이 넓기 때문에 기준점측량의 비용과 시간이 문제가 되어 테스트지역(1.42km^2)에 대한 분석을 실시하였다. (촬영조건 : GSD 1.93cm, 318 images) 기준점은 그림 6.7(a)와 같이 고른 분포로 21점을 배치하고 기준점 수를 감소시켜가며 정확도를 분석하여 그림 6.7(b)와 같은 결과를 얻었다. 기준점 3점 이하에서 급격한 오차의 증가를 볼 수 있다.

많은 사진측량 논문들이 기준점 수와 오차 또는 정확도분석을 실시하였으며 이로부터 허용정확도를 만족시키는 기준점 수와 배치양상은 최적화되어 왔다.

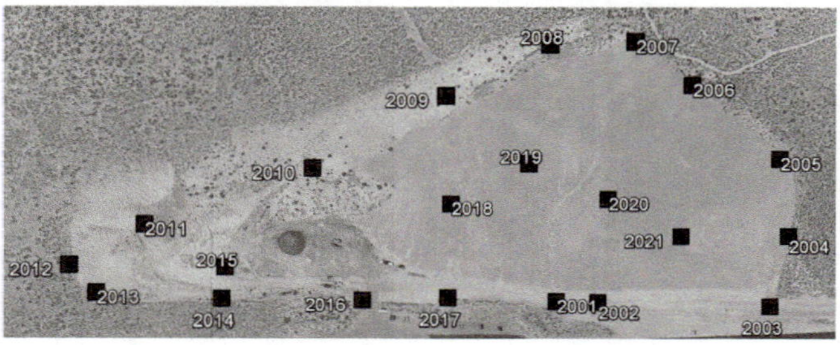

(a) 프로젝트지역에 배치한 지상기준점

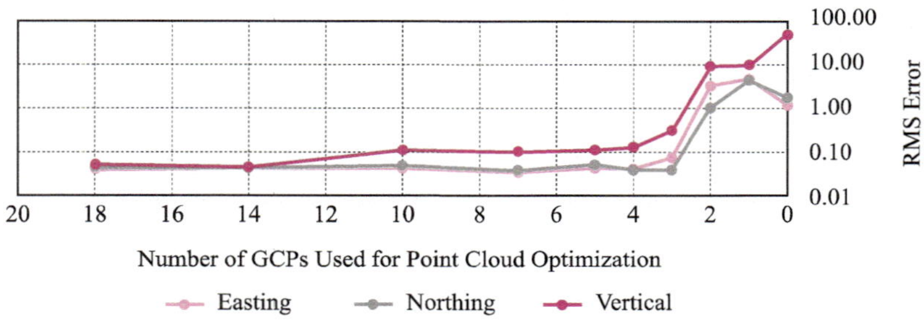

(b) 지상기준점 수의 변화에 대한 오차변화

그림 6.7 네바다교통국에서 실시한 드론사진측량의 오차분석(Nevada Department of Transportation)

6.2 기준점측량 방법

1) Totalstation측량

일반 측량방법으로 기준점측량을 하는 방법은 기존 삼각점을 이용하는 것이다. 최근에는 도심지에 통합기준점망이 잘 되어 있으므로 이를 이용해도 좋다. 그림 6.8에서 인근 삼각점($E_1 \sim E_4$)으로 부터 사진측량대상지역 내에 토털스테이션으로 기초기준점($B_1 \sim B_5$)을 설치한다. 토털스테이션 대신 GPS를 사용하는 경우도 빈번하다. 기초기준점이 설치되면 이로부터 토털스테이션을 이용하여 인공타겟을 설치(P_1, P_2)하고 측량하여 3차원 좌표를 얻는다. 이 기준점측량 방법은 시간과 경비 그리고 인력이 많이 소요된다는 단점이 있다. 따라서 GPS측량이 어려울 경우에 주로 사용하는 방법이며 최근에는 GPS측량을 주로 사용한다.

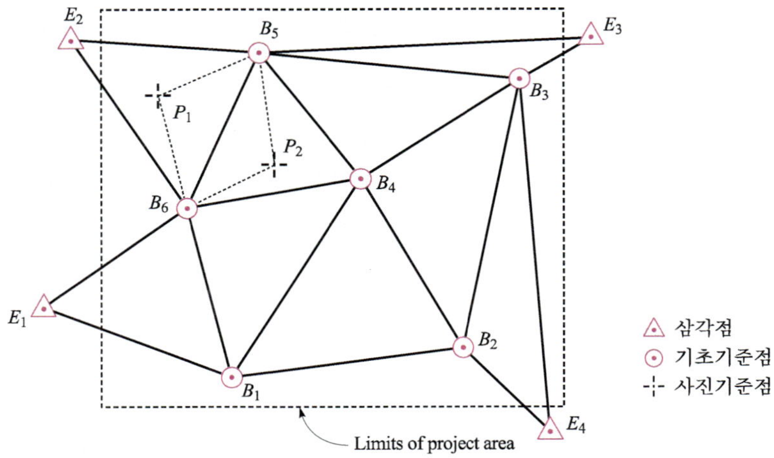

그림 6.8 사진측량기준점 설치를 위한 측량

2) GPS측량방법

일반적으로 후처리 differential방법 또는 Network RTK방법을 이용한다. VRS측량기법이 현장에서 실시간으로 좌표확인이 가능하므로 많이 사용된다.

RTK 측량기법은 그림 6.9와 같이 기존의 기준점 또는 좌표를 알고 있는 점에 기준국(Station)을 설치하고 측량사는 이동국(Rover)을 이용하여 기준점좌표를 획득한다. 기준국에서는 이동국에 실시간으로 보정데이터를 모뎀으로 제공함으로써 보다 정밀한 측량을 보장한다. 이 측량기법은 기준국을 설치해야하기 때문에 장비 및 인력이 더 필요하게 된다. 따라서 최근에는 이에 대한 개선방법으로 Network RTK방법인 VRS(Virtual Reference Station)측량기법을 사용하는 추세이다. VRS측량기법은 기준국의 역할을 국토지리정보원의 VRS 서버가 담당하며 보정데이터를 이동국에 인터넷으로 24시간 제공하여 정확한 측량을 할 수 있도록 한다.

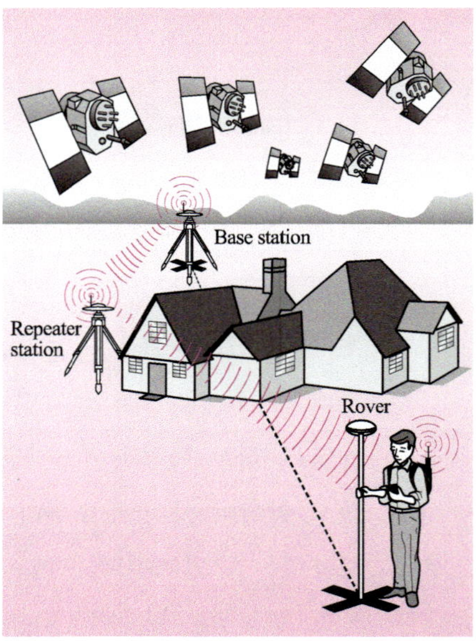

그림 6.9 GPS RTK측량 원리

VRS측량방법은 이동할 때마다 이동국의 근사좌표를 전송하고 보정데이터를 수신해야하므로 측량하는 동안 양방향 통신이 보장되어야 한다. 이러한 이유로 VRS 서비스 초기에는 회선 수의 제한으로 동시

작업의 한계가 있었으나 최근 회선 수를 증설하여 현장에서 사용하는데 불편함이 없다.

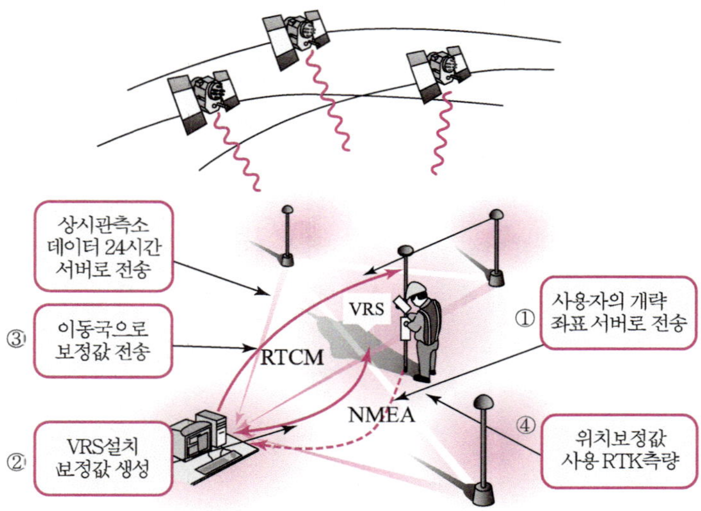

그림 6.10 RTK VRS측량 원리

사진측량을 위한 지상기준점은 실무적으로 6모델 당 1점의 수평기준점과 4모델 당 1점의 수준점의 배치를 권장한다. 이는 매우 많은 기준점측량을 해야 하며 지도제작을 위한 총 경비 중 약 40%에 다다르는 경비와 시간을 요구한다. 따라서 사진측량분야에서는 항공삼각측량의 최종 결과가 수치지도제작을 위한 허용정확도를 만족하면서 가능한 지상기준점측량의 양을 줄이고자 하는 노력을 지속해 왔다. 표 6.1은 국토지리정보원에서 정한 수치지도제작을 위한 허용정확도를 보인 것이다.

표 6.1 수치지도제작을 위한 허용정확도(국토지리정보원)

Scale	Standard deviation			Maximum error		
	Horizontal	contour	vertical	Horizontal	contour	vertical
1:1000	0.2m	0.3m	0.15m	0.4m	0.6m	0.3m
1:5000	1.0m	1.0m	0.5m	2.0m	2.0m	1.0m

3) Airborne GPS

최소의 지상기준점 측량으로 만족할만한 정확도의 항공삼각측량을 하기 위한 방법으로 airborne GPS방법이 개발되었다. 이 시스템은 GPS와 관성항법장치(INS; Inertial Navigation Unit)로 구성되어 있다. 사진촬영 동안 지상의 기준국과 항공기상에 설치한 GPS수신기를 이용하여 촬영점 좌표를 획득하고 INS를 이용하여 카메라의 회전요소를 획득한다. 그러나 전적으로 airborne GPS방법만으로는 만족정확도를 얻을 수 없으며, 최소의 전통적인 지상기준점과 함께 사용하여 항공삼각측량을 수행하게 된다. 예를 들어, airborne GPS방법으로 촬영한 약 120매의 항공사진을 지상기준점 8점과 함께 항공삼각측량한 결과는 x, y, z좌표에서 약 0.5m를 얻을 수 있으므로 1:1000 수치지도를 제작할 수 있다.

GPS안테나와 카메라의 투영중심 간의 편위량 x_A, y_A, z_A를 구해야 한다. GPS에 의해 얻은 대상공간좌표는 안테나를 기준으로 한 것이므로 렌즈중심좌표계로 변환해야한다. 오리엔테이션 각을 결정하기 위해 비행기 몸체와 카메라 사이에 상대적으로 회전을 허용하게 하는 짐벌카메라 마운트를 사용한다.

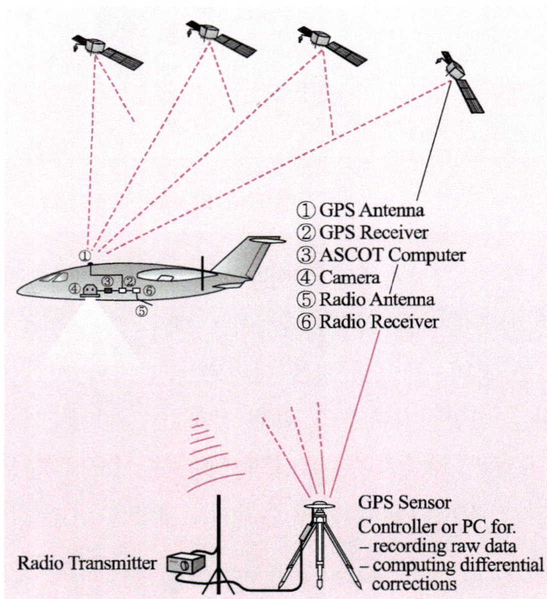

그림 6.11 Airborne GPS 개념도

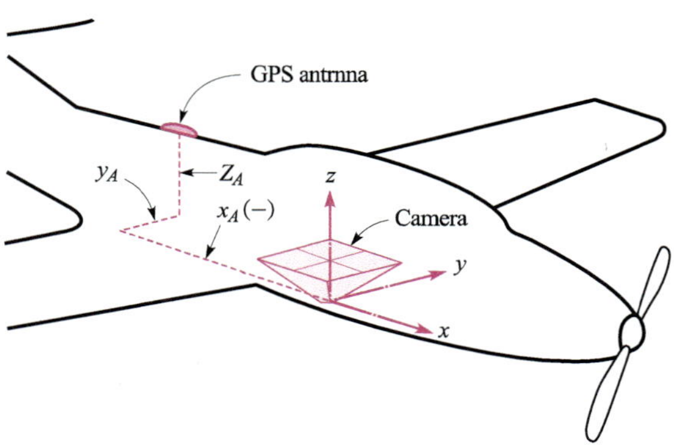

그림 6.12 Airborne GPS안테나와 카메라좌표계 기하학

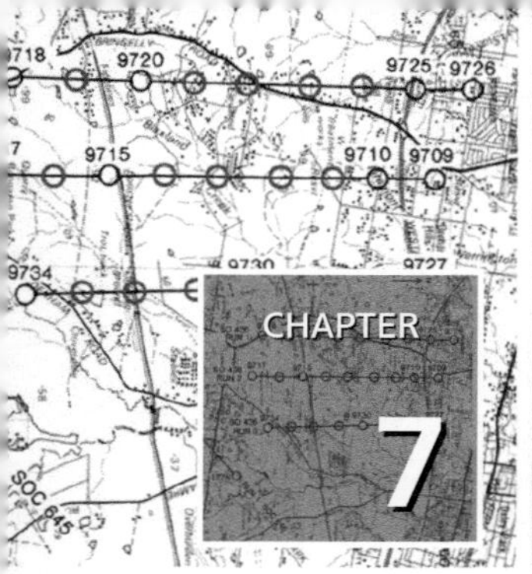

CHAPTER 7 사진측량의 공정

성공적인 촬영을 위해서는 계획을 잘 수립하여야 한다. 계획은 사진측량의 일반사항에 친숙하고 경험이 풍부한 사람이 수립하는 것이 좋다. 촬영계획 중에서 가장 우선적으로 고려하여야 할 사항은 축척, 정확도, 그리고 성과물이다. 수요자 입장에서는 촬영의 목적이 무엇인지?, 지형도 제작이 목적이라면 축척과 정확도는 얼마로 해야 하는지 등의 내용은 중요한 사항이다. 수요자의 요구사항을 잘 이해할 수 있는 계획가라면 요구에 부응하는 최적의 성과물을 도출할 수 있을 것이다.

수요자는 각 수행항목의 소요경비와 성과물에 대한 계획안에 관심을 갖게 된다. 따라서 계획안은 촬영이전에 수요자와의 수차례 협의를 통하여 작성되어야 하며 작업의 특성과 규모에 따라 작업 과정 중에도 지속적인 협의를 필요로 할 것이다. 사진측량의 수행과정에는 항공사진의 인화, 사진지도, 모자이크, 경계도(Planimetric map), 지형도, 단면도, 수치지형모형(DTM; Digital Terrain Model), 정사사진, 지적도 등과 같은 다양한 성과도 포함된다. 이러한 사항 외에 고려하여야 할 점은 수행절차, 비용, 작업공정표 등이다. 그리고 촬영지역의 설정, 규모, 지형형상, 식생물의 분포도, 기존 지상기준점의 유용성 등도 포함된다. 작업 계획은 다음과 같은 몇 가지 사항으로 요약할 수 있다 ; (1) 항공사진의 촬영 계획, (2) 지상기준점의 계획, (3) 요구 성과를 도출하기 위해 필요한 기기와 수행방법의 결정, (4) 비용과 작업공정 등이다.

7.1 촬영계획

촬영계획에는 사진의 축척, 중복도 및 촬영기선길이, 촬영일시, 카메라 등을 고려하고 사용목적에 따라 축척, 촬영코스, 비행코스, 촬영시기, 기준점측량 등을 고려하여 효과적인 촬영계획이 되도록 해야 한다.

촬영계획은 우선 과업지시서의 내용을 기본으로 수립하며 일출·일몰을 고려하여 촬영방향은 동→서 방향을 기본으로 한다. 비행고도는 대상지역의 표고분포를 파악하여 평균고도로 결정하며 표고차가 촬영고도의 10%를 초과하면 2단 고도로 촬영한다.

촬영계획 시에는 다음과 같은 사항을 주의한다.

(1) 프로젝트 대상지역을 입체모델로 완전히 피복할 수 있도록 계획한다.

(2) 입체모델을 위해 소요의 중복도를 만족할 수 있도록 한다.

(3) 일기와 촬영시간에 유의하여 구름과 건물에 의한 그림자로 인한 사각지역이 없도록 한다.

(4) 촬영경로가 너무 길어지지 않도록 스트립과 블록계획을 수립한다.

7.1.1 중복도(Over lap)

1) 종중복도(End lap)

지형도제작을 위해서는 대상지역을 입체시할 수 있게 촬영해야 한다. 입체시를 하기 위해서는 촬영종방향(비행방향)으로 중복촬영을 해야 하는데, 이를 종중복도라 한다. 일반적으로 최소 50% 이상, 보통 60% 정도 중복시킨다. 고저차가 촬영고도의 10% 이상인 경우에는 중복도를 10~20% 증가시켜 사각부분을 제거한다. 고층빌딩에 밀집한 지역에서는 90%까지 중복도를 높여 촬영하는 경우도 있으나 과도한 종중복도는 기선의 길이가 짧아져 수직 정확도가 떨어지므로 주의해야 한다.

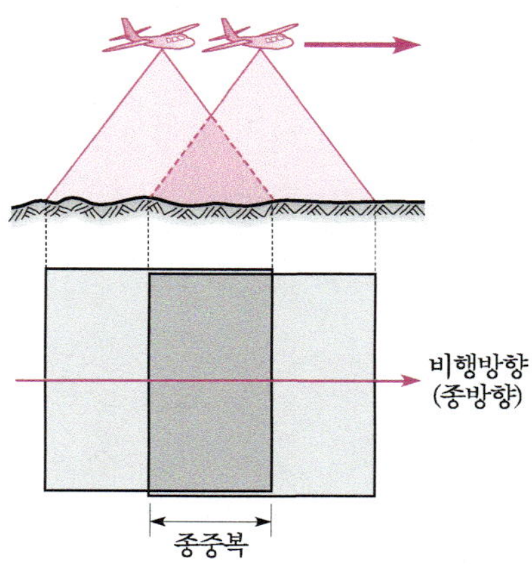

그림 7.1 종중복

2) 횡중복도(Side lap)

촬영지역의 형상에 따라 비행노선(Strip)이 하나인 경우, 여러 개인 경우가 있다. 여러 개의 경우에는 스트립의 접합을 위해 횡방향으로 중복을 시켜야 하는데, 이를 횡중복이라 한다. 그림 7.2의 경우 단 촬영경로(Strip)이므로 종중복만 시키면 되지만, 그림 7.3과 같이 여러 촬영경로인 경우는 횡중복을 해야 하는데 평지는 20~30%이고 산악지는 30~40%를 중복시킨다.

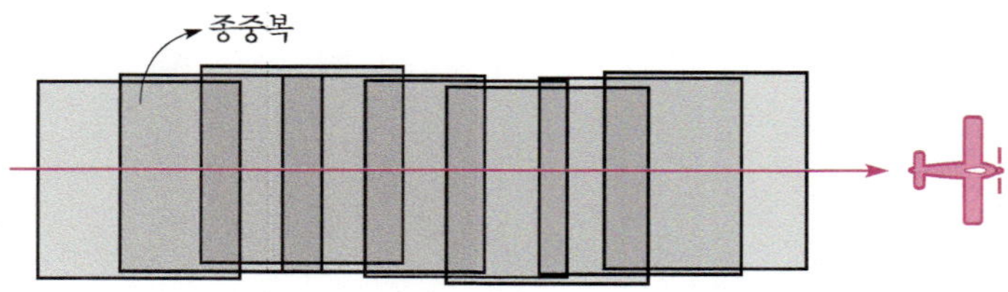

그림 7.2 스트립 촬영의 경우

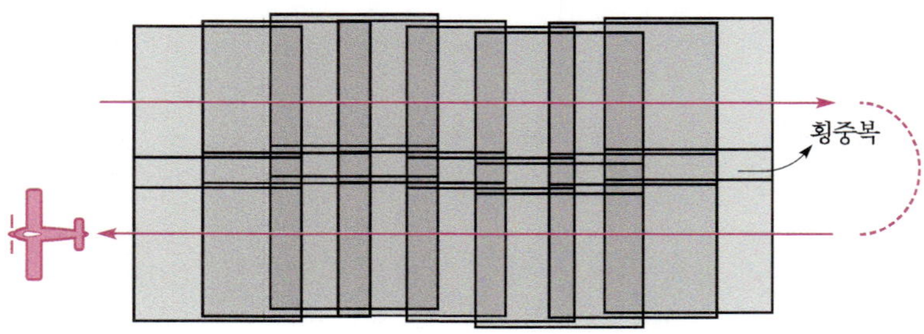

그림 7.3 블록촬영의 경우

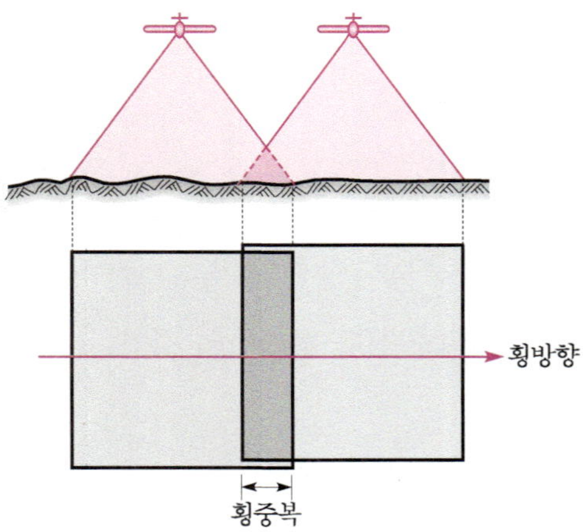

그림 7.4 횡중복

7.1.2 촬영기선(Air base)

촬영기선이라 함은 한 장의 사진 촬영점과 다음 사진의 촬영점 간의 거리를 의미한다. 촬영기선은 촬영점의 종횡방향에 따라 종기선과 횡기선으로 나뉜다. 촬영종기선(B)은 촬영코스 방향에서 전 촬영의 투영중심과 다음 사진의 투영중심 간 거리이며, 촬영횡기선(C)은 스트립 간 인접사진의 투영중심간격(촬영경로의 간격) 거리이다. 이 촬영기선은 촬영간격(최소 노출시간)과 사진매수를 계산할 때 중요한 요소가 된다.

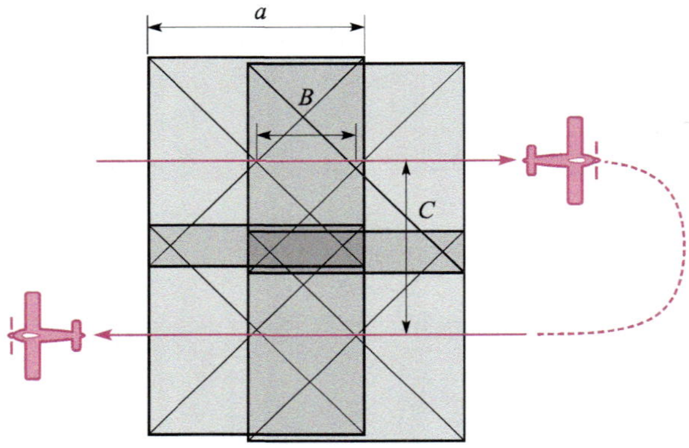

그림 7.5 종기선과 횡기선

그림 7.5에서 실제 촬영한 사진 상에서 촬영종기선(B)과 촬영횡기선(C)의 길이는 다음과 같다.

$$B = a \times \left(1 - \frac{p}{100}\right) \tag{7.1}$$

$$C = a \times \left(1 - \frac{q}{100}\right) \tag{7.2}$$

a : 사진크기
p : 종중복도(%)
q : 횡중복도(%)

실제공간에서의 촬영종기선과 횡기선의 길이는 사진상의 길이에 축척계수(m)를 곱하면 된다. 즉,

$$B = ma \times \left(1 - \frac{p}{100}\right) \tag{7.3}$$

$$C = ma \times \left(1 - \frac{q}{100}\right) \tag{7.4}$$

예제 7.1

초점거리가 150mm, 필름크기가 20cm×20cm인 카메라로 촬영고도 3,000m에서 종중복도 70%, 횡중복도 20%로 촬영하였다. 사진 상 촬영종기선과 횡기선 길이를 구하시오. 또한 지상의 촬영횡기선장과 종기선장은 얼마이겠는가?

풀이 ▸ ▸ ▸

$$\text{사진상 촬영종기선장} = 0.2\text{m} \times \left(1 - \frac{70}{100}\right) = 0.06\text{m}$$

$$\text{사진상 촬영종기선장} = 0.2\text{m} \times \left(1 - \frac{20}{100}\right) = 0.16\text{m}$$

$$\text{축척} = \frac{f}{H} = \frac{0.15\text{m}}{3{,}000\text{m}} = \frac{1}{20{,}000}$$

$$\text{지상의 촬영종기선장} = 20{,}000 \times 0.2\text{m} \times \left(1 - \frac{70}{100}\right) = 1{,}200\text{m}$$

$$\text{지상의 촬영종기선장} = 20{,}000 \times 0.2\text{m} \times \left(1 - \frac{20}{100}\right) = 3{,}200\text{m}$$

7.1.3 촬영경로 및 촬영고도(또는 촬영거리)

촬영경로는 촬영지역을 완전히 피복하도록 종·횡중복을 고려하여 결정하여야 하며, 촬영경로 길이는 일반축척(1/20,000 정도)에서 약 30km, 10~15 입체모델 이내로 한다. 넓은 지역은 일반적으로 동–서로 코스를 정하며 촬영고도는 사진축척과 초점거리, 계획지역의 평균기준면을 기준, 도화기가 요구하는 등고선의 간격 등을 고려하여 결정한다. 카메라의 초점거리와 평균 사진축척이 결정되면 비행고도는 축척계산식에 의해 자동으로 계산된다.

$$\frac{1}{m} = \frac{f}{H - h_m} \tag{7.5}$$

H : 촬영고도

h_m : 평균표고

아날로그 사진측량 시에는 도화기의 성능에 의해서 촬영고도가 제한을 받는다.

$$H = C \cdot \Delta h \tag{7.6}$$

여기서, H : 촬영고도

Δh : 최소등고선 가격

C : 도화기의 기계정밀도를 나타내는 상수
1급 1600~2000
2급 800~1200, 1200~1600
3급 600~800

촬영고도가 결정되면 기존의 지형도상에 촬영계획도를 작성할 수 있다(그림 7.6).

비행고도는 헬리콥터로부터 인공위성에 이르기까지 수백 m에서 수백 km까지 다양하다. 지형도 작성을 위해 사용되는 비행고도는 일반적으로 500m~9,000m이다. 높은 고도에서 촬영한 사진의 지상 피복면적은 저고도 사진에 비해 매우 넓으나 저고도 사진촬영에 비해 경비가 많이 든다. 높은 고도에서 촬영할 경우는 산소의 감소, 압력저하, 추위 등을 고려하여야 한다. 비행고도가 3,000m 이상이면 산소 공급장치가 필요하다. 9,000m 이상인 경우는 압력 유지장치와 난방장치가 필요하다. 대부분의 항공촬영에는 단발기 또는 쌍발기를 사용하며 단발기는 6,000m까지 비행이 가능하고 쌍발기는 9,000m까지 비행이 가능하다. 더 높은 고도에서의 촬영은 제트엔진을 장착한 비행기를 사용하여야 한다. 조종사는 사진촬영동안 일정한 고도를 유지하여야 한다. 최근에는 GPS를 이용하여 비행경로를 자동 추적하여 비행하기도 한다. 고도는 평균해수면상으로부터의 높이이고, 적절한 고도의 유지는 일정한 축척의 사진을 얻기 위해서이다.

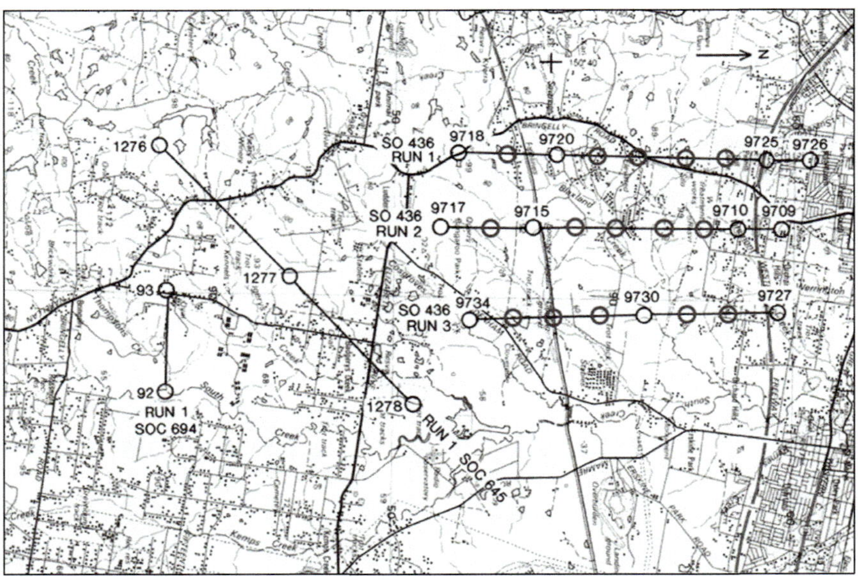

그림 7.6 촬영계획도

7.1.4 유효면적

사진의 축척과 필름의 크기가 결정되면 사진에 촬영되는 면적을 구할 수 있다. 사진의 사용목적에 따라 촬영된 면적을 유효면적이라 한다. 유효면적은 프로젝트 시 대상지역을 피복하기 위한 사진 매수를 계산할 수 있다. 사진은 사용목적에 따라 유효면적을 계산할 수 있다.

1) 단사진

어느 지역을 답사 또는 조사할 목적으로 촬영하는 경우 사진 간의 기하학적 조건 없이 독립적으로 촬영하는 경우이다. 즉, 사진 1매에 촬영되는 면적을 말한다.

$$A_0 = (ma)(ma) = a^2 \cdot m^2 = \frac{a^2 H^2}{f^2} \tag{7.7}$$

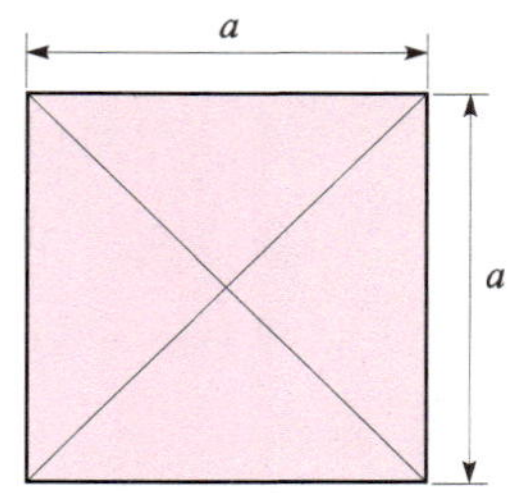

그림 7.7 단사진 유효면적

2) 스트립 촬영

도로 또는 하천과 같이 좁고 긴 지역에 대한 지형도를 제작하는 목적으로 촬영할 경우는 단촬영경로(Single course, strip)로 촬영한다. 이 경우 입체시를 위해 종중복도를 고려해야하기 때문에 유효면적도 중복지역에 해당한다. 유효입체모델 면적은 인접사진의 주점 간의 면적이다.

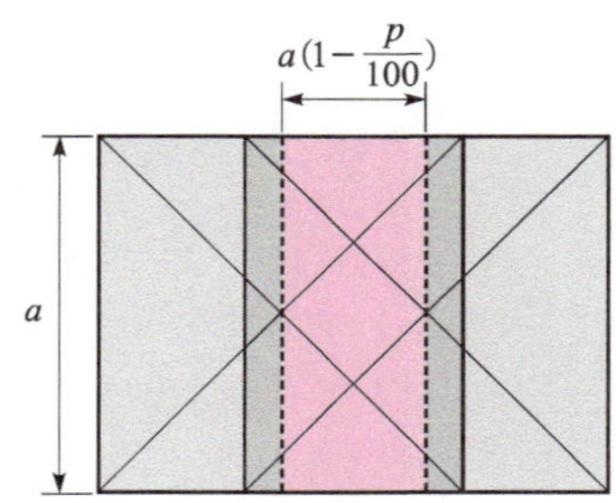

그림 7.8 단촬영경로 유효면적

$$A_1 = ma \cdot ma\left(1 - \frac{p}{100}\right) = A_0\left(1 - \frac{p}{100}\right) \tag{7.8}$$

3) 블록촬영

일반적인 프로젝트의 경우 단촬영경로로는 전체지역을 피복할 수가 없다. 따라서 촬영경로를 여러 개 두어야 한다. 이 경우 종중복과 횡중복이 발생하므로 이를 동시에 고려하여 유효면적을 구해야 한다. 유효입체모델 면적은 인접사진 및 인접경로의 사진, 즉 4매의 사진의 주점을 연결한 사각형의 면적을 말한다. 이를 stereo neat model이라고도 한다.

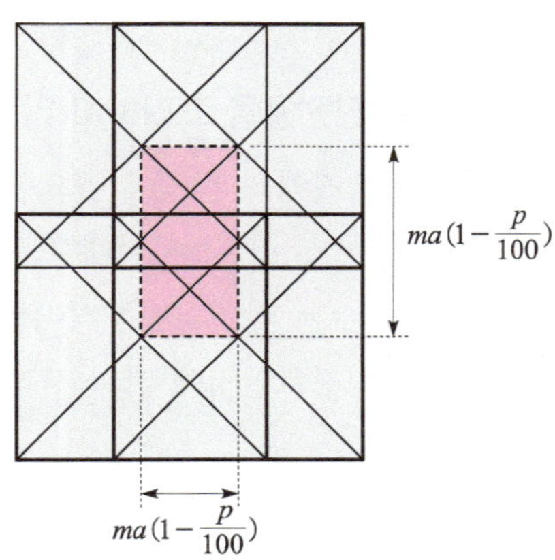

그림 7.9 블록촬영 유효면적

$$A_2 = (ma)\left(1-\frac{p}{100}\right)(ma)\left(1-\frac{q}{100}\right)$$
$$= A_0\left(1-\frac{p}{100}\right)\left(1-\frac{q}{100}\right) \qquad (7.9)$$

7.1.5 사진 매수

프로젝트지역을 유효면적으로 피복해야만 목적하는 결과물을 얻을 수 있다. 수요자가 요구하는 지역을 촬영하기 위한 사진매수는 작업시간 및 비용에도 밀접한 영향을 주므로 매우 중요하다. 안전율을 고려하는 방법과 고려하지 않는 방법으로 사진매수를 구할 수 있다.

1) 안전율을 고려하는 방법

촬영대상면적을 유효면적으로 나누고 안전율을 고려하여 사진매수를 결정한다. 식 (7.10)에서 안전율(S.F)은 보통 15%~20% 정도 고려한다.

$$\text{사진매수}(N) = \frac{F}{A} \times (1 + S.F)$$
$$N = \frac{F}{m^2 a^2\left(1-\frac{p}{100}\right)\left(1-\frac{q}{100}\right)} \times (1 + S.F) \qquad (7.10)$$

여기서, F : 대상면적
A : 유효면적
$S.F$: 안전율

2) 안전율을 고려하지 않는 방법

촬영지역의 촬영에 필요한 스트립 당 사진매수와 스트립수를 구하여 곱하는 방법이다. 스트립 당 사진매수는 촬영종방향길이를 촬영종기선장으로 나누어 구하고 스트립 수는 촬영횡방향길이를 횡기선장으로 나누어 구할 수 있다. 단촬영경로인지 복촬영경로인지에 따라 사진매수를 다음과 같이 구한다.

① 단촬영경로의 사진매수

하나의 스트립 상에서 촬영해야 할 사진매수는

$$N_1 = \text{입체모델수}(D) + 1 \tag{7.11}$$

여기서, 입체모델 수 $D = \dfrac{\text{촬영경로의 종방향 길이}}{\text{종기선장}(B)}$

② 복촬영경로의 사진매수

여러 개의 스트립인 경우에는 촬영경로 수를 구하고 N'에 곱하여 사진매수를 구한다.

$$N_2 = (\text{입체모델수}(D) + 1) \times \text{촬영경로수}(D') \tag{7.12}$$

여기서, 촬영경로 수$(D') = \dfrac{\text{촬영경로의 횡방향 길이}}{\text{횡기선장}(C)}$

예제 7.2

초점거리 150mm, 촬영고도 3000m에서 종중복도 60%, 횡중복도 20%로 촬영하였다. 촬영지역은 30km×20km이며 안전율은 20%로 한다(화면크기는 20cm×20cm). 유효면적 방법과 안전율을 고려하지 않은 방법으로 사진매수를 계산하여 비교하라.

풀이 ▸▸▸

(1) 안전율을 고려한 경우

$$N = \frac{30000 \times 20000}{20000^2 0.2^2\left(1-\frac{60}{100}\right)\left(1-\frac{20}{100}\right)} \times (1+0.2) = 141\text{매}$$

(2) 안전율을 고려하지 않은 경우

$$\text{1strip당 사진매수} = \frac{30000}{20000 \times 0.2\left(1-\frac{60}{100}\right)} = 19\text{매}$$

$$\text{Srtip수} = \frac{20000}{20000 \times 0.2\left(1-\frac{20}{100}\right)} = 6.25 = 7\text{스트립}$$

전체사진매수 = (스트립당 사진매수+1)×스트립 수 = $(19+1) \times 7 = 140$매

7.2 지상기준점측량

항공사진촬영 후 항공삼각측량 과정을 거쳐 지상의 3차원 좌표가 얻어지며 이를 위해서는 촬영하기 전에 지상의 대상지역 내에 수평위치 기준점(삼각점)과 표고기준점(수준점)을 설치하고 측량하여 성과를 얻은 후 이들 기준점이 사진 상에 나타나도록 촬영을 해야만 한다. 과거에는 항공사진측량 전체경비의 50% 이상을 기준점 측량비용으로 쓰고 있었으나 지상기준점 측량대신 비행기에 GPS 수신기를 장착하고 측량하는 Airborne GPS에 대한 연구로 최소한의 기준점을 이용하여 경제적으로 지형도를 제작하고 있다. 그러나 본 절에서는 전통적인 지상기준점측량에 대한 작업량에 대해 설명하도록 한다.

7.2.1 수평기준점 수

지상기준점을 위한 삼각점총수는 각 입체모델 수마다 최소 2점의 삼각점이 포함되어 있어야 하므로

$$\text{삼각점의 총수} = \text{입체모델 수} \times 2 \tag{7.13}$$

7.2.2 높이 기준점

높이 기준점은 수준측량에 의해 결정되므로 보통 수준측량 노선의 길이로 작업량을 결정한다. 수준측량 노선의 길이는 촬영종방향에 대해 촬영경로 수만큼 왕복수준측량에다 촬영횡방향에 대해 왕복 측량한 길이를 더해야 한다. 즉,

$$\begin{aligned} &\text{수준측량 총거리} = (L + L')\,\text{km} \\ &L = \text{촬영경로의 종방향길이} \times \{2(\text{촬영경로의 수}) + 1\} \\ &L' = \text{촬영경로의 횡방향길이} \times 2 \end{aligned} \tag{7.14}$$

예제 7.3

10km×20km 촬영지역에 대한 지도 작성을 위해 지상기준점을 설치하고자 수준측량을 실시하고자 한다. 촬영은 초점거리 150mm, 필름크기 20cm×20cm 카메라로 촬영고도 3,000m에서 횡중복도 20%로 촬영하였다. 총 수준측량 노선길이는 얼마인가?

풀이 ▸▸▸

20km방향을 촬영종방향으로 정한다.

수준측량 총거리 = $L+L'$

L =[촬영경로의 종방향길이 × {2(촬영경로의 수) + 1}km

L' =(촬영경로 횡방향길이 × 2) km

$$\text{사진축척} = \frac{0.15\text{m}}{30{,}000\text{m}} = \frac{1}{20{,}000}$$

$$\text{촬영경로 수} = \frac{\text{촬영 횡방향길이}}{\text{지상촬영횡기선장}} = \frac{10\text{km}}{20{,}000 \times 0.2\text{m} \times \left(1-\frac{20}{100}\right)} = 3.125 \fallingdotseq 4$$

$$L = 20\text{km} \times \{2(4)+1\} = 180\text{km}$$

$$L' = 10\text{km} \times 2 = 20\text{km}$$

따라서, 총수준측량거리=180km+20km=200km

7.3 사진촬영

7.3.1 촬영시기와 기상

계절은 지표를 덮고 있는 상태와 태양의 고도변화 때문에 촬영 시에 고려해야 하는 또 다른 사항이다. 한 예로 지형도 작성을 목적으로 한다면 나뭇잎들에 의해 지표면이 가리워지지 않는 늦가을이나 이른 봄과 같은 계절에 촬영하는 좋을 것이다. 만약 생태를 해석하고자 하는 목적이라면 나뭇잎이 무성할 때 촬영하는 것이 유리할 것이다. 일반적으로 항공촬영은 지표가 눈으로 덮여 있을 경우에는 수행하지 않는다. 폭설은 지표를 덮을 뿐 아니라 입체시에 의한 해석에 어려움을 제공한다. 그러나 지표가 소량의 눈으로 덮여져 있을 경우는 지표의 해석에 유리한 조건을 제공하기도 한다.

항공사진의 촬영계획에 있어서의 또 다른 요소는 태양의 고도이다. 태양의 고도가 낮은 경우는 대상물에 긴 그림자를 가져온다. 일반적으로 촬영이 가능한 태양의 최소 고도각은 30°이다. 11월~2월의 기간 동안 태양의 고도각이 30° 이상인 경우는 하루 중 길지 않다. 따라서 항공촬영은 가능한 한 겨울철에는 피해야 한다. 그러나 일부의 그림자는 담장, 기둥, 전봇대와 같은 구조물의 인식에 도움을 준다.

촬영 당일의 날씨는 항공사진의 계획에서 매우 중요하게 다루어야 할 사항이다. 일반적으로 항공촬영을 위한 날씨는 구름이 없는 날이어야 한다. 구름이 10% 이하로 덮여 있을지라도 촬영에는 만족할만한 날씨가 아니다. 촬영고도보다 높은 곳에 구름이 존재할 지라도 구름에 의한 그림자가 지상에 드리워지기 때문에 좋지 않다. 구름이 없는 날의 수는 지역에 따라 매년 다르다. 그리고 촬영 당일에 구름이 없을 지라도 대기의 산란, 스모그, 연기, 먼지, 강풍, 공기의 난류 등으로 인하여 항공촬영이 부적절할 수도 있다. 대기의 산란은 사진 상에 청색으로 퍼져보이게 되므로 카메라의 렌즈 앞에 노란 필터를 장착하여 산란에 의한 영향을 제거할 수 있다. 스모그, 연기, 먼지 등을 효과적으로 제거할 수 있는 방법은 없다. 공업단지를 사진촬영하기 위한 날씨는 스모그, 먼지, 연기 등을 말끔히 씻어낼 수 있는 폭우 이후가 최적이다. 바람이나 공기의 난류는 요구하는 비행경로로부터 벗어난 사진의 획득을 초래하며 수직사진을 얻기 위한 카메라의 표정유지를 어렵게 만든다. 즉, 계획한 비행경로 및 촬영고도의 유지가 어려운 것이다. 비행은 촬영 당일에 결정할 사항이다. 승무원은 기상조건을 분석하고 만족할만한 사진촬영이 가능한지를 판단하여야 한다. 가능하면 촬영지역에서 날씨를 관측하여 만족할만한 조건을 빠른 시간 내에 취득할 수 있어야 한다.

7.3.2 촬영간격(최단노출시간)

최소노출시간은 한 장을 촬영하고 다음 사진을 촬영할 때까지의 시간간격을 말한다. 적절한 중복도를 유지하기 위해 항공기의 속도를 고려한 촬영간격을 정해야 한다.

$$\text{최소노출시간 } T_B = \frac{B}{V} \tag{7.15}$$

여기서, B : 촬영 종기선 장(m)

V : 항공기의 속도(m/sec)

예제 7.4

시속 200km 항공기에서 초점거리 150mm의 카메라로 촬영하고 있다. 촬영고도가 3,000m, 중복도가 60%라고 한다면 최소노출시간은 얼마인가? (사진의 크기는 20cm×20cm이다.)

풀이 ▸ ▸ ▸

최소노출시간 $T_B(\text{sec}) = \dfrac{B}{V}$

$$T_B(\text{sec}) = \frac{\dfrac{3000\text{m}}{0.15\text{m}} \times 0.2\text{m}\left(1 - \dfrac{60}{100}\right)}{200 \times \dfrac{1000\text{m}}{3600\text{sec}}} = \frac{1600\text{m}}{55.55\text{m/sec}} = 28.8\text{sec}$$

즉, 28.8초마다 또는 그보다 빠르게 촬영해야 한다.

7.3.3 셔터스피드(최장노출시간)

필름 감광도, 필터의 성질, 반사광의 파장 분포, 셔터속도, f-stop 등을 고려하여 결정한다. 촬영하는 동안 항공기가 비행하고 있는 상태이므로 지상의 피사체들이 움직여 필름상에 흐림현상을 발생시킨다. 바람직한 지형도 제작을 위해서는 이 흐림현상에 대한 허용범위를 정하는데 이를 허용 흔들림양이라 한다. 따라서 최장노출시간이라 함은 필름상에 항공기의 속도로 인한 허용흔들림양보다 작게 촬영하기 위한 셔터스피드를 말한다.

$$\text{최장노출시간 } T_l(\text{sec}) = \frac{\Delta S \cdot m}{V} \tag{7.16}$$

여기서, ΔS : 허용흔들림양(mm)

m : 축척분모수

V : 항공기의 속도(m/sec)

예제 7.5

시속 200km의 항공기에서 초점거리 150mm의 사진기로 촬영하고 있다. 촬영고도가 3,000m, 중복도가 60%라고 하고 허용흔들림양이 0.01mm라면 최장노출시간은 얼마인가?

풀이 ▸ ▸ ▸

$$T_l(\text{sec}) = \frac{0.01\text{mm} \cdot \dfrac{3000\text{m}}{150\text{mm}}}{200 \times \dfrac{1000\text{m}}{3600\text{sec}}} = \frac{0.2\text{m}}{55.55\text{m/sec}} = 0.0036\text{sec} = \frac{1}{278}$$

즉, 1/278sec 또는 그보다 빠른 셔터스피드로 촬영해야 한다.

7.3.4 편류각

항공촬영을 하기 위한 항공기의 운행속도는 보통 180~200km/h정도, 대축척은 100km/h 정도이다. 예측할 수 없는 풍속과 풍향은 양질의 항공사진을 얻는데 장애가 된다. 촬영계획에 따라 정해진 코스를 비행한다 하더라도 조종사의 의도한 바와 다르게 항공기가 편류하여 촬영을 하게 된다. 코스와 편류방향의 사이각을 편류각(Crab angle)라고 한다. 이 편류촬영은 입체모델 유효면적의 감소를 가져오므로 만족할만한 사진을 얻기 어렵다. 따라서 편류각을 5° 이내로 촬영해야 한다. 특히, 저고도에서는 비행 시 편류에 주의하여야 한다. 숙련된 조종사는 풍향과 풍속을 고려하여 역방향을 목표점으로 비행함으로써 코스비행을 하는 경우도 있다.

이상 사진촬영에 대해 알아보았다. 결론적으로 지형도 제작을 위한 바람직한 항공사진은 다음의 조건을 만족해야 한다.

① 얻어진 음화(필름)가 구름이나 구름 그림자, 스모그 현상이 없어야 한다.
② 고층건물이나 그림자로 인한 사각지대가 적어야 한다.
③ 종중복도 50% 이상, 횡중복도 5% 이상이 되어야 한다.
④ 사진경사 3° 이내, 편류각 5° 이내이어야 한다.
⑤ 촬영경로에서 촬영경로 간격의 10% 이상 차이가 없도록 정해진 촬영코스로 촬영해야 한다.
⑥ 고도는 지정고도의 5% 이상 낮게, 10% 이상 높게 촬영하지 않도록 한다.
⑦ 1 strip 촬영시간 15~20분, 1일 촬영시간 3시간동안 8~10 촬영경로가 적합하며 태양고도 45° 이상의 쾌청일(연간 80일)의 오전 10시~오후 2시 사이에 촬영한다.

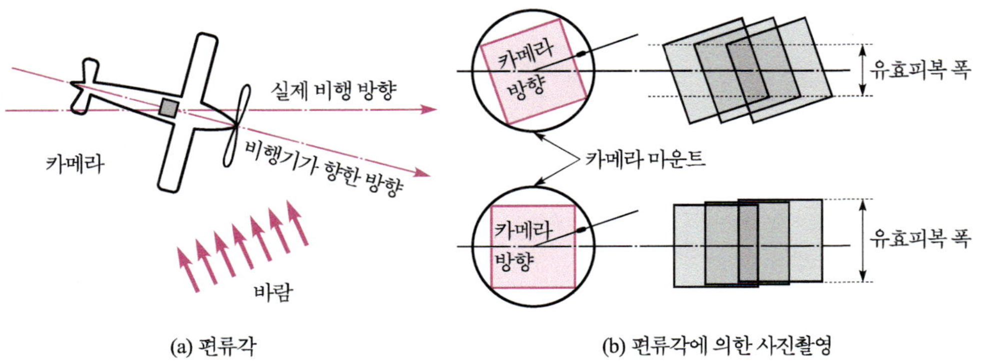

(a) 편류각　　(b) 편류각에 의한 사진촬영

그림 7.10 편류 촬영

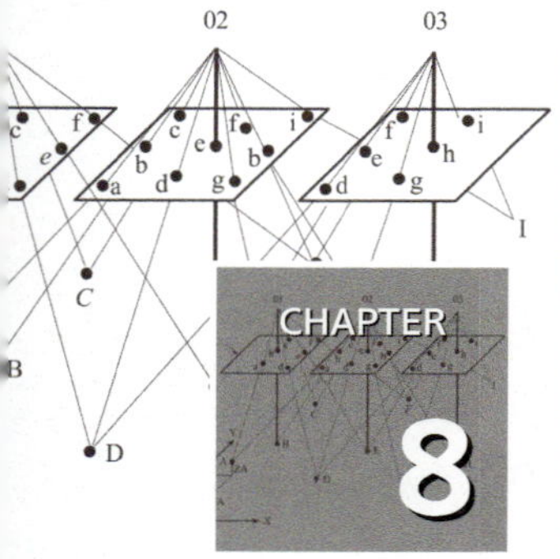

CHAPTER 8 항공삼각측량(Aerial Triangulation)

항공삼각측량이란, 사진상 x, y좌표의 측정을 통해 지상의 독립적인 측점에 대한 지상좌표 X, Y, Z를 결정하는 전반적인 작업과정을 말한다. 이는 지상사진측량에서도 마찬가지이다. 항공삼각측량의 원리는 해석사진측량(Analytical photogrammetry)[1]의 확장개념이다. 항공삼각측량은 공간후방교회(Space resection), 공간전방교회(Space intersection)의 내용들을 포함하고 있다. 이 과정은 지상기준점을 기본으로 수행되며 최근에는 관련 장비들이 발달하여 지상기준점을 고정밀도로 비교적 쉽게 획득할 수 있다.

8.1 항공삼각측량 종류

항공삼각측량은 공간후반교회 많은 목적으로 사용할 수 있다. 그 중 주된 목적은 후속적인 사진측량작업을 위해 스트립이나 블록을 통하여 지상기준점을 확장하거나 밀도를 높이는 것이다. 이것을 소위 "bridging"[2]라고 한다. 실제 지상에서 측량한 기준점 이외에도 사진 상의 다른 점들을 추가 선택하여 보다 많은 기준점을 사용할 수 있다.

공선조건식으로부터 사진의 외부표정요소를 결정하기 위해서 실질적으로 필요한 기준점은 입체모델 당 2XY, 3Z이다. 넓은 지역에서의 지도제작을 위해서는 대단히 많은 수의 기준점이 필요하며 실제 필드측량방법을 사용한다면 많은 경비가 소요된다. 따라서, 비용절감을 위해 지상기준점측량은 밀도가 낮게 하고 항공삼각측량을 이용해 필요한 기준점을 확보하는 방법을 사용하였다. 최근에는 비행기에 Kinematic

1) 지상기준점과 측정된 사진좌표, 카메라인자를 기본으로 대상물공간에서 좌표를 계산하는 엄격한 수학적 계산을 의미한다.

2) bridging : 인접사진으로 공통기준점(Pass point)을 옮길 수 있는데 이 행위를 말한다.

GPS를 탑재하여 사진이 촬영될 당시의 위치를 얻는 방법(Airborne GPS)을 사용하고 있다. 이론적으로는 지상기준점이 하나도 필요 없을 것 같지만 실무에서는 정확도의 담보를 위해 최소한의 지상 GCP를 측량하여 사용한다.

항공삼각측량은 경제적인 이유뿐만 아니라 다음과 같은 이점을 가지고 있다.

1) 모든 작업이 실내에서 이루어지므로 일기에 영향을 받지 않는다.
2) 대상지역의 모든 영역이 필요하지는 않다.
3) 실제 측량이 어려운 지역도 문제없이 GCP로 사용할 수 있다.
4) Bridging을 위한 지상기준점측량의 정확도는 항공삼각측량 과정 중 검증되며 정확도의 관리가 가능하다. 연속사진에 대한 bridging을 위해서뿐만 아니라 기타 공정을 검증하기 위해 정밀 지상기준점은 필요하다. 또한, 항공삼각측량을 통해 XYZ를 계산함으로써 DEM을 구축할 수 있다.

특히, 고층빌딩이 많은 도심지에서 멀티패스(Multi-path) 등으로 정확도가 떨어지는 GPS측량의 문제를 성공적으로 해결하여 GCP의 밀도를 높일 수 있다.

항공삼각측량의 수행방법은 크게 네 가지의 방법이 있다.

1) **Analog 항공삼각측량** : 초기에는 여러 대의 투영기를 가진 입체도화기 내에서 매우 긴 스트립모델의 내부, 상대, 절대표정을 수동으로 수행하였으나 이후에 유니버설 도화기들은 단지 두 개의 투영기에 의해 수행되었다. 1급 도화기를 이용하여 상대표정과 절대표정을 수행, 첫 번째 모델을 기본으로 캔틸레버 확장, 스트립 또는 블록조정은 결과 스트립좌표를 사용하여 수행한다.
2) **Semi-analytical 항공삼각측량** : 독립모델 각각의 상호표정은 정밀도화기(예, Wild A10)를 사용한다. 얻어진 모델좌표는 엄격한 동시모델블럭 조정에 전달된다. 독립모델은 서로 연결되어 해석적으로 스트립을 형성한다. 그리고 이는 스트립 또는 블록 조정에 사용된다. 내부, 상호표정은 입체도화기를 이용하여 수동으로 이루어지고 절대표정은 수치적으로 수행된다.
3) **Analytical 항공삼각측량** : 해석적 항공삼각측량에 입력되는 영상좌표는 좌표측정기(Comparator)에 의해 측정된 좌표이다. 번들블록조정은 모든 사진에서 측정된 모든 좌표를 사용하여 수행된다. 해석적도화기를 좌표측정기모드로 하면 사진좌표를 측정할 수 있다.
4) **Digital 항공삼각측량** : 이 방법은 사진측량워크스테이션을 사용하는데 이는 수치영상을 다룰 수 있다. pass point의 선택과 점이사(Point transfer)[3] 그리고 측정작업들이 해석적 사진측량에서는 수동으로 행하진 반면 수치사진측량

에서는 이미지매칭기법으로 자동 수행된다. 이상적인 과정은 완전히 자동수행이나 때때로 사용자의 개입이 필요하다.

이들 항공삼각측량 방법에 대해 매우 많은 기법들이 개발되어 왔는데 이 장에서는 이 기법들에 대해 일반적인 내용들을 설명할 것이다. 이 설명은 연속된 사진측량학적인 bridging과 관련되어있는 데, 이것이 항공삼각측량의 원리이기 때문이다.

항공삼각측량의 조정 기본단위에는 단사진, 입체모델, 스트립이 있으며 각각 독립모델조정법(Independent Model Triangulation), 다항식조정법(Polynomial Method), 광속조정법(Bundle Adjustment)을 사용한다. 독립모델조정법과 다항식조정법은 기계적방법과 해석적 방법으로 수행할 수 있으나 광속조정법의 경우는 해석적 방법에 의해서만 가능하다. 최근에는 사진이 수치영상으로 대치되면서 수치사진측량으로 작업을 수행하는 것이 일반적이다. 다항식법은 다항식을 사용하여 최소제곱법으로 조정하며, 독립입체모델법은 접합점과 기준점을 사용하여 입체모델을 기본단위로 조정한다. 마지막으로 광속조정법은 공선조건에 의해 다수의 광속으로 표정하는 방법을 사용한다.

항공삼각측량을 시작하기 전에 표정점의 배치상태, 중복도의 적정 여부, block, 카메라의 화각, 점이사, 검정유무 등을 세심하게 확인해야 한다. 표정점이라 함은 지상기준점을 포함한 사진의 표정에 필요한 점으로 인접 사진과의 접합을 위한 pass point, 인접 스트립 간의 접합을 위한 tie point 등이 있다. 이들 표정점의 수와 기하학적 배치상황은 항공삼각측량의 정확도에 영향을 미치므로 신중을 기해야 한다.

8.2 아날로그 항공삼각측량

초기의 아날로그과정은 수동적인 내부표정, 상대표정, 절대표정을 포함하고 있으며 여러 개의 투영기를 가진 입체도화기를 사용하여 긴 스트립의 연속된 모델을 표정하였다. 이 긴 스트립의 pass point에 대한 좌표는 직접 읽어서 얻었다. 뒤에 사용된 만능도화기(Universal plotter) 장비는 오직 두 개의 투영기 만으로 과정을 처리하도록 개발되었다. 이러한 과정은 뒤에 개발된 나머지 두 가지의 방법의 개발에 원리적으로 역사적인 관심이 되었다.

3) 점이사 : 사진에서 결정된 기준점을 인접사진 상에 옮기는 것을 말한다.

(a) 멀티프로젝터 도화기(Balplex, Courtesy Bausch and Lomb.)

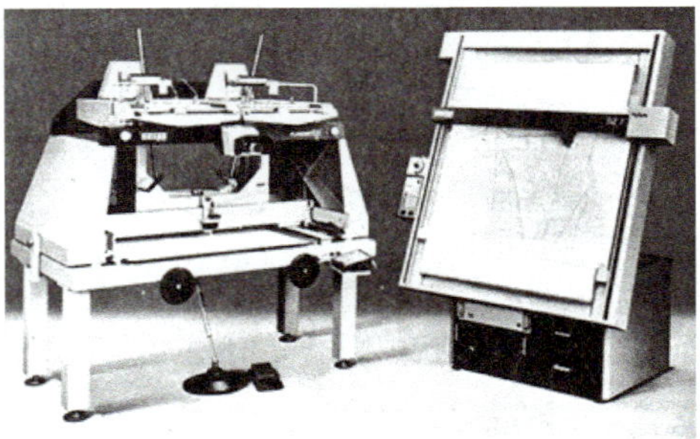

(b) Zeiss planichart E-3

그림 8.1 아날로그 도화기

8.2.1 Pass Point

항공삼각측량을 위한 pass point는 일반적으로 그림 8.2에서와 같이 사진 상에서 선택된다. Pass point는 사진영역에서 명확하게 정의되는 자연점이어야 하나 이를 만족하지 못하는 경우에는 그림 8.3과 같은 입체 점이사기(Stereoscopic point-transfer)를 이용하여 인공적으로 pass point를 표시하게 된다. 점이사기는 감광유제 위에 조그만 구멍을 뚫어 pass point로 사용한다. Pass point는 수치영상을 이용할 경우에는 자동으로 이루어진다.

요구되는 지역에 자연점이 만족스럽게 있다고 하더라도 많은 사진측량사들은 인공적인 pass point를 선호한다. 이에는 다음 두 가지 이유가 있다. 첫째는 별개의 독립된 point일수록 위치측정 정확도가 증가한다는 점이며, 둘째는 pass point 오인의 가능성이 매우 감소한다는 것이다.

Pass point의 표시는 항공삼각측량방법에 따라 사용하며 모노모드와 입체모드를 선택적으로 사용한다. 모노좌표측정기 측정을 위한 pass point의 인공적 표시는 그림 8.2의 d, e, f와 같이 몇몇의 점의 경우 연속된 3장의 사진에 나타난다. 가운데 사진에 일단 마크되면 인접사진 상에 동일한 위치에 주의해서 옮기게 된다. 그림 8.3의 점이사기는 반투명 거울에 의해 두 장의 사진이 중첩되며 미동나사를 이용하여 일치시키고 부점(Floating point)을 이용하여 일치된 점을 찾는다. 매우 가는 드릴이 유제에 구멍을 뚫어 점을 옮긴다.

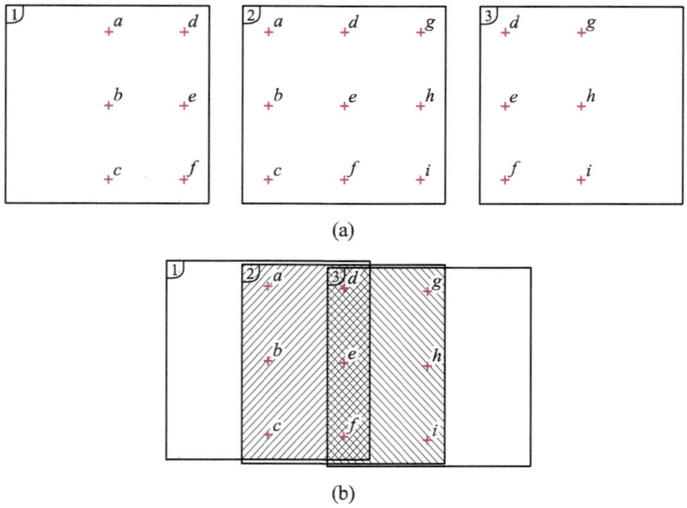

그림 8.2 항공삼각측량을 위한 이상적 pass point의 위치(Wolf & Dewitt, 2000)

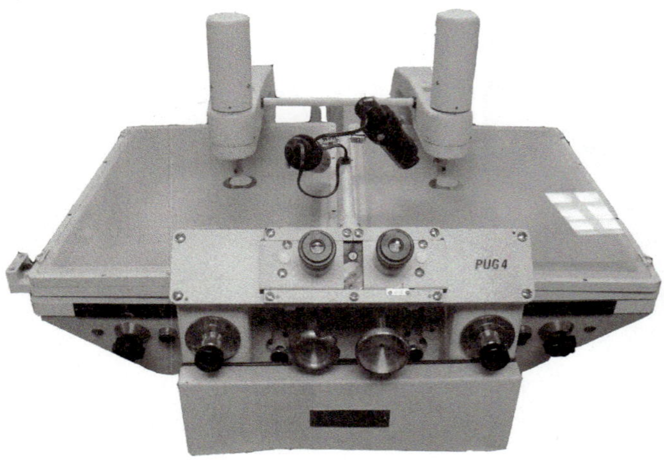

그림 8.3 Wild PUG-4 입체 점이사기(Point transfer instrument)

입체모드인 경우 입체도화기 또는 입체좌표측정기상에 입체시를 통하여 좌표를 측정한다. 입체좌표측정기는 투명양화 입체쌍 상에 동일한 점을 동시에 좌표 측정한다. 이들 장비는 독립된 두 개의 좌표 측정시스템을 가지고 있다. 아날로그 항공삼각측량은 입체도화기 상에서 표정점을 기준으로 표정하는 과정이 대부분이다.

8.2.2 아날로그 표정

아날로그 표정은 도화기 상에서 표정하는 것으로 촬영시의 카메라와 지상좌표계와의 관계를 재현하는 것이다. 촬영 시 카메라의 기하학적 상태를 재현하기 위해서는 촬영위치(X, Y, Z), 경사각(ω, ϕ, κ), 초점거리 f 등이 필요하다. 내부표정 후에는 외부표정(상호, 접합, 절대표정)을 수행한다.

입체쌍을 이루는 두 장의 사진에 대해 촬영당시의 상황을 상상해 보자. 이 두 장의 사진은 각각 촬영위치와 촬영당시 상황으로 X, Y, Z축으로 얼마간 회전되었을 것이다.

두 장의 사진에 대한 상대적인 위치관계를 정하는 것을 표정이라 한다. 지형도 작성을 위해서는 중복지역에 대한 입체시과정에서 시차를 소거하여 촬영당시의 상황을 재현시켜야 한다. 방법에는 도화기상에 두 장의 양화를 장착한 다음 기계적으로 표정하는 방법과 스캐닝한 디지털영상 또는 디지털사진기로 촬영한 디지털영상으로 컴퓨터상에서 해석적으로 표정하는 방법이 있다. 이를 위해서는 촬영점 위치, 카메라 경사, 사진축척 등을 구해야 한다.

사진의 주점, 초점거리, 지표, 렌즈의 왜곡 등을 구하여 정하는 것을 내부표정(Interior orientatio)이라 하며 사진의 경사, 시차소거 등을 상호표정(Realtive orientation)이라 한다. 내부표정에 대해서는 4장에서 다루었으므로 본 절에서는 입체사진의 상호표정에 대해 주로 설명한다.

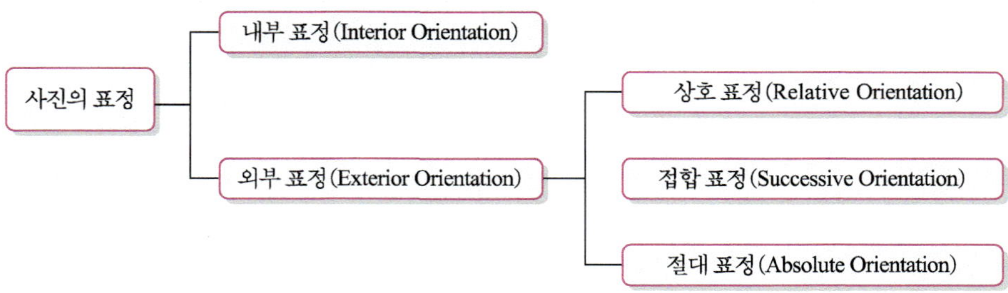

그림 8.4 입체사진의 표정

(1) 단사진 표정

상대적인 사진이 없으므로 편위수정(Rectification)에 의한다. 카메라 경사에 의한 편위(경사와 축척 변화)를 조정하는 것으로 거의 수직사진을 엄밀 수직사진으로 수정하는 것이다. 편위수정의 원리는 촬영시의 경사상태를 최소 3점의 표정점(x, y좌표가 기지인 수평평면 기준점)을 이용하여 재현하는 것이다. 정밀을 요할 경우 4점의 표정점이 필요하며 기복변위는 수정이 불가능하다.

기계적 편위수정의 원리는 그림 8.5에서 III평면에 있는 ABCD를 촬영하여 음화필름(I면)상 abcd로 상이 맺혔다고 하면, 촬영사진기를 편위수정기의 투영사진기로 사용하여 촬영시의 경사상태로 재현시킨다. 이 결과 평면 III에 평행한 평면 II를 얻음으로써 원래의 도형 ABCD에 해당하는 A′B′C′D′로 나타나는 엄밀 수직사진이 됨을 의미한다.

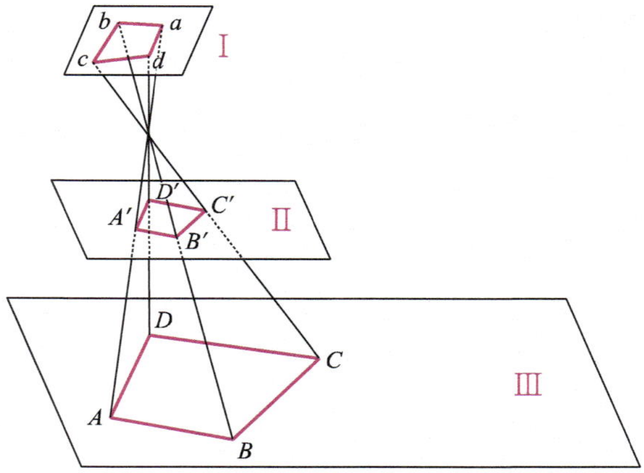

그림 8.5 기계적 편위수정의 원리

(2) 입체사진표정

도화기(Plotter)상에서 표정하는 것을 말한다. 그림 8.6(a)에서와 같이 상호 사진이 불일치하는 x, y방향의 시차를 소거하는 것이나 x방향의 시차는 간단히 소거되므로 상호표정이라 함을 일반적으로 y방향의 종시차를 소거하는 작업을 일컫는다.

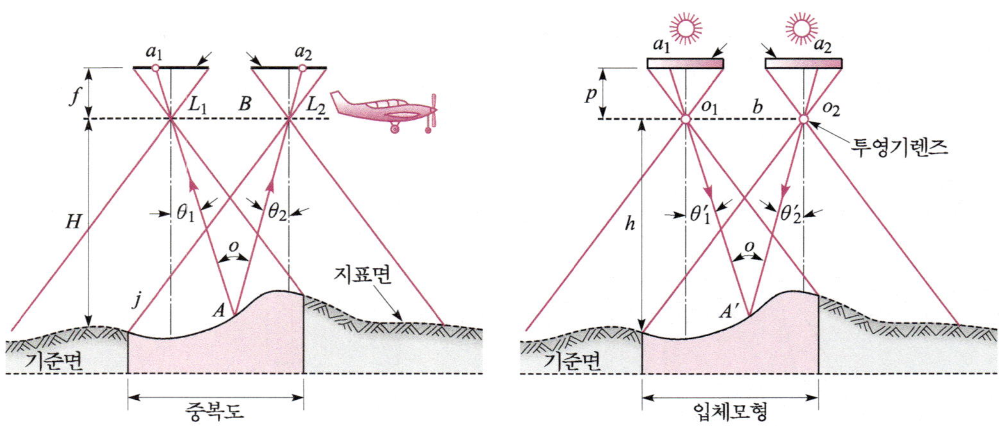

그림 8.6 입체사진촬영과 도화의 기본개념도

8.2.3 내부표정

도화기의 투영기에 촬영당시와 똑같은 형태로 양화필름을 장착시키는 작업이다.

1) 주점의 위치결정
   - 도화기의 유리플래이트에 마크가 있으며 사진의 주점을 맞추는 작업이다.
2) 초점거리(f)의 결정
3) 필름의 신축측정
4) 기계좌표를 사진좌표로 변환 계산
5) 대기굴절, 지구곡률, 렌즈 왜곡 등의 정오차 보정

8.2.4 외부표정

1) 상호표정(Relative orientation)

① **기계적 상호표정**: 상호표정인자(by, bz, ω, ϕ, κ)에 의하여 종시차(Py)를 소거한 입체시를 통해 3차원 가상좌표인 입체모델좌표를 얻는 작업이다.

② **해석적 상호표정**: 좌우의 사진좌표로부터 수치적으로 입체모델좌표를 얻는 작업이다. 그림 8.7에서

Px, Py를 소거해야 광선 일치

Px→ 투영기를 위아래로 조절 소거

Py→ 소거 : 미지인자가 5개이기 때문에 5점이면 가능

보통 대칭적으로 6점 선택 사용(1점은 검사용)

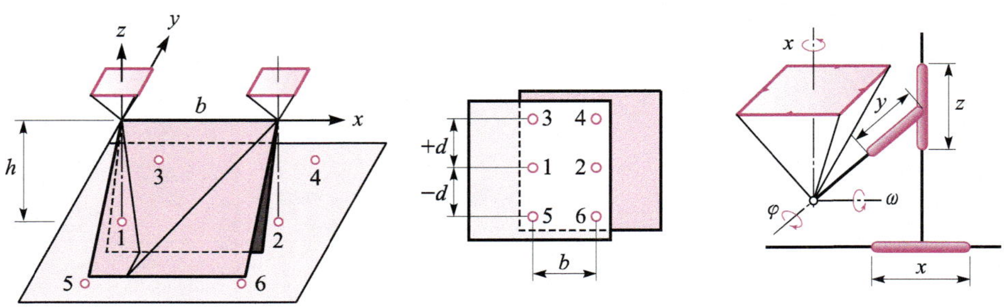

그림 8.7 상호표정을 위해 필요한 요소와 표정점

2) 접합표정

입체모델간, 종접합모델간을 접합시켜 좌표계를 통일하는 작업이다. 기계적, 해석적 방법이 있다.

기계적 접합표정은 만능도화기에 의한 종접합모델좌표계를 구하는 것이다. 이에 반해 해석적 접합표정은 종접합모델좌표계나 종횡접합모델좌표계를 만들기 위한 λ, ω, ϕ, κ, Sx, Sy, Sz 인자의 수치처리를 이용한다.

3) 절대표정

가장좌표를 대상물좌표로 변환하는 작업이다. 기계적 절대표정 방법은 입체도화기상에서 내부, 상호표정을 마친 후 대상물의 좌표값(한 입체모델당 수평위치 기준점 2개, 높이 기준점 3개)을 이용하여 경사와 축적을 조정하여 대지좌표를 얻는다.

해석적 절대표정 방법은 가상좌표를 대상물좌표계로 환산하기 위한 λ, ω, ϕ, κ, Cx, Cy, Cz 인자의 수치적 처리를 이용한다. 대상물공간(또는 지상)의 기준점을 이용하여 대상물의 공간좌표계와 일치시키는 작업 → 2차원, 3차원 가상좌표로부터 절대좌표를 구해 사진상의 상과 대상물공간이 상사관계를 이루게 하는 작업이다.

순서는 ① 축적 결정
② 수준면 결정
③ 위치의 결정

표정인자는 ω, ϕ, κ, X, Y, Z, λ이다.

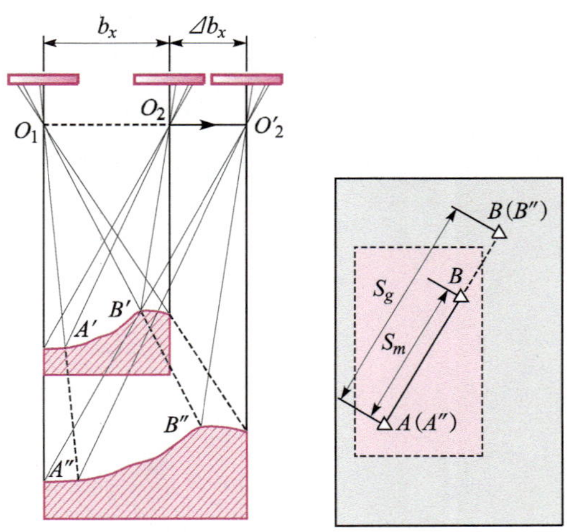

그림 8.8 절대표정

4) 상호표정인자의 운동

상호표정을 위해서는 우선 필요한 인자의 움직임을 파악해야 한다. 표정인자는 회전인자 κ, ϕ, ω와 평행인자 by, bz이다. 표정인자가 5개이므로 최소 5점의 표정점이 필요하나 검사점을 포함하여 일반적으로 6점의 표정점을 상호표정에 이용한다. 그림 8.9는 평행인자와 회전인자의 움직임을 표현한 것이다.

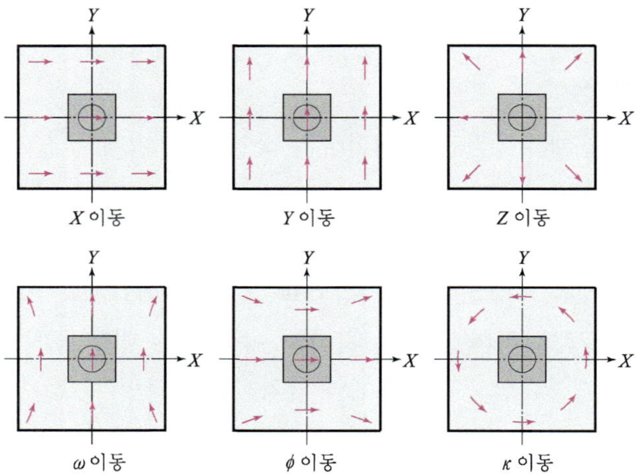

그림 8.9 평행이동인자와 회전인자

여섯 개의 표정인자로 인한 9개의 표정점의 움직임을 그림 8.10에 나타냈다. 이 9개의 표정점을 왼쪽과 오른쪽 도화기에 해당하는 각각 6점의 표정점으로 나눌 수 있으며, 각 도화기에서는 이 6점의 표정점으로 표정을 수행한다.

그림 8.11에서 투영기 중심으로 생각하면 9점의 표정점 중 오른쪽의 6점은 왼쪽 투영기 왼쪽의 6점은 오른쪽 투영기에서 보이는 점이 된다. 그러므로 이를 기준으로 그림 8.10에서 첨자 1은 왼쪽 투영기, 첨자 2는 오른쪽 투영기를 의미한다(예 : κ_1, κ_2).

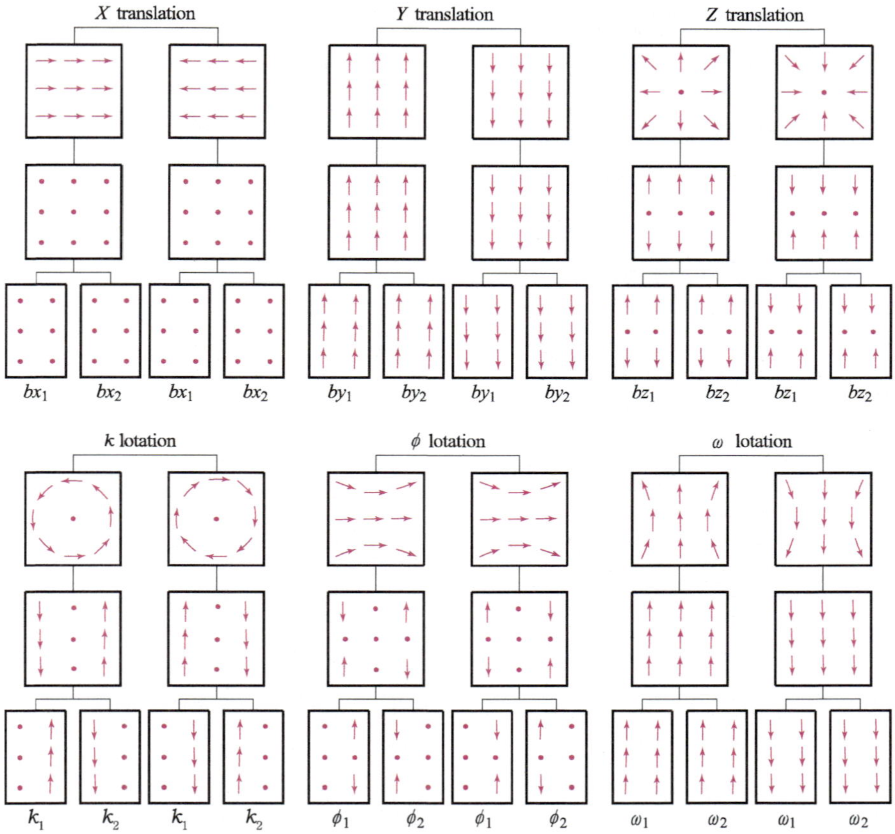

그림 8.10 상호표정 인자의 운동

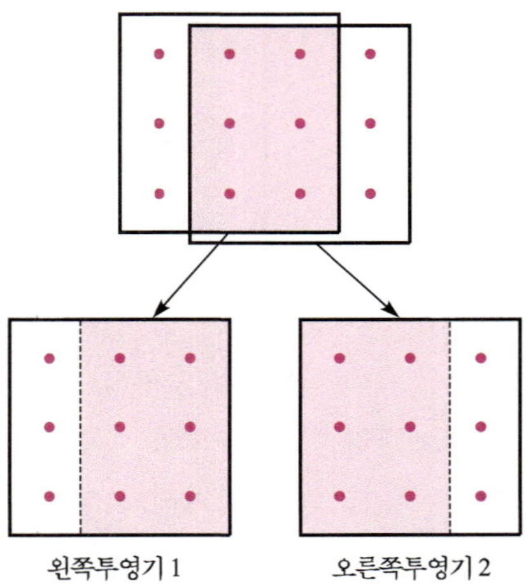

그림 8.11 좌우측 투영기에 대한 표정점

5) 그루버 소거법(Gruber's Method)

입체시할 경우 중복지역의 6개 표정점에 대한 종시차를 3개의 회전인자를 이용하여 소거하는 방법은 그루버 소거법으로 할 수 있다. by, bz는 소거 후에 수행되는 작업이다. ω, ϕ_1, ϕ_2, κ_1, κ_2 요소를 사용한다.

수정단계는 다음과 같다.

1) κ_2로 P_1을 소거
2) κ_1으로 P_2를 소거
3) ϕ_2로 P_3를 소거
4) ϕ_1로 P_4를 소거
5) $\kappa\Delta\omega$만큼 P_5를 과잉수정

위의 4)단계 ϕ로 P_4를 소거한 후 남아있는 P_5, P_6의 종시차를 소거할 표정요소가 없으면 의도적으로 과잉수정을 한 후 1단계부터 다시 작업을 반복한다.

① 과잉수정계수(o.c.f ; over correction factor) k는

$$k = \frac{1}{2}\left(\frac{h^2}{d^2} - 1\right) = \frac{1}{2}\left(\frac{f^2}{y'^2} - 1\right) \tag{8.1}$$

여기서, f : 카메라 초점거리, y'는 밀착사진의 1점과 3점의 거리

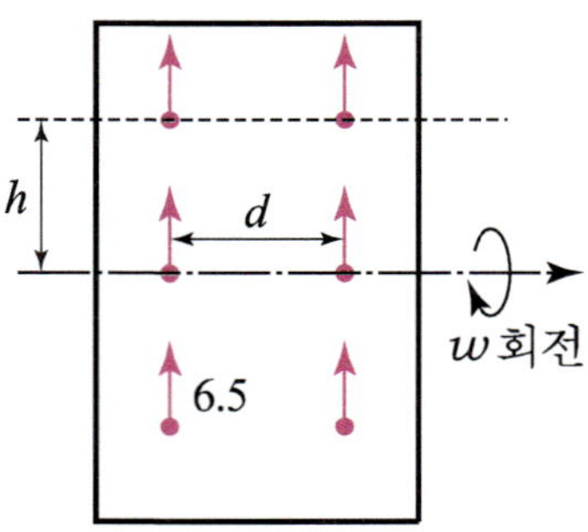

그림 8.12 표정점 간격

② 과잉수정량 계산 = $k\Delta\omega$(P5의 종시차)

③ 총수정량 계산 = 과잉수정량 + $\Delta\omega = \Delta\omega + k\Delta\omega$

④ 표정점 간의 수평거리와 수직거리가 다르므로 움직임에 대한 속도가 다르다. 그러므로 속도율(SR; speed ratio)을 고려해야 한다.

$$\text{속도율} = \frac{h^2}{h^2 + d^2} \tag{8.2}$$

⑤ P_1의 수정량 = 총수령량 × 속도율

⑥ 위의 ①~④를 되풀이한다.

예제 8.1

한 쌍의 항공사진을 투영기에 장치하고 보니 다음의 종시차가 발생했다. 시차를 그루버 소거법으로 소거하라. (단, 표정점 간의 높이와 폭의 비는 3:2)

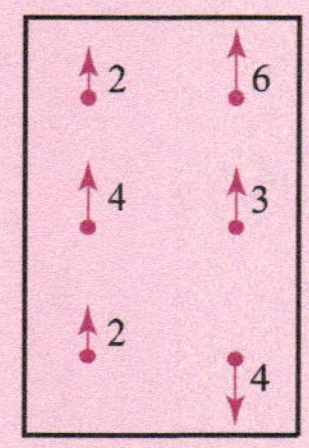

풀이 ▸▸▸

(1) κ_2로 P_1을 소거

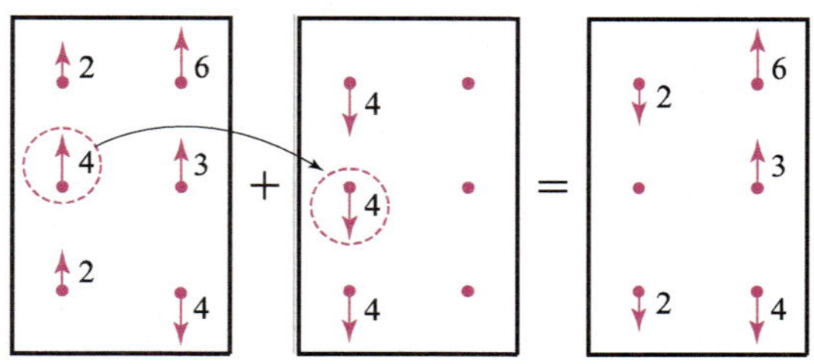

(2) κ_1으로 P_2를 소거

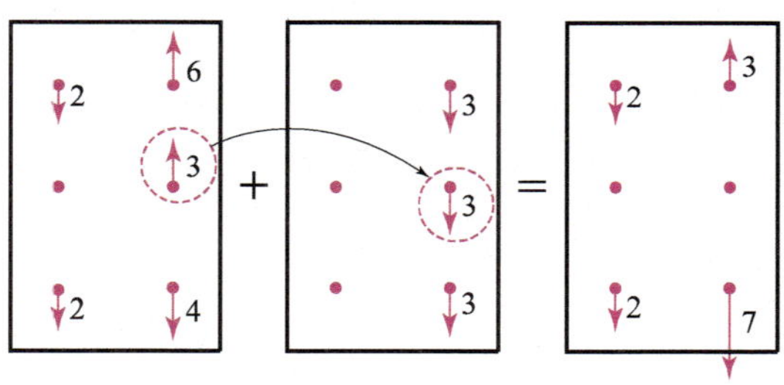

(3) ϕ_2로 P_3를 소거

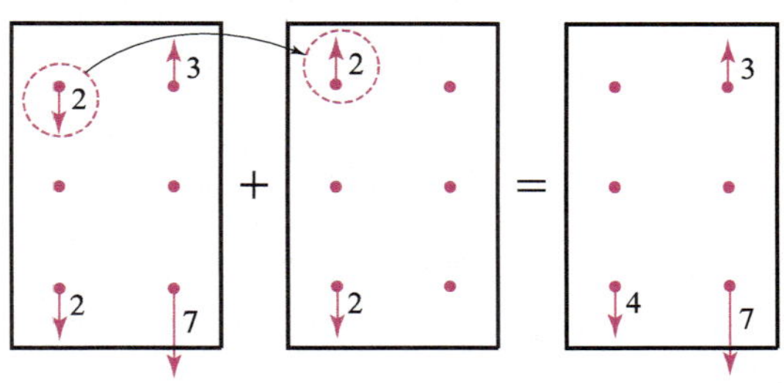

(4) ϕ_1로 P_4를 소거

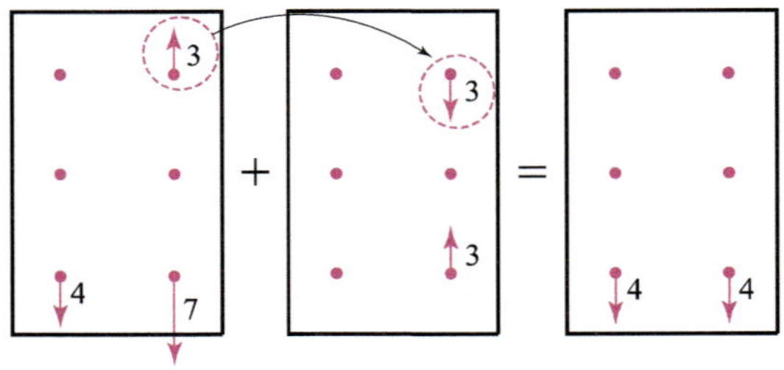

(5) k$\Delta\omega$ 만큼 P_5를 과잉수정

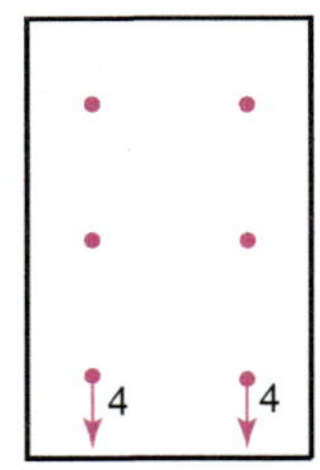

κ_2, κ_1, ϕ_2, ϕ_1 조정 후에 P_5와 P_6에 다음과 같은 종시차가 남았다. 그러나 이에 해당하는 조정인자가 없기 때문에 과잉수정한다.

① 과잉수정계수$=K=\frac{1}{2}(\frac{3^2}{2^2}-1)=\frac{5}{8}$

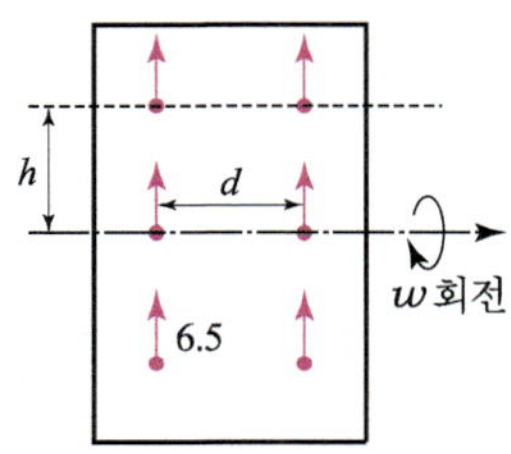

② 과잉수정량$=\frac{5}{8}(-4)=-2.5$

③ 총수정량(P_5)

$=(-2.5-4)=-6.5(\therefore +6.5$해야 $0)$

④ Speed ratio $=\frac{3^2}{3^2+2^2}=\frac{9}{13}$

⑤ P_1의 수정량 $=6.5\times\frac{9}{13}=4.5$

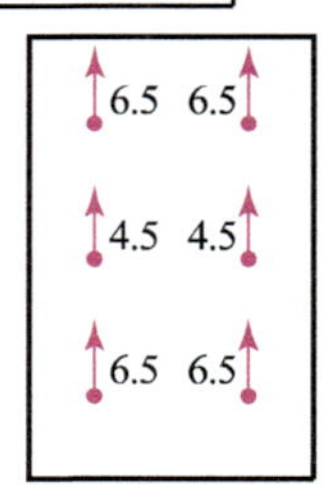

P_3, P_4, P_5, P_6에는 $+6.5$, P_1과 P_2에는 $+4.5$로 과잉수정한다. 과잉수정 후의 각 표정점의 시차는 다음과 같다.

(6) 다시 (1)~(4)의 과정을 반복한다.

(7) (1) κ_2로 P_1을 소거

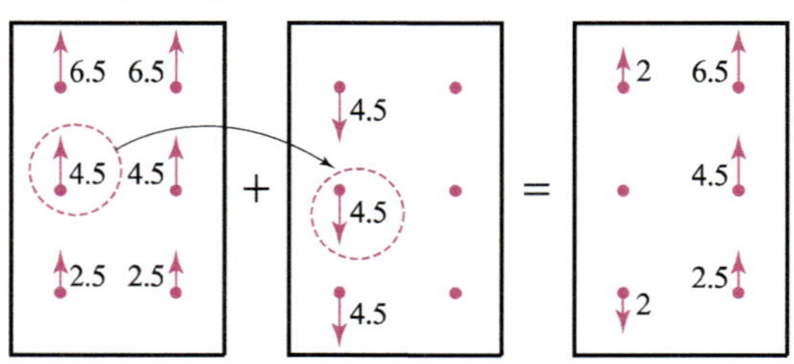

(8) (2) κ_1으로 P_2를 소거

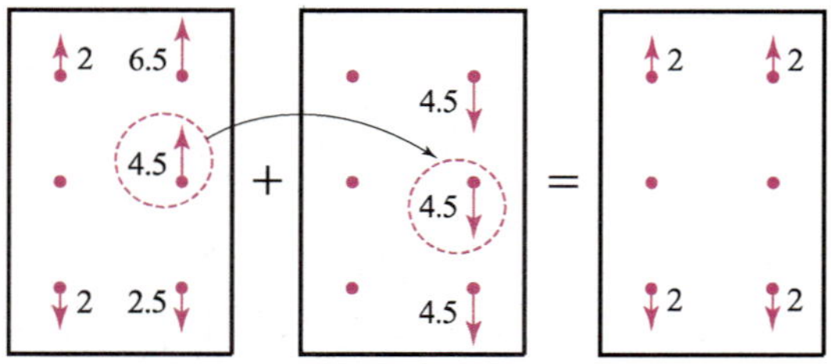

(9) (3) ϕ_2로 P_3를 소거

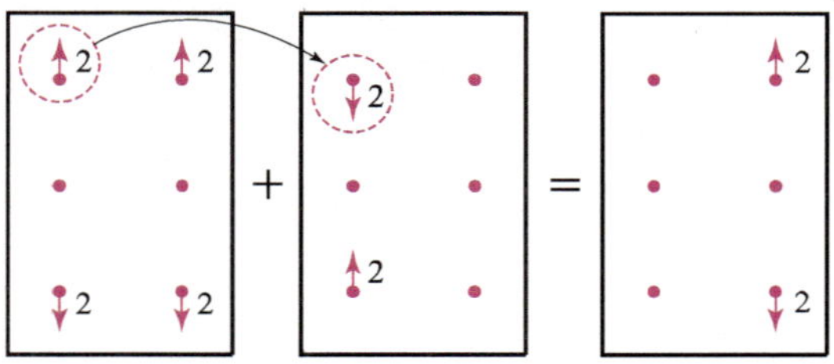

(10) (4) ϕ_1로 P_4를 소거

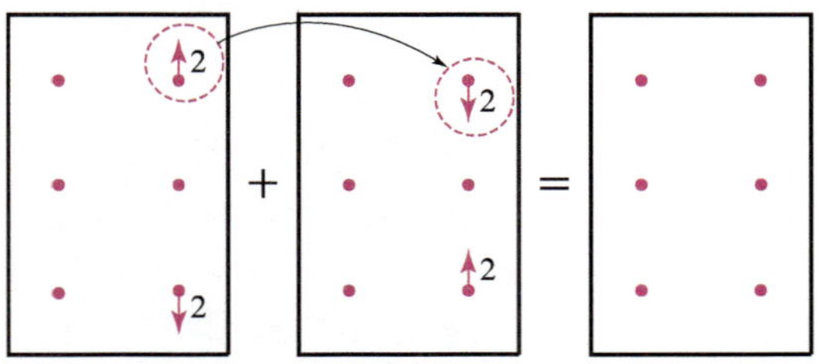

8.3 Semi-Analytical 항공삼각측량

Semi-Analytical 항공삼각측량은 종종 독립모델 항공삼각측량이라고 거론된다. 이 방법은 컴퓨터 발달의 과도기였기 때문에 일부는 아날로그, 일부는 해석적 방법을 이용한다. 이는 스트립 또는 사진블럭의 입체모델에 대한 입체도화기 상에서 수동적인 상호표정을 포함하고 있다. 모델측정 이후에는 지상좌표계에 대해 단계별 또는 동시해법으로 수치적으로 조정(절대표정)된다. 단계별 방법은 인접한 모델을 하나씩 해석적으로 조합하고 일련의 스트립으로 형성한다. 그 다음 지상기준점에 대해 스트립모델을 수치적으로 조정하는 단계를 수행한다. 동시해법의 경우는 스트립 또는 블록 내의 모든 모델이 지상기준계에 대해 조합되고 조정되는 과정이 하나의 과정으로 이루어진다. 단계별 해법이든, 동시해법이든 간에 pass point의 지상좌표를 결과로 얻게 된다.

8.3.1 독립모델로부터 스트립모델의 단계별 구축

그림 8.13 Semi-analytical stereo plotter(Wild A10, https://foto.aalto.fi)

Semi-Analytical 항공삼각측량의 단계별 접근방법에서 스트립의 각 입체모델은 입체도화기 상에서 상대적으로 표정된다. 각 모델의 좌표계는 독립적이다. 상호표정이 끝났을 때 모든 GCP와 pass point에 대한 모델좌표는 측정되고 저장된다. 이는 스트립 내 모든 모델에 대해 수행된다. 그림 8.13은 Semi-Analytical 항공삼각측량을 할 수 있는 도화기이다. 그림 8.14(a), (b)는 스트립 내의 상호 표정된 처음 세 개의 입체 모델과 그들의 독립적인 좌표계를 보여주고 있다. 인접모델의 pass point에 의해 3차원 conformal 변환을 사용한다. 전 단계의 모델에 대해 연속된 모델이 변환되어 접합된다. 변환 시 기하학적 완벽함을 위해 투영중심좌표(Model exposure station)가 각 모델좌표계 내에서 측정되며 변환 시 일반 포인트로 포함된다.

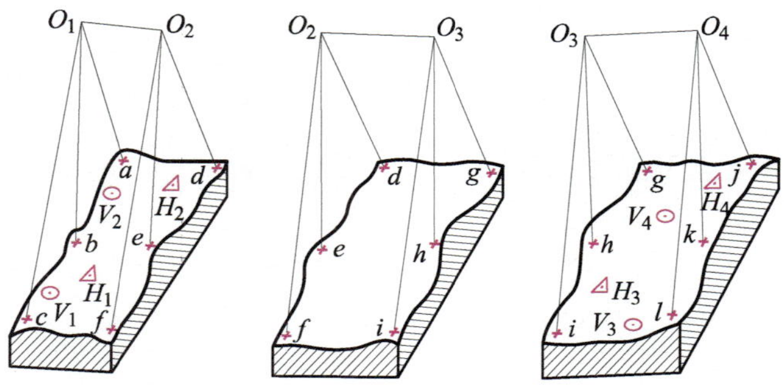

(a) 상호표정된 인접입체모델

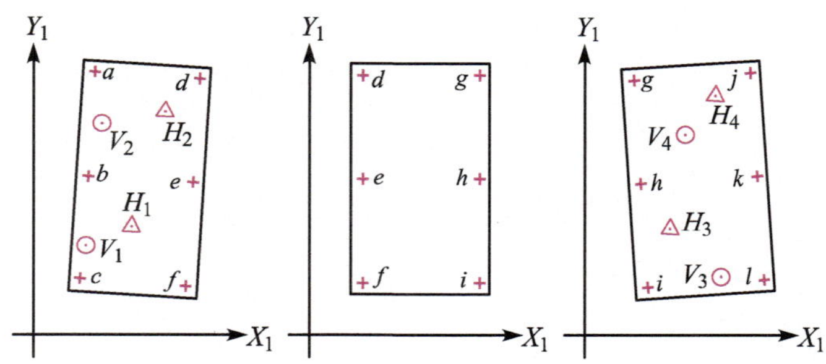

(b) 세 인접입체모델의 임의독립좌표계

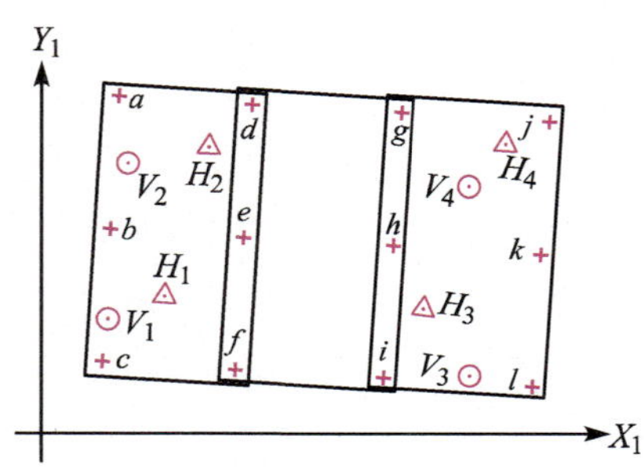

(c) 첫 번째 좌표계를 기준으로 수치적으로 접합된 연속입체스트립

그림 8.14 독립모델 또는 semi-analytical 항공삼각측량(Wolf & Dewitt, 2000)

1-2 모델의 오른쪽 촬영중심 O_2는 2-3 모델의 왼쪽 촬영중심 O_2와 같다. 그러므로 2-3 모델을 1-2로 변환하기 위해서는 모델 2-3의 일반점 d, e, f, O_2점이 이에 해당하는 모델 1-2의 동일점에 일치하도록 해야 한다. 일단 변환요소가 계산되면 2-3 모델의 g, h, i와 O_3에 대해 모델 1-2 좌표계에 해당하는 좌표를 얻기 위해 사용된다. 이들 점들은 모델 3-4를 변환하기 위한 기준점으로 바뀌게 된다. 연속된 좌표변환에 의해 그림 8.14(c)와 같이 연속된 입체모델스트립이 형성되게 되게 된다. 전체 스트립모델은 모델 1-2의 좌표계에 의해 구성된다.

8.3.2 스트립모델의 지상좌표계로의 조정

스트립모델이 형성된 다음에는 모든 이용할 수 있는 GCP를 이용하여 지상좌표계에 대해 수치적으로 조정하게 된다. 스트립이 짧다면 (3~4개 모델 정도) conformal변환을 사용하여 조정해도 된다. 이 방법은 스트립 내에 최소한 2xy, 3z의 GCP가 있어야 한다. 이보다 더 있다면 잉여값에 의한 보다 완벽한 조정이 가능하다. 스트립이 길다면 다항식스트립 조정법이 더 좋다. 그림 8.15(a)는 하나의 촬영 스트립에 7개로 이루어진 인접모델을 보여주고 있다. 여기에서 pass point $a \sim l$ 그리고 촬영점 $O_1 \sim O_4$의 지상좌표를 구하기 위해 수평기준점 $H_1 \sim H_4$, 수직기준점 $V_1 \sim V_4$이 3차원 conformal변환을 위해 쓰인다.

연속스트립 형성의 특성에 기인하여 부정오차가 스트립을 따라 누적되어 발생한다. 종종 이 축적오차는 자체적으로 정오차로 발생하며 비선형으로 오차가 증가한다. 그림 8.14(b)에 나타낸 바와 같이 이 오차는 스트립이 길어질수록 심각하게 발생한다. 그림에서 첫 번째 모델에 지상좌표계로 절대표정하기에 충분한 수의 기준점을 가지고 있다. 그리고 4-5, 7-8모델의 기준점은 스트립을 따라 축적되는 오차를 보기위해 검사점으로 남겨 놓았다. 그림 8.15(b)는 검사점에 대한 모델과 지상좌표계 간의 차이를 플로팅한 것이다. 첫 번째 모델의 지상기준점을 제외하고 실제 지상에서 측량한 값과의 수평위치와 수직위치의 차이가 발생했다. 만약 스트립의 길이방향을 따라 기준점이 충분히 분포되어 있다면 절대표정에 conformal변환대신 3차원 다항식변환을 사용할 수 있으며, 모든 pass point에 대해 올바른 좌표를 얻을 수 있다. 이는 다항식변환은 스트립에 따라 발생한 정오차의 모델링을 통해 높은 정확도를 제공한다. 대부분의 항공삼각측량에 의해 형성되는 스트립 조정을 위해 사용하는 다항식은 식 (8.1)과 같은 3차 다항식이다.

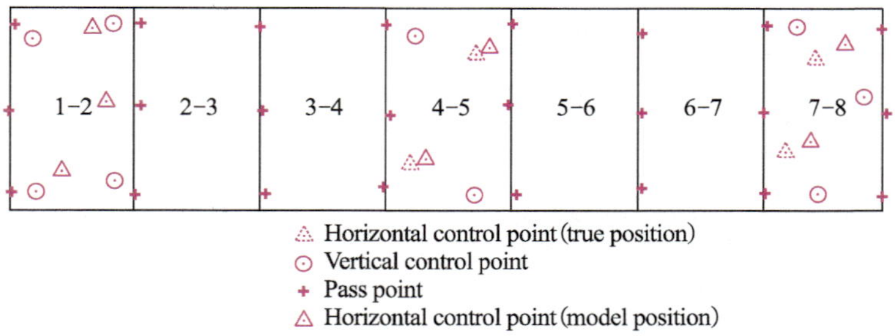

(a) 7 모델 스트립의 기준점 확장 모습

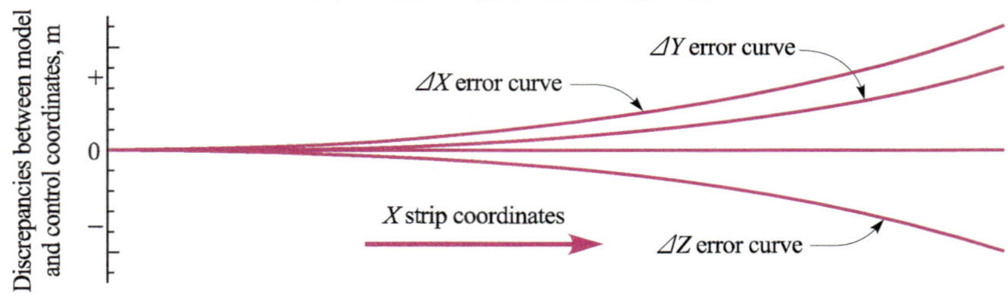

(b) 스트립 기준점 확장과정에서 누적된 X, Y, Z 방향오차

그림 8.15 Semi-analytical 항공삼각측량

$$\overline{X} = a_0 + a_1X + a_2Y + a_3X^2 + a_4XY + a_5Y^2 + a_6X^3 + a_7X^2Y + a_8XY^2 + a_9Y^3$$

$$\overline{Y} = b_0 + b_1X + b_2Y + b_3X^2 + b_4XY + b_5Y^2 + b_6X^3 + b_7X^2Y + b_8XY^2 + b_9Y^3$$

$$\overline{Z} = c_0 + c_1X + c_2Y + c_3X^2 + c_4XY + c_5Y^2 + c_6X^3 + c_7X^2Y + c_8XY^2 + c_9Y^3 \tag{8.1}$$

식 (8.1)에서 $\overline{X}, \overline{Y}, \overline{Z}$는 지상좌표계로 변환된 좌표이며 X, Y는 모델좌표, $a.., b.., c..$는 오차곡선의 모양을 결정하는 인자이다. 이 방정식은 30개 이상의 미지수를 가지고 있다. 각 3차원 기준점은 위와 같이 3개의 다항식을 형성할 수 있으므로 꼭 필요한 기준점은 10점이 필요하다.

8.3.3 동시해법에 의한 독립모델 항공삼각측량

보다 작은 오차로 항공삼각측량을 수행하기 위해서는 독립모델에서 사용하는 연속적 방법보다 동시해법을 사용한다. 이 방법은 스트립 형성과정에서 오차의 축적을 피할 수 있으며, 따라서 다항식에 의한 오차모델도 필요치 않다. 동시 독립모델 항공삼각측량의 기본은 3차원 conformal 변환이다. 변환방정식 식 (5.47)을 약간 수정하여 다음 식으로 표현했다.

$$X = s(m_{11}x + m_{21}y + m_{31}z) + T_X$$
$$Y = s(m_{12}x + m_{22}y + m_{32}z) + T_Y$$
$$Z = s(m_{13}x + m_{23}y + m_{33}z) + T_Z \quad (8.2)$$

동시해법은 매우 많은 미지수 그룹($s, m's, T_X, T_Y, T_Z$)이 있다는 점에 주목해야한다. 그림 8.16은 6개의 연속모델로 형성된 작은 블록을 보여준다. 블록은 6점의 GCP(A~F)와 20점의 pass point를 가지고 있다. 이 블록은 6개의 독립모델이므로 독립모델을 지상좌표계에 대해 변환하기 위해서 각각 7개의 미지수를 고려하면 총 42개의 미지수가 결정되어야 한다. 최소제곱법을 이용하기 위해서는 2세트의 관측방정식이 포함되어야 한다. 첫 번째 관측방정식 세트는 GCP에 대한 것이며, 식 (8.2)에 첨자를 수정한 것이다. 식 (8.3)은 기준점관측방정식에 대한 일반적인 형태이다. 이 방정식은 각 모델 상 기준점마다 형성된다.

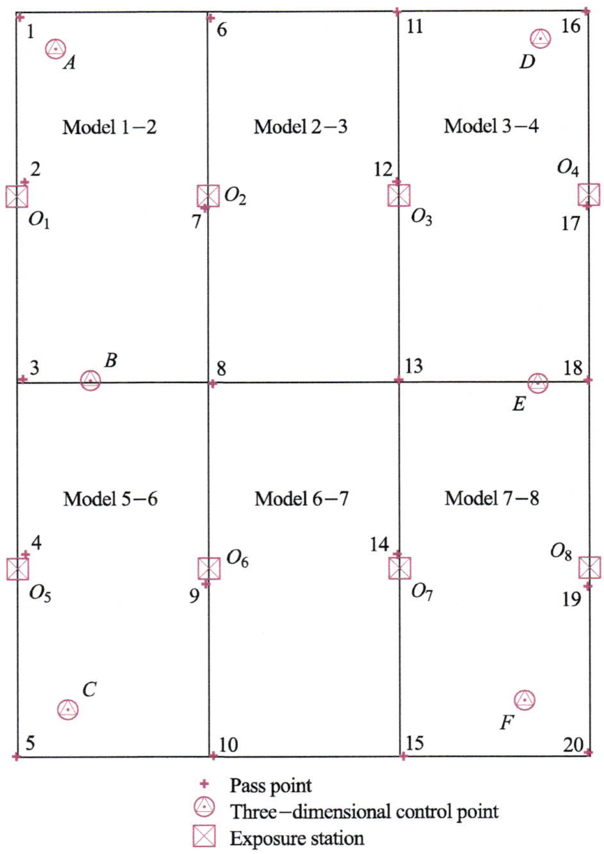

그림 8.16 기준점, pass point, 6개 모델의 촬영점 배치도
(모델블록은 동시독립모델조정 항공삼각측량에 의함)

$$X_a = s_i(m_{11i}x_{ai} + m_{21i}y_{ai} + m_{31i}z_{ai}) + T_{X_i}$$
$$Y_a = s_i(m_{12i}x_{ai} + m_{22i}y_{ai} + m_{32i}z_{ai}) + T_{Y_i}$$
$$Z_a = s_i(m_{13i}x_{ai} + m_{23i}y_{ai} + m_{33i}z_{ai}) + T_{Z_i} \tag{8.3}$$

여기서

$m's$: 모델 i의 지상좌표계에 대한 회전행렬

T_{X_i}, T_{Y_i}, T_{Z_i} : X, Y, Z 좌표계에 대한 평행이동인자

X_a, Y_a, Z_a : a에 대한 지상기준점 좌표

표 8.1 그림 8.16의 모델에 대한 관측된 기준점

Point	Model i	Point	Model i
A	1-2	D	3-4
B	1-2	E	3-4
B	5-6	E	7-8
C	5-6	F	7-8

두 번째 형태의 관측방정식은 인접모델의 일치하는 tie point에 대한 것이다. 여기에서 이용하는 조건은 각 인접한 모델로부터 tie point의 변환좌표의 차이는 0이 되어야 한다는 것이다. 식 (8.4)는 모델 i와 j 사이 a점에 대해 이 조건을 표현한 것이다.

$$s_i(m_{11i}x_{ai} + m_{21i}y_{ai} + m_{31i}z_{ai}) + T_{Xi} - [s_j(m_{11j}x_{aj} + m_{21j}y_{aj} + m_{31j}z_{aj}) + T_{Xj}] = 0$$
$$s_i(m_{12i}x_{ai} + m_{22i}y_{ai} + m_{32i}z_{ai}) + T_{Yi} - [s_j(m_{12j}x_{aj} + m_{22j}y_{aj} + m_{32j}z_{aj}) + T_{Yj}] = 0$$
$$s_i(m_{13i}x_{ai} + m_{23i}y_{ai} + m_{33i}z_{ai}) + T_{Zi} - [s_j(m_{13j}x_{aj} + m_{23j}y_{aj} + m_{33j}z_{aj}) + T_{Zj}] = 0 \tag{8.4}$$

이 방정식에서 모든 항목은 식 (8.3)과 같고 단지 인접모델 j에 대한 첨자가 새로 추가되었다. 이 방정식 세트는 인접모델 사이의 tie point마다 만들어지게 된다. 표 8.2는 그림 8.16에서 보인 모델 사이의 tie point의 모든 유일한 조합을 보인 것이다. 이 표에서 보인 것처럼 인접모델 사이에서 tie point에 대해 총 28개의 유일한 조합을 보인다(여기에는 촬영점, 기준점 B,E도 tie point의 역할을 하므로 포함된다). 6번 tie point는 오로지 단지 두 개의 모델에만 해당하는 것이며, 식 (8.4)와 같은 방정식 한 세트만이 형성된다는 점을 주목하자. 반면에 8번 tie point는 6세트의 방정식을 형성한다.

표 8.2에 등재된 총 28점의 tie point는 3개의 방정식씩 총 84개의 방정식이 만들

어진다. 표 8.1에서 보인 8개의 기준점도 3개씩 24개의 방정식이 만들어지며, 따라서 총 108개의 방정식이 형성된다. 여기서 42개의 변환미지수만이 존재하므로 최소제곱법을 이용할 수 있다. 변환인자가 계산되면 pass point 1~20번의 좌표는 식 (8.2)에 의해 구해진다. Tie point의 역할(즉, 인접모델에도 나타나는)을 하는 pass point의 지상좌표는 하나 이상의 모델로부터 계산되어진다. 예를 들어, 그림 8.16의 6점의 지상좌표는 모델 1-2의 좌표와 인자를 이용하여 계산할 수 있다. 역시 2-3 모델의 좌표와 인자를 이용해서도 계산할 수 있다. 이 경우 각 모델의 지상좌표를 계산하는 것을 권장한다. 그리고 마지막 pass point의 좌표를 얻고 평균하는 것이다.

표 8.2 Tie point의 모델좌표에 기초한 그림 8.16의 모델 간 연결상태

Point	Model i	Model j	Point	Model i	Model j	Point	Model i	Model j
3	1-2	5-6	10	5-6	6-7	15	6-7	7-8
6	1-2	2-3	11	2-3	3-4	18	3-4	7-8
7	1-2	2-3	12	2-3	3-4	B	1-2	5-6
8	1-2	2-3	13	2-3	3-4	E	3-4	7-8
8	1-2	5-6	13	8-3	6-7	O_2	1-2	2-3
8	1-2	6-7	13	2-3	7-8	O_3	2-3	3-4
8	2-3	5-6	13	3-4	6-7	O_6	5-6	6-7
8	2-3	6-7	13	3-4	7-8	O_7	6-7	7-8
8	5-6	6-7	13	6-7	7-8			
9	5-6	6-7	14	6-7	7-8			

8.4 해석적 항공삼각측량(Analytical aerotriangulation)

해석적 항공삼각측량의 가장 주된 접근은 아날로그 또는 semi-analytical 방법의 동일한 과정으로 이루어져 있다.

1) 각 입체모델의 상호표정
2) 연속스트립 또는 블록형성을 위한 인접모델의 접합
3) 스트립 또는 블록을 지상기준계에 사진을 동시 조정하는 것

해석적 방법의 다른 점은 기준점과 pass point의 사진좌표를 정밀하게 측정하는 것에 대한 것이다. 그러면 상호표정은 측정된 좌표와 사진기의 인자들을 기초로 해석적으로 수행한다. 마지막으로 전체 블록이 지상기준계에 대해 동시 조정된다.

해석적 항공삼각측량은 아날로그나 semi-analytical 방법에 비해 렌즈왜곡, 대기굴절, 필름신축과 같은 정오차를 효율적으로 제거할 수 있으므로 더 정확하다. 사실, pass point의 X, Y좌표의 정확도는 비행고도의 1/15,000 내에 존재해야하며, Z좌표는 비행고도의 1/10,000 이내에 있어야 한다. 특수장비와 처리과정을 이용하면 수평정확도 1/350,000과 수직정확도 1/180,000까지 얻을 수 있다. 해석적 방법의 또 다른 장점은 입체도화기에서의 기계적, 광학적 제한으로부터 자유롭다는 것이다. 어떠한 초점거리, 촬영고도, 경사 등에 구애를 받지 않고 수행할 수 있다. 계산은 다소 복잡하다. 그러나 많은 컴퓨터 소프트웨어가 있기 때문에 별 문제가 없다. 해석적 항공삼각측량에서 몇몇 다른 점이 포함되어 있지만 모든 방법은 각 사진의 미지 외부표정요소(카메라인자, 측정된 사진좌표, GCP좌표)를 표현하는 조건방정식을 형성하는 것으로 구성되어 있다. 방정식에서 미지표정인자가 계산되고 pass point의 좌표가 단계별 또는 동시적으로 계산된다. 가장 일반적인 조건방정식은 5.4절에서 유도한 공선조건식을 사용한다. 해석적인 과정은 수백 장의 사진으로 이루어진 단위를 공선조건으로 동시 해석하는 것에 대해 개발해 왔다.

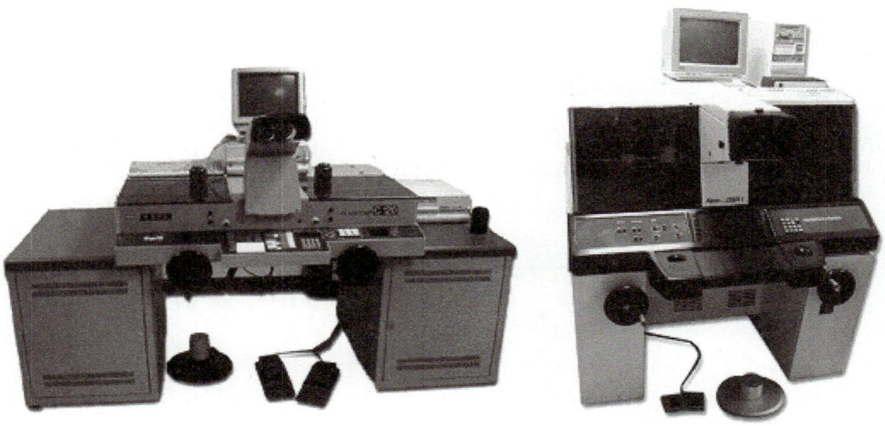

a) Zeiss C120 b) Kern DSR11

그림 8.17 해석도화기

8.4.1 동시번들조정(Simultaneous BUNDLE Adjustment)

모든 사진으로부터 기준점과 pass point에 대한 많은 광선들이 동시에 조정됨으로써 일치하는 점들이 지상에 교차된다. 과정은 앞 절에서 설명한 해석적사진측량의 이론을 확장함으로써 많은 수의 중복된 사진에 적용할 수 있다.

그림 8.18은 스트립 당 4장의 사진이 2개의 스트립으로 이루어져 있다. 사진블록은 20점의 pass point(1~20)와 6개의 기준점($A \sim F$) 총 26개의 대상점을 포함하고 있다. 3, 8, 13, 18, B, E는 인접한 두 개의 스트립을 연결하는 tie point역할도 하고 있다. 그림 8.18(b)는 중복시키지 않은 각각의 사진 상에서의 대상점들을 보여주고 있다. 사진 1, 4, 5, 8은 사진 상에 8점을 포함하고 있고 사진 2, 3, 6, 7은 사진 상에 11점을 포함하고 있어 총 $4 \times 8 + 4 \times 11 = 76$개의 대상점이 있다.

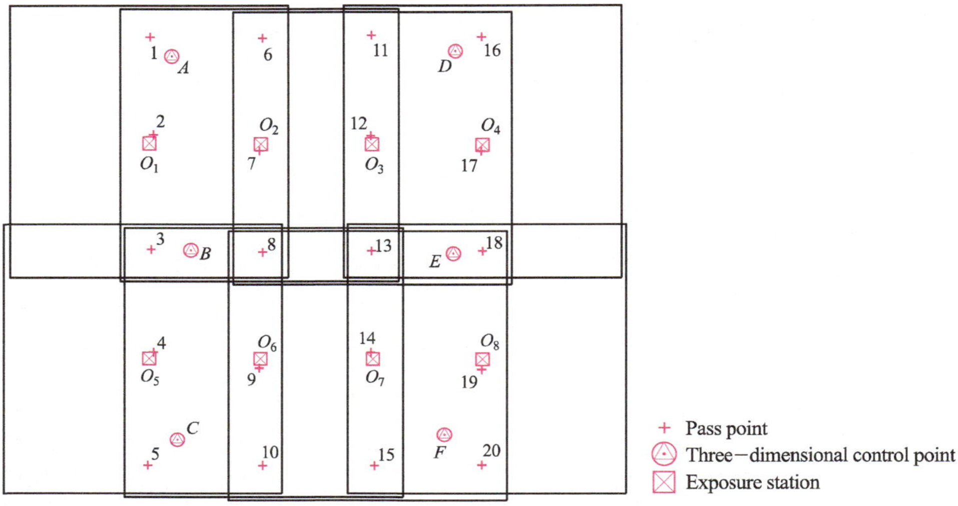

(a) 중복사진블록

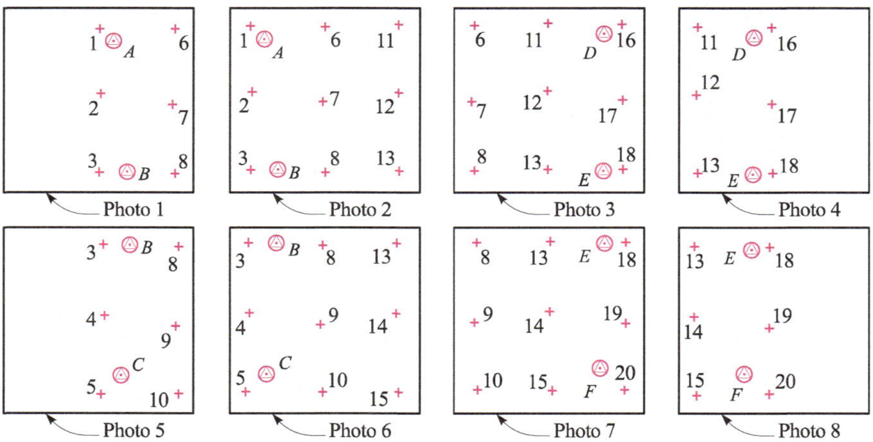

(b) 분리된 사진상의 영상점

그림 8.18 동시조정 항공삼각측량을 위한 상점

다음과 같은 미지량들은 번들조정에 의해 얻어진다.

1) 모든 대상점에 대한 지상좌표계값 X, Y, Z,

2) 모든 사진에 대한 외부표정요소 ω, ϕ, κ, X_L, Y_L, Z_L

미지값의 첫 번째 그룹은 미지값들은 어떤 항공삼각측량이건 필요한 값이다. 그러나 외부표정인자들은 일반적으로 사진측량엔지니어들에게 관심이 있을 뿐만 아니라 수학적모델 내에도 포함되어야 한다. 그림 8.18(a)에서 미지대상점좌표는 26×3=78개이다. 미지표정인자 수는 8×6=48이므로, 미지수의 총수는 78+48=126개이다.

번들조정에 관련된 측정값은

1) 영상 상 대상점에 대한 사진좌표

2) GCP의 지상좌표

3) 직접 측정한 사진의 외부표정인자들이다.

1)번 측정값은 좌표측정기 또는 해석도화기상에서 측정되는 사진측량학적으로 가장 기본적인 값이다. 적절한 번들조정을 위해 측정된 값에 대한 정확도와 정밀도에 따른 경중률도 필요하다. 2)번 측정값은 현장측량을 통해서 얻는다. 마지막 3)번 측정값은 최근에 GPS와 INS(Innertial Navigation System)를 사용한 Airborne GPS기준점 측량방법으로 구할 수 있다.

그림 8.18의 블록으로 돌아가서 사진좌표측정 수는 76×2=152(영상점 수×측점당 사진좌표개수)그리고 지상기준점측량 개수는 6×3=18(3차원 기준점의 개수×측점 당 좌표 개수)이다. 만약 외부표정요소가 측정되었다면 추가적인 측정값 개수는 8×6=48(사진매수×사진 당 외부표정요소 수)이 된다. 그러므로 만약 3가지 타입의 측정값이 포함된다면 총 152+18+48=218=170 관측값이 될 것이다. 외부표정요소가 관측되었건 되지 않았건 간에 미지수 126개보다 훨씬 더 많기 때문에 최소제곱법을 사용할 수 있다. 번들조정을 위한 기본 관측방정식은 공선조건식을 사용한다(식 5.59, 식 5.60). 이들 방정식은 약간 수정되어 다음 식과 같이 된다.

$$x_{ij} = x_o - f\left[\frac{m_{11i}(X_j - X_{Li}) + m_{12i}(Y_j - Y_{Li}) + m_{13i}(Z_j - Z_{Li})}{m_{31i}(X_j - X_{Li}) + m_{32i}(Y_j - Y_{Li}) + m_{33i}(Z_j - Z_{Li})}\right] \tag{8.5}$$

$$y_{ij} = y_o - f\left[\frac{m_{21i}(X_j - X_{Li}) + m_{22i}(Y_j - Y_{Li}) + m_{23i}(Z_j - Z_{Li})}{m_{31i}(X_j - X_{Li}) + m_{32i}(Y_j - Y_{Li}) + m_{33i}(Z_j - Z_{Li})}\right] \tag{8.6}$$

여기에서

x_{ij}, y_{ij} : photo i상의 상점 j에 대한 사진좌표

x_o, y_o : 사진좌표계 내에서의 주점의 좌표

f : 초점거리(더욱 정확히 얘기해서 주점거리)

m_{11_i}, m_{12_i}, $\cdots$, m_{33_i} : photo i의 회전행렬

X_j, Y_j, Z_j : 대상좌표계 내에서의 j점 좌표

X_L, Y_L, Z_L : 대상좌표계에서의 카메라렌즈의 incident nodal point의 좌표

공선조건식은 비선형이므로 초기 근사값에서 Taylor시리즈의 1차항으로 선형화한다.

8.4.2 번들조정의 초기 근사값

8.4.1절에서 번들조정에 포함된 방정식을 설명했다. 비선형이므로 테일러급수전개가 선형화하는데 사용된다. 그러므로 미지수의 해결을 위해 초기 근사값이 필요하다. 해법이 적절히 수렴하기 위해서는 초기 근사값이 실제값과 적절히 근접해야 한다. 몇몇 방법이 초기 근사값을 얻는데 사용되지만 시작 스트립조정은 가장 일반적으로 사용된다.

외부표정인자의 초기 근사값은 만약 조정이 3차원 conformal변환을 이용하여 수행되었다면 스트립조정으로부터 직접 얻을 수 있다. 그 경우, 투영중심들이 인접한 모델에 포함되어 있고 연결되므로 중심점들의 지상좌표는 마지막으로 지상좌표계에 대해 조정한 후에 사용할 수 있을 것이다. 수직사진이라고 가정할 경우 ω, ϕ에 대한 초기값은 0으로 가정할 수 있으며, κ는 최종 지상좌표계로 3차원 conformal좌표변환으로부터 직접 구할 수 있다. 만약에 다항식 스트립조정이 수행되었다면 투영중심은 조정에 포함되지 않는다. 이 경우 다항식조정이 끝나면 각 사진의 space resection결과를 얻을 수 있다. 이 계산의 경우 다항식조정에서 pass point에 대한 지상좌표를 얻을 수 있고, 이 점들은 기준점으로 사용된다.

8.4.3 공간후방교회(Space resection)

공간후방교회는 사진의 6개의 외부표정요소를 구하는 것이다. 해석적 항공삼각측량 작업내용 중 외부표정이 중요한 부분이므로 설명하도록 한다. 후방교회를 위해서는 사진 상에 나타난 대상물 공간상의 좌표를 알고 있는 3점의 기준점이 필요하다. 만약 GCP의 좌표를 안다고 가정하고 고정시킨다면 A점에 대한 후방교회공선조건의 선형화된 방정식은 식 (8.7), 식 (8.8)과 같다. Talyor정리에 의해 선형화하

고 고차항은 생략했기 때문에 선형화된 식은 근사식이며, 그러므로 보정량이 무시할 정도로 미소해질 때까지 반복계산에 의해 해를 구해야 한다.

$$b_{11}d\omega + b_{12}d\phi + b_{13}d\kappa - b_{14}dX_L - b_{15}dY_L - b_{16}dZ_L = J + v_{xa} \tag{8.7}$$

$$b_{21}d\omega + b_{22}d\phi + b_{23}d\kappa - b_{24}dX_L - b_{25}dY_L - b_{26}dZ_L = K + v_{ya} \tag{8.8}$$

위 식에서

v_{x_a}, v_{y_a} : 영상좌표 측정잔차

x_a, y_a : 영상좌표

$d\omega$, $d\phi$, $d\kappa$: 사진의 표정각의 반복계산 보정량

dX_L, dY_L, dZ_L : 지상점 A의 지상좌표의 반복계산 보정량

$b_{11} \sim b_{16}$, $b_{21} \sim b_{26}$: 식 (5.67)

J, K : 식 (5.67)

해법을 위해서는 기준점 1점당 2개의 방정식을 형성하므로 3개의 기준점×2개 방정식=6개의 방정식이 필요하며, 이러한 유일해법의 경우 오른쪽 변의 영상좌표잔차가 0이 될 것이다.

공선조건식을 선형화했으므로 초기 근사값이 필요한데 수직사진으로 가정한다면 ω, ϕ는 0으로 가정하고 촬영고도 Z_L은 다음과 같은 방법(화면상 대상물의 크기로부터)으로 결정한다. 그림 8.19에서

$$\frac{1}{m} = \frac{oa'}{A_oA'} \tag{8.9}$$

$$\frac{1}{m} = \frac{f}{H}, \quad \therefore H = m \times f \tag{8.10}$$

$$\frac{oa'}{A_oA'} = \frac{f}{H - h_A} = \frac{x_a}{X_A}$$

$$X_A = x_a\left(\frac{H - h_A}{f}\right) \tag{8.11}$$

$$\frac{oa''}{A_oA''} = \frac{f}{H - h_A} = \frac{y_a}{Y_A}$$

$$Y_A = y_a\left(\frac{H - h_A}{f}\right) \tag{8.12}$$

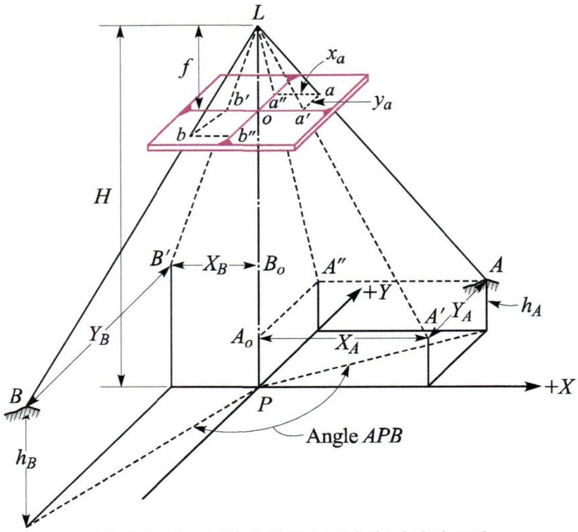

그림 8.19 수직사진으로부터의 지상좌표계

예제 8.2

초점거리 152.916mm로 촬영한 거의 수직항공사진에 4점의 지상기준점 $A \sim D$가 촬영돼 있다. 4점의 기준점에 대한 사진좌표를 측정하였으며 현장측량을 통하여 지상좌표도 측량하였다. 이 사진의 6가지 외부표정인자를 구하라.(Wolf, 2000, Elements of photogrammetry)

Point	Photo coordinates		Ground control coordinates		
	x, mm	y, mm	X, m	Y, m	Z, m
A	86.421	-83.977	1268.102	1455.027	22.606
B	-100.916	92.582	732.181	545.344	22.299
C	-98.322	-89.161	1454.553	731.666	22.649
D	78.812	98.123	545.245	1268.232	22.336

풀이 ▸ ▸ ▸

1. 초기 근사값을 정한다.

a. $\omega = 0°, \phi = 0°$

b. 촬영고도

$$\frac{1}{m} = \frac{ab}{AB} = \frac{\left(\sqrt{(-100.916-86.421)^2+(92.582+83.977)^2}\right)\times 10^{-3}}{\sqrt{(732.181-1268.102)^2+(545.344-1455.027)^2}} = \frac{1}{4101.408}$$

$$\frac{1}{m} = \frac{f}{H}, \quad \therefore H = m \times f = 4101.408 \times 0.152916 = 627.1709\text{m}$$

c. 수직사진이라고 가정하고 식 (8.11), 식 (8.12)를 이용하여 기준점 $A \sim D$에 대한 지상좌표계산

$$X_A = x_a\left(\frac{H-h_A}{f}\right) = 86.421\left(\frac{649.6-22.606}{152.916}\right) = 354.356$$

$$Y_A = y_a\left(\frac{H-h_A}{f}\right) = -83.977\left(\frac{649.6-22.606}{152.916}\right) = -344.334$$

$B \sim D$도 마찬가지로 계산

Point	Ground coordinates fron verical photo	
	X, m	Y, m
A	354.356	-344.334
B	-413.993	379.804
C	-403.126	-365.565
D	323.295	402.511

d. 계산된 결과와 지상기준점 좌표간의 2차원 conformal 변환계수를 구한다. 이때 최소제곱법을 이용한다. 결과는 다음과 같다.

$$a = -0.22189$$
$$b = 0.97432$$
$$T_X = 1009.923 = X_L$$
$$T_Y = 1038.056 = Y_L$$
$$\kappa = \theta = \tan^{-1}\left(\frac{-0.22189}{0.97432}\right) = 102.83^\circ$$

2. 식 (5.43)으로부터 회전행렬요소는

$$M = \begin{bmatrix} -0.22205 & 0.97504 & 0.00000 \\ -0.97504 & -0.22205 & 0.00000 \\ 0.00000 & 0.00000 & 1.00000 \end{bmatrix}$$

3. 선형화된 관측방정식 식 (8.7), 식 (8.8)을 형성한다. 한 쌍의 방정식은 각각의 기준점에 대해 만들어진다. 그러므로 총 8개의 방정식이 만들어진다. 행렬형태로 다음과 같다.

$$B\Delta = \varepsilon + V$$

여기에서 각 요소는 다음과 같다.

$$B = \begin{bmatrix} b_{11a} & b_{12a} & b_{13a} & -b_{14a} & -b_{15a} & -b_{16a} \\ b_{21a} & b_{22a} & b_{23a} & -b_{24a} & -b_{25a} & -b_{26a} \\ b_{11b} & b_{12b} & b_{13b} & -b_{14b} & -b_{15b} & -b_{16b} \\ b_{21b} & b_{22b} & b_{23b} & -b_{24b} & -b_{25b} & -b_{26b} \\ b_{11c} & b_{12c} & b_{13c} & -b_{14c} & -b_{15c} & -b_{16c} \\ b_{21c} & b_{22c} & b_{23c} & -b_{24c} & -b_{25c} & -b_{26c} \\ b_{11d} & b_{12d} & b_{13d} & -b_{14d} & -b_{15d} & -b_{16d} \\ b_{21d} & b_{22d} & b_{23d} & -b_{24d} & -b_{25d} & -b_{26d} \end{bmatrix} \Delta = \begin{bmatrix} d\omega \\ d\phi \\ d\kappa \\ dX_L \\ dY_L \\ dZ_L \end{bmatrix} \varepsilon = \begin{bmatrix} J_a \\ K_a \\ J_b \\ K_b \\ J_c \\ K_c \\ J_d \\ K_d \end{bmatrix} V = \begin{bmatrix} V_{xa} \\ V_{ya} \\ V_{xb} \\ V_{yb} \\ V_{xc} \\ V_{yc} \\ V_{xd} \\ V_{ya} \end{bmatrix}$$

선형화된 공선조건 방정식 식 (5.60), 식 (5.61)에서의 계수를 구하면, 예를 들어

A점에 대한 r, s, q를 구해보면

$$\begin{aligned} r &= m_{11}(X_A - X_L) + m_{12}(Y_A - Y_L) + m_{13}(Z_A - Z_L) \\ &= -0.22205(1268.102 - 1009.923) + 0.97504(1455.027 - 1038.056) \\ &\quad + 0(22.606 - 649.614) = 349.233 \end{aligned}$$

$$\begin{aligned} s &= m_{21}(X_A - X_L) + m_{22}(Y_A - Y_L) + m_{23}(Z_A - Z_L) \\ &= -0.97504(1268.102 - 1009.923) - 0.22205(1455.027 - 1038.056) \\ &\quad + 0(22.606 - 649.614) = -344.322 \end{aligned}$$

$$\begin{aligned} q &= m_{31}(X_A - X_L) + m_{32}(Y_A - Y_L) + m_{33}(Z_A - Z_L) \\ &= 0(1268.102 - 1009.923) + 0(1455.027 - 1038.056) \\ &\quad + 1(22.606 - 649.614) = -627.008 \end{aligned}$$

A점에 대한 선형화된 공선조건식 계수를 계산하면

$$\begin{aligned} b_{11} &= \frac{f}{q^2}[r(-m_{33}\Delta Y + m_{32}\Delta Z) - q(-m_{13}\Delta Y + m_{12}\Delta Z)] \\ &= \frac{152.916}{(-627.008)^2}\{349.233[-1(1455.027 - 1038.056) \\ &\quad + 0(22.606 - 649.614)] + 627.008[-0(1455.027 - 1038.056) \\ &\quad + 0.97504(22.606 - 649.614)]\} \\ &= -205.739 \end{aligned}$$

$$\begin{aligned} b_{12} &= \frac{f}{q^2}[r(\cos\phi\Delta X + \sin\omega\sin\phi\Delta Y - \cos\omega\sin\phi\Delta Z) \\ &\quad - q(-\sin\phi\cos\kappa\Delta X + \sin\omega\cos\phi\cos\kappa\Delta Y \\ &\quad - \cos\omega\cos\phi\cos\kappa\Delta Z)] \\ &= \frac{152.916}{(-627.008)^2}\{349.233[\cos(0)(1268.102 - 1009.923) \\ &\quad + \sin(0)\sin(0)(1455.027 - 1038.056) \\ &\quad - \cos(0)\sin(0)(22.606 - 649.614) \\ &\quad + 627.008[-\sin(0)\cos(102.83°)(1268.102 - 1009.923) \\ &\quad + \sin(0)\cos(0)\cos(102.83°)(1455.027 - 1038.056) \\ &\quad - \cos(0)\cos(0)\cos(102.83°)(22.606 - 649.614)] = 1.116 \end{aligned}$$

$$\begin{aligned} b_{13} &= \frac{-f}{q}(m_{21}\Delta X + m_{22}\Delta Y + m_{23}\Delta Z) \\ &= \frac{-152.916}{(-627.008)^2}[-0.97504(1268.102 - 1009.923) \\ &\quad - 0.22205(1455.027 - 1038.056) + 0(22.606 - 649.614)] \\ &= -83.974 \end{aligned}$$

$$\begin{aligned} b_{14} &= \frac{f}{q^2}(rm_{31} - qm_{11}) \\ &= \frac{152.916}{(-627.008)^2}[349.233(0) + 627.008(-0.22205)] \\ &= -0.05415 \end{aligned}$$

$$\begin{aligned} b_{15} &= \frac{f}{q^2}(rm_{32} - qm_{12}) \\ &= \frac{152.916}{(-627.008)^2}[349.233(0) + 627.008(0.97504)] \\ &= 0.23779 \end{aligned}$$

$$b_{16} = \frac{f}{q^2}(rm_{33} - qm_{13}) = \frac{152.916}{(-627.008)^2}[349.233(1) + 627.008(0)]$$
$$= 0.13584$$

$$b_{21} = \frac{f}{q^2}[r(-m_{33}\Delta Y + m_{32}\Delta Z) - q(-m_{23}\Delta Y + m_{22}\Delta Z)]$$
$$= \frac{152.916}{(-627.008)^2}\{-344.322[-1(1455.027 - 1038.056)$$
$$+ 0(22.606 - 649.614)] + 627.008[-0(1455.027 - 1038.056)$$
$$- 0.22205(22.606 - 649.614)]\}$$
$$= 89.799$$

$$b_{22} = \frac{f}{q^2}[s(\cos\phi\,\Delta X + \sin\omega\sin\phi\,\Delta Y - \cos\omega\sin\phi\,\Delta Z)$$
$$- q(-\sin\phi\sin\kappa\,\Delta X - \sin\omega\cos\phi\sin\kappa\,\Delta Y + \cos\omega\cos\phi\sin\kappa\,\Delta Z)]$$
$$= \frac{152.916}{(-627.008)^2} - 344.322[\cos(0)(1268.102 - 1009.923)$$
$$+ \sin(0)\sin(0)(1455.027 - 1038.056)$$
$$- \cos(0)\sin(0)(22.606 - 649.614)]$$
$$+ 627.008[\sin(0)\sin(102.83°)(1268.102 - 1009.923)$$
$$- \sin(0)\cos(0)\sin(0)(102.83°)(1455.027 - 1038.056)$$
$$+ \cos(0)\cos(0)\sin(102.83°)(22.606 - 649.614)] = -183.676$$

$$b_{23} = \frac{f}{q}(m_{11}\Delta X + m_{12}\Delta Y + m_{13}\Delta Z)$$
$$= \frac{152.916}{(-627.008)^2}[-0.22205(1268.102 - 1009.923)$$
$$+ 0.97504(1455.027 - 1038.056) + 0(22.606 - 649.614)]$$
$$= -85.172$$

$$b_{24} = \frac{f}{q^2}(sm_{31} - qm_{21})$$
$$= \frac{152.916}{(-627.008)^2}[-344.322(0) + 627.008(-0.97504)] = -0.23779$$

$$b_{25} = \frac{f}{q^2}(sm_{32} - qm_{22})$$
$$= \frac{152.916}{(-627.008)^2}[-344.322(0) + 627.008(-0.22205)] = -0.05415$$

$$b_{26} = \frac{f}{q^2}(sm_{33} - qm_{23})$$
$$= \frac{152.916}{(-627.008)^2}[-344.322(1) + 627.008(0)] = -0.13393$$

$$J = x_a - x_0 + f\frac{r}{q} = 86.421 - 0 + 152.916\left(\frac{349.233}{-627.008}\right) = 1.249$$

$$K = y_a - y_0 + f\frac{s}{q} = -83.977 - 0 + 152.916\left(\frac{-344.322}{-627.008}\right) = -0.003$$

각 기준점에 대해 12개씩 두 줄에 걸쳐 얻어지므로 B, C, D에 대해서도 값을 구하면 B행렬은 다음과 같이 된다.

$$B=\begin{bmatrix} -205.739 & 1.116 & -83.974 & 0.05415 & -0.23779 & -0.13584 \\ 89.799 & -183.676 & -85.172 & 0.23779 & 0.05415 & 0.13393 \\ -229.270 & 11.238 & 92.682 & 0.05413 & -0.23768 & 0.16271 \\ 106.750 & -190.133 & 102.703 & 0.23768 & 0.05413 & -0.14774 \\ -196.473 & -102.705 & -89.144 & 0.05416 & -0.23781 & 0.15462 \\ -9.609 & -212.318 & 96.943 & 0.23781 & 0.05416 & 0.14218 \\ -178.404 & -93.117 & 97.990 & 0.05413 & -0.23769 & -0.12732 \\ -2.002 & -221.688 & -79.864 & 0.23769 & 0.05413 & -0.15622 \end{bmatrix}$$

ε행렬의 값은 다음과 같다.

$$\varepsilon=\begin{bmatrix} 1.249 \\ -0.003 \\ 1.157 \\ -0.100 \\ -1.379 \\ -0.017 \\ -1.052 \\ 0.133 \end{bmatrix}$$

4. 정규방정식의 형성, 이것은 식 (B-12)에 의해 형성한다. 여기서 $\triangle$, B와 ε는 X, A와 L로 대체된다. 해법은

$$\triangle=(B^TB)^{-1}(B^T\varepsilon)$$

자세한 행렬해법은

$$\triangle=\begin{bmatrix} 184{,}878.9 & -321.6 & -1463.5 & 0.116 & 202.557 & -21.822 \\ -321.6 & 183{,}458.6 & -5662.4 & -201.986 & -0.116 & 5.587 \\ -1463.5 & -5662.4 & 66{,}639.7 & 9.024 & -2.312 & 0.000 \\ 0.116 & -201.986 & 9.024 & 0.23781 & 0.00000 & -0.00365 \\ 202.557 & -0.116 & -2.312 & 0.00000 & 0.23781 & -0.01438 \\ -21.822 & 5.587 & 0.000 & -0.00365 & -0.01438 & 0.16943 \end{bmatrix}^{-1}$$

$$\times\begin{bmatrix} -74.619 \\ 247.729 \\ 0.020 \\ 0.00171 \\ 0.00676 \\ -0.06946 \end{bmatrix}$$

$$=\begin{bmatrix} -0.00714 \\ 0.02119 \\ -0.00059 \\ 18.017 \\ 6.049 \\ -1.127 \end{bmatrix}$$

5. 보정량을 수정(각은 라디안 단위)

$$\omega=0°-0.00714\left(\frac{180°}{\pi}\right)=-0.4093°$$

$$\phi = 0° + 0.02119\left(\frac{180°}{\pi}\right) = 1.2144°$$

$$\kappa = 102.83° - 0.00059\left(\frac{180°}{\pi}\right) = 102.7959°$$

$$X_L = 1009.923 + 18.017 = 1027.940$$
$$Y_L = 1038.056 + 6.049 = 1044.105$$
$$Z_L = 649.614 - 1.127 = 648.487$$

6. 두 번째 반복계산

갱신된 초기값으로 다시 계산

$$M = \begin{bmatrix} -0.22143 & 0.97517 & -0.00227 \\ -0.97495 & -0.22132 & 0.02225 \\ 0.02119 & 0.00714 & 0.99975 \end{bmatrix}$$

7. 3번째 단계 다시 반복

행렬 B와 ε를 형성

$$B = \begin{bmatrix} -208.944 & 1.559 & -83.926 & 0.05185 & -0.24241 & -0.13926 \\ 88.454 & -183.535 & -86.389 & 0.24423 & 0.05576 & 0.13033 \\ -225.520 & 10.925 & 92.541 & 0.05661 & -0.23338 & 0.15915 \\ 107.916 & -190.210 & 100.876 & 0.23138 & 0.05219 & -0.15085 \\ -199.865 & -103.710 & -89.124 & 0.05808 & -0.23982 & 0.15932 \\ -8.397 & -212.459 & 98.273 & 0.24395 & 0.05572 & 0.13848 \\ -175.370 & -92.117 & 98.085 & 0.05072 & -0.23586 & -0.12353 \\ -3.132 & -221.659 & -78.761 & 0.23164 & 0.05223 & -0.15988 \end{bmatrix}$$

$$\varepsilon = \begin{bmatrix} 0.032 \\ -0.051 \\ -0.040 \\ 0.041 \\ -0.049 \\ -0.037 \\ 0.051 \\ 0.038 \end{bmatrix}$$

8. 네 번째 단계 반복계산

$$\Delta = \begin{bmatrix} 184,767.9 & -190.1 & -55.9 & -0.306 & 202.510 & -22.387 \\ -190.1 & 183,499.5 & -5,665.2 & -202.007 & 0.097 & 7.169 \\ -55.9 & -5,665.2 & 66,670.9 & 8.657 & -1.204 & -0.175 \\ -0.306 & -202.007 & 8.657 & 0.23820 & -0.00029 & -0.00155 \\ 202.510 & 0.097 & -1.204 & -0.00029 & 0.23804 & -0.01370 \\ -22.387 & 7.169 & -0.175 & -0.00155 & -0.01370 & 0.16984 \end{bmatrix}^{-1} \begin{bmatrix} 3.151 \\ 0.681 \\ 4.930 \\ -0.00370 \\ 0.00034 \\ -0.04907 \end{bmatrix}$$

$$\Delta = \begin{bmatrix} -0.00003 \\ -0.00007 \\ 0.00008 \\ -0.083 \\ 0.009 \\ -0.289 \end{bmatrix}$$

Δ를 구해 다시 수정량을 계산한다.

앞의 반복계산의 결과가 전 단계의 결과값보다 수정량이 무시할 정도로 작아질 때까지 반복 계산하여 최종 ω, ϕ, κ, X_L, Y_L, Z_L 값들을 얻는다.

$$\omega = -0.4093° - 0.00003\left(\frac{180°}{\pi}\right) = -0.4109°$$

$$\phi = 1.2144° - 0.00007\left(\frac{180°}{\pi}\right) = 1.2101°$$

$$\kappa = 102.7959° + 0.00008\left(\frac{180°}{\pi}\right) = 102.8003°$$

$$X_L = 1027.940 - 0.083 = 1027.857$$
$$Y_L = 1044.105 + 0.009 = 1044.114$$
$$Z_L = 648.487 - 0.289 = 648.197$$

8.4.4 공선조건에 의한 공간전방교회(Space Intersection)

후방교회법이 입체 쌍을 이루는 두 장의 사진에 대한 외부표정요소를 구하는 것이라고 한다면, 중복지역 내의 대상점에 대한 지상좌표를 얻는 것을 전방교회법이라고 한다. 이는 그림 8.20에서 보는 바와 같이 두 장의 사진 상에 있는 동일한 점의 광선은 지상 A에서 교차한다는 것이다. 공간전방교회법에 의해 A점의 좌표를 얻기 위해서는 선형화된 공선조건식(8.13, 8.14)이 만들어져야 한다. 그러나 6개의 외부표정인자가 이미 얻어졌으므로 미지수는 dX_A, dY_A, dZ_A만 남아있다. 이는 대상점 A의 지상공간좌표의 초기값에 대한 수정량이다. A점에 대한 선형화된 공간전방교회 방정식은

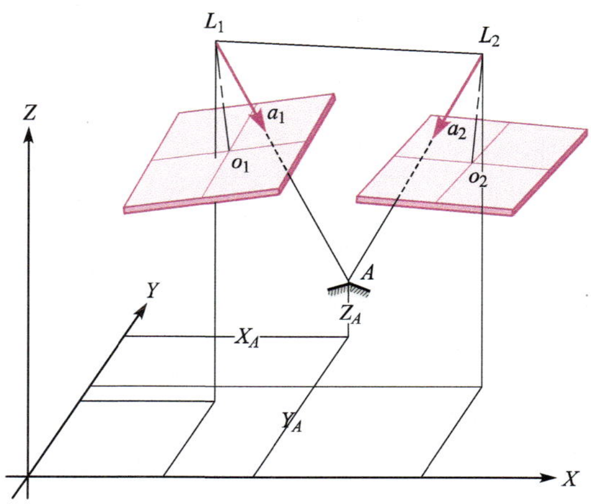

그림 8.20 항공입체사진의 space intersection

$$b_{14}dX_A + b_{15}dY_A + b_{16}dZ_A = J + \nu_{xa} \tag{8.13}$$

$$b_{24}dX_A + b_{25}dY_A + b_{26}dZ_A = K + \nu_{ya} \tag{8.14}$$

식 (8.13), (8.14)에서 각 항은 5.4.3절에서 정의되었다. 이 한 쌍의 식은 왼쪽 사진상 점 a_1과 오른쪽 사진 상 a_2에 대해 만들어진다. 그러므로 한 점에 대해 4개의 식이 만들어지므로 최소제곱법에 의해 dX_A, dY_A, dZ_A를 구할 수 있다. 이 수정량은 초기 근사값 X_A, Y_A, Z_A에 더해짐으로써 새로운 값을 얻을 수 있다. 이는 만족할 만큼 수정량이 최소가 될 때까지 반복 계산된다.

다시 말하지만 선형화된 방정식이므로 지상좌표를 구하기 위해서는 초기 근사값을 얻어야 한다. 이들 계산을 위해 일반적인 수직항공사진이 고려될 수 있으며 초기 근사값은 시차방정식 (3.12), (3.13), (3.14)에 의해 결정된다. 양쪽사진의 촬영점 위치(X, Y, Z)를 알고 있으므로 이 시차공식을 형성할 때 H는 Z_{L_1}, Z_{L_2}의 평균값으로 대체할 수 있고, 기선길이 B는 다음과 같이 구할 수 있다.

$$B = \sqrt{\left(X_{L_2} - X_{L_1}\right)^2 + \left(Y_{L_2} - Y_{L_1}\right)^2} \tag{8.15}$$

식 (3.13), (3.14)에 의해 결정된 좌표는 3.5절에서 거론한 임의좌표계(x', y')이다. 이들을 지상좌표 X, Y로 변환하기 위해서는 Space Resection 식 (8.16)이 사용된다. 이 변환을 위해 두 개의 촬영점이 기준점으로 사용되어야 한다. 왜냐하면 그들의 X, Y좌표를 지상좌표계에서 알고 있으며, 그리고 시차좌표계에서 x', y' 좌표는 $x'_{L_1} = y'_{L_1} = y'_{L_2} = 0$ 그리고 $x'_{L_2} = B$이기 때문이다.

$$\begin{aligned} X &= ax' - by' + T_X \\ Y &= ay' + bx' + T_Y \end{aligned} \tag{8.16}$$

8.5 항공삼각측량 조정단위에 따른 특성

8.5.1 독립입체모델법(IMT)

IMT(Independent Model Aero Triangulation)는 모델을 기본단위로 좌표조정을 실시하므로 다항식법에 비해 필요기준점 수가 적고 전체적인 정확도가 양호하며 지형도 제작과 같은 대단위지역의 블록조정에 많이 사용된다.

블록에서 각 모델의 평행이동량, 회적각, 미지축척계수 등을 구하기 위해 동시 최소제곱법이 이용되고 해당 모델 내에 지상기준점이 없어도 인접모델에서 관측된 접합점이나 투영중심점에 의해서 접합할 수 있으므로 동일한 지상좌표계를 가질 수 있는 것이다. 그러므로 내부표정과 상호표정을 거친 후에 형성된 임의의 좌표계는 3차원좌표변환(축척변환, 회전변환, 평행이동)을 통해 동일한 지상좌표계로 변환된다. 상사좌표변환(Conformal Coordinate Transformation)된 모델좌표는 정오차와 우연오차가 포함되어 있으므로 입체모델좌표가 지상기준점좌표와 일치하도록 조정해야 한다. 이 조정은 전체 블록에 걸쳐서 최적화되도록 조정해야 한다.

독립입체모델법에 의한 블록조정법은 입체모델을 기본단위로 하여 3차원 변환에 의해 수평위치와 높이를 동시에 조정하는 방법, 그리고 수평위치는 Helmert변환식(입체모델 당 4개의 미지변수)과 높이는 1차변환식(입체모델 당 3개의 미지변수)을 이용하는 분리 조정하는 방법이 있다. 수평위치와 높이를 분리하여 조정하는 방법은 미지수가 적어 계산시간이 적게 소요되나 동시조정법에 비해 정확도가 다소 떨어지는 경향이 있으며, 입체도화기를 이용하는 기계적인 방법과 정밀좌표측정기를 이용하는 해석적인 방법이 있다. 입체모델 당 7개의 미지변수가 존재하고 각 점의 입체모델좌표가 관측값으로 취급된다.

8.5.2 스트립조정법

1920년대에 개발된 기법으로 다중투영기 장비를 이용하여 항공사진을 재현하기 위해 사용되었다. 서로 의존적인 한 쌍의 상호표정을 기본으로 하며 스트립을 따라 축척을 전가함으로써 동일한 축척을 유지하도록 한다. 트래버스를 예로 든다면 개방트래버스와 같이 캔틸래버 확장과 같다. 만약에 지상기준점이 마지막 또는 중간에 있다면 “bridging”이라 하며, 트래버스로 따지면 controlled traverse와 같다.

스트립좌표가 지상기준점좌표와 일치하게 하기 위해 기계적 또는 도해적보간(Graphical interpolate) 방법이 사용되므로 다항식조정법(Polynomial Adjustment Method)이라고도 한다. 다항식조정법은 스트립을 단위로 종접합모형(Srtip) 조정을 기본으로 하고 있으며, 여러 개의 종접합 모형이 다항식으로 결합되므로 각 점의 종접합모형좌표가 관측값으로 취급된다. 수치적인 스트립조정은 1960년대 컴퓨터가 활용되기 시작할 때부터 사용되었다. 많은 다항식보간조정식(Polynomial interpolation adjustment formulations)들이 개발되었다(Schut, 1968). 아날로그에서 해석적 기법으로 변하게 된 것은 컴퓨터의 발달로 해석적 상호표정과 절대표정이 가능했기 때문이다. 완벽한 해석항공삼각측량을 위해 모노컴퍼레이터 또는 입체컴퍼레이터를 이용하여 사진좌표가 입력되었다.

초기에는 이 조정방법이 사용되었으나 차츰 독립모델조정법이 실용화되었다. 최근에는 신뢰도와 정확도가 높은 광속조정법으로 전환되었다. 다항식 조정방법은 스트립마다 절대표정을 한 후 복수 촬영경로에 포함된 기준점과 결합점(횡접합점 pass point)을 이용하여 각 스트립의 절대표정을 다항식에 의한 최소제곱법으로 결정하는 방법이다.

수평위치조정과 높이조정을 나누어하는 것이 일반적이며 인접한 두 개의 입체모델에서 왼쪽 모델의 오른쪽 사진과 오른쪽 모델의 왼쪽사진이 동일하다는 조건과 두 입체모델에 중복되는 연결점(종접합점)이 있다는 조건을 이용한다. 다항식조정법은 계산량은 적으나 기준점 수가 많이 필요하고 정확도가 낮아 사진측량의 초기에는 많이 사용하였으나 최근에는 거의 사용하지 않는 방법이다. 이 조정법의 단점은 정오차와 우연오차가 누적되어 점점 커진다는 것이다.

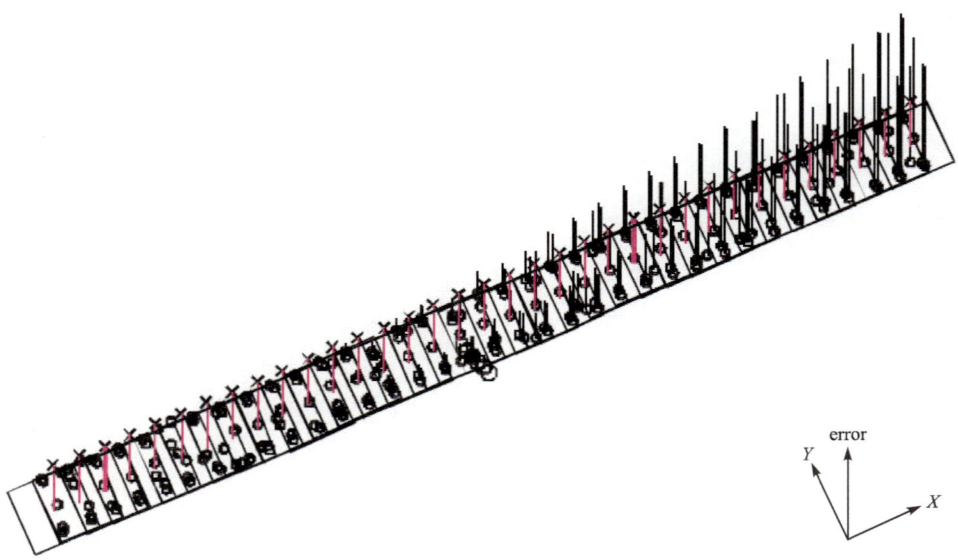

그림 8.21 스트립조정의 표고오차 누적

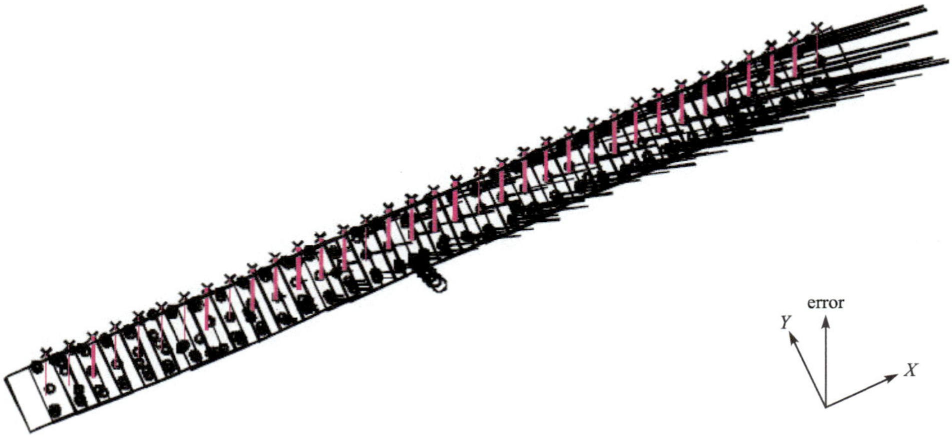

그림 8.22 스트립조정의 수평오차 누적

8.5.3 블록항공삼각측량

피사체로부터 투영중심을 지나 사진상 점에 이르러 형성하는 광속이 항공삼각측량의 계산단위가 된다. 광속조정은 모든 촬영점으로부터 모든 광속은 최소제곱법에 의해 동시에 조정된다는 것을 의미한다. 모든 사진의 외부표정요소와 대상점의 위치는 동시에 재생된다(Faig. 1985). 항공삼각측량의 기본적인 방정식은 공선조건식이다.

공선조건식에는 외부표정요소라고 하는 6개의 미지수(X_L, Y_L, Z_L, ω, ϕ, κ)가 있다. 3개의 회전요소는 회전매트릭스에 포함되어 있고, 주점의 위치와 카메라상수는 기지값으로 번들조정한다. 6개의 미지수를 해결하기 위해 3점의 지상기준점이 필요하다. 그러나 블록항공삼각측량(Bundle 또는 independent model)은 스트립항공삼각측량에 비해 내부적으로 완벽함을 제공한다(Ackerman, 1975).

광속조정법은 앞서 얘기했듯이 공선조건식을 기본 식으로 조정한다. 공선조건식 식 (5.59), (5.60)을 다시 보자.

$$x_a = x_0 - f\left[\frac{m_{11}(X_A - X_L) + m_{12}(Y_A - Y_L) + m_{13}(Z_A - Z_L)}{m_{31}(X_A - X_L) + m_{22}(Y_A - Y_L) + m_{33}(Z_A - Z_L)}\right] \tag{5.59}$$

$$y_a = y_0 - f\left[\frac{m_{21}(X_A - X_L) + m_{22}(Y_A - Y_L) + m_{23}(Z_A - Z_L)}{m_{31}(X_A - X_L) + m_{32}(Y_A - Y_L) + m_{33}(Z_A - Z_L)}\right] \tag{5.60}$$

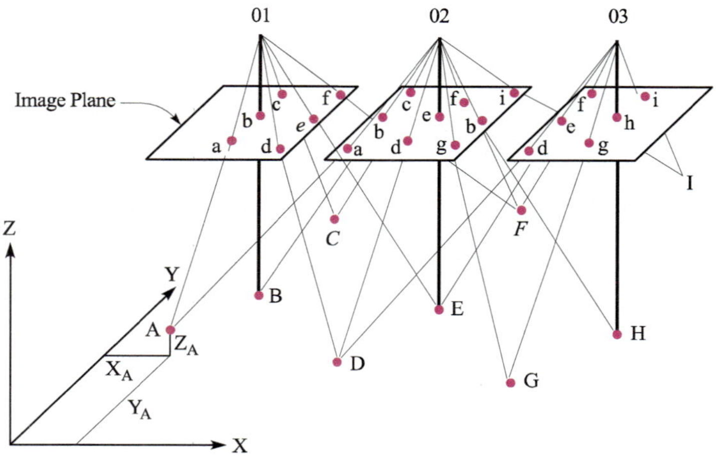

그림 8.23 광속조정법의 개념

광속조정법은 공간후방교회법(Space Resection)과 공간전방교회법(Space Intersection)으로 진행된다. 공간후방교회법은 공선조건식에서 지상의 기준점좌표와 이에 대한 사진좌표를 이용하여 각 사진의 외부표정요소(X_L, Y_L, Z_L, ω, ϕ, κ)를 최소제곱법에 의해 구한다. x_a, y_a, x_0, y_0, f는 이미 알고 있는 값이므로 상수로 취급되며 미지인자의 수가 7개이므로 유일해를 구하기 위해서는 $2XY$, $3Z$에 대한 기준점이 있어야 한다. 즉, 2점의 수평기준점(X, Y)과 3점의 표고기준점(H)을 의미한다. 이 보다 기준점이 더 많게 되면 최소제곱법으로 보다 정확한 표정요소를 구할 수 있다. 지상의 기준점성과와 사진좌표를 이용하여 표정요소를 구한다하여 공간후방교회법이라 한다. Cholesky Decomposition으로 미지수를 구한다.

표정요소가 구해지면 공선조건식은 비선형이므로 미지인자를 구하기 위해서는 Taylor정리에 의해 선형화해야 한다. 공선조건식에서 공간후방교회법에 의해 미지인자들이 구해지면 공선조건식을 이용하여 사진 상 대상물에 대한 사진좌표만 알고 있으면 지상3차원 좌표를 계산할 수 있다. 즉, 공선조건식에서 미지수가 X_A, Y_A, Z_A가 되며, 이를 구하는 것을 공간전방교회법이라 한다.

엄격히 얘기해서 후방교회법으로 외부표정요소를 구하고 외부표정요소가 적용된 공선조건식에 의해 지상의 3차원 좌표를 구하는 방식이지만, 프로그램적으로 보면 후방교회법과 전방교회법의 해를 위한 행렬이 동일한 행렬식에 포함되므로 동시해법이라고 말할 수 있다.

CHAPTER 9 정사영상과 사진지도

전통적인 항공사진측량은 최종적인 결과물로 벡터형식의 지형도를 얻었다. 그러나 항공사진은 정량적인 정보뿐만 아니라 정성적인 정보를 가지고 있으므로 활용가치는 매우 크다 하겠다. 최근 컴퓨터의 속도와 메모리 용량의 증대로 대용량 영상의 처리가 용이해져 영상으로써의 사진측량분야가 발전하고 있다. 고해상도 정사영상이 대표적이라 하겠다. 전 국토에 대한 경계 없는 모자익 정사영상이 그 예이며, 국내외 대표적 인터넷 포털사이트에서도 기존의 벡터맵과 정사영상을 중첩하는 하이퍼맵을 서비스하고 있다. 또한 사진판독을 통해 사진 상에 포함하고 있는 정보를 추출하여 주제도작성 및 지도제작을 효율적으로 할 수 있는 영상처리 기법도 활발히 적용되고 있다.

9.1 정사영상

9.1.1 소 개

영상은 카메라의 중심투영으로 얻어지기 때문에 축척왜곡과 지형의 기복으로 인한 기복변위가 발생한다. 뿐만 아니라 경사촬영으로 인한 경사왜곡과 렌즈왜곡, 대기굴절오차 등도 발생한다. 이러한 요소들은 사진상 대상물의 위치를 편위시켜 정사투영으로 만들어진 지형도와는 달리 다소 부정확하게 된다. 이와 같은 변위를 제거하여 지도와 같은 정사투영의 기하학적 특성을 갖도록 영상을 얻는 것이 정사영상 제작이다. 변위가 소거된 영상을 제작하기 위해서는 영상의 재배열 과정을 거쳐야 하며, 이를 미분편위수정이라 한다. 이로부터 얻어진 영상을 정사영상이라 한다.

항공사진을 이용하여 정사투영영상을 만들기 위한 연구는 사진측량으로 지형도를 만들기 위한 이론 정립 시에 시작되었으며, 1970년대 중반까지는 주로 광학적 편위수정방법에 의해 정사투영사진을 제작하였다. 다시 말해, Affine변환이나 투영변환과 같은 간단한 수학적 이론을 적용시켜 기하학적 영상을 보정한 것이다. 최근에는 영상획득매체의 발달로 인하여 기계적인 투영원리에서 영상처리방법인 재배열로 정사투영영상 생성에 관한 연구 분야가 발전해 왔다.

- 1903 : 항공사진을 이용한 쉐임프러그 조건의 정사영상 제작
- 1930~1970 : 광학적 편위수정에 의한 정사영상 제작
- 1970~ : 수치적 방법에 의한 정사영상 제작

정사투영영상은 영상에 포함된 지형, 지물의 상호위치관계를 지형도와 같은 형태로 나타낸 것으로 거리, 면적, 각도 등의 정보뿐 아니라 시각적 효과를 제공하여 사용자의 편리성을 도모할 수 있어 보편화 되었고 향후 GIS, 현실감있는 네비게이션, 정밀도로지도 등에 활용될 수 있을 것이다.

항공사진의 정사영상의 제작방법은 크게 광학적 방법과 수치적 방법이 있다. 전자는 음화를 보정하여 필름 상에 투영하는 원리이며, 후자의 경우는 다음과 같은 일반적인 순서에 의한다.

① 항공사진의 스캐닝(영상의 디지털화)
② 공선조건식에 의한 카메라 모델(ω, ϕ, κ, X_L, Y_L, Z_L)의 결정(사진좌표와 지상기준점 활용)
③ 카메라 모델을 토대로 공선조건식을 이용하여 수치표고모델(Digital elevation model, DSM)에 상응하는 사진좌표 결정(기복변위보정)
④ 영상재배열(Resampling)에 의해 해당 좌표의 밝기값 결정
⑤ 결정된 밝기값을 DEM에 상응하는 사진좌표에 대입

9.1.2 편위수정

1) 디지털 편위수정

편위수정은 항공사진에서 원하지 않는 변위 또는 축척을 수정하는 작업이다. 이러한 편위수정을 통해 얻어지는 정사영상은 지도의 기하학적 특성을 갖고 있으므로 대상물 사이의 위치 파악뿐 아니라 관측이 가능하다. 미분편위수정은 위성영상이나 항공사진과 같은 영상자료와 DSM을 이용하여 정사투영영상을 생성하는 방법으로서 직접 편위수정과 간접 편위수정에 의한다. 이를 도식화하면 그림 9.1과 같으며, 표 9.1은 미분편위수정의 방법별 특징을 나타낸 것이다.

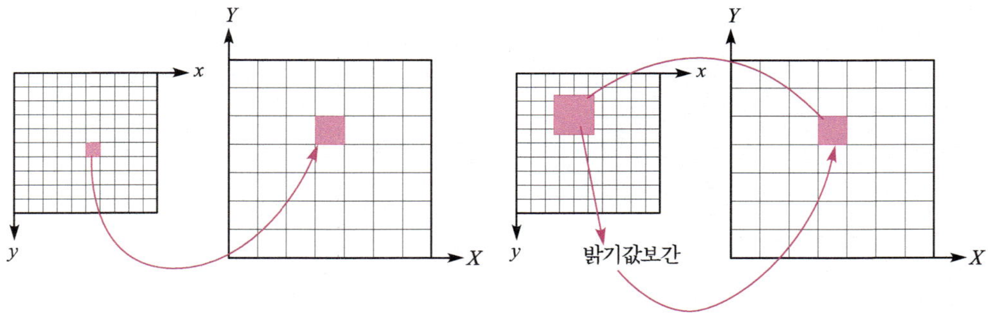

(a) 밝기값보간 (b) 간접법

그림 9.1 미분편위수정

표 9.1 미분편위수정의 방법별 특징

구분 \ 방법	직접법(Direct rectification)	간접법(Indirect rectification)
수행과정	• DEM(X, Y)좌표로부터 영상좌표(x, y)를 결정 • 보간법에 의해 영상의 밝기값 추정 • 보간된 밝기값을 DEM 자료의 각 위치에 할당	• 영상좌표(x, y)를 이용하여 DEM(X, Y) 좌표를 결정 • 영상의 밝기값을 가장 가까운 DEM 자료의 각 위치에 할당
장점	• 모든 DEM 자료가 밝기값을 가짐.	• 영상의 밝기값은 변하지 않음.
단점	• 영상의 밝기값 보간에 시간 소비 • 최종 편위수정된 영상은 밝기값의 보간에 의해 원 영상과 동일하지 않음.	• DEM 자료의 모든 위치에서 영상의 밝기값이 존재하지 않기 때문에 인접한 위치로부터 밝기값을 보간해야 함.

직접 편위수정은 지상좌표를 알고 있는 대상물의 영상좌표를 관측하여 출력 영상의 위치를 결정하는 방법이다(예, 위성영상). 간접 편위수정은 DSM 성과를 이용하여 출력 영상의 위치에 해당하는 입력 영상의 밝기값을 나타내는 방법이다(예, 항공사진). 직접 편위수정을 적용하기 위해 공선조건식을 이용하여 다음과 같이 정리할 수 있다.

$$X = (Z - Z_0)\frac{m_{11}(x - x_0) + m_{21}(y - y_0) + m_{31}f}{m_{13}(x - x_0) + m_{23}(y - y_0) + m_{33}f} + X_0$$

$$Y = (Z - Z_0)\frac{m_{12}(x - x_0) + m_{22}(y - y_0) + m_{32}f}{m_{13}(x - x_0) + m_{23}(y - y_0) + m_{33}f} + X_0 \qquad (9.1)$$

그리고 간접 편위수정을 위한 식은 다음과 같다.

$$x = x_0 - f\frac{m_{11}(x - x_0) + m_{21}(y - y_0) + m_{31}(Z - Z_0)}{m_{13}(x - x_0) + m_{23}(y - y_0) + m_{33}(Z - Z_0)}$$

$$y = y_0 - f\frac{m_{12}(x-x_0)+m_{22}(y-y_0)+m_{32}(Z-Z_0)}{m_{13}(x-x_0)+m_{23}(y-y_0)+m_{33}(Z-Z_0)} \tag{9.2}$$

여기서, X, Y, Z : 지상좌표 X_0, Y_0, Z_0 : 촬영점의 위치
x, y : 상좌표 f : 초점거리
m_{11}, m_{12} : 회전행렬요소

미분편위수정에 의한 정사투영영상의 생성과정은 광속조정법(Bundle adjustment)에 의해 항공사진의 외부표정요소를 결정하고 영상정합과정을 통해 DSM을 생성하며 생성된 DSM 자료를 토대로 공선조건식을 이용한 사진좌표를 결정하는 것이다. 사진좌표는 다시 affine 변환에 의해 영상좌표로 변환되며 영상좌표의 밝기값을 보간을 통해 결정한 후, DSM 좌표의 각 위치에 옮김으로써 정사투영영상을 생성하게 된다.

2) 다항식에 의한 편위수정

다항식에 의한 편위수정은 일련의 기준점들에 대한 영상의 왜곡을 보정하는 방법이다. 다항식의 차수는 유용한 기준점의 수에 달려있다. 따라서 기준점 성과가 많을수록 편위수정한 결과가 정확해진다. 원 영상은 다항식 변환에 의해 기준점에 가장 적절하게 맞도록 이동하고 회전하며 크기가 조정된다. 따라서 이 방법은 기하학과 왜곡에 의해 모형화하기 어려운 위성영상에 가장 많이 사용된다. 또한 위성영상은 촬영고도에 비해 기복변위가 상대적으로 작게 나타나므로 결과에 큰 영향을 미치지는 않는다.

다항식에 의한 편위수정 방법이 사용하기는 편리하지만 변환 영상에 오차를 야기시킬 수 있다. 다항식 방법은 기복변위에 적합한 보정이 아니며 기하학적 영상체계를 만족스럽게 처리할 수 없다. 다항식의 차수가 높다고 보정이 잘 되는 것은 아니며 다항식 변환의 장점은 영상에 포함되어 있는 영상매체의 기하학적 왜곡, 기복변위, 지구곡률 등이 동시에 보정되는 것이다.

3) 투영변환

투영변환은 두 평면 사이의 관계를 규명하는 방법으로 평면 내의 4개의 대상점과 이에 상응하는 4점의 상좌표를 유도되는 관계식에 의해 해석된다. 이 방법은 일반적으로 평탄한 지형이나 건물 외관 등의 편위수정에 사용된다.

9.1.3 정사영상 제작

사진측량대상인 지표와 구조물들은 기준면으로부터 높이차를 가지고 있다. 이러한 높이 차로 인하여 중심투영특성을 가진 사진은 기복변위를 발생시킨다. 이는 정확한 위치에 촬영되지 않고 편위된다는 의미이다. 그림 9.2에서 A′,B′,C′,D′점은 지표점이며 A,B,C,D점은 기준면상에 투영된 점이다. 정사영상은 A,B,C,D점을 기준으로 제작된다. 그러나 실제 영상에 기록되는 점은 A′,B′,C′,D′점이며 사진상 a′,b′,c′,d′점으로 나타난다. 정사영상은 화면상 a,b,c,d점을 구해야 하며 이를 보정하기 위해서는 A–A′, B–B′, C–C′, D–D′점 간의 표고를 알아야 한다. 즉 DSM이 필요하다. DEM이 아닌 DSM이 필요한 이유는 건물이나 구조물 등에 대한 표고 정보를 알아야하기 때문이다. 또한 a′,b′,c′,d′→a,b,c,d로 보정하여 새로운 영상을 만들어야 하는데 영상처리기법 중 하나인 image resampling을 해야 한다.

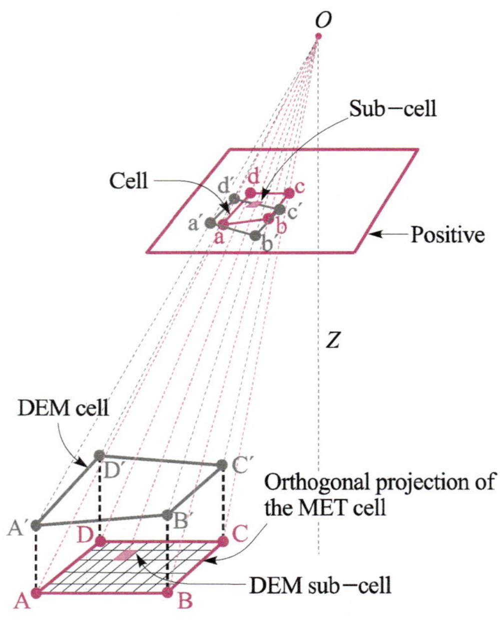

그림 9.2 편위수정된 정사영상의 원리

정사영상을 조금 더 세분화하여 본다면 지상부분만의 위치를 보정한 일반정사영상(ground ortho image)과 건물까지 보정한 트루정사영상(true ortho image)로 나눌 수 있다. 일반정사영상은 그림 9.3(a)와 같이 지상부분은 지도와 일치하나 높이를 가진 건물의 옥상부분은 보정되지 않은 정사영상이다. 포털사이트에서 제공하는 정사영상은 건물의 측면이 보이고 옥상부분이 지도와 일치하지 않는 것을 볼 수 있는데 일반정사영상임을 알 수 있다. 이러한 정사영상은 지적경계선을 건물이 가리게 되므로 지적분야의 응용은 불가능하다. 반면에 그림 9.3(b)는 건물에 대한 기복변위까지 보정하기 때문에 옥상부분도 정확히 일치한다. 따라서 복잡한 시가지에서 필지와의 경계를 명확히 확인할 수 있으므로 지적업무에도 활용이 가능하다.

(a) 일반정사영상 (b) 트루정사영상

그림 9.3 일반정사영상과 트루정사영상 Source: Dr. Qassim Abdullah

조금 더 직관적으로 살펴보자. 그림 9.4에서 지표면과 건물에 대한 항공사진, 정사영상, 트루정사영상의 범위를 보여주고 있다. 항공사진의 경우 투영중심으로부터 우측 벽면부터 지붕에 이르기까지 사진 상에 나타난다. 왼쪽 지붕모서리에 의해 지표면이 가려지기 때문에 hidden area가 발생한다. 정사영상의 경우에는 DSM으로

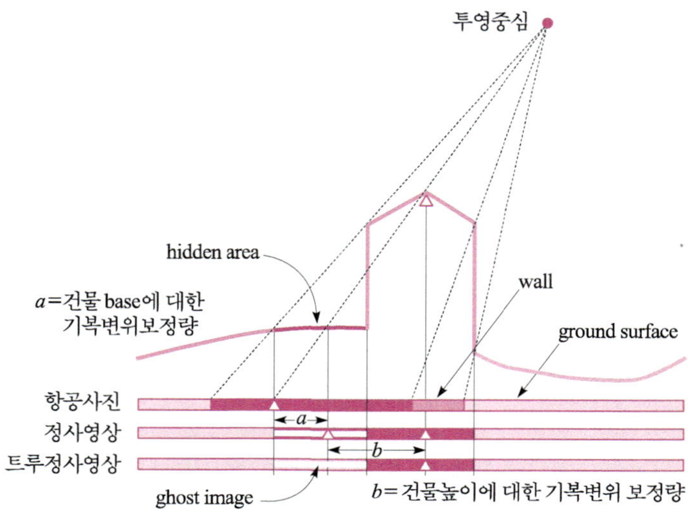

그림 9.4 항공사진, 정사영상, 트루정사영상의 영역비교

부터 얻은 데이터로 편위를 보정하므로 건물의 기복변위는 고려하지 않게 된다. 건물과 지표가 교차하는 위치는 정확히 편위보정이 되지만 건물에 대해서는 완전히 보정되지 않는다. 동시에 영상 그 자체를 보정하므로 이중으로 영상이 나타나는 부분이 발생한다. 따라서 트루영상에 비해 더 넓은 영역에 대해 영상이 만들어지게 되며, 이 때문에 벡터맵과의 일치가 정확하지 않다. 트루영상은 건물에 대한 표고모델(DBM;Digital Building Model)로 보정하므로 건물의 지붕을 정사투영한 것과 같이 나타난다. hidden area에 대한 영상정보가 부재하지만 인접사진에서 이 영역을 채우므로 완벽한 정사영상이 만들어지게 된다.

1) 일반정사영상 제작

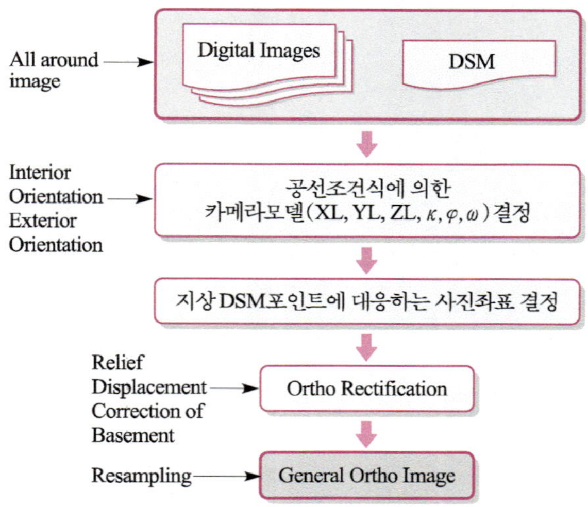

그림 9.5 일반정사영상 제작과정

정사영상의 제작은 수치영상과 해당지역의 DSM이 필수이며 영상의 셀이 DSM의 해당 위치를 결정하기 위해 공선조건식에 의한 외부표정요소의 결정이 필요하다. 지상 DSM포인트에 대응하는 사진좌표가 결정되면 DSM값을 기본으로 기복변위를 보정한다. 대부분 정사영상을 제작하는 범위에 해당하는 영상이 여러 장이므로 각각의 보정된 정사영상은 seamline[1], feathering 및 dodging[2] 기법을 통해 자연스럽게 모자익된 최종영상으로 얻어지게 된다.

1) seamline : 영상을 접합하기 위한 경계를 말한다. 영상의 콘트라스트 또는 선형을 고려하여 자동으로 결정된다.
2) feathering 및 dodging : 다른 영상이 조합될 경우 밝기, 색깔 등이 일치하지 않는다. 따라서 영상 간 히스토그램분석으로부터 자연스러운 톤과 색상으로 조정하는 것을 말한다.

2) 트루정사영상 제작

사진의 성당을 예로 들어보자. 이 성당은 렌즈의 연직점으로부터 떨어져 있으므로 방사방향으로 기복변위가 발생했다. 바닥부분의 편위는 DSM으로부터 보정이 됐다 하더라도 건물의 높이로 인한 변위는 또 다른 문제이다. 성당의 지붕에 기복변위를 보정한다고 생각해보자. 즉, 돔을 수직 위에서 바라보는 것처럼 보정하는 것이다. 성당전면의 지상모습은 보이지만 반대편 지상모습은 사각지대이므로 정보가 없게 된다. 즉, 그림 9.7과 같이 사각부분이 발생하게 된다.

Altitude 750m (Wide angle lens)

그림 9.6 건물에 발생한 기복변위

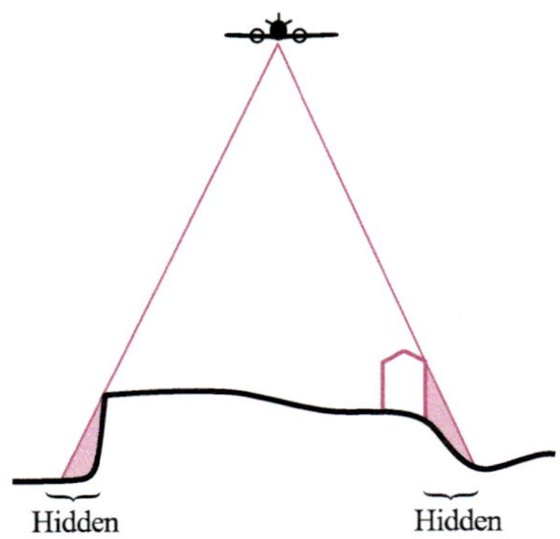

그림 9.7 중심투영에 의한 사각지대

결국 편위수정량만큼 영상의 셀을 재배치하게 되면 이 사각지대에 해당하는 셀은 DN값을 가지지 못하는 결과(Ghost image)를 가져온다. 따라서 인접촬영코스 또는 인접사진에서 영상정보를 가져와야 한다. 다중경로촬영은 그림 9.8과 같이 여러 장의 영상을 조합하여 건물의 전방향영상정보획득을 가능케 한다. 다중촬영경로에 의해 확보된 영상을 그림 9.9에 보였다. 그림에서 4장의 사진은 종중복과 횡중복에 의해 공통적으로 중복된 지역을 형성하게 된다. 이 4장의 사진은 각각 다른 위치에서 촬영하였으므로 기복변위도 다양하게 발생한다. 즉, 건물의 다른 부분에 대한 영상정보를 공유한다는 의미이다.

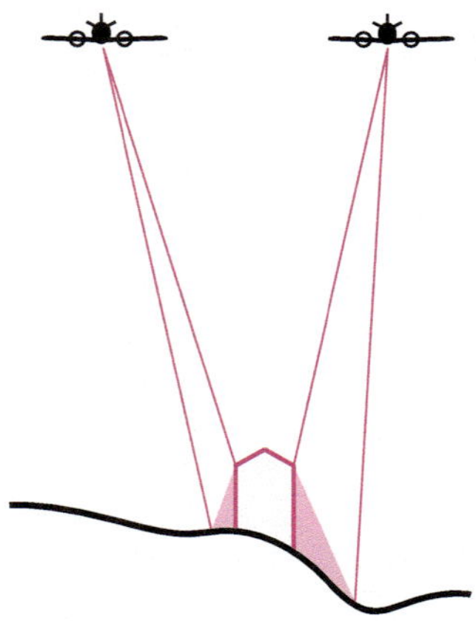

그림 9.8 여러 장의 영상을 조합하여 전방향영상정보획득

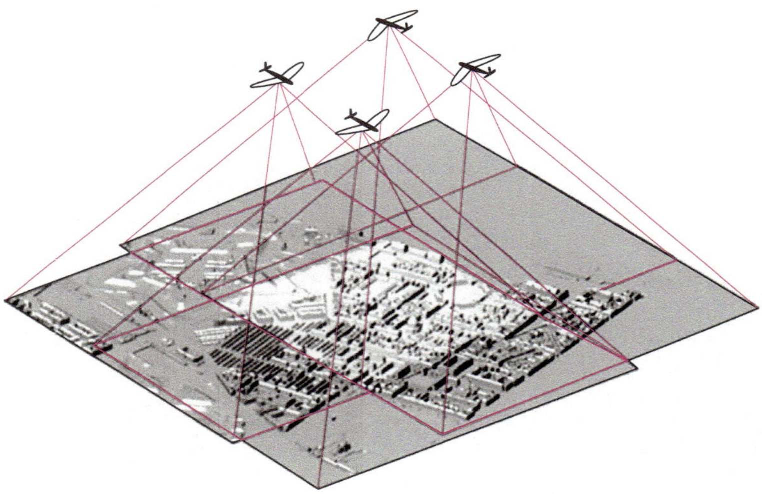

그림 9.9 다중촬영영상에 의해 형성된 중복지역

전체적인 트루정사영상 제작과정을 그림 9.10에 보였다. 앞서 설명한 방법으로 DSM, DBM을 이용하여 완전히 편위수정한 후 영상재배열을 통하여 보정영상을 얻는다. 이때 최근린보간(Nearest neighbor), 공일차보간(Bilinear Inter polation), 공삼차보간(Cubic convolution inter polation)방법을 이용한다. 발생한 hidden영역에 대해서는 인접영상정보를 가져오게 된다. 만들어진 각각의 트루정사영상의 모자익은 정사영상 제작 시와 동일하게 하면 된다.

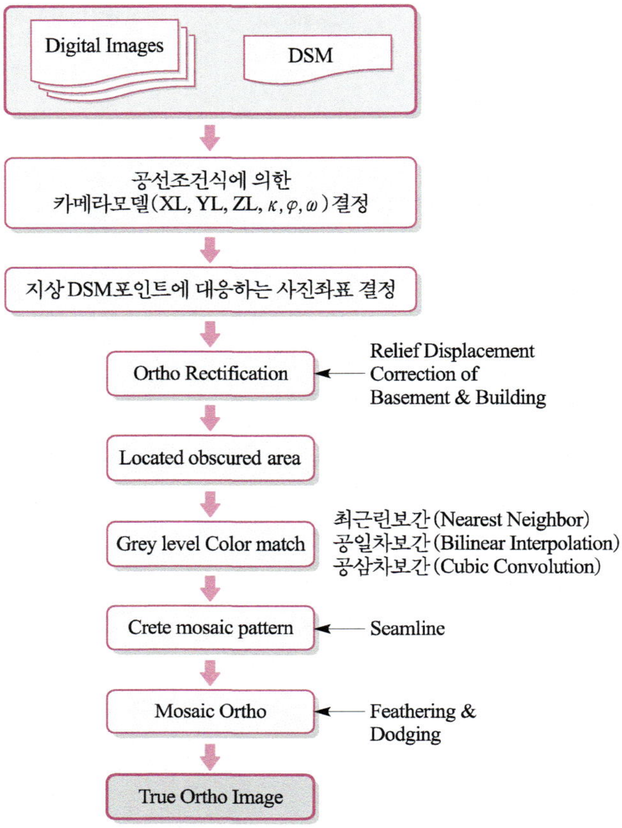

그림 9.10 트루정사영상 제작과정

9.1.4 영상재배열

영상재배열은 디지털 영상의 기하학적 변환을 위한 수행방법이며, 원래의 디지털 영상과 변환된 영상 사이의 관계에 있어 화소의 중심이 정확히 일치하지 않으므로 화소를 일대일 대응관계로 재배열할 경우에는 영상의 왜곡이 발생한다. 따라서 일반적인 방법에서는 인접영상이 밝기값들을 이용하여 보간에 의한 방법으로 재배열하게 된다.

1) 최근린보간법

최근린보간법은 그림 9.11과 같은 입력 격자상에서 가장 가까운 영상소의 밝기값을 이용하여 출력격자로 변환시키는 방법이다. 출력 화소의 최근린을 결정하기 위해 화소의 수정좌표를 역변환행렬을 사용하여 원좌표계로 다시 바꾼다. 재배열된 영상좌표는 공일차보간법과 공삼차보간법에서도 사용된다.

이 방법은 원 자료를 그대로 사용하기 때문에 자료가 손실되지 않는다. 또한 다른 두 가지 방법보다 계산이 빠르고 출력영상으로 밝기값을 정확히 변환시킨다는 장점이 있는 반면에 0.5 화소 이상의 변이가 발생할 수 있으며, 이로 인해 지표면에 대한 영상이 불연속적으로 나타날 수도 있다.

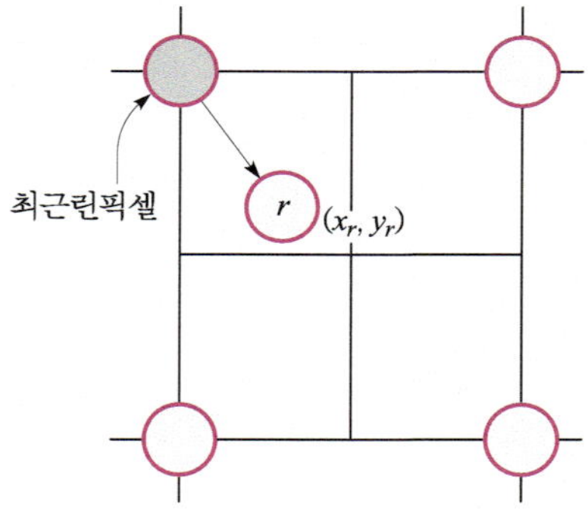

그림 9.11 최근린보간법

2) 공일차보간법

공일차보간법에서 편위수정된 화소의 자료값은 재변환된 좌표위치(x_r, y_r)와 입력영상 내의 가장 가까운 4개 화소 사이의 거리에 의하여 처리한다. 그림 9.12에서와 같이 1, 2, 3, 4에 위치해 있는 근린 화소를 이용하여 r점에서의 출력화소 $r(V_r)$을 계산할 수 있다.

V_r을 계산하기 위하여 V_m과 V_n을 고려한다. $m(V_m)$의 자료값은 화소 3과 1 사이의 자료값의 변환함수이고 식 (9.3)과 같다.

$$V_m = V_1 + (V_3 - V_1) \times \frac{dy}{D} \tag{9.3}$$

여기서, V_i : 화소 i의 자료값

dy : 원 좌표계의 Y_1과 Y_m 사이의 거리

D : 원 좌표계의 Y_1과 Y_3 사이의 거리

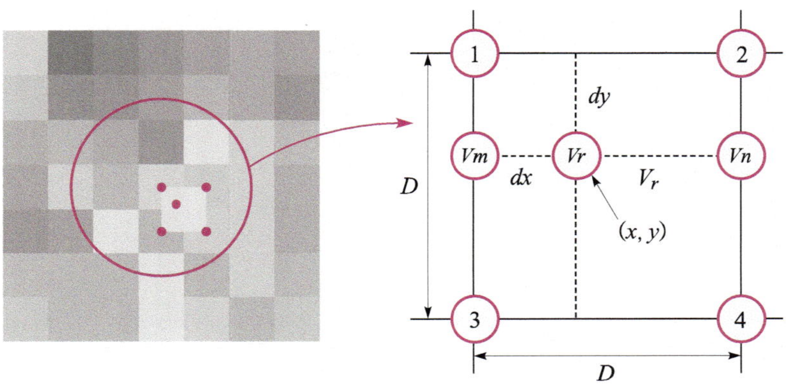

그림 9.12 공일차보간법

동일한 방법으로 $n(V_n)$에 대한 자료를 계산하기 위한 식은 다음과 같다.

$$V_n = V_2 + (V_4 - V_2) \times \frac{dy}{D} \tag{9.4}$$

V_m과 V_n으로부터 $r(V_r)$도 다음과 같은 식으로 계산할 수 있다.

$$V_r = V_m + (V_n - V_m) \times \frac{dx}{D} \tag{9.5}$$

식 (9.5)에 식 (9.3)과 (9.4)를 대입하여 정리하면 $r(V_r)$의 계산식을 다음과 같이 정리할 수 있다.

$$V_r = \left[V_{1+}\left(\frac{V_3 - V_1}{D} \times dy\right)\right] + \frac{\left[V_2 + \left(\frac{V_4 - V_2}{D} \times dy\right)\right] - V_1 + \left[\left(\frac{V_3 - V_1}{D} \times dy\right)\right]}{D} \times dx$$

$$= \frac{V_1(D - dx)(D - dy) + V_2(dx)(D - dy) + V_3(D - dx)(dy) + V_4(dx)(dy)}{D^2}$$

일반적으로 데이터는 1씩 증가하므로 $D = 1$이다. 공일차보간법은 출력영상에서 나타나는 지표면이 불연속적으로 나타나는 것을 줄일 수 있다.

예제 9.1

다음 그림에서 P점(12.3, 12.4)에 대한 밝기값을 공일차보간법을 이용하여 계산하라.

	10	11	12	13	14
10	26	35	62	60	158
11	47	45	68	35	82
12	38	46	52	45	180
13	35	143	89	19	78
14	49	71	65	93	140

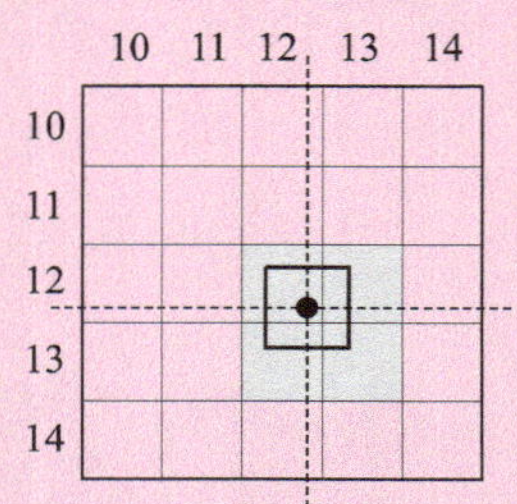

풀이 ▸ ▸ ▸

$dx = 12.3 - 12 = 0.3$, $dy = 12.4 - 12 = 0.4$

$V_1 = 52$, $V_2 = 45$, $V_3 = 89$, $V_4 = 19$

$D = 1$이면, 식 (15.6)으로부터

$$V_r = V_1(1 - dx)(1 - dy) + V_2(dx)(1 - dy) + V_3(1 - dx)(dy) + V_4(dx)(dy)$$
$$= 52(1 - 0.3)(1 - 0.4) + 45(0.3)(1 - 0.4)$$
$$+ 89(1 - 0.3)(0.4) + 19(0.3)(0.4) = \frac{57.14}{1 \times 1} = 57.14$$

3) 공삼차보간법

공삼차보간법은 출력자료를 결정하기 위해 4×4배열에 해당하는 16개의 화소값을 사용한다. 공삼차보간법은 최근린보간법에서 나타날 수 있는 지표면의 불연속적인 현상을 줄일 수 있고 공일차보간법보다 좋은 영상을 얻을 수 있다. 그러나 이는 다른 보간 방법에 비해 계산시간이 2~3배 정도 오래 걸린다.

9.1.5 정사영상지도의 활용

종래의 지도는 대상물을 기호로 표시하므로 일반인들이 판독하기 쉽지 않았다. 정사영상지도는 대상물을 사진의 형태로 표현하고 있으므로 현실감이 높고 판독이 용이하므로 향후 새로운 형태의 지도로서 사용될 가능성이 크다. 따라서 공학적인 용도의 지도는 물론 행정도, 관광안내도, 등산용 지도 등으로 활용될 경우에 종래의 지도에 비하여 유용성이 높다.

또한 정사사진지도를 수치형태로 제작하였을 경우에는 최근에 많이 활용되고 있는 GIS의 기본 자료로서 직접 이용할 수 있으며, 이를 처리하여 각종 정보를 추출할 수 있음은 물론 지형에 관련된 다양한 정보체계에서 응용이 가능하므로 정보화 시대에 있어서 필수적인 자료로 활용될 것이다.

9.2 사진지도

9.2.1 사진지도

여러 장의 사진을 모자이크하여 지도처럼 만들기 때문에 직접 보는 것과 같이 이용할 수 있으므로 조사판독용으로 유용하다. 그러나 사진은 중심투영으로 사진 가장자리의 왜곡이 심해 인접사진과 잘 맞지 않는다. 따라서 사진의 중심부분만을 이용하여 사진지도를 만들기도 하며 편위를 수정한 사진으로 만들기도 한다. 사진변위의 수정방법에 따라 사진지도를 다음과 같이 분류한다.

1) 약(略)조정집성 사진지도

편위수정(카메라의 경사에 의한 변위수정)을 거치지 않는 사진을 모자이크하여 만든 사진지도를 말한다.

2) 반조정집성 사진

편위수정기에 의해 편위를 일부만 수정하여 모자이크한 사진지도를 말한다.

3) 조정집성 사진지도

편위수정을 거친 사진을 모자이크한 사진을 말한다.

4) 정사투영 사진지도

정밀입체도화기와 정사투영기에 의해 카메라의 경사, 지표의 비고를 수정하여 등고선을 삽입한 등고선 사진지도를 말한다. 이는 지도와 완전일치하기 때문에 설계 자료로도 사용가능하다.

그림 9.13 정사투영사진지도

그림 9.14 샌프란시스코 항만 중심부에 대한 반조정집성 사진(2000매 집성)

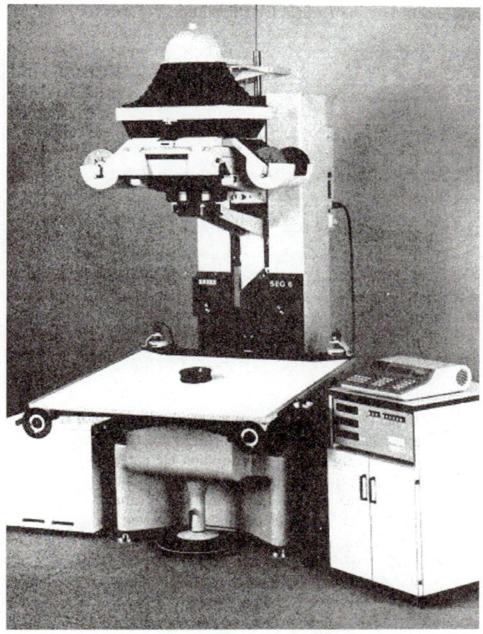

그림 9.15 SEG6 자동편위 수정기

편위수정(Rectification)이란, 카메라의 경사에 의한 변위(경사와 축척)를 수정하여 엄밀수직사진으로 만드는 작업이다. 편위수정기(Rectifier)는 3개의 표정점(X, Y)을 필요로 하며 정밀을 요할 시에는 4개 이상이 필요하다.

9.2.2 사진지도의 특징

사진지도는 다음의 장점이 있다.

① 넓은 지역을 일목요연하게 조사할 수 있다.
② 현지에 가지 않고도 조사할 수 있어 편리하다.
③ 지표면의 단속적인 징후도 넓은 지역을 한눈에 볼 수 있으므로 연속여부를 인지할 수 있다.
④ 광범위한 영역에 대한 패턴이나 질감을 통해 지형지질을 추적할 수 있다.

반면에 사진지도는 다음과 같은 단점이 있다.

① 산지와 평지에서 지형이 불일치한다. 이는 기복변위에 기인한다.
② 수백-수천 장의 사진을 모자이크하므로 운반하는데 불편하다.

③ 색조가 사진마다 촬영시간 및 광선이 달라 상이하여 오판의 가능성이 있다.
④ 과고감으로 인하여 산의 사면이 실제보다 깊게 찍힌다.

9.3 사진판독

9.3.1 사진판독의 개요

사진측량의 범위측면에서 살펴보면 우선 가시광선 범위에 국한된다고 볼 수 있다. 즉, 흑백사진 및 칼라사진을 초기데이터로 사용하여 지형도제작 및 판독을 행하는 것이다. 그러나 필요에 따라서는 적외선, 열적외선 영상으로 사진판독을 실시하는 경우도 있으므로 원격탐측으로 발전해가는 길목이라고 생각해도 좋겠다. 사진판독은 사진 상에 나타나 있는 대상물의 속성에 따라 정량적, 정성적 사진판독으로 나뉜다.

① 정량적 사진판독(Quantitative photo interpretation) : 위치, 크기, 형상 등 결정
② 정성적 사진판독(Qualitative photo interpretation) : 자원 및 환경 등의 정보조사

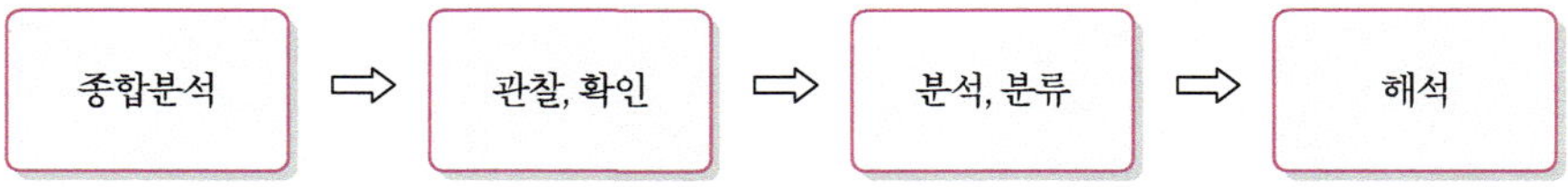

그림 9.16 사진판독 과정

9.3.2 판독요소

판독의 기준이 되는 요소는 크기(Size), 형상(Shape), 모양(Pattern)과 같은 정량적요소와 음영(Shadow), 질감(Texture), 모양(Pattern)의 정성적 요소이다. 이 중 형, 색조, 음영을 판독의 3요소, 크기, 형상, 음영, 색조, 질감, 모양(Pattern)을 6요소라 한다. 이외에도 상호위치관계(Location or situation)와 과고감(Vertical exaggeration) 등을 부가요소로 사용한다.

1) 크기(Size)

대상물의 입체적 또는 평면적 넓이로 속성을 판단한다.

예) 콘크리트 건물과 같은 색깔과 톤을 가지는 대상물이 있는데 크기가 1m×2m이라면, 이는 건물이기보다는 콘크리트 박스 등의 구조물일 확률이 높다.

2) 형상(Shape)

개체나 목표물의 윤곽, 구성, 배치 및 형태로 판단한다.

예) 동일한 모양의 구조물이 여러 개 반복되고 있다면 연립주택 또는 아파트일 확률이 높다. 또 촬영시각에 따른 음영의 크기를 동시에 참고할 수도 있다.

3) 음영(Shadow)

높은 탑과 같은 지물의 판독, 주위색조와 대조가 어려운 지형의 판독에 중요하다. 광선의 방향과 태양광의 방향을 일치시켜 판독한다. 일반적으로 태양고도가 높고 그늘이 적은 10~14시에 촬영한 사진이 적당하다.

4) 색조(색채, Color)

태양광의 반사율에 의해 식생 등의 대상물을 판별한다. 소축척 사진에서 색조의 중요성이 증대된다. 천연색 사진이 판독범위가 넓다.

5) 질감(Texture)

영상면의 세밀하고 거친 정도를 나타내는 것을 뜻한다(식별이 어려운 작은 대상물의 집합이 사진 상에 나타나는 미세한 색조변화).

거칠음(Coarseness), 밀(Fineness), 조(Roughness), 평활(Smothness)의 4단계의 표현이며 축척에 따라 질감의 판독대상이 달라진다. 즉, 1 : 10,000에서는 수관(Tree crown) 판독 가능하며 1 : 40,000에서는 수관식별 곤란하나 군락의 질감에 의해 수림의 성질파악이 가능하다.

6) 모양(Pattern)

식생, 지물, 지표면 색조 등의 공간적인 배열상태를 뜻한다. 인공적 또는 자연적 물체는 기본적인 형상의 반복 또는 관련성을 갖고 있다. 대상물의 구조와 성질, 종류, 용도 등을 그 배치상태에 의해 판독할 수 있다.

7) 상호위치관계(Location)

주위 영상과의 관계를 파악한다. 특히, 소축척에서 중요하다.

8) 과고감(Vertical exaggeration)

사진의 기선고도비(B/H)와 입체시의 기선고도비(b/h)의 차이에 기인하여 발생한다.

9.3.3 판독에 쓰이는 사진

① 전정색 사진 : 가시광선의 흑백영상은 형태판독을 통해 지질, 식물을 판독한다.

② 적외선 사진 : 근적외선의 흑백영상은 식물과 물의 판독에 유용하다.

③ 천연색 사진 : 가시광의 천연색영상 색을 판독요소로 한다.

④ 적외색 사진 : 가시광 일부와 근적외선으로 촬영한 영상(0.5μm 이하 차단)을 위색 처리하여 식물의 종류와 활력정도를 판독한다.

⑤ 다중파장대 사진 : 가시광과 근적외선을 대역별로 동시에 촬영한 흑백영상으로 광범위한 분야에 이용하며, 특히 식물의 판독, 환경모니터링 등에 사용한다.

⑥ 열영상 : 근적외 영상으로 온도분석에 이용된다.

그림 9.17 전정색 사진과 적외선 사진의 비교

9.3.4 사진판독의 장 · 단점

표 9.2 사진판독의 장 · 단점

장점	단점
① 단시간에 넓은 지역의 정보를 얻을 수 있다. ② 대상지역의 종합적 정보획득이 가능하다. ③ 접근 곤란한 지역도 가능하다. ④ 원정보를 정확히 기록을 보존할 수 있다.	① 상대적인 판별이 불가능하다. ② 직접적으로 표면 또는 표면 근처에 있는 정보취득이 불가능하다. ③ 판독요소에 나타나지 않는 판독은 곤란하다. ④ 기후 및 태양고도에 좌우(항공사진의 경우)된다.

CHAPTER 10 드론 사진측량

사진측량은 항공기를 이용한 항공사진측량에서 위성사진측량으로 범위를 확대해 왔으며 지상사진측량 및 산업사진측량은 구조물측정, 문화재보존·복원, 교통사고조사 및 생산현장에서의 품질관리 등에 공헌해 왔다. 자동항법, 센서, 충전지기술의 발전은 드론의 상용화를 가져왔고 4차산업혁명 관련 핵심산업으로 포함되면서 사회전반에 활용되고 있다. 특히, 소규모지역에 대해 드론사진측량을 실시함으로써 공간정보를 효율적으로 획득할 수 있으므로 엔지니어링회사에서 많은 활용을 하고 있다. 드론사진측량은 시간 및 공간적 제약, 일기의 영향, 공간해상도의 한계 등, 기존의 사진측량에서 어려움을 겪었던 문제들을 해결할 수 있는 강점이 있다.

10.1 드론의 출현

드론(Drone)은 우리말로 무인기라고 하며 조종사 없이 무선전파의 유도에 의해 비행 및 조종이 가능한 비행기나 헬리콥터모양의 무인항공기를 이르는 말이다. 드론은 UAV(Unmanned Aerial Vehicle)라고도 일컫으며 포괄적인 시스템은 UAS(Unmanned Aerial System)라고 한다. 과거에는 그림 10.1과 같은 UAS를 사용했으나 최근에는 드론, 스마트폰, 콘트롤러로 구성이 간단하게 되었다.

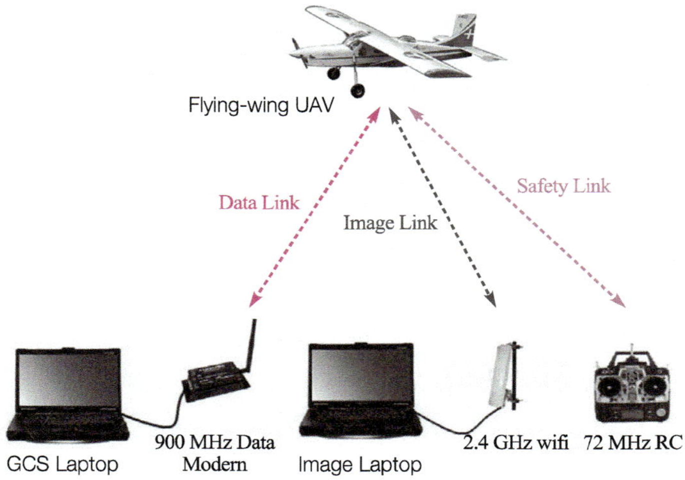

그림 10.1 초기 사진측량을 위한 UAS

국제민간항공기구(ICAO;International Civil Aviation Organization)에서는 자동항법을 이용하는 드론과 원격조정항공기 UAV로 분류하고 있다. 초기의 드론은 군사적인 목적으로 개발되었으며 주된 드론은 다음과 같다.

- 1935년 영국해군의 원격조종무인비행기 DH 82B Queen Bee : 표적기(드론의 시초)
- 1950년 베트남전쟁에서 미국의 정찰용드론 Firebee
- 1982년 이스라엘의 시리아 공격용드론 스카우트(Scout), 그외에 Heron1, nSearcher 등
- 1998년 장기체류 정찰기 글로벌호크(Global Hawk)
- 2015년 미국의 공격용드론 프리데터(Predator)와 리퍼(Reaper)

a) Heron-TP-Eitan, Israel (www.israelandstuff.com)

b) RQ-4A global_hawk (www.opednews.com)

c) Predator-gray-eagle (www.unmannedsystemstechnology.com)

그림 10.2 군사목적의 드론

이들 군사목적의 드론은 매우 고가이며 특정한 제작사에서만 제작하였다. 그러던 중 전자기술의 급격한 발전과 GPS등의 자동항법 및 정보통신기술 등이 민간용 드론제작을 가능케 하였다. 특히, 센서의 소형화, 드론과 사물인터넷의 실현으로 크리스앤더슨(3D Robotics Co.)이 정착시켰다.

10.2 드론의 종류

날개의 형태에 따라 고정익, 회전익으로 분류하며 최근에는 수직이착륙이 가능한 틸트로터(하이브리드)가 있다. 또한 회전익은 프로펠러의 개수에 따라 트라이, 쿼드콥터, 헥사콥터, 옥타콥터, 도데카콥터로 나눈다.

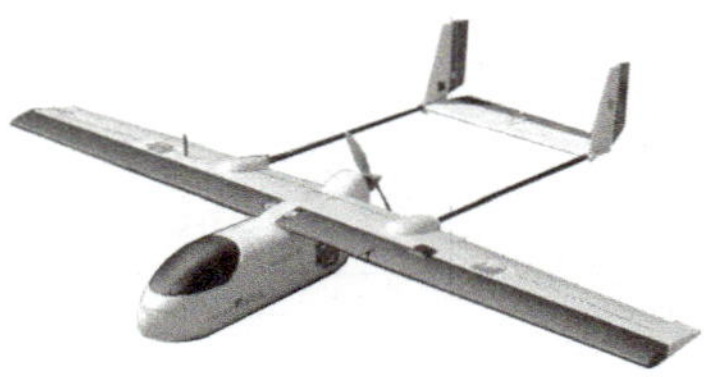

a) Bronco1_AerialDataSystems

b) eBee, SenseFly's

c) Solo(3D Robotics)

d) DJI_Phantom_4_Pro_V2_0

e) xcraft-drone web DronesGlobeCom

f) AM Airbus Group quadcruiser

그림 10.3 상용드론

사진측량을 위해 드론이 갖추어야 할 중요한 조건은 자율비행의 안정성과 고해상도의 영상센서를 갖추어야 함은 물론 영상에 대한 촬영정보(촬영위치, 회전각)를 얻을 수 있어야 한다. DSLR과 같은 고해상도의 대형 CCD를 가지고 있는 영상센서는 별도의 짐벌을 장착한 대형드론이 필요하다. 그러나 빌트인되어 있는 영상센서로도 수치지도 제작이나 정사영상을 만족할만한 정확도로 얻을 수 있으므로 활용범위가 넓어지고 있다.

드론사진측량의 장점은 앞서 간단히 거론했지만 기존의 사진측량으로는 가능하지 않았던 시간적, 공간적인 자유로움에 있다. 또한, 저고도로 촬영 함으로써 고해상도 영상을 얻을 수 있고 구름에 의한 영향도 걱정할 필요가 없다. 반면에 비행체가 소형이기 때문에 바람에 의한 영향, 진동에 의한 영상의 blur가 발생하는 등의 단점이 있기도 하다. 각 탑재기 별 장단점을 표 10.1에 정리하였다.

표 10.1 촬영플랫폼에 따른 사진측량의 장단점

플랫폼	장점	단점
위성	• 넓은 지역에 대한 영상획득	• 낮은 해상도, 긴 방문주기
항공기	• 높은 해상도	• 비용고가, 시간적 제약
UAV	• 매우 높은 해상도 • 구름에 의한 영향 없음 • 장소, 시간제약 없음 • 비용저렴	• 바람에 의한 영향 • 제조상의 변형과 모델링상의 어려움 • 리소스의 제한

10.3 드론의 구조 및 센서

드론은 크게 자동항법장치, 컴퓨터, 전원 및 구동 부분으로 구성되어 있다. 자동항법장치에는 통신부분과 비행조정기능이 있으며 GPS, IMU등 각종 센서로부터 오는 데이터를 컴퓨터에서 처리한다. 자동항법장치와 컴퓨터는 매우 긴밀하게 정보를 교환한다. 최근의 드론에는 이 두 가지 기능이 하나의 몸체에 집합되어 있다.

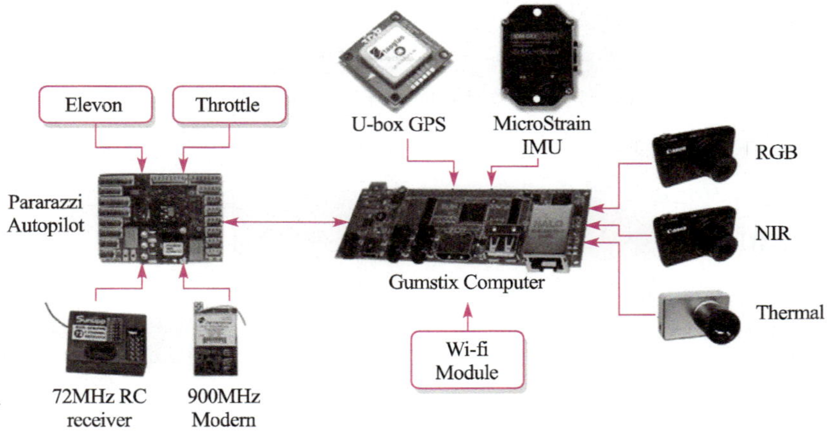

그림 10.4 사진측량용 드론의 고전적인 구성

정확한 자동비행과 비행의 안전확보를 위해 드론에는 많은 센서가 탑재되어 있다. 가속도계, 자이로스코프, 콤파스, 자력계, 관성측정장치, 기압계, 풍속계, GPS, 거리측정센서 등이다. 사진측량을 하기 위해서는 촬영한 사진에 대한 지상참조(Geo-Referencing)가 필요한데 사진촬영점의 지상좌표, 카메라의 회전각을 각각의 사진에 부여(Geo-Tagging)해야 한다. 일반적으로 촬영점 좌표는 GPS, 카메라의 회전각은 IMU로 얻는다. 많은 센서가 있으나 사진측량에 꼭 필요한 사진의 외부표정요소(EO,Exterior Orientation)를 위한 IMU MEMS(Micro Electro Mechanical Systems)에 대해 설명한다(그림 10.5).

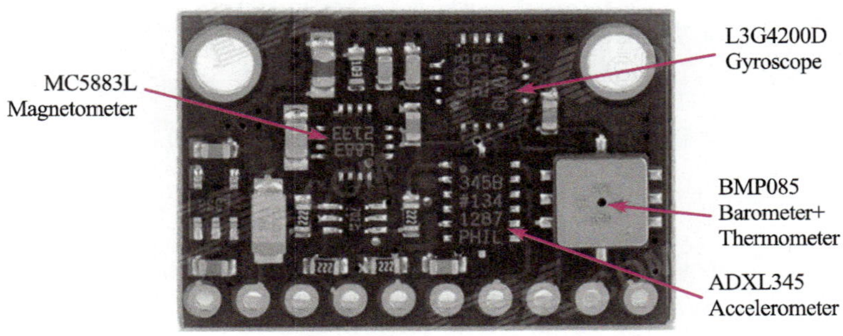

그림 10.5 IMU MEMS의 예(https://www.bazaargadgets.com)

MEMS는 우리말로 표현한다면 미세전자기계시스템이라고 하는데 IMU도 MEMS중 하나이며 미래에는 Micro가 Nano로 발전하여 NEMS로 발전할 전망이다. 이 장치는 기계적신호를 전기적신호로 변환 또는 그 반대역할을 할 수 있는 초소형칩인데 드론이 비행할 때 가속도와 경사가 발생하므로 이 물리적인 양을 전기적 신호로 바꾸어 감지하고 그 값을 저장한다.

IMU센서를 구성하고 있는 가속도계(Accelerometer)는 직선운동에 대한 가속도 값을 측정하며, 각속도계(Gyroscope)는 회전운동에 대한 각도변화율을 계산하여 자세를 측정한다.

10.3.1 Accelerometer의 원리

그림 10.6에서 가속도계의 고정단(녹색부분)과 동적인 부분(주황색부분)을 보여 주고 있다. 동적부분은 스프링에 의해 고정되어 있다. 만약 드론이 전방을 향해 가속을 한다면 그림(a)와 같이 동적인 부분이 뒤쪽으로 밀리게 된다. 등간격으로 위치해 있던 C1과 C2의 간격이 달라지게 되고 이를 감지하여 저항값으로 저장하게 된다. 그림(b)는 반대로 드론이 감속하는 경우를 설명한 것이다.

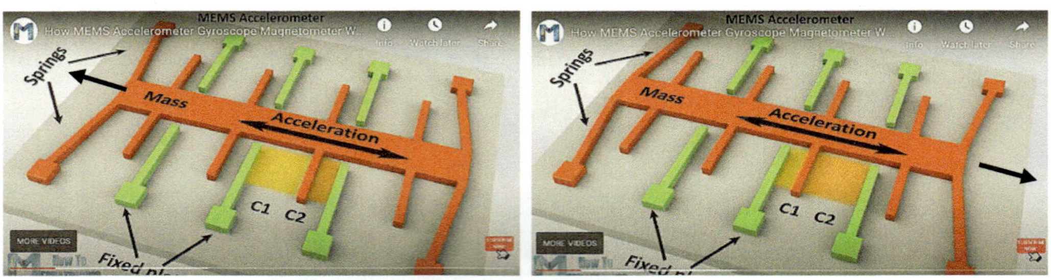

a) 동체가속 시　　　　b) 동체 감속시

그림 10.6 Accelerometer의 작동원리

그림 10.6에서와 같은 가속도계가 3축방향으로 조합되어 있는 것을 3축 가속도계라 하며 공간상에 드론이 움직인다면 그 가속도는 그림 10.7에서 R벡터가 된다.

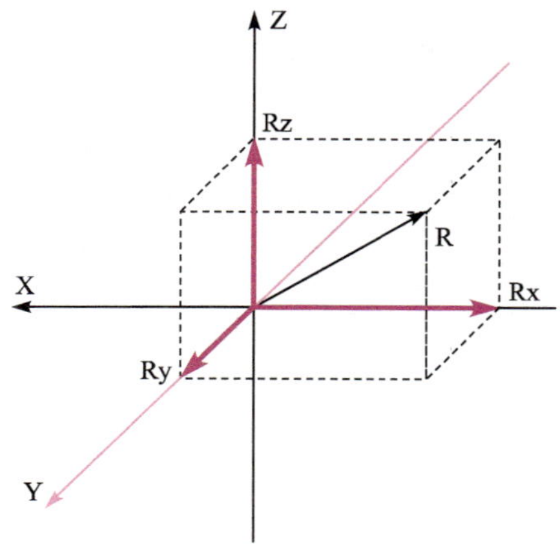

그림 10.7 공간상 가속도의 X,Y,Z축방향 가솓도

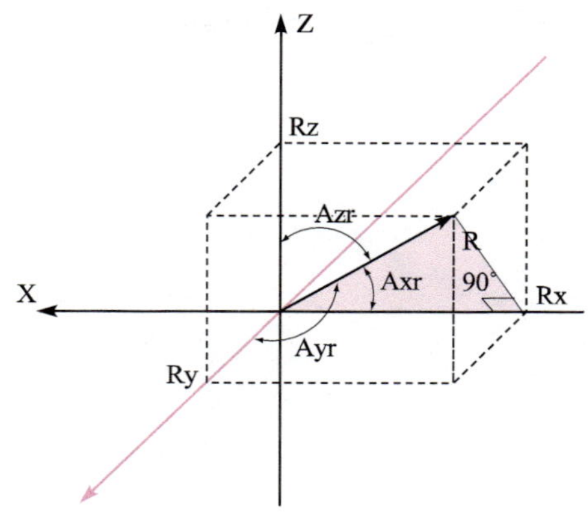

그림 10.8 공간가속도에 대한 각 축과의 방향각

그림 10.7에서 공간가속도 R은 Accelerometer 각 축방향에 대한 가속도 요소로 투영될 수 있다.

R_x : Vector R을 X축에 투영한 Vector

R_y : Vector R을 Y축에 투영한 Vector

R_z : Vector R을 Z축에 투영한 Vector

각 축에 대한 가속도는 다음과 같이 계산된다.

$$\begin{aligned} R_x(g) &= (Adc\,R_x * ADCLSB - V_O)/Sensitivity \\ R_y(g) &= (Adc\,R_y * ADCLSB - V_O)/Sensitivity \\ R_z(g) &= (Adc\,R_z * ADCLSB - V_O)/Sensitivity \end{aligned} \tag{10.1}$$

여기서 $Adc\,R_x, R_y, R_z$: X, Y, Z축에 대한 Voltage level

V_O : Raw Voltage

Sensitivity : Velocity/g

이번엔 각 축에 대한 가속도의 방향각을 계산해 보자.

그림 10.8에서 가속도의 각 축방향에 대한 각도는 다음과 같다.

$$\begin{aligned} \frac{R_x}{R} &= \cos(Axr) \rightarrow A_{xr} = \cos^{-1}\left(\frac{R_x}{R}\right) \\ \frac{R_y}{R} &= \cos(Ayr) \rightarrow A_{yr} = \cos^{-1}\left(\frac{R_y}{R}\right) \\ \frac{R_z}{R} &= \cos(Azr) \rightarrow A_{zr} = \cos^{-1}\left(\frac{R_z}{R}\right) \end{aligned} \tag{10.2}$$

10.3.2 Gyroscope동작원리

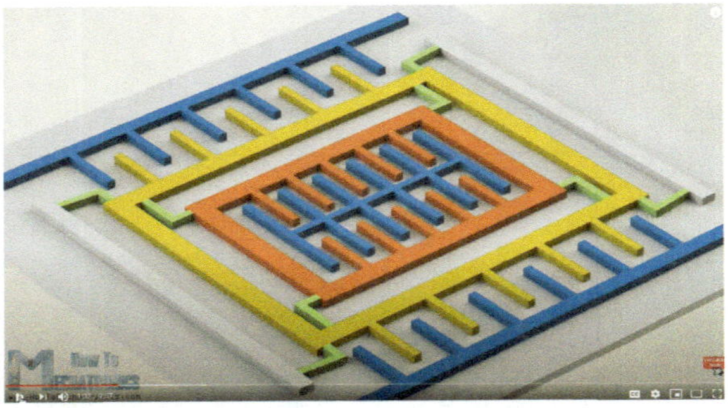

그림 10.9 Gyroscope동작원리

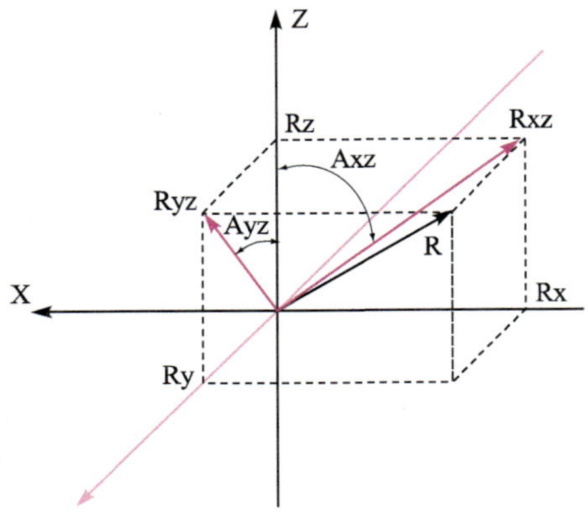

그림 10.10 Gyroscope의 각축에 대한 각도

Z축 중심으로 R_{XZ}의 각도(A_{XZ})의 변화가 생기는데 t_0에서 t_1시간까지의 각도 변화는 아래와 같이 계산할 수 있다.

$$A_{XZ\_rate} = \left(A_{XZ_1} - A_{XZ_0}\right)/\left(t_1 - t_0\right) \tag{10.3}$$

Gyzo는 각도변화율을 ADC값으로 출력해주므로 deg/sec의 단위로 변환하면 다음과 같이 계산한다.

$$\begin{aligned} A_{XZ\_rate} &= (Gyro_{XZ} * ADC\_LSB - V_0\_rate)/Sensitivity \\ A_{YZ\_rate} &= (Gyro_{YZ} * ADC\_LSB - V_0\_rate)/Sensitivity \\ A_{XY\_rate} &= (Gyro_{XY} * ADC\_LSB - V_0\_rate)/Sensitivity \end{aligned} \tag{10.4}$$

여기서 V_0_rate : 각속도 변화없을 때의 전압

$Sensitivity(mV/dps)$: 1초당 회전각도에 대한 전압값을 mV로 표현한 출력감도

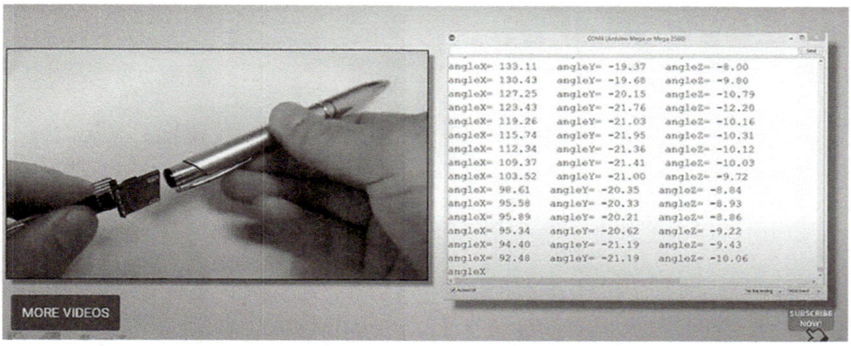

그림 10.11 Gyroscope작동에 따른 측정값

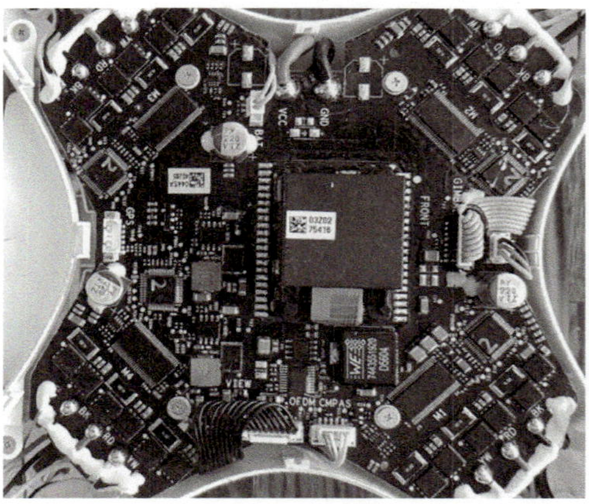

그림 10.12 Phantom3 Pro에 탑재된 MEMS(DJI co.)

그림 10.13 Acc_Gyro 6DOF Analog IMU: 3 Axis Accelerometer + 3 Axis Gyro

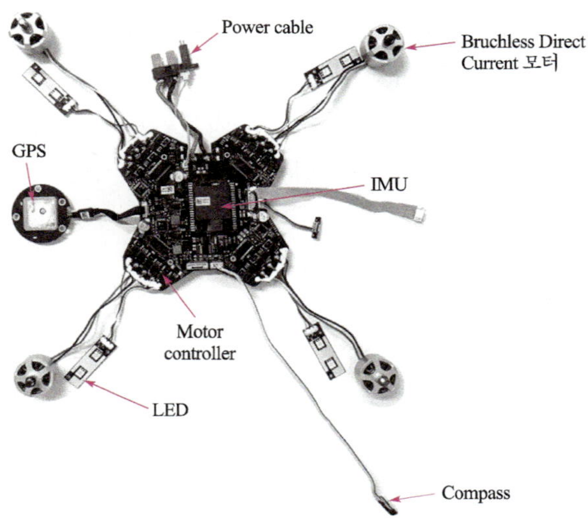

그림 10.14 메인보드와 센서(Phantom3 Pro)

10.4 드론촬영계획 및 촬영

촬영계획은 드론사진측량으로부터 얻어지는 결과물의 사용목적에 따라 결정해야 한다. 만약 단순한 거리, 면적, 부피측정을 위한 목적이라면 GCP(Ground Control Point)없이 촬영해도 좋지만 GIS데이터로 활용하거나 측량좌표계와 일치하는 결과를 원한다면 GCP의 설치 및 측량이 필수적이다. 촬영패턴은 단코스(Single grid)촬영, 격자형(Double grid)촬영, 원형(Circular)촬영이 있는데 정사영상 제작이 목적이라면 단코스촬영, 3D모델을 위해서는 격자형촬영을 하는 것이 일반적이다. 탑이나 수직방향으로 높은 단독건물의 경우에는 원형촬영방법이 적합하다. 단촬영이나 격자촬영의 경우에는 중복도를 결정해야 하는데 일반 항공사진측량의 경우 60%의 종중복, 30%의 횡중복으로 촬영하나 드론사진측량의 경우에는 측정용사진기를 사용하지 않으므로 왜곡이 적은 주점부분의 영상을 이용하기 위해서는 종횡 80~90%의 중복도로 촬영하는 것이 바람직하다. 회전익 드론의 경우 비행시간이 드론중량과 충전지 용량에 따라 다르므로 블록의 면적을 적절히 정해야 하며 대상지역이 넓은 경우 분할하여 촬영계획을 수립해야 한다. 최근 충전지기술이 발달하여 비행시간이 점점 더 길어지고 있으며 스마트 비행의 경우 직전에 촬영한 블록에 이어 자동으로 촬영하는 기능도 추가되고 있다. 일반적인 촬영계획 절차를 그림 10.15에 제시하였다.

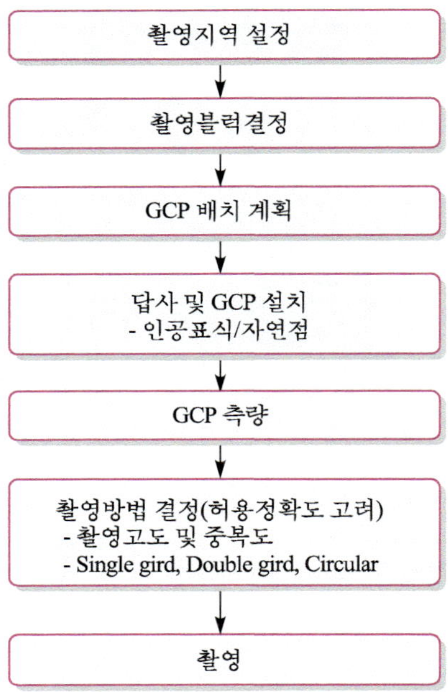

그림 10.15 드론촬영계획

그림 10.16 스마트폰에서의 촬영계획(Pix4D Capture)

양호한 결과의 지도제작이나 3D모델을 위해서는 대상물의 상태와 구조에 따라 적합한 방법으로 촬영계획을 세워야 한다. 다음에는 다양한 경우에 대한 촬영방법을 소개한다.

1) 일반적인 대상지의 경우

산림이나 눈, 호수, 경작지와 같이 리샘플링이 어려운 경우에는 다음 촬영조건을 권장한다.(그림 10.17)

- 종중복도 최소 75%, 횡중복 최소 60%으로 원하는 GSD(Ground Sampling Distance)에 해당하는 일정한 촬영고도로 촬영한다.

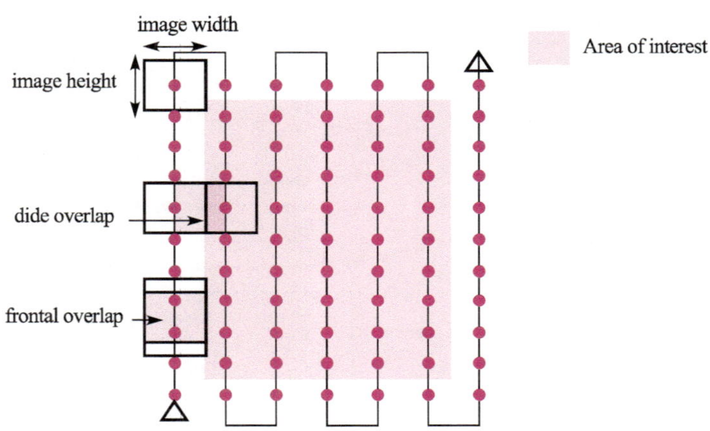

그림 10.17 일반적인 경우의 촬영

2) 산림이나 채소가 밀식되어 있는 지역 또는 평지인 경작지

밀식되어 있는 나무와 채소는 중복된 사진에서 그들의 복잡한 기하학적 모양(수 천 개의 가지와 잎)으로 인해 매우 다르게 나타난다. 그러므로 특징점(Keypoint)을 추출하기가 어렵다. 따라서 좋은 결과를 얻기 위해서는 일반적인 경우의 촬영방법에 다음 사항을 고려해야 한다.

- **중복도의 증가** : 최소 종중복도 85%, 횡중복도 70%
- **촬영고도의 증가** : 보다 높은 촬영고도에서는 중심투영으로 인한 왜곡이 감소하므로 다르게 촬영되는 영향을 줄일 수 있다. 즉, 중복된 지역에서 동일 지점을 찾기가 용이하다는 의미이다. 촬영고도는 GSD와 초점거리의 조합으로 결정된다. 최상의 결과를 얻기 위해서는 10cm이상의 GSD를 권장한다.

3) 건물 재생성

3차원 빌딩모델을 위해서는 특별한 영상획득 계획이 필요하다. (그림 10.18)

- 카메라의 pitch(φ)각도를 피사체 전체가 카메라프레임 꽉차도록 표정하고 각 원형촬영코스에 따라 비행 높이를 높이고 카메라 각도를 낮추면서 건물 주위를 두 번째와 세 번째 비행한다.
- 물체의 크기와 거리에 따라 충분히 겹칠 수 있도록 5~10도마다 한 장씩의 이미지를 촬영하는 것이 좋다.
- 촬영고도가 다르면 공간 분해능이 다르므로 비행 간 높이를 2배 이상 증가시키지 않아야 한다.

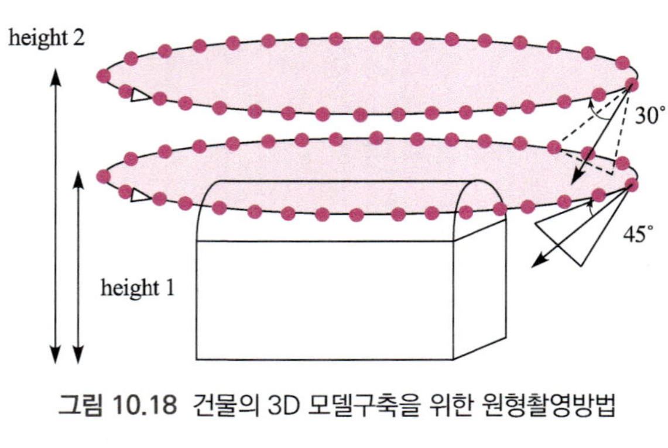

그림 10.18 건물의 3D 모델구축을 위한 원형촬영방법

4) 일정영역에 대한 3D구축

대상물이 하나가 아니고 일정한 지역내에 있는 구조물을 3차원 모델링할 계획이라면 그림 10.19와 같이 중복그리드(double grid)촬영을 권장한다. 단일그리드(single grid)의 경우에는 건물의 측면에 대한 영상정보가 충분치 않기 때문이다. 중복그리드로 촬영하되 y축회전각(ϕ)을 10~20° 경사시키는 것이 좋다. 중복도는 80% 이상으로 한다.

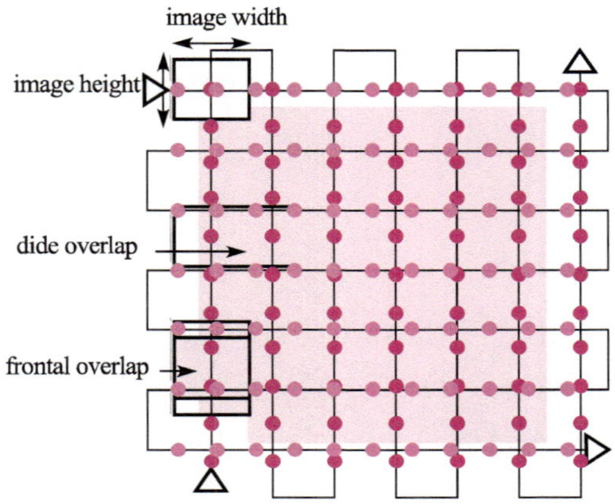

그림 10.18 중복그리드 촬영방법

참고 **촬영고도가 다른 사진을 처리하는 경우**

지상 샘플링 거리(GSD)가 동일하게 하기 위해서 일반적으로 동일한 비행 높이로 캡처한 영상을 처리하는 것이 좋다. 모든 이미지가 동일한 수준의 디테일을 가져야 좋다. 이렇게 하면 영상 간의 키포인트 매칭을 용이하게 하므로 재구성에 도움이 된다. 임무 간 중복 영역의 GSD는 2배 이상 차이가 나지 않아야 한다.
비행 높이와 GSD가 선형 관계를 가지고 있다는 점을 고려할 때, 동일한 프로젝트에서 동일한 카메라로 촬영된 경우, 이미지를 촬영하는 최고 비행 높이는 가장 낮은 비행 높이의 2배를 초과해서는 안 된다.

$$GSD_1 \leq 2^* GSD_2$$

$$(Fr^* I_W)/(S_W{}^* H_1{}^* 100) \leq 2^* (Fr^* I_W)/(S_W{}^* H_2{}^* 100)$$

$$H_1 \leq 2^* H_2$$

여기서, GSD = 지상샘플링크기(Ground Sampling Distance [cm/pixel],
S_W = 센서폭(Sensor width [mm])
H = 촬영고도(Flight height [m])
Fr = 초점거리(Real focal length [mm])
I_W = 영상폭(Image width [pixel])

5) 지도작성에 어려운 눈 쌓인 지역, 모래지역, 호수 등

넓고 균일한 지역이므로 볼 수 있는 대상물이 적으므로 다음 사항을 고려하여 촬영 계획해야 한다.

- 중복도의 증가 : 종중복 85% 이상, 횡중복 70% 이상
- 촬영모드를 가능하면 높은 콘트라스트로 할 것
- 강이나 호수와 같은 지역은 일부 땅을 포함해야 한다. 촬영고도를 높이는 것이 보다 많은 땅지역을 포함시킬 수 있으므로 유리하다.

수면은 넓은 균일 지역에 비해 거의 특징점들이 없다. 파도의 패턴은 시각적인 매칭으로 사용할 수 없다. 바다는 재생성이 불가능 하다.

6) 좁은 지역의 지도제작

철도 또는 도로, 하천과 같이 좁고 긴 지역의 경우에는 최소 2코스이상의 촬영을 권고한다. GCP는 필요치 않으나 보다 정확한 지도제작을 위해서는 사용하는 것이 좋다. 2코스의 촬영인 경우 다음을 고려한다.

- 종중복 85% 이상, 횡중복 70% 이상
- 수직사진 또는 경사사진 모두 가능하나 평지인 경우 가능하면 수직사진을 권장

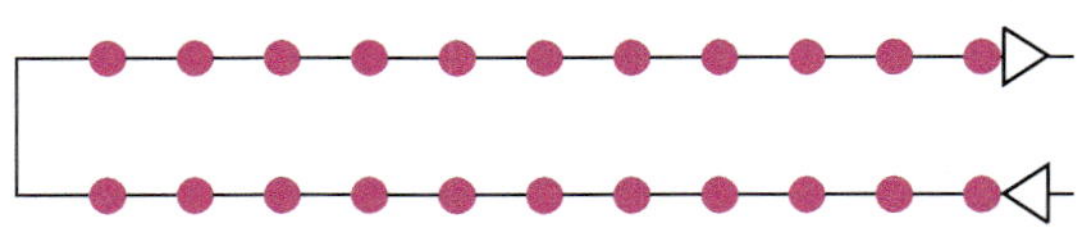

그림 10.20 선형구조물을 위한 촬영(2코스)

만약 2개의 코스로 촬영이 어렵다면 한 개의 코스로 촬영해도 된다.

- 종중복85% 이상, 횡중복 70% 이상
- 지그재그로 배치된 GCP 사용

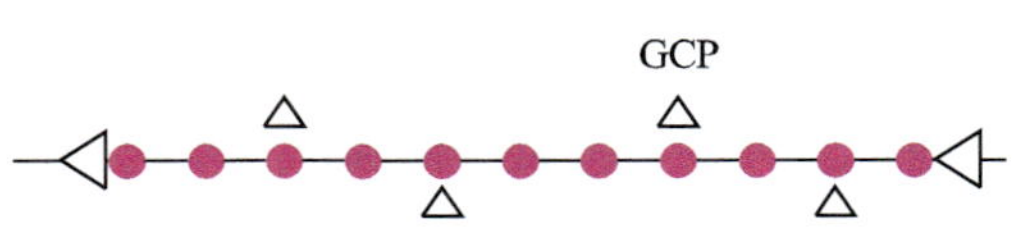

그림 10.21 선형구조물을 위한 촬영(단코스)

7) 여러 블록으로 나누어 촬영하는 경우

- 각각의 촬영블럭이 충분이 중복되어 있을 것.
- 각 세트의 촬영조건이 같을 것(태양의 각도, 날씨상태 : 직사광선, 산광, 새로운 건물 등이 없어야)
- 블록마다 촬영고도가 너무 다르면 공간 해상도가 달라지므로 가능한 동일하게 할 것.

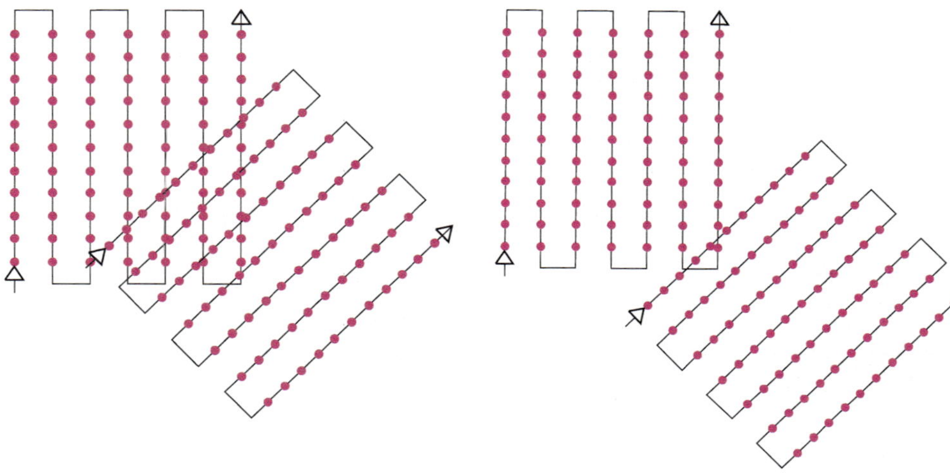

a) 블럭 간 중복이 충분하여 바람직　　b) 중복부분이 적어 바람직하지 못한 경우

그림 10.22 각기 다른 블록으로 촬영항 경우의 계획

8) 도시 재생성

건물의 3D재생성을 위해서는 모든 방향 동, 서, 남, 북 모든 방향에 대한 영상을 얻을 필요가 있으므로 다음 사항을 고려한다.

- 건물이 밀집된 도심지의 재생성을 위해서는 더블그리드를 권장
- 중복도는 일반적인 경우와 같게 할 것
- 건물의 측면에 대한 영상 정보를 잘 얻기 위해 수직사진보다는 10°~20°경사로 촬영할 것
- 지상사진과 조합하여 완성도를 높일 수 있다.
- 만약에 지상사진과 조합하거나 다른 세트의 사진을 함께 처리한다면 GCP 또는 수동 tie point를 사용할 것

9) 실내의 3차원 모델링

- 지상사진을 이용해야 하며 90% 이상의 중복도로 촬영해야 한다. 그러므로 피쉬아이카메라를 권장한다.
- 모델의 품질을 높이기 위해 수동 tip point를 사용할 것

10) 송전탑

- 구조물과 가깝게 촬영
- 각각 다른 촬영높이에서 원형으로 촬영
- 높이 방향으로 60% 이상 중복
- 각 높이에서 90% 이상의 중복도
- 피사체를 포함해서 배경까지 영상의 모든 것들이 초점이 맞아야 한다.(Depth of field를 깊게 할 것)

10.4.1 GCP

처리결과를 GIS데이터로 활용하거나 측량좌표계를 기본으로 하는 작업에 활용할 경우에는 GCP를 설치하고 측량해야 한다. 특히, 자동매칭이 어려운 눈 쌓인 지역, 사막과 같은 지역에 대한 사진측량시에도 GCP의 배치가 필수적이다. 촬영지역의 조건에 따라 GCP배치계획을 세워야 한다. 때로는 측량대상지역이 접근하기 어려운 지역이나 GCP설치가 곤란한 지역의 경우에는 RTK(Real Time Kinematic) GPS측량기능이 탑재된 드론을 사용하거나 PPK(Post Processed Kinematic)드론을 사용하여 촬영해야 한다. RTK와 PPK선택의 기준은 장해물로 인한 통신의 안정성 여부인데 고층빌딩과 같은 지역에서는 RTK방법보다 PPK방법을 사용하는 것이 안정적이다(한승희, 2019). RTK GPS의 경우 비행 중 실시간으로 지상국의 신호를 드론에 전송해 줌으로써 정밀한 비행과 Geo-referencing을 제공해준다. 따라서 지상국과 드론의 상시 통신연결을 필요로 한다. 반면에 PPK방식은 비행 후 드론에 저장되어 있는 GPS데이터를 프로세싱하는 방법으로 지상과 드론의 라디오링크가 필요없다. 후 처리 시에는 지상스테이션의 CORS데이터 또는 인근의 상시관측소의 RINEX데이터를 사용할 수 있다.

PPK의 장점은 드론과의 거리가 20km정도까지 떨어져도 상관 없으나 RTK는 기지국으로부터 시통이 되어야 한다. 따라서 RTK는 장애물이 없는 벌판같은 곳의 작업에 적합한 방법이다.

그림 10.23 RTK GPS를 장착한 드론(Phantom4 RTK, DJI)

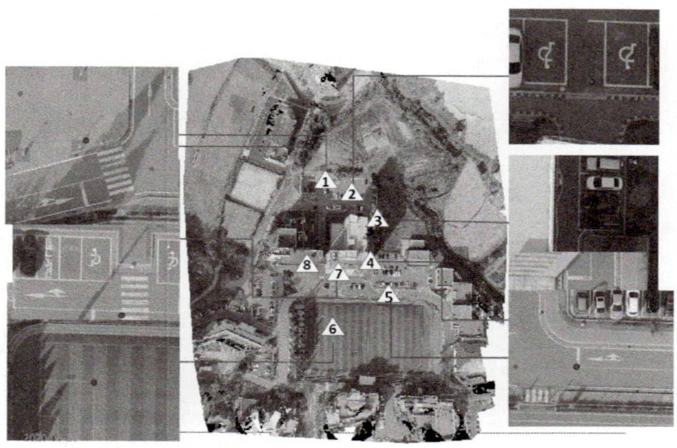

그림 10.24 자연점을 이용한 GCP의 배치 예

그림 10.25 GCP에 대한 GPS측량

10.5 영상처리

영상을 기반으로 하는 사진측량처리는 영상과 영상에 대한 외부표정요소 초기값, GCP성과, 카메라검정데이터가 있어야 한다. 외부표정요소의 초기값은 GPS와 IMU에 의해 얻어지며 카메라 검정데이터는 빌트인카메라의 경우 제작사에서 제공한다. 그림 10.26과 같은 과정으로 점군데이터, 정사영상, 3D mesh를 생성한다.

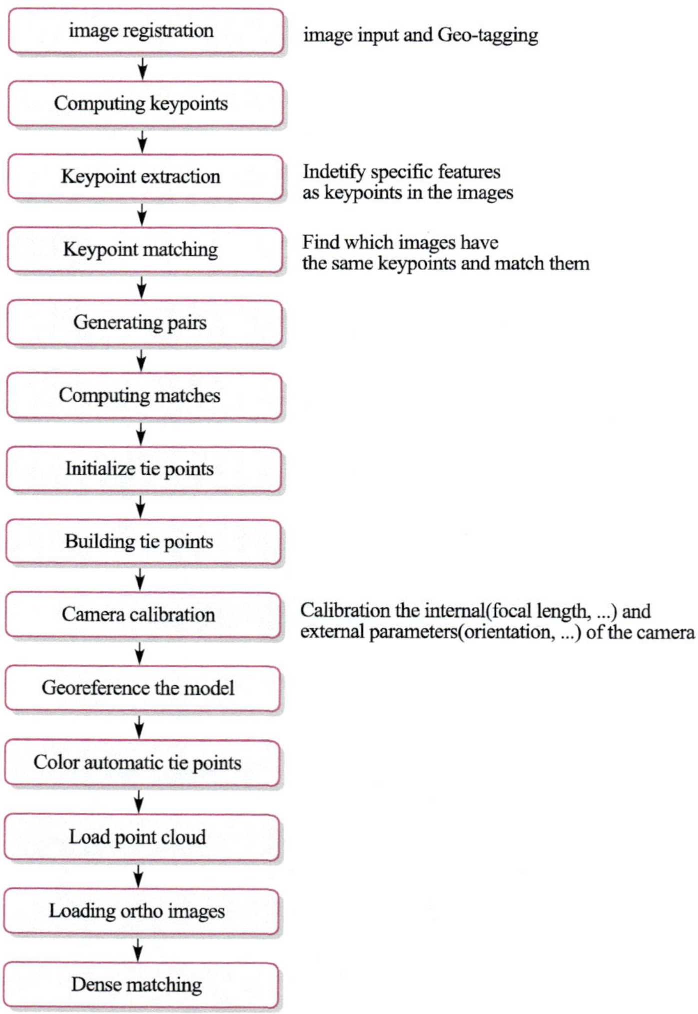

a) Processing STEP1

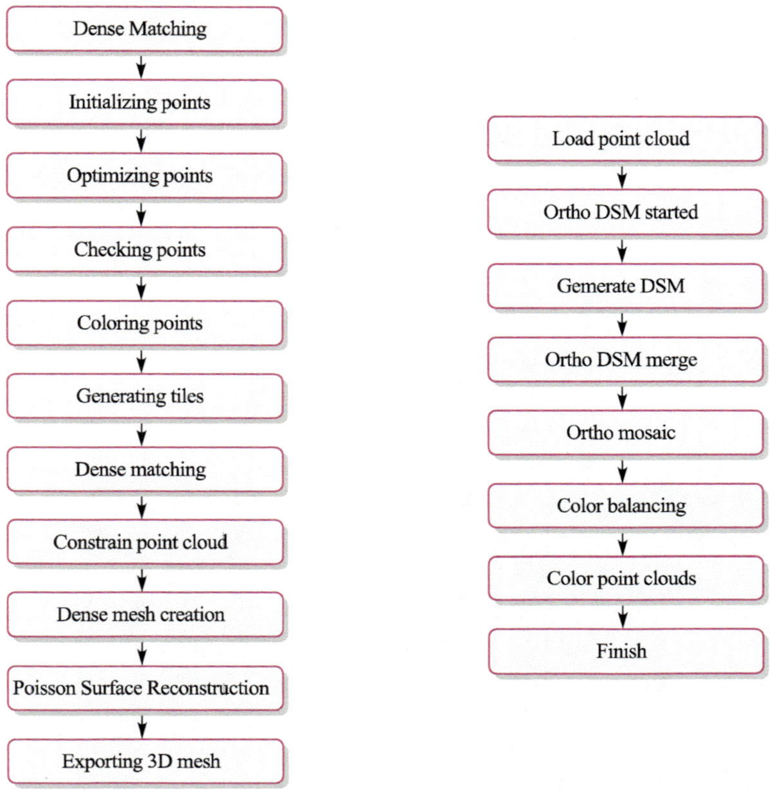

b) Processing STEP2 c) Processing STEP3

그림 10.26 드론사진측량 처리과정(Pix4D Mapper Pro)

주된 알고리즘은 공선조건식을 기본으로 번들 조정기법으로 처리한다. 초기에 입력된 외부표정요소는 수렴의 허용범위까지 반복계산하여 최종적으로 정확한 값을 도출한다. 이때 GCP성과는 정확한 외부표정요소의 도출을 위해 필수적이다. 정사영상은 점군데이터가 획득되어야만 제작할 수 있는데 표고에 의해 발생하는 기복변위를 보정하기 위해서는 지형 및 구조물의 3차원 데이터가 필요하기 때문이다.

10.6 결과물의 활용

드론사진측량의 결과물은 점군데이터, 정사영상, 3차원 메쉬데이터이다. 이들 결과물은 공간정보의 주된 부분을 차지하고 있으며 GIS 데이터로 바로 활용할 수 있으므로 매우 가치있는 결과물이다. 점군데이터는 .las 포맷으로 각종 3차원 가공 소프트웨어에 사용할 수 있으며 영상과 조합된 3차원 메쉬데이터는 정확하고 효율적으로 수치지도제작을 가능케 한다. 특히, 정사영상은 GIS의 기초데이터로 필수적이며 가치가 있다. 그림 10.27은 결과물의 예이다.

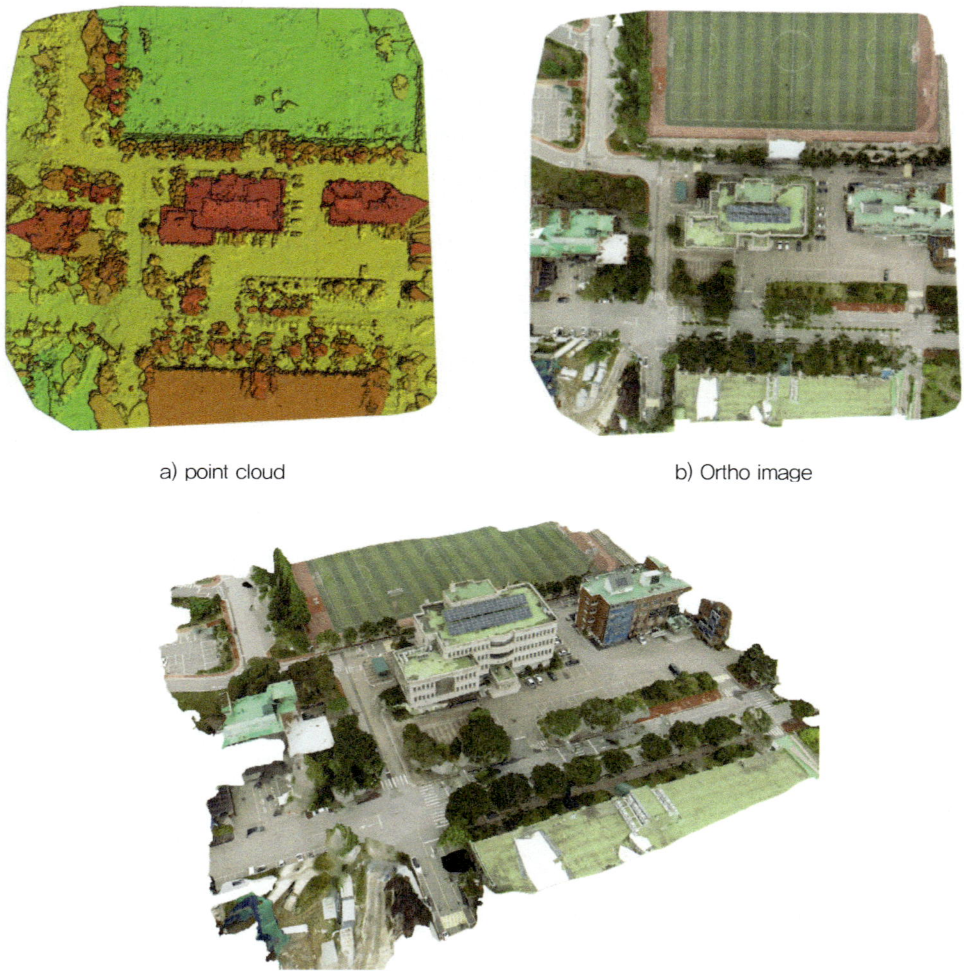

a) point cloud

b) Ortho image

c) 3D mesh

그림 10.27 드론사진측량에서 얻는 공간정보

동적 지도제작시스템 (MMS;Mobile Mapping System)

최근의 사진측량은 다중센서기술의 발전에 힘입어 GPS, Laser scanner, IMU 등과 융합되어 동적지도제작시스템(MMS; Mobile Mapping System)을 탄생시켰다. MMS는 기존의 도로 및 시가지의 3D모델링뿐만 아니라 건물정보모델링(BIM; Building Information Modeling)을 위한 건물내부의 3D 모델링을 위한 획기적인 시스템이다. 앞으로의 3D GIS구축의 기본 골격을 이루는 데이터 구축에 중심적인 역할을 할 것이다. 이번 장에서는 초기의 4S-Van, Compass x-Van에서부터 현재 사용하는 시스템에 대해 간략히 소개한다.

전통적인 사진측량은 비행기, 위성, 그리고 드론을 이용하여 획득한 영상을 사용해 왔다. 공간정보 시장은 단시간에 효율적으로 얻을 수 있는 높은 정확도의 공간정보를 요구하고 있다. 센서의 소형화와 시스템의 조합(System integration)기술이 발전함에 따라 차량에 탑재하고 도로 또는 도로주변의 공간정보를 획득할 수 있는 동적지도제작시스템(Mobile Mapping System)이 개발되어 활용되고 있다.

모바일 매핑은 모바일 차량으로부터 지리공간 데이터를 수집하는 과정으로, 일반적으로 다양한 GNSS, 사진, 레이더, 레이저, LiDAR 또는 다수의 원격 감지 시스템을 갖추고 있다. 그러한 시스템은 시간 동기화된 내비게이션 센서와 모바일 플랫폼에 탑재된 영상 센서의 통합된 배열로 구성된다. 그러한 시스템의 1차 출력물로는 GIS 데이터, 디지털 지도, 지리 참조 영상 및 비디오 등이 있다.

11.1 1세대 MMS

11.1.1 4S-Van 시스템

4S-Van[1]은 국내 최초로 실용화된 모바일 매핑 시스템(Mobile Mapping System)으로 차량에 장착된 CCD 카메라 및 위성측위시스템, 관성항법시스템 등을 이용하여 지형공간정보를 수집하고 해당 정보를 활용하여 데이터베이스를 구축할 수 있는 솔루션이다. 차량상부에 탑재된 센서부분과 차량내부의 데이터 저장장치 그리고 분석소프트웨어로 구성되어 있다.

그림 11.1 국내에서 개발한 4S-Van(이엔지정보기술(주) 제공)

가로에 존재하거나 인접한 영역에 대한 매핑하는 것이 목적이므로 3차원 좌표해석을 할 수 있는 스테레오 영상획득, 사진의 표정요소와 촬영시간 측정을 위한 GPS, 도심지에서의 cycle sleep이나 차량의 위치, 자세정보획득을 위한 IMU(관성항법시스템)을 탑재하고 있으며, 자세한 사양은 표 11.1에 기술하였다.

1) 4S는 위성측위시스템(GNSS)과 지리정보시스템(GIS), 지능형 교통체계(ITS), 공간영상정보 시스템(SIIS)이 통합된 형태를 뜻한다.

표 11.1 4S-Van에 탑재된 센서, 하드웨어 및 소프트웨어

구 분	사 진	제 원	상 세 설 명
HW		CCD 카메라 부	차량 상부의 전방 및 후방에 각각 2대씩 위치하며 각 방향에 대한 스테레오 영상을 수집한다. 또한 사용자 설정에 따라 차량 측면에 대한 영상 수집도 가능하다.
		위성측위시스템 부	차량 상부에 2개의 위성수신 안테나를 장착하고 있으며, 이를 통해 차량의 위치정보를 수집한다.
		관성항법시스템 부	차량상부에 관성항법장치가 위치하고 있으며 위성측위시스템과 연계하여 위성의 음영지역에서도 차량의 위치·자세정보를 수집할 수 있도록 한다.
		제어 및 저장 부	컴퓨터와 동기화 신호발생기 등으로 구성되며 CCD 카메라부와 위성측위, 관성항법시스템 간의 동기화 및 수집되는 영상정보와 위치 · 자세 정보를 저장한다.
SW	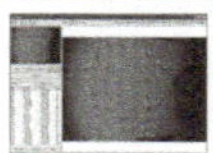	Self Calibration	CCD 카메라의 내부표정요소 및 외부표정요소를 도출한다.
		지형공간정보 추출 SW	차량의 위치 및 수집영상 내 각종 시설물의 3차원 공간정보를 추출한다.

4S-Van은 이동 차량에 부착된 센서를 기반으로 수집된 정보를 활용하여 소규모 인력으로 짧은 시간 내에 광범위한 지역의 지형공간정보를 수집, 구축하는 장비로써 3차원 공간정보구축분야 및 도로시설물 관리 분야 등에 중요한 역할을 하였다.

11.1.2 컴퍼스 i-Van과 컴퍼스 Walker

Compass i-Van과 Compass Walker는 차량접근 불가능 지역에 대한 전방위 영상공간정보를 수집하고 해당정보를 활용하여 데이터베이스 구축 및 서비스구축을 할 수 있는 솔루션이다. i-Van은 건물이나 밀폐된 공간의 3차원 매핑을 위한 장비로 자동노선탐색기능이 있다. Walker는 작업자가 등에 장비를 장치하고 현장에서 데이터를 획득하는 방식이다. 획득된 데이터처리 소프트웨어의 화면은 그림 11.2와 같다.

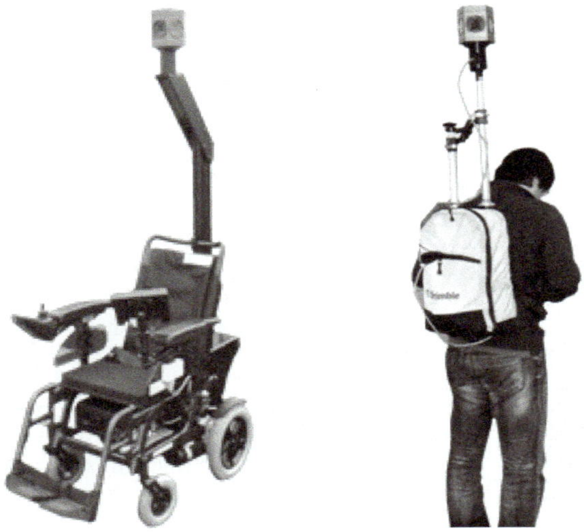

(a) i-Van (b) Walker

그림 11.2 소형 모바일 컴퍼스

Compass i-Van과 Compass Walker는 차량접근 불가능 지역에 대한 전방위(全方位) 영상공간정보를 수집하여 이를 바탕으로 전방위 영상공간정보 데이터베이스를 구축하는 장비로써 해당 데이터베이스는 전방위 영상서비스 및 POI 정보 수집 제공 서비스 등에 활용되었다.

11.2 최근 MMS

11.2.1 System integration

MMS는 다양한 센서의 조합으로 구성되므로 하드웨어뿐만 아니라 소프트웨어도 통합운영이 가능해야 한다. 또한 각 센서에서 보내져 오는 신호 간에 간섭 등 부정적인 영향을 미치므로 이에 대한 필터링기법 등도 중요한 요소가 된다. 이는 최종 결과물의 정확도에 중대한 영향을 미치므로 신중을 기해야 한다. 그림 11.3에서와 같이 CCD카메라, 레이져스캐너, GNSS, 지상보조 레이져스캐너의 조합으로 MMS가 구성된다.

MMS시스템은 각 센서의 검정은 물론 통합적인 시스템에 대해 주기적인 검정이 필요하며 최종적인 결과물은 후처리를 거쳐 얻어지게 된다.

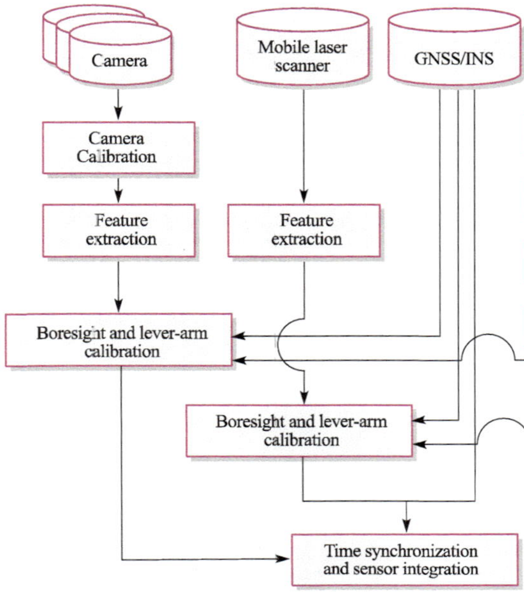

그림 11.3 MMS의 system integration 개념도

그림 11.4는 차량에 탑재된 MMS의 각 구성요소를 보인 것인데 거리를 측정하기 위해 바퀴에 장치된 odometer부터 지붕에 설치된 각 센서의 위치를 알 수 있다. 각 센서는 전방위 360도를 피복해야 하므로 여러 대의 센서들이 각 방향으로 설치되어 있다.

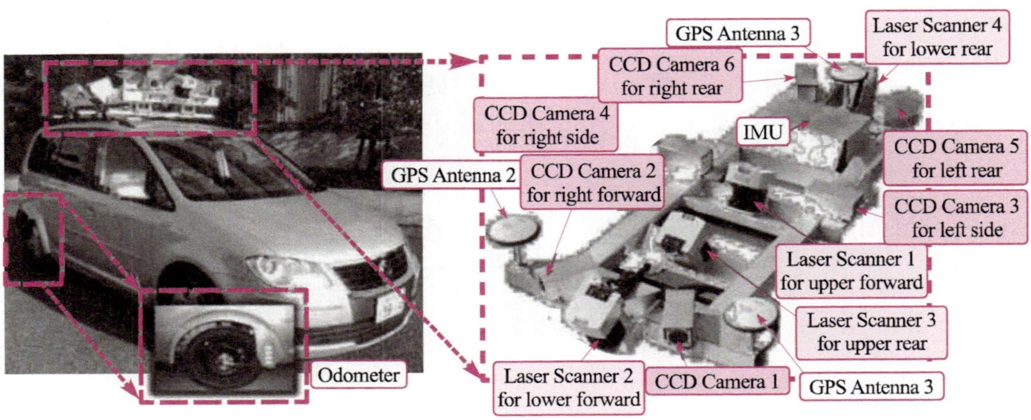

그림 11.4 차량에 탑재된 MMS의 각 구성요소

11.2.2 주요 시스템

1) Trimble MX9

대규모 스캔 및 매핑 미션을 위한 모바일 매핑 솔루션을 제공한다. MX9는 차량 위에 탑재되어 파노라마와 멀티 앵글 모두에서 조밀한 점군데이터와 이미지를 빠르게 캡처한다. 데이터는 고속도로 속도에서 수집할 수 있어 혼잡한 고속도로에서 데이터 수집을 크게 개선하고 값비싼 차선 폐쇄를 피할 수 있다.(그림 11.5)

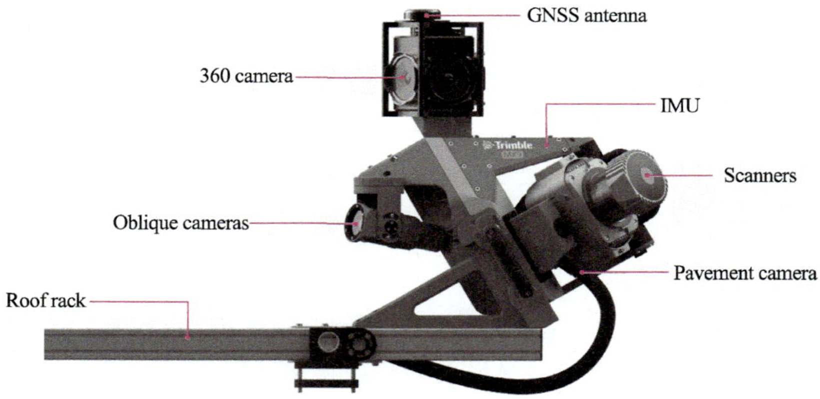

그림 11.5 Trimble MX9 mobile mapping system

2) Topcon IP-S3 HD1

IP-S3 모바일 매핑 시스템은 더 작고 가볍고 다루기 쉬운 시스템으로 고해상도 파노라마와 결합된 고밀도, 고정밀도 점군데이터를 제공한다. IP-S3의 위치 측정 시스템은 관성 측정 장치(IMU), GNSS 수신기(GPS 및 GLONASS) 및 차량 주행 기록계의 통합이다. 그것은 동적 환경에서 정확한 위치와 자세를 제공한다. 회전하는 LiDAR 센서는 초당 70만 펄스의 속도로 환경을 포착한다. 각 회전 동안 32개의 내부 레이저가 각각 약간 다른 시야각에서 시스템 주위로 360도 전체를 덮는다. 이를 통해 장애물이나 사각지대에서 발생하는 점군데이터의 사이를 최소화하기 때문에 여러 대의 스캐너를 설치할 필요가 없어진다.(그림 11.6)

그림 11.6 Topcon IP-S3 HD1 mobile mapping system

그림 11.7 Leica Pegasus mobile mapping system

3) Leica Pegasus

라이카 페가수스 모바일 매핑 솔루션은 GNSS 수신기, IMU, DMI와 함께 레이저 스캐너 1대 또는 여러 대를 사용하며, 어느 차량에든 6~8대의 카메라로 정확하고 정밀한 공간 데이터를 획득한다.(그림 11.7) 이 혁신적인 모바일 센서 플랫폼은 포인트 클라우드와 영상 데이터를 캡처할 뿐만 아니라 추가 센서에서 데이터를 수집할 수 있다.

라이카 페가수스 백팩은 웨어러블 리얼리티 캡처 센서 플랫폼이다. 인체공학적 디자인은 360도 뷰를 완벽하게 보정할 수 있는 카메라 5대와 초경량 탄소 섬유 섀시를 갖춘 LiDAR 프로파일러 2대를 결합한 것이다. 집중적이고 효율적으로 실내 또는 실외 결과물의 획득을 가능하게 한다.(그림 11.8)

그림 11.8 Leica PegasusBackpack
http://www.gisresources.com

4) Gexcel Orbit GT's 3DM

Orbit GT의 3D Mapping(3D Mapping) 소프트웨어는 모바일, 백팩, 트롤리, 핸드헬드, 드론, 항공 및 삼각대 레이저 스캐너 등 모든 장치에서 나오는 데이터를 관리, 추출 및 게시할 수 있게 해준다. 완전하고 단순한 워크플로우를 사용하여, 현실을 포착하는 것에서부터 시작하여 환경을 모델링하는 것을 넘어 전 세계적으로 3D 데이터를 공유하게 된다.(그림 11.9)

그림 11.9 Gexcel Orbit GT's 3DM mobile mapping system

그림 11.10 Teledyne Optech's Maverick

5) Teledyne Optech's Maverick

무게가 9kg 이하인 매버릭은 차량, ATV/UTV, 열차, 배낭 등 다양한 플랫폼에 쉽게 탑재된다. 이 고도로 휴대성이 뛰어난 시스템은 실내 GNSS가 부족한 환경을 포함하여 매우 다양한 조건에서 작동하며, 어떠한 규모와 범위의 프로젝트에도 사용할 수 있다. 고해상도 360도 영상화, 고화질 LiDAR, 통합 포지션 및 오리엔테이션 시스템을 결합한 매버릭은 인상적이고 정확한 모바일 데이터를 전달한다. 초당 최대 70만 개의 데이터 포인트를 수집하고, 고화질 5MP 센서 6개를 이용해 고해상도 영상을 캡처한다. 매버릭 시스템은 실시간 디스플레이 및 피드백과 함께 이미징, LiDAR, GNSS 후처리 등을 제공하는 소프트웨어와 함께 패키지로 제공된다.(그림 11.10)

6) Mitsubishi의 MMS-G

MMS-G는 모바일 매핑 시스템(Mobile Mapping System)으로 차량에 부착된 CCD 카메라 및 레이저스캐너, 위성측위시스템, 관성항법시스템 등을 이용하여 지형공간정보를 수집하고 해당 정보를 활용하여 데이터베이스를 구축할 수 있게 구성되어있다.

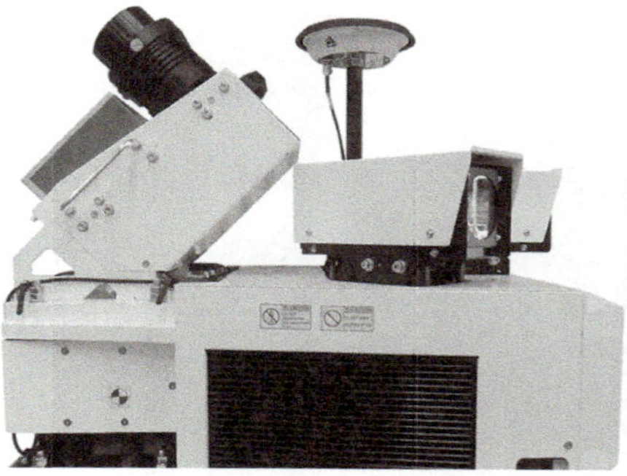

그림 11.11 Mitsubishi의 MMS-G

이동하면서 주변 공간정보를 3차원 데이터로 취득하기 위해 좌표해석을 할 수 있는 영상획득과 사진의 표정요소 및 촬영시간 측정을 위한 GPS, 도심지에서의 cycle sleep이나 차량의 위치, 자세정보 획득을 위한 IMU(관성항법시스템) 등을 탑재하고 있고 아래 표 11.2에 자세한 사양을 기술하였다.

표 11.2 MMS-G에 탑재된 센서 및 하드웨어

<table>
<tr><th colspan="2">제원</th><th>상세설명</th></tr>
<tr><td rowspan="2">카메라</td><td>CCD 카메라</td><td>차량 전방에 위치한 3대의 카메라로 정면, 좌측면, 우측면에 대한 스테레오 영상을 수집한다.</td></tr>
<tr><td>파노라마 카메라</td><td>차량 전방에 위치하여 고정밀 고해상도 파노라마 사진을 취득한다.</td></tr>
<tr><td colspan="2">레이저스캐너</td><td>최대 119m의 주사거리에 초당 1,000,000개의 점을 획득하여 고정밀 측정이 가능하다.</td></tr>
<tr><td colspan="2">GPS</td><td>이동기지국의 자료와 MMS차량의 GNSS 위치정보 및 INS(각도, 가속도)정보를 결합하여 차량의 위치를 계산한다.</td></tr>
<tr><td colspan="2">IMU</td><td>바퀴압과 대기압 변화를 감지하여 타이어 외부 직경 변위를 자동 계산하여 GPS 차폐 구간(터널 등)에서의 기기 위치 파악에 사용된다.</td></tr>
</table>

11.3 MMS의 기능 및 활용

MMS는 주행하면서 차량에 부착된 센서들로 점군데이터, 영상데이터, 위치 및 자세데이터를 단시간 내에 취득하여 지형공간정보를 수집하고 구축하는 장비로써 3차원 공간정보 구축 및 시설물 관리분야 등에 중요한 역할을 한다.

11.3.1 점군데이터 획득(Point cloud)

예로써 그림 11.12는 MMS-G 시스템으로 획득한 다중 데이터를 처리하는 소프트웨어의 일부 실행 화면이다. MMS는 시속 약 60km이하로 이동을 하며 측량하므로 각 시간 별 센서의 위치를 GPS데이터 후처리를 통해 구한다(그림 11.12 (a). 여러 대의 레이져스캐너로부터 얻어진 포인트데이터는 .las 또는 .csv형식으로 소프트웨어 내로 입력되거나 처리된다(그림 11.12(c)). 포인트데이터의 3차원적 디스플레이는 현장감이 없으므로 보통 RGB정보를 포인트에 입혀 작업한다(그림 11.12(c),(d)).

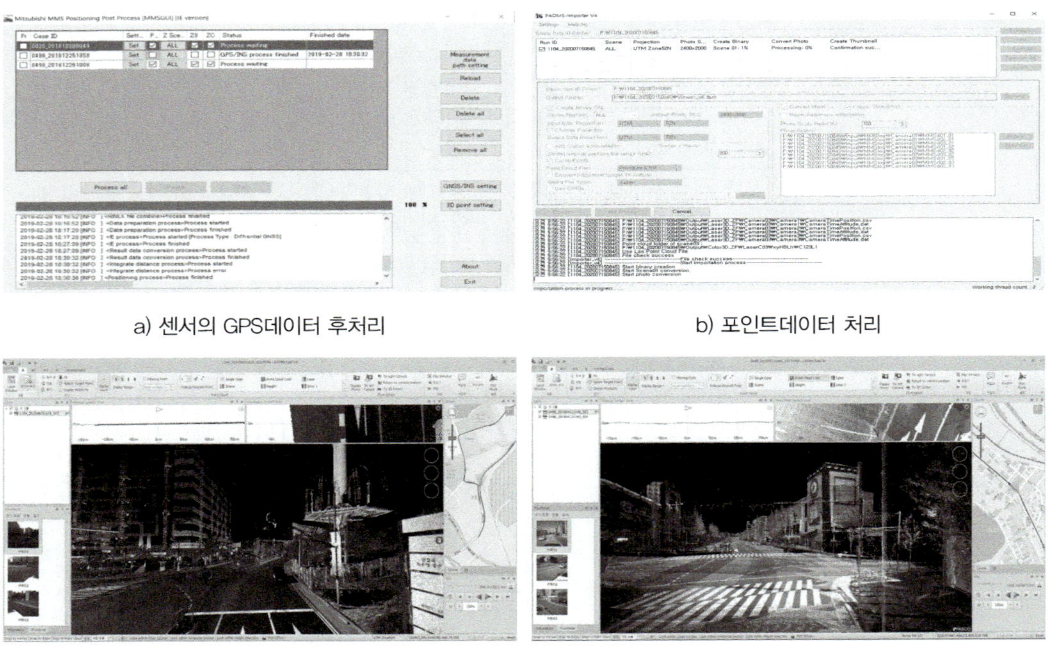

a) 센서의 GPS데이터 후처리　　b) 포인트데이터 처리

c) 3D point cloud data　　d) 3D RGB point cloud data

그림 11.12 MMS-G 자료처리 소프트웨어 (신한항업 제공)

11.3.2 속성데이터 획득

MMS-G 시스템은 도로에 인접한 노면, 건물, 도로시설물에 대한 3D매핑과 속성정보 취득을 할 수 있어 지상 및 지하시설물관리, 도로DB구축, 도로 종횡단 측량, 교량 유지관리 등 넓은 분야에 적용할 수 있어 활용도가 높다. 여기서 속성정보라 함은 도로교통표지판, 안전시설물의 안내판 또는 도로주변 건물의 간판 등으로부터 자동문자인식으로 데이터베이스에 저장되는 데이터를 말한다(그림 11.13).

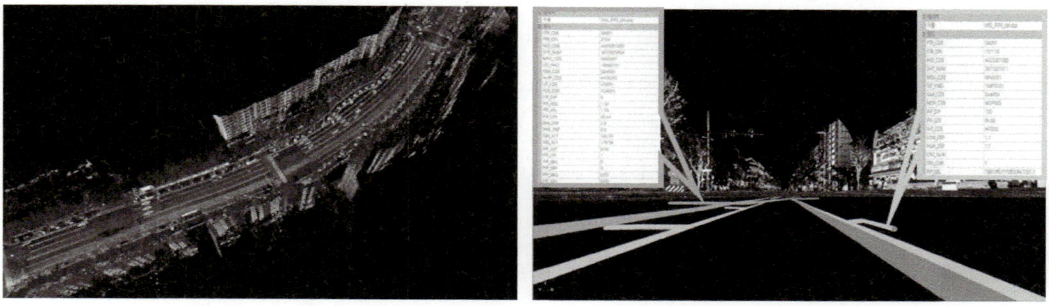

a) 속성과 함께 표시된 point cloud b) 노면에 표시된 차선에 대한 속성테이블

그림 11.13 지상 및 지하시설물 관리 (동광지엔티 제공)

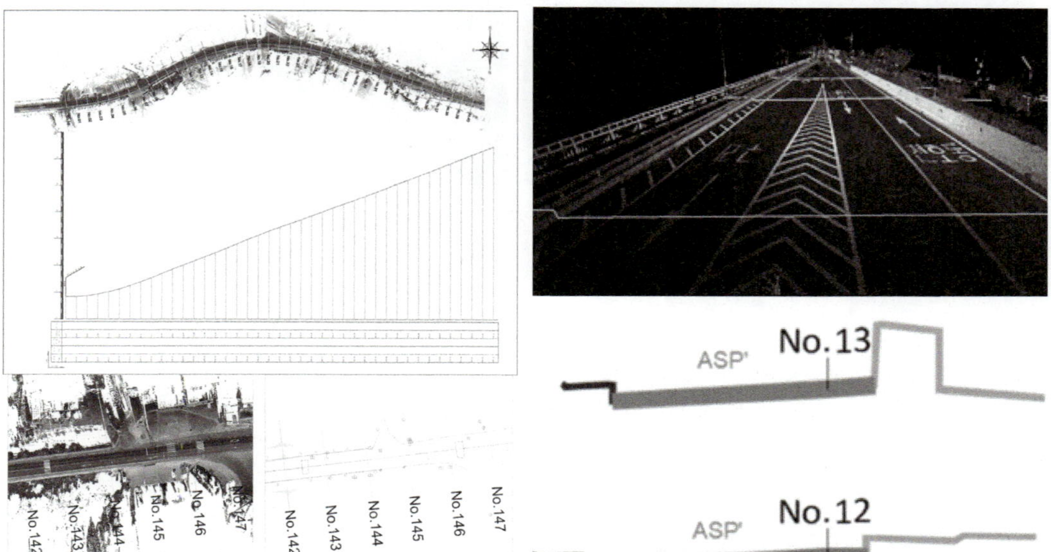

a) 도로종단측량성과 추출 b) 도로 횡단측량성과 추출

그림 11.14 도로 종횡단 측량 (동광지엔티 제공)

조밀한 점군데이터는 그림 11.14와 같이 도로의 종단뿐만 아니라 횡단측량성과를 손쉽게 추출할 수 있으며 측점간격에 구애받지 않고 원하는 지점에 대해 단면 추출이 가능하다.

11.3.3 정밀도로지도 구축

MMS 활용에서 가장 이슈가 되는 분야는 자율주행 등에 필요한 정밀도로지도 DB 구축이다. 정밀도로지도란 도로 및 주변시설에 대한 3차원 고정밀 데이터를 말한다. 자율주행 등에 필요한 차선(규제선, 도로경계선, 정지선, 차로중심선), 도로시설(중앙분리대, 터널, 교량, 지하차도), 표지시설(교통안전표지, 노면표시, 신호기) 등의 정보를 3차원으로 제작한 전자지도이다. 자율주행을 위한 정밀도로지도는 일반 수치지도와는 다른 면이 있다. 예를 들어 수치지도는 차선을 표시하지만 정밀도로지도는 그림 11.15와 같이 차량이 주행하는 중심선을 더 중요시한다. 따라서 교차로에서의 차선표시 역시 실제 차량의 주행에 중점적으로 제작한다.

그림 11.15 정밀도로지도 DB(국토지리정보원 제공/신한항업)

11.4 국내 적용사례

11.4.1 GNSS후처리방식 MMS

MMS 활용에 있어 현재 국내에서 사용되는 대표적인 장비로는 Mitsubishi, Leica, RIEGL 등이 있으며, 그 외에도 각각의 센서들을 조합하여 국내 기술력으로 만들어진 MMS 장비들이 이용되고 있다(그림 11.16).

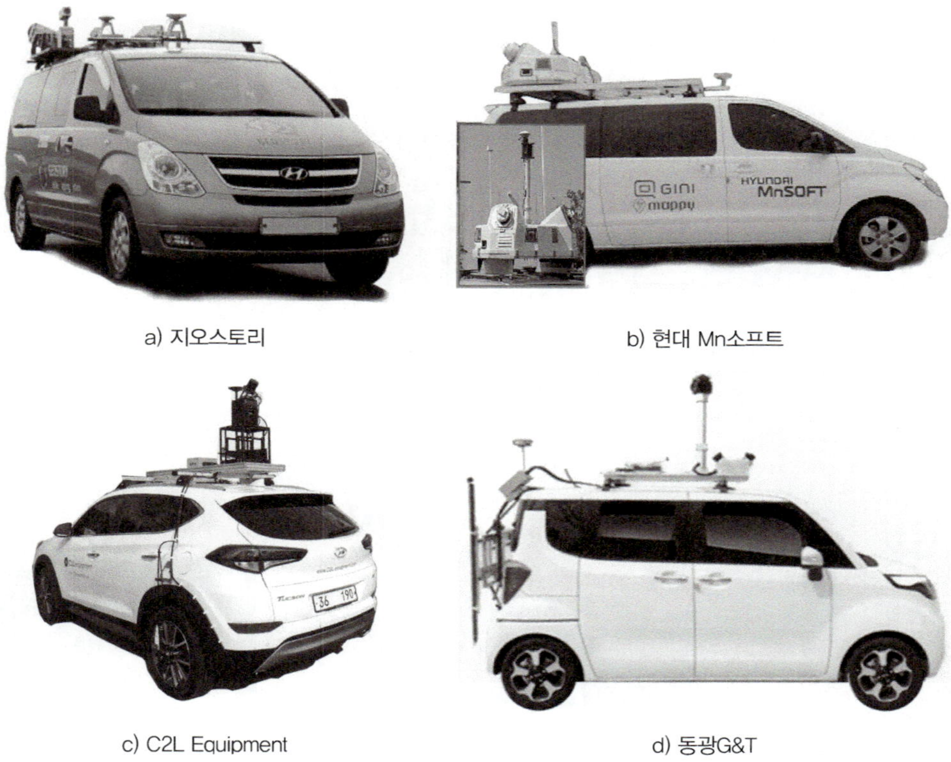

a) 지오스토리　　b) 현대 Mn소프트

c) C2L Equipment　　d) 동광G&T

그림 11.16 국내에서 사용되는 MMS 장비

일반적인 MMS를 이용한 정밀도로지도 제작공정은 그림 11.17과 같다.

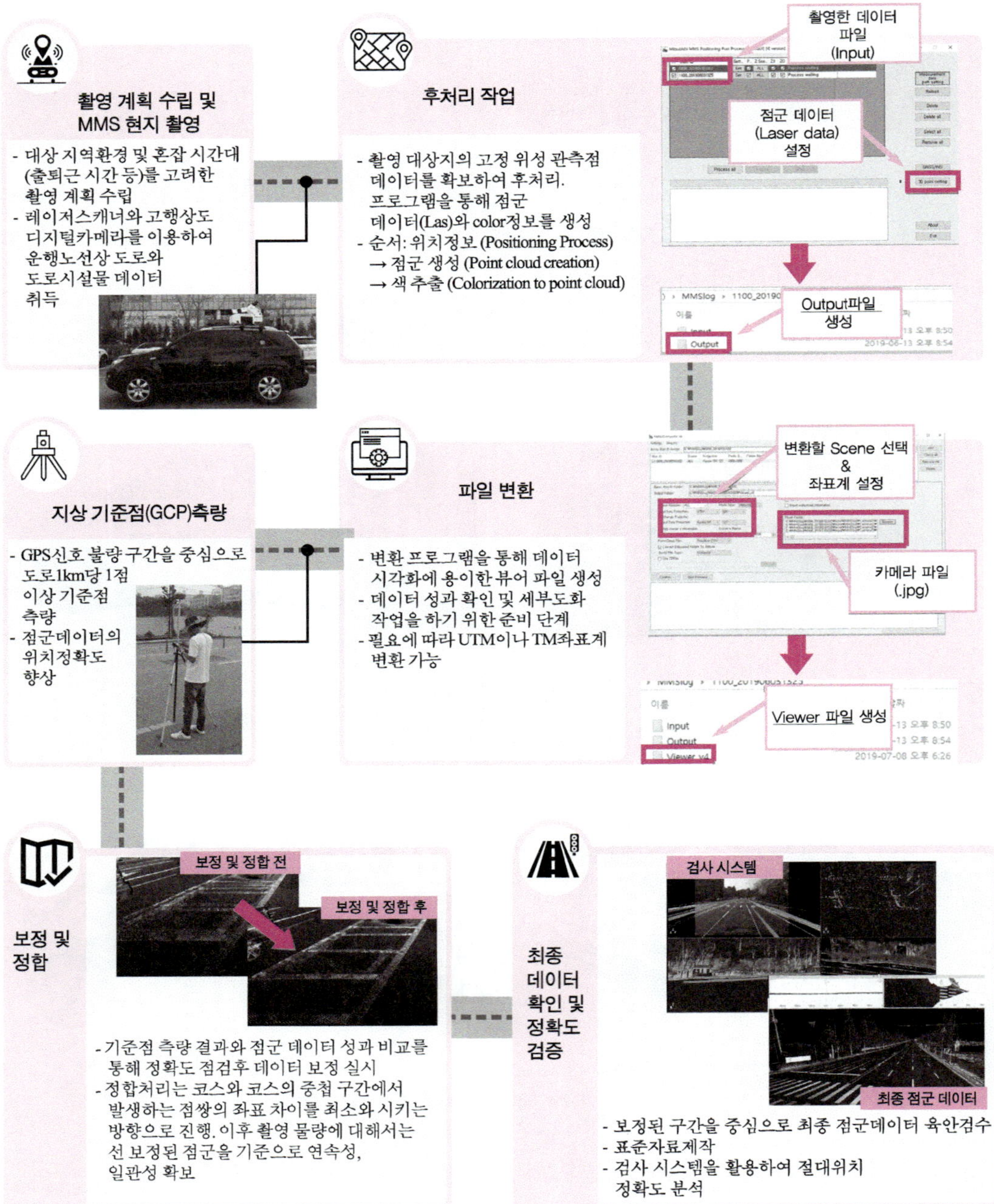

그림 11.17 MMS를 이용한 정밀도로지도 제작공정 흐름도 (동광지엔티)

11.4.2 동시 위치결정방식 MMS

최근 들어 3D GIS구축을 위한 건물내부 및 지하공간에 대한 3차원 모델구축에 대한 요구가 많아지고 있다. 지상용 MMS는 GNSS수신이 가능하므로 센서의 위치와 점군데이터의 지오레퍼런싱을 후처리를 통해 해결한다. 그러나 실내 또는 지하의 경우에는 GNSS방법은 사용할 수 없기 때문에 위치결정과 지도제작을 동시에 해결하는 방법을 사용해야 한다. 따라서 이동형 라이다는 크게 GNSS를 이용하는 방식과 SLAM 기법을 이용하는 방식으로 나눌 수 있다. GNSS를 이용하는 방식은 고정밀 측위 센서를 이용하기 때문에 장거리 측정 시에 Drift가 없이 스캔 데이터를 얻을 수 있다는 장점을 가지는 반면, 실내 또는 위성 신호가 수신되지 않는 지역에서는 스캔이 불가능하다는 단점을 가진다. 또한 SLAM기반의 스캔 방식은 실내외 가리지 않고 스캔이 가능하나, 라이다 데이터가 매우 적게 들어오는 지역 또는 장거리 스캔 등에 대해서는 오차 요인이 존재한다는 단점이 존재한다.

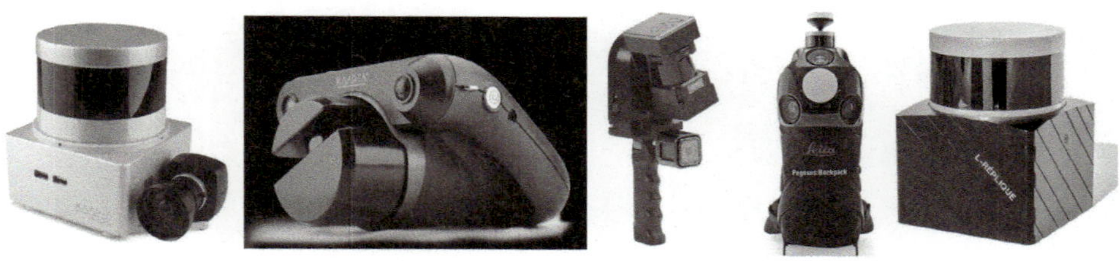

그림 11.18 대표적인 SLAM 기반의 맵핑 장비

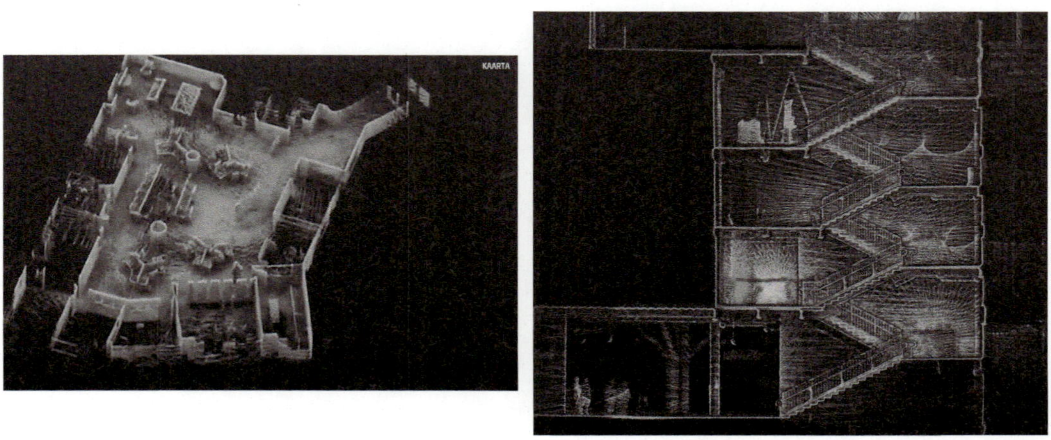

그림 11.19 점군데이터 예시 (leica / KAARTA 홈페이지)

위와 같이 handheld형식의 맵핑 장비를 이용하여 레이저 스캐너의 폐색구간 대응이 가능하며, MMS 차량이 진입이 불가능한 지역, 사람의 보행만이 가능한 지역에서의 영상정보 및 레이저 스캔데이터 취득이 가능하다. 또한, BIM(Building Information Modeling) / 실내지도 / 지하의 공간정보 데이터를 구축하는데 있어 진보적이며 전문적인 장비이다.

PART 2 원격탐측

CHAPTER 12 원격탐측 일반

CHAPTER 13 탐측기와 탑재기

CHAPTER 14 센서의 스캐닝 방식에 따른 기하학적 특성

CHAPTER 15 영상처리

CHAPTER 16 영상분류(Image Classification)

CHAPTER 17 열 원격탐측

CHAPTER 18 레이더 원격탐측

CHAPTER 19 Hyperspectral Remote sensing

CHAPTER 20 원격탐측의 활용

CHAPTER 12

원격탐측 일반

12.1 서 론

원격탐측(Remote Sensing)은 지상이나 항공기 및 인공위성 등의 탑재기(Platform)에 설치된 탐측기(Sensor)를 이용하여 지표, 지상, 지하, 대기권 및 우주공간의 대상들에서 반사 혹은 방사되는 전자파를 탐지하고 이들 자료로부터 토지, 환경 및 자원에 대한 정보를 얻어 이를 해석하는 과학의 한 분야이다. Remote Sensing이라는 말을 처음 쓰기 시작한 것은 1960년대 초 미국 해군연구청(Office of Naval Research)의 물리학자들이었다.

이 글을 읽고 있는 독자도 현재 원격탐측을 행하고 있다. 여러분들 눈은 지면상의 어두운 부분과 밝은 부분으로부터 반사된 빛의 양에 따라 자극을 받으며 데이터를 얻는다. 이들 데이터는 당신의 두뇌에서 분석되고 해석되어져 글자들을 모으고 단어를 형성함으로써 지면상의 어두운 부분인 문자의 의미를 알 수 있게 된다. 더 나아가 문장에서의 단어형성을 인식하고 그 문장이 전달하려는 정보를 해석한다. 원격탐측의 개념을 인체에 비유하여 그림 12.2에 보였다. 인체의 센서 중 눈은 원격탐측에서 사용하는 광센서 역할을 한다. 빛의 강도와 색깔정보를 감지하여 두뇌로 보내면 두뇌에서는 정보를 이용하여 영상을 만들고 우리가 가지고 있는 사전지식(Reference)에 의해 영상을 분석하게 된다. 두뇌자체는 하드웨어가 되는 셈이고 영상의 형성, 해석은 알고리즘 및 소프트웨어에 해당한다. 센서와 하드웨어를 이동시키는 머리 또는 몸은 플랫폼이 되는 것이다.

다양한 센서를 사용하여 정보를 얻고 분석하여 데이터를 원격적으로 수집하고 분석하는 것이 원격탐측이다. 대상을 어디로 하느냐에 따라 많은 분야의 응용이 가능해진다. 이번 장에서는 원격탐측과정에서 주목해야할 기본원리를 설명하였다. 전자에너지의 기본성질로부터 출발하여 센서의 종류 및 특성, 탑재체, 원격탐측의 활용에 이르기까지 서술하였다.

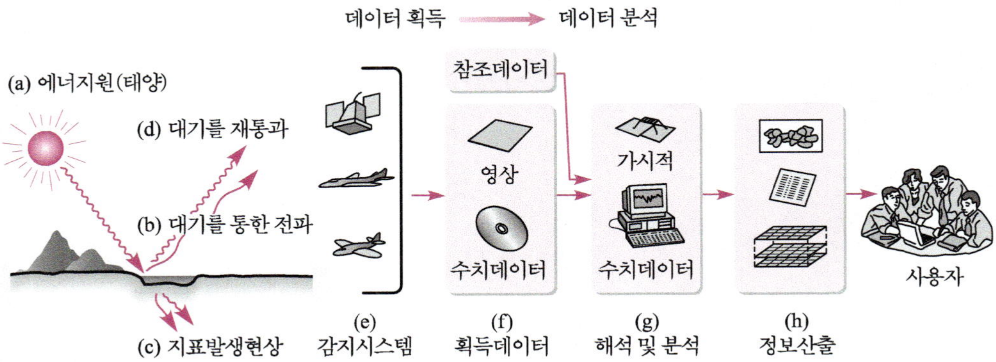

그림 12.1 원격탐측의 일반적 작업과정

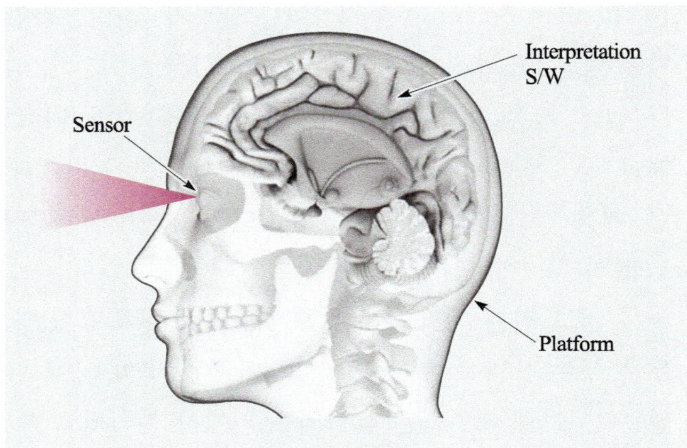

그림 12.2 인체에 비유한 원격탐측 개념
http://cache1.asset-cache.net

12.2 원격탐측의 역사

1909년 항공기에서 사진촬영이 가능해짐에 따라 1차 세계대전(1914~1918)에 항공사진을 이용한 정보생성(정찰) 분야가 발전하였다. 1930년대 레이더 개발을 통해 2차 세계대전(1939~1945)에는 비가시광선영역의 전자기파를 사용하게 되었으며 1942년 코닥사에서는 적외선칼라필름을 특허 출원하였다. 1950년대 군사적 목적으로 열적외선을 이용한 원격탐측 기술을 사용하기 시작하였고 1954년 항공기를 이용한 레이더 시스템(Side-looking airborne radar)이 개발되었다. 사실상 적외선필름이 개발되기 전까지의 원격탐측은 주로 일반사진을 이용한 판독이 대부분이었으며, 군사적 목적의 비중이 컸다. 1, 2차 세계대전 때에는 사진판독을 전문적으로 하는 병과가 있을 정도로 하늘에서의 적진에 대한 정찰은 중요한 부분이었다.

그림 12.3 정찰사진을 판독하는 군 판독가들
(Courtesy of R.C. Nesbit)

1957년 소련의 Sputnik 위성이 발사됨에 따라 탑재체가 항공기가 아닌 위성으로 전환되는 중요한 계기가 되었다. 1965년에는 관련 국제학회인 ISPRS(International Society Photogrammetry & Remote Sensing)가 결성되었다. 1970년대 디지털 이미지 처리 기술이 출현함에 따라 지리정보시스템과 원격탐측 분야의 통합을 가져왔으며 1964년 미국의 해양관측 위성 발사, 1972년 미국 지구관측 위성 Landsat을 발사됨에 따라 원격탐측 분야의 부흥을 주도하였다. 1980년대 초분광센서(Hyperspectral sensors)의 개발과 1986년 프랑스의 지도제작 전문위성인 SPOT의 발사는 위성영상을 이용한 정량적 정보 생성을 가능케 했다. 1990년대 수치사진측량학(Digital Photogrammetry)이 발전하였으며 LIDAR의 등장은 1991년 ERS 발사와 1995년 Radarsat 발사, 1992년 일본의 광학, 레이더 동시 관측위성의 발사를 주도하였다.

이후 고해상도 센서개발에 박차를 가하여 1995년 미국, 소련, 이스라엘에서 상용 고해상도 위성계획이 수립되었으며 1999년 고해상도 위성(IKONOS)의 발사는 위성사진측량 분야의 기대를 가져왔다. 그 뒤를 이어 2000년대 Quickbird, Orbview 등과 같은 1m 이하급의 고해상도 위성영상이 출현하여 항공사진에 버금가는 공간해상도의 위성을 활용하고 있다.

우리나라의 원격탐측역사는 역시 플랫폼과 센서개발의 발전과 같이했는데 1970년 기상관측 위성으로부터 데이터를 수신한 것이 시초이며, 1972년 Landsat이 발사되고 국내에 소개되어 원격탐측을 위한 자료로 활용되기 시작하였다. 1989년 기상청과 공군중앙기상부가 기상위성자료수신 및 처리시스템을 도입하였으며 1984년 대한원격탐사학회의 설립을 통해 학문적으로 체계화되었다. 1992년 소형 과학위성 우리별 1호의 발사(KAIST의 인공위성 연구센터)는 우리나라의 우주시대를 열었다고 볼 수 있다.

그림 12.4 우리별 1호의 제작광경 (KAIST 인공위성연구센터, 1991)

그림 12.5 우리나라 최초의 다목적위성 아리랑 1호

1995년 한국 최초의 통신위성 무궁화호가 발사되었다. 그러나 초기의 위성은 주로 기상 및 통신위성이었기 때문에 원격탐측을 위한 광학영상은 이용할 수 없었다. 그러던 중 1996년 기계연구원으로부터 항공우주연구원이 독립하면서 1999년 12월 한국 최초의 다목적 인공위성 아리랑 1호(KOMPSAT-1)를 발사하였다. 이 위성에는 약 6.6m의 공간해상도로 영상을 획득할 수 있는 광학카메라가 탑재되어 있다.

뒤이어 2006년 7월 28일 아리랑 2호가 발사되어 우리나라도 꿈의 1m급 공간해상도를 획득할 수 있는 위성을 갖게 되었다. 2012년 5월에는 0.66m의 3호, 2013년 8월 최초의 Radar sat 아리랑 5호가 발사되었으며, 2015년 3월 0.55m의 아리랑 3A호가 발사되어 바야흐로 전천 후 원격탐측시대가 왔다고 볼 수 있다. 추가적으로 아리랑6호 레이더 위성과 아리랑7호(0.3m)가 2021년에 발사될 계획을 가지고 있다. 향후 다양한 위성의 보유와 더불어 위성관제시스템과 위성데이터를 효과적으로 처리하기 위한 기술과 전문인력의 필요성이 강조되고 있다.

원격탐측은 geomatics[2)] 분야의 한 부분이다. 데이터를 수집, 저장, 그리고 지형공간정보를 분석하는 일련의 프로세싱이 GIS와 매우 유사하다. GIS를 응용한 많은 작업들이 원격탐측으로부터 얻은 정보를 바탕으로 하는 경우가 많다. 또는 기본적인 배경영상으로 원격탐측의 결과물을 이용하는 경우가 그것이다. 원격탐측 데이터는 수치데이터이므로 직접 GIS에 사용할 수 있다는 점도 장점 중의 하나이다. 디지털 형태의 데이터, 저가의 빠른 컴퓨터, 그리고 영상처리 소프트웨어의 발

2) 영국, 캐나다, 호주, 미국 일부에서는 대학교의 학제에서 지형정보(Geo-spatial Information)에 관련된 학문분야들을 모아 지오매틱스 school을 운영하고 있다. 여기에는 측량학, 측지학, 지도학, 사진측량, 원격탐측, GPS, GIS분야가 포함되어 있다.

전은 원격탐측과 GIS의 접목을 가능케 했다. 대부분의 GIS 소프트웨어는 원격탐측데이터를 입력하는 기능을 가지고 있으며 쉽게 입력하여 사용할 수 있다. 원격탐측데이터를 신뢰성 있게 사용하기 위해서는 센서기술, 계통적인 분석기술, 그리고 일반적인 사용방법에 대한 이해가 필요하다. 원격탐측영상의 활용이 점점 더 확대되고 있다고 해도 GIS기술자들은 종종 낯설어 한다. 그러므로 GIS매니저들은 실무자들에게 원격탐측의 역사와 기술, 응용방법 등에 대한 이해를 시킬 필요가 있다.

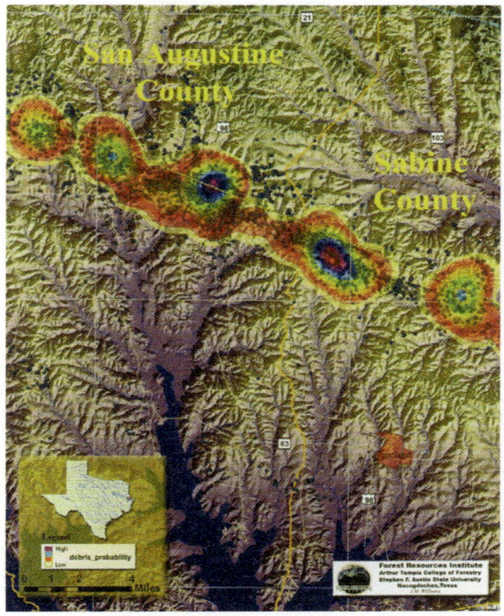

그림 12.6 원격탐측결과의 GIS활용
Map courtesy of the Forest Resources Institute, SFASU & USGS DEM

12.3 원격탐측의 기본개념

12.3.1 에너지원과 방사원리

가시광선은 전자에너지의 많은 형태 중의 하나이다. 이들 모든 에너지는 원초적으로 기본적인 파(Wave)의 이론과 일치한다.

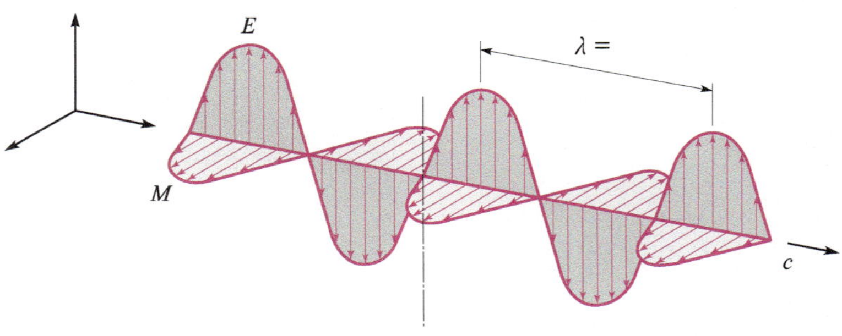

그림 12.7 전자파 파형, sine전기적 파형(E)과 이에 직각을 이루는 자기적 파형(M)

태양에서 출발한 전자기파(빛)의 속도는 다음과 같이 나타낼 수 있다.

$$C = \nu \cdot \lambda \qquad (12.1)$$

여기서, ν : 주파수[3]　　　　　λ : 파장

속도 C는 상수이며 $C = 3 \times 10^8 \mathrm{m/sec}$이고 주어진 임의의 파형에 대한 주파수 ν와 파장 λ는 역비례관계로 주어지므로 각 항을 특정한 형태의 파형으로 특성화하여 사용할 수 있다. 전자파는 파장을 기준으로 분류하는 것이 보편적인데, 그것이 스펙트럼분류이다. 스펙트럼 분류에서 가장 많이 사용되는 단위는 micrometer($1\mu m = 10^{-6}$m)이다. 스펙트럼 상에서 가시영역은 매우 작은 부분이다. 눈이 지각할 수 있는 스펙트럼의 영역은 단지 $0.4\mu m \sim 0.7\mu m$ 이다. 푸른색은 $0.4\mu m \sim 0.5\mu m$, 초록색은 $0.5\mu m \sim 0.6\mu m$, 빨간색은 $0.6\mu m \sim 0.7\mu m$ 이다. 자외선(Ultraviolet)영역은 스펙트럼 가시영역의 푸른색 끝단에 있다. 가시영역의 적색영역에 인접해 있는 스펙트럼대는 적외선(IR;Infrared) 영역이다. 이 적외선영역은 근적외(Near IR $0.7\mu m \sim 1.3\mu m$), 중적외(Mid IR $1.3\mu m \sim 3.0\mu m$), 열적외(Thermal IR $3.0\mu m$ 이상)로 나뉜다.

대부분의 일반적인 원격탐측 시스템들은 스펙트럼의 가시광선, 근적외선, 마이크로웨이브 영역 중에서 하나 혹은 여러 개의 영역에서 작동된다. 스펙트럼의 근적외선 영역 중에서 단지 열적외선 영역만이 열 온도와 직접적으로 관련이 있고, 근적외선이나 중적외선 영역은 무관하다는 사실을 명심하여야 한다.

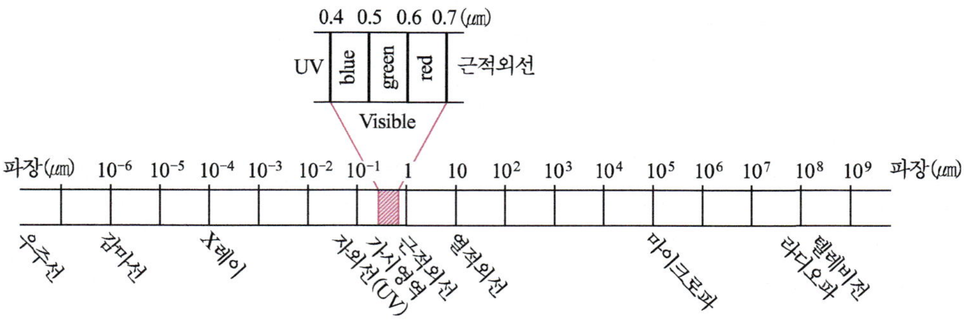

그림 12.8 전자기파의 스펙트럼

파형이론에 의해 전자적인 방출에 관한 특성은 광자(Photon) 또는 양자(Quanta) 에너지로 표현된다.

3) 공간상에 고정된 한 점을 지나는 파의 정점의 수, 즉 초(sec)당 지나가는 파장(λ)의 수

$$Q = h\nu \tag{12.2}$$

여기서, Q : 하나의 양자에너지, J(Joules)

h : 프랑크상수 $6.626 \times 10^{-34} J/sec$

ν : 주파수

식 (12.1)의 ν항을 식 (12.2)에 대입함으로써 전자에너지 방출의 파와 양자모델의 관계를 유추할 수 있다.

$$Q = \frac{h \cdot C}{\lambda} \tag{12.3}$$

양자에너지와 파장은 반비례하므로 파장이 길어지면 에너지양은 적어진다. 태양은 원격탐측 분야에서 가장 확실한 전자기에너지 복사원이지만, 절대온도 0°(0°K 혹은 −273℃) 이상의 온도에서 모든 물질들은 지속적으로 전자기에너지를 방출한다. 모든 물질들에서 얼마나 많은 에너지를 복사하느냐 하는 것은 대상 물체 표면온도에 대한 함수이며, 이러한 특성은 Stefan-Boltzman의 법칙으로 표현된다(단, 흑체일 경우만 적용).

$$M = \sigma \cdot T^4 \tag{12.4}$$

여기서, M = 물질 표면에서 방출되는 전체 에너지 양, 와트/m^2(W/m^2)

σ = Stefan-Boltzman 상수, $5.6697 \times 10^{-8} Wm^2K^{-4}$

T = 에너지를 방출하는 물질의 절대온도(K)

온도가 증가하면 할수록 방출되는 에너지양이 급속도로 증가한다($\because M \propto T^4$).

흑체인 경우 최대 분광방출 에너지가 나타나는 파장은 흑체의 절대온도와 반비례 관계이다. 이러한 현상을 쇠 조각과 같은 금속성 물질을 가열시킬 때 관찰할 수 있다. 금속성 물질이 점점 가열되어 가면서, 크기가 조금씩 커지고, 색깔이 점차 단파장 쪽으로 변화되어 간다. 탁한 적색, 오렌지색, 노란색, 결국은 흰색으로 바뀐다. 태양은 온도가 약 6,000°K인 흑체와 같은 방식으로 에너지를 방출하는 발산체이다. 광원으로 발열램프를 이용하여 실내에서 사진을 찍으면, 사진은 황색계열로 나타날 것이다. 높은 청색 에너지를 지닌 후래쉬가 이러한 효과를 보정하기 위해 사용되거나 발열램프에서 나오는 빛과 색상균형을 이룬 실내용 필름이 사용되기도 한다. 토양, 물, 식생과 같은 지표 물질의 온도는 약 300°K(27℃)이다. 따라서 Wien의 법칙에 의해 지표에서 방출되는 최대 분광 방출량은 약 9.7μm의 파장이 된다. 이러한 복사는 지표 열과 관련이 있기 때문에 "열적외선(Thermal Infrared)"에너지라 부른다. 이러한 에너지는 보이지도 않으며, 사진에 찍히지도 않는다. 단지 라디오미터나 스캐너 같은 열 장치들을 이용하여 관측된다.

태양이 떴을 때, 우리는 반사된 태양에너지 덕분에 지표물체들을 관찰할 수 있다. 다시 말해서 지표물질들에서 방출되는 장파장 에너지는 사진기와는 다른 관측시스템을 이용하여야 관측할 수 있다. 반사된 근적외선과 방출된 근적외선의 일반적인 구분선은 약 3μm이다. 3μm 이하의 파장에선 반사(Reflection)된 에너지가 우세하고, 그 이상의 파장에선 방사(Radiation)된 에너지가 우세하다.

레이더 시스템과 같은 센서들은 관심대상에 에너지를 보내기 위해 자신이 지닌 에너지원을 이용한다. 자연적인 에너지를 이용하여 관측하는 "수동형" 시스템과는 상대적으로 이러한 시스템을 "능동형(Active)" 시스템이라 부른다. 능동형 시스템의 가장 일반적인 예는 프레쉬를 사용한 카메라이고, 태양광 아래에서 사용되는 카메라는 수동형 센서가 되는 것이다.

12.3.2 대기 중 에너지 상호작용

에너지원과는 무관하게 원격탐측용 센서에 검출되는 모든 복사에너지는 대기상의 일정거리 혹은 통과길이(Path length)를 지난다. 통과길이는 매우 다양한데, 예를 들어 인공위성 사진은 광원에서 센서까지 태양광선이 여행하는 동안 지구의 두꺼운 대기층을 두 번 통과된 태양광이 담긴 것이다. 이와 달리 항공기용 열 센서(Thermal Sensor)는 지구상의 물체에서 직접 방출된 에너지를 검출한다. 즉, 단 한번만 지구 대기를 통과하기 때문에 상대적으로 짧은 대기 통과길이를 지닌다. 대기의 최종 효과는 통과길이의 차이에 따라 다양하고 관측된 에너지의 신호 강도에 의해 변화하며 현재 대기의 상태 및 이용되는 파장에 따라서도 변한다. 본 장에서는 특정관측시스템에 이용되는 복사강도 및 분광구성과 같은 요소들 사이에서 대기가 얼마나 난해하고, 깊은 효과를 나타낼 수 있는지에 관한 개념만 소개하고자 한다. 이러한 대기의 분산(Scattering) 및 흡수(Absorption)라는 과정을 통해 위와 같은 효과가 기본적으로 발생한다.

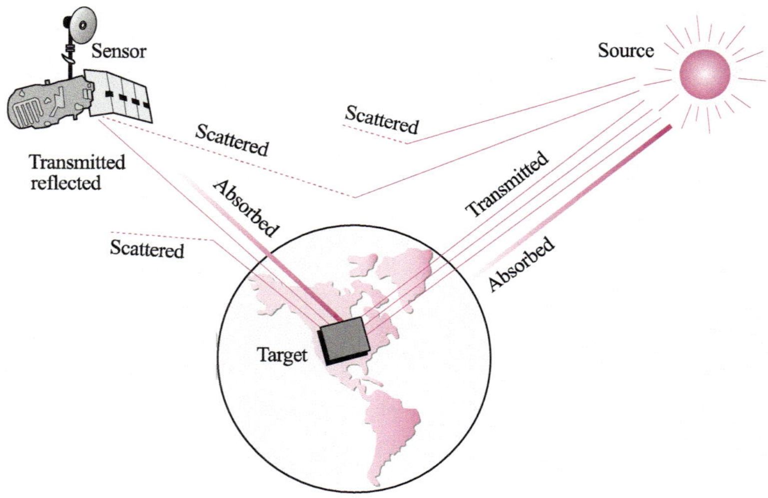

그림 12.9 전자기에너지의 지구대기에 의한 투과, 흡수, 산란(ESRI, Stan Aronoff)

1) 산란 · 분산(Scatrering)

대기산란은 대기에 있는 입자들로 인해 발생하며, 예측할 수 없는 복사에너지 확산현상을 말한다. 입자의 크기에 따라 레일레이 산란(Rayleigh Scatter)과 마이어 산란(Mie Scatter)이 발생한다.

레일레이 산란(Rayleigh Scatter)이란 복사파장이 자신보다 직경이 매우 작은 미세 분자 및 대기 분자들과 상호작용을 하는 경우 나타나는 현상으로 단파장은 장파장보다 훨씬 활발하게 산란되는 경향이 있다. 레일레이 산란의 효과는 파장의 4제곱에 반비례한다. 예를 들어, 푸른 하늘, 일몰과 일출 시의 붉은 하늘색깔이다. 마이어 산란(Mie Scatter)은 대기 입자의 직경이 관측에 이용되는 에너지 파장과 같은 경우에 발생하는 현상으로 수증기와 먼지 등이 산란을 일으키는 주요 요인이다. 이러한 분산의 형태는 레일레이 산란에 비해 장파장일수록 그 영향이 강해지는 경향이 있다. 레일레이 산란이 일반적인 대기조건에서 지배적인 반면, 마이어 분산은 비교적 흐린 날씨에 발생한다.

위의 분산들과 다르게 골치 아픈 산란은 비선택적 산란(Nonselective Scatter)인데, 이는 관측에 사용되는 파장의 직경보다 입자의 직경이 매우 클 경우에 발생한다. 일반적으로 물방울은 5~100μm의 직경을 가지며, 모든 가시광선과 근적외선에서 열적외선까지 동일하게 분산을 일으킨다. 즉, 모든 파장에 대해 차별 없이 발생하는 산란인 것이다. 가시광선 파장들에서 청, 녹, 적색이 산란되는 정도는 모두 똑같으며, 이로 인해 안개와 구름은 흰색으로 보이는 것이다.

2) 흡수(Absorption)

산란과 비교해 보면 대기 흡수는 에너지의 손실이다. 태양복사에너지를 탁월하게 흡수하는 것은 수증기, 이산화탄소, 오존 등이다. 이러한 가스들은 특정 파장에 대해서만 전자기 에너지를 흡수하는 경향이 있기 때문에 특정원격탐측 시스템에서 분광적으로 "우리가 어디를 관찰하느냐"하는 부분(이용하는 전자기 파장 밴드 영역)에 큰 영향을 미치고 있다. 대기가 에너지를 전달하는 특정파장의 범위를 "대기의 창(Atmospheric Windows)[4]"이라 부른다. 그림 12.10은 에너지원과 대기흡수 특성 사이의 상호관계를 나타내고 있다.

그림 12.10(a)는 태양과 지구에서 방출되는 에너지의 분광분포를 보여주고 있는데, 이들 두 곡선은 원격탐측에서 가장 일반적으로 이용되는 에너지원을 표현하고 있다. 또한, 작은 곡선으로 표현된 지구에서 방출된 열에너지는 열 스캐너와 같은 장치를 이용하여 3~5μm와 8~14μm의 대기창을 통하여 관측된다. 그림 12.10(b)에서 대기가 에너지를 차단하는 분광구역은 음영으로 표현되어 있다. 원격탐측을 이용하여 자료를 취득하려는 경우 대기의 창을 통해 들어오는 분광영역에서만 가능하다는 제약을 가지고 있다. 그림 12.10에서 주목해야할 가장 중요한 점은 태양에너지원이 지표까지 투과되고, 지표로부터 방출 혹은 반사되며 에너지를 검출하고 기록하는데 이용되는 센서의 분광적인 민감도 등의 사항들을 통해 중요한 전자기 에너지원과 대기창의 상호 작용 및 상호의존관계이다. 따라서 원격탐측 시 (1) 사용 가능한 센서의 분광적인 민감도, (2) 관측하고자 하는 분광범위 내에 대기의 창 존재 유무, 이러한 분광 영역에서 (3) 사용 가능한 에너지원, 에너지의 강도, 에너지의 분광구성 등을 반드시 고려해야 한다. 궁극적으로 에너지가 조사하고자 하는 대상 물체와 상호작용을 일으키는 방식에 따라 센서의 분광영역을 선택하여야 한다.

4) 비교적 대기에 의해 흡수당하는 일이 없이 방사하여 통과해 들어오는 파장대 0.3~2.5, 3.0~4.0, 4.2~5.0, 7.0~15.0μm

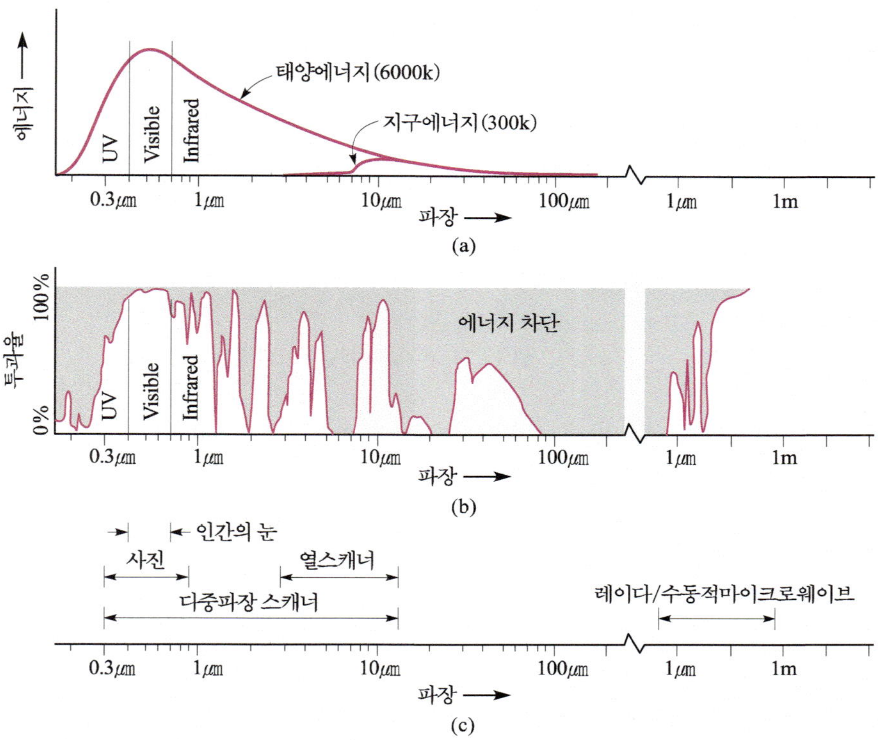

그림 12.10 전자기파의 대기흡수

12.3.3 지표에서의 에너지상호작용

전자기 에너지가 특정 지표 물질에 입사하였을 경우, 기본적으로 지표 물질과 세 가지 에너지 상호작용이 발생한다. 즉, 세 가지의 에너지 형태를 갖게 된다. 에너지 보존 법칙을 이용하여 세 종류의 에너지 상호작용을 에너지 조화 방정식으로 표현할 수 있다.

$$\therefore\ E_I(\lambda) = E_R(\lambda) + E_A(\lambda) + E_T(\lambda) \tag{12.5}$$

여기서, E_I : 입사 에너지 E_R : 반사 에너지
E_A : 흡수 에너지 E_T : 투과 에너지

이들 관계에서 꼭 주목할 것이 두 가지가 있다. 첫째는 반사, 흡수, 투과된 에너지의 비율은 지표의 상태와 조건에 따라 다양하다는 것이다. 이러한 차이가 영상 상에서 다른 물체와 구별하게 해준다. 둘째, 파장에 대한 종속성으로 동일한 물질인

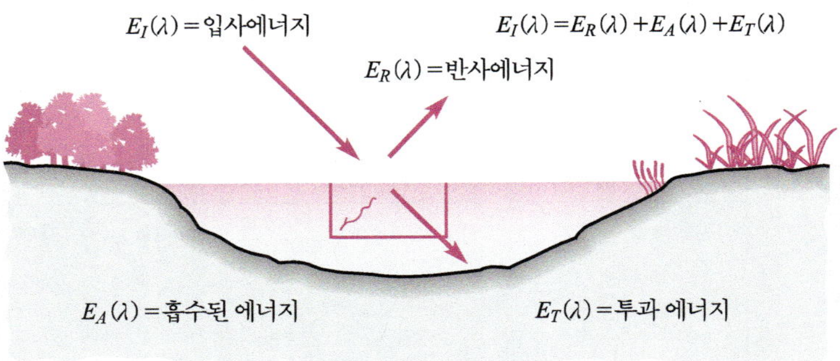

그림 12.11 전자에너지와 지표면 간의 상호작용

경우에도 파장이 변하면 반사, 흡수, 투과비율이 달라진다. 이로 인해 특정분광영역에선 서로 다른 두 종류의 물질들을 구분해내지 못할지라도 다른 파장영역에서 이들 두 종류의 물질들을 구분해낼 수 있다. 스펙트럼 중 가시광선 영역에서 이들 분광적인 변화는 색상(Color)이라고 불리는 시각적인 효과를 발생시킨다.

원격탐측시스템은 반사된 에너지가 우세한 파장영역에서 작동되기 때문에 지표물질의 반사 비율은 매우 중요하다.

에너지 조화 방정식으로부터 유도된 반사에너지 식은 다음과 같다.

$$\therefore\ E_R(\lambda) = E_I(\lambda) - [E_A(\lambda) + E_T(\lambda)] \tag{12.6}$$

즉, 반사된 에너지는 특정 물질에 입사한 에너지에서 물질에 의해 흡수되거나 투과된 에너지를 뺀 나머지와 같다.

대상물의 반사에너지를 기하학적 측면에서 본다는 것은 매우 중요한 일이다. 이는 반사특성을 살펴볼 필요가 있다. 그림 12.12에서와 같이 반사체는 완전반사체, 거의 완전반사체, 거의 완전확산체, 완전확산체로 나뉘며 지표상의 대부분의 물체는 완전반사체도 아니며 완전확산체도 아니다. 이들의 특성은 아마도 두 극단 사이에 존재할 것이다. 표면의 특성은 그 물체에 입사된 에너지의 파장과 표면의 거칠기에 의해 규정지어진다. 험한 설악산지역이라도 라디오파와 같은 긴 파장에서는 부드럽게 나타날 것이며, 반면에 가시영역에서는 고운 모래조차 거칠게 나타난다. 한마디로, 입사에너지의 파장이 대상지역 표면입자크기 또는 표고의 변화보다 훨씬 작을 경우 표면에서 확산한다.

확산반사체들은 반사표면의 color에 대한 스펙트럼 정보를 포함하고 있는 반면 완전반사체들은 그렇지 않다. 그러므로 원격탐측에서는 거의 지표물체의 확산반사 특성을 측정하는데 주안점을 두고 있다. 지표면에 대한 반사특성은 입사에너지와

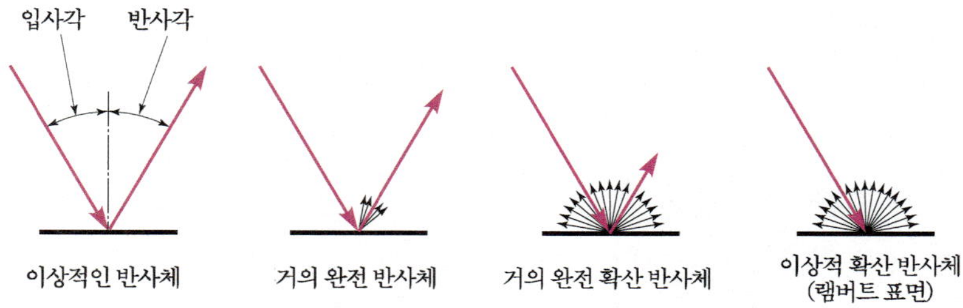

그림 12.12 대상물 표면에 따른 반사형태

반사된 에너지의 비에 의해 정량화할 수 있다. 이는 파장의 함수로서 측정되며, 이를 스펙트럼반사 ρ_λ라고 한다.

$$\rho_\lambda = \frac{E_R(\lambda)}{E_1(\lambda)} = \frac{\text{대상물로부터 반사되는 파장}\lambda\text{의 에너지}}{\text{대상물에 입사되는 파장}\lambda\text{의 에너지}} \times 100 \qquad (12.7)$$

각각의 파장에 따른 대상 물체의 분광 반사율 그래프를 분광 반사율 곡선(Spectral reflectance curve)이라 부르고, 그 형태는 대상 물체의 분광적 특성에 관한 내면적인 사항들을 알려주며, 특정 분야에 적합한 원격탐측 자료 수집 시 어떠한 파장 영역대를 선택해야 하는지에 관한 사항들을 결정하는데 강한 영향을 미친다. 다음 그림 12.13은 활엽수와 침엽수의 분광 반사율 곡선으로 일반적으로 널리 알려져 있는 그래프이다.

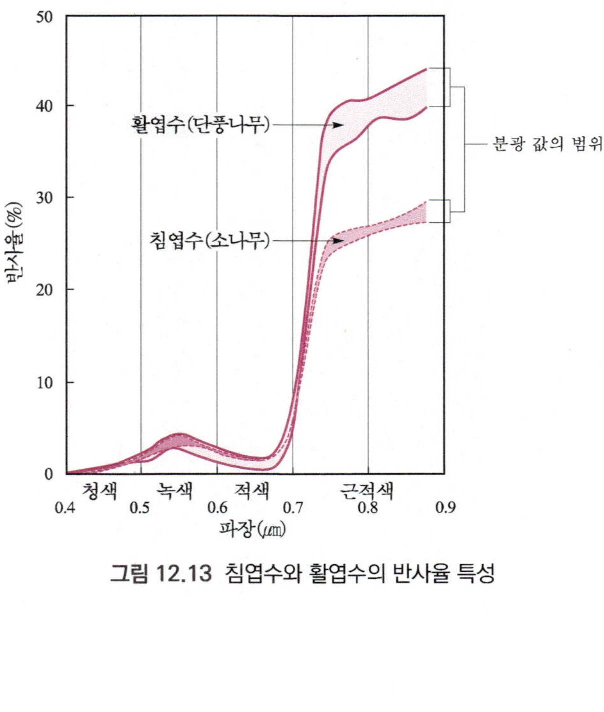

그림 12.13 침엽수와 활엽수의 반사율 특성

각 물체에 관한 분광 곡선은 하나의 선분이 아니라 리본형(면적을 갖는 영영)의 점들로 표현되어 있다. 이것은 특정한 활엽 수종의 분광 반사율과 다른 활엽 수종의 분광 반사율은 같을 수가 없다는 것이다. 또 동일한 수종일지라도 분광 반사율이 완전히 같을 수 없다.

어느 일정 지역에 대해 침엽수종과 활엽수종의 삼림 지도를 작성해야 한다면 당신은 어떠한 항공비행 센서시스템을 선택할 것인가? 어떤 사람은 가시영역센서를 선택할지 모른다. 그러나 이 선택에는 심각한 문제가 존재한다. 그림 12.13에서와 같이 가시영역에서 침엽수와 활엽수의 반사특성은 거의 중복되어 있다. 따라서 눈은 거의 같은 초록색만을 보게 될 것이다. 결국 나무크기, 모양, 형태, 위치 등을 사용하여 확인하여야 한다. 이는 공중에서 어려우며, 특히 두 가지의 수종이 섞여 있을 때 더욱 어렵다. 그러면 어떻게 해야 이 두 수종을 구별할 수 있을까? 우리는 이 문제를 근적외 에너지를 기록할 수 있는 센서를 사용함으로써 해결할 수 있다. 적외선 흑백필름을 장착하여 촬영하면 활엽수는 전반적으로 침엽수보다 더 밝은 톤으로 나타나는데, 이는 침엽수보다 적외선 반사가 우세하기 때문이다. 그림 12.14에서 밝은 톤으로 나타난 부분이 활엽수군락이며, 어두운 톤을 가진 부분이 침엽수 부분이다. 이러한 반사율은 침엽수와 활엽수사이에서 큰 차이를 보이지만

그림 12.14 적외선 영상을 이용한 활엽수와 침엽수의 분류

같은 침엽수 간에도 차이가 있다. 그림 12.15는 미네소타지역의 산림지역을 촬영한 근적외선영상으로 어두운 적색부분이 가문비나무이며, 중간톤의 적색부분이 적송 그리고 밝은 핑크부분이 활엽수인 자작나무와 단풍나무군락을 가리킨다.

그림 12.15 미네소타 산림지역의 근적외선 사진

이와 같이 적외선 사진을 이용함으로써 침엽수와 활엽수의 구분을 쉽게 할 수 있다. 이 두 영상을 디지털로 획득하고 컴퓨터로 처리한다면 자동으로 작업할 수 있을 것이다. 대부분의 원격탐측 데이터분석은 이와 같은 방법의 시도이다. 따라서, 우리가 목적하는 지표면상 대상물들이 분류되어지고 지도화되려면 이들의 스펙트럼 특성에 대한 연구를 해야 한다.

그림 12.16은 다양한 대상물에 대한 전형적인 반사곡선이다(초록 풀, 마른 풀, 토양, 석회모래, 아스팔트, 콘크리트, 미세한 눈, 구름, 깨끗한 호수물). 다양한 모양의 선분은 하나의 샘플로부터 반사율을 측정한 것도 있으며, 다수의 샘플을 측정함에 의해 축적된 평균값을 반사율 곡선으로 나타낸 것도 있다. 각 곡선에서의 차이점을 주목하자. 예를 들어, 건강한 채소에 대한 분광반사곡선은 그림(a)에서 보인 건강한 초록풀처럼 꼭대기와 골짜기가 명백하게 구분된다. 건강한 채소는 식물의 잎에서 파란색 및 붉은색 계통을 강하게 흡수하기 때문에 초록색이다. 반대로 건강하지 못한 작물은 붉은 색깔을 흡수하지 못하게 때문에 노란 색깔로 나타

난다. 이는 그림(a)의 마른 풀의 현상과 같다.

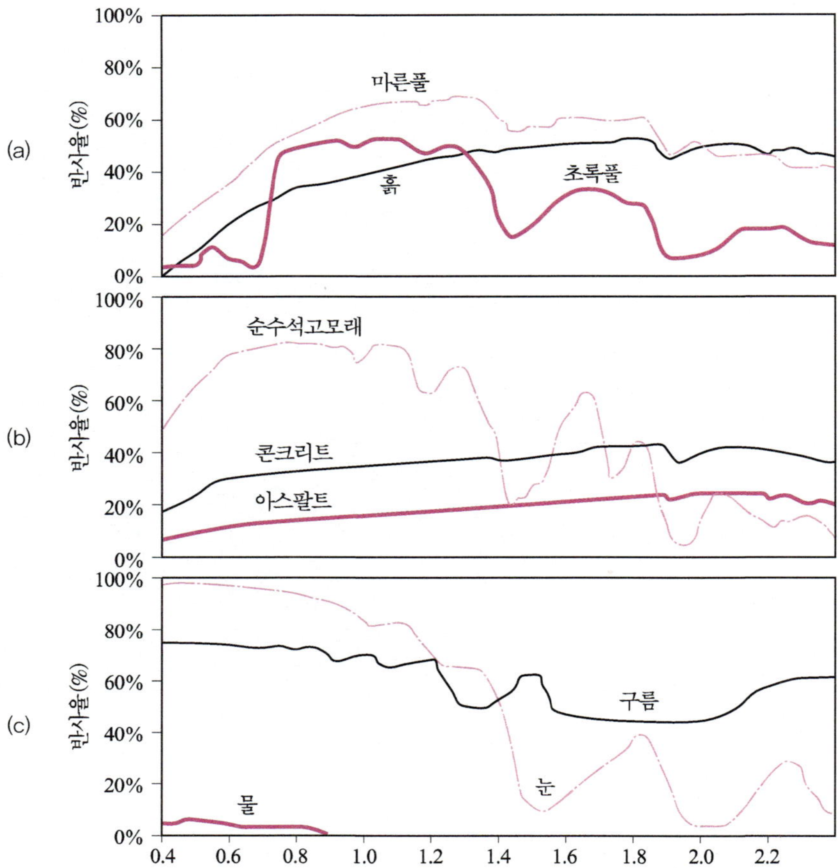

그림 12.16 각 타입별 분광학적 반사곡선(USGS, 1999, California Institute of Technology)

토양은 정점과 계곡의 형태가 현저하게 작은 곡선으로 나타난다. 반사율 영향요인은 수분 함유량, 모래·점토의 비율, 표면의 거칠기, 산화철 유무 등이다. 수분 함유량은 토양의 질감과 높은 연관성을 가지는데, 결이 거친 토양은 쉽게 건조하여 낮은 수분함유량을 가지고 있으므로 상대적으로 높은 반사율을 보인다. 반대로 결이 미세한 토양은 낮은 건조도를 가지며 높은 수분 함유량으로 낮은 반사율을 보인다.

그림 12.16(c)에서 모든 물은 근적외선 파장의 에너지를 흡수한다. 그러므로 흡수율을 이용한 물이 있는 곳의 위치 파악이 가능하다. 0.6μm 이하의 파장에서 상대적으로 적은 에너지를 흡수하며 스펙트럼 중 청색, 녹색영역에서 최대 투과율을 나타낸다. 반사율은 물속에 포함된 클로로필의 농도에 따라 변화한다.

12.3.4 분광반응 패턴의 영향요소

원격탐측에서 다양한 지표 대상물들의 종류를 분광적으로 분류하는 것이라면, 분광반응의 변화는 원격탐측 자료를 분석할 때 아주 심각한 문제를 발생시킬 수 있다. 그러나 같은 종류인 다양한 물질들의 상태를 알아내는 것이 분석 목적이라면, 이러한 정보를 추출하기 위해선 분광반응 패턴의 변화성에 의존하여야 할 것이다. 예를 들어, 특정 종의 나무들 중에서 병충해를 입은 식생과 건강한 식생을 구분하는 작업이 이에 해당된다.

분광반응 패턴에 영향을 주는 요인으로는 첫째, 시간이 흐름에 따라 물질의 분광적 특성이 바뀌는 시간적인 효과와 둘째, 동종의 물질들이 특정시간에 서로 다른 지리적 위치에서 서로 다른 특성을 나타내는 공간효과, 마지막으로 대기의 영향이 있다. 시간적인 효과는 식물이 성장기간 동안 계속해서 분광반응 패턴이 변화하는 현상이다. 이러한 변화는 특정 목적으로 센서 자료를 수집하는 경우에 많은 영향을 준다. 공간적 효과는, 예를 들어 좁은 영역 분석 시 위치가 수백 km 떨어져 있으므로 다른 토양, 기후 및 경작 행태에 따른 변화가 발생한다. 분광패턴은 시간 및 공간 효과에 의한 영향뿐만 아니라 대기에 의해서도 영향을 받는다. 대기는 대조적인 두 가지 방식으로 특정 위치에 기록되는 밝기(Brightness) 혹은 방사량(Radiance)에 영향을 준다. 지상 물체에 입사되는 에너지를 약하게 하면 지상에서 반사한 에너지도 약하게 한다. 또한 스스로 반사체로 작용하여 에너지 분산을

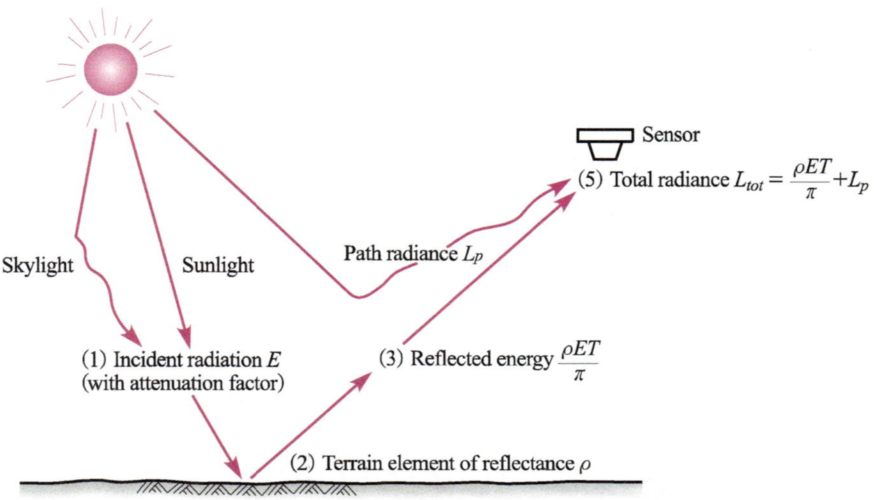

그림 12.17 태양에너지 반사에 영향을 주는 대기효과(Lillesand, Kiefer, Chipman, 2008)

증가시키며 센서에 검출되는 신호에 이질적인 Path Radiance[5])를 추가시킨다. 이 두 가지 대기효과는 전체 방사량, 지표 물체의 반사량과 입사하는 복사량 혹은 방사량과 상관관계로부터 수학적으로 표현할 수 있다.

$$L_{tot} = \frac{\rho ET}{\pi} + L_P \tag{12.8}$$

L_{tot} = 센서에 측정되는 전체 분광 방사량
ρ = 대상물체의 반사율
E = 대상물체에 입사하는 복사량, 입사에너지
T = 대기의 투과율
L_P = 대기에서 발생한 방사량

식 (12.8)의 모든 요소들은 파장에 따라 변한다. 그림 12.17에서 복사조도(E)는 두 가지 근원이 있다. (1) 직접 햇빛과 (2) 대기에 의해 산란된 하늘광이다. 주된 햇빛과 하늘광의 주도권은 날씨에 매우 영향을 받는다(화창한 날 vs. 안개 낀 날 vs. 비오는 날). 또한 복사조도는 그림 12.18과 같이 계절마다 변하는 태양의 고도에 따라 변화한다.

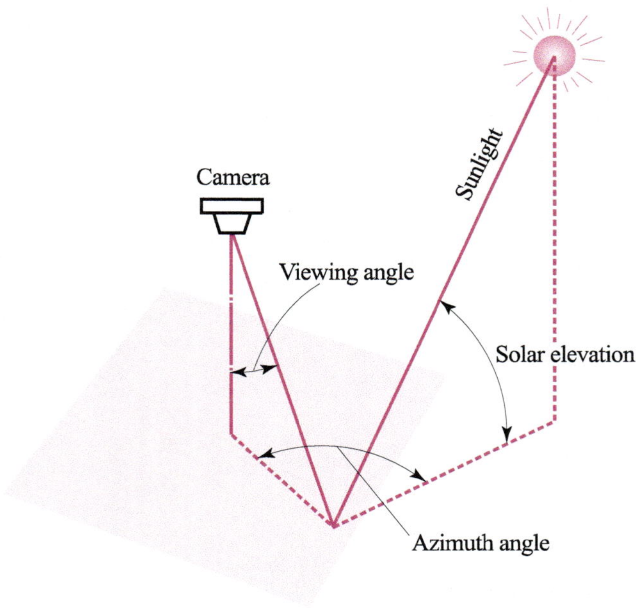

그림 12.18 태양의 고도각, 방위각과 카메라의 기하학적 관계(Lillesand, Kiefer, Chipman, 2008)

5) path radianve : 지표에 도달하지 않고 대기중에서 방사된 에너지

12.3.5 자료의 획득과 판독

전자기에너지는 사진과 전자기센서에 의해 기록되어 자료를 획득한다. 사진은 빛에 민감한 필름의 표면에서 발생하는 화학반응을 이용하는 것이다. 상대적으로 단순하고 비용이 저렴하며 세부적 공간구성을 고품질로 표출, 기하학적으로 높은 질의 결과물을 제공한다. 전자기센서에 의한 방법은 지표 대상공간에 존재하는 에너지 변화에 따른 전기적인 신호를 발생시켜 이용한다. 전자기센서와 비슷한 원리는 비디오카메라이다. 일반 사진시스템보다 비싸고 복잡하지만 폭넓은 분광영역의 민감도를 제공하고 자료의 전기적 전송이 가능하다는 장점이 있다.

디지털영상의 해상도 특성을 그림 12.19에 제시하였다. (a)는 1068×750픽셀 해상도를 보여주고 있다. 연속적인 계조의 사진으로 보이지만 사실은 각각의 분리된 그림요소(picture element, 또는 pixel)의 2차원 배열로 구성되어 있다. 여기서 개개의 픽셀을 분간한다는 것은 불가능하다. (b)그림은 이로부터 일부분(161×123픽셀)을 샘플링하여 똑 같은 크기로 확대한 것이다. 아직까지 픽셀요소는 보이지 않는다. 그러나 (c)그림에서와 같이 다시 샘플링(15×10)하여 보면 각각의 픽셀이 보

(a) 원영상 1068×750

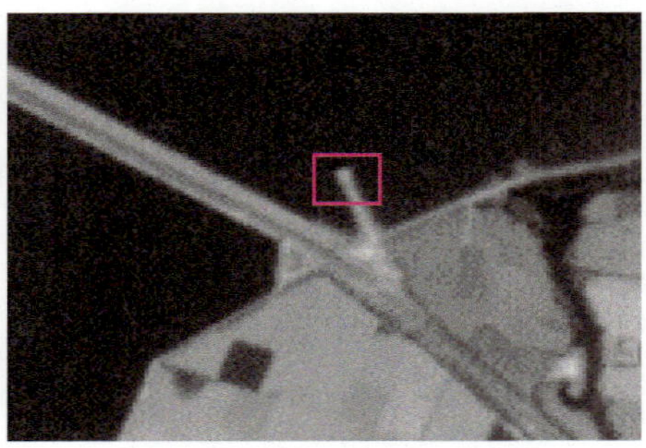

(b) 샘플링(161×123)

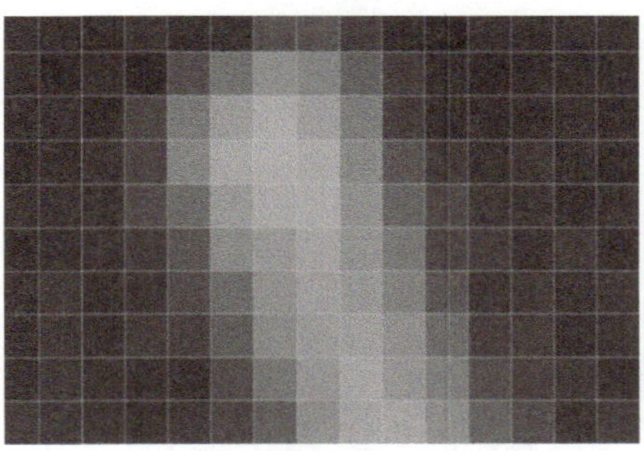

(c) 샘플링 (15×10)

57	54	53	60	56	59	81	82	70	57	50	61	59	60	60
56	53	60	53	81	108	138	125	96	61	60	57	59	59	59
54	60	57	75	84	158	179	162	119	72	61	60	61	63	59
53	57	54	75	125	173	184	178	132	89	70	64	68	61	57
60	61	63	80	102	154	178	179	142	98	78	68	66	60	63
57	60	64	70	88	133	155	170	149	115	77	73	63	68	60
61	68	64	66	81	104	142	164	154	123	89	67	70	64	67
61	67	64	70	73	93	133	98	165	141	105	75	73	63	66
60	67	66	64	64	82	113	150	174	191	121	85	75	70	64
68	66	66	64	68	77	94	136	169	169	135	98	83	64	71

(d) 15×10 샘플링 영상의 DN값

그림 12.19 디지털영상의 방사량(DN)

인다. 이 영상은 8비트영상이므로 0~255 그레이레벨, 즉 256가지의 계조로 밝기값을 나타내는데 이를 DN(Digital Number)값이라 한다. (d)그림은 각 픽셀의 DN값을 보인 것이다. 이 값들은 단지 analog-to-digital(A to D)신호변환이라고 하는 과정을 통하여 센서로 부터 얻어진 전기적 신호를 양의 정수값으로 정량화한 결과로 생긴 것이다.

전형적으로 수치영상을 구성하는 DN은 0~63, 0~127, 0~255, 0~511, 0~1023과 같은 범위사이에서 기록된다. 이 범위들은 2^6, 2^7, 2^8, 2^9, 2^{10}의 값들이다. 이러한 수치체계는 해석기법에 컴퓨터를 이용함으로써 원격탐측자료에서 스펙트럼패턴을 더욱 더 완전하게 조사할 수 있다.

그림형태의 영상자료를 시각적으로 해석하는 방법은 원격탐측에서 오랫동안 중요한 사항이었다. 시각적인 기법은 영상에서 공간적인 패턴을 질적으로 평가하기 위해 인간 감각의 놀라운 능력을 이용하는 것이다. 시각적인 해석 기법은 어떤 면에선 단점을 가지고 있는데, 시각적인 해석능력을 지니기 위해선 다양한 훈련과 강도 높은 연구가 필요하기 때문이다. 또한 영상의 분광적인 특성은 시각적인 해석 노력으로 완전히 평가되어질 수 있는 것이 아니다. 영상에 담겨있는 색조 값은 사람의 눈으로 구분하는 데에는 한계가 있고, 다양한 분광영상들을 사람이 동시에 분석한다는 것은 어렵기 때문에, 분광적인 특성들을 시각적으로 해석하는 것은 극히 일부분이다. 수많은 정보들이 분광적인 패턴에 담겨있는 응용분야에선, 그림형태의 영상자료보다 수치화되어 있는 디지털 자료를 분석하는 편이 훨씬 좋다.

12.3.6 위성영상의 해상도

해상도는 공간해상도, 공간해상도, 방사해상도, 주기해상도 등이 있으며 간단히 요약하면 다음과 같다.

① **공간해상도** : 한 화소가 나타내는 지표면의 넓이가 얼마나 좁은가?

② **분광해상도** : 얼마나 좁은 전자파 파장 영역에서 측정이 이루어지는가?

예) SPOT Pan(0.51~0.73), SPOT XS(0.50~0.59, 0.61~0.68, 0.79~0.89)

③ **방사(복사)해상도** : 얼마나 다양한 계조로 측정 및 기록해낼 수 있는가?

예) Landsat, SPOT(8bit : 0~255), IKONOS(11bit : 0~2047)

④ **주기해상도** : 동일 지역에 대한 자료를 얼마나 자주 얻을 수 있는가?

예) Landsat(16일), SPOT(26일), IKONOS(1~3일)

1) 공간해상도(Spatial Resolution)

영상 내에서 인식할 수 있는 가장 작은 크기를 말한다. 이는 센서의 IFOV(Instantaneous Field Of View)에 의해 결정된다. 지상의 어떤 대상물이 인식되기 위해서는 대상물의 크기보다 화소 셀이 더 작아야 한다. 그러나 반사율을 지배한다면 sub-pixel 해상도에서 인식이 가능할 수도 있다. 예를 들어, Landsat(15m, 30m), SPOT(2.5m, 5m, 10m), IKONOS(1m) 등이다. 이는 이들 영상의 최소단위인 픽셀크기를 나타낸 것이다. 공간해상도를 높이기 위해서는 IFOV(A)를 줄이거나 센서의 고도를 낮춘다.

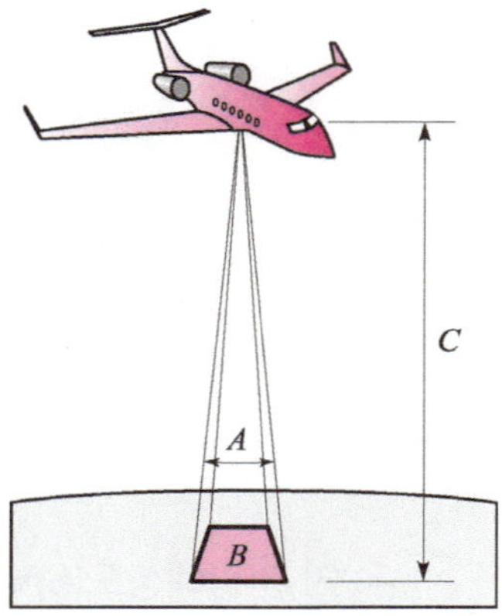

그림 12.20 IFOV

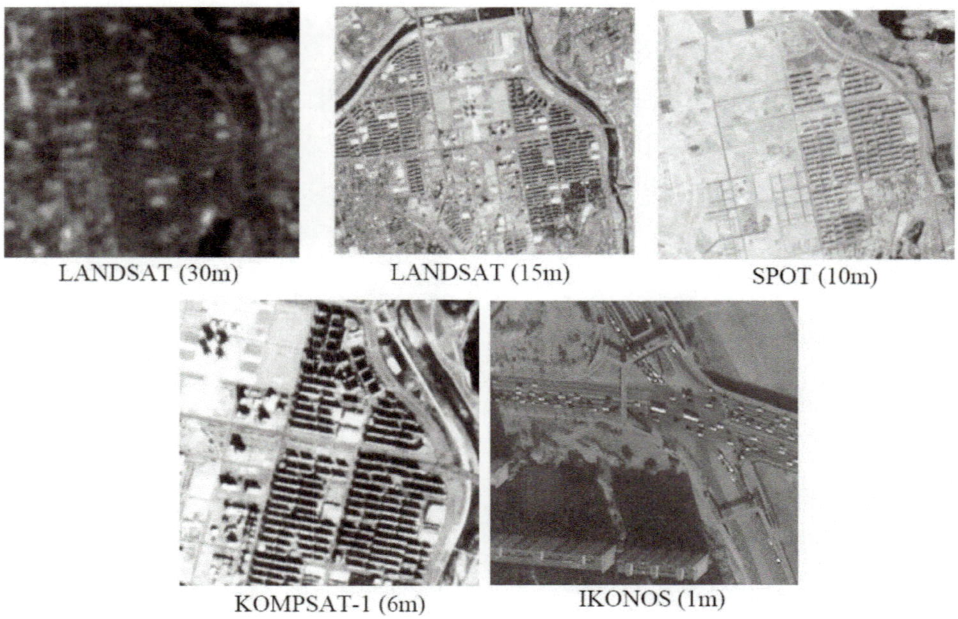

그림 12.21 각 공간해상도에 따른 영상비교

• 화소(Pixel)

영상을 구성하는 최소단위이며, 8bits 흑백영상의 경우 0부터 255까지의 256단계의 밝기 값을 가진다. 칼라의 경우 Red, Green, Blue 3가지 색상이 각각 0에서 255의 농도로 섞여 색깔을 표시한다. 화소는 원격탐측에서 모든 영상처리 및 보정이 이루어지는 단위이다.

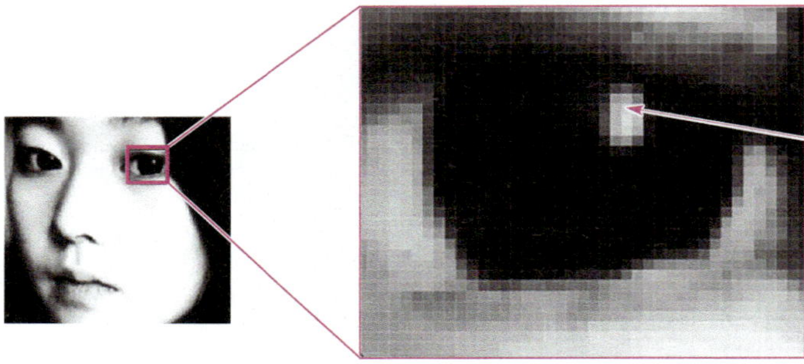

그림 12.22 디지털영상과 화소(Pixel)

2) 분광해상도(Spectral Resolution)

미세한 파장 간격을 정의할 수 있는 센서의 민감도(능력)를 말한다. 보다 좋은 분광해상도라 함은 특정한 밴드의 더 좁은 파장영역을 의미한다. 흑백필름은 전자파 스펙트럼의 가시영역을 기록하며, 칼라필름은 각각의 청, 녹, 적 파장대에서 반사되는 에너지를 기록한다. 따라서 칼라필름이 흑백필름보다 분광해상도가 더 높은 것이다. 분광해상도가 높은 영상은 더 많은 정보를 가지고 있으며, 이로부터 추출할 수 있는 정보의 양도 많아지게 된다. 공간해상도를 높이기 위해서는 감지가 가능한 파장대를 늘린다. 즉, 칼라와 적외선(IR) 등을 말한다.

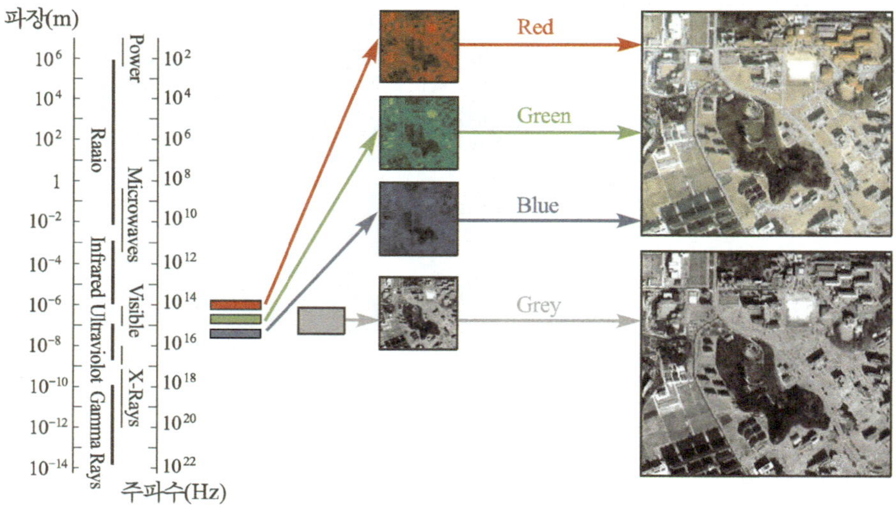

그림 12.23 분광해상도의 개념

그러므로 센서의 분광해상도를 높이기 위해 다중분광센서(MSS ; Multi-Spectral Sensor)를 사용하며 최근에는 수백 개의 밴드를 감지할 수 있는 하이퍼스펙트럴센서(Hyper-Spectral Sensor)를 사용하기도 한다.

분석하기 좋은 영상이란 공간해상도와 분광해상도가 높은 것을 말하는데, 공간해상도는 CCD에 좌우되며 가격이 매우 비싸지게 된다. 따라서 경제성을 위해 공간해상도가 높은 흑백영상과 분광해상도가 높은 칼라영상을 융합(Fusion)하여 사용한다. 다음 그림 12.24는 SPOT 2.5m 팬크로매틱 영상(a)와 10m 멀티스펙트럼 영상(b)를 융합하여 고해상 컬러영상(c)를 얻은 것이다.

(a) 고해상 흑백영상 (b) 저해상도 칼라영상 (c) Wavelet 합성영상

그림 12.24 영상융합의 예

3) 방사해상도(Radiometric Resolution)

수치영상을 기록하는 bit수에 의해 결정된다. 쉽게 얘기해서 얼마나 다양한 계조(Tone)

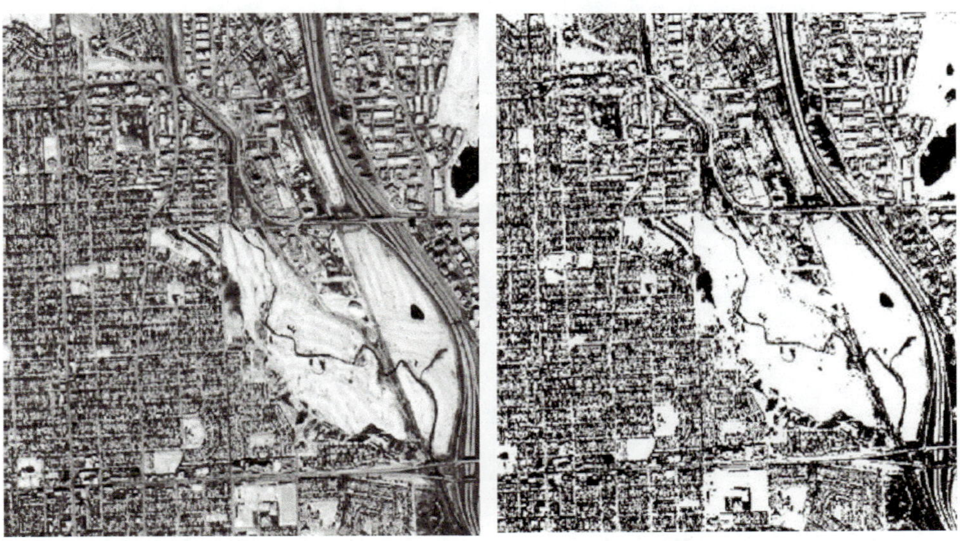

(a) 픽셀당 8비트 (b) 픽셀당 2비트

그림 12.25 방사해상도 비교영상

로 영상을 기록할 수 있는가 하는 것이다. 어떤 사진을 흑(0)과 백(1)으로만 표현한다면 자세한 정보를 알아볼 수 없을 것이다(그림 12.25(b)). 즉, 몇 단계의 계조로 표현하느냐에 달려있다. 반면에 그림 12.25(a)의 경우 시가지의 모습이 비교적 디테일하게 나타난다. 그러나 무한정 방사해상도를 높일 경우 영상의 파일 크기가 커져 또 다른 문제를 야기할 수도 있다.

4) 주기해상도(Temporal Resolution)

동일한 지역에 재방문하여 영상을 획득할 수 있는 최단시간이다. 위성 A의 방문주기는 5일이며, B위성은 3일이라면 B위성이 A위성보다 주기해상도가 높다고 말할 수 있다. 이는 시기별 영상을 비교분석함으로써 변화의 양상을 알 수 있으며 재해와 환경관리 등에 중요한 자료가 된다. 즉, 재해 전·후를 비교하여 피해규모를 산정할 수 있다. 이를 시계열 분석이라고 한다. 이외에도 홍수, 기름누출, 산불, 산림병충해 등 시간이 지남으로써 확산되는 양상을 분석하는데 유용하다. 장기적으로 볼 때는 도시의 발전패턴, 도시화 속도 등을 분석할 수 있다.

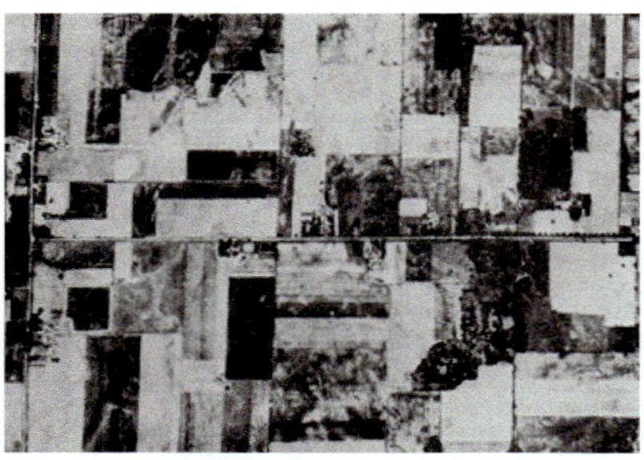

(a)

(b)

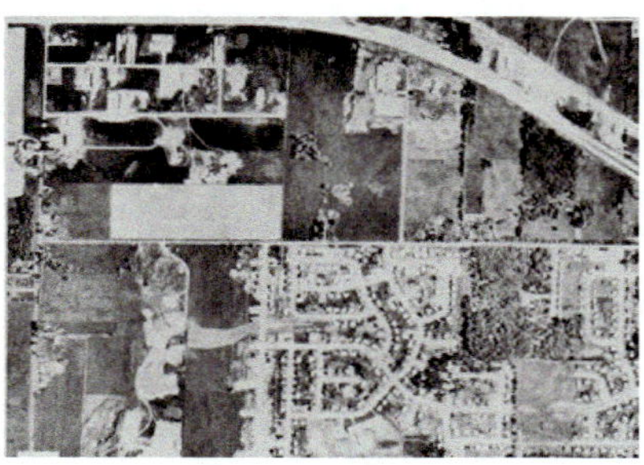

(c)

(d)

그림 12.26 위스콘신 남서부 메디슨의 1955, 1968, 1980, 1990년도의 변화상

12.3.7 참조데이터(Reference Data)

이전의 논의에서 거론하였듯이 어떤 형태의 참고자료를 이용하지 않고서는 원격탐측을 행할 수 없다. 참고자료는 종종 지상사실(Ground truth)이란 용어로 언급된다. 어느 낯선 장소에 갔다고 가정해 보자. 저 멀리 물체가 보이긴 하는데 구체적으로 그것이 무엇인지는 알 수가 없다. 색깔은 흰색, 모양은 둥글고 무광택이며 크기는 근처에 있는 차량의 크기와 비교해볼 때 0.5m 정도였다. 가까이 가보니 그것은 어민들이 사용하는 스티로폼 부표였다. 이러한 경험이 있었다면 여러분들은 다른 바닷가에서 같은 특성의 물체를 멀리서 보았을 경우 즉시 부표라고 판단할 수 있을 것이다. 이와 같이 어떤 물체를 판단하는데 필요한 색깔, 크기, 광택유무 등에 대한 데이터를 참조데이터(Reference data)라고 한다. 물론 살아있는 식물이라면 계절적으로 훨씬 변화가 더 있을 것이다. 이러한 경우에는 대상물이 변화하는 시간, 계절에 대해 다양한 참조데이터의 구축이 필요하다. 참조데이터의 수집이라는 것은 원격적으로 관측되고 있는 관심대상인 물체, 지역, 현상에 관한 측정치를 수집하는 것을 말한다. 예를 들어, 여러 가지 지표 대상물들의 물리·화학적인 성분과 온도를 현장에서 관측하는 것이다. 참조데이터의 사용 목적은 다음과 같다.

1) 원격탐측 자료의 분석과 해석에 도움을 주기 위해서
2) 센서를 검증하기 위해서
3) 원격탐측에서 추출된 정보를 확인하기 위해서

참조자료를 정확히 수집하는 데는 비용이 매우 많이 들며 시간이 많이 걸린다. 식물의 상태나 수질오염 등 시간의 경과에 따라 변하는 대상의 경우 시간임계(Time-critical)를 고려해야 하며 지질과 같이 변하지 않는 경우에는 시간안정(Time-stable)측정이 될 수 있다. 참조자료수집의 한 가지 형태로는 표면물질의 스팩트럴 응답패턴을 결정하기 위한 방사 또는 반사의 지표면 조사이다. 이는 실험실 또는 현장에서 행해지는데 분광학(Spectroscopy)의 원리를 이용한다. 그림 12.27과 같은 분광기(Spectroradiometer)를 사용하여 대상물에서 나오는 에너지를 파장의 함수로써 측정하여 반사특성곡선을 만든다.

자연에서 측정 시 환경적 변수에 의해 영향을 받기 때문에 실험실에서의 측정을 병행한다. 분광기는 휴대용으로부터 헬리콥터 또는 항공기까지 다양한 도구를 사용한다. 결과는 자체 메모리에 저장되며 후속적인 컴퓨터 작업에 입력된다. 참조자료는 통계적인 샘플링 원리에 따라 수집되어야 한다. 그림 12.25의 분광기는 광섬유

케이블을 통해 입사되며 0.35μm~2.5μm까지의 영역에 대해 1000밴드 값을 동시에 수집한다. 수집된 데이터는 노트북에서 데이터 처리가 되며, 다양한 위성시스템에 적절한 밴드 값을 계산할 수도 있으며 NDVI[1] 또는 IR에 대한 계산도 가능하다.

그림 12.27 해석분광기(FieldSpec FR)

그림 12.27의 FieldSpec FR 분광기는 연속적인 분광 범위에서 자료를 수집하는 형태가 아닌 서로 구분된 분광밴드들에서 방사량을 측정하는 멀티밴드 복사계이다. 이 특수한 장치는 8개의 분광 밴드에서 작동되는데, 그 중 7개 밴드는 Landsat 위성에 장착된 Thematic Mapper(TM) 센서에서 이용되는 밴드들과 동일하다. 이 시스템은 분광기, 디지털카메라, GPS수신기로 이루어져 있다. 분광 반사 측정치를 얻기 위해 다중 복사계를 이용하는 방법은 일반적으로 3단계 절차로 구성되어 있다.

① 1단계 : 장비를 고정적인 반사량을 지닌 검정판넬(Calibration Panel)에 겨냥한다. 이 단계의 목적은 측정을 수행하는 지역에서 발생하는 입사 복사량 혹은 방사량의 값을 측정하는 것이다.

② 2단계 : 장비를 관심대상 목표물 위에 위치하도록 한 다음, 대상물체에서 반사된 방사량을 측정한다.

③ 3단계 : 각각의 관측밴드에 반사된 에너지 측정치를 각 밴드에서 측정된 입사 복사량으로 나누어 대상물체의 분광 반사율을 계산한다.

1) NDVI(Nomalized Difference Vegetation Index) : 정규화 식생지수로, 얼마만큼 식생이 분포되어 있는지를 지수로 표현한 것

일반적으로 반사율 요소(Reflectance Factor)라는 말은 이러한 계산 결과를 지칭하기 위해 사용된다. 반사율 요소는 공식적으로 다음과 같이 정의되는데, 샘플 표면에서 실제로 반사된 복사에너지 vs 샘플 채취와 정확하게 똑같은 방식으로 방사하며, 완전히 산란되는(Lambertion) 이상적인 표면에 의해 반사된 에너지의 비율이다. (이때 관측 기하각은 둘 다 동일해야 한다.)

위와 같은 측정방식을 설명하기 위해 자주 사용되는 또 다른 용어는 양방향 반사율 요소(Bidirectional Reflectance Factor)이다. 첫 번째 방향은 샘플을 바라보는 각도이고(일반적으로 0°), 두 번째 방향은 태양의 입사각이다(태양 천정각과 Azimuth 각에 의해 결정된다). 위와 같이 묘사된 양방향 반사율 측정 시, 샘플과 반사율 기준값은 연속적으로 측정된다. 또 다른 접근방식이 존재하는데, 이는 입사 분광 방사량과 반사된 분광 복사량을 동시에 측정하는 것이다.

그림 12.28 농작지에 대한 분광수집을 위해 차량에 탑재한 모습(Univ. of Nebraska-Lincoln center)

12.3.8 이상적인 원격탐측시스템

이상적인 원격탐측시스템의 소개는 실제 탐사시스템을 설계하고 적용함에 있어 부딪히는 몇 가지 문제점들을 판단할 수 있다. 이상적인 원격탐측시스템의 기본적인 구성요소들이 그림 12.29에 나타나 있다.

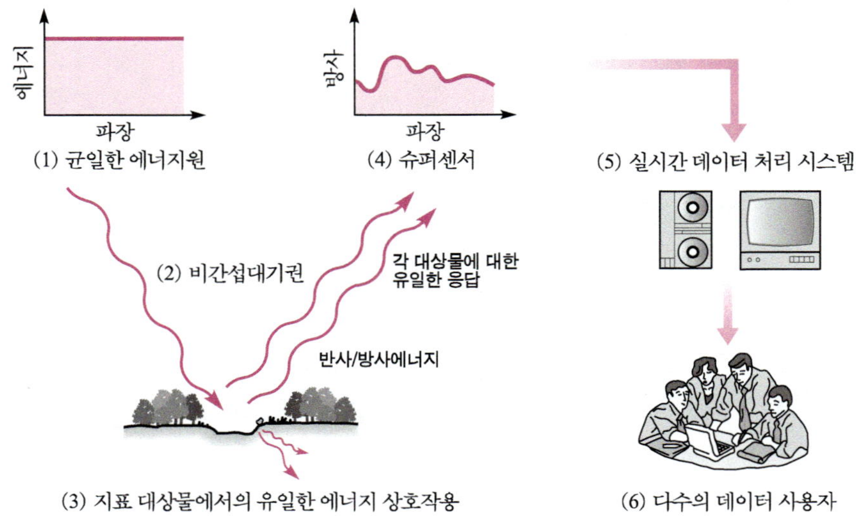

그림 12.29 이상적인 원격탐측시스템의 구성요소

(1) **균일한 에너지원** : 모든 파장에 대해 같은 양과 일정한 형태의 에너지를 보낸다.
(2) **비간섭 대기권** : 파장, 시간, 장소 등의 요인과 무관하게 에너지를 변화시키지 않는다.
(3) **지표에서 에너지와 물질의 유일한 상호작용** : 지표면의 대상물에서 유일하고 변함없는 반사 또는 방사신호를 보낸다.
(4) **슈퍼센서** : 미세한 자료라도 스펙트럼상의 모든 파장에 대한 신뢰성 있고 정확한 반사값 획득이 가능
(5) **실시간 자료운용시스템** : 지표 요소들의 반사율 및 파장 반응값이 즉각적으로 생성한다.
(6) **다중 자료사용자** : 이 사람들은 그들 각자의 학문분야와 원격탐측자료의 획득 및 해석기술에 대한 깊은 지식을 가진다. 탐측되는 특별한 지구자원에 대한 그들의 지식 때문에 동일한 자료라도 사용자에 따라 여러 가지 형태의 정보가 될 것이다.

그러나 이러한 이상적인 상황은 일어나지 않으며, 현실적인 원격탐측시스템을 다음 절에 소개한다.

12.3.9 실제 원격탐측시스템의 특징

실제 원격탐측시스템의 일반적인 운영과 유용성을 더 잘 이해하기 위해 실제 원격탐측시스템의 요소에 공통된 몇 가지 기본적인 결점들을 생각해 보자. 다음과 같은 실제시스템의 일반적인 결점을 인식하여야 한다.

1) 에너지원

반사된 태양광과 자체방사에너지의 스펙트럼 분포는 균일하지 않다. 태양에너지는 시간과 장소에 따라 에너지양이 변하며 파장이 불균질하다.

2) 대기권

대기권은 센서가 획득하는 에너지 강도와 분광분포를 변화시킨다. 어떤 형태의 검정에 의하여 대기의 영향을 제거하고 보정을 필요로 한다.

3) 지표에서의 에너지와 물질의 상호작용

모든 물질이 유일하고 알려진 방식으로 에너지를 반사하고 방사한다면 원격탐측은 간단할 것이다. 근본적으로 종류가 다른 물질들이 분광적으로 거의 똑같아서 두 물질의 구분을 어렵게 만든다. 스펙트럼의 응답특성이 지표면 물질을 탐지, 확인, 해석함에 있어서 중추적인 역할을 하지만 스펙트럼에는 불명료함으로 꽉차있다.

4) 센서

어떠한 단일 센서도 모든 파장에 대해 민감하지 않으며, 실제 모든 센서들은 분광적인 민감도가 고정되어있는 한계를 지니고 있다.

센서의 공간해상도와 지상풍경에 존재하는 변화성 사이의 상호관계를 그림 12.30에 나타냈다.

(a)에서 한 개의 픽셀은 단지 아주 작은 지상영역만을 피복한다(작물의 가로줄 넓이 상에 한 개의 픽셀이 존재한다). (b)에서는 좀 더 넓은 영역의 해상도가 묘사되고 있으며, 작물이 재배되는 줄과 줄 사이의 토양(밭이랑)들에서 반사된 반사량이 한 개의 픽셀에 함께 포함된다. (c)는 훨씬 넓은 영역의 해상도로 인해 두 개의 경작지에서 반사된 값들이 평균화되어 한 개의 픽셀에 저장된다. 일반적으로 혼합된 픽셀들의 비율이 높을수록 영상에서 세부적인 공간정보를 기록하고 추출하는 능력이 떨어진다.

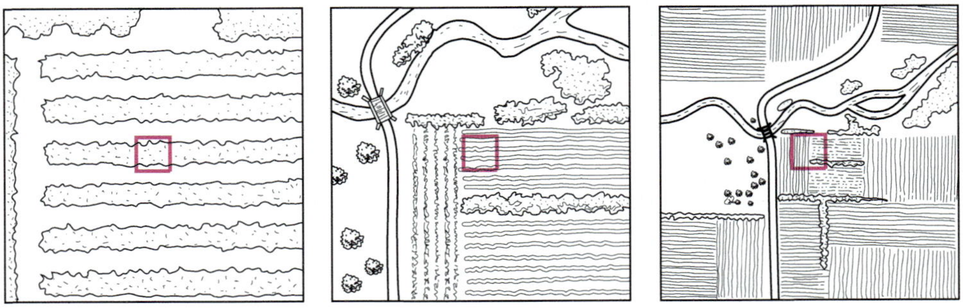

(a) 작은 지상해상도 셀 크기 (b) 중간 지상해상도 셀 크기 (c) 큰 중간 지상해상도 셀 크기

그림 12.30 지상해상도(셀 크기)에 따른 반사 특성

5) 자료운용시스템

기존 시스템의 능력은 방대한 자료를 운용할 수 있는 능력을 초과한다.

6) 다양한 자료 사용자

원격탐측시스템을 성공적으로 응용하는데 중심적인 것이 그 시스템을 사용하는 사람이다. 원격탐측과정에서 얻어진 자료는 사람이 그 자료의 발생을 이해하고 자료를 판독하는 방법을 알고 자료를 이용하는 가장 좋은 방법을 알 때만이 정보가 된다.

원격탐측은 대부분 다중조사법을 사용함으로써 그 분류도를 높인다. 여러 스펙트럼밴드에서 동시에 자료를 획득하는 다중스펙트럼 탐측(Multi-spectral sensing)이다. 동시에 다시기탐측(Multi-temporal sensing)을 시행함으로써 시간에 따른 변화 등을 분석한다.

다중고도 자료는 센서의 탑재체에 따라 고고도, 저고도, 지상관측으로 획득되며 목적에 따라 고도를 정한다. 이들은 서로 상호보완적으로 사용할 수 있다.

다중스펙트럼 영상은 단 스팩트럴 밴드에서 수집된 자료보다 더 많은 정보를 공급한다. 다중스펙트럼 주사기는 다중스펙트럼 밴드로부터 동시에 자료를 얻는다. 다중밴드에 기록된 신호들이 서로 관련되어 해석될 때에 단밴드만 이용되거나 다중밴드가 독립적으로 해석될 때보다 더 많은 정보를 이용할 수 있게 된다. 다중스펙트럼 접근법은 지구자원의 유형과 상태의 구별을 포함한 많은 원격탐측 적용의 핵심을 이룬다. 다시기 탐측은 다양한 시간에 동일한 지역을 탐측하고 시간에 따라 발생하는 변화를 지상상태의 판별요소로써 이용한다. 이러한 방법은 도시변두리 지역의 교외개발과 같은 토지이용변화를 감시하기 위해 빈번히 사용된다.

원격탐측은 문자 그대로 눈에 보이지 않는 것을 보이게 하는 능력을 제공해 준다. 공중이나 우주의 유리한 원격탐측위치로부터 우리는 지구자원의 객관적인 조사를 얻을 수 있다. 원격탐측은 또한 학문적 경계를 초월한다. 그것은 적용분야가 매우 넓어서 어느 누구도 자기분야라고 말할 수 없다.

12.4 지형공간정보시스템과의 연계

지형공간정보시스템은 지구 영역에 관한 정보를 수집, 저장, 분석, 보급하기 위한 하드웨어, 소프트웨어, 자료, 사람, 조직체에 대한 체계이다. GIS는 「다양한 지리정보를 구축, 유지관리, 편집, 분석 및 프로세싱, 디스플레이 및 출력 등의 과정을 통하여, 공간 정보를 얻는 동시에 공간 의사결정에 도움을 주는 시스템」 이라고 할 수 있다.

GIS의 이점 중 중요한 것 중 하나는 다양한 형태의 정보 간 공간적 관계를 형성하는 능력이다. 이 개념을 그림 12.31에 도시했다. 수문학자들은 GIS를 이용하여 분수령의 침식정도를 연구하고자 한다. 침식의 정도는 지형, 토양, 강수량, 지질 등의 요소에 영향을 받으므로 이들 데이터를 기본적으로 수집한다. 기본 정보로부터 경사로, 유출주제도 등을 도출하여 침식 가능여부에 대한 정보를 추출할 수 있다. 즉, 다음과 같은 단계로 수행한다. 예를 들어, (a) 토지에 대한 정보수집, (b) 토지정보에 대한 지도를 코드화, (c) 코드 중 관련된 3개의 코드로부터 도출, (d) 각 셀의 분석, (e) GIS구축에서 공간정보는 래스터(Raster)와 벡터(Vector)자료로 구축된다. 래스터 영상은 칼타적외전 사진으로부터 흑백사진으로 복사하였고, 벡터데이터의 선분은 습지에서 자생하는 수종을 표시한 것이다.

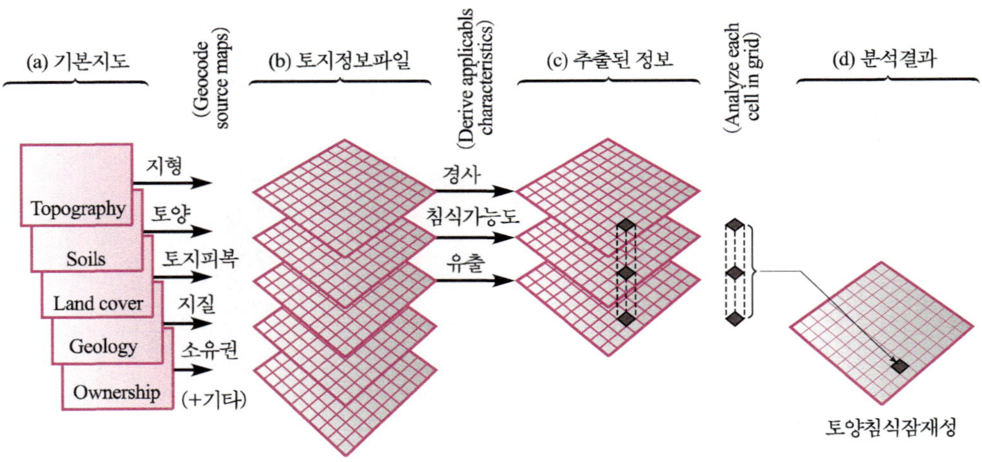

그림 12.31 GIS의 개념도

래스터자료는 디지털 사진기로 촬영한 영상이나 스캐닝한 자료를 말한다. 래스터 데이터의 공간 해상력은 데이터를 이루는 cell의 크기로 제한되며, 비교적 간단한 자료구조로 중첩분석과 같은 작업에서 계산적으로 효율성이 있으나 데이터의 용량이 비교적 크다는 단점이 있다. 반면 벡터데이터는 중첩분석 작업은 래스터보다 계산적으로 더 복잡하나 비교적 적은 데이터 용량을 가지며 높은 공간 해상력 및 위상 자료관계(망 분석 작업에 효율적)의 구축이 가능하다는 장점이 있다.

그림 12.32에서 (a)는 일반지도이며, 이를 래스터데이터 형식으로 표현하면 (b), 벡터데이터 형식으로 표현하면 (c)와 같이 된다. GIS는 래스터와 벡터 자료 사이의 호환성을 지원할 뿐만 아니라 래스터 자료와 벡터자료의 동시 통합도 지원한다. 즉, 래스터 영상은 벡터의 배경으로 사용될 수 있다. 그 예를 그림 12.33에 보였다. 적외선 흑백영상에 일반 벡터지도를 중첩하여 표시한 것으로 벡터데이터와 래스터데이터의 장점을 모두 활용할 수 있다.

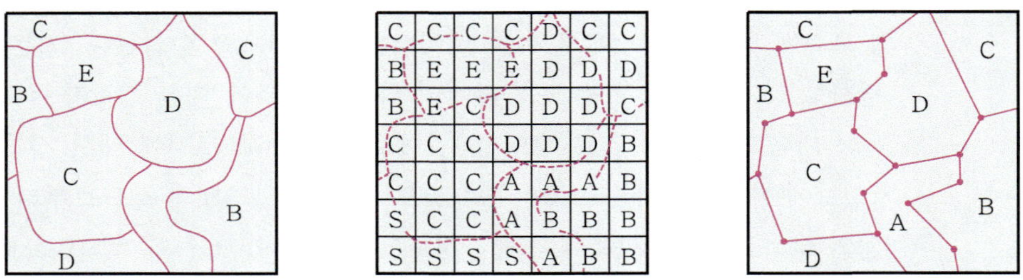

(a) (b) (c)

그림 12.32 래스터와 벡터 데이터

래스터 영상은칼라적외선 사진으로부터 흑백사진으로 만들었으며 벡터데이터의 폴리곤은 습지에서 자생하는 수종을 표시한 것이다.

그림 12.33 래스터에 중첩된 벡터지도

CHAPTER 13 탐측기와 탑재기

원격탐측을 위한 영상획득은 응용목적에 맞는 탐측기(센서)를 싣고 공중 또는 지구의 주위를 공전하며 영상을 촬영할 수 있는 탑재기가 있어야 한다. 본 장에서는 탐측기와 탑재기의 종류 및 특성에 대해 설명하였다.

13.1 탐측기(Sensor)

Part I 사진측량의 2장에서 카메라에 대해 소개했다. 카메라는 전자기파 중 가시광선 영역을 감지하는 일종의 탐측기(센서)이다. 원격탐측목적의 영상을 획득하기 위해서는 가시광선 영역(0.4μm ~0.7μm)뿐만 아니라 UV, 적외선 영역(0.8μm ~14μm)까지 다양한 파장대의 영상을 감지할 수 있는 Multi-spectral scanner를 사용한다. 영상자료의 획득에 사용하는 특정한 파장대를 밴드(Band)라고 부르는데, 이들 각 밴드의 영상자료는 동일지역에 대한 독립적인 자료로 저장된다(그림 13.1 참조). 탐측기는 영상획득매카니즘에 따라 프레임영상획득방식과 스캐닝방식이 있으며, 스캐닝방식은 다시 across track 스캐닝과 along track 스캐닝방식으로 분류된다. 또한 탐측대상물의 에너지원에 따라 수동적 탐측기(Passive sensor)와 능동적 탐측기(Active sensor)로 분류할 수 있다.

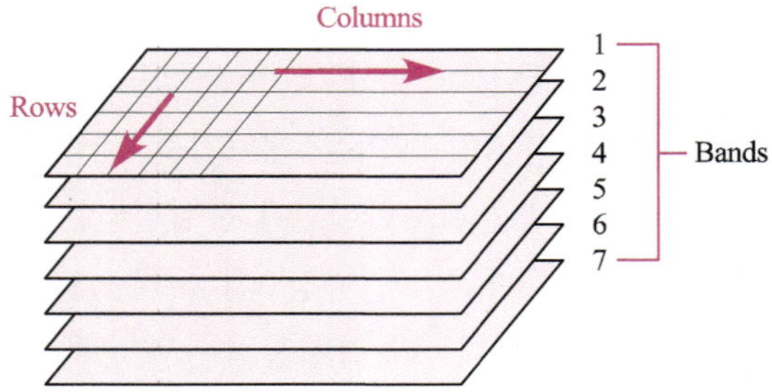

그림 13.1 다중밴드영상

표 13.1 다중파장 탐측기와 사진의 비교

Item	Multi Spectral Scanner(MSS)	Photographic Systems
Spectral Regions	0.3~14μm (Ultraviolet, Visible, Near-IR, Mid-IR, Thermal)	0.3 ~ 0.9μm
Data Collection	Same Optical System → Simultaneously	Separate Optical System → Independently
Calibration	Electronically (Electronic Format)	Radiometrically (Chemical Format)
Character	Electronically Transmit to Ground Receiving Station (Real-Time Viewing)	Physically Transmit to Ground Receiving Station (Require an onboard Supply of Film)

13.1.1 영상획득메커니즘에 따른 분류

1) 프레임방식 센서

영상단위로 기록하는 센서로 일반적인 카메라에 해당된다. Line단위의 스캐닝 방식과 달리 기하학적 특성이 가로×세로의 크기를 갖는 영상단위이므로 단일시간에 영상획득을 가능케 한다. 이에 대한 자세한 내용은 제3장 사진의 기하학적 특성에서 기술하였다.

2) 스캐닝 방식

고정식 광학계 또는 회전식 미러를 이용하여 영상의 일부를 획득하고, 이들을 조합하여 영상을 형성한다.

① across track 스캐너

비행방향에 대해 직각으로 좌측부터 우측으로 oscillating 거울을 이용하여 스캐닝하는 방식으로 영상을 획득한다. Whiskbroom스캐닝 방법이라고도 한다. 그림 13.2에서와 같이 지상의 에너지를 회전하는 미러에 의해 좌우를 스캔하는 방식이다. 스캔범위는 90°~120°이며 thermal & non-thermal 파장을 기록한다. 영상기록과정은 거울에 의해 반사되어 들어온 에너지를 간섭필터(Dichroic filter)에서 분류하여 두 종류의 에너지를 기록한다. 이 간섭필터는 열파장 부분을 비 열파장 에너지와 분리하여 저장하며 비 열파장 에너지는 프리즘에 의해 분광되어 UV, visible, near-IR로 기록된다. 각 감지장치는 특정한 wavelength에서 분광감지도가 가장 최대가 되도록 설계되었다.

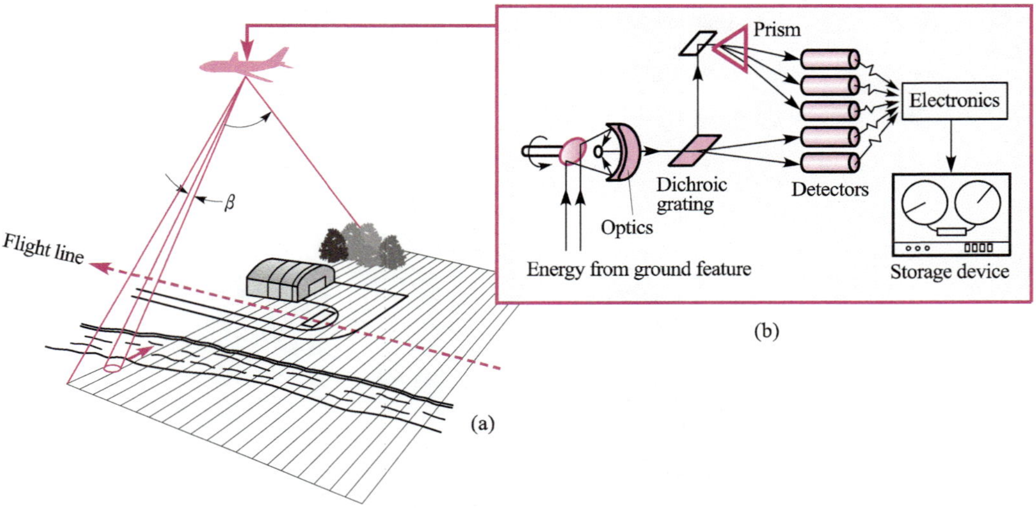

그림 13.2 Across track(Whiskbroom)에 의한 영상획득 및 저장(Lillesand, Kiffer, Chipman, 2008)

검출부(Detectors)에서는 분광부를 통과한 복사에너지를 광전변환소자에 의해 전기신호로 변환하며 전기적 시스템에 의해 전기신호를 증폭하여 기록한다. 다중채널 테잎 기록계에서는 A-to-D 변환 후에 스캔라인별로 수치적으로 기록된다. 과정을 흐름도로 정리하면 그림 13.3과 같다. 그림 13.2의 탐측기는 5밴드의 검출기를 가지고 있지만 수십-수백 개의 밴드를 감지할 수 있는 탐측기도 있다.

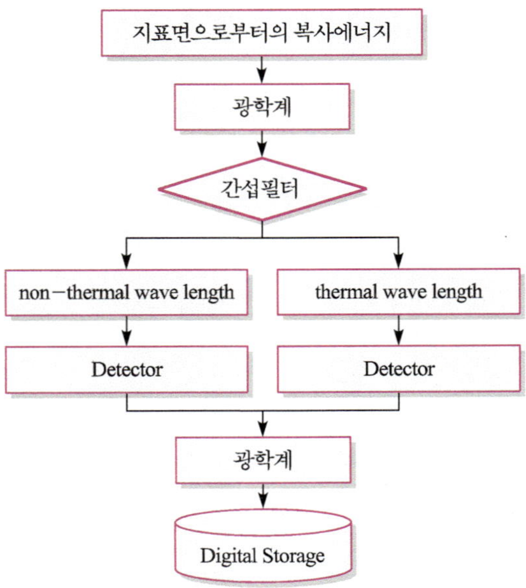

그림 13.3 Across track방식의 영상획득과정

다음 그림 13.4는 across track방식의 다중파장대 스캐너와 영상저장장치이다. IFOV는 2.5mrad[1), total scanning angle 86°, 8 or 12 bits, 6band(up to 10band), 0.32–12.5m, VHS video monitor를 장착하고 있다.

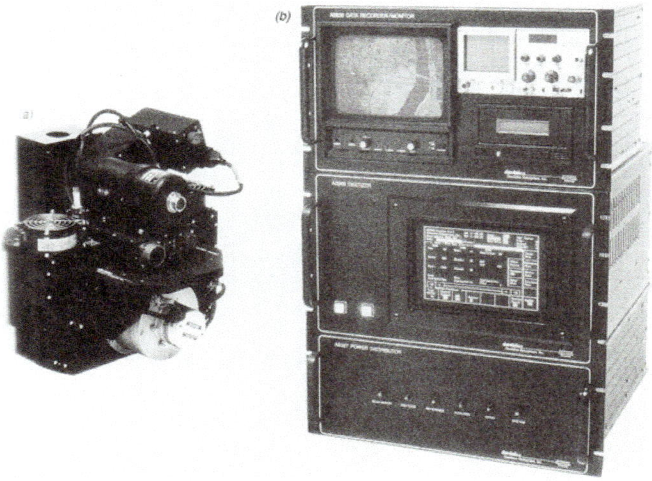

그림 13.4 Across track Airborne Multispectral Scanner (Courtesy Sensys Technologies, Inc.)

② Along track 스캐너

비행기 아래 swath[2)]를 따라 직각방향의 연속적인 2차원 선형으로 감지하는 방식으로 스캐닝거울(Scanning mirror)없이 직접 광학계로 복사에너지가 입사되게 된다. 미러가 없는 대신 수백–수천 개의 CCD가 선형으로 배열된 감지기(Detector)를 사용한다. 그림 13.5와 같이 일렬로 배열된 감지기에 의해 비행방향으로 스캐닝하게 된다. 지상해상도의 셀 크기는 지상에 투영되는 단일 CCD에 대한 IFOV에 의해 결정된다. Across track의 경우 감지기의 IFOV에 의해 결정되지만 along track의 경우 analog to digital 변환에 사용되는 샘플링 간격(ΔT)에 의해 결정된다. 선형배열 CCD는 10,000여 개의 개별적인 감지기로 구성되어 있다. Line array는 렌즈의 초점면에 위치하며 각 스캔라인은 모든 array가 동시에 보여진다.

Along track(Linear array) 방식은 across track 방식에 비해 표 13.2와 같은 장·단점을 가지고 있다.

1) mrad : 1 radian은 180°/π이므로 1mrad = 180°/100π ≒ 1°30′

2) 비행방향에 대해 직각방향으로 영상획득 가능 폭

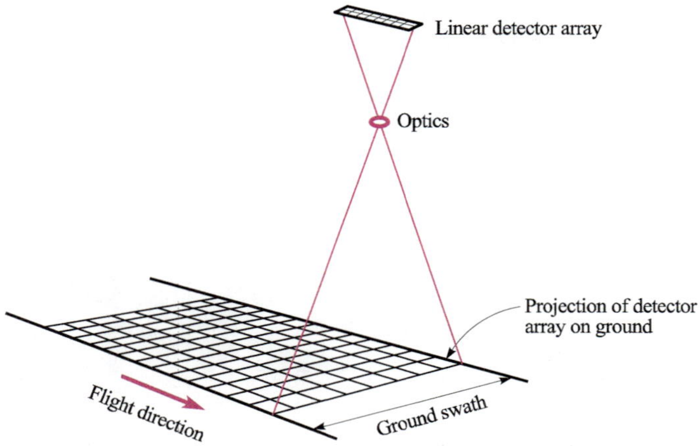

그림 13.5 Along track(Pushbroom)에 의한 영상획득

표 13.2 Along track방식의 장 · 단점

	장 점	단 점
내용	신호대 잡음비가 크다. linear array system의 기하학적 정확도가 양호 소형, 경량이며 저전력이다. 수명이 길다.	많은 detector 의 검정이 요구 스펙트럴 감지의 범위가 비교적 제한

표 13.2에서 장점으로 첫 번째, 에너지를 감지하는데 긴 시간(Dwell time)을 허용하므로 좀 더 강한 신호를 기록할 수 있다는 점이다. 이는 신호대 잡음비(Signal to noise ratio)가 높다는 얘기이며 더 좋은 radiometric resolution이 가능하다는 것이다. 두 번째, 감지기들이 고정되어 있으므로 선형배열시스템(Linear array system)의 기하학적 조합이 좋으며 across tracking의 mirror처럼 회전속도에 의한 왜곡이 없다는 점이다. 세 번째, line array는 solid-state micro-electronic devices이고 크기와 무게도 작으므로 across tracking보다 적은 전력을 요구한다는 점이다. 마지막으로 동적인 부분이 없으므로 훨씬 긴 수명을 자랑한다.

반면에 단점으로 선형배열시스템은 많은 감지기의 검정이 요구된다는 점과 선형배열감지기는 중적외선보다 긴 파장은 가능하지 않으므로 스팩트럴 감지의 범위가 비교적 제한되어 있다는 점이다.

다음 그림 13.6은 along track방식의 다중파장대 스캐너와 영상저장장치이다. 항공촬영용이며 IFOV는 forward 65.2°, nadir 77.3°, backward 72.5°이다. 밴드는 RGB, 근적외선(Near infrared) 밴드이다. Part I의 4.1.1절에서 소개한 ADS40의 후속 모델이다.

그림 13.6 Along track Leica ADS1000(Leica Co.)

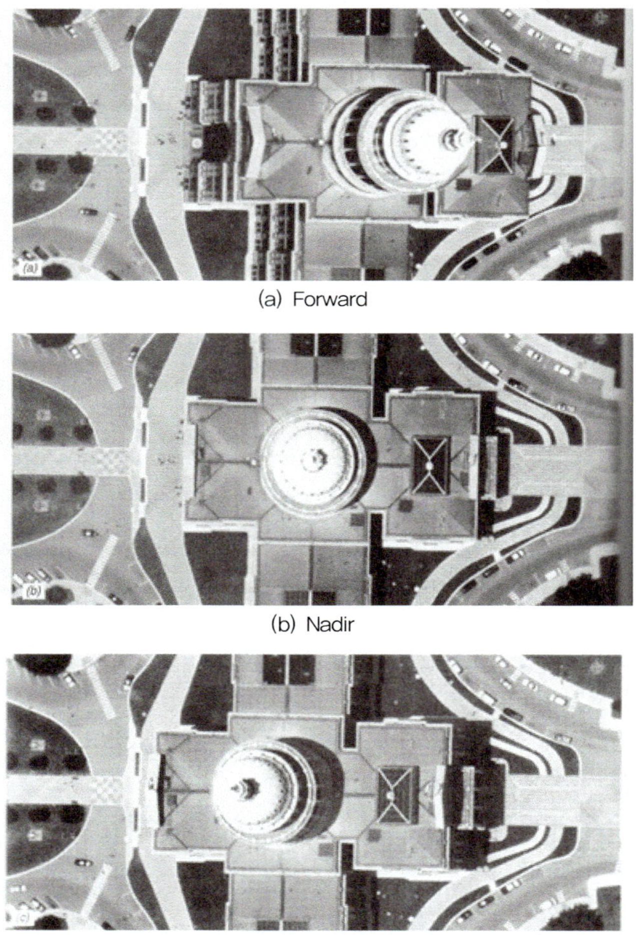

(a) Forward

(b) Nadir

(c) Backward

그림 13.7 ADS1000으로 촬영한 영상

13.1.2 탐측기의 에너지원에 따른 분류

1) 수동적 센서

에너지원으로 태양의 전자기파를 이용하는 센서로서 대상물에서 반사 또는 방사된 전자파를 수집한다. 일반적인 항공사진기가 대표적이다. 이외에도 다중파장대 사진기(Multispectral camera ; MSC), Vidicon camera, 다중파장대주사기(Multi spectral scanner; MSS), 고체주사기 : Push-broom주사기, TM(Thematic mapper), 방사계 등이 있다. 주로 아날로그 신호를 감지하므로 어두운 밤이나 구름이 끼어 흐린 날에는 탐측이 불가능하다는 단점이 있다.

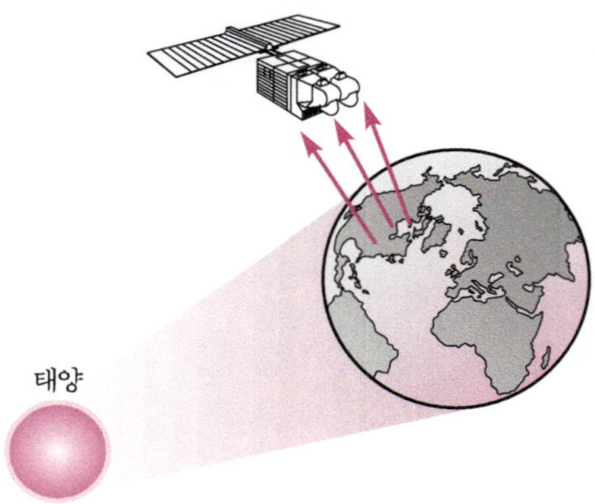

그림 13.8 수동적 센서의 정보체계

그림 13.9 수동형 센서에 의한 영상

2) 능동적 센서(Active sensor)

에너지원을 센서 자체에서 발사하는 센서를 말하며, 센서 자체에서 전자파를 발사하여 대상물에 반사되는 전자파를 수집하는 방식으로 레이더와 광파거리측량기가 대표적이다. 최근 사용이 확대되고 있는 레이저 스캔방식인 지상 Lidar측량기도 이에 해당된다. 마이크로웨이브는 전천후형 정보수집장치로 가시 · 적외영역도 가능한 센서이며, 레이더 측량기는 레이더파를 지표면에 주사하여 반사파로부터 2D영상을 얻는 탐측기이다. 레이더에는 방식에 따라 SLAR(Side looking airborne radar), RAR(Real aperture radar), SAR(Synthetic aperture radar)로 분류된다. 특히, SAR는 반사강도 이외의 위상도 관측하여 위상조정 후에 해상도 높은 2D영상을 작성할 수 있다. 이 밖에도 능동적 센서에는 Laser spectrometer, Radiometer 등이 있다. 전파신호를 수집하는 센서이므로 어두운 밤이나 구름이 낀 날씨에도 무관하게 탐측할 수 있지만 눈으로 보는 것과 같은 정보가 아니므로 조금 생소하며 일련의 영상처리과정이 필요하다.

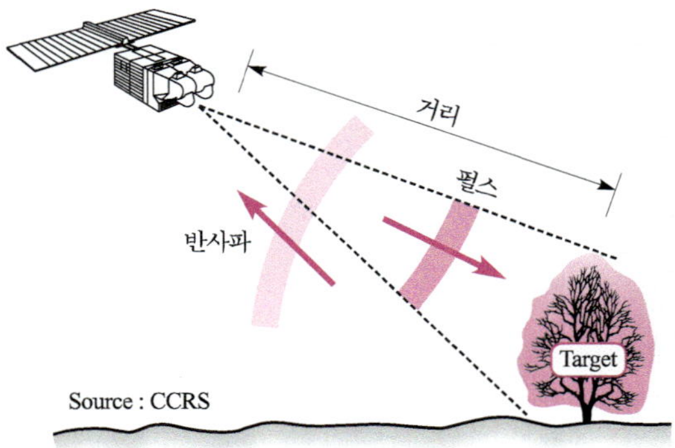

그림 13.10 능동형 센서의 정보체계

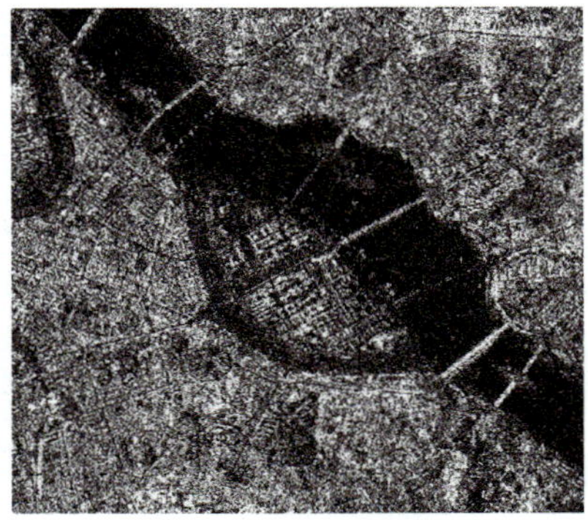

그림 13.11 능동형 센서에 의한 영상

13.1.3 열센서(Thermal sensor)

열이 감지기는 스펙트럼 중 오직 열부분만 감지하는 특별한 MSS 중 하나이다. 이 시스템은 대기의 영향 때문에 3~5μm 또는 8~14μm 파장에 국한된다. Quantum 또는 photon 감지기가 이러한 목적으로 사용된다. 이들 감지기는 매우 민감하여 1초도 채 되지 않는 반응시간을 갖고 있다. 최대감지능력을 위해 감지기는 자체 열방사를 없애기 위해 냉각되어야 한다. 감지기는 액체질소(77°K)를 포함하고 있는 이중진공병으로 둘러싸여 있다. 세 가지의 일반적인 photon 감지기의 감지범위는 표 13.3과 같다.

표 13.3 일반적으로 사용하는 광검출 소자의 특성(열 감지)

형식	약어	유효스펙트럼 범위(μm)
수은 착색된 게르마늄 (Mercury-doped germanium)	Ge : Hg	3-14
안티몬화 인듐 (Indium antimonide)	InSb	3-5
텔르루화 수은 카드뮴 (Mercury cadmium telluride)	HgCdTe (MCT), or "trimetal"	8-14

열스캐너는 상업적으로 1960년대 후반부터 사용되었다. 초기에는 필름에 직접 기록하여 사용하였다. 새로운 모델은 디지털기록식이다. 실시간 스캔라인의 신호출력은 오실로스코프나 모니터로 보여진다. 최근의 열 감지기는 온도해상도가 0.1°C이다.

그림 13.12는 열스캐너 시스템의 모식도이다. 다음의 과정에 의해 작동된다.

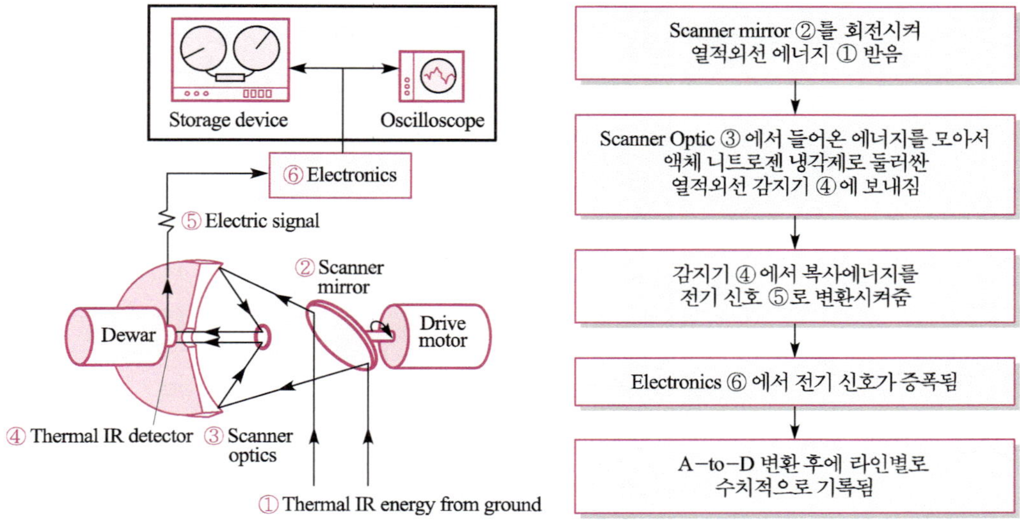

(a) 메커니즘 (b) 영상획득 프로세스

그림 13.12 Across track thermal Scanner의 영상획득 과정

13.1.4 하이퍼스펙트럴센서

13.1절 서두에서 다중파장센서(Multi-spectral scanner)에 대해 설명했다. 대상물마다 특정파장대에서 반사율이 차별화되므로 원격탐측을 위해서는 여러 개의 파장대별 영상의 획득이 필요하다. 그러나 4-7밴드의 영상만으로 자세히 구분한다는 것은 한계가 있다. 이는 파장대 사이의 정보를 알 수 없기 때문이다. 이는 분광해상도를 높혀 파장대 갭을 없애면 되는데, 이러한 개념의 센서가 초분광영상(Hyperspectral image)이다. 초분광센서는 파장영역 중 가시영역, near-IR, mid-IR, thermal IR에 걸쳐 매우 좁고 연속적인 스펙트럴 밴드의 많은 영상을 얻는 장비이다. across-track, along-track scanning 방식을 채용하거나 2차원 연속프레임 영상을 사용한다. 200개 또는 그 이상의 파장대의 데이터를 수집하고 모든 픽셀에 대한 연속적인 반사율(Thermal band에서는 복사율) 측정하여 표면물질을 파악한다. 전통적인 다중파장대 스캐너의 거친 밴드 해상도에서 구별하지 못했던 대상물을 특징적인 흡수율이나 반사율 특성을 이용하여 Hyperspectral sensor에서 구별할 수 있다.

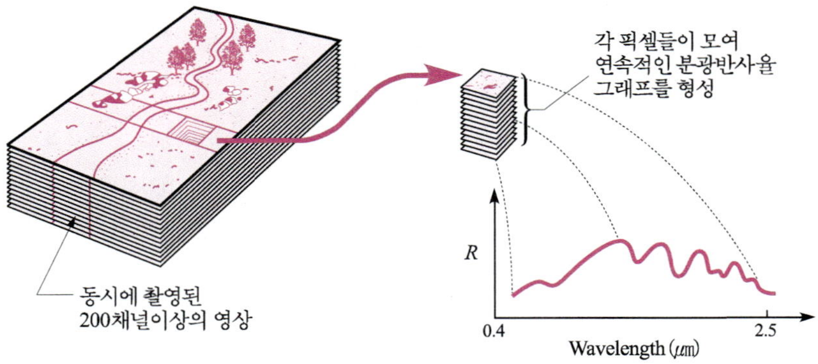

그림 13.13 하이퍼스펙트럴센서에 의한 영상의 획득과 분광영역

그림 13.13에서 왼편의 레이어 영상은 밴드별 영상으로 수백 내지 수천의 영상을 획득할 수 있으며, 이 중 일부분의 반사율을 보면 오른편의 그림과 같이 곡선으로 얻어진다.

초분광센서는 비행기에 탑재되는 것과 위성에 탑재되는 것 두 가지로 분류된다. 비행기용은 380~12,700nm의 파장대를 위성용은 400~14,400nm 파장대를 센싱한다. 대부분의 초분광센서는 좁고 연속된 연속적인 밴드에 대해 반사된 방사량을 기록한다. 예를 들어, 2~2,000nm 파장범위에서 1~288밴드의 범위를 센싱한다. 항공기용과는 다르게 위성용은 규칙적인 간격으로 전 지구를 피복할 수 있는 용량을 가지고 있다. 표 13.4에 이 두 종류의 센서를 소개했다.

Hyperion EO-1 sensor는 2000년 11월에 NASA에 의해 발사된 광물질지도를 제작하기 위한 센서이다. 0.4~2.5μm의 분광범위 내 242밴드의 영상을 획득한다. 분광해상도는 10nm, 공간해상도는 30m이다. 705km 상공에서 촬영한다. 이는 push-broom방식이며 복사해상도 8bits, swath폭은 7.5km이다.

항공기용으로는 NASA JPL(Jet Propulsion Laboratory)에서 개발한 Airborne Visible Sensor/Infrared Imaging Spectrometer(AVIRIS)가 있다. 0.4~2.5μm 분광범위에서 224밴드, 분광해상도10nm, Swath width=12km,

표 13.4 비행기와 인공위성에 탑재되는 대표적 초분광센서

Hyperspectral sensors on satellites			
센서명	제작사	밴드수	분광범위
FTHSI on MightySat II	Air Force Research	256	0.35-1.05
Hyperion on EO-1	NASA Guddard Space Flight Center	242	0.42-2.50
Hyperspectral sensors on aircrafts			
AVIRIS (Airborne Visible Infrared Imaging Spectrometer)	NASA Jet Propulsion Lab.	224	0.40-2.50
HYDICE (Hyperspectral Digital Imagery Collection Experiment)	Naval Research Lab.	210	0.40-2.50
PROBE-1	Eartg Search Sciences Inc.	128	0.40-2.50
CASI (Compact Airborne Spectrographic Imager)	ITRES Research Limited	Over 228	0.40-1.00
HyMap	Integrated Spectronics	100 la 200	Visible to termal Infrared
EPS-H (Environmental Protection System)	GER Corporation	VIS/NIR(76), SWIR1(32), SWIR2(32), TIR(12)	VIS/NIR(0.43-1.05), SWIR1(1.50-1.80), SWIR2(2.00-2.50), TIR(8-12.50)
DAIS 7915 (Digital Airborne Imaging Spectrometer)	GER Corporation (Geophysical and Environmental Research Imaging Spectrometer)	VIS/NIR(32), SWIR1(8), SWIR2(32), MIR(1), TIR(12)	VIS/NIR(0.43-1.05), SWIR1(1.50-1.80), SWIR2(2.00-2.50), MIR(3.00-5.00), TIR(8.70-12.30)
DAIS 21115 (Digital Airborne Imaging Spectrometer)	GER Corporation	VIS/NIR(76), SWIR1(64), SWIR2(64), MIR(1), TIR(6)	VIS/NIR(0.40-1.00), SWIR1(1.0-1.80), SWIR2(2.00-2.50), MIR(3.00-5.00), TIR(8.00-12.00)
AISA (Airborne Imaging Spectrometer)	Spectral Imaging	Over 288	0.43-1.00

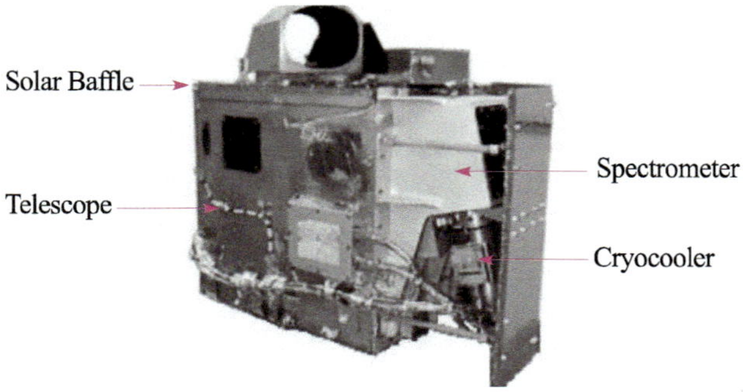

그림 13.14 Hyperion EO-1 sensor

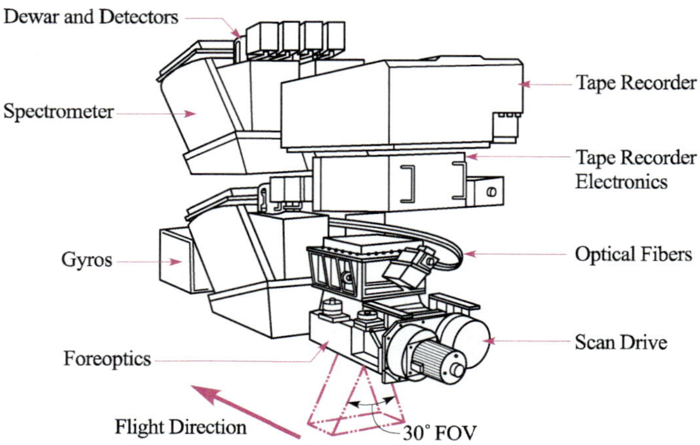

그림 13.15 AVIRIS sensor(JPL)

13.1.5 LiDAR

최근 기술추세는 3차원 GIS, 가상현실, 3D내비게이션 등 3차원 공간 재구축에 대한 이슈이다. 이전에는 일반측량 또는 GPS를 이용하여 주요점에 대한 3차원 좌표를 획득하고, 이를 이용하여 보간 3D DEM을 구축하여 사용하였다. 그러나 공간해상도가 낮고 시간적으로 어려운 점이 있었다. LiDAR(Light Detection and Ranging)는 레이저광선을 이용한 거리를 측정함으로써 위치를 결정한다. 초당 수천-수십만 점에 대한 3차원 좌표를 획득함으로써 지상구조물 또는 지표에 대한 수치표면모델(DSM ; Digital Surface Model)을 빠르고 정확하게 구축할 수 있는 방법으로 각광을 받고 있다. 산업현장에서 3D GIS, BIM, 역설계(Reverse engineering), 재해 및 산업현장에서 대상물의 3차원 모델링이 필수적인 작업이 되었다. 정확도와 스캐닝 속도면에서 획기적인 발전을 가져왔다. Trimble TX-5의 경우 120m 거리에서 초당 80만점까지 스캐닝할 수 있다. 건설 분야에서 사용하는 스캐너는 광대역 스캐너로써 스캔 영역은 수백 m에 이른다.

1) 지상용

스캐닝 영역을 정하게 되면 일정한 수평각 간격으로 회전하며 기계 내의 미러 회전에 의해 레이저가 발사되며 순간적으로 3차원 좌표를 획득한다. 지상용으로 가장 널리 쓰이고 있는 스캐너는 FARO, Trimble, Riegl 회사의 제품들이다. 주로 지상 구조물, 플랜트, 도로단면 측량에 사용된다. 대단히 신속한 속도로 스캐닝을 실시하며 손쉽게 3D 모델을 구축할 수 있다. 예를 들어, 높이 3층, 길이 100여 미터되는 건물을 1cm 간격으로 스캐닝한다고 할 때 불과 1시간 이내에 작업을 끝낼 수 있다.

(a) Riegl LMS Z210　(b) FARO　(c) Trimble TX-5　(d) Leica ScanStation P20

그림 13.16 지상 LiDAR

그림 13.17 Laser scanning으로 획득한 points cloud

이러한 스캐너들은 최근 토털스테이션, GPS와 연계하여 사용하는 추세이며 고해상도 디지털사진기를 장착하여 자료제작에 활용하기도 한다.

2) 항공용(LiDAR)

항공레이저 측량은 단시간 내에 지상의 DSM을 얻을 수 있다. 정기적으로 얻어진 지상의 DSM은 비교 분석되어져 변화탐지를 가능케 한다. 특히 평상시의 DSM과 홍수시의 DSM을 분석하면 자연재해의 범위 및 유출량 등을 정확히 파악할 수 있어 재해 방지 및 복구차원에서 효율적인 데이터가 될 수 있다. 이의 원리를 살펴보면 비행기에 탑재된 GPS와 IMU(항법장치)가 센서의 위치와 자세를 파악하며 레이저스캐너에서는 지상에 레이저를 주사해 센서로부터 지상의 높이를 수집하게 된다. 이의 장비들을 그림 13.19에 보였다. 주 컴퓨터와 IMU 변환기, 레이저스캐너 그리고 GPS는 비행기 외부에 설치되어 있다. GPS수신기와 스캐너 중심까지의 이격거리는 토털스테이션을 이용하여 수회 측량한 결과로부터 얻어진다.

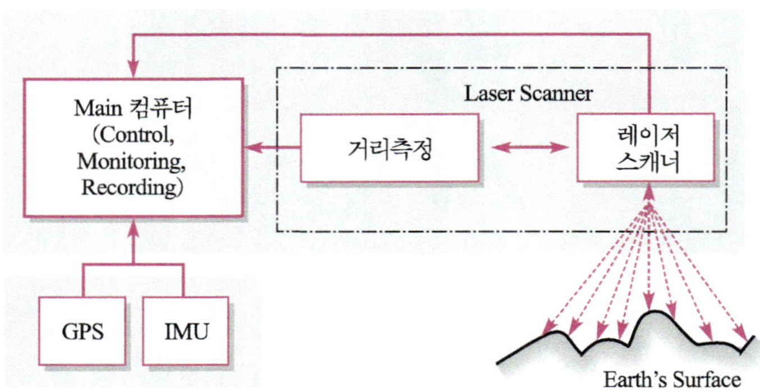

그림 13.18 LASER측량의 기본 원리

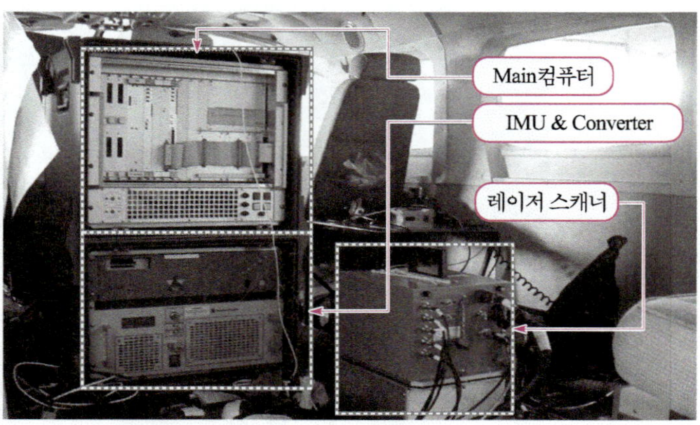

그림 13.19 비행기 내부의 LASER scanner의 장치모습

항공 LiDAR의 전체적인 가상도는 그림 13.20과 같다. IMU, 지상 GPS, 비행기 GPS의 좌표계가 공존하므로 좌표계 간의 3차원 회전변환이 빈번히 사용된다. 결국 모든 데이터가 지상의 GPS좌표계로 변환되게 된다. 이 좌표계는 GPS80 타원체를 기준으로 한 평면직각 좌표계로 표현되며 실용데이터로 쓰이게 된다.

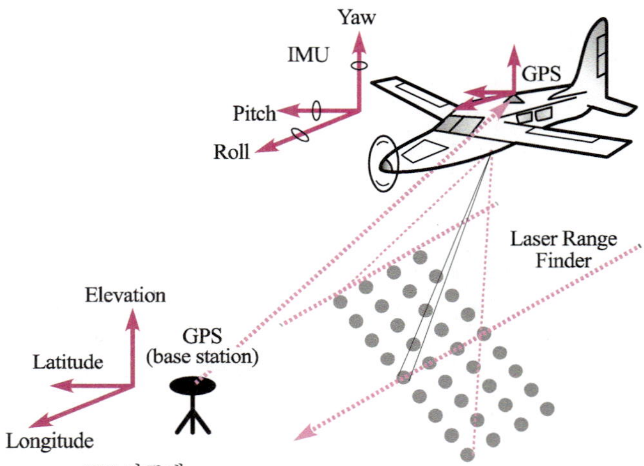

그림 13.20 원격탐측에서 사용되는 각종 좌표계

이러한 방법은 타 방법에 의해 DTM을 구축하는 것과 정확도 면에서 확실한 경쟁력이 있는 것으로 판단된다. 이와 같이 LASER 스캐닝 방법은 광범위한 목적으로 사용될 수 있으며, 그림 13.21에서 보는 바와 같이 지상은 물론 근해, 심해에서의 활용도 기대된다.

그림 13.21 LASER 스캐너의 활용범위

최근에는 소규모지역에 대한 지형정보획득용으로 UAV가 활용되고 있으며, 소형 비행체에도 탑재하여 지상에 대한 DEM을 획득할 수 있는 소형 LiDAR도 개발되어 상용되고 있다. 이로써 항공기를 탑재체로 이용해야만 되었던 LiDAR측량이 사용자의 필요에 따라 자유로이 DEM을 구축할 수 있는 시대가 왔다. 다음 그림 13.22, 13.23은 Riegl사에서 개발한 VUX-1 레이저스캐너로 5m~920m고도에서 25mm정확도로 지상을 초당 50만 포인트로 스캐닝할 수 있는 스캐너로 무게가 불과 4kg미만이다.

그림 13.22 Riegl VUX-1

그림 13.23 UAV에 탑재된 VUX-1

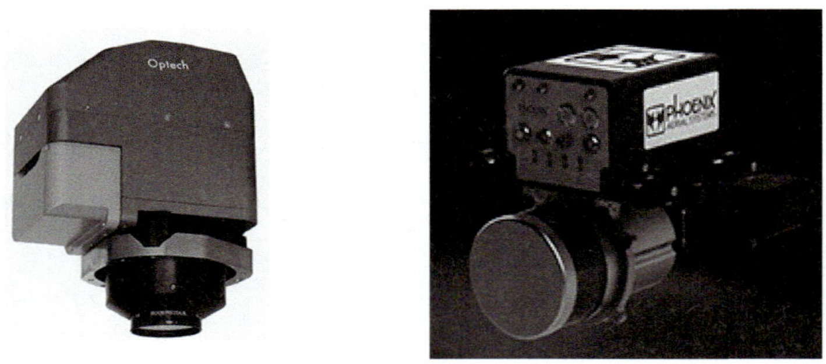

그림 13.24 항공기용 LiDAR sensor

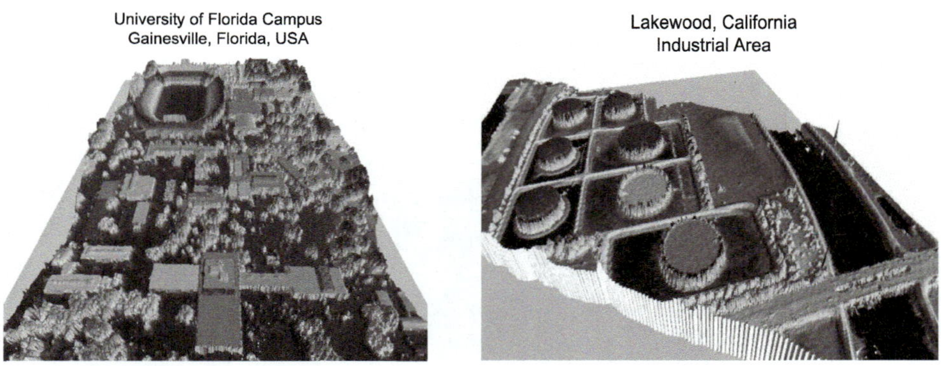

(a) Univ. of Florida, USA

(b) Lakewood California Industrial area

그림 13.25 항공 LiDAR에 의해 제작된 DSM

13.1.6 Radar

Radar(Radio Detection and Ranging)는 2차 세계대전 동안 개발되었으며 지상 기지국에서 적기의 위치파악이나 악천후 시 전투기의 항해를 도와주는 목적으로 사용되었다. 레이더시스템은 직접 숏펄스마이크로웨이브를 타겟에 발사하고 반사되는 신호와 시간을 이용하여 측정한다(Back scatter). 마이크로웨이브는 구름이나 어두움에 장해를 받지 않으므로 전천후 영상획득이 가능하다. 레이더의 가장 중요한 응용 중 하나는 원격탐측영상의 수정이나 GIS 응용에 활용되는 DEM의 구축이다. 상업적인 목적의 항공레이더시스템은 수평위치정확도가 RMSE ±1.5m 정도, 표고정확도가 RMSE ±0.3m 정도이다. 위성베이스의 정확도는 수평위치정확도 ±10~20m, 표고정확도는 ±10m 정도이다. 2006년도에 발사된 Radarset-2는 공간해상도가 3m, 그 후에 발사된 유럽위성(German SAR-Lupe, TerraSAR, Italian COSMO-SkyMed)의 공간해상도는 1m에 달한다. 2차 세계대전 시 개발된 레이더는 보안관계 상 파장에 따라 표 13.5와 같이 알파벳 글자로 명명하였다.

표 13.5 레이더 밴드의 명명 및 사용

밴드지정	파장범위	센서와 활용
Ka	0.75-1.1cm	Weather radar systems, RAMSES
K	1.1-1.67cm	Weather radar systems
Ku	1.67-2.4cm	Weather radar systems, CryoSat, RAMSES
X-band	2.4-3.75cm	Used widely for military reconnaissance and commercially for terrain surveys, STAR-3i, SIR-C, SRTM, SAR-Lupe, TerraSAR-X, COSMO-SkyMed, GeoSAR, KOMPSATS
C-band	3.75-7.5cm	Used by many spaceborne SAR systems : Envisat; ERS-1 and 2; Radarsat-1,-2, and -3; SIR-C; SRTM
S-band	7.5-15cm	Used by Russian Almaz radar satellite that operated from March 1991 to October 1992.
L-band	15-30cm	Spaceborne: Seasat, SIR-A, SIR-B, SIR-C, JERS-1, PALSAR
P-band	30-100cm	Airborne: NASA-JPL AirSAR, GeoSAR, AES-3, OrbiSAR

짧은 파장은 높은 공간해상도를 제공하지만 구름을 투과하지 못한다. 대기간섭은 3cm보다 짧은 파장에서 발생한다. 이러한 특성은 일기예보를 위해 작은 물방울에서 반사되므로 무거운 강우의 존재를 파악하는 목적으로 이용할 수 있다. 이에 비해 Radar 영상은 가벼운 강우, 안개, 해이즈, 구름 등을 투과하기 때문에 주간, 야간, 일기에 관계없이 영상을 얻을 수 있다.

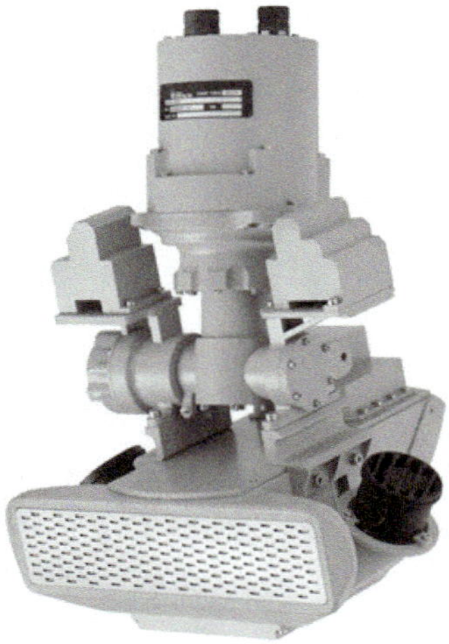

그림 13.26 EL/M-2054 Lightweight SAR/GMTI radar (http:// defense-update.com)

그림 13.27 DC-8기에 장착된 NASA's AirSAR

그림 13.28 TerraSAR-X SAR instrument (http://c295.ca)

13.2 탑재체(Platform)

원격탐측 대상지역의 넓이와 목적에 따라 센서를 싣는 탑재체를 결정해야 한다. 대상지역이 지상인 경우 손으로 측정할 수도 있으며, 차량 또는 크레인을 사용할 수 있을 것이다(그림 13.27, 그림 13.28). 조금 넓은 지역이라면 중고도 항공기, 고고도 항공기를 사용하며 대규모 지역이나 접근이 불가능한 지역이라면 인공위성을 이용해야 할 것이다. 본 절에서는 다양한 탑재체 중에서 위성에 대해 알아보기로 한다. 1957년 소련이 Sputnik를 발사한 이래 인간이 쏘아올린 위성의 개수는 10,000여개가 넘으며 아직까지 기능이 살아있는 것만 해도 5,000~6,000개가 된다고 한다. 하지만 아직도 지구상에서 계속 위성이 발사되고 있다. 원격탐측에 이용되고 있는 센서를 탑재한 위성이 주로 다목적 위성이므로 이를 중심으로 설명한다.

13.2.1 LANDSAT

미국에서 지구자원탐사목적으로 1972년 7월 23일 ERTS(Earth Resources Technology Satellites)란 이름으로 발사되었다. 1세대 1, 2, 3호는 2개의 센서를 탑재하고 있다. RBV(Return Beam Vidicon)와 MSS(Multispectral Scanner)이다. 첫 번째 발사된 LANDSAT-1호는 3밴드[3] RBV(Return beam vidicon)와 4밴드 MSS를 탑재하고 있다. 1975년 1월 22일에는 ERTS에서 LANDSAT로 명명한 LANDSAT-2호를 발사하였고, 1978년 3월 5일에 발사된 LANDSAT-3호에는 1밴드 RBV 2대와 5밴드 MSS가 탑재되어 있다. 1세대 LANDSAT은 18day / 900km h : 3m, D = 1.5m, solar : 4m, W : 815kg, 주기 : 103min., 6.46km / sec, swath = 185km의 스펙을 가지고 있다.

2세대 LANDSAT은 1982년도에 4호 발사로 시작되었고, MSS에 TM(Thematic Mapper)이 추가되었다. 1993년 10월 5일에 발사된 LANDSAT 6호는 불행하게도 궤도에 이르지 못하였고, 곧바로 7호를 발사하였다. 1999년 4월 16일에 발사된 이 위성에는 진보된 TM과 고해상도 스캐너가 탑재되었다. 2세대 LANDSAT은 16day / 705km, 2000kg, solar : 1.5 × 2.3 4개를 가지고 있다.

3) 지상 물체에 대한 다양한 정보를 얻기 위해 여러 파장대에서 촬영한 영상을 사용하는데, 이와 같은 영상 획득에 사용한 특정 파장대를 일컫는 말이다.

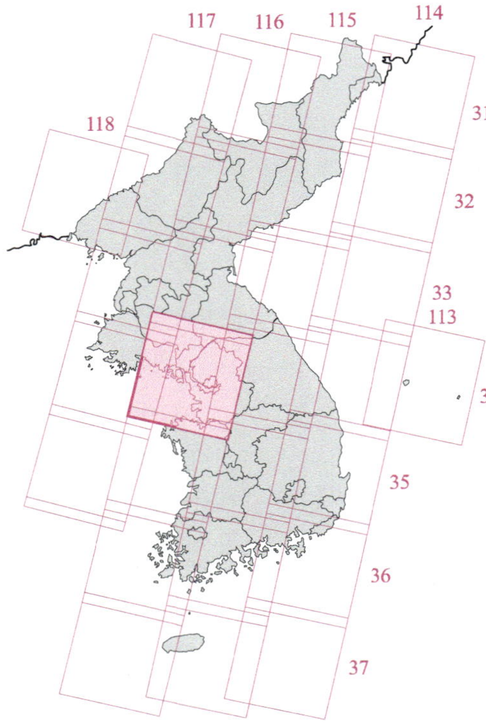

그림 13.29 Landsat촬영 패스/row

현재 활용할 수 있는 7호는 15m 펜크로매틱 밴드(0.52~0.90μm)와 30m 다중분광 밴드(열밴드는 60m) 센서가 있고 분광밴드에 대한 파장은 다음 표 13.6과 같다.

표 13.6 Landsat 7호의 7분광 밴드 (unit : μm)

Blue	Green	Red	Near Infrared	Mid Infrared	Thermal Infrared	Mid Infrared
0.45-0.515	0.525-0.605	0.63-0.69	0.75-0.90	1.55-1.75	10.40-12.5	2.09-2.35

그림 13.30 Landsat8호 (2013.2월 발사)

LANDSAT 8호는 LDCM(Landsat Data Continuity Mission) 전략의 일환으로 계획되었으며, 3억 3천 8백만 불의 예산으로 NASA와 미국지질조사국(USGS)의 공동사업으로 개발하여 2013년 2월에 발사되었다.

표 13.7 Landsat 8호 탑재센서의 분광분포

밴드명칭	파장(μm)	물리적 해상도(m)
Band 1-Coastal	0.43-0.45	30
Band 2-Blue	0.45-0.51	30
Band 3-Green	0.53-0.59	30
Band 4-Red	0.64-0.67	30
Band 5-Near Infrared(NIR)	0.85-0.88	30
Band 6-SWIR 1	1.57-1.65	30
Band 7-SWIR 2	2.11-2.29	30
Band 8-Panchromatic	0.50-0.68	15
Band 9-Cirrus	1.36-1.38	30
Band 10-Thermal Infrared (TIRS) 1	10.60-11.19	100*(30)
Band 11-Thermal Infrared (TIRS) 2	11.50-12.51	100*(30)

Landsat 9호는 2021년 9월에 발사예정으로 있으며, 센서는 8호와 유사하다.

13.2.2 SPOT(System Pour l'Observation de la Terra)

프랑스, 스웨덴, 벨기에가 공동으로 개발한 최초의 상업목적 위성으로 30개국의 지상수신소를 가지고 있으며, 최초로 pushbroom 스캐닝방식의 선형배면센서를 채택하였다. ±27°의 경사 스캐닝이 가능하므로 입체모델을 형성하여 지형도 작성이 가능하다.

SPOT1호는 1986년 2월 22일에 발사되었으며, HRV(High resolution visible)를 탑재, 4개의 CCD 배열을 가지고 있다. 이 CCD는 6000픽셀 선형으로 10m 해상도를 가지고 있다. 스캐닝 폭은 60km, 전정색영상(P형), 다중파장대영상(XS형)이 있다. 관측주기 4~5일 동안 동일지역에 대한 경사관측이 가능하다. 1990년 12월 31일 임무수행을 마쳤다. SPOT 2호는 1990년 1월 22일, SPOT 3호는 1993년 9월 25일에 발사되었다. 1998년 5월 23일에 발사된 SPOT 4호에는 VMI(Vegetation Monitoring Instrument)가 추가로 탑재되었다. 2002년 5월 4일에 발사된 SPOT 5호는 2.5m, 5m 그리고 10m 해상도를 가지고 있다. 또한 2012년 9월에 6호,

2014년 6월에는 7호가 발사되었다. 7호는 Panchromatic : 1.5m, Colour merge : 1.5m, Multispectral : 6m, altitude: 694km, Foot print 60km × 60km의 스펙을 가지고 있다.

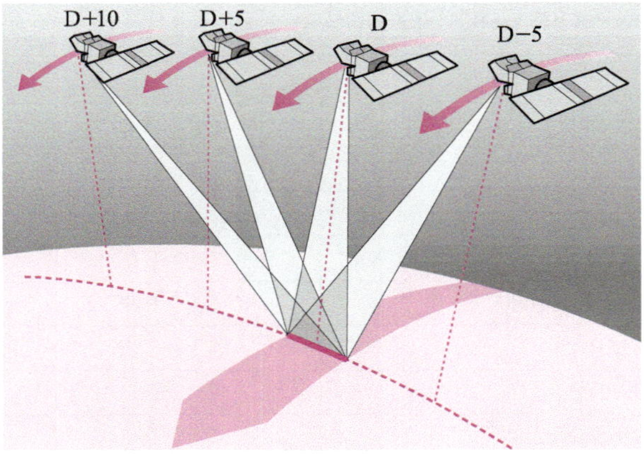

그림 13.31 SPOT의 경사스캐닝

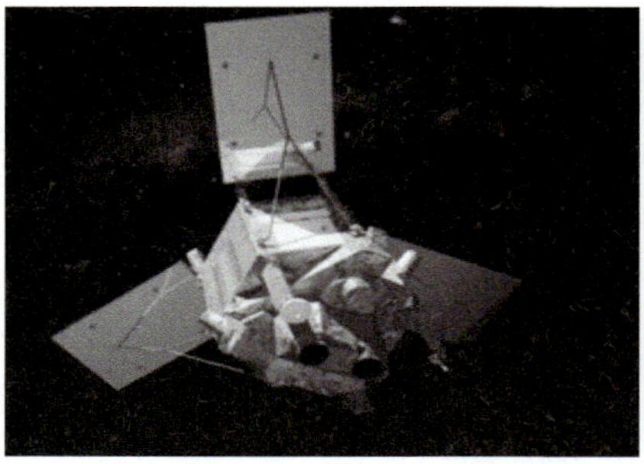

그림 13.32 SPOT 6

그림 13.33 SPOT 7
(Image Copyright© AIRBUS Defence & Space)

탑재센서의 분광분포는 다음과 같다.

Blue(0.455μm~0.525μm), Green(0.530μm~0.590μm), Red(0.625μm~0.695μm), Near-Infrared(0.760μm~0.890μm), Resolution(GSD) Panchromatic~1.5m, Multispectral−6.0m(B, G, R, NIR)

13.2.3 IKONOS

Ikonos는 원래 Lockheed Martin Corporation as the Commercial Remote Sensing System(CRSS)으로 시작하였다. 1995년 10월 Space Imaging 사에서 라

이센스를 받아 사업을 진행하였다. CARTERRA제품 중에서 1m급의 고해상도 영상을 제공하는 IKONOS는 1999년 4월 27일에 처음 1호가 발사되었으나 궤도진입에 실패하였고, 곧바로 IKONOS-2를 1999년 9월 24일에 발사하여 궤도 진입에 성공하였다. IKONOS-2는 최초의 상업용 고해상도 위성으로 0.8m 해상도의 흑백 센서와 3.2m 해상도의 칼라 센서를 탑재하고 있다.

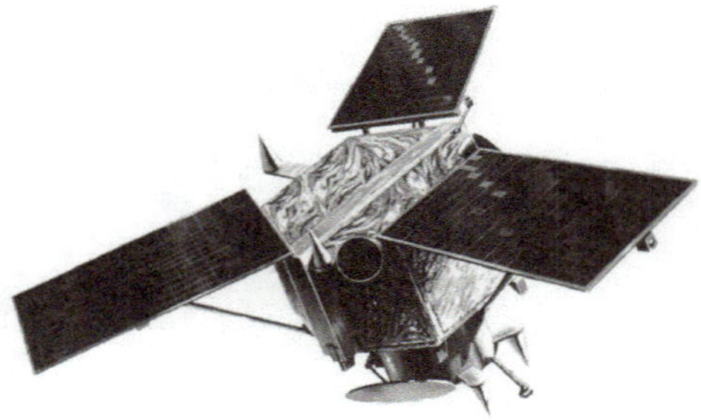

그림 13.34 IKONOS위성(Space Imaging Co.)

IKONOS는 "image"라는 뜻의 그리스어로부터 유래된 말로 센서와 위성체의 회전이 가능하여 원하는 지역을 최고의 해상도로 취득할 수 있다. 그리고 흑백영상과 칼라영상을 동시에 취득하므로 1m 칼라융합 영상을 만들 수 있다.

IKONOS 위성에 탑재된 센서는 초점거리 10m의 Kodak 디지털카메라로서 전정색 영상을 위한 13,500개의 선형 CCD array와 다중분광영상을 위한 3,375개의 선형 광 다이오드 array로 구성되어 있다.

다중분광영상의 밴드는 LANDSAT 위성의 TM 센서 밴드 1~4와 같다. 정밀한 GCP(RMSE : 20cm(수평), 60cm(수직))를 사용하여 정확한 위치 정보와 DEM, Map 제작에 가장 적합한 영상으로 농업, 지도제작, 각 지방자치단체의 업무, 기름 및 가스탐사, 시설물 관리, 응급대응, 자원관리, 통신, 관광, 국가방위, 보험, 뉴스수집 등 많은 분야에서 활용이 되고 있다. 681km의 고도에서 swath폭 11km에 대해 영상을 취득하며 무게는 720kg 정도이다.

표 13.8 IKONOS의 공간해상도와 분광해상도

Band	공간해상도	분광정보
1 (Blue)	3.28m	0.445-0.516μm
2 (Green)	3.28m	0.506-0.595μm
3 (Red)	3.28m	0.632-0.698μm
4 (Near IR)	3.28m	0.757-0.853μm
panchromatic	0.82m	0.526~0.928μm

Space Imaging사에서는 사용자의 요구에 따라 다양한 레벨로 영상을 공급하고 있다. 센서 감도 변화를 보정하기 위해 영상의 대비(Contrast)와 밝기(Brightness)를

조정한 레벨1부터 다수의 영상들을 모자이크 처리하여 광범위한 지역 영상으로 제공하는 레벨 7까지 다양하다. Ikonos는 원래의 수명보다 2배의 기간동안 임무를 수행하고 2015년 3월에 기능을 마쳤다.

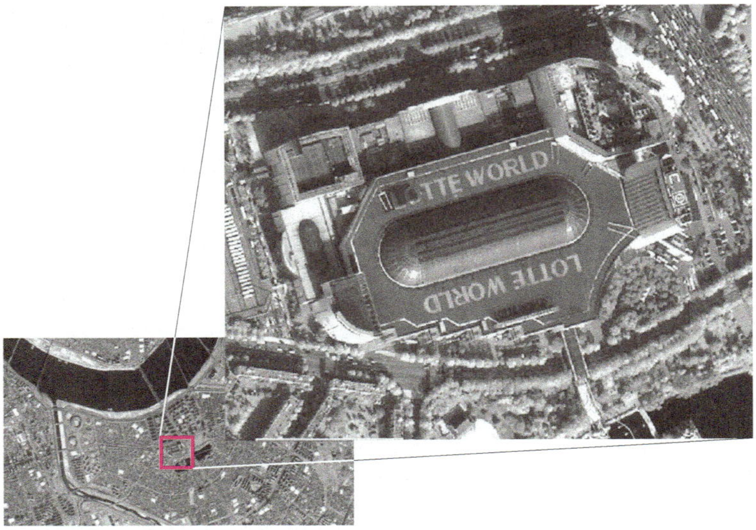

그림 13.35 IKONOS 영상(서울 잠실)

13.2.4 퀵버드(Quick Bird)

2001년 10월에 발사된 퀵버드 위성은 디지털글로브사가 개발한 첫 번째 위성인데, 이것은 높은 정확성과 지구의 상업적 고해상도 영상을 제공한다. 퀵버드의 팬크로매틱과 다중스펙트럼 영상 획득은 지표에 대한 지도 작성과 재난관리를 위한 데이터 획득을 가능케 한다.

오늘날 디지털글로브의 퀵버드는 1m 이하의 해상도 영상, 지리적 정확성, 대용량 자료 저장을 제공하고 있다. 연직 방향 촬영시 촬영 폭은 16.5km로 스트립 길이 165km까지 가능하다. 고도 450km 궤도를 선회하며 태양동기 적도면 경사 98°, 재방문기간은 1~3.5일이다. 93.4분에 지구를 1바퀴 선회하며 137GB의 온보드 저장용량을 가지고 있다.

표 13.9 IKONOS의 공간해상도와 분광해상도

Band	공간해상도	분광정보
Panchromatic	0.61 m	0.450-0.900 μm
Blue	2.44 m	0.450-0.520 μm
Green	2.44 m	0.520-0.600 μm
Red	2.44 m	0.630-0.690 μm
Near IR	2.44 m	0.760-0.900 μm

그림 13.36 QuickBird(Digital Globe Co.)

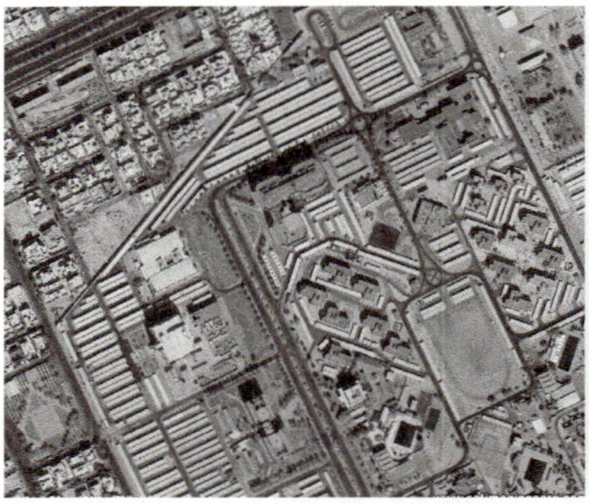

그림 13.37 QuickBird image
(Riyadh, Saudi Arabia Dec. 2005)

그림 13.38 QuickBird Image
(2007, Hitachi sw Eng. Co.)

13.2.5 옵뷰(OrbView)

OrbView위성 시리즈는 ORBIMAGE를 배경으로 한다. Orbview란 이름은 Orbital Sciences Corporation(OSC)사의 자회사 Orbital Image Co.(ORBIMAGE)에서 유래되었다. 다양한 민간 소비자를 위해 개발하였는데 주 고객은 지방정부, 전자통신 회사, 건축, ground station, 토목엔지니어, 부동산, 영농인, 환경감시 단체 등을 타겟으로 하였다.

그림 13.39 OrbView

OrbView는 1995년 1호 발사를 시작으로 현재 3호가 활용되고 있는데 2003년 6월에 발사되었으며 1m 흑백영상과 4m 멀티스펙트럴 영상을 제공한다. 촬영 폭은 8km이며, 고도 470km에서 적도면과 45도 경사로 선회한다. 재방문 기간은 3일 내이다.

표 13.10 OrbView의 발사일자

New S/C Name of ORBIMAGE as of 1997	Launch Date of S/C	Remarks/Sensors	Old S/C Name (given in literature)
OrbView-1	April 1, 1995	GPS/MET, OTD	Microlab-1
OrbView-2	August 1, 1997	SeaWiFS	SeaStar
OrbView-3	June 26, 2003	commercial imaging PAN + MS	Not applicable
OrbView-4	Sept. 21, 2001 launch failure	commercial imaging PAN + MS+HS	OrbView-3

표 13.11 OrbView-3의 분광해상도

Band	공간해상도	분광정보
Panchromatic	1.0m	0.450-0.900μm
Blue	4.0m	0.450-0.520μm
Green	4.0m	0.520-0.600μm
Red	4.0m	0.625-0.695μm
Near IR	4.0m	0.760-0.900μm

13.2.6 GeoEye

1호는 GeoEye사에 의해 2008년 6월에 발사되었으며 0.46m의 공간해상도를 자랑한다. 매일 350,000km^{2}에 대한 pan-sharpen된 영상을 획득한다. 770km 상공에서 15km의 swath폭으로 촬영하며 중량은 약 2ton에 이른다.

표 13.12 GeoEye-1의 공간해상도와 분광정보

Band	공간해상도	분광정보
Blue	1.84m	0.450~0.510 μm
Green	1.84m	0.510~0.580 μm
Red	1.84m	0.655~0.690 μm
Near IR	1.84m	0.780~0.920 μm
Panchromatic	0.46m	0.450~0.800 μm

2016년에 발사예정인 GeoEye 2호는 공간해상도 0.34m 흑백영상과 1.36m 다중스펙트럴영상의 획득이 가능하다. 이 위성은 고도 681km, swath폭 14.5km, 재방문 기간 3일로 계획되어 있다.

그림 13.40 GeoEye-1과 GeoEye-2(www.satimagingcorp.com)

13.2.7 WorldView

Digital Globe사에 의해 2007년 9월 1호가 발사되었으며 고도 496km에서 swath 폭 17.6km로 매일 750,000 km^2에 대한 영상을 획득하며 재방문기간은 1.7일이다. 공간해상도 0.46m 흑백영상, 1.84m의 다중스펙트럴영상의 획득이 가능하다. 다중스펙트럴영상의 분광분포는 red, green, blue, Near IR, red edge, coastal, yellow, near IR-II이다. 2호는 1호와 거의 동일한 스펙으로 2009년 10월에 발사되었으며, 3호는 2014년 8월에 발사되었다. 3호는 고도 617km에서 공간해상도 0.31m 흑백영상과 1.24m의 멀티스펙트럴영상을 획득한다. 멀티스펙트럴 파장대역은 1, 2호의 8개 파장과 추가적으로 1.195~2.365μm의 파장대역의 8 SWIR과 0.405~2.245μm 파장대역의 12 CAVIS 밴드(desert clouds, aerosol-1, aerosol-2, aerosol-3, green, water-1, water- 2, water-3, NDVI-SWIR, cirrus, snow)가 추가되었다. 그 후 2016년 WorldView 4호가 발사되었으며, 공간해상도는 0.25~0.3m이다.

그림 13.41 WorldView-3(www.satimagingcorp.com)

13.2.8 아리랑위성(KOMPSAT ; KOrea Multi-Purpose SATellite)

1999년 12월 발사된 한국항공우주연구원(KARI)의 아리랑 1호는 지구관측용 다목적 실용위성으로, 지상에서 6.6m의 해상도를 갖는 전자광학카메라와 해양관측이 가능한 저해상도카메라를 탑재하고 있다. 2006년 7월 28일에는 아리랑 2호 발사함으로써 명실공히 우리나라는 지구관측위성분야에서는 세계적 수준의 위성개발 국가권으로 진입하게 되었다.

그림 13.42 아리랑 2호

그림 13.43 항공우주연구원 위성수신안테나

지구 상공 685km의 궤도를 하루 14바퀴 반씩 선회하는 아리랑 2호는 총 2,633억 원의 개발비를 들였으며, 1999년부터 7년의 개발 기간이 소요되었다. 위성에 탑재된 MSC(Multi Spectral Camera)는 해상도 흑백 1m급, 천연색 4m급이다. 2017년 3월 현재는 31cm 해상도의 WorldView 위성이 세계 최고의 상용위성 해상도를 자랑하고 있다. 현재 미국 군사용 정찰위성 KH-12는 대략 15cm의 해상도를 가진 것으로 알려져 있다.

아리랑 2호의 MSC는 80cm 직경의 망원경에 전자장치를 포함해 길이가 1.6m에 달하며, 무게는 대략 250kg 정도이다. 또한 4개의 밴드를 이용해 한 번에 가로, 세로 15km 지역을 촬영할 수 있다. 한편 대한민국은 아리랑 2호의 성공으로 미국, 러시아, 프랑스, 독일, 이스라엘, 일본에 이어 세계 7번째 1미터급 해상도 관측 위성 보유국이 되었다. 아리랑 1호와 2호는 똑같은 궤도를 30분 간격으로 돌며, 지구를 하루에 14바퀴 반 돌면서 한반도 상공을 평균 3차례가량 통과한다. 아리랑 2호가 지닌 위성카메라는 광학카메라이기 때문에 밤 시간대거나 구름이 끼어 있으면 촬영이 불가능하다.

아리랑 2호는 685km 상공에서 100분 만에 지구를 1바퀴씩 돈다. 하루에 지구를 14바퀴 반씩 돌며 1회전마다 20분간 사진을 찍어 지구로 전송한다. 다목적실용위성 2호는 한반도를 2분 동안 촬영할 수 있으며, 촬영 후 10초 정도면 사진 영상을 스크린할 수 있다. 고화질의 영상을 얻기까지는 2시간 정도가 걸린다.

(a) HR-02(2015.06.02)

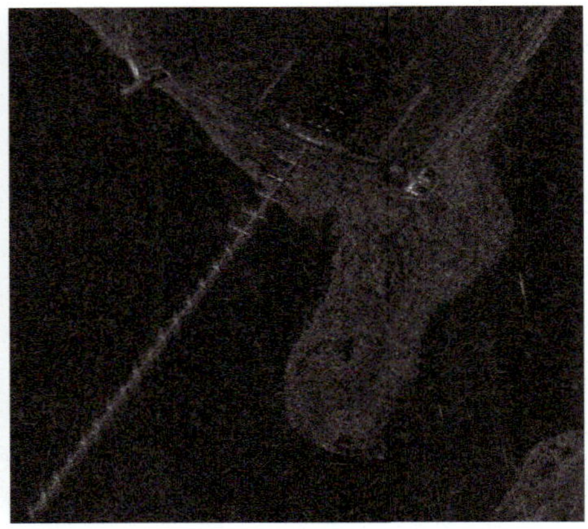

(b) UH-30(2015.05.27)

그림 13.44 KOMPSAT-5 영상(항공우주연구원)

그림 13.45 아리랑 3호

아리랑위성 2호가 발사된 지 6년 후(2012.5.18) KOMPSAT 3호가 발사되었다. 이로써 우리나라는 세계 4번째 sub-meter급 위성을 보유하게 되었으며, 공간해상도는 0.66m이다.

이전까지 발사된 1, 2, 3호는 가시광선과 적외선밴드 영상을 획득할 수 있었으나 장마철 구름이나 야간에는 영상을 획득할 수 없었기 때문에 우리나라 최초의 RADAR위성인 아리랑 5호를 2013년 6월에 발사하게 된다(그림 13.46). 개발비용은 2천 381억 원이 소요되었으며, 합성영상레이더(SAR; Synthetic Aperture Radar)센서에 SAR-마이크로파(波)를 사용하였는데 파장이 길어 가시광선보다 투과율이 좋아 구름이나 해이즈 등을 통과할 수 있다. 궤도는 550km 상공, 2회/일, 아리랑 2·3호와 더불어 하루 4번 한반도를 관찰하고 있다.

2015년 3월에는 0.5m급 공간해상도와 열적외선 센서를 탑재한 아리랑3A호가 발사되었다. 10m IR 고도 528km, 태양동기궤도, 스트립영상 스캔, 스테레오 싱글라인, 산불감지, 화산폭발 감시 등에 적외선 영상을 활용 예정이다.

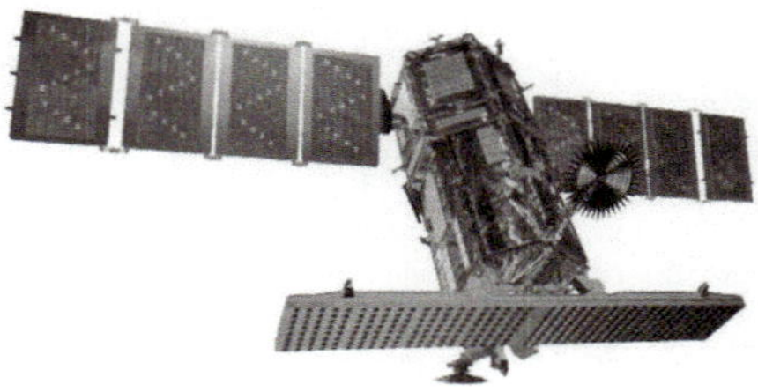

그림 13.46 아리랑 5호(KOMPSAT5)

그림 13.47 아리랑 3A호(KOMPSAT 3A)

(a) 서울 한강지역

(b) 평양

그림 13.48 KOMPSAT-3A에서 촬영한 영상

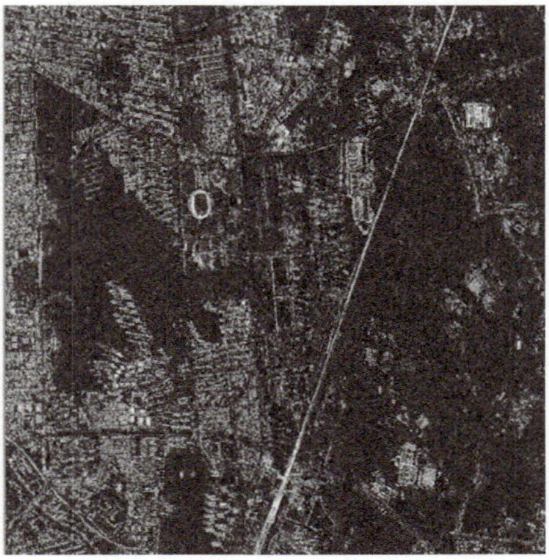

그림 13.49 KOMPSAT5 영상(천안시 동북부지역 Radar image)

표 13.13 KOMPSAT-5 영상획득 모드

K5 SAR Modes		Nominal Access Region	Extended Access Region	Swath Width	Full resolution Swath	Ground Sample Distance	NEσ0
High Resolution	HR	20°≤θ≤45°	45°<θ≤55°	≥5 Km	-	≤1 m	≤-17 dBm^2/m^2
Enhanced High Resolution	EH	40.9°≤θ≤55°	20°≤θ<40.9°	≥5 Km	≥3 Km	≤1 m	≤-17 dBm^2/m^2
Ultra High Resolution	UH	50.3°≤θ≤55°	46.3°≤θ<50.3°	≥5 Km	≥2.7 Km	≤0.85 m	≤-16 dBm^2/m^2
Standard	ST	20°≤θ≤45°	45°<θ≤55°	≥30 Km	-	≤3 m	≤-17 dBm^2/m^2
Enhanced Standard	ES	28.8°≤θ≤55°	20°≤θ<28.8°	≥30 Km	≥30 Km	≤2.5 m	≤-17 dBm^2/m^2
Wide Swath	WS	20°≤θ≤45°	45°<θ≤55°	≥100 Km	-	≤20 m	≤-17 dBm^2/m^2
Enhanced Wide Swath	EW	20°≤θ≤55°	-	≥100 Km	≥100 Km	≤5 m	≤-17 dBm^2/m^2

표 13.14 KOMPSAT 3A의 다중파장센서와 분광영역

Spectral band	Wavelength(μm)	Spatial Resolution (m)	Sensor
PAN	0.45~0.90	0.55	AEISS-A
MS1(B)	0.45~0.52	2.20	
MS2(G)	0.52~0.60	2.20	
MS3(R)	0.63~0.69	2.20	
MS4(NIR)	0.76~0.90	2.20	
MWIR	3.30~5.20	5.50	IIP

한국항공우주연구원은 0.5m급 레이다영상 다목적 실용위성 아리랑 6호와 0.3급 초정밀광학 및 적외선센서를 탑재한 아리랑 7호를 발사할 계획을 가지고 있다.

CHAPTER 14

센서의 스캐닝 방식에 따른 기하학적 특성

광학센서를 이용하여 영상획득을 하는 것은 매우 중요한 과정이다. 사진측량과 원격탐측에 사용하는 센서를 이용하여 영상을 획득하는 방법은 크게 프레임획득(frame grabber)방식과 스캐닝방식이다. 사진측량에서 사용하는 아날로그나 디지털카메라는 프레임획득방식을 사용해 왔으나 최근에는 스캐닝방식을 사용하기도 한다(2장, 4장 참조). 반면에 원격탐측에서 사용하는 영상획득방식은 스캐닝방식인데 메카니즘에 따라 명칭과 기하학적 특성이 다르다. 본 장에서는 각 위성에서 채택하고 있는 스캐너의 스캐닝 방식과 기하학적 특성에 대해 설명하였다.

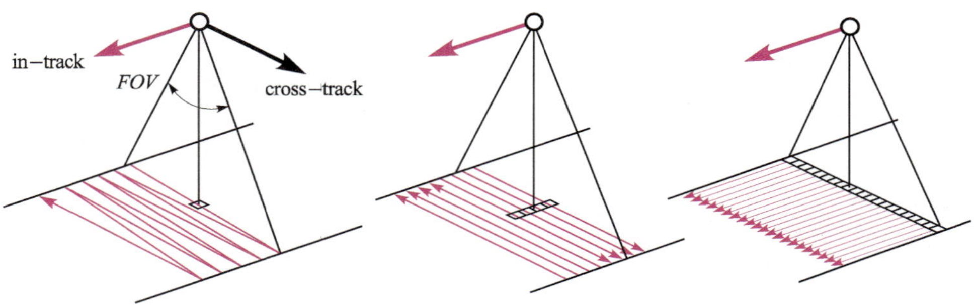

그림 14.1 센서의 스캐닝 방식(Robert A., 2007)

14.1 센서의 스캐닝방식

위성에 탑재되어 있는 광학센서의 스캐닝방식은 선형스캐닝(line scanning), 위스크브룸스캐닝(whiskbroom scanning), 푸쉬브룸스캐닝(pushbroon scanning)으로 나뉜다. 그림 14.1에서 (a)는 회전하는 광학계에 의해 단픽셀 선형방식으로 스캐닝하는 선형스캐닝을 보여주고 있다. Landsat MSS과 TM, NOAA위성에서 채택하고 있다. (b)는 몇 개 픽셀을 단위로 하여 역시 회전광학계에 의해 빗자루로 쓸듯이 지상을 스캐닝하는 방식이라고 해서 휘스크부룸 스캐닝방식이라 명명되었다. 비행방향에 대해 직각방향으로 스캐닝하므로 across track 스캐닝방식이라고도 한다. Landsat8, SPOT1~7, KOMPSAT, EROS에서 채택하고 있다. (c)는 다수의 픽셀이 배열된 선형CCD로 비행하면서 비행방향으로 스캐닝하는 방식으로 푸쉬부룸방식이라고 하며 IKONOS, Quickbird, SPOT위성에서 채택하고 있다. 이번 절에서는 휘스크부룸과 푸쉬부룸에 대해 자세하게 알아보도록 한다.

14.2 Across track

Across tract 스캐너는 연속적이고 동적인 스캐닝의 특성에 기인하는 촬영고도와 자세의 변화뿐만 아니라 영상에는 스캐너의 기하학에 기인한 계통적 기하 변위(Systematic geometric variation)을 포함하고 있다.

14.2.1 직각방향 축적왜곡(Tangential Scale Distortion)

스캐닝이 비행방향의 직각방향으로 발생하므로 지상에서의 스캐닝 속도에 의해 축척왜곡이 발생한다. 이는 스캐너에서 일정한 각속도로 회전한다하더라도 지상에서는 수직방향과 경사방향의 거리가 다름으로 인한 축적왜곡이 발생한다.

그림 14.2에서 보는 것과 같이 센서에 장치되어있는 광학계의 거울이 일정한 각속도로 회전을 한다고 해도 지상의 ΔX는 일정치 않다. 수직방향에서 멀어질수록 지상해상도 셀의 크기가 증가한다. 그만큼 영상에서는 압축이 된다는 의미이다. 즉, 지상의 속도가 증가할수록 지상의 피복면적이 커지는데, 이를 수직방향 축적왜곡이라 한다.

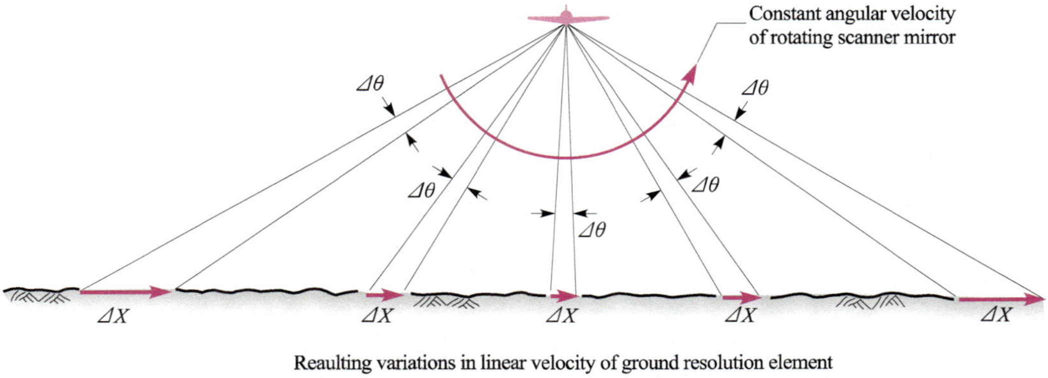

그림 14.2 비행방향의 직각방향으로 발생하는 축척 왜곡

그림 14.4(a)는 흑백 항공사진이고, (b)는 Across-track scanner 영상이다. Across track스캐닝 영상의 예를 그림 14.4와 14.5에 보였다. 그림 14.4에서 일반프레임 항공사진(a)에 비해 (b)열영상(thermal image)에는 왜곡이 발생한 것을 볼 수 있다. 비행방향에 대한 축적은 두 영상 모두 동일하나 (b)영상은 비행방향의 직각방향으로 축척왜곡이 발생했음을 알 수 있다. 이는 수직점으로부터 거리에 따라 영상압축이 발생하였다. 항공사진(a)의 대각선 방향의 직선도로는 (b)열영상에서 S 커브처럼 만곡되어 나타났다. 그림 14.3(b)에서 Across track 스캐닝 영상의 기하학적 왜곡을 보여주고 있다, 비행방향의 직각방향으로 축척 왜곡이 발생하여 각 도형의 모양이 찌그러져 나타났다. 직선 모양은 S자 모양으로 만곡이 발생하였다. 비행방향에 직각으로 거리가 먼 가장자리가 심한 압축현상이 일어나 격자의 간격이 좁게 나타난다.

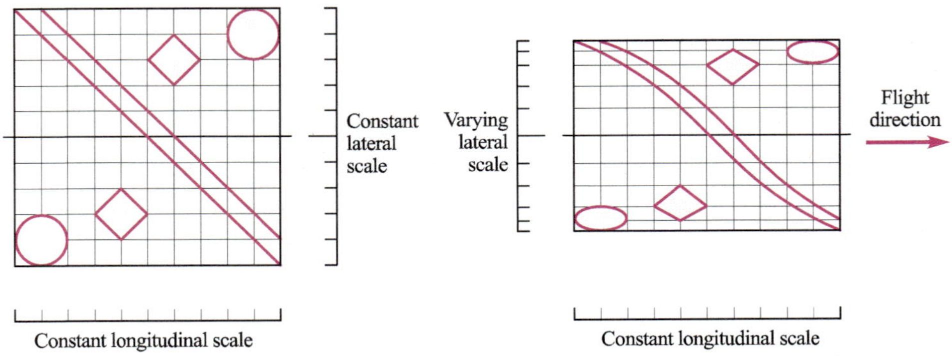

(a) 수직항공영상 (b) across track 스캐너 영상

그림 14.3 Across-track스캐너 영상에서 발생하는 tangential-scale distortion

Across track스캐닝 영상의 예를 그림 14.4와 14.5에 보였다. 그림 14.4에서 일반 프레임항공사진(a)에 비해 (b)열영상(thermal image)에는 왜곡이 발생한 것을 볼 수 있다. 비행방향에 대한 축적은 두 영상 모두 동일하나 (b)영상은 비행방향의 직각방향으로 축척왜곡이 발생했음을 알 수 있다. 이는 수직점으로부터 거리에 따라 영상압축이 발생하였다. 항공사진(a)의 대각선 방향의 직선도로는 (b)열영상에서 S커브처럼 만곡되어 나타났다.

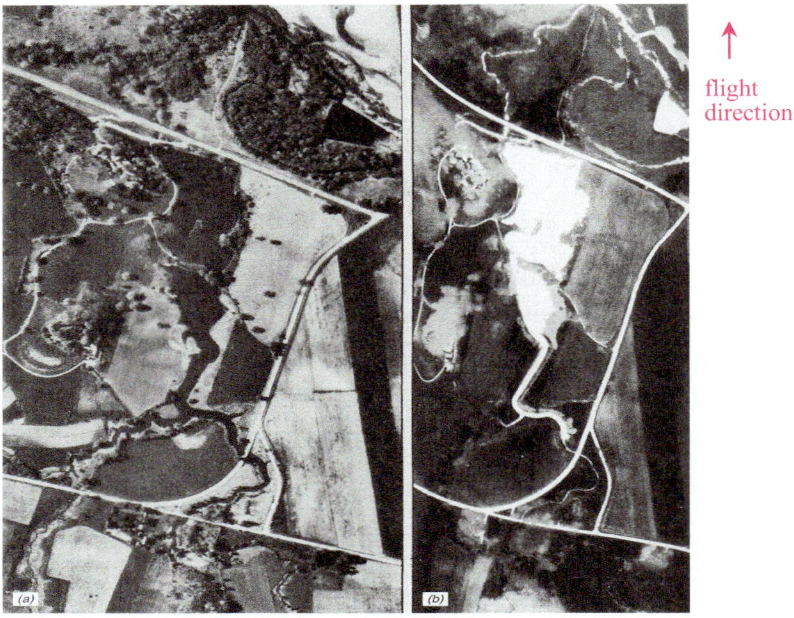

그림 14.4 항공사진과 across track 열스캔 영상의 비교

(a) 3,000m 상공에서 촬영한 흑백항공사진(Courtesy USDA-ASCS)
(b) 300m 상공 오전 6시에 촬영한 보정하지 않은 열영상(Courtesy National Center for Atmospheric Research)(IOWA county, WI)

그림 14.5는 촬영고도 100m에서 across track스캔한 열영상이다. 비행방향은 좌에서 우측이다. 비행수직방향은 원형의 탱크가 제대로 나타났으나 비행방향의 수직방향으로 멀어질수록 거리에 따른 축척차이로 영상압축이 발생하여 타원형으로 찌그러져 보이며 이는 거리가 멀어질 수록 심해진다.

그림 14.5 across track 열스캔 영상의 tangential 왜곡
(Courtesy Texas Instruments Inc.)

비행방향에 대해 직각방향 축척왜곡은 영상 가장자리 부분의 기하학적 해석에 장해가 되므로 왜곡을 보정해야 한다. 그림 14.6은 왜곡된 영상상에서의 실제 직각위치계산에 관련된 왜곡보정의 기하학적 원리를 설명한 것이다. 보정되지 않은 영상에서 y좌표는 직선길이가 아닌 각도와 직접 관련된다. 이를 기하학적 그림으로 표현하면 영상형성의 유효 초점은 항공기 아래의 곡선 표면으로 나타난다. 영상상 p점에 해당하는 지상점 Y_p의 위치를 결정하기 위해서는 식 14.3에 의해 θ_p를 먼저 계산해야 한다.

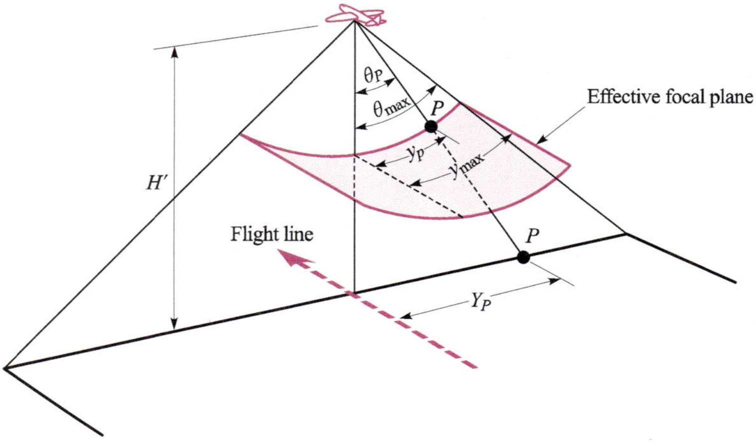

그림 14.6 Tangential-scale 왜곡 보정

$$\frac{y_P}{y_{\max}} = \frac{\theta_P}{\theta_{\max}} \tag{14.2}$$

$$\theta_P = \frac{y_P \theta_{\max}}{y_{\max}} \tag{14.3}$$

y_P : 연직점으로부터 P점까지 측정된 거리
$y_{\max}$: 연직점으로부터 가장자리까지 거리
$\theta_{\max}$: 스캐너의 field of view $\frac{1}{2}$

θ_P가 계산되면

$$Y_p = H'\tan\theta_P \tag{14.4}$$

보정되지 않은 영상에서 비행방향에 대한 직각방향의 위치를 결정할 때 위의 프로세스를 y좌표 측정 시에 적용해야 한다. 또는 전자적 또는 디지털적 방법으로 보정을 구현하여 직선화한 영상을 이미지 기록 프로세스를 통해 저장할 수도 있다. 직선으로 보정된 영상은 위치를 직접 측정할 수 있는 것 이외에도 영상의 가장자리 영역에서 유용한 해석을 할 수 있는 능력을 향상시킨다.

14.2.2 스캔영상의 셀 크기 변화

Across track 스캐닝시 센서의 연직점에서 바깥쪽으로 반사거울이 움직일수록 셀 크기가 증가한다. 그림 14.7에 관련된 기하학적 요소들을 이용하여 식 14.5, 식 14.6과 같이 셀의 크기를 계산할 수 있다.

센서의 연직점에서의 셀의 크기는 $H'\beta$, 비행방향으로 셀의 크기는 센서에서 셀까지의 거리 $H'\sec\theta$를 곱해야 하므로

$$width = (H'_{\theta})\beta = (H'\sec\theta)\beta \tag{14.5}$$

비행방향에 직각방향의 셀의 크기는 연직점에서의 셀 크기에 직각거리(Tangential Length)를 곱해야 하므로

$$length = (H'\beta) \times \mathit{scan\,line} = (H'\sec^2\theta)\beta \tag{14.6}$$

그러므로 실제 셀의 크기는 H'와 β뿐만 아니라 θ에 대한 함수이다.

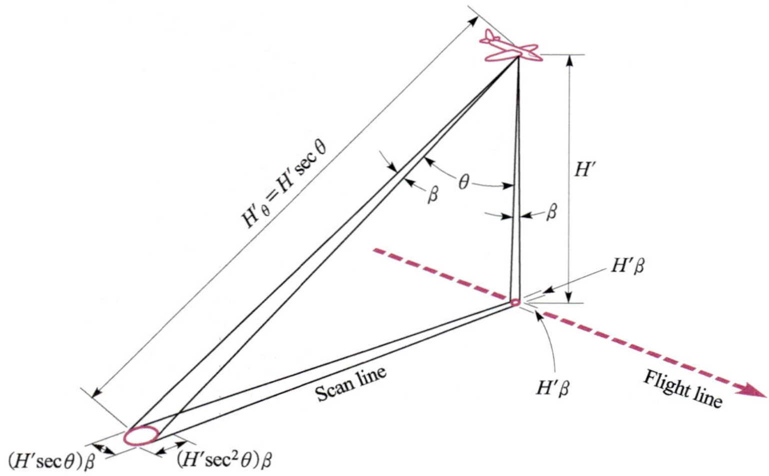

그림 14.7 Across track 스캐닝의 셀 크기 변화

14.2.3 1차원적 기복변위

그림 14.8은 across track 스캐닝 영상의 기복변위특성의 본질을 보여주고 있다. (a) 그림에서 일반항공사진은 주점을 중심으로 방사방향으로 기복 변위가 발생하나, across track 스캐닝 영상의 경우 모든 대상물은 "side-looking" 스캔라인을 따라 스캐너에 의해 보여지므로 기복변위는 오직 한 방향으로만 발생한다[예) 그림 14.5]. 이의 장점은 대상물의 측면영상을 볼 수 있다는 점이다. 반면에 그 반대면은 아예 볼 수 없다. 그러므로 건물이 높은 지역의 경우 비행방향에 대해 직각방향으로 또 한 번의 스캐닝이 필요한 경우가 있다.

(a) 수직항공사진 (b) across track 스캐너 영상

그림 14.8 사진과 across track 열스캔 영상의 기복변위

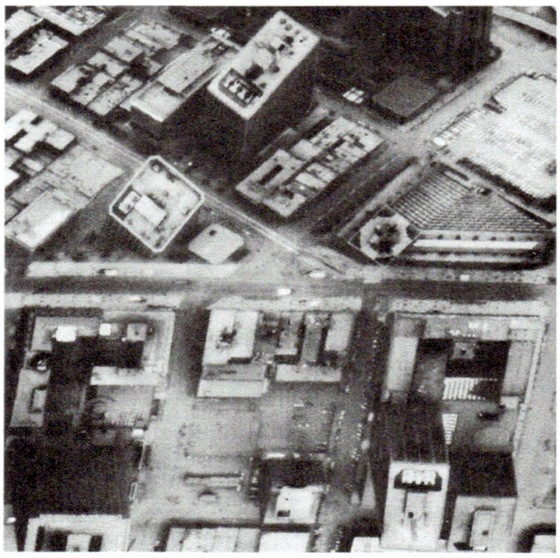

그림 14.9 across track 열스캔 영상의 1차원적인 기복변위발생, Sanfrancisco, CA, Predawn(Courtesy NASA)

그림 14.9는 1차원 기복변위가 나타난 열 영상의 예이다. 연직점으로부터 멀어질수록 높이가 높을수록 기복변위가 증가함에 주목해야 한다.

14.2.4 비행요소에 대한 왜곡

Across track 스캐닝 영상은 연속적으로 수집되므로 순간적으로 촬영하는 항공사진과는 달리 일치하는 상호표정이 취약하다. 그림 14.10은 탑재기의 자세와 관계되는 여러 가지 왜곡을 설명한 것이며, 각각 다음과 같다.

(a) : 수직항공사진의 그리드패턴

(b) : 비행방향의 직각방향 왜곡에 의한 영향

(c) : Roll 방향(w) 왜곡 : 비행축에 대한 항공기의 좌우요동

(d) : Crab 왜곡 : 횡방향 바람에 의해 발생하는 비행방향의 편류각에 대한 회전으로 발생

(e) : Pitch(ϕ) 왜곡 : 비행방향의 직각방향에 대한 회전으로 발생

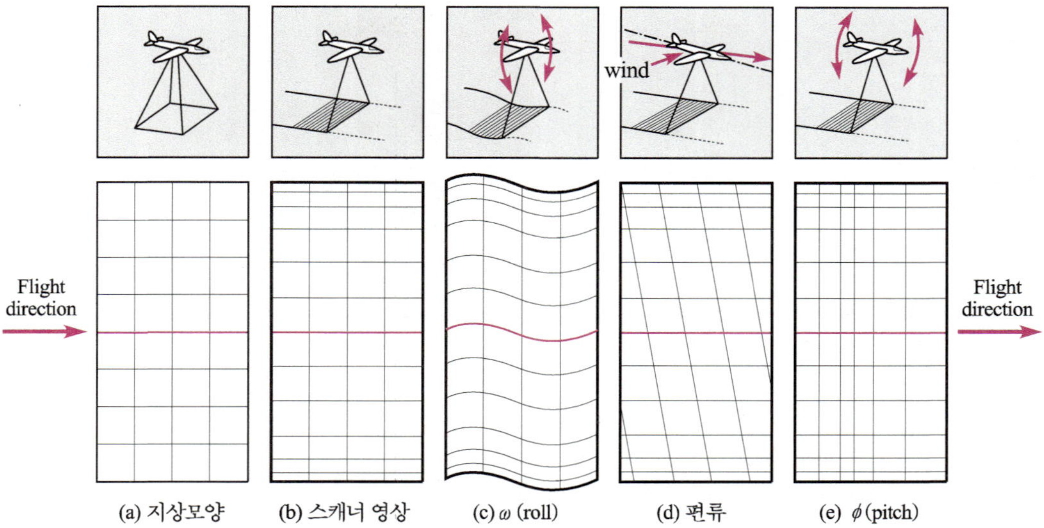

그림 14.10 비행기의 자세변화에 따른 across-track 스캔 영상의 왜곡

14.3 Along track

스캐닝미러는 고정되어 있으며 각 스캔라인을 저장하는 감지장치는 기하학적으로 고정되어 있다. 그림 14.11처럼 선형 CCD가 균일한 간격을 가지고 배열되어 있으며 지상의 해상도도 일정하다. 평지일 경우 다음과 같은 특징이 있다.

- 비행방향에 대한 직각방향 왜곡이 없다.
- Across track과 마찬가지로 1차원적인 기복변위가 존재한다(그림 14.12).
- 비향방향에 대한 직각방향 왜곡이 존재하지 않기 때문에 건물옥상의 축척은 일정하다.
- 각 스캔 라인에 대한 geometry는 항공사진과 유사하다.

영상기하학적으로 line과 line의 변화는 비행기의 자세 또는 고도의 변화에 기인한다. 종종 on-board INS와 GPS System을 사용하여 이들 요소를 측정하고 기하학적으로 영상을 보정하는데 사용된다.

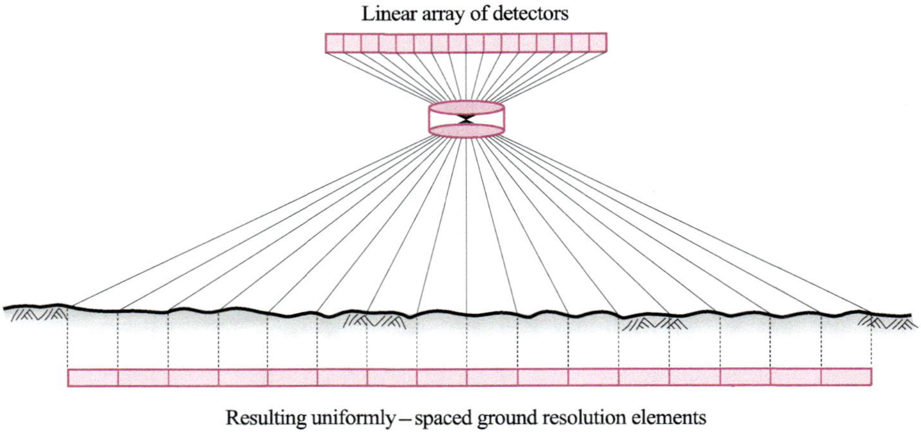

그림 14.11 단일라인의 along-track스캐너 영상

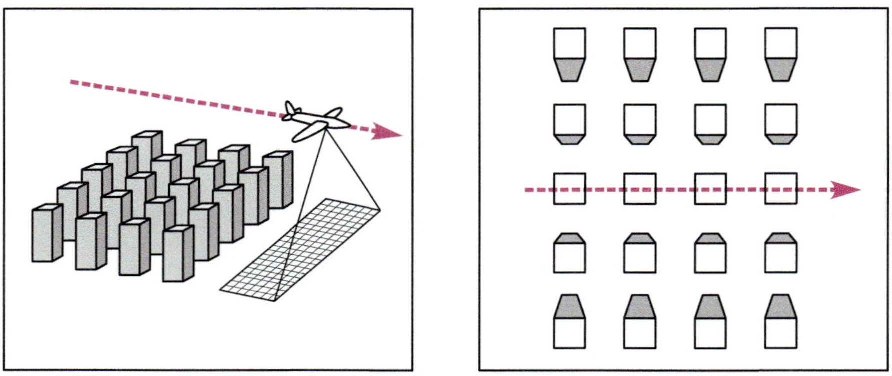

(a) (b)

그림 14.12 along-track스캐너 영상에서 발생하는 단일라인 기복변위

Along track 스캐닝은 line 단위로 영상을 획득하므로 그림 14.12(b)와 같이 촬영방향에 직각방향으로 1차원적인 기복변위가 발생한다.

CHAPTER 15

영상처리

인간은 시각, 청각, 후각, 미각, 촉각 등으로 정보를 취득하며, 이 중에서 시각을 통하여 가장 많은 정보를 취득하고 있다. 영상처리(Image processing)는 시각 정보의 중요성과 영상을 취득하는 장비의 발달 및 처리 기술의 향상으로 인하여 전산학, 항공, 지질, 해양, 국방, 의료, 토목, 환경, 기상 등의 분야에서 그 중요성과 활용도가 급격히 증가하고 있고 이에 따른 연구가 활발히 진행 중에 있다. 영상처리에서는 사람이 인지할 수 있는 사진뿐만 아니라 다중센서 등으로 획득한 신호 자료도 처리 대상으로 사용하고 있다.

본 장에서는 원격탐측에서 주로 사용하는 위성영상의 구조와 영상처리의 기본적인 이론에 대해 설명하겠다. 영상처리(Image processing)와 영상분석(Image analysis)은 일반적으로 같은 의미로 사용하고 있으나 영상분석이 더 상위개념으로써 영상으로부터 정보를 추출하는 것으로 한정할 수 있다.

15.1 위성영상자료

15.1.1 위성영상자료의 형식

영상을 이루고 있는 형식은 수많은 화소(픽셀)들의 행과 열이다. 각각의 픽셀은 독립적인 하나의 밝기 값을 가지고 있으며, 무수히 많은 조합을 통해 연속적인 명암을 갖는 하나의 영상을 구성한다. 화소의 위치는 픽셀좌표로 표현하며 원점 (0,0)은 영상의 좌측상단이다.

다중밴드영상의 경우에는 그림 15.2와 같이 일정파장대의 영상을 여러 레이어로 쌓아놓은 형식이다. 따라서 원하는 밴드 간 중복하거나 산술적 계산을 통해 분석이 가능하다.

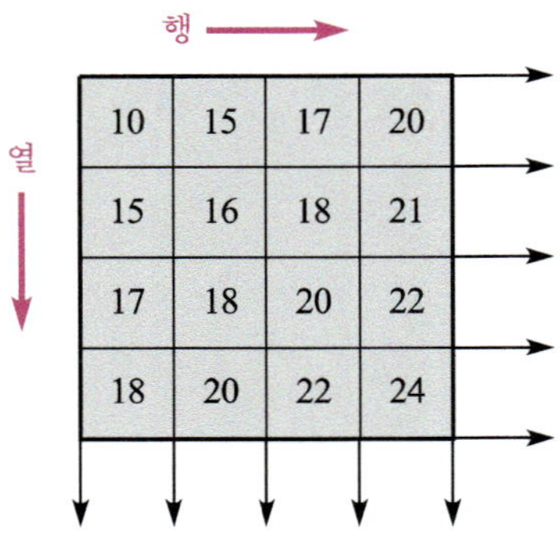

그림 15.1 영상의 픽셀배열

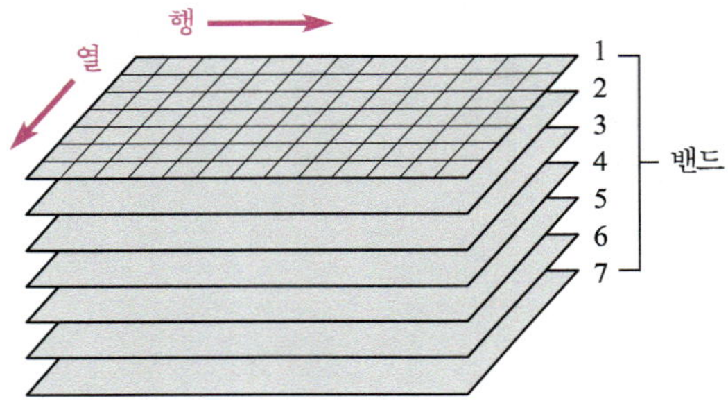

그림 15.2 다중분광밴드의 영상구조

15.1.2 위성영상자료의 구조

공간적, 분광적 개념의 영상구조를 Landsat TM과 AVIRIS 영상(VNIR분광영역)을 예로 살펴보자. 그림 15.3에서 x, y축은 공간적 크기로 영상의 가로×세로 픽셀 수를 의미하며, λ축은 분광파장을 나타낸다. (a)는 TM영상으로 공간해상도가 30m이며 4개의 각 밴드별 독립영상으로 구성돼 있다. 반면에 ARIVIS영상은 밴드가 50개이므로 이를 하나의 영상으로 구성하면 마치 정육면체와 같은 형상이 되기 때문에 TM영상에 비해 상대적으로 $\lambda = 400 \sim 900\mu m$ 사이의 연속된 파장대처럼 보인다. 그림에서 공간해상도와 연속된 파장대에 대해 TM과 ARIVIS영상은 좋은 비교가 되며 ARIVIS영상과 같이 공간적, 분광적 영상을 부피개념 데이터로 표현한 것은 영상정육면체(Image cube)라고 한다.

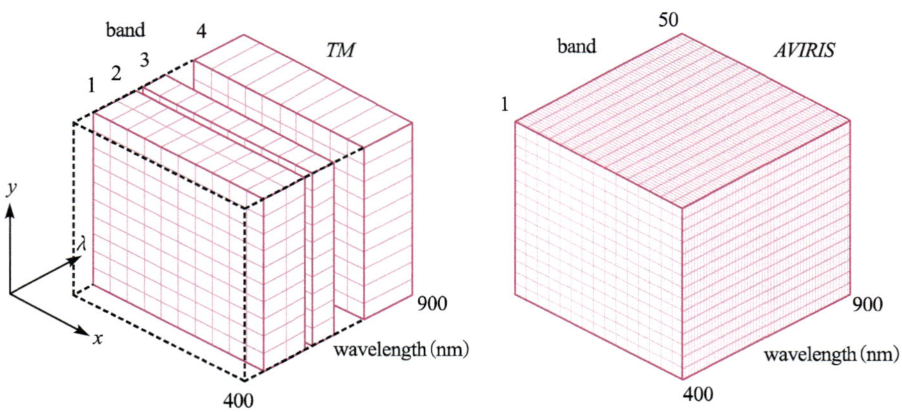

(a) TM 영상구조

(b) AVIRIS영상 구조

그림 15.3 공간적으로 본 영상의 구조(Robert A., 2007)

여러 밴드의 영상을 저장하는 방식은 크게 나누어 다음 세 가지로 구분된다. 하지만 영상처리 소프트웨어에서 사용되는 포맷은 이 외에도 다양한 형식으로 가지고 있다.

1) BSQ(Band Sequential)

영상을 밴드별로 단순 조합한 형식으로 자료구조가 간단하고 밴드의 추출 및 삽입이 용이하여 밴드별 영상으로 나타내거나 혹은 밴드별로 처리해야 하는 경우 자료에 대한 접근속도가 빠르다는 장점이 있는 반면에 여러 밴드의 자료에 대한 동시 분석이 이루어져야 하는 경우에는 자료에 대한 접근속도가 매우 느리다는 단점을 가지고 있다. 예를 들어, 하나의 화소에 대한 모든 밴드에서의 자료값을 추출해야 해야 하는 경우 밴드 수가 많아질수록 효율이 떨어진다.

2) BIL(Band Interleaved by Line)

라인 단위로 건너서 밴드별 조합하는 형식으로 화소 단위의 접근이나 밴드 단위의 접근에 비하여 효율적이나 화소 단위의 접근의 경우에는 BIP보다 성능이 떨어지며 밴드 단위의 접근에 대해서는 BSQ보다 성능이 떨어진다.

3) BIP(Band Interleaved by Pixel)

픽셀 단위로 건너서 조합하는 형식으로 특정 화소에 대한 밴드별 화소 수치값에 대한 추출이 매우 빠르다는 장점이 있는 반면 특정밴드 영상 자료만 추출해야 하는 경우 매우 비효율적인 단점이 있다.

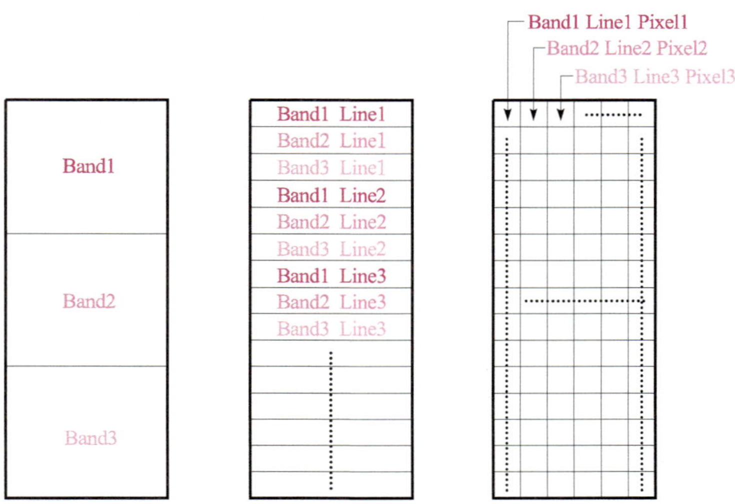

(a) BSQ (b) BIL (c) BIP

그림 15.4 영상자료의 구조

15.2 영상처리 소개

수치영상처리 분야를 이해하기 위한 기본 개념은 아주 간단하다. 컴퓨터는 수치영상을 하나 하나의 픽셀에 대한 DN(Digital Number)값으로 취급하며 특정한 하나의 방정식이나 여러 개로 혼합된 일련의 방정식에 이들 데이터들을 입력하고, 각 픽셀의 계산 결과를 저장하도록 프로그램되어 있다. 이렇게 만들어진 결과는 화면에 디스플레이 되기도 하고, 그림 파일로 저장되거나 또는 다른 프로그램에서 추가적인 처리를 해야 할 경우, 해당 프로그램의 자체 포맷에 맞는 새로운 수치영상을 만들기도 한다. 디지털 영상을 조작하는 방법은 실제 무한하다. 수치사진측량 및 원격탐측에서 주로 행해지는 수치영상처리는 그림 15.5와 같이 영상전처리(Preprocessing), 영상강조(Image enhancement), 영상분류(Image classification)가 있으며, 이에 대해 살펴보기로 하자. 단, 영상분류는 원격탐측의 가장 중요한 부분이므로 16장에서 별도로 설명하기로 한다.

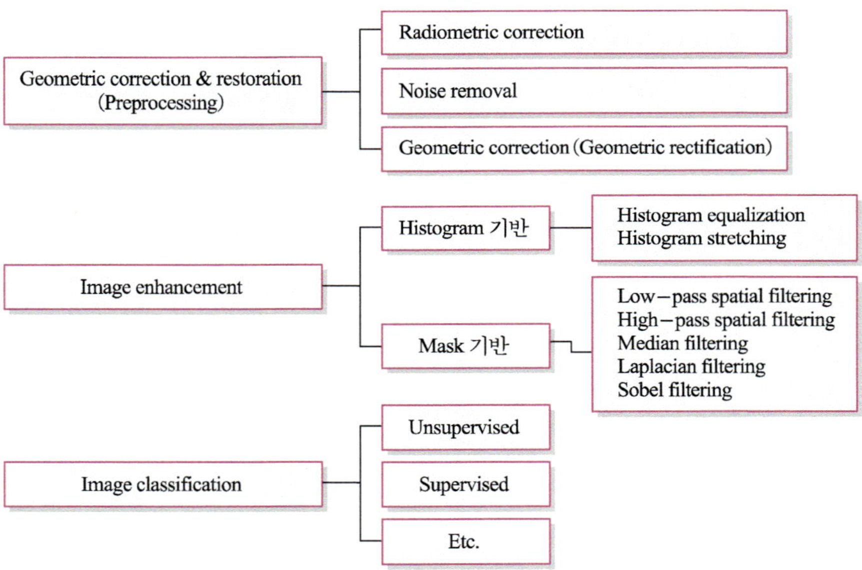

그림 15.5 수치영상의 공간적, 시각적 영상처리 방법

15.3 영상복구 및 기하보정(Image restoration and geometric correction)

원격탐측영상은 태양에너지에 의해 획득된다. 그러므로 해당 지역의 그림자와 같은 조명상태, 대기조건, 태양의 고도각에 따른 기하학적조건에 따라 일관성있는 조건의 영상이 얻어지지 않는다. 이러한 다른 조건의 영상은 정확도 높은 정보의 추출을 기대할 수 없으며, 특히 다중밴드의 조합 시에 더욱 그렇다. 따라서 영상의 방사보정(Radiomtric correction)이 필요하다. 또한 센서 자체의 일시적인 오작동으로 기인한 noise는 스캔라인을 따라 발생하거나 "salt & papper 또는 snow현상으로 발생하므로 이를 제거해야 한다.

방사보정과 노이즈를 제거한 후에는 기하보정을 해야 한다. 원격탐측영상은 기하학적인 왜곡요소를 가지고 있다. 고도, 자세, 그리고 센서플랫폼의 속도의 변화와 스캔메커니즘의 특성, 그리고 지상의 기복변위로부터 기인된다.

15.3.1 방사보정(Radiometric correction)

방사보정요소는 여러 가지가 있으나 이 중 가장 큰 영향을 미치는 것은 태양과의 기하학적 조건의 변화이다. 기하학적 조건보정에는 태양고도보정과 태양-지구거리보정이 필수적이다. 태양고도보정은 지구에 대한 태양의 계절적 위치에 대한 것이다. 이 보정으로 영상이 취득된 날, 태양이 천정에 위치한다는 가정 하에 픽셀의 밝기값을 계산하여 서로 다른 태양광 각도에 따라 생성된 영상을 일반화한다. 통상 특정시간대에 태양고도각과 영상위치 사이의 sine값으로 영상의 모든 픽셀에 대한 DN값을 나누어줌으로써 보정한다. 그림 15.6에서 태양고도각과 위성의 위치관계를 보였다. 이와 달리 단순히 90°에서 태양고도각을 뺀 천정각을 이용하여 영상을 보정하기도 한다(이 경우에는 천정각에 대한 cosine값으로 영상의 DN값을 나누며, 그 결과는 동일하다). 이들 두 가지 모두 지형 및 대기의 영향을 무시한 채 보정을 하는 것이다.

지구-태양거리보정은 계절적으로 변하는 지구-태양사이의 거리를 일반화하는 것이다. 지구-태양거리는 통상 천문단위로 표시된다(지구-태양 사이 평균거리가 천문단위이며, 대략 149.6×10^6km 이다). 태양복사량은 지구-태양거리의 제곱에 반비례하므로 지표에 도달하는 태양 입사량은 식 (15.1)과 같이 표현된다. 여기에서, 대기의 영향은 무시한다.

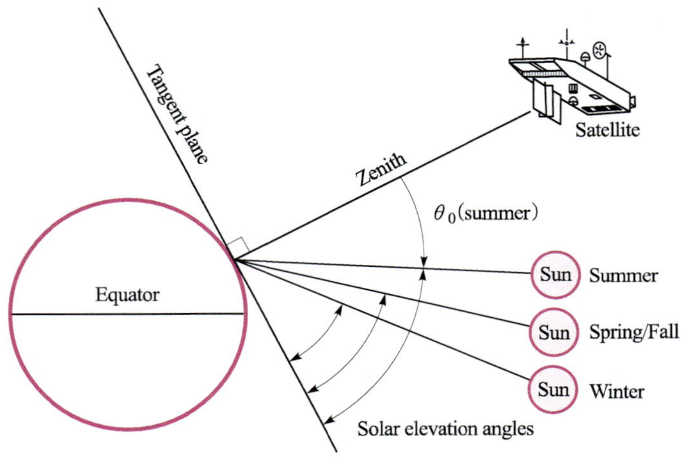

그림 15.6 계절에 따른 대영고도각의 변화 영향(Lillesand & Kipper, Chipman, 2008)

$$E = E_0 \frac{\cos\theta_0}{d^2} \tag{15.1}$$

여기서 E = 일반화된 태양 복사량

E_0 = 지구-태양의 평균거리일 때 태양 복사량

θ_0 = 태양 천정각(90°-태양고도각)

d = 지구-태양의 거리(천문단위 사용)

(영상자료에서 태양고도각과 지구-태양거리에 대한 정보는 통상 디지털데이터와 함께 제공되는 부가데이터에 포함됨)

태양복사량 변화는 대기영향과 복합적으로 발생한다. 방사측정에서 대기의 영향은 두 가지 모순된 점이 있다. 첫째, 지상 대상물체에 입사하는 에너지의 양을 감소시키는 것이고, 둘째, 대기는 자체 반사체로 작용하여 분산을 증가시키고, 센서가 취득한 신호에 이질적인 "Path Radiance"[1]를 첨가시킨다. 그래서 특정 픽셀의 위치에서 관측되는 혼합신호는 다음의 식 (15.2)로 표현된다.

$$L_{tot} = \frac{\rho E T}{\pi} + L_p \tag{15.2}$$

여기서 L_{tot} = 센서에 의해 측정된 전체 분광 반사량

ρ = 대상물체의 반사량

1) 태양광이 대기에 의해 산란된 빛 중에서 위성의 센서가 취득한 산란광을 Path Radiance라 한다.

E = 대상물체의 복사량(Irradiance)
T = 대기의 투과율(전달률)
L_p = Path Radiance
(위 식에서 모든 양은 파장에 의해 결정된다.)

식 (15.2)에서 첫 항은 지표반사에 대한 확실한 정보를 포함하고, 둘째 항은 분산된 path radiance를 표현한 것이다. 이러한 path radiance는 이미지에 "haze"를 만들고, 영상의 대비(Contrast)를 감소시킨다. 분산의 정도는 파장에 따라 다르지만, 파장이 짧으면 짧을수록 분산효과가 커진다. "haze 보정"은 path radiance의 영향을 최소화시키기 위해 만들어졌다. 대기영향보정방법은 다음 두 가지 방법을 이용한다.

1) 반사량 0인 지역의 방사량을 이용하는 방법

멀티스펙트럴 데이터에서 haze를 보정하는 방법 중 한 가지는 원칙적 반사량 값이 0인 대상지역에서 기록되는 방사량 값을 관찰하는 것이다. 예를 들어, 스펙트럼대 중 깊고 깨끗한 물의 반사량은 근적외선 파장대에서 원칙적으로 0이다. 그러므로 그러한 지역에서 관찰된 신호는 Path Radiance로 판단할 수 있으므로, 그 밴드의 모든 픽셀에서 Path Radiance값을 빼면 된다.

$$\text{haze보정량} = \text{반사량 값이 0인 대상지역에서 기록되는 방사량 값} \quad (15.3)$$

편의상 영상전체에 일괄적으로 haze보정기법을 적용한다면 영상지역 내 대기의 두께가 얼마나 균등하느냐에 따라 적절할 수도 있고 적절치 못할 수도 있을 것이다. 정확히 말하자면, 영상이 기록되는 동안 플랫폼이 통과하는 대기경로길이의 변화영향을 보정해야 한다는 것이다. 이 경우 센서의 연직방향이 아닌 지역의 픽셀은 연직점으로부터 떨어진 거리에 대해 표준화하여 대기경로로 사용해야 한다.

2) 절대방사량으로 변환하는 방법

디지털 영상데이터 처리의 많은 응용분야에서 사용되고 있는, 또 다른 방사데이터 처리기법은 DNs값을 절대방사량 값으로 전환하는 것이다. 이 기법은 이용되고 있는 센서의 A-to-D 반응함수(절대반사량 값과 DN값 사이의 관계)의 정확한 관계를 설명한다. 예를 들어, Landsat-3의 MSS 자료와 Landsat-5의 MSS자료와 마찬가지로 다른 센서를 이용하여 다른 시간대에 얻어진 것이라면, DN값을 절대반사량 값으로 전환하는 것은 필수적이다. 일반적으로 입사 분광 반사량에 대한 선형적인 반응함수를 구하기 위해 검출기와 자료체계가 구성된다. 그림 15.7은 독립적인 TM 채널에서 전형적인 선형 방사 반응함수를 보여주고 있다. 센서의 각 스펙트럴밴드는 자신만의 고유한 반응함수를 가지며 밴드들의 특성은 위성체에 장착된 측정램프를 이용하여 측정된다(열적외선 채널에 관한 온도자료). 게다가 위성에 장착된 측정기들은 검출기에 입사하는 알고 있는 방사량 값과 그 결과 얻어진 DN값들을 상관시켜 방사반응함수를 생성하기 위한 근거자료를 형성한다.

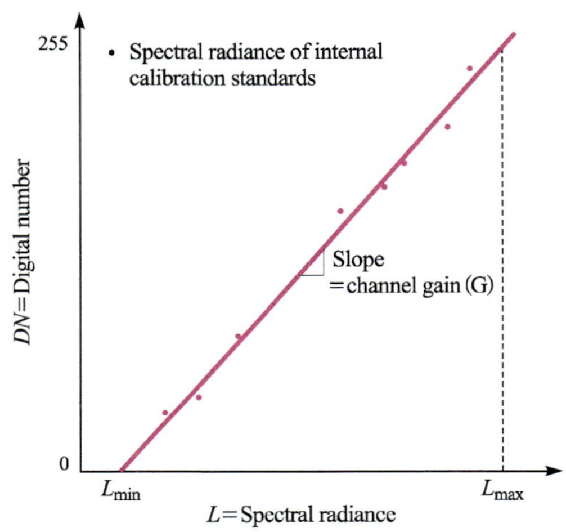

그림 15.7 독립적 TM채널에 대한 방사반응함수

그림 15.7을 보면 검정데이터 결과로부터 DN값과 방사량 사이에 형성되는 선분이 존재한다는 것을 알 수 있다.

$$DN = GL + B \tag{15.4}$$

여기서, DN : 기록된 DN값

G : 반응함수의 기울기(Channel Gain)

L : 측정된 분광 방사량(채널의 분광 파장 폭에 대해 얻어진)

B : 반응함수의 차감량(Channel Offset)

위 함수의 기울기와 차감량은 각각 반응함수의 Gain과 Offset이라는 말로 표현하였다는 것을 알 수 있다. 그림 15.7의 $Lmin$은 DN값이 0으로 나타나는 분광 방사량이다. $Lmax$는 최대 DN값(여기선 255)을 형성하는데 요구되는 최소 방사량 값이다. 즉, $Lmax$는 채널이 포화되어 있을 때의 방사량 값을 나타낸다. $Lmin$에서 $Lmax$까지의 범위는 채널에 대해 유동적인 범위이다(Dynamic Range).

그림 15.8은 그림 15.7의 축을 단순히 전환하여 방사 반응을 세로축에 도시한 것이다. 이 선분의 방정식은

$$L = (\frac{Lmax - Lmin}{255}) \cdot DN + Lmin \tag{15.5}$$

$Lmax$와 $Lmin$값을 센서 측정치로 알 수 있다면, 식 (15.5)는 특정 밴드의 DN값을 그 밴드에서 나타나는 분광 방사의 절대 단위로 전환하는데 이용될 수 있다.

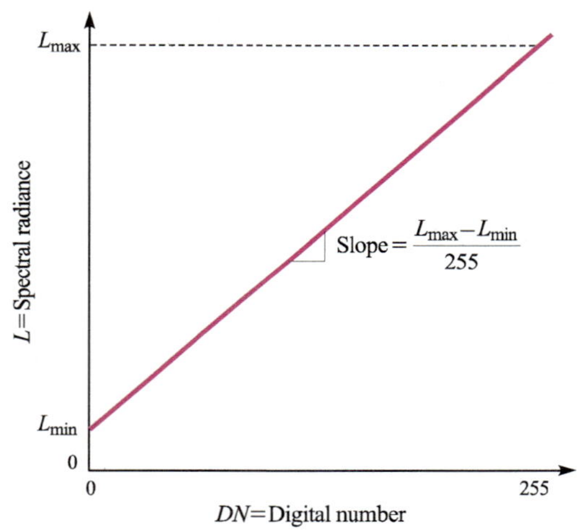

그림 15.8 독립적 TM채널에 대한 방사반응함수의 역

특정 센서에 대해 발표되어 있는 $Lmax$와 $Lmin$값은 $\mathrm{mWcm}^2\ Sr^{-1}\mu\mathrm{m}^{-1}$의 단위로 표시된다. 즉, 이들 값은 단위파장당 방사량이라는 뜻이다. 전체 밴드의 방사량을 측정하기 위해 방정식 (15.5)에서 얻어진 값에 고찰 중인 분광 밴드의 파장 폭이 곱해져야 한다. 그러므로 밴드 방사량을 정밀하게 측정하려면 각 밴드의 분광 반응 곡선을 자세하게 알고 있어야 한다.

15.3.2 노이즈 제거

영상노이즈는 신호의 수치화, 데이터 저장 과정 중 기술한계로 발생하는 원치 않는 방해요소이다. 노이즈를 발생시키는 요소로는 플랫폼의 이동, 인간의 오동작등에서부터 센서구성요소들 간의 전자기적 간섭, 데이터의 전송과 기록과정 중 간헐적으로 발생하는 "Hiccups" 등 다양하다. 노이즈는 디지털이미지에서 실제 방사정보량을 감쇠시키거나, 판독이 불가능하게 마스킹 해버리기도 한다. 그래서 이미지 노이즈

제거는 이미지 데이터의 강조나 분류작업보다 선행된다. 노이즈 제거의 목적은 노이즈가 있는 영상을 원래 대상물체와 거의 유사한 영상으로 재구성하는 것이다.

기하보정과 마찬가지로 노이즈가 시스템적(주기적)인가, 랜덤한가 아니면 두 가지가 혼합되어 나타나느냐에 따라 영상에서 노이즈 제거의 특성이 달라진다. 규칙적으로 나타나는 노이즈는 그 규칙을 찾아내어 보정할 수 있다. 예를 들어, 매번 12번째 스캔 라인의 값이 약간의 문제가 있다면 이 값을 평균값으로 대치한다든가 하는 방법이다. 이미지 데이터에 존재하는 랜덤 노이즈는 앞에서 언급했던 방법들과는 완전히 다른 방법을 이용하여 처리해야 한다. "Bit Errors"라 불리는 노이즈는 픽셀과 픽셀 사이에서 Gray Level의 비 시스템적인 변화로 인해 발생된다. 이러한 노이즈는 특성상 "Spikey"라 부르며, 외관상으로는 "Salt and Pepper" 또는 "Snowy"라 부른다. 실제 영상 값보다 갑작스럽게 변화하는 노이즈 값을 찾아 Bit Errors를 수정한다. 또한, 영상에서 특정픽셀과 주변의 모든 픽셀을 비교하여 노이즈를 찾아낼 수도 있다. 특정픽셀 값과 주변 값의 차이가 분석자가 지정한 Threshold 값을 초과하면, 그 특정 픽셀은 노이즈가 포함되어 있다고 해석된다. 노이즈로 간주된 픽셀 값은 주변픽셀의 평균값으로 대체된다. Moving Neighborhoods 혹은 3×3, 5×5 픽셀 창은 그런 노이즈제거에 사용되는 전형적인 기법이다. 그림 15.9는 3×3 픽셀 Neighborhood로 구성된 Moving Windows(이동 창)의 개념을 나타내고 있고, 그림 15.10은 Neighborhood에 사용되는 수많은 노이즈 삭제 알고리즘 중 하나를 나타내고 있다.

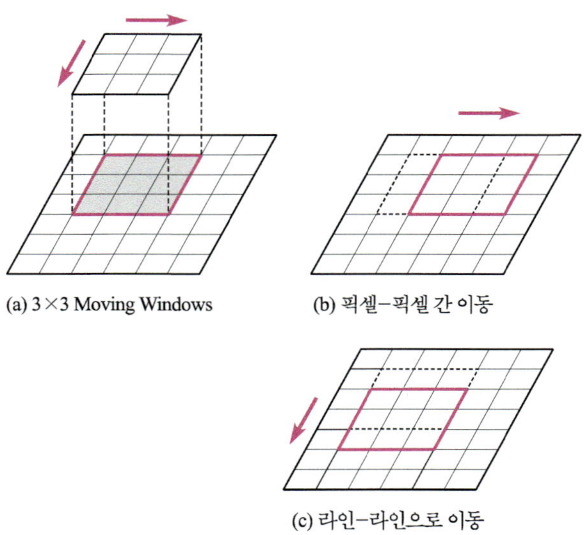

그림 15.9 이동 창의 개념

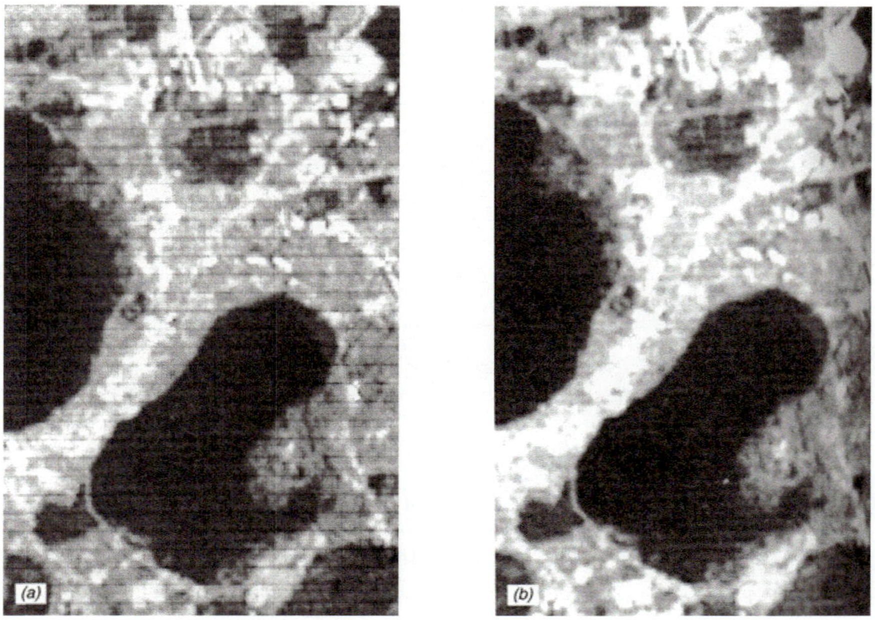

(a) 6줄마다 규칙적으로 생긴 줄무늬　　(b) 히스토그램 알고리즘을 적용하여 복구한 영상

그림 15.10 줄무늬 제거(Destriping) 알고리즘(Lillesand Kiefer, Chipman, 6th.ed)

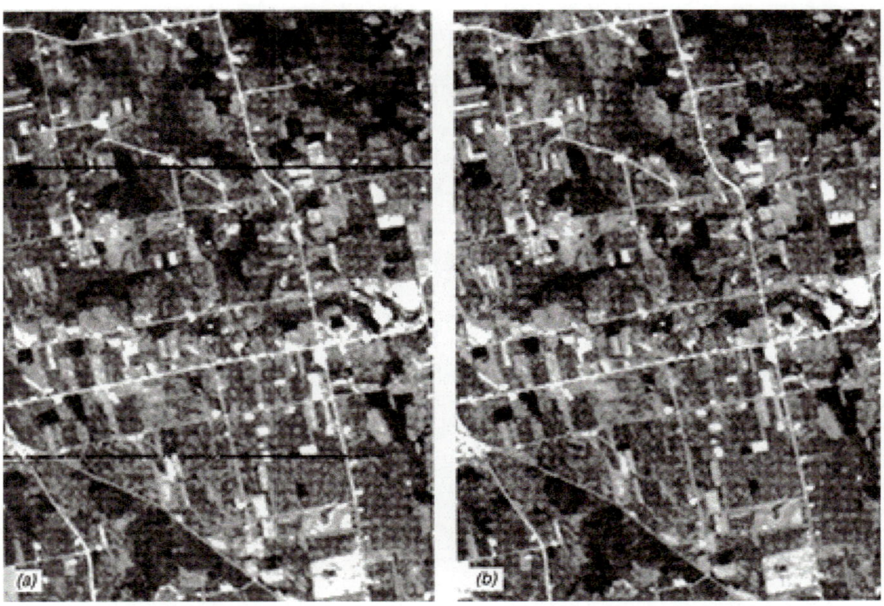

(a) 2개의 라인누락이 발생한 영상　　(b) 누락라인 전후 라인의 평균값으로 대체되어 복구된 영상

그림 15.11 라인누락(Line drop) 보정

DN_1	DN_2	DN_3
DN_4	DN_5	DN_6
DN_7	DN_8	DN_9

그림 15.12 전형적인 노이즈제거 필터

그림 15.12는 영상의 어느 한 부분에 3×3 노이즈 필터를 적용한 예로 weight는 영상에서 노이즈라고 의심되는 픽셀의 수가 클수록 낮아지며 분석자가 정한다. 중요한 것은 이동 창의 중앙에 있는 DN_5값을 새로이 구하는 것이다. 이를 위해서는 우선 DN_5를 중심으로 대각선 방향의 DN값 평균값과 차를 구한다. 또한 노이즈를 판단할 수 있는 threshold 값을 구한다.

$$\begin{aligned} AVE_A &= (DN_1 + DN_3 + DN_7 + DN_9)/4 \\ AVE_B &= (DN_2 + DN_4 + DN_6 + DN_8)/4 \\ DIFF &= (AVE_A - AVE_B) \end{aligned} \quad (15.6)$$

$$Threshold = DIFF \times Weight \quad (15.7)$$

$$\begin{aligned} &IF: |DN_5 - AVE_A| \text{or } |DN_5 - AVE_B| > Threshold \\ &THEN: DN_5' = AVE_B \ OTHERWISE \ DN_5' = DN_5 \end{aligned}$$

노이즈셀인지 아닌지를 판단하는 것은 DN_5의 값이 threshold보다 큰지를 확인한다. 만약에 크다면 노이즈셀로 간주하여 AVE_B값으로 DN_5값을 대체한다. 그렇지 않고 작다면 노이즈셀이 아니라고 판단하여 DN_5값은 그대로 유지한다. 그림 15.13(b)는 알고리즘을 실제 이미지에 적용한 결과를 보여주고 있다.

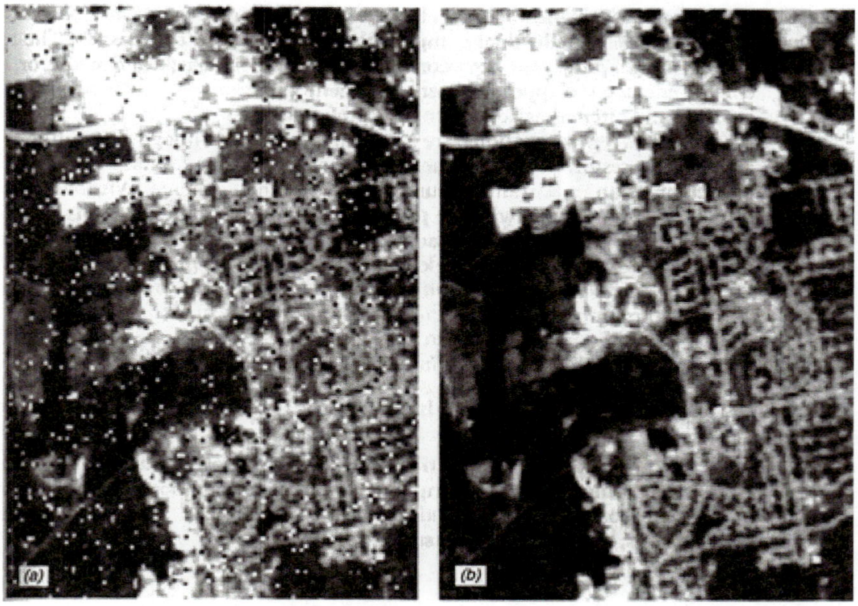

(a) Salt & papper 노이즈가 발생한 영상 (b) 그림 15.10 알고리즘을 적용한 영상

그림 15.13 노이즈제거 필터를 적용한 결과

15.3.3 기하보정(Geometric correction)

앞에서 거론했듯이 원격탐측영상은 기하학적인 왜곡요소를 가지고 있다. 기하학적 왜곡은 센서고도, 자세, 그리고 센서플랫폼의 속도의 변화와 스캐닝 메커니즘의 특성, 그리고 지상의 기복변위로부터 기인된다. 기복변위에 대한 왜곡과 정사영상에 대해서는 Part I 사진측량부분에서 다루었으므로 본 절에서는 수평적 기하보정에 대해서 설명하기로 한다.

원본 디지털 영상은 통상적으로 아주 중요한 기하적인 왜곡을 지니고 있기 때문에, 지도로 사용할 수 없다. 이러한 왜곡의 출처는 센서 플랫폼의 고도, 자세 및 속도의 변화에서부터 파노라믹 왜곡, 지구 곡률, 대기의 굴절, 기복 변위 및 센서 IFOV의 비선형적인 움직임 등과 같은 요소들까지 굉장히 다양하다. 기하보정의 목적은 이들 요소에 의해 발생된 왜곡을 보정해서 보정된 영상이 지도로 사용될 정도의 기하학적인 품질을 갖도록 만드는 것이다. 지상기준점을 사용하는 방법과 기존의 수치지형도를 사용하는 방법, 그리고 또 다른 기하보정영상을 사용하는 방법이 있다. 기준점과 영상의 해당 점을 일대일로 매치하여 다항식을 만들고 보통 Affine

변환을 이용하여 영상을 재배열한다. 기하보정을 마친 영상은 지도와 중첩하게 되면 정확히 일치하게 된다. 일반적으로 다음 세 가지의 단계로 수행된다.

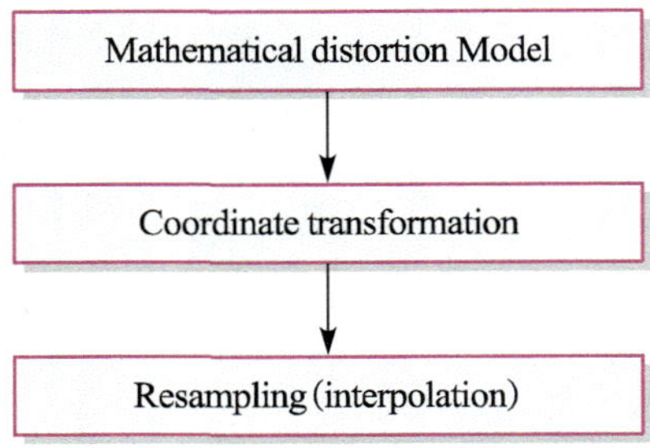

그림 15.14 기하보정의 3단계(Robert A. 2007)

이들 세 과정을 일괄하여 "warping"[2]이라고 알려져 있다. 원격탐측시스템이 복잡해지고 off-nadir방향의 탐측 능력이 요구되며, 다중센서영상의 registration, 높은 정밀도의 요구, 시간적 반복관측에 의한 정확도로 인해 기하학적 보정알고리즘이 보다 더욱 정확해지며, 자동화되고 효율화되고 있다. 영상의 기하학적 보정은 여러 가지 용어로 사용되고 있다. 따라서 진행하기 전에 정의하는 것도 바람직하겠다.

1) Registration : 동일지역에 대한 다른 영상을 정렬하는 것, 양쪽 영상에서 동일한 픽셀의 동일한 위치를 갖게 하는 것을 register한다고 한다(Robert A. 2007).
2) Rectification : 지도에 영상을 배열하는 것. 그러므로 지도와 같이 영상에서 측정이 가능하다. "georeferencing"이라고 알려져 있다.
3) Geocoding : rectification의 특수한 경우로 표준 픽셀 GIS에 동일하게 축척변환하는 것을 포함하고 있다. 표준픽셀크기와 좌표의 사용은 GIS에 있어서 지도와 이기종 센서자료로부터 레이어를 구성하는데 편리함을 제공한다.
4) Orthorectification : 지형적인 왜곡(기복변위)에 대해 픽셀단위의 영상보정. 처리 결과는 정사투영영상이 된다.

보정을 위해서는 다항식보정 방정식과 지상기준점(GPS)에 의한다.

2) Wolberg, (1990)

1) 다항식보정방법

다항식보정방법은 다음과 같은 단점이 있다.

- 두 번의 리셈플링이 수행되므로 불필요한 품질저하의 결과가 된다.
- 적절한 차수의 다항식이더라도 좁은 지역의 지형도 제작이 어렵다.
- 오차를 줄이기 위해 때때로 많은 수의 기준점이 요구된다.

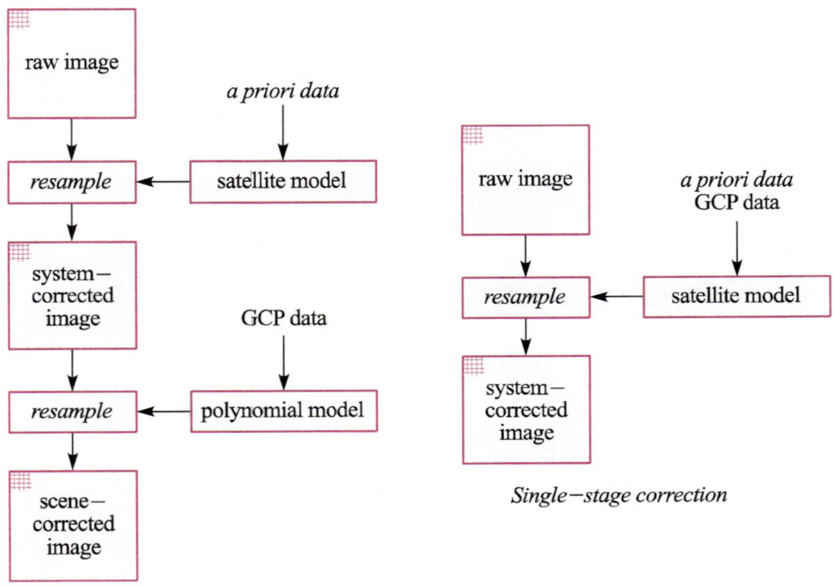

(a) Single−stage correction (b) Two−stage correction

그림 15.15 다항식 왜곡보정 모델(Robert A. 2007)

예를 들어, 다항식모델은 식 (15.8)과 같은 것이다. 이 모델은 참조영상 또는 지도에 대해 왜곡된 영상의 global coordinate와 관계가 있다.

$$x = \sum_{i=0}^{N}\sum_{j=0}^{N-1} a_{ij} {x_{ref}}^{i} {y_{ref}}^{i},\ y = \sum_{i=0}^{N}\sum_{j=0}^{N-1} b_{ij} {x_{ref}}^{i} {y_{ref}}^{i} \qquad (15.8)$$

대부분의 위성원격탐측에서 FOV가 작아 기복변위가 작은 경우라면 거의 모든 문제를 2차 다항식으로 해결할 수 있다. 다항식의 각 요소는 다음과 같다.

$$
\begin{aligned}
x &= a_{00} + a_{10}x_{ref} + a_{01}y_{ref} + a_{11}x_{ref}y_{ref} + a_{20}{x_{ref}}^2 + a_{02}{y_{ref}}^2 \\
y &= b_{00} + b_{10}x_{ref} + b_{01}y_{ref} + b_{11}x_{ref}y_{ref} + b_{20}{x_{ref}}^2 + b_{02}{y_{ref}}^2
\end{aligned}
$$

(a_{00}: x-shift, a_{10}: x-scale, a_{01}: x-shear, a_{11}: y-dependent x-scale, a_{20}: nonlinear x-scale, a_{02}: y-dependent x-shift; b_{00}: y-shift, b_{10}: y-shear, b_{01}: y-scale, b_{11}: x-dependent y-scale, b_{20}: x-dependent y-shift, b_{02}: nonlinear y-scale)

조합방법에 따라 그림 15.16에서 보인 바와 같이 특별한 warp을 생산할 수 있다.

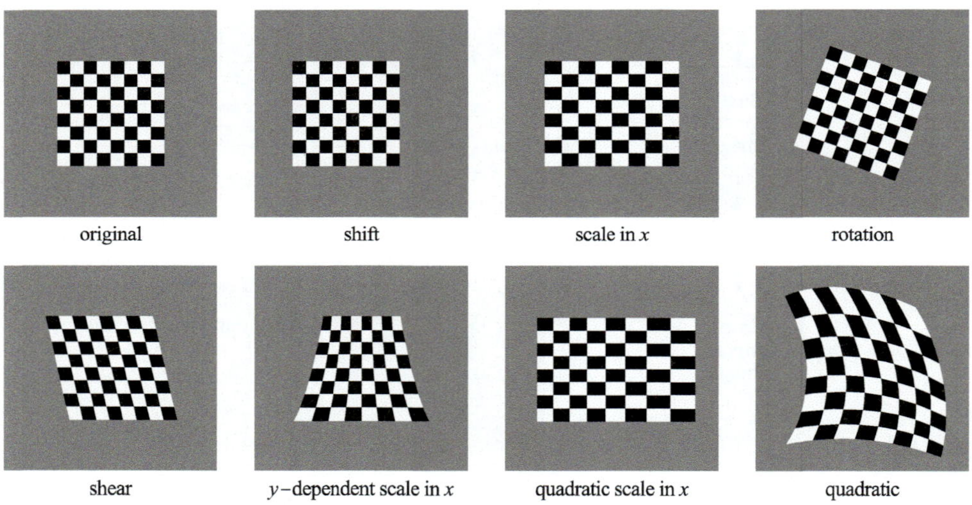

그림 15.16 다항식 기하학적 warp, Nearest-neighbor resampling 사용(Robert A. 2007

입력영상이 시스테매틱한 왜곡에 대해 정확히 처리되었다면 선형다항식이면 충분하므로 고차항은 생략하고 선형다항식으로 쓸 수 있다.

$$
\begin{aligned}
x &= a_{00} + a_{10}x_{ref} + a_{01}y_{ref} \\
y &= b_{00} + b_{10}x_{ref} + b_{01}y_{ref}
\end{aligned} \tag{15.9}
$$

Affine 변환(Wolf, 1983)으로 알려져 있는 식이다. 이 식은 평행이동, 축척과 회전 요소로 간단히 vector-matrix형식으로 쓸 수 있다.

$$
\begin{bmatrix} x \\ y \end{bmatrix} = \begin{bmatrix} a_{10} & a_{01} \\ b_{10} & b_{01} \end{bmatrix} \begin{bmatrix} x_{ref} \\ y_{ref} \end{bmatrix} + \begin{bmatrix} a_{00} \\ b_{00} \end{bmatrix} \tag{15.10}
$$

2) 지상기준점방법

다항식모델 식 (15.13)의 계수는 결정되어야 한다. 이 작업의 과정은 다항식계수를 구하기 위해 GCP를 열거하는 것이다. GCP는 다음의 조건을 갖추어야 한다.

- 해당 모든 영상에서 높은 대비를 가질 것
- 작은 크기를 가질 것
- 시간이 경과해도 변함이 없을 것
- 지형적인 변위(기복변위)가 거론되지 않는다면 모든 기준점은 같은 높이에 있을 것

예를 들어, 도로의 교차점, 농경지의 코너, 하천의 교량 등이 해당된다. 영상과 지도상에서 일치하는 기준점을 찾는 것은 두 영상에서 찾는 것보다 더 어렵다. 그 이유는 지도는 대상지역의 대상물을 추상적으로 표현하기 때문이며, 영상보다 지도가 더 오래됐을 경우 다 심각하다. 그림 15.17에서 왼쪽 영상은 원시영상, 가운데 참조데이터는 지형도, 그리고 오른쪽 영상은 보정된 영상이다.

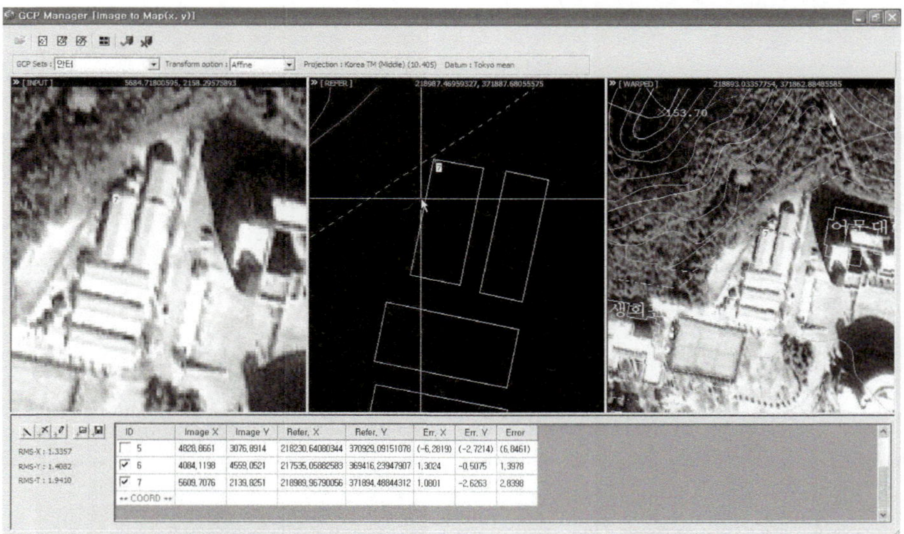

그림 15.17 영상-지도상의 GCP를 이용한 기하보정(PG-Steamer)

원격탐측 응용에서 GCP 가시적인 위치는 널리 사용된 패러다임이다. 어디든 사용할 수만 있다면 인공지물이 가장 신뢰성있는 GCP이다. GCP를 찾기 어려운 점과 영상 전체에 잘 분포된 GCP, 강한 수동노동을 포함하고 있다는 것이 가장 큰 단점이다. AVHRR 영상과 같이 저해상도의 영상일 경우 GCP의 위치를 찾기 어렵다. GCP를 자동으로 찾기 위한 자동화기술은 계속 개발되어 왔다.

다항식의 계수를 구하기 위해 GCP가 어떻게 사용되는가를 알기 위해 영상이나 지도의 참조좌표계와 왜곡된 영상 상에 M쌍의 GCP위치를 가지고 있다고 가정해 보자. Global polynomial distortion model을 가정한다면 GCP들의 각 쌍 m에 대해 각 변수 x, y에서 degree N의 다항식을 쓸 수 있다.

$$x_m = a_{00} + a_{10}x_{refm} + a_{01}y_{refm} + a_{11}x_{ref}y_{refm} + a_{20}{x_{refm}}^2 + a_{02}{y_{refm}}^2$$

$$y_m = b_{00} + b_{10}x_{refm} + b_{01}y_{refm} + b_{11}x_{ref}y_{refm} + b_{20}{x_{refm}}^2 + b_{02}{y_{refm}}^2 \quad (15.13)$$

m쌍의 방정식이 만들어진다. 이 한 쌍의 방정식은 영상의 x좌표에 대해 벡터행렬 형식으로 쓸 수 있다.

$$\begin{bmatrix} x_1 \\ x_2 \\ \vdots \\ x_M \end{bmatrix} = \begin{bmatrix} 1 & x_{ref1} & y_{ref1} & x_{ref1}y_{ref1} & x^2_{ref1} & y^2_{ref1} \\ 1 & x_{ref2} & y_{ref2} & x_{ref2}y_{ref2} & x^2_{ref2} & y^2_{ref2} \\ \vdots & \vdots & \vdots & \vdots & \vdots & \vdots \\ 1 & x_{refM} & y_{refM} & x_{refM}y_{refM} & x^2_{refM} & y^2_{refM} \end{bmatrix} \begin{bmatrix} a_{00} \\ a_{10} \\ a_{01} \\ a_{11} \\ a_{20} \\ a_{02} \end{bmatrix} \quad (15.14)$$

또는

$$X = WA \quad (15.15)$$

같은 방법으로 영상의 y좌표는

$$Y = WB \quad (15.16)$$

15.4 Image Enhancement

영상강조의 목적은 영상으로부터 의미 있는 정보를 추출하기 쉽게 만드는 것이다. 영상강조는 단일영상에 대한 히스토그램 조정, 필터링, 영상산술(Image arithmetic), 프리에변환, 웨이브렛변환 등이 있으며 다중파장영상에 대한 변환, 영상융합(Image fusion)이 있다. 처리하는 단위에 따라 점처리, 구역처리, 프레임처리로 분류할 수도 있으며 전체처리(Global operator), 구역처리(Local operator)로 구분할 수도 있으나 본 교재에서는 히스토그램기반 영상강조와 마스크기반 영상강조로 분류하여 설명하기로 한다.

15.4.1 히스토그램기반 영상강조

영상 히스토그램이란 영상의 밝기값에 대한 분포를 보여주는 그래프로 영상분석을 위해 중요한 요소이다. 영상의 히스토그램을 분석함으로써 영상의 밝기구성, 명암의 대비 등에 대한 정보를 알 수 있으며, 분석정보를 이용하여 영상개선 및 질 향상을 꾀할 수 있다. 영상의 밝기값을 수평축으로 하고 동일한 밝기값을 가지는 픽셀의 수를 수직축에 표시하여 만든 그래프를 히스토그램이라 한다. 흑백영상의 경우 수평축은 0~255범위의 값을 가지며, 수직축의 값은 해당 밝기값을 갖는 픽셀 빈도수이다. 그림 15.18에서 8×8 크기의 샘플영상에 대한 히스토그램을 보여주고 있다. 64개의 픽셀영상에서 각각의 밝기값을 갖는 픽셀의 수를 돗수그래프로 그려본 것이다.

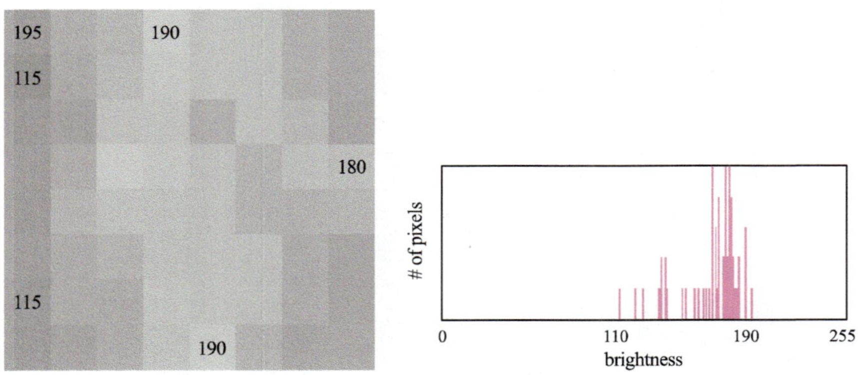

그림 15.18 8×8 샘플영상에 대한 히스토그램

1) 히스토그램 평활화(Histogram equalization)

인간의 눈은 영상의 절대적 밝기의 크기보다 대비가 증가하면 인지도가 증가하므로 이를 이용한 것이다. 영상의 밝기가 단지 전체적으로 밝아진다고 해서 가시도가 향상되는 것은 아니며, 이보다는 넓은 영역에서 골고루 밝기값이 존재하는 것이 훨씬 인식하기가 쉽다. 영상의 히스토그램을 보면 0~255 밝기 중 특정한 부분에 치우쳐 있는 경우를 볼 수 있다. 이러한 영상은 밝기와 대비가 불량하여 인지도가 떨어진다. 보다 개선된 영상을 위해서는 보다 넓은 영역으로 히스토그램을 펼칠 필요가 있다. 픽셀에 대한 DN값만을 수정하는 것이므로 데이터의 양은 변하지 않는다.

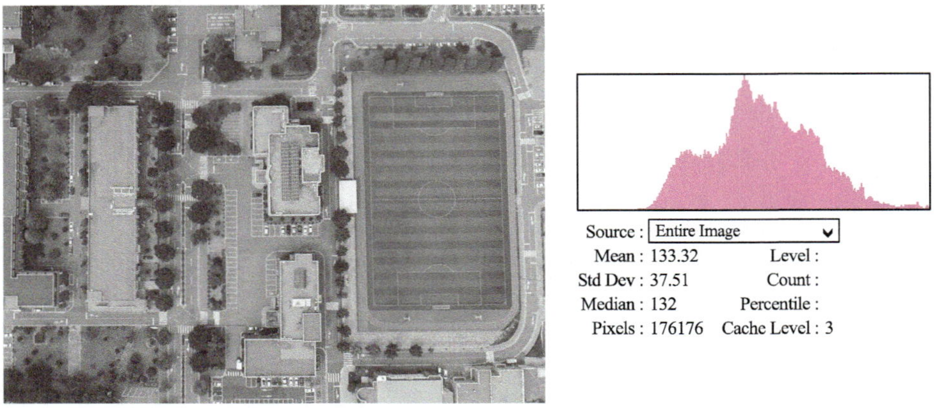

그림 15.19 원시 항공영상과 히스토그램

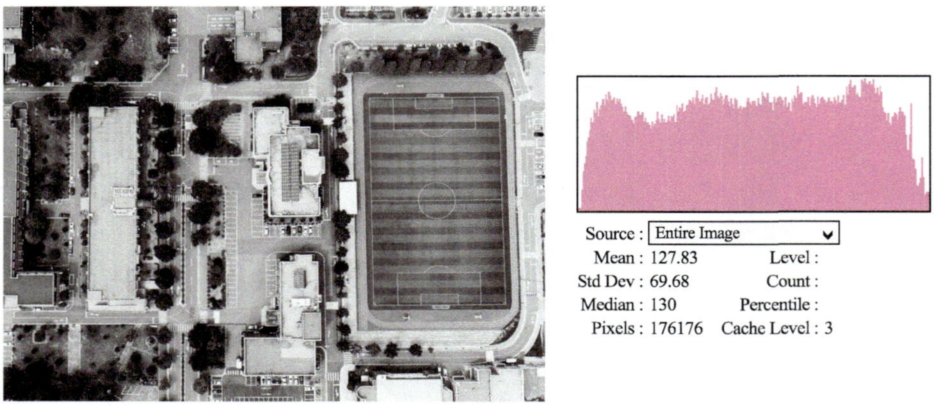

그림 15.20 평활화 작업의 결과물과 히스토그램

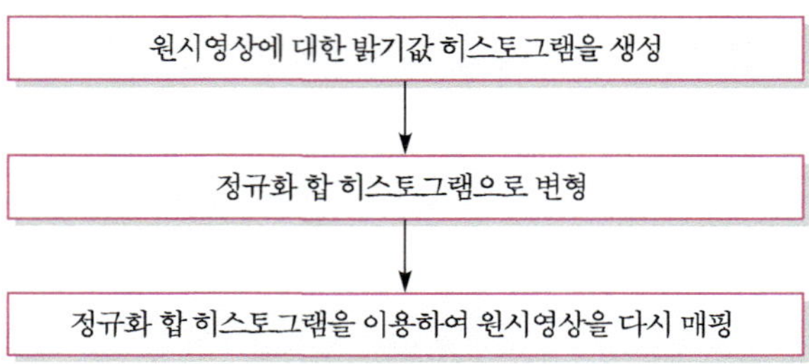

그림 15.21 평활화 과정

$$h(i) = \frac{G_{max}}{N_t} H(i) \tag{15.17}$$

$H(i)$: 원시영상의 누적 히스토그램
$h(i)$:정규화 합 히스토그램
G_{max} : 영상 최대 밝기값
N_t : 영상의 크기(픽셀 수)

예제 15.1

다음 4×4영상에 대해 히스토그램 평활화를 수행하시오. 밝기값은 0~7까지 8단계이다.

3	4	3	4
4	3	3	2
4	2	1	3
1	0	2	3

풀이 ▸ ▸ ▸

원시영상에 대해 히스토그램을 분석하고, 픽셀 수 누적합과 정규화 합을 구한다. 밝기값 0에 대한 정규화 합은

$$h(0) = \frac{7}{16} \times 1 = 0.44$$ 가 되고 나머지도

$$h(1) = \frac{7}{16} \times 3 = 1.31$$

$$\vdots$$

과 같이 구할 수 있다. 전체에 대해 구하면 다음과 같다.

brightness	accumulated sum	normalized sum
0	1	0.44
1	3	1.31
2	6	2.63
3	12	5.25
4	16	7.0
5	16	7.0
6	16	7.0
7	16	7.0

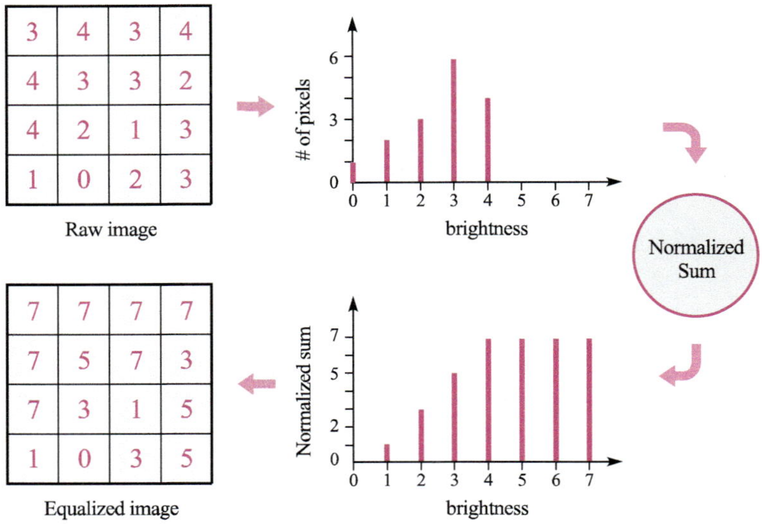

그림 15.22 평활화 과정의 개념

그림 15.22에서 만들어진 정규화 합은 출력영상의 LUT(Look Up Table)가 된다. 예를 들어, 밝기값 3은 5가 되고, 4 이상은 7이 된다.

2) 히스토그램 스트레칭(Histogram stretching)

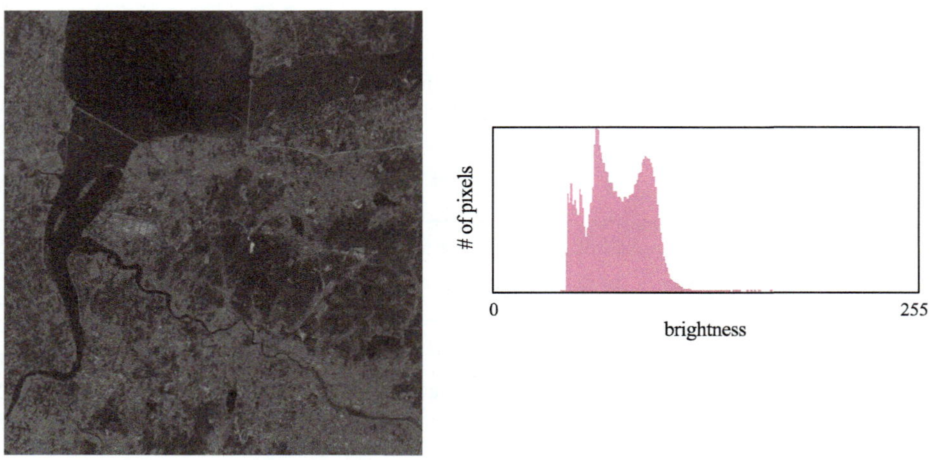

그림 15.23 EOC영상과 밝기값 히스토그램

그림 15.23은 EOC영상과 히스토그램이다. 히스토그램에서 밝기값이 거의 40~100 사이에 모여 있으므로 콘트라스트가 약하고 사물의 파악이 쉽지 않다. 대조를 증가시키기 위해서 간단한 방법으로 선형스트레치(Linear stretch)가 있다. 이 방법은

40~100 사이의 값을 0~255에 걸쳐 펼치는 것이다. 그림 15.24(a)에서 집중되어 있는 히스토그램을 선형으로 스트레칭하면 (b)와 같이 0~255까지 고르게 밝기값이 분포하게 된다. 결과 영상은 (c)와 같다. 원시영상에 비해 훨씬 콘트라스트가 강조된 것을 볼 수 있다.

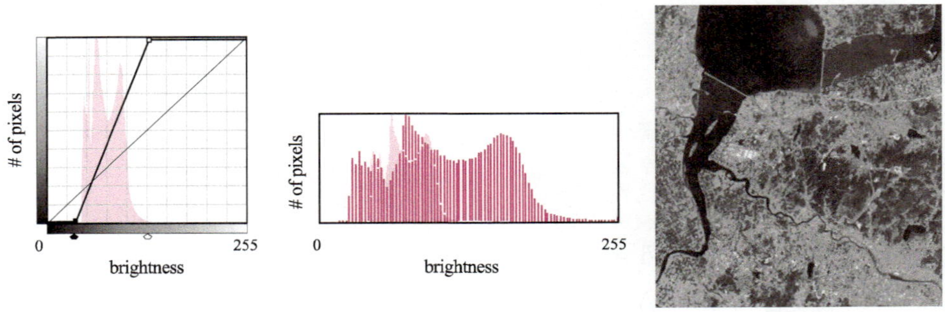

(a) 직선형 스트레치 (b) 스트레치 후 밝기값 분포 (c) 결과 영상

그림 15.24 히스토그램 직선형 스트레치

$$Output\,Img. = \frac{Img(x)(y) - Low}{High - Low} \times 255 \tag{15.18}$$

목적에 따라 스트레치 선형을 곡선으로 하는 경우도 있다. 곡률의 방향에 따라 밝은 영상과 어두운 영상을 얻지만 콘트라스트의 증가는 여전하다. 그림 15.25에서 직선형 스트레치에 비해 밝기값이 255쪽으로 이동한 것을 볼 수 있다. 결과적으로 밝은 영상을 얻는다.

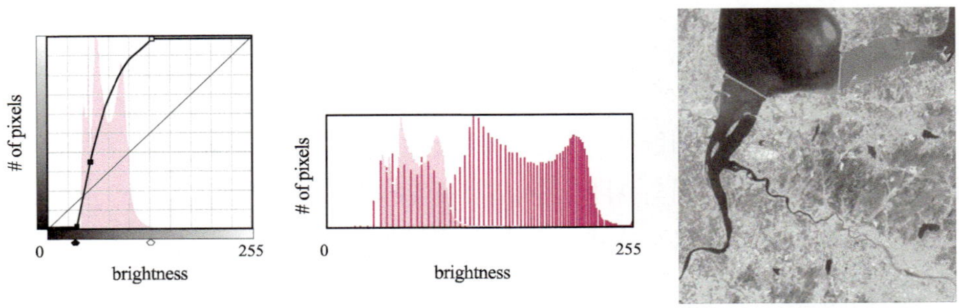

(a) 凸곡선형 스트레치 (b) 스트레치 후 밝기값 분포 (c) 결과 영상

그림 15.25 히스토그램 凸곡선형 스트레치

반대로 凹곡선형 스트레치는 히스토그램의 밝기값이 직선형에 비해 0쪽으로 다소 치우치기 때문에 전체적으로 어두운 영상을 얻게 된다.

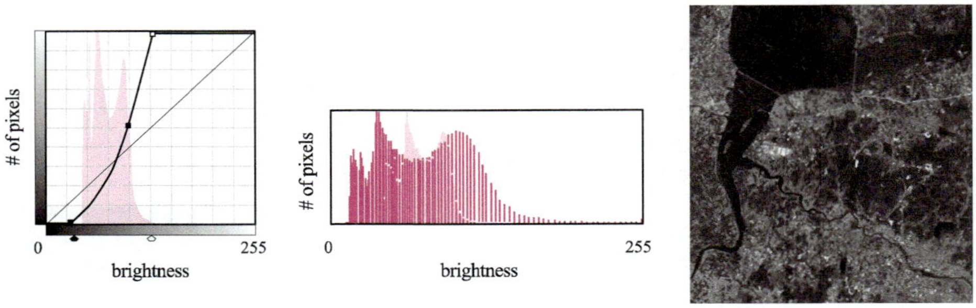

(a) 凹곡선형 스트레치　　(b) 스트레치 후 밝기값 분포　　(c) 결과 영상

그림 15.26 히스토그램 凹곡선형 스트레치

스트레칭은 단순히 최소값과 최대값을 0~255로 펼치는 영상처리로써 영상equalize가 훨씬 더 넓게 펼쳐지는 것을 알 수 있다.

15.4.2 마스크기반 영상개선

영상처리에서 마스크기반처리라고 하는 것은 컨벌루션(Convolution) 작업에 의해 수행된다. 컨벌루션이란 가중치(Weight)를 갖는 마스크(필터 또는 커널)를 이용하여 영상처리하는 것을 의미하며 마스크는 3×3 또는 5×5짜리를 사용한다. 원시영상에 마스크를 씌운 다음 원시영상의 픽셀값과 마스크의 가중치를 곱하여 얻는 결과값을 출력영상의 중앙픽셀값으로 얻는다. 컨벌루션작업은 마스크를 옮겨가며 연산을 하므로 무빙윈도우(Moving window) 방법이라고도 한다.

그림 15.27에 이 개념을 설명하였다. 그림에서 3×3마스크에 의해 원시영상 row=3, col=4픽셀에 대한 입력값을 계산한다. 그 다음 커널은 한 픽셀을 이동하여 3, 5픽셀에 대한 값을 계산하게 된다. 커널을 원시영상에 오버랩하면 가장자리의 경우 원시영상의 픽셀이 비워지게 된다. 따라서 원시영상의 가장자리는 기존의 DN값으로부터 복사하여 사용한다.

Convolution의 계산은 그림 15.27에서 다음과 같이 표현된다.

$$
\begin{aligned}
C_{34} &= k_1 \times I_{23} + k_2 \times I_{24} + k_3 \times I_{25} + k_4 \times I_{33} + k_5 \times I_{34} \\
&\quad + k_6 \times I_{43} + k_7 \times I_{44} + k_8 \times I_{45} + k_9 \times I_{23}
\end{aligned}
\tag{15.19}
$$

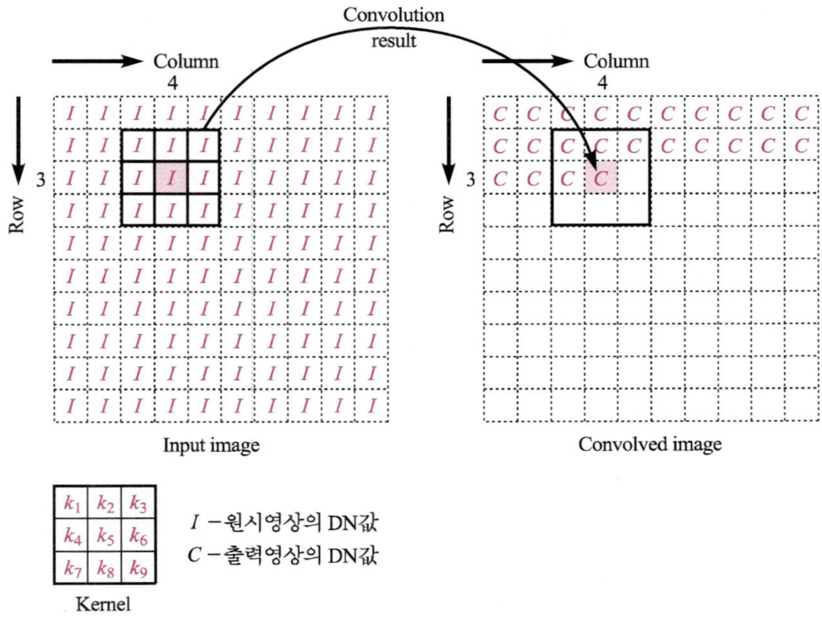

그림 15.27 마스크 기반 영상 컨벌루션(Wolf, Dewitt, 2000)

식 (15.19)에서 k값은 독립적인 커널 요소이다. I 값은 입력 원시영상의 DN값이며 행과 열의 첨자를 가진 c_{34}는 3번째 행(row=3), 4번째 열(column=4) 픽셀에 해당하는 convolution결과이다.

다음은 마스크의 예이다.

$$K = \begin{bmatrix} \frac{1}{9} & \frac{1}{9} & \frac{1}{9} \\ \frac{1}{9} & \frac{1}{9} & \frac{1}{9} \\ \frac{1}{9} & \frac{1}{9} & \frac{1}{9} \end{bmatrix} \tag{15.20}$$

예제 15.2

3×3마스크와 5×5영상에 대한 DN값이 주어졌다. 컨벌루션 방법으로 영상 C 를 구하시오.

$$K=\begin{bmatrix} 0.1 & 0.1 & 0.1 \\ 0.1 & 0.2 & 0.1 \\ 0.1 & 0.1 & 0.1 \end{bmatrix}$$

$$D=\begin{bmatrix} 84 & 79 & 43 & 74 & 76 \\ 81 & 77 & 45 & 75 & 78 \\ 50 & 48 & 39 & 42 & 44 \\ 80 & 77 & 46 & 73 & 72 \\ 82 & 83 & 47 & 71 & 70 \end{bmatrix}$$

풀이 ▸ ▸ ▸

① 원시영상의 가장자리 DN값을 이용하여 임시영상 D' 를 만든다.

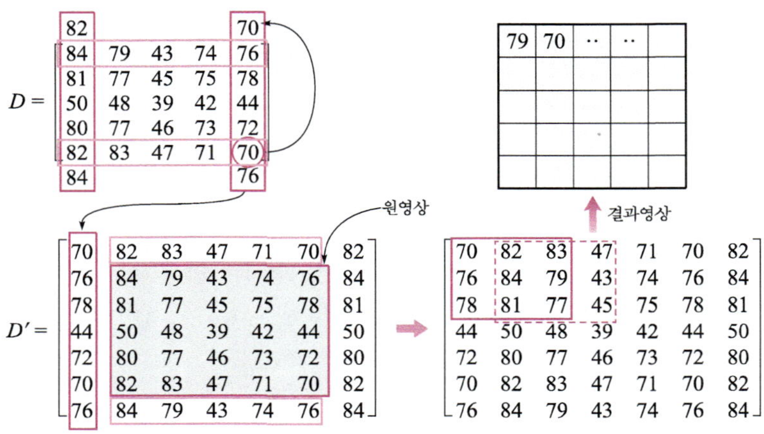

② 커널K와 D' 를 이용하여 각 셀의 DN값을 계산한다. 예를 들어, 첫 번째와 두 번째 픽셀의 DN값은

$$\begin{aligned} c_{11} &= 0.1\times70+0.1\times82+0.1\times83+0.1\times76+0.2\times84 \\ &\quad +0.1\times79+0.1\times78+0.1\times81+0.1\times77 \\ &= 79.4 = 79 \end{aligned}$$

$$\begin{aligned} c_{12} &= 0.1\times82+0.1\times83+0.1\times47+0.1\times84+0.2\times79 \\ &\quad +0.1\times43+0.1\times81+0.1\times77+0.1\times45 \\ &= 70.0 = 70 \end{aligned}$$

결과적으로 출력영상의 첫 번째와 두 번째 DN 값은 79, 70으로 된다.

1) 저주파 패스 공간필터(Low-pass spatial filter)

Convolution kernel의 가장 단순한 형태는 아마도 인접픽셀의 평균값을 계산하는 것일 것이다. 이런 형태의 convolution을 "저주파 패스필터(Low-pass filter)"라 한다. 하이프리퀀시를 차단하고 로우프리퀀시만을 통과시킨다. 따라서 노이즈 제거를 위해 사용한다. 간단한 저주파 패스필터를 식 (15.20)에 보였다.

1/9	1/9	1/9
1/9	1/9	1/9
1/9	1/9	1/9

그림 15.28 원시영상과 low-pass filter를 적용시킨 결과 영상

저주파 패스필터는 특성상 노이즈 감소효과는 있으나 평균값을 취하기 때문에 다소 흐려지는 현상(Blur)을 보이는 단점이 있다.

2) 고주파 패스 공간필터(High-pass spatial filter)

저주파 패스필터에 의한 흐려짐 현상은 역효과를 낳는 것처럼 보인다. 반면에 하이패스필터는 사물을 자세하게 하고 그들의 경계위치를 측정하는데 도움을 준다. 고주파 통과 필터는 말 그대로 고주파 성분은 통과시키고 저주파 성분을 차단하는 필터이다. 그림 15.29에서 하이패스필터영상이 원영상에 비해 선명도가 증가한 것을 볼 수 있다. 고주파 성분은 물체의 윤곽이나 경계선 부분을 말한다. 고주파 노이즈 패스필터(High frequency noise filter)가 이 목적으로 사용될 수 있다. 저주파 패스필터도 고주파 패스필터의 일환으로 활용할 수 있는데, 원시영상으로부터 저주파 패스 영상을 해당 픽셀마다 빼줌으로써 고주파 패스필터 효과를 얻을 수 있다. 뺄셈을 할 때 (−)값이 나올 수 있으며, 수치영상처리에 불편하므로 절대값을 사용한다. 고주파필터는 영상의 명확도를 증대시키고 모서리 강조가 가능하지만 영상노이즈가 발생한다.

-1	-1	-1
-1	12	-1
-1	-1	-1

그림 15.29 High-pass filter를 적용한 영상

-1	-1	-1
-1	8	-1
-1	-1	-1

High-pass filter-원 영상
영상

그림 15.30 High-pass filter를 이용한 외곽선 검출

그림 15.30은 하이패스필터 영상에서 원시영상 값을 빼줌으로써 얻은 영상이 외곽선 검출 효과가 있는 것을 알 수 있다. 외곽선 검출필터는 socel, Prewitt, Robert, Laplacian, Canny 등이 있다.

3) 중앙값필터(Median filter)

일반적인 필터링기법은 인접픽셀의 DN값을 가지고 산술적으로 계산에 의해 구하는 반면 중앙값필터링은 계산에 의하지 않는다. 이웃픽셀의 DN값을 오름차순으로 정렬하고 중앙픽셀값을 해당 픽셀에 대한 새로운 값으로 선정한다. 그림 15.31에 알고리즘을 설명하였다. 중앙필터링의 결과는 영상에 포함된 어떠한 랜덤 노이즈라도 효과적으로 제거할 수 있지만, 규칙적으로 발생하는 노이즈를 제거하는 것은 효율적이지 못하다.

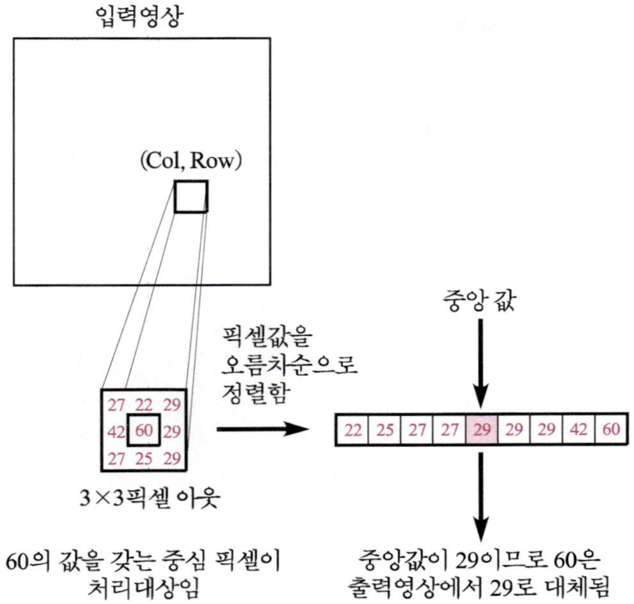

그림 15.31 중앙값 필터링의 알고리즘

4) 라플라시안 필터(Laplacian filter)

Laplacian연산자와 유사하기 때문에 이름이 붙여진 것으로, 모서리 강조효과가 뛰어나다. 방향성으로는 4방향 커널과 8방향 커널이 있고 크기는 3×3, 5×5를 사용한다. 방향과 크기에 상관없이 모든 커널요소의 합이 0이라는 특징이 있다. 다음은 라플라시안 필터의 예이다.

$$K=\begin{bmatrix} -1 & -1 & -1 \\ -1 & 8 & -1 \\ -1 & -1 & -1 \end{bmatrix} \tag{15.21}$$

$$K=\begin{bmatrix} -1 & -2 & -3 & -2 & -1 \\ -2 & 2 & 4 & 2 & -2 \\ -3 & 4 & 8 & 4 & -3 \\ -2 & 2 & 4 & 2 & -2 \\ -1 & -2 & -3 & -2 & -1 \end{bmatrix} \tag{15.22}$$

(a) 원영상

0	1	0
1	-4	1
0	1	0

1	1	1
1	-8	1
1	1	1

(b) 4방향

(c) 8방향

그림 15.32 4방향, 8방향 라플라시안 필터링

5) 쇼벨필터(Sobel filter)

앞에서 설명한 라플라시안 방법에 의한 외곽선 검출은 방향성에는 민감하지 않지만 Sobel외곽선 검출자는 외곽선 검출뿐만 아니라 방향까지도 결정할 수 있다. 이는 특히 대각선 방향으로 형성된 에지에 민감하게 반응하는 특징이 있다. 이는 다음 한 쌍(x커널, y커널)의 커널에 의해 convolution된다.

$$K_x = \begin{bmatrix} -1 & 0 & +1 \\ -2 & 0 & +2 \\ -1 & 0 & +1 \end{bmatrix} \tag{15.23}$$

$$K_y = \begin{bmatrix} +1 & +2 & +1 \\ 0 & 0 & 0 \\ -1 & -2 & -1 \end{bmatrix} \tag{15.24}$$

특정한 윈도우에서 두 개의 커널에 의한 convolution의 결과로 x커널의 결과 S_x, y커널의 결과 S_y를 얻을 수 있다. 이들 값들로부터 식 (15.25), 식 (15.26)으로 모서리의 양과 방향을 얻을 수 있다.

$$Magnitude = \sqrt{S_x^2 + S_y^2} \tag{15.25}$$

$$Direction = \tan^{-1}\left(\frac{S_y}{S_x}\right) \tag{15.26}$$

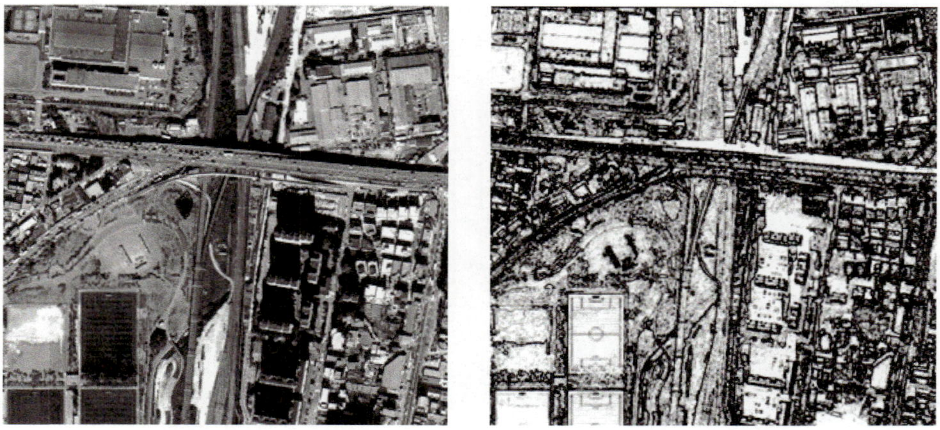

(a) 원 영상 (b) 쇼벨필터 적용 영상

그림 15.33 쇼벨필터 적용 결과 영상

예를 들어 원시영상의 DN값이 다음과 같다면 여기에 쇼벨필터를 적용시켜보자.

Z_1	Z_{23}	Z_3
Z_4	Z_5	Z_6
Z_7	Z_8	Z_9

-1	0	+1
-2	0	+2
-1	0	+1

+1	+2	+1
0	0	0
-1	-2	-1

$$g_x = (Z_7 + 2Z_8 + Z_9) - (Z_1 + 2Z_2 + Z_3)$$

$$g_y = (Z_3 + 2Z_6 + Z_9) - (Z_1 + 2Z_4 + Z_7)$$

따라서 $M_{(x,y)} = g_x + g_y$

예제 15.3

다음 3×3 원시영상에 대해 쇼벨필터를 적용시켜 보시오.

4	6	9
7	2	8
3	9	4

풀이 ▸ ▸ ▸

$g_x = (3+2\times 9+4)-(4+2\times 6+9) = 0$

$g_x = (9+2\times 8+4)-(4+2\times 7+3) = 8$

$M_{(x,y)} = 0+8 = 8$

6) 순서필터(Order filter)

마스크 내의 값들을 일정한 순서로 정렬한 후 원하는 값을 추출하여 출력화소로 결정하는 방법이다. 최대값 필터, 중앙값 필터, 최소값필터가 이들이며 목적은 영상 내에 존재하는 노이즈의 제거방법으로 사용된다.

① 최대값 필터

마스크 내에 있는 DN값들을 순서대로 정렬하고 그 중 최대값을 새로운 DN값으로 출력하는 필터이다. 이로써 명암비를 가지는 영상에서 특징을 확대하기 위해 사용한다.

3	5	7	1
5	5	1	7
4	2	5	9
2	3	8	3

3	5	7
5	5	1
4	2	5

7	5	5	5	5	4	3	2	1	→ 7

5	7	1
5	1	7
2	5	9

9	7	7	5	5	5	2	1	1	→ 9

5	5	1
4	2	5
2	3	8

8	5	5	5	4	3	2	2	1	→ 8

5	1	7
2	5	9
3	8	3

9	8	7	5	5	3	3	2	1	→ 8

최종출력값

7	9
8	9

② 중앙값 필터(Median fiter)

앞에서 설명한 3)중앙값 필터와 동일한 필터이다.

③ 최소값필터(Minimum filter)

마스크 내에 있는 DN값들을 순서대로 정렬하고 그 중 최소값을 새로운 DN값으로 출력하는 필터이다. 이로써 최소값보다 큰 DN값들을 소거하게 된다.

CHAPTER 16 영상분류(Image Classification)

영상분류는 원격탐측에서 가장 빈번히 사용되며 기본적인 기능이라 할 수 있다. 주로 지표를 피복하고 있는 물질을 분류하는데 이를 흔히 피복분류라 한다. 이는 지구표면상 모든 물질이 각기 다른 반사특성을 가진다는 원리를 이용하여 특성별로 그룹화한다. 이들 그룹은 획득한 데이터와 지상참조데이터(Ground reference data) 간의 상관관계에 의해 분류된다. 영상분류의 결과로 얻어진 정보는 GIS data로서 매우 유용하게 사용된다. 본 장에서는 이에 대한 기본적인 알고리즘과 분류결과에 대한 평가방법에 대해 알아보기로 한다.

16.1 영상분류 개요

영상분류 작업의 개괄적인 목표는 영상 안에 존재하는 모든 픽셀을 몇 개의 토지피복 항목이나 주제별로 자동 항목화하는 것이다. 분광패턴인식과 공간패턴인식 그리고 시간패턴인식을 이용한다. 분광패턴인식은 일반적으로 다중분광자료가 분류를 위해 사용되며, 모든 픽셀의 데이터 내부에 존재하는 분광패턴은 항목화 과정의 수치적인 근거로 사용된다. 즉, 서로 다른 물체의 형태는 고유한 분광 반사특성과 복사 정도에 따라 자신만이 지닐 수 있는 DN값들의 조합을 형성한다. 이러한 점에서 분광패턴은 영상의 기하학적 특성이 아니며 각 픽셀에서 다양한 파장의 밴드에 따라 취득된 방사량의 집합체라 할 수 있다. 분광패턴인식(Spectral pattern recognition)이란, 자동적인 토지피복 분류과정의 근거로 각 픽셀의 분광정보를 사용하는 분류과정의 집합을 말한다.

공간패턴인식(Spatial pattern recognition)이란, 자신을 둘러싼 다른 픽셀들과 픽셀 자신과의 공간적인 관계에 따라 영상의 모든 픽셀들을 항목화하는 것이다. 공간적인 분류자는 영상의 질감, 픽셀의 근접도, 물체의 크기, 형태, 방향성, 반복성 등과 같은 점들을 고려한다. 이러한 분류자들은 시각적인 해석 중 분석자가 실행하는 영상에 담긴 정보들 간의 공간적인 총체의 종류를 재구성 한다. 따라서 공간패턴 분류는 분광패턴분류보다 훨씬 복잡하며, 집약된 계산식이 필요하다.

시간패턴인식(Temporal pattern recognition)은 대상물체들을 분류하기 위한 도구로 시간을 이용한다. 예를 들어 농작물 조사분야에서, 작물의 성장기간 중 서로 다른 분광 및 공간적인 변화는 단일영상(특정일에 촬영한 영상)에선 구분이 불가능할지도 모르지만, 여러 날짜의 영상(Multi-dated imagery)에선 식별 가능하다. 예를 들어, 가을철에 막 파종된 겨울밀 재배지는 나지토양(baresoil)과 구분되지 않으며, 봄철에 겨울밀 재배지는 알팔파 재배지와 분광패턴이 거의 유사하다. 그러므로 시간적으로 다른 여러 개의 분광밴드를 이용하지 않는다면, 이러한 특정일에 얻어진 영상의 해석이 불가능하다. 만약 이러한 두 개의 특정일에 얻어진 데이터를 이용하여 분석하게 되면, 겨울밀의 싹이 트므로 나지와 구분이 되며, 봄철엔 녹지일 것이기 때문에 겨울밀 재배지역을 쉽게 구분할 수 있을 것이다.

우리가 살펴보았던 영상의 재등록 및 강조기법들과 마찬가지로, 영상-분류자도 하이브리드 모델로 조합하여 사용할 수 있다. 따라서, 영상 분류 시 단 하나의 "최선책"이란 존재하지 않는다. 분석하고자 하는 자료의 특성, 사용 가능한 계산자원(컴퓨터 등), 분류된 자료의 응용목적에 따라 연구자가 선택하고자 하는 각자의 접근방식은 달라지게 된다. 영상분류는 과정에 따라 무감독 분류와 감독 분류로 나뉜다.

무감독 분류방식에선 영상 내 존재하는 모든 픽셀들이 자연적인 분광집단 혹은 클러스터(Cluster)로 통합되어 우선 분류된다. 감독분류(Supervised classification) 방식은 영상 분석자가 영상에 존재하는 다양한 토지피복 종류를 컴퓨터의 알고리즘에 분류를 위해 수치 구분자로 지정하여 모든 픽셀의 항목화 과정을 "감독・감시(Supervise)"한다. 감독분류작업을 하기 위해서는 작업자가 알고있는 지상피복지역을 샘플지역으로 trainning area를 만들고 분광속성이 포함된 해석키(interpretation key)를 작성한다. 그 다음 영상에 존재하는 모든 픽셀들은 해석키의 항목과 수치적으로 비교되고, 가장 유사하게 보이는 항목들의 분류명칭에 할당된다. 다음 절에 미분류픽셀과 훈련영역의 픽셀을 비교하기 위해 사용할 수 있는 몇가지 전략에 대해 설명한다. 감독분류와 무감독 분류의 가장 기본적인 차이는 감독분류는 분류단계보다 Training 단계가 먼저 실행된다는 것이다.

16.2 무감독 분류(Unsupervised Classification)

앞서 얘기한대로, 무감독 분류자는 분류근거로 훈련 자료를 이용하지 않는다. 무감독 분류의 분류자들은 영상에서 알려지지 않은 픽셀들을 조사하고 영상의 DN값들 사이에 존재하는 특성집단(자연발생적인 집단화 : Natural grouping) 혹은 클러스터에 따라 영상의 모든 픽셀을 몇 개의 항목으로 병합한다. 이때 사용되는 기본적인 전제는 특정 피복항목을 구성하는 DN값들이 서로 가깝게 위치하며, 이들과 다른 항목들의 DN값들은 비교적 멀리 떨어져있어 구분이 잘 된다는 것이다.

무감독 분류 후 얻은 결과 항목들을 분광항목(Spectral classes)이라 한다. 이러한 분광항목은 오로지 영상의 자연발생적인 집단화에 근거하기 때문에 처음부터는 분광항목의 명칭을 알 수 없다. 분석가는 분광항목들의 명칭과 정보값을 결정하기 위해 무감독 분류의 결과자료와 영상에 대한 실제 지표자료를 비교해야 한다(대축척 영상 혹은 지도). 이와 같이 무감독 기법에선 분광적으로 구분 가능한 항목들들 찾은 다음, 해당 항목의 정보가 무엇인가를 규명한다.

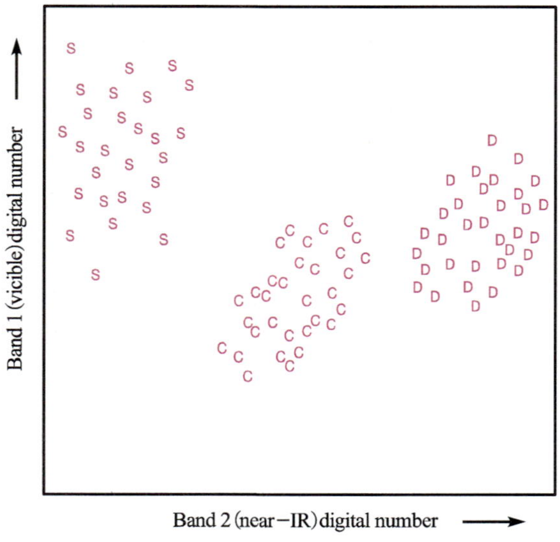

그림 16.1 2채널 영상데이터의 분광클래스(Lillesand, Kipper, Chipman, 2008)

그림 16.1에 보인 것과 같이 두 개의 채널을 지닌 자료를 이용하여 무감독 분류기법을 설명하고자 한다. 영상자료 중 같은 특성을 지닌 분광집단은 산포도를 이용하여 시각적으로 구분(인식) 가능하다. 그림에서 숲 지역에서 얻은 픽셀 값들을 도표에 점

으로 표현하였다. 분포도 상에서 세 개의 집단이 확실히 구분된다. 분류된 결과자료와 지표참조자료를 비교하여 활엽수에 상응하는 하나의 집단을 찾고, 침엽수에 상응하는 집단을 찾을 수 있다. 또한 두 종류의 나무들 중 병충해를 입은 나무들에 상응하는 집단을 찾을 수 있을 것이다. 감독분류 기법에선 "병충해"를 입은 항목에 대해 훈련 설정 시 고려하지 않았을 것이다. 이 점이 바로 무감독 분류의 중요한 장점 중 하나이다. 따라서 감동분류에서는 알 수 없는 정보를 무감독분류에서는 인식할 수 있다. 분석가가 감독분류를 이용하면, 이들 항목들의 대부분이 처음부터 구분되지 않을 것이나, 무감독 분류기법에선 이들 항목들이 자동적으로 발견된다.

영상자료에서 특성이 유사한 분광집단을 찾기 위해, 사용하는 집단화(Clustering) 알고리즘은 무수히 많다. 이러한 집단화 알고리즘들 중 "K-Means"라 불리는 것이 있다. 이 기법은 영상을 통해 얻고자 하는 집단의 개수를 분석가가 지정하도록 되어있다. 이 알고리즘은 분석가가 지정한 개수만큼의 클러스터 중점을 다차원 측정공간상에 위치시킨다. 영상의 각 픽셀들은 클러스터들의 임시 평균벡터들 중에서 가장 가까운 클러스터에 할당된다. 모든 픽셀들이 이러한 방법으로 분류된 후, 클러스터들 각각의 수정된 평균 벡터값이 계산된다. 이렇게 수정된 평균벡터는 영상 재분류의 근거로 사용된다. 항목 평균벡터의 위치가 더 이상 변하지 않을 때까지 알고리즘의 반복이 지속된다. 이 순간에 도달하면 분석가는 각각의 토지피복 항목 명칭을 결정한다.

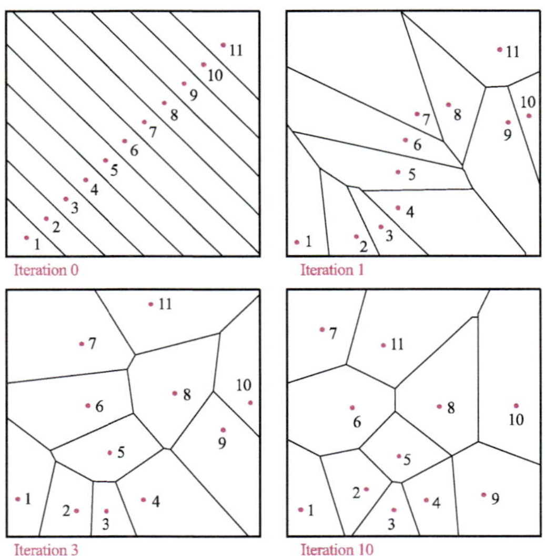

그림 16.2 표본데이터에 대한 반복 클러스터링

무감독 분류에 대한 논의를 마치기 전에, 무감독 분류의 결과물은 영상에서 분광적으로 틀린 항목들을 단순히 파악하는 과정이라는 것을 다시 한 번 강조한다. 분석가는 관심대상의 피복항목과 분광항목을 연관시키기 위해 참조자료를 사용해야 한다. 감독분류 기법의 훈련세트를 규정하는 단계와 비슷한 절차가 존재한다.

표 16.1은 숲 지역 영상의 자료에 대한 정보항목들을 이용하여, 관련 분광항목들 사이의 결과 중 발생할 수 있는 몇 가지 결과를 보여주고 있다. 가장 이상적인 결과는 결과물 1번일 것이다. 여기에선 각각의 분광항목들이 분석가가 관심을 갖고 있는 대상형태와 각기 독자적으로 연관되어 있다. 영상에 존재하는 물질들의 분광적 특성들이 서로 다르게 분포되어 있을 경우, 이와 같은 결과를 얻을 수 있을 것이다.

실제로 분류를 실행했을 때, 결과물 1번보다 자연스럽게 발생할 수 있는 결과는 결과물 2번이다. 이러한 상태의 결과가 발생하는 것은 분석가가 원하는 각각의 정보항목이 여러 개의 분광항목을 포함하기 때문이다. 이들 "부분항목"들은 양지 vs. 음지의 활엽수처럼 정보적인 가치가 없을 수도 있고, 탁함 vs. 깨끗한 물, 고지 vs. 저지 활엽수처럼 서로 분류되었을 때 정보로써 가치를 지닐 수도 있다. 이러한 결과를 얻은 경우, 분류가 종료된 후 분석가가 원하는 항목들의 개수만큼(분광항목들보다 개수가 적게) 분광항목들을 병합할 수도 있다.

아주 골치아픈 경우는 결과물 3번인데, 이 결과물에선 몇 개의 분광항목들이 하나 이상의 정보항목과 연관되어 있다. 예를 들어 분광항목 4번의 경우, 일부지역에선 침엽수로 분류되고, 다른 지역에선 활엽수로 분류된다. 마찬가지로 항목 6번은 활엽수와 관목식생 두 종류를 모두 포함하고 있다. 이것은 이들 정보항목들이 분광적으로 유사하기 때문에 주어진 영상에선 구분이 불가능하다는 것을 의미한다.

감독분류와 마찬가지로 성능 좋은 하드웨어와 소프트웨어를 이용하는 것이 무감독 분류에서 얻을 수 있는 간편성을 결정하는 중요한 요소이다. 분류자가 분석하고자하는 토지 피복형태를 얼마나 유효하게 분류하는가에 대한 개념을 분석가가 얼마나 이해를 하고 있는지 그리고 분석하려하는 토지피복 형태에 대한 지식을 분석가는 얼마나 알고 있는지에 따라 분류결과물의 질이 결정된다.

무감독 분류는 대상지역에 대한 사전지식이 없어도 되며 사람의 실수로 인한 오차를 최소화할 수 있으며 유일한 클래스로 인식된다는 것, 훈련시간이 필요 없다는 등의 장점이 있다. 분류알고리즘은 K-Means 분류법, ISODATA 분류법, Expectation Maximization(EM) 분류방법 등이 있다.

표 16.1 숲에 대한 클러스터링으로부터 얻어진 분광클래스

Spectral Class	Identity of Spectral Class	Corresponding Desired Information Category
Possible Outcome 1		
1	Water →	Water
2	Coniferous trees →	Coniferous trees
3	Deciduous trees →	Deciduous trees
4	Brushland →	Brushland
Possible Outcome 2		
1	Turbid water →	Water
2	Clear water →	Water
3	Sunlit conifers →	Coniferous trees
4	Shaded hillside conifers →	Coniferous trees
5	Upland deciduous →	Deciduous trees
6	Lowland deciduous →	Deciduous trees
7	Brushland →	Brushland
Possible Outcome 3		
1	Turbid water →	Water
2	Clear water →	Water
3	Coniferous trees →	Coniferous trees
4	Mixed coniferous/deciduous →	Coniferous trees, Deciduous trees
5	Deciduous trees →	Deciduous trees
6	deciduous / brushland →	Deciduous trees, Brushland

16.3 감독분류(Supervised Classification)

일괄적이고 자동적인 통계처리에 의해 분류되는 무감독 분류와는 다르게 감독분류는 훈련데이터(Training dataset)를 정하는 것부터 시작된다. 우리는 영상 내에서 피복대상물의 정체성을 알 수 있기 때문에 일정하게 분류항목을 정하고 직접 훈련지역과 매치하여 분광정보를 부여한다. 한 개의 분류항목당 여러 개(보통 10~20개)의 훈련지역을 설정한다.

5개의 채널을 지닌 항공 MSS자료를 분석하고자 한다고 가정해보자. 그림 16.3은 여러 가지 종류의 피복형태를 이루고 있는 지상에 대해 얻어진 MSS 자료 중에 한 개의 선분을 보여주고 있다. 이 선분상에 존재하는 모든 픽셀들에서 MSS는 5개로 관측된 분광밴드에 지표로부터 얻어진 반사량 측정치를 DN으로 기록한다(청, 녹, 적 근적외선, 열적외선). 스캔라인의 아래에서 6가지의 다른 피복 종류에 따라 측정된 일반적인 DNs를 볼 수 있다. 수직 막대그래프는 각각의 분광밴드에서 얻어진 Gray값을 표현하고 있다.

그림 16.4에 감독분류작업에 사용되는 세 개의 기본단계를 요약하여 놓았다. 훈련단계 (1)에서 분석자는 대표적인 훈련 영역을 선정하고, 영상의 각 대상 토지피복 형태의 분광속성들 사이에 존재하는 수치적 특성을 해석한다. 다음 단계인 분류단계에선 영상자료에 존재하는 모든 픽셀들은 가장 유사한(근접한) 토지피복항목에 따라 항목화한다. 만약 특정 픽셀이 어떠한 훈련 데이터 셋과도 유사하지 않다면, 그 픽셀은 "알 수 없는"이라고 명명된다.

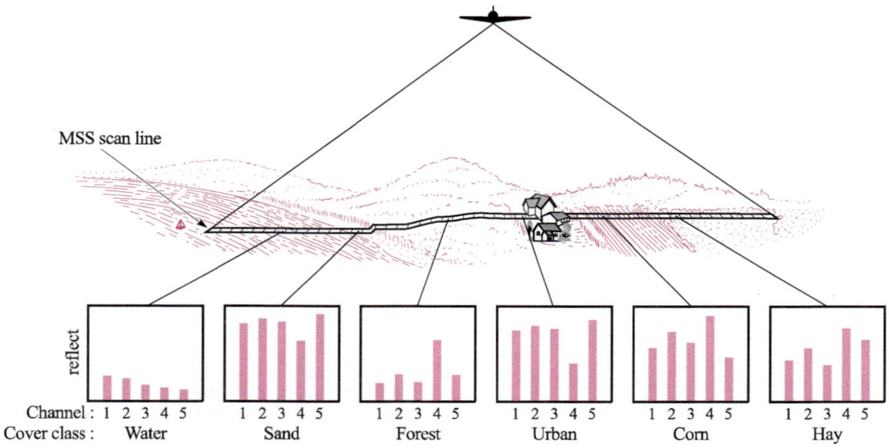

그림 16.3 MSS 스캔라인에 따른 다중스펙트럴스캐너의 분광정보
(Blue, Green, Red, NIR, Thermal IR), (Lillesand, Kipper, Chipman, 2008)

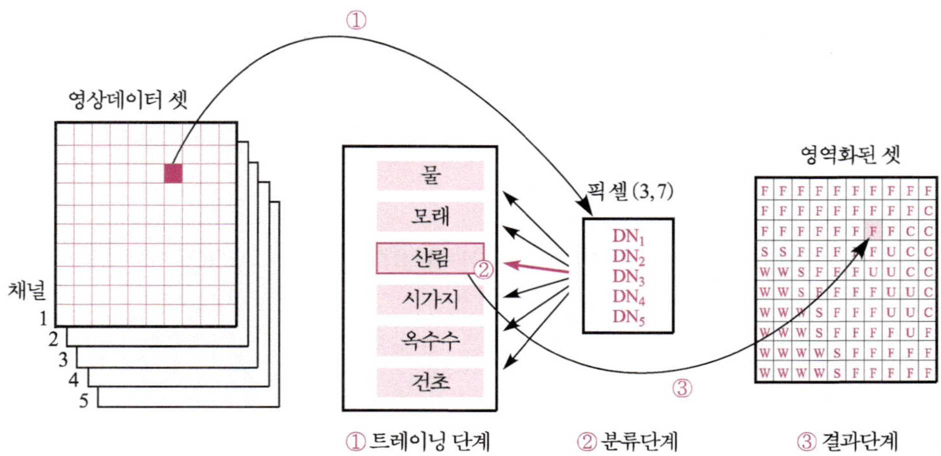

그림 16.4 감독분류의 일반적인 과정

그림 16.5(a)는 아리랑 2호(KOMPSAT2)로 촬영한 세종시(행정수도)의 일부분이다. 그림 16.5(b)는 무감독분류 결과영상이며, 그림 16.5(c)는 감독분류 결과영상이다. 무감독분류 영상에 비해 토지피복 종류별로 구체적으로 분류된 것을 볼 수 있다.

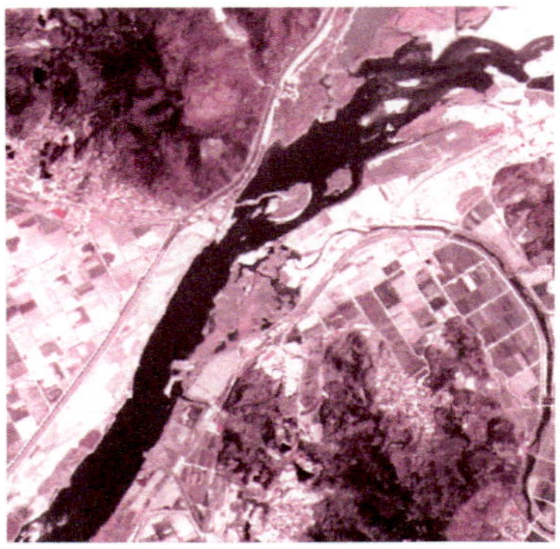

(a) 원영상

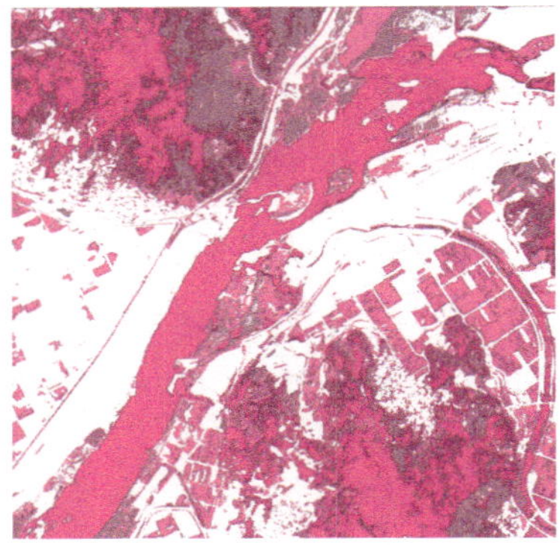

(b) 무감독분류 결과영상

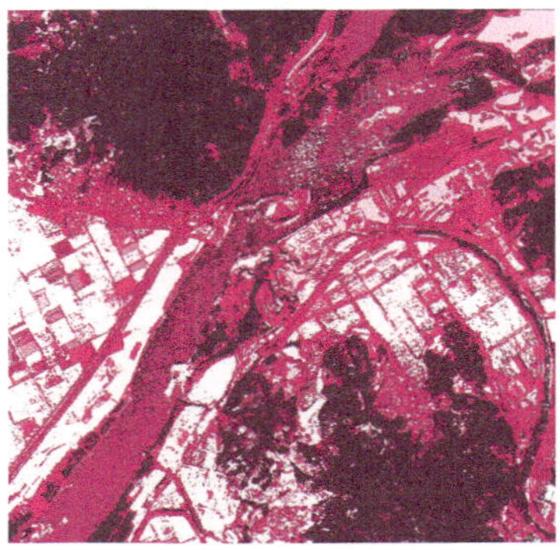

(c) 감독분류 결과영상

그림 16.5 KOMPSAT2호 영상을 이용한 토지피복분류(세종시)

분류과정은 반복적으로 이루어지며 분류알고리즘은 Parallele-piped 분류자, Minimum distance 분류자, Maximum likelihood 분류자를 사용한다.

16.4 정규화식생지수(NDVI; Normalized Difference Vegetation Index)

식생분류는 오래 전부터 과학자들의 관심이 되어 왔다. 최근 들어 전 세계는 지구의 이상기후를 예방하고자 탄소포인트제를 실시하고 있으며 에코머니, 탄소발자국(Carbon footprint) 등의 신조어가 탄생할 정도로 관심사가 되고 있다. 이에 따라 식생의 밀도와 활력도의 측정에 대한 관심이 더욱 높아지고 있다.

식생의 잎에는 다량의 엽록소가 포함되어 있다. 이 엽록소는 가시광선 영역의 파장별 영역과 근적외선 영역에서 반사특성이 차별화된다. 그림 16.6에서 0.4~0.7 μm 영역에서 green 파장을 제외하고 엽록소(Chlorophyll)층에 대부분 흡수되며,

반면에 근적외선(0.7~1.3μm) 파장대에서는 강한 반사특성을 가지고 있다. 이 두 파장의 반사특성 차이를 이용하여 식생의 상대적인 양을 측정할 수 있다. 이들 두 가지의 반사율 차이를 합으로 나눔으로써 차별화를 증대시켜 식생지수(NDVI)를 다음과 같은 식 (16.1)로 산출할 수 있다.

$$NDVI = \frac{NIR - RED}{NIR + RED} \tag{16.1}$$

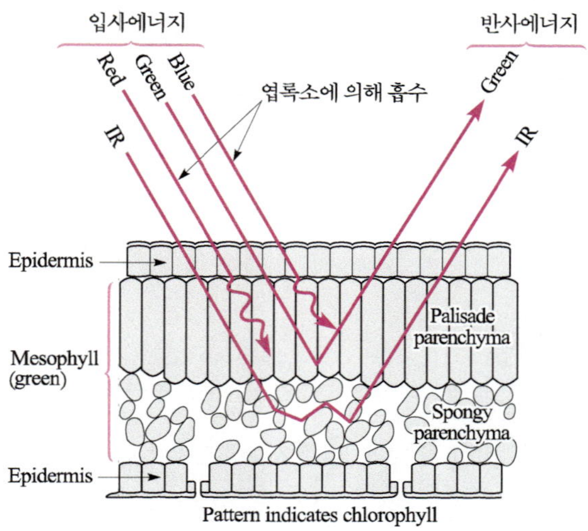

그림 16.6 잎 표면에서의 가시광선과 IR의 반사특성

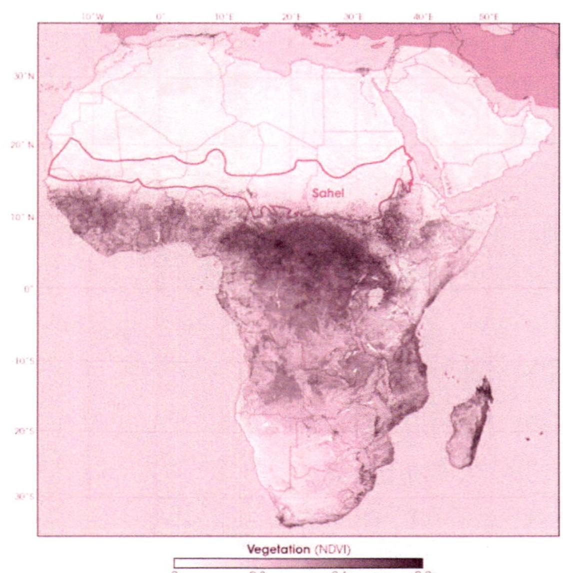

그림 16.7 아프리카의 식생지수(NDVI) dabrownstein.com

식생지수는 −1.0 < NDVI < 1.0의 범위에 있으며 0.8~0.9 정도면 식생의 밀도가 아주 높은 지역이며, 나대지 또는 사막은 거의 0에 가깝게 산출된다.

이와 같이 엽록소는 적색파장과 적외선파장의 반사특성이 다르므로 반대로 반사율을 측정하면 식생의 엽록소의 상태, 즉 활력도를 측정할 수 있다. 건강한 식생의 경우 적색영역은 대부분 흡수하고, 적외선영역 50% 이상을 반사하므로 적외선 부분에서 밝게 나타난다. 반대로 건강하지 않은 식생은 적외선의 반사율이 감소하며 적색영역의 반사율이 증가한다.

NOAA AHVRR는 0.55~0.7μm, 0.73~1.0μm까지의 파장을 감지할 수 있는 센서가 있다. 이를 이용하여 수종과 식생의 밀도를 가지고 광합성 용량을 추정할 수 있다. KOMPSAT-3의 경우 MS3(0.63~0.69μm)와 MS4(0.76~9.0μm), Landsat TM은 3(0.63~0.69μm), 4(0.76~9.0μm)밴드를 이용하여 NDVI를 산출할 수 있다.

16.5 분류알고리즘

분광패턴인식을 위한 수많은 수학적 접근방식들이 개발되고 있으며, 이번 절에서 살펴볼 내용들은 매우 요약적인 것임을 밝혀둔다. 본 절에서는 다양한 분류 테크닉을 그래픽적으로 간단하게 잘 표현할 수 있기 때문에 5개의 채널을 지닌 가상적 MSS 자료 중 두 개의 채널(밴드 3과 밴드 4)을 이용하여 다양한 분류기법을 설명하였다.

디지털 영상자료에서 두 개의 채널에 담긴 픽셀들에서 샘플을 취한다고 가정해 보자. 그림 16.8에서 볼 수 있듯이 모든 픽셀의 속성인 2차원적 수치 혹은 벡터측정치(Measurement Vector)는 산포도(Scatter Diagram)상에 픽셀값들을 점으로 찍어 가시적으로 표현할 수 있다. 이 그래프에서 밴드 3의 DN값들은 Y축을 따라 존재하고, 밴드 4의 DN값들은 X축을 따라 점으로 표현되어 있다. 이들 두 개의 DN값들은 그래프의 2차원적인 "측정공간(Measurement Space)"에서 픽셀 자신의 값에 따라 위치해 있다. 즉, 특정픽셀의 4번 밴드 DN값이 10이고, 3번 밴드는 68이라면, 이 픽셀의 벡터값은 측정공간의 좌표계(10, 68)의 위치에 존재하는 점으로 표현된다. 픽셀들이 연구자가 알고 있는 피복형태로 구성된 지역(즉, 선택된 훈련 지역)에서 얻어진 것이라고 가정해 보자. 각 픽셀값은 어느 항목에 포함됨을 지칭하는 문자로 산포도에 찍혀있다. 각 항목(문자로 구성되어 있는 항목)에 존재하는 픽셀들은 한 개의 픽셀로 구성된 것이 아니라, 여러 개의 픽셀들이 모여 특정 위치의 문자값을 나타내고 있다. 또한 토지피복 항목들에 존재하는 분광특성에 따라, 편차에 상관없이 군집하려는 경향을 볼 수 있다. 이러한 "점들의 집단들(Clouds of Points)"은 해석된 피복형태의 각 항목에 내재해있는 분광응답패턴을 다차원적으로 묘사한다. 다음의 분류단계에선 토지피복형태를 알고 있지 못하는 픽셀값들이 자신과 유사한 훈련 항목으로 분류되는데, 이때 훈련세트들에서 얻어진 분광응답패턴이 '해석의 키'로 사용된다.

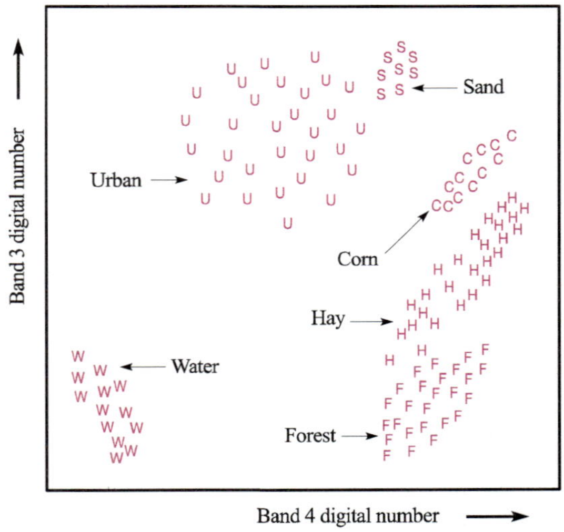

그림 16.8 선택한 연구지역에 대한 분광분포도(Lillesand, Kipper, Chipman, 2008)

16.5.1 평균값–최소거리 구분자 (Minimum Distance to Means Classifier)

그림 16.9는 종종 사용하는 단순한 분류방법 중 하나를 설명하고 있다. 우선 각 훈련지역 항목에 대해 모든 밴드에 담겨있는 평균 분광값을 구한다. 이들 평균값은 각 영역에 대한 평균벡터(Mean Vector)를 형성한다.

그림 16.9에서 각 항목의 평균값들은 +로 표시되어 있다. 분류되지 않은 픽셀들은 각 항목의 평균값들까지의 거리를 계산하여 최소거리 항목으로 분류된다. 결과, 도시(U), 모래(S), 옥수수(C), 수계(W), 산림(F), 건초(H)로 분류된다. 그림 16.6에서 점 1은 지정되지 않은 픽셀값이다. 점 1의 픽셀값과 모든 항목의 평균값들 사이의 거리는 점선으로 표시되어 있다. 거리 계산이 끝난 후, 지정되지 않은 픽셀값은 가장 평균값으로부터 거리가 가까운 항목에 할당되는데, 이 경우, 픽셀 1은 "옥수수 재배지(C)"에 할당된다. 만약 픽셀이 분석자가 지정한 거리(픽셀과 모든 항목

의 평균값들과 최대거리)보다 더 멀리 떨어져 있다면, 이 픽셀은 “알 수 없는 값”으로 할당된다.

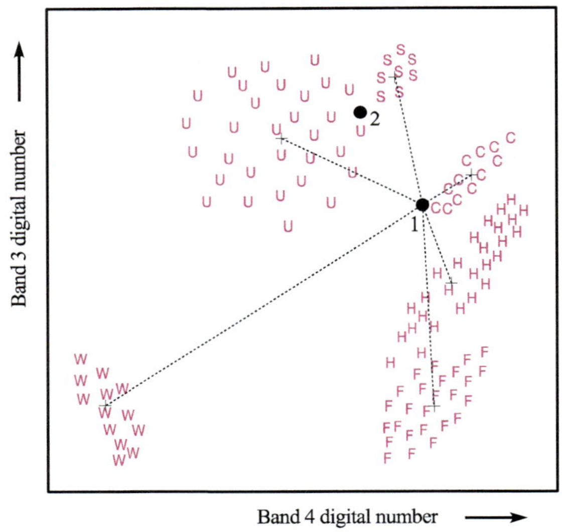

그림 16.9 최소거리를 이용한 분류전략(Lillesand, Kipper, Chipman, 2008)

평균값 최소거리기법은 수학적으로 단순하고, 계산상 효율성이 있지만 무시 못할 한계점을 지니고 있다. 가장 중요한 것은 분광반응 자료의 서로 다른 분산정도에 대해서 이 기법은 무감각하다. 그림 16.6에서 점 2 위치에 있는 픽셀들은(U(도시) 항목이 높은 분산값을 갖기 때문에 점 2는 U(도시)라는 항목에 할당되는 것이 가장 적당함에도 불구하고) 각 항목 평균값들과의 거리 때문에 S(모래)라는 항목으로 분류된다. 이러한 문제점 때문에 분광항목들이 측정공간상에서 다른 항목들과 가까이 붙어있고, 높은 분산값을 갖는 경우에 이러한 분류자를 사용할 수 없다.

16.5.2 Parallelepiped Classifier

각 카테고리 훈련 세트 값의 범위를 고려하여 카테고리 분산에 대한 민감도를 도입할 수 있다. 이 범위는 각 밴드에서 가장 높은 숫자와 가장 낮은 DN값으로 정의될 수 있으며, 그림 16.10과 같이 2채널 분포도에서 직사각형 영역으로 나타난다. 미 분류된 픽셀의 위치가 결정 영역안에 있느냐에 따라 분류되며 영역 밖에 놓여있는 경우 "알 수 없는" 으로 분류된다. 이러한 직사각형 영역의 다차원적 아날로그를 parallelpiped 라고 하며, 계산적으로 매우 빠르고 효율적이다.

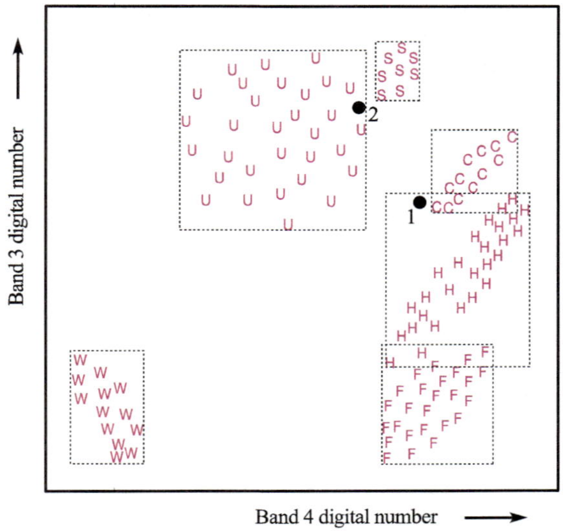

그림 16.10 직사각형 분류 전략(Lillesand, Kipper, Chipman, 2008)

범주 분산에 대한 Parallelepiped 분류자의 민감도는 분산이 큰 더 가변적인 U(도시)클래스보다 반복성이 높은 S(모래)클래스에 대해 더 작은 영역으로 결정된다. 이 때문에 픽셀 2는 거의 U(도시)로 분류된다. 그러나 항목의 범위들이 중첩되어 있을 경우 난점이 생긴다. 중첩되어있는 지역의 알려지지 않은 픽셀은 "부적당한 항목(not sure)"이라 분류되거나, "중첩되어 있는 두 개의 항목 중 하나의 항목에 모호하게 위치해 있다"라고 분류된다. 높은 상관성 또는 공분산을 보이는 항목들의 분포형태는 단순히 사각형으로 이루어진 판단지역으로는 설명이 잘되지 않기 때문에 중첩이 크게 발생한다. 높은 상관성 또는 공분산을 보이는 항목들의 분포형태는 단순히 사각형으로 이루어진 판단지역으로는 설명이 잘되지 않기 때문에 클래스 간의 중첩이 발생한다. 공분산(Covariance)은 두 개의 밴드에 서 서로 비슷하게 변화하려는 분광수치의 경향인데, 그 결과 데이터의 분포는 분포도상에서 대각선방향으로 길게 늘어진 형태를 이루며 한쪽으로 기울어 있는 데이터의 군집형태를 보인다. 앞의 예에서, C(옥수수)와 H(건초)클래스는 양수형 공분산을 지니며(이들은 우측상향으로 기울어 있다.) 이는 밴드 3에서 높은 값은 밴드 4에서도 높게 나타나고, 밴드 3에서 낮은 값은 밴드 4에서도 낮게 나타난다는 사실을 의미한다. 반면에 W(물)클래스는 음수형의 공분산을 나타내고 있는데(우측하단 방향으로 기울어 있다.) 이는 밴드 3에서 높은 값은 밴드 4에서 낮게 나타난다는 의미이다. U(도시)라는 클래스는 공분산이 없어서 산포도에서 거의 환형에 가까운 분포를 나타내고 있다.

공분산이 존재하는 경우, 4각형의 판단지역은 항목의 훈련데이터를 잘 설명하지 못하며, 그 결과 Parallelepiped 분류자에 대한 혼동이 발생한다. 예를 들어, 공분산에 대한 민감도가 떨어질 경우 픽셀 1을 C(옥수수) 대신 H(건초)라는 항목으로 분류하게 된다.

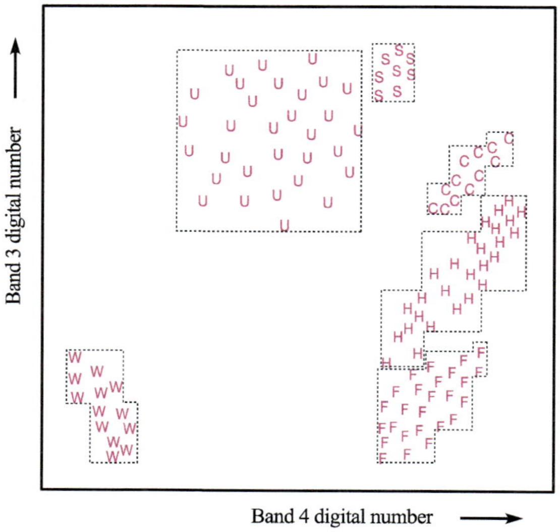

그림 16.11 계단형 결정경계를 채용한 직사각형 분류자(Lillesand, Kipper, Chipman, 2008)

불행히도 분광반응패턴은 아주 빈번히 높은 상관성을 지니며, 높은 공분산은 거의 예외 없는 규칙이다. 다양한 판단지역을 하나의 사각형으로 묶는 대신 계단형의 여러 개의 사각형으로 묶는 방법을 이용하여 Parallelepiped 분류자가 지닌 문제점을 다소 줄일 수 있다. 이러한 계단형 경계선은 길게 늘어진 분포형태의 경계를 훨씬 잘 표현한다. 이러한 접근 방식이 그림 16.11에 묘사되어 있다.

16.5.3 가우시안 최대-우도 분류자(Gaussian Maximum Likelihood Classifier)

Maximum Likelihood 분류자는 알려지지 않은 픽셀들을 분류할 경우, 각 항목들의 분광반응패턴의 분산 및 공분산 두 가지 모두 수량적으로 계산한다. 이를 실행하기 위해 '각 항목의 훈련 자료를 형성하는 점 개체군의 분포는 Gaussian 분포를 따른다'라는 가설이 세워진다(통상 가우시안 분포를 따른다). 이 정규가설은 일상적인 분광반응패턴의 분포를 설명하는데 합당하다. 이러한 가설 하에, 각 항목의 반응패턴 분포를 평균벡터(Mean Vector)와 공분산 매트릭스로 완벽하게 설명할 수 있다.

이러한 변수를 가지고, 대상픽셀이 특정 토지피복항목의 구성원일 통계적인 가능성을 계산할 수 있다. 그림 16.12는 가능치(Probability Values)를 3차원 그래프에 점으로 찍어 표현한 것이다.

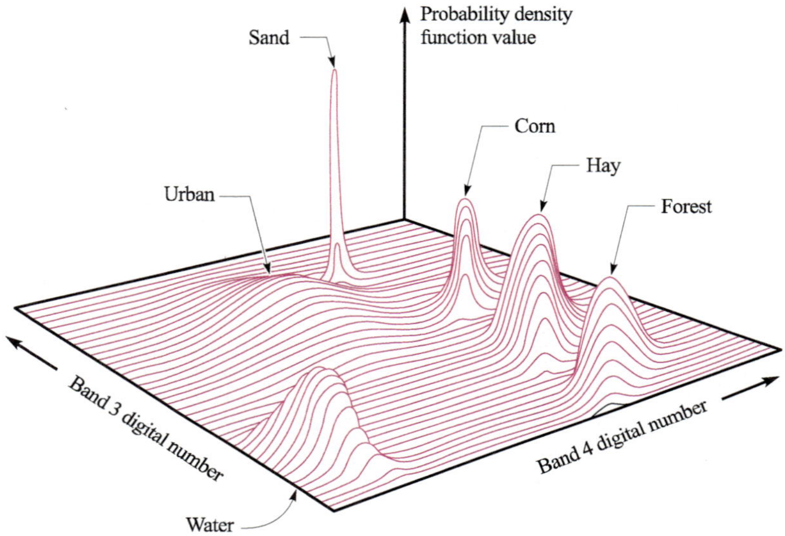

그림 16.12 최대우도분류자에 의해 정의된 확률밀도
(Lillesand, Kipper, Chipman, 2008)

수직축은 어떤 픽셀값이 모든 항목 중 특정 항목의 구성원일 가능성을 나타낸 것이다. 그 결과 표면은 종 모양을 이루는데, 이를 가능성 밀도함수(Probability Density Functions)라 부르며, 모든 분광항목은 그러한 함수를 하나씩 갖는다.

가능성 밀도함수는 각 픽셀이 각각의 항목에 포함될 가능성을 계산하여, 지정되지 않은 픽셀을 분류하기 위해 사용된다. 즉, 컴퓨터는 C(옥수수)라는 클래스가 분포되어 있는 위치에서 발생한 픽셀값의 가능성을 계산하고, S(모래)라는 항목에서 발생할 수 있는 픽셀값의 가능성을 계산한다. 각 클래스에서의 가능성 계산이 끝난 후, 특정 픽셀은 가장 근접한 클래스에 할당(가장 높은 가능성 값을 지닌 항목에 할당된다)되거나 분석자가 지정한 범위 값보다 모두 낮은 가능치이면 “알 수 없는 픽셀”이라 명명된다.

기본적으로 Maximum Likelihood 분류자는 산포도상에 타원체의 “가능성-등치선도(Equiprobability Contours)”를 만든다. 그림 16.13에 이들 판단지역이 묘사되어 있다. 가능성-등치선도의 형태는 Likelihood 분류자가 공분산에 민감하다는 것을 보여준다. 예를 들어, 이러한 민감성 때문에 픽셀 1은 C(옥수수)라는 항목으로 할당될 것이라고 예측할 수 있다.

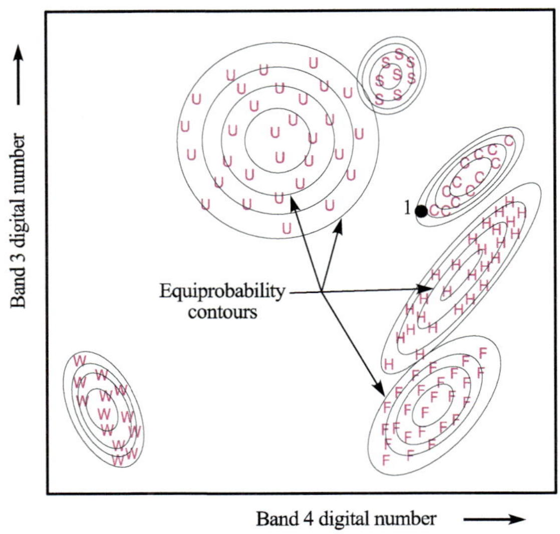

그림 16.13 최대우도분류자에 의한 같은 확률 등고선(Lillesand, Kipper, Chipman, 2008)

Maximum Likelihood의 발전된 기법이 Bayesian 분류자이다. 이 기법은 가능성을 계산하는데 두 개의 가중치를 이용한다. 먼저 분석자는 "최고 가능성"을 계산하거나 대상영상의 각 항목에서 발생할 수 있는 예상가능성을 계산한다. 예를 들어, 픽셀들을 분류할 때, S(모래)라는 항목으로 거의 분류되지 않을 가능성은 낮은 가중치를 주고, U(도시)라는 항목으로 분류될 가능성이 높으면 도시쪽에 높은 가중치를 준다. 두 번째 분류-오류의 정도와 관련된 가중치를 각 항목에 할당한다. 또한 이들 요소들은 오분류의 정도를 최소화시키며, 그 결과 이론적으로 최상의 분류가 된다. 실제로 대부분의 Maximum Likelihood 분류기법은 '모든 항목에 대해 동일한 발생가능성 및 동일한 오분류의 정도를 지닌다'라는 가정 하에 실행된다. 이들 두 가지 가중치를 적용하기에 적당한 데이터가 존재한다면, 분류자로 Bayesian을 사용하면 보다 나은 결과를 산출할 수 있다.

Maximum Likelihood 분류기법의 가장 중요한 약점은 모든 픽셀을 분류하는데 필요한 연산식이 엄청나게 많다는 것이다. 이 단점은 수많은 분광채널을 이용하거나 영상에 많은 항목들이 서로 다른 항목으로 존재하는 경우에 특히 심각하다. 이런 경우가 발생하면, Maximum Likelihood 분류자는 앞에서 언급했던 기법들보다 계산속도가 훨씬 느려지게 된다.

16.5.4 하이브리드분류기법

순수한 무감독분류 또는 감독분류의 분류정확성을 개선하기 위해 다양한 형태의 혼합형 무감독/감독분류법이 개발되었다. 예를 들어, 분석가가 토지피복 정보 클래스를 감독된 분류로 적절히 표현하기 위해 정의해야 하는 수많은 스펙트럼 클래스를 식별하는 데 도움을 주기 위해 무감독 훈련 영역을 이미지에 기술할 수 있다. 무감독 분류의 훈련 영역은 감독분류 훈련 영역과는 상당히 다른 의도로 선택된 영상하위 영역이다.

감독분류 훈련영역은 같은 종류의 클래스에 위치하는 반면, 무감독 분류 훈련영역은 대상지역전체에 걸쳐 다양한 위치에 수많은 피복유형을 포함하도록 선택된다. 이를 통해 장면의 모든 스펙트럼 클래스가 다양한 하위 영역 어딘가에 표현되도록 보장한다. 그런 다음 이러한 영역은 독립적으로 군집화되고 다양한 영역의 스펙트럼 클래스를 분석하여 그 정체성을 결정한다.

혼합형 무감독/감독 분류자는 존재하는 개별 피복유형에 대한 스펙트럼 응답 패턴에 복잡한 가변성이 있는 분석에서 특히 중요하다. 이러한 조건은 식생지도제작과 같은 응용에서 정말 흔하다. 이러한 조건하에서 피복유형(식생의 종)내의 분광다양성은 보통 피복유형의 다양성과 다른 장소조건으로부터 발생한다(예: 토양, 경사, 향, 크라운).

분류에 대한 성능 개선을 위하여 ISODATA 클러스터링, 퍼지 C-Means 알고리즘, 베이시안 최대우도 분류기법을 통합한 다양한 하이브리드 분류기법을 사용한다. 이 방법은 분석자에 의하여 분류항목별 학습 데이터를 선정한 후 이를 ISODATA 클러스터링을 이용하여 각각의 분류항목별로 분광특징에 따라 학습 데이터를 세분화하여 새로운 학습 데이터를 선정한다. 새롭게 선정된 학습 데이터를 이용하여 퍼지 C-Means 알고리즘을 이용하여 분류를 수행하고 그 결과를 베이시안 최대우도 분류기의 사전확률로 적용하여 분류를 수행하기도 한다(김진일, 전영준, 2004).

16.5.5 혼합된 픽셀의 분류

앞에서 논의한 바와 같이 센서의 순간 시야(IFOV)에 지상의 지상피복 유형이 하나 이상 포함되어 있을 때 혼합픽셀이 발생한다. 이것은 몇 가지 이유로 발생할 수 있다. 첫째, 대부분의 경우이며 12장 그림 12.30(b)에서 보인바와 같이 둘 이상의 다른 개체(feature)가 경관을 가로질러 광범위하게 혼합이 된다(예: 농업 분야 내의 모든 지상 해상도 셀은 옥수수가 심겨진 열과 그 사이 맨땅을 포함할 수 있다). 그림에서 식생이 심겨져 있는 지역과 흙으로 노출된 고랑에의 반사광이 혼합되어 한 개의 픽셀 내의 DN값으로 기록된다. 둘째로, 한 지형이 다소 동질적인 영역으로 구성되어 있더라도 이러한 동질 패치의 경계를 따라 지상해상도가 떨어진다면 이미지 픽셀은 두 등급의 혼합물을 포함할 것이다. 두 경우 모두 스펙트럼 특성이 똑같은 지상피복 유형을 나타내지 않기 때문에 이러한 혼합 픽셀은 영상 분류에 어려운 문제를 야기한다. 분광혼합분석과 퍼지 분류는 혼합 픽셀의 분류를 다루기 위해 고안된 두 가지 절차다. 이들 절차는 서브픽셀을 기본으로 처리하며 두 개 이상의 가능한 지상피복 클래스를 각 픽셀과 연관시킬 수 있으며 각 클래스의 비율에 대한 정보가 결정될 수 있다는 점에서 소프트분류라고도 한다.

16.5.6 객체기반 분류(Object-Based Classification)

이때까지 논의된 모든 분류 알고리즘은 개별 픽셀의 스펙트럼 특성 분석에만 기초해 왔다. 즉, 픽셀당 이러한 절차들은 일반적으로 영상의 각 픽셀에 개별적으로 그리고 격리되어 적용되는 분광기반의 의사결정 논리를 사용한다. 이와는 대조적으로 객체기반 분류자는 영상 분류에 분광패턴과 공간패턴을 모두 사용한다(Blaschke, 2010). 이것은 (1) 영상을 별개의 개체로 분할한 후 (2) 각 개체를 분류하는 2단계 프로세스다. 분류되는 영상은 개별 픽셀보다 크기가 큰 비교적 동질적인 패치(조각)로 구성된다는 것이 기본적인 가정이다. 이러한 접근방식은 여러 축척에서 동시에 작업하며 색상, 형태, 크기, 질감, 패턴, 문맥 정보를 사용하여 픽셀을 의미 있는 객체로 그룹화하는데 인간이 디지털 영상을 인간이 시각적으로 해석적하는 것과 유사하다.

개체의 축척은 처리과정에서 영상분할 단계에 영향을 미치는 주요 변수 중 하나이다. 예를 들어 숲이 우거진 영상을 생각해 보자. 대축척의 경우 개별 트리 크라운을 나타낼 수 있으며 중축척에서 분할하면 유사한 종과 크기의 나무위치를 나타낼 수 있다. 이와 반면에 소축적의 경우 숲의 넓은 지역이 하나의 물체로 통합될 것이다. 분명히, 객체 기반 분류에 사용되는 실제 척도 매개변수는 분석가가 식별하고자 하는 지형상의 특징의 일반 척도와 센서의 분해능을 포함한 여러 요인에 따라 달라질 것이다.

일단 영상이 분할되면, 객체를 묘사하고 분류하는 데 사용할 수 있는 많은 특성이 있으며 두 그룹으로 나뉜다. 한 가지 특성은 각 물체의 스펙트럼 특성, 질감, 형태에 내재되어 있다. 또다른 한 가지 특성은 다른 객체들과의 연결성이나 물체와의 접근성 등의 관계를 나타낸다. 예를 들어, 선형모양, 아스팔트와 유사한 분광패턴, 부드러운 질감, 동종의 도로 또는 다른 도로와의 위상학적 연결성을 가진 객체가 있다면 아마도 도로일 것이다.

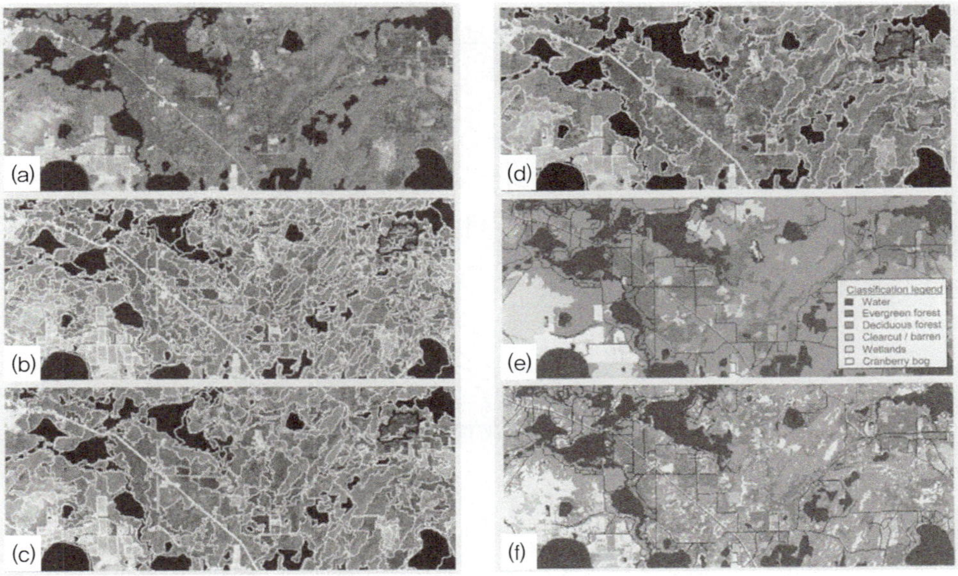

그림 16.14 객체지향형 영상분할 및 분류, Landsat-5 TM image
Remote sensing & Image Interpretation 7thed

그림 16.14에서 (a)는 밴드 2, 3 및 4의 Landsat-5 TM 데이터를 혼합한 흑백영상이다. (b)그림은 대축척인자를 사용하여 분할한 영상이다. 같은 객체에 해당하는 픽셀이 그룹화된 것을 볼 수 있다. (c)그림은 중축척인자를 이용하여 분할한 영상이다. (b그림에서의 세분화된 조각들이 합병된 것을 볼 수 있다. (d)그림은 소축척인자에 의한 영상분할, (e)그림은 대축척인자로 분할한 영상을 이용하여 토지피복분류를 수행한 것이다. (f)는 분할되지 않은 영상을 전통적인 픽셀단위의 무감독분류한 것이다.

(b)그림은 같은 종류의 나무, 경작지단위, 소규모습지, 언덕사면 등과 같은 매우 작은 조각으로 분할되었다. 우측상단의 검은 굵은 선안에는 붉은 소나무와 잭소나무인데 수령과 크기의 다양성에 따라 많은 조각들로 분할된 것을 주목하자. (c)그림에서는 이들 조각들이 더 커져 있으며 (d)그림에서는 전체 숲이 하나의 객체로

표현되었다. 서로 다른 축척에서의 객체는 계층적 방식으로 "nest" 그래서 대축적에서의 모든 객체는 소축척에서의 통합된 객체의 영역안에 완벽하게 일치한다.

일단 객체의 경계가 설정되면, 그 다음에는 위에서 설명한 특성을 바탕으로 매우 다양한 방법으로 분류할 수 있다. 그림 16.14(e)에 나타난 분류는 우선 대축척 인자를 이용하여 영상을 분할한 다음 그 결과물들을 6가지 토지피복으로 분류한 것이다. 전통적인 무감독분류의 결과인 (f)그림과 비교해 볼 때 객체 기반 접근방식은 상대적으로 균일한 영역으로 외관상 훨씬 매끄러운 분류를 생성하였음을 알 수 있다.

또한 객체기반 분석은 접근방식이 객체들 간의 "부모-자녀" 관계를 보존할 수 있다는 점에서 토지 커버 변화를 수행하는데 사용될 수 있다. 예를 들어, 이른 시기에 한 종류의 작물만 파종된 넓은 경작지의 경우에 단일개체로 분류된다. 나중에 경작지에 여러 작물종류가 있을 경우 부모필드는 많은 자식객체로 분리된다. 그러면 분광데이터는 새로운 자식객체를 분류하는데 확인에 사용할 수 있다.

16.5.7 신경망 분류(Neural Network Classification)

영상분류를 위한 또 다른 보편적인 방법은 인공신경망을 이용하는 것이다. 처음에는 뇌 속 뉴런의 생물학적 모델에서 영감을 받아 인공지능, 머신러닝, 관련 영역의 비교 영역 내에서 인공신경망 이용이 개척되었다.

신경망은 주어진 입력 데이터 패턴과 특정 출력 사이의 연결을 적응적으로 구성한다는 점에서 "자체 훈련"이다. 신경망은 전통적인 영상 분류를 수행하거나 스펙트럼 혼합물 분석과 같은 보다 복잡한 작동을 위해 사용될 수 있다. 영상 분류의 경우, 신경망 작업은 훈련 데이터가 최대우도 알고리즘에 의해 유지되는 요건인 가우스 통계 분포를 가질 필요가 없다. 이를 통해 신경망을 전통적인 최대우도 분류법에서 사용될 수 있는 것보다 훨씬 더 광범위한 입력 데이터 유형과 함께 사용할 수 있도록 허용한다.

신경망은 3개 이상의 층으로 구성되어 있으며, 각각 뉴런이라고 불리는 복수의 노드로 이루어져 있다. 네트워크의 레이어에는 입력 레이어, 출력 레이어, 하나 이상의 숨겨진 레이어가 포함된다. 입력 계층의 노드는 신경 네트워크에 대한 입력으로 사용되는 변수를 나타낸다. 일반적으로, 여기에는 원격으로 감지된 이미지, 텍스트 기능 또는 그러한 이미지에서 파생된 다른 중간 산출물의 스펙트럼 대역 또는 분석할 영역을 설명하는 보조 데이터가 포함될 수 있다. 출력 계층의 노드는 네트워크에 의해 생성될 수 있는 출력 범주의 범위를 나타낸다. 네트워크를 이미지 분류에 사용하는 경우, 분류 시스템의 각 클래스마다 출력 노드가 하나씩 있게 된다.

입력 계층과 출력 계층 사이에 하나 이상의 숨겨진 계층이 있다. 이들 노드는 여러 노드로 구성되며, 각각 이전 계층의 많은 노드와 다음 계층의 많은 노드에 연결된다. 노드들 사이의 이러한 연결은 네트워크를 통한 정보의 흐름을 안내하는 가중치로 표현된다. 신경망에서 사용되는 숨겨진 층의 수는 임의적이다. 일반적으로 말해서, 숨겨진 계층의 수가 증가하면 네트워크는 더 복잡한 문제에 이용될 수 있지만, 네트워크의 일반화 능력은 감소하고 훈련에 필요한 시간은 증가한다. 그림 16.15에는 스펙트럼, 텍스처, 지형정보의 조합에 근거한 토지 커버를 분류하는 데 사용되는 신경망의 예가 나와 있다. 입력층에는 다음과 같이 7개의 노드가 있다. 노드 1에서 4는 다경상 이미지의 4개의 스펙트럼 밴드에 해당하며, 노드 5는 레이더 이미지에서 계산되는 텍스처 기능에 해당하며, 노드 6와 7은 디지털 고도 모델에서 계산된 지형 경사도와 측면에 해당한다. 입력 레이어 이후에는 각각 9개의 노드를 가진 2개의 숨겨진 레이어가 있다. 마지막으로 출력층은 6개의 노드로 구성되며, 각각은 토지 커버 클래스(물, 모래, 숲, 도시, 옥수수, 건초)에 해당한다. 입력 데이터의 어떤 조합이 주어질 때, 네트워크는 이전에 공급된 훈련 데이터의 네트워크 분석에 기초하여 그 입력 집합에서 가장 발생할 가능성이 높은 출력 클래스를 생산하게 될 것이다.

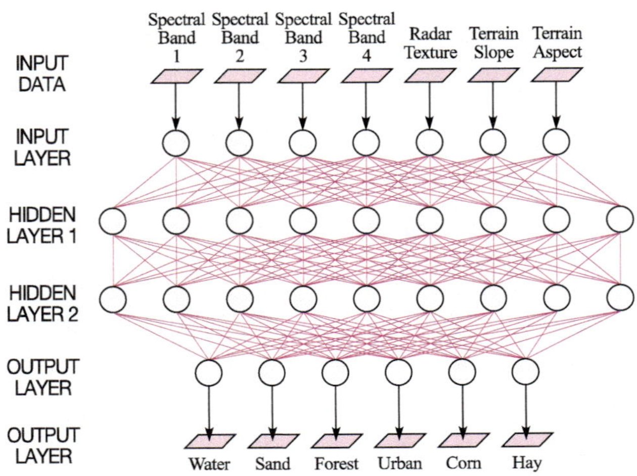

그림 16.15 인공신경망의 예(1개의 입력레이어, 2개의 히든레이어)
Remote sensing & Image Interpretation 7thed

16.6 분류정확도 평가

원격탐측에서 흔히 이루어지는 영상분류에서 정확도는 기하학적 위치정확도와 속성정확도일 것이다. 기하학적 위치정확도의 경우 3차원 정확도를 평가해야 하겠지만, 여기에서는 영상분류에 한정하므로 수평정확도로 범위를 한정한다. 위치정확도와 속성정확도의 평가를 위해서는 참조데이터(Reference data)와 비교할 수 있는 검사점(Check point)의 선정이 필요하며 샘플링 작업이 선행되어야 한다.

16.6.1 데이터 샘플링 방법

샘플링은 모집단에서 대표성 있는 표본을 확보하는 것이다. 샘플링 방법은 속성정확도 검사에서 아주 중요한 사항이다. 평가자는 참조데이터 수집비용 때문에 가능하면 작게 잡으려는 경향이 있으나 통계적 유효성을 보장해야 하므로 표본은 충분한 크기여야 한다. Landsat MSS 영상들을 위한 일반적인 지침에는 식생과 토지이용항목에 대해 최소 50개의 샘플링 수를 제안하고 있으며, 전문지식이 있는 자가 관여해야 한다고 Congelton(1991)은 말한다. 표본의 크기는 정확도 검사를 위한 표본점들의 수와 관련이 있는 반면에 지리적 샘플링 방법은 표본점들의 공간분포와 관련이 있다(C.P.Lo, Concept of GIS).

표본추출이론에서는 표본추출유형을 크게 두 가지로 나누고 있는데, 하나는 확률적 표본추출이고, 다른 하나는 비확률 표본추출이다. 확률적 표본추출은 표본추출 프레임 내에 있는 단위들이 표본으로 추출될 확률이 알려져 있고 무작위적으로 추출되는 방법을 말한다. 확률적 표본추출을 사용하려면 표본을 추출하기 전에 표본추출단위가 표본으로 추출될 확률을 밝혀줄 수 있는 정보를 가지고 있어야 한다(http://www.kapa21.or.kr/epadic/).

확률적 표본추출방법에는 대표적으로 단순무작위 표본추출, 계통적 표본추출, 층화표본추출, 집락표본추출(Cluster sampling)이 있다.

(1) 단순 무작위 샘플링(Simple random sampling)

각 점이 무작위로 선택되며 선택기회도 동일하다. 통계학적으로 허용되지만 실제에 적용하기는 어렵다. 표본크기가 작은 경우 하향표현의 경향이 있다. 단순 무작위 표본추출도 복원 표본추출과 비복원 표본추출의 두 가지 방법이 있다. 복원 표본추출이란, 한번 표본으로 뽑힌 요소를 다시 모집단으로 되돌려 보내서 원상으로 복원시켜놓고 다시 추출하는 방식이고, 비복원 표본추출은 한번 뽑히면 다시 모집단으로 돌려보내지 않는 방법이다. 단순 무작위 표본추출의 장·단점은 표 16.2와 같다.

표 16.2 단순 무작위 샘플링 방법의 장 · 단점

장 점	단 점
1. 모집단의 모든 요소가 동일하고 또 독립적인 추출기회를 가지므로 적어도 이론적으로는 추출된 표본이 모집단을 잘 대표하게 된다. 따라서 편견이 들어갈 가능성이 희박하다. 2. 다른 표본추출방법에 비해 모집단에 대한 사전지식을 필요로 하지 않는다. 3. 표본오차의 계산이 용이하다. 4. 층화표본추출과 같은 다른 확률적 표본추출에 비해 모집단의 모수나 특성을 잘못 분류함으로써 나타나는 모든 오차를 줄일 수 있다. 5. 확률적 표본추출 중 가장 적용하기가 용이할 뿐만 아니라, 다른 확률표본추출방법과 결합하여 사용할 수 있다.	1. 조사자가 모집단에 대하여 가지고 있는 지식을 충분히 활용할 수 없다. 2. 보통 동일한 크기의 표본일 경우, 층화표본추출보다 표본 오차가 크다. 즉, 표본오차는 어느 정도 표본의 이질성에 의존하는데, 층화표본추출에서의 각 층은 주요 특성에 있어서 단순 무작위 표본추출보다 상대적으로 이질적이기 때문이다. 3. 모집단에서 그 수가 적은 요소는 표본으로 추출될 보장이 없으며, 따라서 비교적 표본의 규모가 커야한다는 문제점이 있다.

(2) 계통샘플링(Systematic sampling)

계통적 표본추출은 모집단을 구성하고 있는 구성요소들이 자연적인 순서 또는 일정한 질서에 따라 배열된 목록에서 매 k번째의 구성요소를 추출하여 형성한 표본을 말한다. GIS에서는 공간적으로 일정간격마다 샘플링하는 방법이다. 만약 목록에 포함된 구성요소가 1,000개이고 이 중에서 100개의 표본을 뽑는다면, 먼저 표본간격인 k를 구해야 한다. k는 표본수를 모집단으로 나눈 값인 N/n이다. 실행하기는 쉬우나 주기적 변화 또는 데이터의 변동 때문에 나쁜 영향을 받을 수 있다.

표 16.3 계통적 샘플링 방법의 장 · 단점

장 점	단 점
1. 표본추출이 용이하다는 것이다. 표본추출은 중요한 문제인데, 이 방법은 비전문가라도 쉽게 이해할 수 있고 또 실시하기가 용이하다. 2. 보통 모집단 전체에 걸쳐 보다 공평하게 표본이 추출되므로 모집단을 보다 더 잘 대표할 가능성이 종종 있다.	1. 모집단의 배열이 일정한 주기성과 특정경향성을 보일 때 편견이 개입되어 대표성이 문제된다. 실제로 2차대전 시 군인을 대상으로 한 연구에서 전 부대원의 명부를 가지고 매 10번째 장병을 추출했더니 모두 하사가 추출된 경우가 있었다. 명부 자체가 10명 단위의 분대순으로 작성되었고, 분대장인 하사가 제일 처음에 기재되었으므로 하사만 표본으로 뽑혔던 것이다. 2. 모집단의 구성배열에 지나치게 신경 쓰면 층화표본과 같은 결과가 초래하게 되며, 때문에 오차의 개입가능성이 높아진다.

(3) 층화 무작위 샘플링(Stratified sampling)

층화표본추출은 모집단을 보다 동질적인 몇 개의 층으로 나누고 이러한 각 층으로부터 단순 무작위 표본추출을 하는 표본추출방법이다. 예를 들면, 토지이용도라 하면 각 이용별로 레이어를 형성하고 각 레이어마다 무작위로 샘플링하는 방법이다. 층화표본추출 방법의 기본 논리는 모집단에 대한 기존 지식을 활용하여 모집단을 몇 개의 소집단으로 구분하고, 각 소집단 내의 구성요소들이 전체로서 모집단의 구성요소들보다 더욱 동질적이 될 수 있도록 구분한다는 것이다. 만약 동질적인 집단에 대하여 무작위 추출이 이루어져서 그 결과가 종합되면 전체적으로 표본추출오차를 줄일 수 있고, 표본의 대표성은 높아진다. 확률표본추출 이론에 의하면 표본의 크기와 표본추출오차는 반비례한다. 그리고 이질적인 표본보다는 동질성이 큰 표본에서 표본추출오차가 줄어든다.

층화표본추출은 모집단에서 각 계층이 차지하는 크기에 비례하여 표본크기를 정하는 비례층화표본추출(Proportionate stratified sampling)과 표본추출비를 계층마다 다르게 부여하는 비비례층화표본추출(Disproportionate stratifide sampling)로 구분된다.

표 16.4 층화 무작위 샘플링 방법의 장 · 단점

장 점	단 점
1. 중요한 집단을 빼지 않고 표본에 포함시킬 수 있다. 2. 동질적 대상은 표본의 수를 줄이더라도 정확을 기할 수 있다. 3. 면접자가 직접 표본을 뽑을 경우 지역(Quarter)만 정해주면 쉽게 뽑을 수 있다. 4. 우편조사의 경우에는 회수율이 상당히 높아질 수 있다. 5. 단순 무작위 표본추출보다 지역적으로 더 좁은 지역에 조사를 집중시킬 수 있으므로 시간, 노력, 경비가 절약된다.	1. 층화 시 모집단에 대한 지식이 요구되며 무엇에 초점을 두어 층화하는가 하는 문제가 제기된다. 2. 비비례층화표본추출은 복잡하고, 층화 시 근거가 되는 명부가 필요하다. 3. 모집단을 층화하여 가중하였을 경우 원형으로 복귀하기가 힘들다. 4. 비비례층화표본추출에서 모집단의 대표치를 구하려면 특별한 통계적 조작이 필요하다.

(4) 층화 계통 비정렬 샘플링(Stratifide systematic unaligned sampling)

Berry와 Baker(1968)가 제안한 방법으로, 일정한 영역으로 층화시키고 우선 그 첫 번째 구역에서 무작위로 한 점을 선택하고 그 다음 점은 처음 점의 X, Y좌표를 바꾸어 선택한다. 그 다음 점은 다시 무작위로 선택하고 x, y좌표를 바꾸어 선택한다. 각각의 항목으로부터 선택된 샘플의 수가 최소일 때 가장 적합하다.

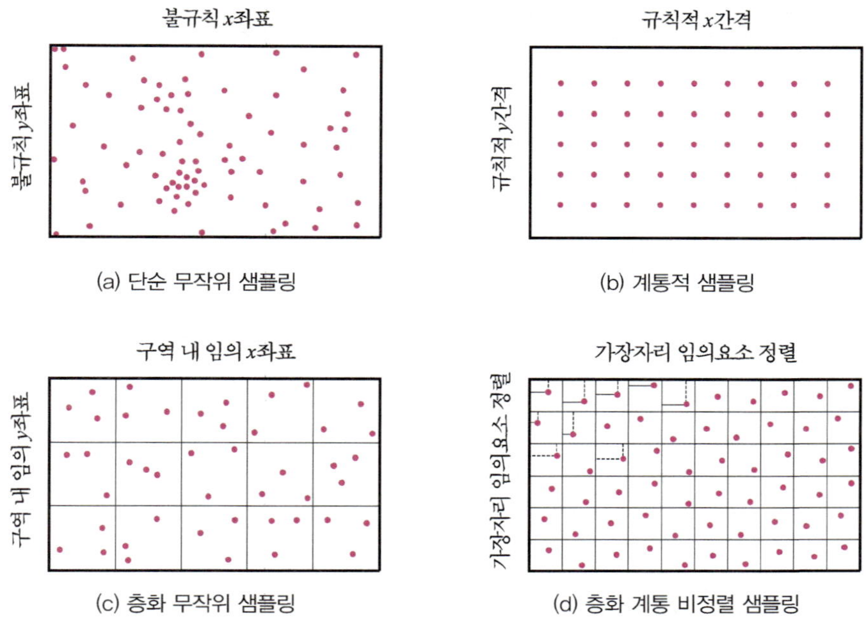

그림 16.14 데이터 품질검사를 위한 샘플링 방법

16.6.2 위치정확도의 평가

대부분의 GIS작업에서 평면정확도의 평가만을 요구하지만 목적에 따라 표고정확도를 평가할 경우도 있다. 위치정확도는 무엇보다도 수치데이터의 투영좌표계 정의 및 변환을 일관성 있게 해야 좋은 결과를 얻을 수 있다. 평가방법은 지도상과 필드에서 모두 명확한 점을 샘플링하여 수치지도상의 좌표와 현장의 좌표를 확인하는 것이다. 현장에서는 삼각측량, 토털스테이션측량, GPS측량방법을 이용한다. 미국사진측량 및 원격탐측학회(ASPRS ; American Society of Photogrammetry & Remote sensing)에서는 샘플링한 표본점의 수가 최소한 20점 이상을 권장하고 있는데, 이는 최소 20점을 샘플링해야만 확률이론을 적용할 수 있기 때문이다. 또한 샘플링 점의 공간적인 분포도 정하고 있는데, 참조점은 대각선 길이의 10% 간격으로 4분면에 각각 20% 정도 고르게 분포시켜야 한다는 것이다. 정확도는 확률이론에 의해 평균제곱근오차(RMSE ; Root Mean Square Error)로 표현한다.

$$S_x = \sqrt{\frac{\sum \nu_x^2}{n-1}}$$

$$S_y = \sqrt{\frac{\sum \nu_y^2}{n-1}} \quad (16.2)$$

$$S_z = \sqrt{\frac{\sum \nu_z^2}{n-1}}$$

S_x, S_y, S_z : X, Y, Z 좌표의 RMSE

ν_x, ν_y, ν_z : 참조점의 좌표와 수치데이터상의 좌표의 차이

따라서 수평위치의 정확도는 다음과 같다.

$$S_p = \sqrt{(S_x^2 + S_y^2} \quad (16.3)$$

얻어진 RMSE의 크기가 작을수록 정확도가 양호하다고 볼 수 있다. 종종 오차를 벡터형식으로 표현하여 오차의 경향을 파악하는 경우도 있다.

16.6.3 속성정확도의 평가

보통 셀 단위로 평가하는데, 표본위치에 대한 참조값과 실제값 사이의 차를 오차행렬로 표시한다. 원격탐측에서 이용되는 분류정확도와 같은 개념이다.

표 16.5

샘플 데이터	참조 데이터						합계
	시가지	경작지	도로	수계	잡종지	산림	
시가지	1	2	0	0	0	0	3
경작지	0	5	0	2	3	0	10
도로	0	3	5	1	0	0	9
수계	0	0	4	4	0	0	8
잡종지	0	0	0	0	4	0	4
삼림	0	0	0	0	0	1	1
합계	1	10	9	7	7	1	35

출처: C.P.Lo 2011, Concept of GIS

표 16.5에서 숫자의 의미는 경작지의 경우 참조데이터의 경작지가 샘플데이터에도 경작지로 분류된 셀의 갯수가 5개라는 뜻이다. 그러나 오류로 인하여 경작지가 시

가지로 잘못 분류된 경우도 2개 픽셀, 그리고 경작지가 도로로 잘못 분류된 경우도 3개 픽셀이다. 1행의 경우 2개의 셀이 오분류되었는데, 이를 위임오차(Error of commission)라 한다. 이 위임오차는 시가지로서 분류될 대상 셀에서 제외되기 때문에 누락오차(Error of ommission)라고 한다. 따라서 오분류는 위임오차와 누락오차를 동시에 발생시킨다.

(1) 전체정확도

PCC(Percent correctly classified)는 대각선 셀의 합을 전체 셀의 수로 나눈 것이다. 즉, 제대로 분류된 셀이 전체의 몇 %냐 라는 것이다. 즉,

$$PCC = \{(1+5+5+4+4+1)/35\} \times 100 = 57.1\% \qquad (16.4)$$

모든 셀들이 대각선에 놓여 진다면 전체정확도는 100%임을 의미한다. 전체정확도는 샘플링 지역에 국한된 것이며, 표본과 참조데이터 사이에 우연한 일치를 고려하지 않은 단순척도를 제공한다. 따라서 정확도를 과대평가하는 경향이 있다. 표본점들은 무작위로 선정되었기 때문에 오차행렬의 구조에 민감하다. 만약, 어떤 클래스에 해당하는 셀 그룹의 비중이 크다면 다른 클래스가 잘못 분류되었다하더라도 상대적으로 높은 정확도를 얻을 수 있다.

(2) 생산자 정확도(Producer's accuracy)

각각의 분류요소에 대한 대각선요소를 참조데이터의 합계로 나눈 백분율이다. 데이터가 만들어진 시점에서의 분류 정확도의 척도이므로 생산자 정확도라 한다. 올바르게 분류된 표본공간데이터 단위의 확률이며, 특정 항목의 누락오차의 척도이다. 누락오차는 100−생산자 정확도(%)로 구한다.

시가지 =(1/1)× 100=100%
경작지 =(5/10)×100=50%
도로 =(5/9)×100=55.6%
수계 =(4/7)×100=57.1%
잡종지 =(4/7)×100=57.1%
산림 =(1/1)×100=100%

(3) 사용자 정확도(User's accuracy)

각각의 분류요소에 대한 대각선요소를 샘플데이터의 합으로 나눈 백분율이다. 분류된 공간데이터가 실제로 지상에서 나타내는 확률이며 위임오차의 척도이다.

시가지 =(1/3)× 100=33.3%

경작지 =(5/10)×100=50%

도로 =(5/9)×100=55.6%

수계 =(4/8)×100=50%

잡종지 =(4/4)×100=100%

산림 =(1/1)×100=100%

(4) Kappa 정확도

대각선을 벗어난 모든 값들을 포함하는 정확도로 과장된 전체정확도를 제어할 수 있다. 즉, 분류에서 우연의 일치를 계산에 고려한다는 의미이다.

$$k = \frac{P_0 - P_c}{1 - P_c}$$

$$P_0 = \sum_{i=1}^{m} P_{ii} = \frac{1}{N} \sum_{i=1}^{m} n_{ii} \tag{16.5}$$

$$P_c = \sum_{i=1}^{m} P_{i+} P_{+i} = \frac{1}{N^2} \sum_{i=1}^{m} n_{i+} n_{+i}$$

P_0 : 전체 셀에 대한 대각선 셀의 비율

n_{ii} : 대각선 셀(정확하게 분류된 셀)

N : 검사점 총수

P_{ii} : 대각선 셀에 대한 백분율 = $\Sigma(n_{ii}/N)$

P_{i+} : 표본데이터 각각의 행 총합의 백분율 = (n_{i+}/N)

P_{+i} : 표본데이터 각각의 열 총합의 백분율 = (n_{+i}/N)

따라서

$$p_c = \frac{(3\times1)+(10\times10)+(9\times9)+(8\times7)+(4\times7)+(1\times1)}{35\times35} = \frac{269}{35\times35} = 0.2196$$

$$p_o = \frac{20}{35} = 0.5714$$

그러므로 $k = \dfrac{0.5714 - 0.2196}{1 - 0.2196} = 0.451$

Kappa계수는 0부터 최대 1까지 계산되며 1에 가까울수록 분류정확도가 높다는 뜻이다.

CHAPTER 17

열 원격탐측

모든 물체는 0°K 이상에서 적외선을 방사한다는 원리를 이용하여 원격탐측에 활용한다. 열방사파장은 가시광선 영역을 포함하며 1,000μm 까지이다. 원격탐측에서는 보통 0.9μm~10μm 의 적외선 영역을 사용한다. 본 장에서는 최근 이상기온 및 도시 열 환경뿐만 아니라 산업현장에 응용이 증가하고 있는 열 원격탐측의 원리와 열 영상의 판독에 대한 내용을 기술하였다.

17.1 열 방사 원리(Thermal Radiation Principals)

여기까지 논의된 대부분의 영상과 달리 열영상은 반사된 태양의 에너지에 의존하지 않기 때문에 주간이나 야간에 관계없이 얻을 수 있다.

열 영상의 적절한 해석을 위해서는 물체의 열 방사의 특성을 알 필요가 있다. 이번 절에서는 흑체방사의 원리 그리고 열 방사가 대기와 지구표면의 다양한 대상물에 어떻게 상호작용을 하는지 알아본다.

17.1.1 방사와 동적온도(Radiant Versus Kinetic Temperature)

일반적인 온도측정이라 함은 측정하고자 하는 물체에 온도계를 접촉하거나 액체에 담가 측정하는 것을 말한다. 동적온도라 함은 물체를 구성하는 분자의 평균변환에너지의 내부적인 표시이다. 이 내부적인 표시와 더불어 물체의 방사에너지는 그들의 온도에 대한 함수이다. 방사에너지는 대상물의 에너지상태의 외부적인 표시이다. 이 외부적인 에너지상태를 접촉하지 않고 thermal scanning을 통해 측정한다. 방출된 에너지는 지표의 대상물 방사온도를 결정하는데 사용된다. 뒤에 동적온도와 복사온도를 어떻게 관계할 것인가에 대해 설명할 것이다.

복사온도	물체의 에너지상태에서의 표면온도로 열 스캐너에 의해 원격 탐측됨.
동적온도	물체를 구성하고 있는 입자들의 병진운동 에너지의 내부온도

17.1.2 흑체방사(Blackbody Radiation)

원격탐측에서는 물체의 온도를 직접 접촉해서 측정할 수 없으므로 물체 자체의 복사(방사)에너지를 측정하여 온도를 추정한다. 따라서 상관적인 관계로 복사에너지를 평가해야 하는데 기준이 되는 대상물이 흑체이다. 이 흑체는 방사에너지가 0인 물체로 절대온도 0°K(−273°C)이다. 상온이 20°C쯤 된다고 하면 이는 절대온도로 293°K가 된다. 즉, 어떤 물체라도 이 온도보다 높기 때문에 자체적인 방사에너지를 방출하고 있다는 것이다.

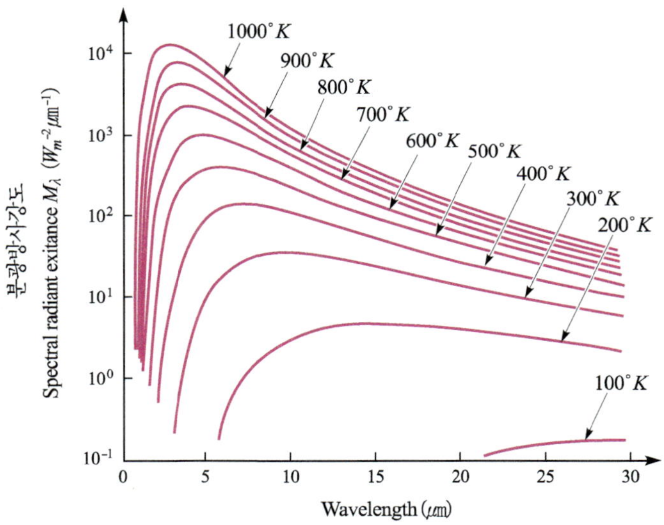

그림 17.1 다양한 온도의 흑체로부터 방사되는 에너지의 분광분포

그림 17.1은 흑체의 복사에너지 분포곡선이다. 종좌표축은 1μm의 분광 간격당 흑체에서 나오는 방출 강도($Wm^{-2}\mu m^{-1}$)를 의미하며, 횡축과 곡선들 사이의 면적은 전체방출량을 의미한다. 대상물의 온도가 높으면 높을수록 방출하는 전체 에너지는 커지며 온도가 높을수록 흑체 복사 분포곡선의 정점이 단파장 쪽으로 이동해가는 것을 알 수 있다.

모든 물질들에서 얼마나 많은 에너지를 복사하느냐 하는 것은 대상 물체 표면온도에 대한 함수이며, 이러한 특성은 Stefan−Boltzman의 법칙으로 표현된다. 따라서

$$M = \sigma \cdot T^4 \text{ (단, 흑체일 경우만 적용)} \tag{17.1}$$

여기서, M=물질 표면에서 방출되는 전체 에너지 양, 와트/m^2(W/m^2)
σ=Stefan-Boltzman 상수, $5.6697 \times 10^{-8} W/m^2K^{-4}$
T=에너지를 방출하는 물질의 절대온도(K)

- Wien의 법칙 : 흑체 복사곡선이 최대일 때의 파장은 흑체의 온도와 관련되어 있다. 따라서,

$$\lambda_m = \frac{A}{T} \tag{17.2}$$

여기서, λ_m : 최대 분광 복사량인 경우의 파장, μm
A : 2898μmK
T : 절대온도, K

- Stefan-Boltzmann의 법칙: 모든 물질들에서 얼마나 많은 에너지를 복사하느냐 하는 것은 대상 물체 표면온도에 대한 함수로 표시된다. 따라서,

$$M = \int_0^\infty M(\lambda) d\lambda = \sigma \cdot T^4 \text{ (단, 흑체일 경우만 적용)} \tag{17.3}$$

여기서, M : 물질 표면에서 복사되는 전체 에너지 양, W/m^2
$M(\lambda)$: 물질 표면에서 복사되는 에너지 양, $W/m^2\mu m^{-1}$
σ : Stefan-Boltzman 상수, $5.6697 \times 10^{-8} W/m^2K^{-4}$
T : 에너지를 복사하는 물질의 절대온도(K)

식 (17.3)에서 복사에너지 M은 T^4에 비례하므로 온도가 증가하면 에너지량이 급속도로 증가함을 의미한다.

이상 설명한 것은 흑체에 대한 것이므로 실제 물체에 대한 복사에 대해 알아볼 필요가 있다.

17.1.3 실제물질에 대한 방사

흑체는 원리를 설명하기는 좋으나 일반적인 물체의 경우 이와 같지 않다. 일반 물체는 흑체에서 방출하는 에너지의 일부분만을 방출하기 때문에 흑체와 비교해서

실제대상물의 방사능력(Emitting ability)을 정의해야 한다. 이를 물체의 방사율(Emissivity)이라 하는데 $0 < \varepsilon(\lambda) < 1$의 값을 가지며 반사율(Reflection)처럼 파장대와 복사각에 따라 변한다. 물질의 복사율은 온도에 따라서도 다소 변한다.

$$\varepsilon(\lambda) = \frac{\text{주어진 온도에서 물체의 복사량}}{\text{같은 온도에서의 흑체의 복사량} } \tag{17.4}$$

복사율은 1보다 작지만 전 파장대에서 일정(0.5)한 회색체(Graybody)를 고려해 보자. 흑체와 회색체는 파장이 다르더라도 일정한 분광복사율을 보이고 있다. 그러나 일반 물체의 경우 파장이 변함에 따라 분광복사율이 변하게 된다.

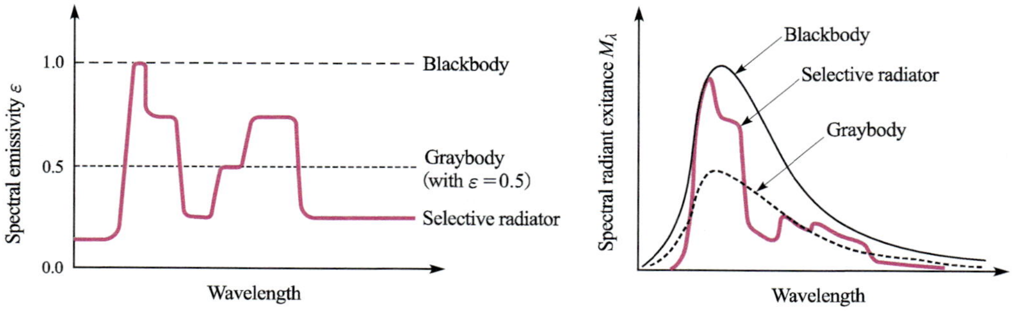

a) 분광복사율 b) 분광복사에너지양

그림 17.2 흑체, 회색체, 선택적 방사체의 분광복사율과 방사

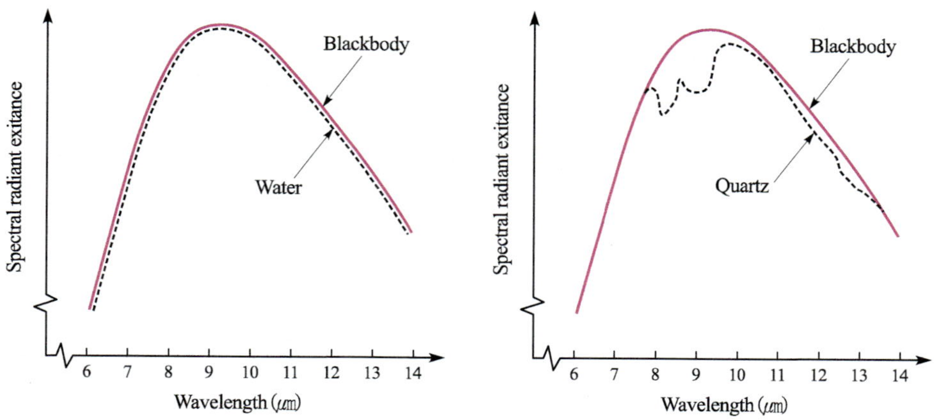

a) b)

그림 17.3 흑체, 물, 석영의 분광복사에너지양의 비교

물의 방사율은 6~14μm 범위에서 흑체와 거의 유사(ε이 0.98~0.99)하며, 석영과 같은 다른 물체들은 6~14μm 범위에서 변하는 것을 볼 수 있다. 8~14μm 파장범위는 대기의 창(Atmospheric window)뿐만 아니라 에너지 방출의 정점을 포함하는데 정점은 방출온도 300K에서 약 9.7μm 파장이다. 왜냐하면 대부분의 열 밴드는 8~14μm에서 반응하기 때문이다.

8~14μm 파장 사이의 복사율은 물질마다 다르며, 이 차이가 원격탐측의 자료가 된다.

표 17.1 파장 8~14μm 범위에서의 일반 물질에 대한 전형적인 복사율

Material	Typical Average 8~14μm 이상에서의 방사율
Clear water	0.98-0.99
Wet snow	0.98-0.99
Human skin	0.97-0.99
Rough ice	0.97-0.98
healthy green vegetation	0.96-0.99
Wet soil	0.95-0.98
Asphaltic concrete	0.94-0.97
Brick	0.93-0.94
Wood	0.93-0.94
Basaltic rock	0.92-0.96
Dry mineral soil	0.92-0.94
Portland cement concrete	0.92-0.94
Paint	0.90-0.96
Dry vegetation	0.88-0.94
Dry snow	0.85-0.90
Granitic rock	0.83-0.87
Glass	0.77-0.81
Sheet iron (rusted)	0.63-0.70
Polished metals	0.16-0.21
Aluminum foil	0.03-0.07
Highly polished gold	0.02-0.03

8~14μm 범위에는 특별한 방사특성이 있는데, 대기의 창뿐만 아니라 대부분의 지표물질의 방사피크가 포함되어있기 때문이다. 지표 주위의 온도가 대략 300K이며 약 9.7μm에서 최고의 방사를 보인다. 이러한 이유로 대부분의 열 감지 탐측은 스펙트럼의 8~14μm 범위에서 수행된다. 이 범위에서 각 물체의 방사특성의 변화가 크게 나타난다. 그러나 광대역센서를 사용할 경우 어떠한 물체라도 8~14μm에서 방사율은 graybody로 종종 일정하게 고려된다.

이만큼 방사율과 파장의 관계는 중요하다. 그러므로 10.5~11.5μm 파장범위에서 탐측된 물체의 방사율[National Oceanic and Atmospheric Administration(NOAA) AVHRR band 4]은 10.4~12.5μm 범위 내에서 탐측한 물체의 방사율과 같을 필요가 없다. 흙의 경우 방사율이 0.92이며, 습한 흙(물로 덮여진 흙의 경우에는 물의 방사율에 근사하다)의 경우 0.95이다. 활엽수 잎의 경우 나뭇잎 하나는 0.96이나 전체 그루의 경우에는 0.98로 탐측된다. 그림 17.3은 다양한 일반적인 물질에 대한 8~14μm 파장범위에서의 전형적인 방사율 값을 보인 것이다. 같은 물체라도 상태와 배열에 따라 매우 예민하게 변화한다.

주변 온도에 의해 대상물이 열을 받았을 때는 방사복사피크가 단파장 쪽으로 이동하는 것을 주목하여야 한다. 산불지도제작과 같은 특별한 응용의 경우 3~5μm 대기의 창에서 시스템조작이 사용된다. 이들 시스템들은 뜨거운 물체와 주변 지역의 온도로 뜨거워진 물체가 무엇인지 정의할 수 있다.

17.1.4 대기 영향(Atmospheric Effects)

수동적 원격탐측시스템은 대기는 강도와 열 시스템에 의해 기록되는 에너지 스펙트럴 구성에 대해 중요한 영향이다. 앞서 거론한 바와 같이 그림 17.4와 같은 대기의 창이 열에너지 신호를 측정하는데 최적의 스펙트럴밴드를 결정하는데 영향을 준다. 주어진 창의 범위 내에서 지표와 센서 사이에 끼어있는 대기는 지상으로부터 나타나는 복사의 레벨을 증가시키거나 감소시킨다. 대기의 영향은 탐측의 장소와 시간에 방사, 산란, 흡수의 정도에 의존한다. 대기 중의 가스나 부유물질들은 지상물체로부터 방사된 복사를 흡수하여 열 센서에 도달하는 에너지를 감소시킨다. 반면에, 대기 중의 가스나 부유물질들 자체적인 방사는 이를 증가시킨다. 따라서 대기의 흡수나 산란은 지표물질로부터 오는 신호를 실제보다 차갑게 나타나게 하며 방사는 지상의 물체를 보다 더 따뜻하게 하는 경향이 있다. 영상획득시간동안 대기의 상태에 따라 다른 효과보다 우세하다. 이 결과는 탐측결과를 편위시킨다. 이들 효과는 방사가 탐측되는 대기의 통과길이에 직접적으로 관련이 있다.

열 센서에 의한 온도측정은 고도 300m 이하에서 측정할 때 2°C 이상 편위된다. 물론 열기상적인 효과의 양에 기상상태가 강력한 영향을 미친다. 안개와 구름은 열복사에 본질적으로 불투과성을 갖는다. 심지어는 맑은 날조차 Aerosol[연무질(煙霧質)]은 신호탐측의 주된 수정의 요인이 되고 있다. 먼지, 탄소알갱이, 연기,

물방울들은 모두 열 측정을 수정할 수 있다. 이들 대기의 구성인자들은 장소, 고도, 시간, 그리고 기상의 조건에 따라 변한다. 따라서 그림 17.4에서 보는 바와 같이 3~5μm와 8~14μm 파장영역에서 열영상을 획득한다.

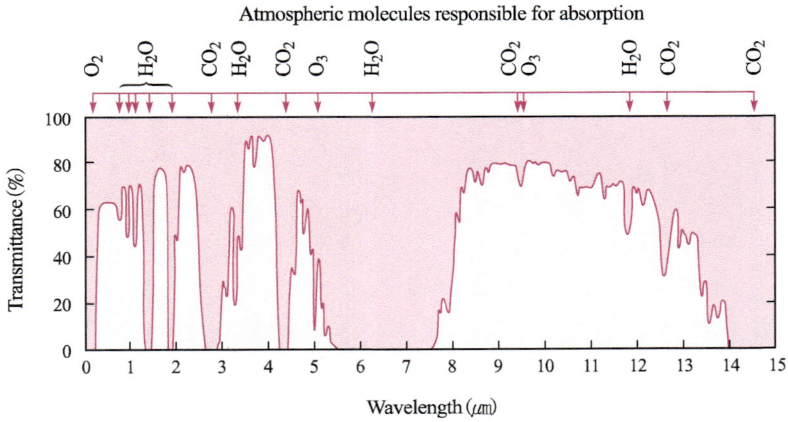

그림 17.4 대기의 흡수와 통과(대기의 창)

복사온도측정에 대한 대기의 영향은 무시되지 않는다. 이들 대기영향을 보정하기 위한 다양한 전략들이 이 장의 뒷부분에 소개된다. 이제 지상의 물체들과 열복사가 어떻게 상호작용하는가에 대해 생각해 보자.

17.1.5 지상대상물의 열 방사 상호관계

열 탐지는 지상의 물체로부터 방사되는데 관심이 있다. 그러나 물체로부터의 에너지 방사는 대개 물체에 입사하는 에너지의 결과이다. 12.3.3절에서 지표에 입사된 에너지는 지표물체들에 의해 흡수, 반사, 투과된다는 기본적인 개념을 설명했다. 에너지보존법칙을 이용하여 세 종류의 에너지 상호작용 표현할 수 있다.

$$E_I(\lambda) = E_A(\lambda) + E_R(\lambda) + E_T(\lambda) \text{ (에너지 조화 방정식)} \quad (17.5)$$

E_I : 입사 에너지

E_R : 반사 에너지

E_A : 흡수 에너지

E_T : 투과 에너지

에너지 조화방정식을 E_I로 나누어 식을 변경하면

$$\frac{E_I}{E_I} = \frac{E_A}{E_I} + \frac{E_R}{E_I} + \frac{E_T}{E_I} \tag{17.6}$$

$$\alpha(\lambda) = \frac{E_A}{E_I} \quad \rho(\lambda) = \frac{E_R}{E_I} \quad \tau(\lambda) = \frac{E_T}{E_I} \tag{17.7}$$

$$\alpha(\lambda) + \rho(\lambda) + \tau(\lambda) = 1$$

여기서, $\alpha(\lambda)$: 지형요소의 흡수율
$\rho(\lambda)$: 지형요소의 반사율
$\tau(\lambda)$: 지형요소의 투과율

열 분광에서의 방출과 흡수 사이의 관계는 키르히호프의[1] 법칙에 의해 위 식은 다음과 같이 된다.

$$\varepsilon(\lambda) + \rho(\lambda) + \tau(\lambda) = 1 \tag{17.8}$$

흑체라고 가정한다면 $\tau(\lambda) = 0$이므로 다음 식 (17.9)가 된다.

$$\varepsilon(\lambda) + \rho(\lambda) = 1 \tag{17.9}$$

물은 열분광에서 반사는 거의 무시되므로 복사율이 1이며 금속판은 높은 반사로 복사율이 1보다 작은 값을 가진다.

위 식 (17.9)는 스펙트럼의 열 범위에서 물체의 방사율과 반사율은 직접적인 관계가 있음을 보여준다. 물체의 반사율이 낮으면 방사율이 높다. 예를 들어, 물은 열 스펙트럼에서 무시할 수 있는 반사율을 가지고 있다. 그러므로 물의 방사율은 본질적으로 1이다. 반대로 금속판은 열에너지를 높게 반사함으로써 방사율은 1보다 작다.

물체의 방사율은 복사온도 측정 시에 중요한 관련이 있다. 식 (17.4)에서 소개했던 black body에 대한 Stefan-Boltzman법칙을 상기해보자.

Stefan-Boltzman의 법칙을 실제 대상물에 적용하면 복사에너지량이 복사율 요소에 의해 감소한다.

1) 키르히호프의 복사법칙 : 열역학적 평형상태에 있는 물체에서 방출되는 에너지와 흡수되는 에너지의 비율은 물질에 관계없이 일정하다는 법칙 - 파장 λ와 온도 T에만 의존, 흑체는 어떤 온도에서 다른 어떤 물질보다도 더 큰 복사를 하는 물체로 완전복사체 $\varepsilon(\lambda) = \alpha(\lambda)$이다.

$$M = \varepsilon\sigma T^4 \tag{17.10}$$

위 식은 열 센서의 신호측정량 M과 온도 그리고 방사율과의 관계를 표현하고 있다. 방사율 차이의 원인은 같은 온도의 지표의 물체라 하더라도 완전히 다른 복사를 가질 수 있기 때문이다. 열 센서로부터의 결과는 물체의 복사온도 T_{RAD} 측정이다. 종종, 방출온도(Radiant temperature)와 동적온도(Kinetic temperature) T_{KIN}관계에 관심을 갖는다. 만약, 센서가 blockbody에 대한 경우라면 $T_{RAD} = T_{KIN}$일 것이다. 그러나 모든 실제 물체에 대한 방사요소를 계상하여야 한다. 따라서 물체의 동적온도는 물체의 복사온도에 의해 관계된다.

$$T_{RAD} = \varepsilon^{\frac{1}{4}} T_{KIN} \tag{17.11}$$

위 식은 주어진 어느 물체에 대한 복사온도는 항상 동적온도보다 작음을 알려준다. 표 17.2에 이 영향이 나타나있는데, 4가지 물체에 대한 복사온도와 동적온도를 표시한 것으로 이들 물체들은 동적온도는 같지만 방사율은 다르다. 만약, 방사율 영향이 열 탐측결과를 분석할 때 계산되지 않았다면 동적인 온도는 항상 저평가된다.

표 17.2 전형적인 4가지 물질에 대한 동적온도와 방사온도

Object	Emissivity ϵ	Kinetic Temperature T_{kin}		Radiant Temperature $T_{rad} = \epsilon^{1/4} T_{kin}$	
		K	℃	K	℃
Blackbody	1.00	300	27	300.0	27.0
Vegetation	0.98	300	27	298.5	25.5
Wet soil	0.95	300	27	296.2	23.2
Dry soil	0.92	300	27	293.8	20.8

마지막 관점은 지상물체의 표면으로부터 열 센서 복사감지이다. 이 복사는 물체 내부의 온도를 표시할 수도 그렇지 않을 수도 있다. 예를 들어, 낮은 습도의 어느 날 높은 온도를 가진 water body는 증발현상으로 인해 표면에서 냉각작용이 있음이 명백하다. Water body 전체의 온도는 물 표면온도보다 따뜻함에도 불구하고 열 감지센서는 오직 표면의 온도만을 기록하기 때문에 낮게 나타난다.

17.2 열 영상 판독

성공적인 열 영상 해석은 많은 분야에서 행해져 왔다. 이는 암석의 종류와 구조, 단층, 토질 맵, 토양의 습윤도, 관계수로의 유출, 화산의 열 특성 결정, 식물의 증발산, 강과 호수의 플럼나무의 열 특성과 확장, 차가운 물우물의 위치, 온천과 간헐천의 위치, 습지의 생태순환, 산불의 번짐, 쓰레기매립장 또는 폐석탄적제지 화재의 위치결정에 대한 연구 등 다양한 작업을 포함한다.

지질학, 토질 맵 등과 같은 대부분의 열 스캐닝 작업은 본질적인 특성이다. 이들 경우는 지상의 절대온도와 방사율을 아는 게 필요한 것이 아니라 영상 내의 복사온도의 상대적인 차이를 단순히 연구하는 것이다. 그러나 어떤 경우는 절대온도를 결정하기 위한 정량적인 데이터 분석의 경우도 있다. 예를 들어, 열 스캐닝작업이 강력한 도구가 되는데 핵발전소로부터 유출되는 냉각수의 표면온도를 모니터링하는 경우이다.

많은 시간동안 열 스캐닝연구에서 사용돼 왔다. 많은 인자들이 열 데이터를 얻기 위한 최적의 시간과 회수에 영향을 미친다. 과업계획과 영상의 해석은 매일의 온도변화에 대한 영향에 신중해야만 한다. 매일 마다의 방사온도 변화를 그림 17.5에 보였다. 24시간 동안 물, 흙, 암석에 대한 상대적인 복사온도를 표시하였다. 동이 트기 전의 quasi-equilibrium 상태는 복사온도의 크기가 작다. 동튼 후에는 equilibrium이 뒤집어진다. 그리고 정오 정도에 정점에 도달한다. 아마 최대 콘트라스트영상이 이때쯤 얻어질 것이며, 그 후에 냉각된다. 물 및 지형의 온도가 교차하는 지점으로 이들 차이를 구분하기 어려운 시기를 crossovers라 한다. 그러므로 이들을 구분하기 위해서는 시간대를 잘 선택해야 한다.

지표물체에 대한 온도변화율과 극한(피크)을 다른 물체들 사이에서 결정하는 것은 물체의 다음 요소들에 의해서 결정된다.

- Thermal Conductivity(열전도율) : 열이 물체를 통과하는 비율을 측정
- Thermal Capacity(열저장력) : 물체가 열을 저장하는 능력
  → 물은 다른 물체에 비해 열저장력이 매우 높음.
- Thermal Inertia(열관성력) : 온도의 변화에 대한 물체의 반응 측정, 지속력
  → 열관성력이 높은 물체는 낮과 밤 동안에 표면온도가 균일함.
  → 열관성력이 증가하면 열전도율, 열저장력, 밀도가 증가함.

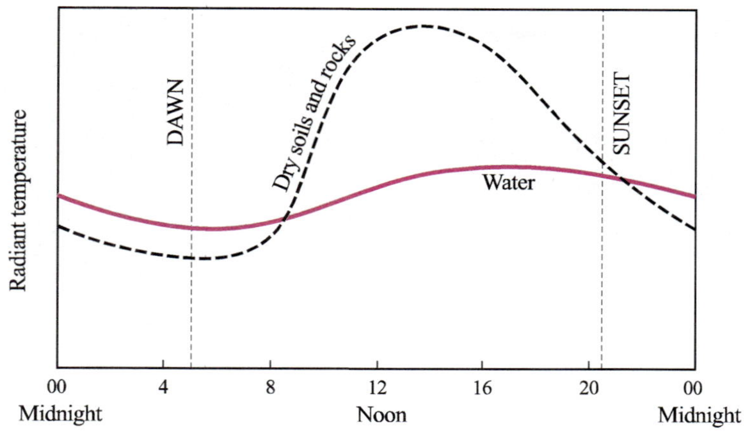

그림 17.5 물과 비교한 흙과 암석의 하루동안의 방사온도의 변화

17.2.1 도심지 수계에 대한 열 영상

낮 동안의 직접적인 햇빛은 물체의 열 특성에 따라 각기 다르게 가열된다. 햇빛은 3~5μm에서 특히 반사가 심하다. 반사된 햇빛은 8~14μm를 사용할 때 별 영향을 미치지 못함에도 불구하고 낮 동안의 영상은 건물이나 나무의 그늘과 같은 차가운 지역을 포함하고 있다. 역시, 경사면은 그들의 방향에 따라 다른 가열을 받는다. 북반구에서는 남쪽사면이 더 많은 열을 받고 남반구에서는 북쪽사면이 그러하다. 많은 지질학자들은 적당히 안정된 온도가 유지될 수 있는 새벽 동트기 전의 영상을 좋아하며 경사면의 방향에 따른 영향도 최소화된 것을 선호한다. 그러나 전체 지역을 열 영상을 획득하는데 어두운 상태에서 모두 하기는 어렵고, 촬영 시 비행기조정사에 의해 보여지지 않아 쉽지 않다. 반면에 보일러실에서 유출되는 것을 스캐닝할 때는 최대출력이 나올 시간에 해야만 한다. 이번 장에서 보인 많은 열 영상은 어두운 톤의 경우 차가운 복사온도, 밝은 톤은 따뜻한 복사온도를 표시한다. 이는 대부분 보편적인 방식이다. 그러나 때로는 기상학적인 응용에서 구름에 보이는 그대로 보존하기 위해 반대로 사용된 경우가 있다.

물(오른쪽에 큰 호수, 중앙 아래에 잎 모양의 작은 연못)은 주위에 비해 낮에는 어둡고 밤에는 밝게 나타난다. 연못 오른쪽 위쪽에 있는 나무도 주위에 비해 낮에는 어둡고 밤에는 밝게 나타났다. 영상의 왼쪽상부에 있는 주택지역의 그림자는 낮에는 많은 곳에서 볼 수 있지만, 밤에는 눈에 띄지 않는다. 포장도로, 주차공간은 밤과 낮 모두 밝게 나타나는데, 이는 낮 동안에 주변보다 온도가 더 올라가고 밤에는 상대적으로 천천히 식으면서 더 높은 온도를 유지하기 때문이다.

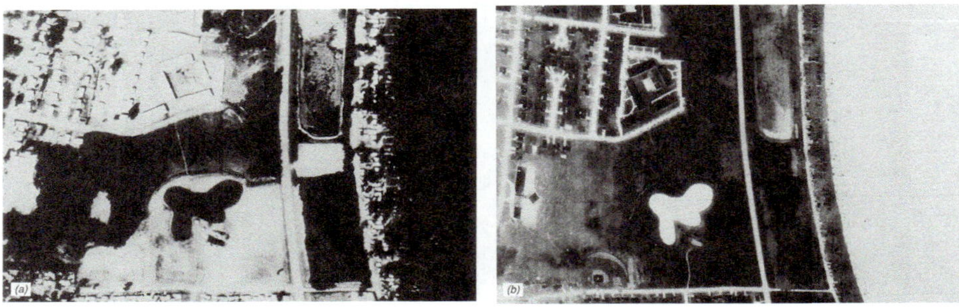

(a) 낮 : 오후 2:40　　(b) 밤 : 9:50

그림 17.6 낮과 밤에 촬영한 열 영상
(Middleton, WI, Courtesy National Center for Atmospheric Research)

17.2.2 농업지역 습지에 대한 열 영상

그림 17.7은 전에 빙하호수의 물가였던 지역을 낮에 촬영한 열 영상이다. 수명을 다한 빙하호수는 지금 주로 경작지로 되어있다. 가장 클 때가 800ha, 최저 수위일 때는 80ha밖에 되지 않은 작은 호수였다. 가장 작은 호수 수위일 때의 비치가 B지

그림 17.7 낮(9:45 am)에 촬영한 열 영상
(Middleton, WI, Courtesy National Center for Atmospheric Research)

역이다. 비치의 둑은 가장 저수위일 때로 B지역으로 나타난다. 이 둑은 오른쪽 아래에서 더 선명한데, 형성될 때 지배적인 바람으로 좌측상단에서부터 형성되었기 때문이다. 둑은 단지 60m의 폭에 주변지역보다 0.5~1.0m 정도 높다. 비치둑은 고운 모래찰흙으로 깊은 모래층 위에 0.3~0.45m 깊이로 표면을 덮고 있다. lakebed soil(A)는 적어도 1.5m 깊이의 실트질 토질로 0.6m 지하수위로 이른 봄에는 연간 젖어있다. 열 영상 촬영당시 이 지역은 모두 작물로 덮여 있었다. 센서는 bare soil 자체가 아니라 그 위에 있는 작물의 방사온도를 감지한다. 현장 방사온도. 측정에 의하여 비치언덕 마른땅위에 작물의 방사온도는 16℃, 반면에 축축하고 실트질의 호수바닥의 온도는 13℃였다. C지역은 나무, D는 작물이 없는 나대지 토양, 그리고 E는 깎아 놓은 잔디이다.

17.2.3 축산지역에 대한 열 영상

그림 17.8(a)에서 9:50PM에는 왼쪽 위쪽에 있던 소떼가 (b)에서 보면 1:45AM에 왼쪽 아래쪽으로 이동했음을 알 수 있다. 그림(a)의 오른쪽 위쪽에 있는 건물은 복사량이 낮은 금속판 지붕으로 이루어져 있어 주변지역보다 방출온도가 낮은 것을

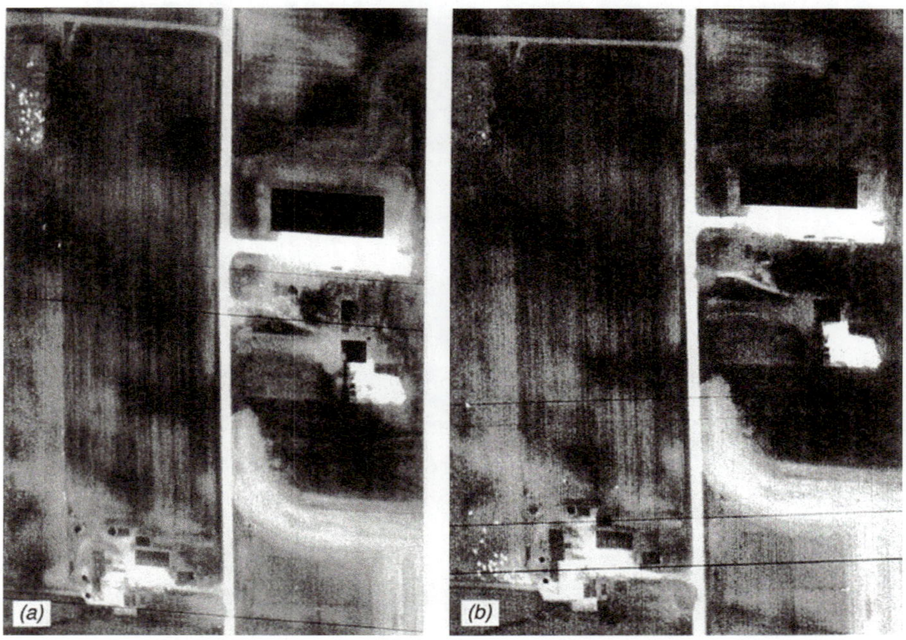

(a) 밤(9:50 pm) (b) 새벽(1:45 am)

그림 17.8 축산지역을 촬영한 열 영상
(Middleton, WI, Courtesy National Center for Atmospheric Research)

알 수 있다. 동적에너지는 주변의 토양보다 따뜻한 반면 복사율이 적은 관계로 복사온도가 낮다.

17.2.4 군사적 목적을 위한 열 영상

그림 17.9는 IFOV 0.25-mrad, 지상해상도 0.3m의 열 영상을 확대한 것이다. 격납고 근처에 세워져 있는 여러 대의 헬리콥터와 두 대의 그림자가 보인다. 이 그림자는 헬리콥터가 세워져 있었음을 의미한다. 이미지의 오른쪽 아래 부분에 두 대의 헬리콥터는 헬리포트에 정지해 있으면서 날개를 돌리고 있음을 알 수 있다.

그림 17.9 낮에 촬영한 열 영상
(Courtesy RECON/OPTICAL, Inc.)

17.2.5 발전소 냉각수에 대한 열 영상

그림 17.10은 화력발전소로부터 뜨거운 냉각수가 미시건 호수로 확산되는 것을 보여준다. 낮에 촬영한 이 열 영상은 발전소의 냉각시스템이 가열된 물을 재순환하

는 시스템을 보여준다. 우측 상단에서 초속 5m로 부는 바람은 흡입수로 쪽으로 흐르는 double back 깃털의 요인이 된다. 주변 호수의 온도는 4°C, 깃털모양의 표면 온도는 11°C로써 흡입수로 쪽의 냉각된 물 온도 6°C의 바로 옆이다. 그림에 보인 것처럼 차가운 겨울에는 발전소의 운영에 아무런 문제가 없다. 그러나 여름에는 흡입되는 물의 온도가 냉각수로써의 온도보다 높기 때문에 운영의 어려움이 발생한다.

그림 17.10 Oak Creek화력발전소의 주간 열 영상
(1:50pm, 800m, IFOV 2.5mrad, Courtesy Wisconsin Dept. of Natural Resources)

17.2.6 건물의 열손실분석을 위한 열 영상

열 영상을 이용하여 건물의 열손실을 연구하는 시도는 여러 도시에서 있었다. 다양한 지붕 표면의 방출온도의 차이를 통해 건물 지붕의 재질을 파악할 수 있으며 같은 건물이라도 거주건물의 지붕, 창고/차고의 지붕에 따라 다르다. 이러한 영상들은 종종 지붕재료가 부적절하거나 훼손된 단열재의 평가에도 활용이 된다. 영상에서 오른쪽 위로부터 왼쪽 아래 대각선 방향으로 생긴 어두운 줄무늬는 눈이 덮인 지표상에 부는 바람의 영향이다. 열 영상은 건물의 지붕으로부터 에너지 방사량을 평가하는 데에도 사용되지만, 지붕표면의 동적온도를 결정하기 위해서는 지붕표면의 복사율을 알아야 한다.

그림 17.8에서의 창고는 sheet metal 지붕으로 낮은 방사율을 보이는데, 이를 예외적으로 하고 지붕의 복사율은 0.88~0.94 사이에서 다양하다(페인트칠한 금속면은 특별한 페인트를 사용한 지붕의 복사율의 특성으로 가정한다).

지붕의 열 영상스캔은 태양열의 영향을 최소화할 수 있는 추운 겨울 일몰 6~8시간 후가 적당하다. 또한 지붕은 눈으로 덮여 있거나 젖어 있으면 안 된다. 스캐너영상의 side-looking센서 특성 때문에 스캐너는 비행기 바로 아래 건물 옥상을 수직으로 본다. 영상의 가장자리는 건물의 측면과 지붕이 혼재되어 나타난다. 지붕이 경사지면 온도에도 영향을 준다.

밤하늘을 향하고 있는 편평한 지붕은 20~30℃ 분포를 보이는데 방사에 의해 열이 소실되므로 주변 온도보다 낮게 나타나고, 경사진 지붕은 건물이나 나무의 열 방출을 받아들이기 때문에 편평한 지붕보다 기온이 더 높게 나타난다.

항공 열영상에 의한 열손실 매핑 시 지붕으로부터의 손실은 빌딩 전체의 열손실에 대해 일부분이라는 점을 인식해야 한다. 즉, 건물의 열손실은 벽체, 창문, 바닥을 통해서도 발생한다는 것이다. 일반적으로 가옥은 지붕을 통해 10~15% 정도의 열이 소실된다(천정이 단열이 잘 안 되는 집은 더 높음).

항공 열영상에 대한 대안이나 보충적으로 지상 열영상 스캔시스템을 사용할 수 있다. 이 영상시스템의 적용범위는 전기장비의 오류를 찾아내는 범위부터 의료적인 응용뿐 아니라 공업적인 프로세스의 모니터링까지이다. 검출기의 사용에 따라 3~5μm 또는 8~14μm 파장밴드를 사용한다. 3~5μm 범위의 사용은 영상에 햇빛의 반사가 포함되지 않도록 주의하여 스캔해야 한다.

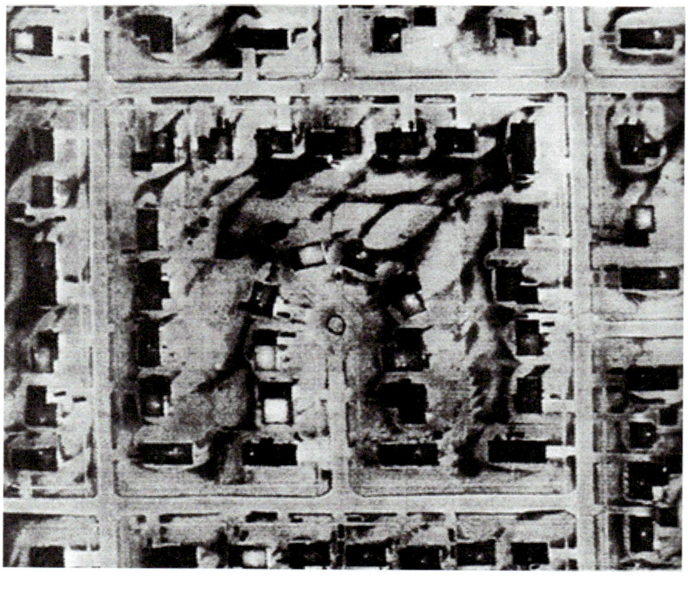

그림 17.11 Lowa city의 건물의 열손실 예측을 위한 야간 열 영상 (새벽 2:00, 지표에는 눈이 쌓여 있으며 기온은 약 -4℃)

17.2.7 시설물 유지보수를 위한 열 영상

그림 17.12는 코넬대학 내의 아치교를 지나는 스팀파이프에 대해 스캔한 열 영상이다. 교량은 철근콘크리트구조물로 되어있으며, 단열재로 둘러싸여 다리를 지난다. 그러나 이 단열재의 문제로 인해 열손실이 발생하였고, 이를 (a)에서와 같이 확인하였다. 단열재를 보수한 후의 열 영상에서 확인되는 것처럼 열손실이 매우 감소한 것을 볼 수 있다.

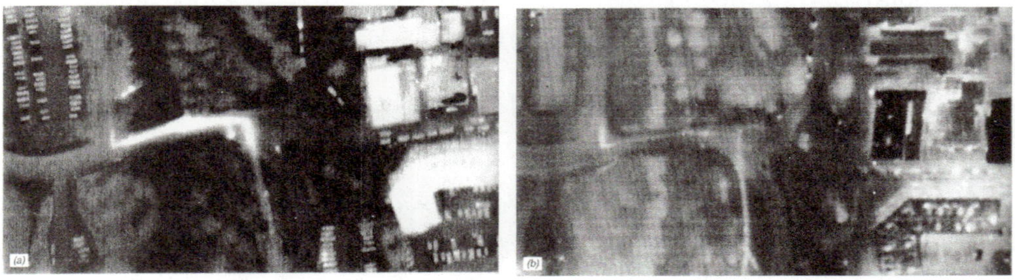

(a) 수리 전 (b) 수리 후

그림 17.12 난방파이프의 열손실을 보여주는 열 영상, Conell Univ., NY
(Coutesy Conell Univ. & Daedalus Enterprises Inc.)

NASA의 열적외다중파장 스캐너(TIMS)는 분광대 중 열적외선 영역에서 작동되며 8.2~12.2μm 사이 6개의 좁은 밴드를 가지고 있다. 이 장비는 지질학적 지도 작성용으로 널리 쓰이는데 다양한 광물, 특히 실리케이트의 유무를 검사하는데 사용되는데, 이는 8~14μm에서 구분이 되기 때문이다.

17.3 열 스캐너의 방사보정(Radiometric Calibration of Thermal Scanners)

기하학적인 완전성의 결여는 열 영상을 정밀한 매핑수단으로 사용하는데 제약이 된다. 이러한 이유로 종종 일반 사진촬영을 동시에 한다. 그러나 밤에 촬영할 경우에는 사진촬영도 불가능하기 때문에 이러한 경우에는, 열 영상을 촬영하기 전이나 후에 주간촬영을 한다. 열 영상의 위치정확도를 확보하기 위해서이다. 또한 정확한 방사정보를 얻기 위해서는 방사보정이 요구된다. 일반적인 검정방법에는 다음과 같다.

① Internal blackbody source referencing
② Air-to-ground correlation

첫 번째 방법은 대기의 영향을 고려할 수 없고, 두 번째 방법은 가능하다.

17.3.1 내부흑체 참조 방법(Internal blackbody source referencing)

최근의 열 스캐너는 보통 내부온도 참조기능을 포함하고 있다. 이는 두 흑체방사원이 위치되어있어 매 스캔동안 스캐너 미러에 의해 보여진다. 이 방사원의 온도는 정밀하게 조절되며 지상에서 조사된 제일 차가운 온도와 따뜻한 온도로 세팅된다. 정밀하게 조절된 두 흑체의 검정 소스와 지표에 대한 열 신호를 비교함으로써 센서 검정을 위한 수학적 관계가 설정된다. 그림 17.13은 내부적인 검정된 스캐너의 내부모양을 나타낸 것이다. 스캐너의 화각에 대한 참조소스 또는 "plates"의 배열은 그림 17.13(a)에 보였다. 스캐너 미러는 연속적으로 차가운 온도 참조플레이트(T_1)를 보고 그 다음 지상을 스캔한다. 그리고 마지막으로 따뜻한 온도 참조플레이트(T_2)를 본다. 두 온도 플레이트에서의 스캐너 결과는 영상데이터와 함께 저장된다. 이는 참조를 다른 스캐너 결과값에 의해 지속적으로 갱신함으로써 절대복사온도에 관계되게 한다. 대기효과가 없고, 맑은 날일 경우 600m 고도에서의 0.3°C 이하의 차이가 발생한다. 그러나 아직 내부검정방법은 대기의 영향을 고려하지 않았다. 이전의 많은 미션 결과, 고도 300m에서 2°C 정도의 편차(Bias)가 발생했다.

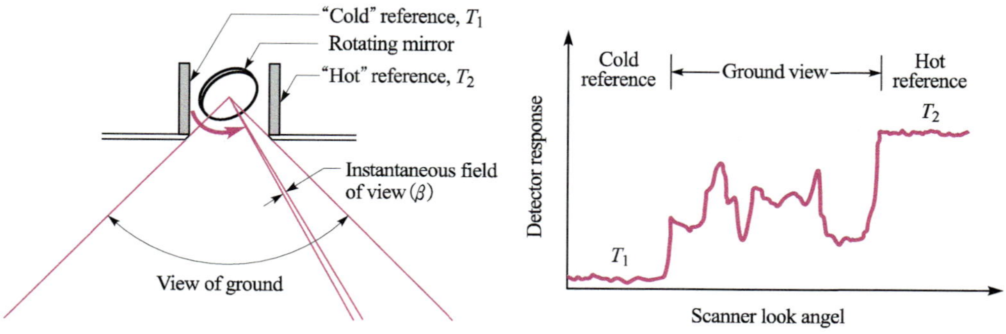

(a) 참조플레이트 배치 (b) 단일라인에 대한 전형적인 검출결과

그림 17.13 내부흑체기준 검정

17.3.2 공중과 지상의 상관관계 이용방법(Air-to-ground correlation)

대기영향은 열스캐너의 검정을 이론적 대기모델(Theoretical atmospheric models), 경험적 대기모델(Empirical atmospheric models)을 이용함으로써 설명할 수 있다. 이론적 대기모델은 여러 가지 환경적 인자(온도, 압력, CO_2 농도)를 사용하여 수학적인 관계를 정의한다. 그럼으로써 감지된 신호에 대한 대기의 영향을 예측한다. 이러한 측정과 모델링이 복잡하기 때문에 이들 영향은 스캐너데이터와 실제 지표에서 측정한 값을 상호 관계시켜 소거한다(경험적인 bias에 대해).

대기-지상관계는 thermal water quality의 검정을 위해 빈번히 적용된다. 뜨거운 물을 방출할 때 얻어진 데이터, 비행기에서 스캔할 때 지상에서도 동시에 온도측정이 이루어진다. 온도측정장비(온도계, thermistor, thermal radiometer)를 탑재한 보트를 사용한다. 넓은 지역의 경우 하나의 포인트 데이터로 간주하여 사용한다. 그림 17.14는 스캐너 결과값과 라디오메터로 측정한 방사온도의 상관도를 이용한 검정의 예이다.

한번 검정관계가 정의되면 (통계적으로 회기분석한 결과) 지상 참조데이터가 없더라도 온도추정수단으로 이용된다.

그림 17.15는 공중-지상의 측정값의 상관관계를 위한 휴대용 열 방사측정기(8 ~ 14μm)의 예를 든 것이다. −40°C~100°C 범위에서 0.1°C 해상도로, 정확도 0.5°C로 측정한다. 이 장비는 수목의 스트레스 측정용으로 LCD창에 dry-bullb air temp를 보여주며 방사온도와 대기의 온도차를 보여준다.

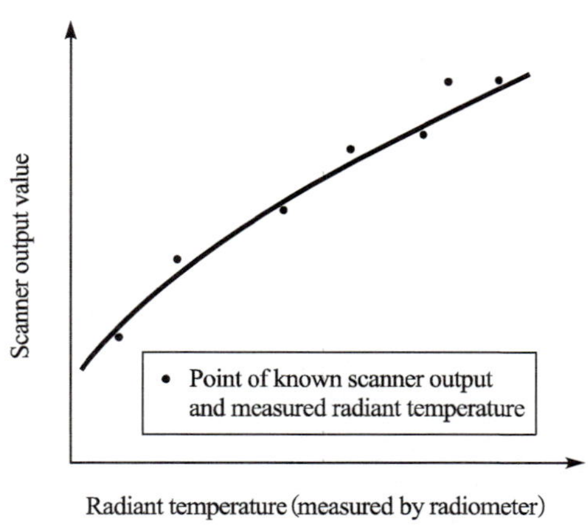

그림 17.14 스캐너 결과값과 라디오메터로 측정한 radiant 온도의 상관도를 이용한 검정의 예

그림 17.15 적외선온도계 (Courtesy Interscience Inc.)

17.4 열 스캔데이터를 이용한 열지도 작성

열 스캐닝기술의 많은 응용에 있어 가장 관심 있는 것이 표면의 온도분포에 대한 지도를 만드는 것이다. 열 스캐너에 의해 수치자료로 저장되면 처리, 분석하고 그리고 다양한 방법으로 디스플레이 한다. 예를 들어, 상대스캐너 결과값과 절대지상온도에 대한 상관관계가 개발되어온 스캐너 데이터를 생각해 보자. 검정관계는 각각의 포인트에 대한 수치데이터로 절대온도값의 행렬을 만드는데 응용할 수 있다.

검정관계의 정밀한 형태는 온도영역에 대해 변동적이지만, 수치데이터를 복사강도(Radiant exitance)로 선형 피팅하여 적절하게 한다. 이러한 가정 하에 스캐너에 의해 기록되는 DN은 다음과 같이 표현할 수 있다.

$$DT = A + B\varepsilon T^4 \tag{17.12}$$

A, B : sensor calibration에 의해 결정되는 시스템 반응인자
ε : 관측지점의 복사율
T : 관측지점에서의 동적온도

A와 B가 일단 결정되면 어떤 관측된 DN값에 대한 동적온도는 다음과 같다.

$$T = \left(\frac{DN - A}{B\varepsilon}\right)^{\frac{1}{4}} \tag{17.13}$$

미지수 A, B는 내부흑체 검정이나 공중-지상 상관관계에서 구한다. 일치하는 두 개의 온도 T와 DN값이 있으면 미지수 A, B를 구할 수 있다. 일단 A, B가 결정되면 DN값과 복사율만 알면 식 (17.13)에 의해 어디라도 지상의 동적온도를 알 수 있다.

17.5 FLIR(Forward Looking InfraRed) 시스템

항공기 밑 부분이 아니라 앞쪽의 경사방향에 의한 항공 열영상에 대해 알아볼 필요가 있다. FLIR은 비행방향 전방에 대한 경사영상을 얻을 수 있는데 그림 17.16은 FLIR에 의해 획득한 두 개의 영상을 보여준다. (a)는 주간에 저장탱크에 대한 영상을 획득한 것이다. 각 탱크마다 저장높이를 주목해보자. 꽉 찬 탱크가 있는가 하면 비워진 탱크도 있다. 이러한 정보는 일반 가시광선의 사진에서는 불가능한 일이다. 개념적으로 FLIR시스템은 across-track line 스캐닝시스템과 동일하다. 그림 (b)에서 주차되어 있는 차량의 열 그림자와 오른쪽 중간부분의 보행자를 주목하자. 차가 주차해 있다가 떠났음을 알 수 있다. 이 장비는 무겁지 않아서(30kg) 휴대하기 쉽고 항공기나 헬리콥터의 환경에서도 작동 가능하므로 주로 군용으로 많이 활용되고 있다, 민간분야로는 오염시스템, 소방작업, 송전선로의 유지관리, 법집행(Law enforcement) 야간의 차량비전시스템으로도 활용할 수 있다.

(a) 저장탱크(Courtesy Texas Instruments, Inc.)

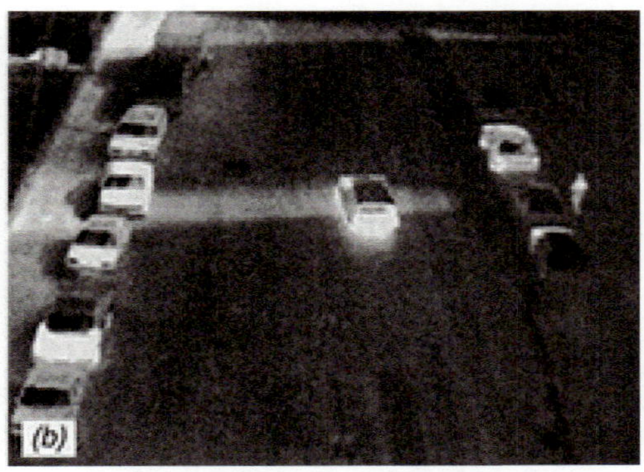

(b) City street(Courtesy FLIR Systems, Inc.)

그림 17.16 FLIR images

CHAPTER 18

레이더 원격탐측

가시영역에 대한 분광정보를 획득하는 센서의 경우에는 지상이 어둡거나 구름 또는 안개가 끼어있을 경우 원하는 영상을 얻을 수가 없다. 레이더는 장파장마이크로파를 이용함으로써 어떠한 환경에서도 영상을 얻을 수 있으므로 자연재해용도로 관심이 높아지고 있다. 또한 지상까지의 거리 측정이 가능하므로 DSM의 구축도 용이하다. 우리나라 위성의 경우 KOMPSAT 5호가 레이더 위성으로 야간 또는 구름이 있는 경우에도 관측이 가능하며 KOMPSAT 3호와 함께 전천후 지상 모니터링이 가능하다.

18.1 레이더파의 특성

일반적인 광학센서는 빛을 이용하므로 캄캄한 밤이나 구름이 낀 경우에는 영상획득이 불가능하다. 그러나 장파장 극초단파를 이용하면 이러한 날씨 문제를 해결할 수 있다. 어떠한 장애요소가 있어 맨눈으로는 알아볼 수 없는 물체나 대상을 탐지하거나 위치를 파악하는 데 쓰이는 전기적 체계(System)이다. 마이크로파를 발사하고 대상(물체)에 반사된 전파를 수집하여 증폭 분석하는 능동적 센서이다.

그림 18.1 레이더파

이러한 탐측을 레이더원격탐측이라 한다. 구름, 식물, 건조한 토양, 건설(乾雪) 등을 투과하는 특성이 있으므로 날씨에 관계없이 측량이 가능하다.

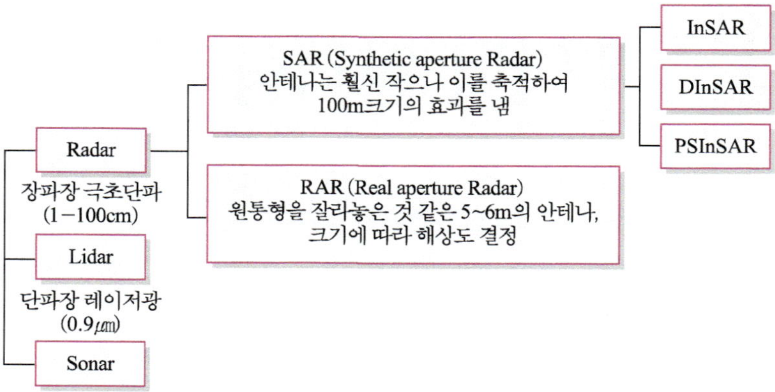

그림 18.2 레이더 측량 방식의 종류

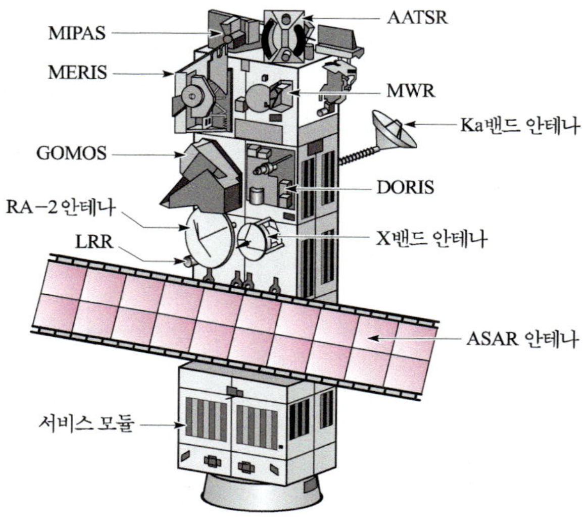

그림 18.3 ENVISAT(solar cell 제외)

그림 18.4 ENVISAT의 레이더안테나

18.2 레이더위성

(1) Seasat–1 : 1978년 발사되었으며 해양연구용으로 고도는 800km, 99일 만에 실패하였다. 1984년 10월 기간 중 Space Shuttle에서 SIR–B 실험이 수행되었다. HH 편광모드를 지닌 L–밴드 시스템이 이용되었다.

(2) SIR–A, SIR–B : 이 시스템의 중요한 차이점은 다양한 Look Angle(15~60°의 범위)로 지구를 향해 레이더 신호의 빔을 비출 수 있도록 기계적으로 경사가 가능

한 안테나가 SIR-B에 장착되었다는 점이다. 레이더 반사에 대한 다양한 입사각의 효과를 평가할 수 있는 과학적인 연구 기회를 제공한 것이다. 또한 입체 레이더 영상의 획득도 가능하게 되었다.

(3) Comos-1870 : 소련이 발사한 실험적인 SAR 시스템으로 1987년 7월에 발사하여 이를 운영하였다. 이 시스템은 소비에트 Proton 발사대에서 발사되었고, 중량은 18.5ton이었다. 이 시스템은 거의 2년 동안 운영되었고, 육지 지역과 전 세계 해양 지역 모두에서 막대한 양의 레이더 영상을 획득하였다. 이들 영상이 시스템 운영 중인 시기에는 널리 이용되진 않았지만, Comos-1870은 Almaz-1호 위성의 디자인 및 운영 능력을 비준하는 원형의 역할을 하였다.

(4) Almaz-1 : 소련이 1991년 3월 31일 발사로 인해 상업용 목적으로 지구궤도에 레이더시스템을 운영하는 최초의 국가가 되었다(소련 해체 이전). 이 시스템은 기상조건이나 시간에 관계없이 고해상도의 레이더 자료를 제공할 수 있는 능력을 지니며, 위성에서 이용되는 원격탐측의 새로운 시대를 열었다. Almaz-1호는 약 18개월 동안 운영된 후 1992년 10월 17일에 지구로 귀환하였다. 또 다른 Almaz 임무가 소련의 해체 이전에 계획되었다. Almaz-1호는 300km의 고도에 발사되었으며, 남 북위 73°를 가로지르는 궤도를 가지고 있었다.

(5) ERS-1 : European Space Agency(ESA)는 1991년 7월 17일에 ESA의 최초 위성인 ERS-1을 발사하였다. 이 위성은 2~3년의 생명을 갖도록 계획되었고, 후임 위성인 ERS-2가 그 다음 2~3년 동안 자료를 제공하도록 디자인되어 있다. ERS-1은 98.5°의 경사를 지닌 태양동기궤도 위성이다. 이 시스템의 고도는 785km이다.

(6) JERS-1 : 일본의 NASDA(National Space Development Agency)에서 개발된 이 위성은 1992년 2월 11일에 발사되었다. JERS-1은 두 개의 광학 센서(OPS)와 HH 편광모드를 지닌 L-밴드(23cm)의 SAR 시스템을 지니고 있다. 이 레이더시스템은 해상도가 18m이고, 관측각(Look Angle) 35°로 75km의 폭을 지닌 영상을 생성한다. JERS-1은 568km의 상공에서 경사기울기 98.5°를 지닌 태양동기궤도이며, 1998년 말에 임무를 마쳤다.

(7) Radarsat : 1995년에 발사된 이 위성은 캐나다 최초의 원격탐측용 위성이다. Radarsat의 생명은 약 5년이며 궤도는 태양동기, 798km의 고도, 98.6°의 경사각을 갖는다. 한 궤도를 도는 시간은 100.7분이고 동일 궤도에 다시 돌아오는 시간은 24일이다.

(8) KOMPSAT 5호 : 2013년 6월에 발사된 우리나라 SAR 위성이다. 궤도는 550km 이며, 하루에 2회 지구를 선회하며 아리랑 2, 3호와 더불어 하루 4회 한반도를 관찰하고 있다.

18.3 레이더 원격탐측의 원리

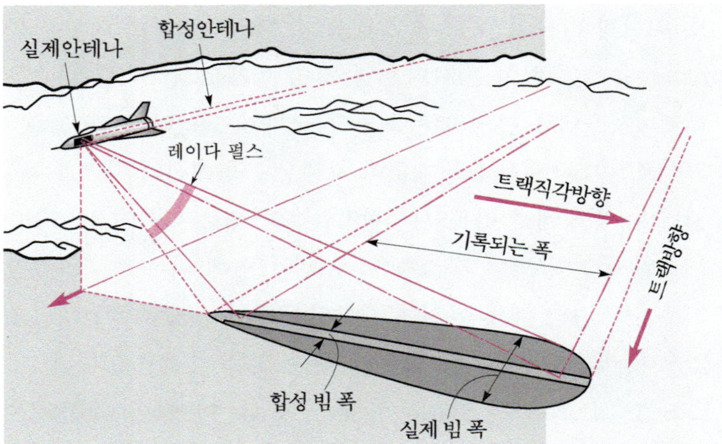

그림 18.5 레이더 주사원리

SLAR 영상에서의 지형은 사진이나 스캔 영상과 근본적으로 다르다. SLAR는 각도 측정 시스템이라기보다 거리측정시스템이기 때문에 기본적으로 차이가 발생하는 것이다. 지형이 다양하고, 변화하는 영상에서 이러한 영향이 두드러진다. 우리는 이 책에서 SLAR 영상의 취득과 해석에 대해 다음과 같은 지형적인 요소들만 살펴볼 것이다(축척왜곡, 기복변위, 시차).

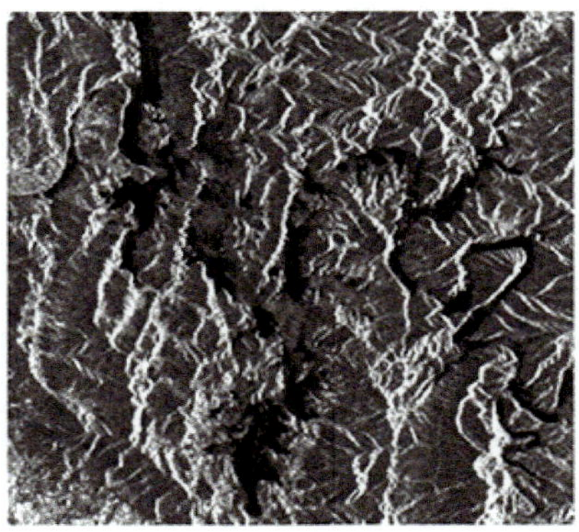

그림 18.6 레이더 영상(대청댐 유역)

18.3.1 경사거리 상의 축척왜곡(Slant-Range Scale Distortion)

SLAR 시스템은 두 종류의 영상기록시스템 중에서 하나를 이용한다. 경사거리 영상기록시스템은 일정한 CRT 스캔비율로 각 라인들을 기록한다. 따라서 경사거리 영상에 기록되는 신호들의 공간은 이웃하고 있는 지형 물체들에서 돌아오는 에코들 사이의 시간간격과 직접적인 비율이다(즉, 반사된 신호가 되돌아오는 시간 비율에 따라 경사거리 영상에 기록된다). 이러한 시간 간격은 센서와 관측 물체 사이에서 수평적인 거리가 아닌 경사거리에 대한 비율이다. 지상거리 영상기록시스템에서 CRT 스캔은 지형 물체들의 수평적인 지상거리에 따라 영상에서 각 지점들의 공간적인 위치가 결정된다.

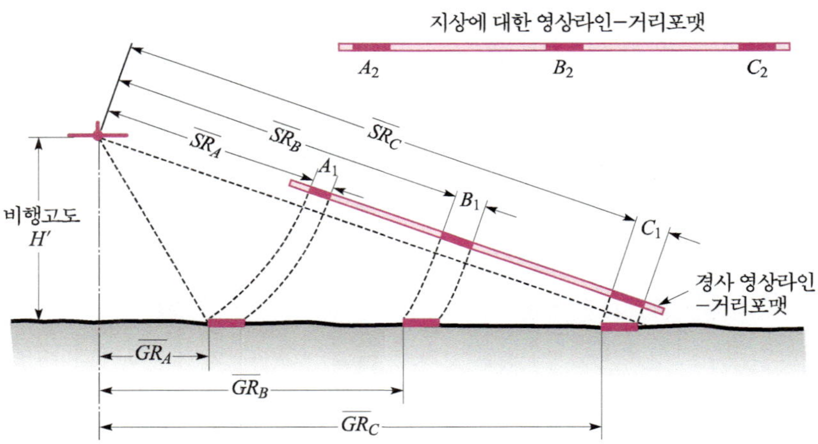

그림 18.7 경사거리와 지상거리 영상형태

그림 18.7은 경사거리와 지상거리 영상기록방식의 특성을 보여주고 있다. A, B, C는 동일한 크기의 물체이며, 떨어져있는 거리도 동일하고, 각각 가까운 거리, 중간, 가장 먼 거리상에 위치해 있다. 연직점에서 각 지점들 사이의 지상거리는 각각 GR_a, GR_b, GR_c이다. 직접적으로 신호가 되돌아오는 시간과 관련이 있기 때문에 경사거리 영상은 각 물체들 사이의 거리도 동일하지 않고, 각 물체들의 폭도 다르게 보여준다. 그로 인해 영상의 축척이 변하는데 연직점에 가까운 지역에서 축척왜곡이 최소이고, 연직점에서 가장 먼 지역에선 최대의 축척왜곡이 나타난다. 따라서 경사거리상에서 표현하면, 물체의 폭은 A<B<C이고 거리는 AB<BC로 나타난다. 이러한 과정을 수정한다면, 기본적으로 일정한 축척의 지상거리 영상에서 각 물체의 길

이는 A=B=C가 되도록 만들 수 있고, 거리도 AB=BC가 되도록 만들 수 있다.

경사거리 영상 고유의 축척 왜곡은 정밀한 면적 측정용 지도 작업에서 Radar 영상의 이용을 어렵게 한다. 그러나 지형이 평평하다는 가정 하에, 비행고도 H'와 경사거리 SR에서 지상거리 GR을 계산해낼 수 있으며, 식은 다음과 같다.

$$SR^2 = H'^2 + GR^2 \tag{18.1}$$

여기서 $$GR = (SR^2 - H'^2)^{1/2} \tag{18.2}$$

따라서 비행고도를 알고 있다면 영상의 경사거리에서 지상거리를 계산해낼 수 있다. 지구가 평평하다고 가정했던 것을 명심해야 한다. 또한 비행변수들도 거리와 방위각 축척에 영향을 미친다는 사실도 명심해야 한다. 거리 축척은 비행고도의 차이에 따라 변하며, 방위각 축척은 항공기의 지상속도와 CRT를 지나가는 필름 전송속도 사이의 동기화(Synchronization)에 따라 변한다. SLAR 자료의 취득 및 수집 시 일정한 축척을 유지한다는 것은 매우 복잡한 작업이다. 거리 방향(혹은 트랙 직각방향)의 축척이 광속에 의해 결정되는 반면, 방위각 방향(트랙방향)의 축척은 비행속도에 의해 결정된다. 이러한 각각의 축척들을 조정하여 동일하게 만들기 위해 비행변수의 엄격한 제어가 요구된다. 대부분의 시스템에서 이를 위해 관성항법 제어시스템(Inertial navigation and control system)을 이용한다. 이 장치는 적정한 경로를 따라 적절한 비행고도를 유지하도록 비행기를 인도한다. 각도 센서들은 비행기의 Roll, Crab, Pitch를 측정하여 모든 비행경로에 대해 일정한 안테나 빔 각도를 유지하도록 해준다. 항법시스템은 또한 비행기의 지표 속도에 따라 필름 기록 속도를 동기화하는데 필요한 결과물도 제공한다.

18.3.2 기복변위(Relief Displacement)

라인 스캐너 영상과 마찬가지로, SLAR 영상의 기복변위도 일차원적이며 비행경로에 직각이다. 그러나 스캐너 영상이나 항공사진과 달리, SLAR 영상에서 기복변위의 방향은 반대이다. 이는 레이더 영상이 지표 물체에서 안테나까지의 거리를 표현하기 때문이다. 수직적인 물체가 레이더 펄스를 받으면, 물체의 상단이 하단보다 먼저 펄스를 받는다. 따라서 수직물체의 상단에서 되돌아오는 신호는 하단에서 반사된 신호보다 먼저 안테나에 도달할 것이다. 이런 현상은 수직물체가 연직점 쪽을 향해 기운 것처럼 보이게 하고, 물체가 가까이 있는 것처럼 보이는 'Layover' 현상을 일으킨다. 이러한 'Layover' 현상의 효과는 가까운 거리일수록 심하며, 항공사진 측량에서의 기복변위와 비교하여 그림 18.8에 묘사하여 놓았다.

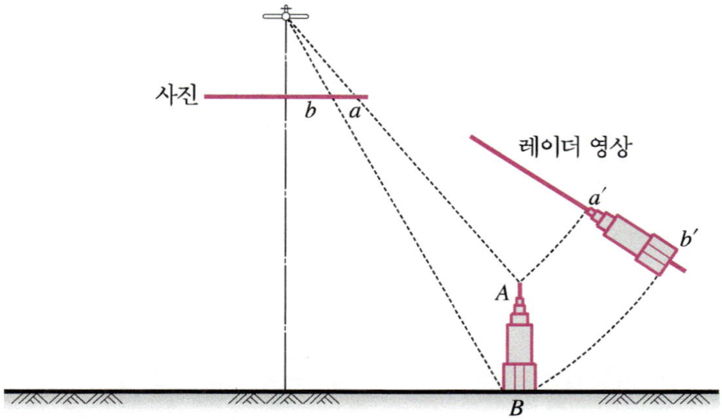

그림 18.8 SLAR 영상과 사진에서의 기복변위

연직점에 가까운 지역에서 안테나를 바라보고 있는 지형의 사면은 레이오버 효과가 강하다. 이러한 현상은 하향각이라 표현되는 레이더 펄스의 방향에 수직인 선분보다 지형사면의 경사가 더 큰 경우 발생한다. 이러한 상황은 그림 18.9의 A와 B 물체 좌측면에서 나타난다. 그로 인해 A와 B 사면의 정상은 하단부분보다 먼저 영상화될 것이고, 레이오버 현상이 발생된다. 하향각이 크고, 짧은 거리일수록 레이오버가 발생되는 양이 많아진다는 것을 알 수 있다.

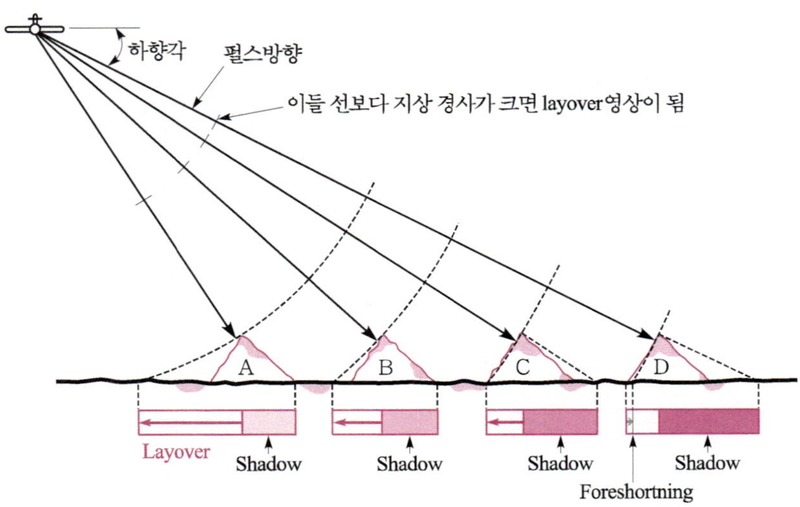

그림 18.9 SLAR 영상에서 지상기복의 영향

안테나를 마주보고 있는 사면이 하향 방향에 수직인 선분보다 덜 가파른 경우, 즉 그림 18.9의 D에선 레이오버가 발생하지 않는다. 즉, 레이더 펄스는 물체의 상단보다 하단에 먼저 도달한다. 그러나 이 물체의 사면은 실제 크기대로 표현되지는 않을 것이다. D 물체에서 보는 것처럼, 경사면의 크기가 영상에선 압축될 것이다. 이러한 단축(foreshortning) 효과는 사면의 경사가 하향 방향에 수직인 선분에 가까울수록 심해진다. C 물체에서 앞 사면이 하향 방향에 거의 수직이고, 그로 인해 앞 사면의 영상은 길이가 0인 단축이 일어난다는 것을 알 수 있다.

단축과 레이오버는 확실히 레이더 그림자 현상과 관련이 있다. 오른쪽 사면의 경우 레이더 안테나로 되돌아오는 신호가 거의 없거나 적을 것이다. 그림 18.9에서 물체 A의 오른쪽 사면은 항공기의 반대방향이지만, 하향각보다는 경사가 적기 때문에 레이더의 펄스가 미소하게 반사되어 올 수 있다. 그렇지만 매우 약하게 비춰질 것이고, 되돌아오는 신호가 매우 미약하여 영상에서 거의 어두운 지역으로 보일 것이다. 물체 B에서 오른쪽 사면은 하향각에 평행하고, 어떠한 펄스도 비춰지지 않을 것이다. 그로 인해 안테나는 그 지역에서 신호가 되돌아올 시각에 어떠한 신호도 얻지 못할 것이고, 이 지역은 영상에서 완전히 검게 나타날 것이다. 사면이 항공기의 반대편이고, 하향각보다 경사가 높은 경우(물체 C와 D 같이), 사면에 어떠한 펄스도 비춰지지 않을 것이고, 거리가 증가함에 따라 고도가 낮아지는 물체(Down-Range Feature)는 레이더 그림자로 마스킹될 것이다. 그림 18.9에서 보는 바와 같이 그림자의 길이는 거리가 증가함에 따라 늘어나는데, 이는 거리가 증가함에 따라 하향각이 감소하기 때문이다. 또한 물체(D)와 같이 먼 거리에 존재하기 때문에 광대한 그림자를 보이는 물체도 가까운 거리(A)상에 위치한다면 모든 지역이 펄스로 비추어질 수 있다.

시각적인 이해를 돕기 위해 지상피라미드의 예를 그림 18.10에 보냈다. 일반 항공사진의 경우에는 수직 아래에 촬영이 되어야만 정상적인 사각뿔의 모양으로 보이겠지만 레이더영상에서는 위에서 설명한 Layover효과로 인해 그림 18.10의 (a) 그림처럼 꼭지점이 피라미드 중심의 왼쪽으로 왜곡이 생기게 된다. 즉, 꼭대기에 반사된 레이더파가 먼저 도달하기 때문이다. 이러한 현상은 연직점으로부터 거리가 멀어질수록 완화되며 나타난다.

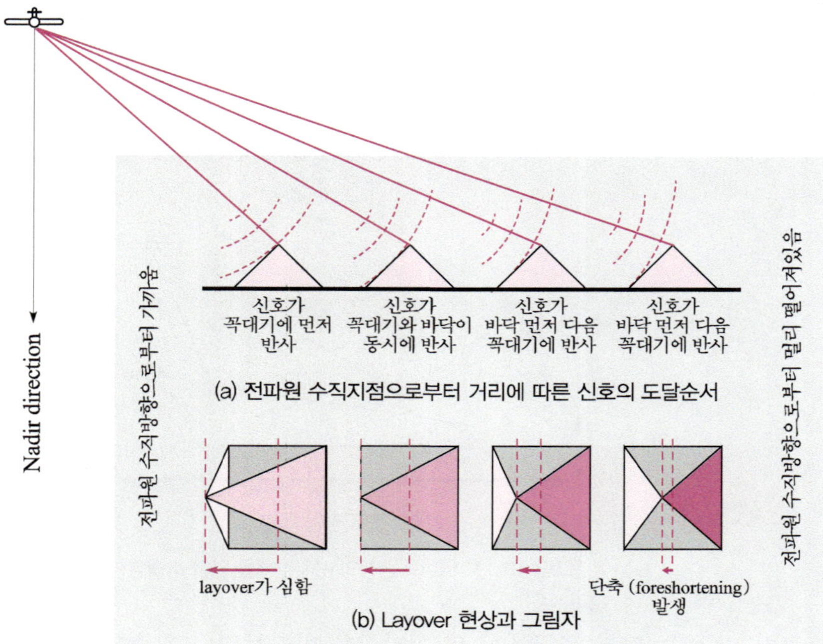

Remote sensing

그림 18.10 레이더 영상에서 기복변위와 그림자

18.3.3 시차(Parallax)

어떤 물체가 서로 다른 비행경로들에서 두 번 영상화된다면, 서로 다른 기복변위는 SLAR 영상에서 영상시차(Image Parallax)를 발생시킨다. 이 영상시차는 영상을 입체적으로 볼 수 있도록 만들어 준다. 스테레오 SLAR 영상은 동일한 지역을 서로 평행하며, 다른 방향에서 바라보는 비행경로를 비행하여 얻을 수 있다(그림 18.10(a)). 그러나 스테레오 쌍인 두 영상에 레이더 측면조명 효과가 반전되어 있기 때문에 서로 다른 방향의 영상을 이용하는 기법을 이용하면 입체시가 좀 어렵다. 따라서 스테레오 레이더 영상은 동일한 궤도이지만 고도가 다른 비행 상태에서 얻어진다. 이러한 효과를 고도시차(Altitude parallax)라 한다. 이 경우 펄스가 비춰지는 방향과 측면조명 효과는 두 영상에서 비슷하다(그림 18.10(b)). 또한 같은 고도이지만 좀 떨어진 상태의 연속된 비행라인에서 안테나 하향각을 변화시켜 동일한 방향에서도 스테레오 레이더 영상을 얻을 수 있다.

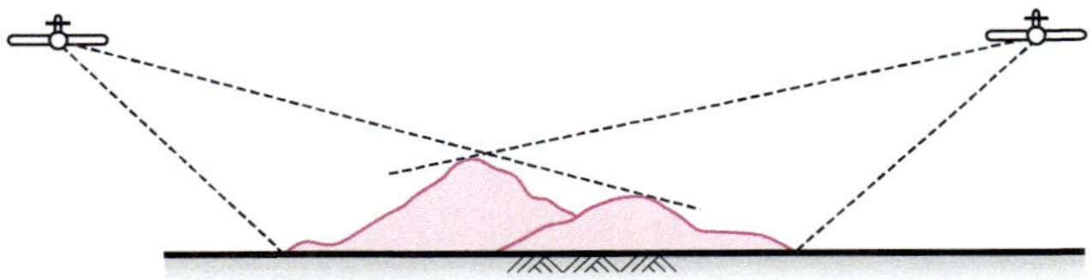

(a) 반대방향 측량

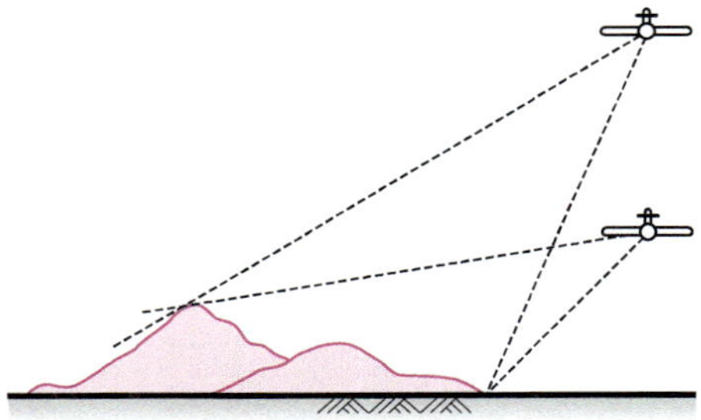

(b) 같은 방향 측량

그림 18.11 SLAR 영상의 시차발생을 위한 비행방향

그림 18.12는 다른 고도에서 왼쪽 방향을 바라보면서 관측하여 생성된 스테레오 레이더 영상을 보여주고 있다. 오른쪽 영상에 좀 더 큰 그림자들이 존재한다는 것을 알아볼 수 있다. 이것은 오른쪽 영상보다 왼쪽 영상이 좀 더 높은 고도에서 얻어졌다는 것을 의미한다.

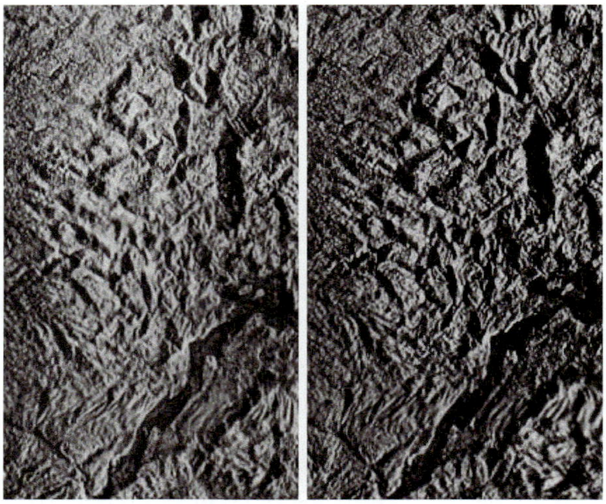

그림 18.12 동일비행코스에서 비행고도를 달리하여 얻은 입체 SLAR 영상, X벤드, 합성개구식 (Western Geography com., Goodyear Aerospace corp.)

이와같이 레이더 영상은 입체시가 가능한 것뿐만 아니라, 영상시차(Image Parallax)가 측정되고 물체들의 적절한 고도를 계산하는데 이용되기도 한다. 항공사진과 마찬가지로 스테레오 모델을 형성하는 두 영상에서 영상의 상호변위(Mutual image displacements)를 측정하여, 시차가 결정된다. 이러한 측정은 레이더 과학의 한 분야이며, 여기에서는 다루지 않는다. 그림 18.12에서의 명암은 일반 사진에서의 햇빛의 강조와는 다르다는 것을 이해해야 한다. 그림 18.13에서와 같이 레이더 영상에서는 빛의 밝기가 아니라 레이더파의 반사강도가 클수록 밝게 기록된다. 따라서 레이더파에 직각인 사면일수록 강한 반사가 일어나 밝게 나타난다.

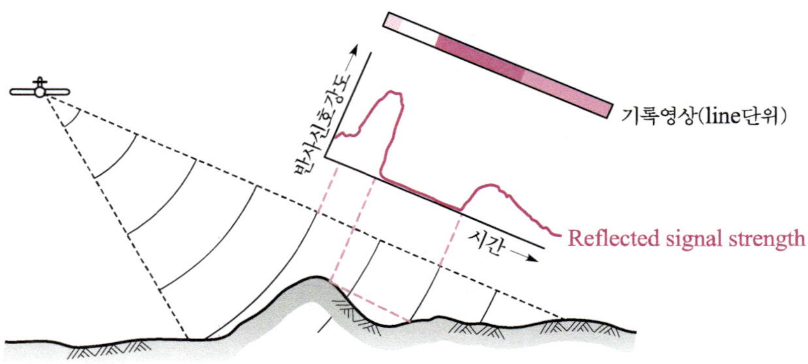

그림 18.13 센서와 지상의 기하하적 관계에 따른 레이더 영상

Hyperspectral Remote sensing

원격탐측은 분광반사율이 파장에 따라 다른 특성으로부터 대상물의 정보를 파악한다. 따라서 감지할 수 있는 분광해상도가 높다면 보다 자세하고 정확한 분석이 가능하다. 즉, 수집할 수 있는 다양한 파장대의 영상이 많을수록 대상분을 정확히 분류할 수 있다는 것이다. 본 장에서는 이러한 목적으로 개발된 하이퍼스펙트럴 영상의 분석과 응용에 대해 기술하였다.

19.1 하이퍼스펙트럴영상의 분광반사율

12.1.4절에서 하이퍼스펙트럴 센서와 원리에 대해 설명하였다. 본 장에서는 실제 하이퍼스펙트럴 영상을 이용하여 분석하는 방법을 설명하고자 한다.

그림 19.1은 파장대 2.0~2.5μm에서 여러 가지 일반 광물들의 반사율 분광특성 비교한 것이다. 중복을 피하기 위해 수직적으로 도시하였다. 이 파장범위에서 다양한 광물질에 대한 특징적인 흡수양상에 주목할 필요가 있다. 이 그림에는 또한 Landsat TM과 ETM+의 밴드 7의 내용도 있다. Landsat TM의 band 7에서는 band 0.27μm 범위에서 하나의 데이터 반응만 얻었지만 Hyperspectral sensor에서는 0.01μm 범위에서 여러 데이터 점을 얻을 수 있다. 따라서 하이퍼스펙트럴영상은 광물의 세부적인 특성 파악이 가능하지만 TM밴드에서는 불가능하다. 일반적인 광대역전송시스템은 광물질 간의 일반적인 차이를 구별하는 반면에 하이퍼스펙트럴센서는 자세한 분석뿐만 아니라 매장량까지 파악가능하다.

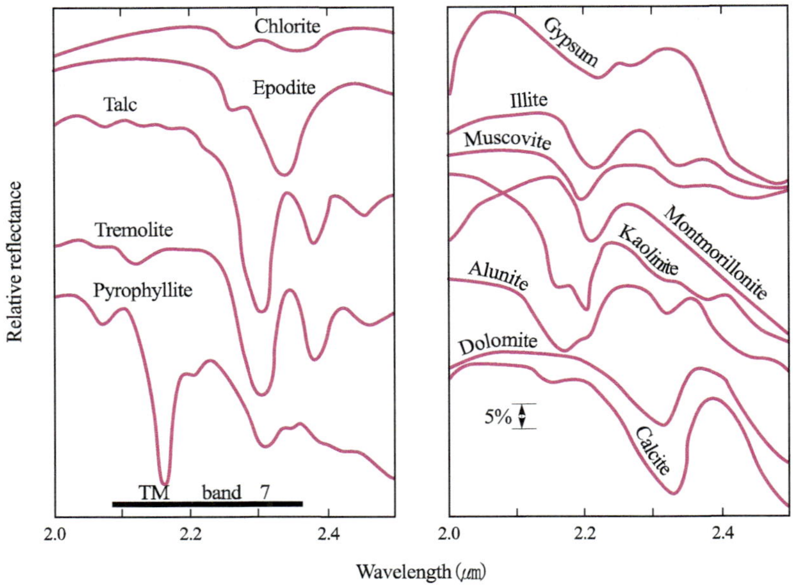

그림 19.1 광물질의 실험실분광 흡수 & 반사 그래프 (From Goetz et al., 1985. Copyright 1985 by the AAAS, Courtesy NASA Jet Propulsion Laboratory)

그림 19.2는 하이퍼영상 시스템을 보인 것으로, 비행기(Piper Saratoga aircraft) 동체 내부에 장착된 AISA Eagle airborne 하이퍼스펙트럼영상 시스템이다.

그림 19.2 AISA 하이퍼스펙트럴 센서장치(Courtesy Univ. of Nebraska-Lincoln Center for Advanced Land Management Information Technologies)

19.2 하이퍼스펙트럴 센서

많은 항공 하이퍼스펙트럴 센서장비들이 개발되고 있으며, 여기서 간략히 거론하고자 한다.

상업적으로 처음 개발된 프로그래밍이 가능한 항공하이퍼스펙트럴 스캐너는 CASI (Compact Airborne Spectrographic Imager)로 1989년부터 사용되었다. 그 후로 ACSI 1500으로 업그레이드 됐는데 288밴드(0.4μm~1.05μm, 1.9nm 간격)를 linear array 센서를 통해 데이터를 획득한다. 화각은 40.5°, 1490 across-track pixel. 이 시스템은 대기보정을 위한 침강발광측정값과 비행고도와 고도변화를 기록하는 GPS와 INS값을 조합하여 사용한다. 두 번째로 새로운 시스템은 자매모델인 SASI 600 모델이다. 이는 근적외선과 중적외선(0.95~2.45μm)영역의 100개 분광밴드를 15nm 간격으로 획득한다. AVIRIS(Airborne Visible Infrared Imaging Spectrometer)는 (0.40~2.45μm)영역에서 9.6nm 간격으로 224밴드의 데이터를 획득한다. NASA의 ER-2는 20km의 비행고도에서 across-track scanner를 이용하여 스캐닝 한다. swath with는 10km, 지상해상도는 20m이다.

HYDICE(Hyperspectral Digital Imagery Collection Experimental)는 미국해양연구실의 원격탐측템에 의해 개발된 센서이다. Along-track sensor를 채택하고 있으며 (0.40~2.45μm)영역에서 10nm 간격으로 210밴드의 데이터를 획득한다.

GER(Geophysical and Environmental Research Corporation)은 몇 가지의 하이퍼스펙트럴 스캐너를 개발했는데 SEPS-H, (0.3~2.5μm)영역에서 136밴드와 추가적으로 (8~12μm)영역에서 12밴드의 데이터를 획득한다.

AISA+, AISA Eagle, AISA Hawk, AISA Dual은 Specim에 의해 개발된 상업적인 along-track센서이다. 2차원 영상을 얻기 위해 across-track방식도 가능하다. 지상에 삼각을 세우고 장착하여 across track방향을 along-track방향으로 바꾸어 스캔하는 방식을 사용한다.

HyMap(Hyperspectral)시스템은 Integrated Spectronics에 의해 개발된 항공 하이퍼스펙트럴 across-track 센서로 200밴드까지 탐측할 수 있다. 이 스캐너의 변종 Probe-1은 ESSI(Earth Search Science Incorporated)를 위해 (0.4~2.5μm)영역에서 128밴드의 데이터를 획득한다.

표 19.1 하이퍼스펙트럴 센서

Sensor Name	Spectral range	The # of Band
AISA+	0.4-0.97μm, visible, near-IR	244
AISA Eagle	0.4-0.97μm, visible, near-IR	244
AISA Hawk	1.0-2.4μm, visible, mid-IR	240
AISA Dual	Eagle+Hawk, 0.4-0.24μm	

19.3 하이퍼스펙트럼영상 큐브

그림 19.3은 along-track sensor이며 EO-1에 의해 탑재된 하이페리온 HS로부터 얻은 영상이다. 이 ISO view에서 데이터는 line times column times bands의 큐브로 고려될 수 있다. 큐브의 전면에 있는 칼라합성은 0.570(blue), 0.672(red), 0.773(red) 밴드를 가지고 한 것이다. 큐브의 위쪽과 오른쪽 측면은 187분광밴드의 칼라코디된 복사값 각각의 가장자리를 따라서 이들 분광밴드는 큐브의 전면에 뒤에 있는 0.468μm부터 맨 뒤 0.235μm 범위이다. 이 칼라코딩에서 파란색과 같은 차가운 색깔은 낮은 반사율을 나타내고 빨간색과 같은 따뜻한 색깔은 높은 반사율을 의미한다. 가시영역에서 식물과 물은 상대적으로 반사율이 낮으므로 큐브의 전면부분의 가장자리를 따라 푸른색깔이 지배적이다. 가시영역으로부터 근적외선까지 단절된 변화가 보인다. 큐브의 위쪽 부분과 측면부분에서 반사율이 높은 식물은 RGB색깔로 나타나고, 반사가 높지 않은 물 부분은 검은색이나 짙은 보라색으로 나타나고 있다. 왼쪽 상단의 나대지는 가시영역에서 식물보다 비교적 높은 반사율을 보이고 있다. 그러나 근적외 영역에서는 낮게 나타난다.

그림 19.3 하이퍼스펙트럴영상의 디스플레이

하이퍼데이터의 개개 픽셀과 관계있는 자세한 반사율 곡선의 자동분석에 관한 연구가 진행되고 있다. 가장 성과를 올린 연구에서 expert-system -based에 데이터가 사용되었는데, 다양한 물질에 대한 실험실 스펙트럼의 라이브러리와 탐측된 영상의 픽셀을 매칭하는 과정이었다(Kruse & Lefkoff, 1992).

이 매칭은 우선적으로 다양한 물질에 대한 독특한 흡수특성에 기초하였다. 곡선에서 낮은 점과 같은 대상물들은 그들의 파장위치, 폭, 깊이, 대칭성 등을 이 목적으로 사용되었다.

많은 정부기관들과 지도제작/컨설팅 회사들은 분광반사곡선의 데이터셋을 유지·관리하고 있다. 예를 들어, USGS는 "digital spectral library"를 관리하고 있는데 500여종 이상의 광물질, 나무를 포함한 많은 종류의 물질을 포함하고 있다. NASA의 제트추진실험실은 ASTER(Advanced Spaceborne Thermal Emission and Reflection Radiometer) 분광 library를 관리하고 있다. 여기에는 2,000개가 넘는 자연물질과 인공물질에 대한 분광정보를 포함하고 있다. US Army의 지형공학센터는 실험실과 필드에서 측정한 0.4~0.25μm 범위의 식물, 광물, 흙, 암석과 문화적인 대상물에 대한 하이퍼스펙트럴 signature를 관리하고 있다. 예를 들어, 이들 라이브러리로부터 몇 개의 발췌한 그림 12.16에서 보여주고 있다. 라이브러리데이터와 정확한 비교를 위해서는 하이퍼스펙트럴 데이터의 대기보정을 필히 수행해야한다는 점을 명심해야한다.

19.4 하이퍼스펙트럼영상 분석의 예

19.4.1 도심지역의 분석

매우 좁은 밴드로 많은 수의 영상을 샘플링하므로 하이퍼스펙트럴자료는 한계가 있는 실험실 테스팅이나 비용이 많이 드는 현지조사를 대체할 수 있는 자료가 된다. 하이퍼스펙트럴탐측의 일부 응용분야에서는 표면광물질, 수질, 수심측량, 토질, 침식, 식물종류, 나뭇잎 수분농도, 식물의 스트레스, 작물의 종류와 상태, 눈과 얼음의 특성까지도 결정한다.

그림 19.4는 첫 번째 AIS[1]) 이미지테스트로 얻은 California Van Nuys에 대한 영상이다. 이는 포토모자익맵에 파란 선으로 표시한 지역에 대한 것이다. 영상의

아랫부분과 중간부분의 콘도미니엄, 중앙 위쪽의 학교를 주목해 보자. 이 영상은 단지 32개의 연속된 밴드(1.5~1.21μm)에서 얻은 영상이다.

9.3nm 차이의 밴드별로 32개 영상을 조합하였다. 1.4μm(대기 중 수증기흡수밴드; atmospheric water absorption band)에서의 해상도 저하가 눈에 뜨인다. 해상도는 화살표 지역의 반사율과 관계가 있다. 학교 안에 있는 물이 잘 주어진 잔디밭(a)의 반사율은 물이 없는 (b)지역의 반사율과 비교하여 1.4μm 이상의 밴드에서 흡수되어 현격히 떨어진다.

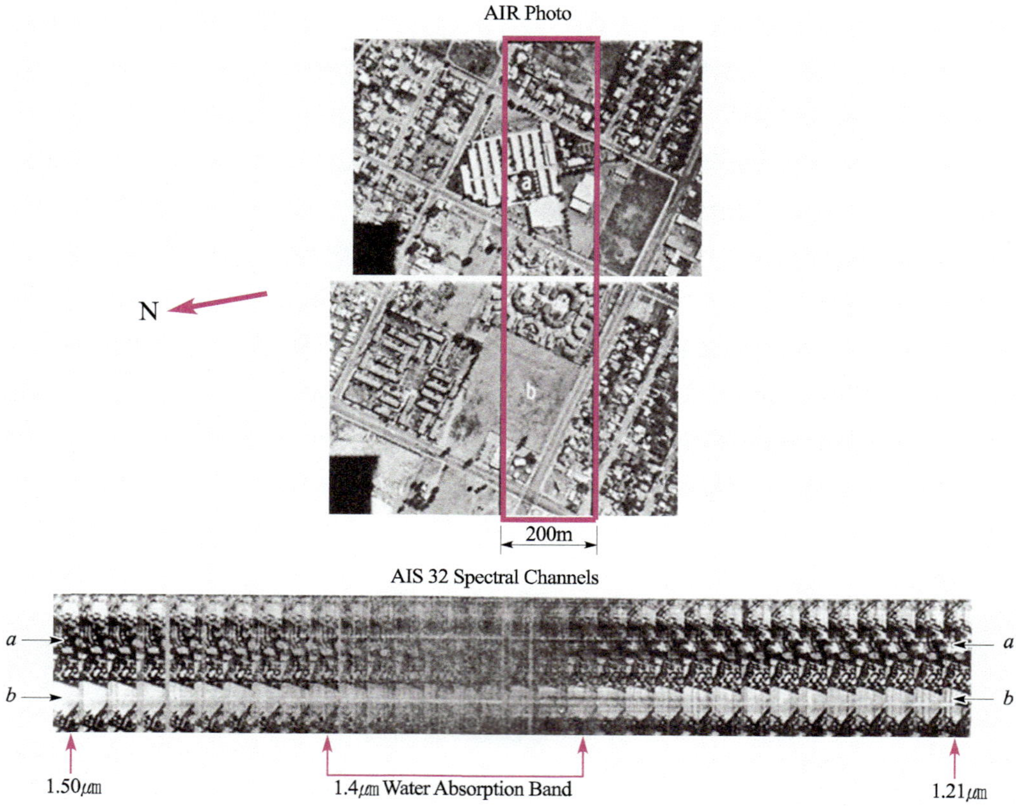

그림 19.4 항공사진모자익영상과 동일지역에 대한 32분광밴드 32개의 AIS영상 9.3nm 분광해상도
(a)학교운동장,
(b) open field 항공사진 상에서 선분 안쪽의 지역에 대한 하이퍼스펙트럴영상, (From Goetz et al., 1985. Copyright 1985 by the AAAS, Courtesy NASA Jet Propulsion Laboratory)

1) Airborne Imaging Spectrometer(AIS)에 의해 HS를 연구하였는데, 이 시스템은 128 bands 데이터를 획득, 9.3nm wide, tree mode에서는 AIS는 0.4~1.2μm 연속밴드를 수집하며, rock mode에서는 1.2~2.34μm를 수집한다. IFOV는 1.9mrad, 비행고도는 보통 4200m이다. AIS-1은 32 pixels swath wide로 좁음(AIS-2는 64 pixels), ground pixel size : 8m×8m이다.

그림 19.4은 hyperspectral sensor data의 경우 1.4μm 흡수밴드에서 물의 증발 효과를 보여준다. 다른 대기권 수증기의 증발 흡수밴드는 약 0.94~1.14μm와 1.88μm이다. 수증기 증발의 큰 변화는 대기권 입사 경로의 변화(지형의 기복변화에 기인한)에 의한 것이다. 하이퍼스펙트럴 데이터 수집 및 분석에 영향을 주는 수분증발현상의 변화와 강도는 계속되는 연구의 주제이다.

19.4.2 지질과 열수 분석

그림 19.5는 20개의 분리된 하이퍼스펙트럴 센서밴드영상(1.98~2.36μm)으로 네바다 주의 Cuprite에 있는 화산의 열수의 변화, 광물의 확인을 위해 사용되었다.

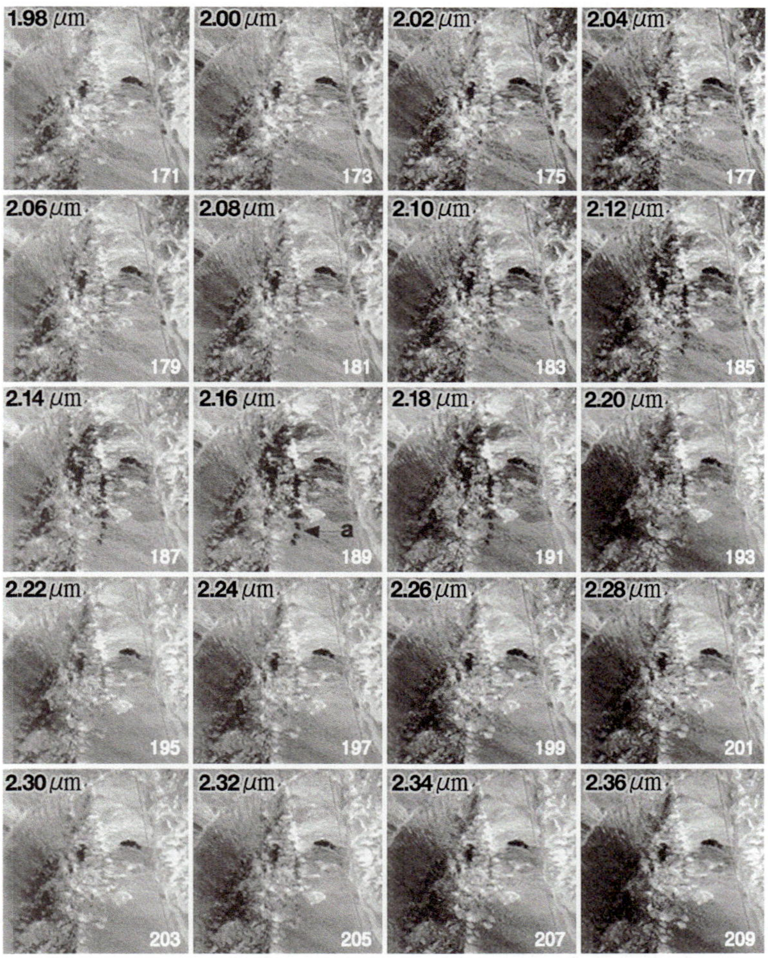

그림 19.5 네바다주의 Cuprite지역의 열수에 대한 AVIRIS 224채널 중 (171~209) 홀수밴드영상(Courtesy NASA-JPL)

AVIRISAirborne 센서에 의해 획득된 영상 중 171~209까지 사이의 홀수 밴드이다. 영상의 어느 한 부분을 선택하여 20개의 영상을 비교하면 시각적으로 상대적인 변화를 평가할 수 있다. 예를 들어, band 189영상에 a부분에 몇 개의 검은 점들이 있는데 명반석(Alunite)이다. 이 명반석은 187~191밴드(2.13~ 2.18μm)에서 흡수하게 되므로 검게 나타난다.

다른 밴드에서는(예를 들어 209, 2.36μm) 명반석 부분이 매우 밝은 톤으로 나타난다. 하이퍼스펙트럴 데이터의 칼라합성은 한 번에 3개 밴드 이상의 디스플레이에 한계가 있다(RGB). 분광특성과 하이퍼스펙트럴 영상의 복잡성을 전달하기 위한 노력에 있어 하이퍼스펙트럴 데이터는 보통 그림 19.3과 같은 방법으로 디스플레이 한다.

19.4.3 호수의 엽록소 분석

그림 19.6은 AISA Eagle 하이퍼스펙트럴 센서로 2005년 8월 23일에 Minnetonka 호수를 촬영한 영상으로 호수의 수질과 관련된 Bio-optical특성을 측정한 예이다.

이 호수는 수질의 변화가 매우 심한 곳으로 0.44~0.96μm 파장대에 걸쳐 3m 해상도로 86 밴드의 영상을 획득하였다. 수질분석을 우선적으로 하기 위해 사진모자익을 하고 물이 아닌 지역은 제거하였다. 물 픽셀에 대한 엽록소의 집적도를 분광반사율과 흡수특성을 기초로 계산하기 위해 수학적 모델이 사용되었다(Gitel et al., 2000). phycocyanin피코시아닌, 조청소(藻靑素), algal조류(藻類), 전체 부유물질에 대한 지도를 작성하였다.

그림 19.6(b)는 AISA영상에서 대표적인 사이트 ①, ②에 대한 분광반응을 비교한 것이다. ①은 부영양화된 지역이며 엽록소의 집적도가 120μg/l인데, 이의 분광특성은 blue파장(0.5μm 이하)과 red파장(0.68μm 부근)의 엽록소의 흡수에 의해 결정된다. 다음 요인으로는 0.68μm 부근과 0.7μm 부근의 정점이다. 이는 세포구조로부터 분산이 다소간 물과 조류가 비교적 희박한 부분의 상승과 흡수에 의한 것이다.

이 예에서 0.7μm 부근의 피크는 그림 19.7에서 보인 분광보다 훨씬 높은데, 이는 이 위치에서 엽록소가 급격히 높아진 이유이다. 반대로 비교적 깨끗한 물 지역인 site 2에서의 분광반응은 엽록소-a의 집적농도가 8μg/l로 모델링되었다.

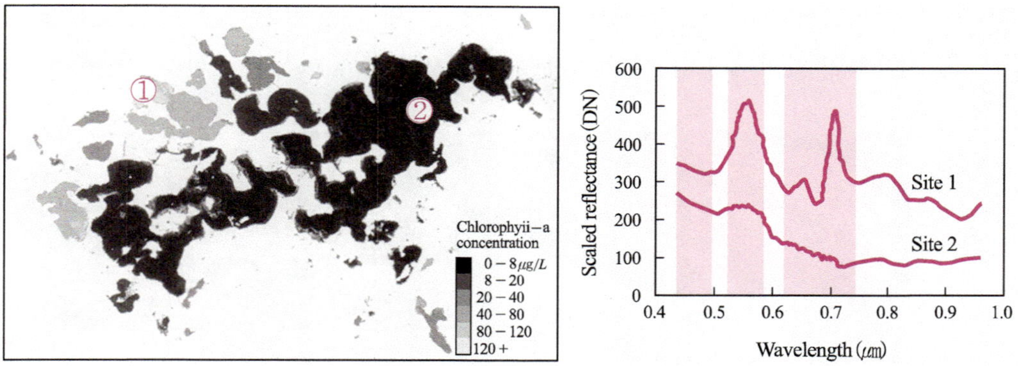

그림 19.6 (a) AISA Eagle하이퍼스펙트럴영상을 이용한 미네소타주 미네통카호수의 클로로필 포화도 2005년 8월, (b) (a)의 원형표시 안에 대한 두 사이트에 대한 분광반응(Courtesy Univ. of Nebraska- Lincoln Center for Advanced Land Management Information Technologies)

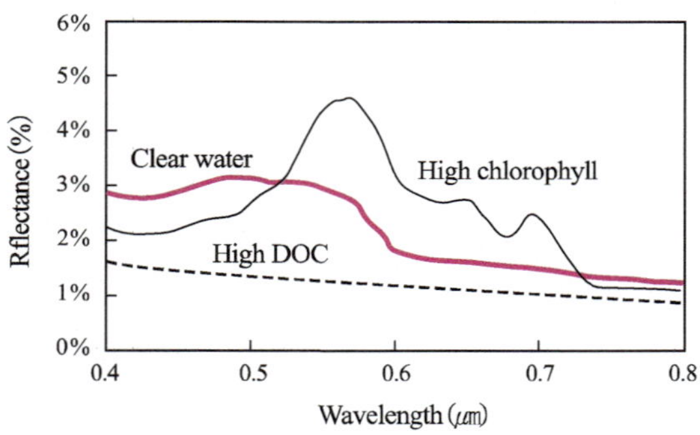

그림 19.7 맑은 물, 엽록소 다량포함, dissolved Organic Carbon(DOC) 함유량에 따른 분광반사율

19.4.4 광물질 분석

그림 19.8에서 보인 하이퍼스펙트럴 영상은 다양한 광물질에 대한 영상으로부터 추출된 분광반사곡선이 어떻게 광물의 위치로 그려질 것인가에 대한 것을 보여준다. 그림 19.8의 (a)와 (b)는 남호주의 Mt.Fitton부근에 위치한 2.6×4.0km 크기의 지역에 대한 것이다. 이 지역은 퇴적암의 강한 습곡지역이다. Hypermap data가 0.4~2.5μm 범위에서 128개의 밴드데이터(지상해상도 5m)를 획득한 것이다. Part(a)는 칼라 IR 합성영상으로 0.557(blue), 0.665(green), 0.863μm (red) 파장을 합성한 것이다. Part(c)는 영상 내에서 발생한 선택적 광물에 대한 실험실에서 추출한 반사율 곡선이다. Part(b)는 흑백하이퍼맵데이터 위에 이들 선택적 광물의 색깔을 중첩시킨 것이다. (b)에서의 색깔은 (c)와 (d)에서 분광플롯한 것과 일치한

다. 여기서는 6가지의 광물을 보였는데, 사전의 정보 없이 2.0~2.5μm 영역만을 사용하여 하이퍼데이터를 예비 분석한 것으로 15개 이상의 광물을 구별할 수 있다.

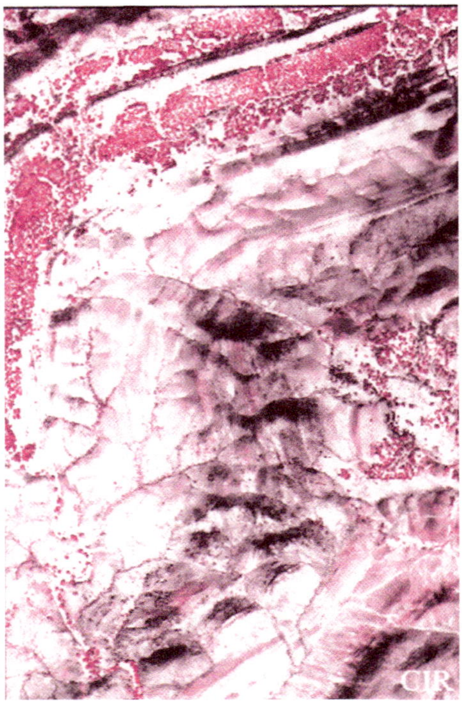

(a) 칼라적외선(3band)

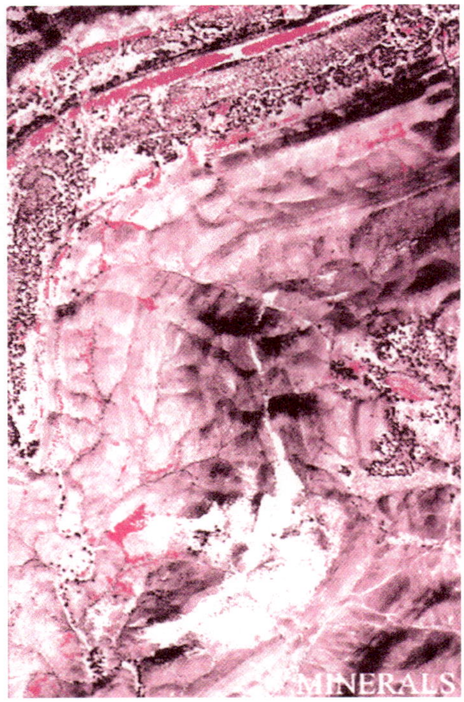

(b) 흑백영상을 배경으로 한 6가지 광물의 위치

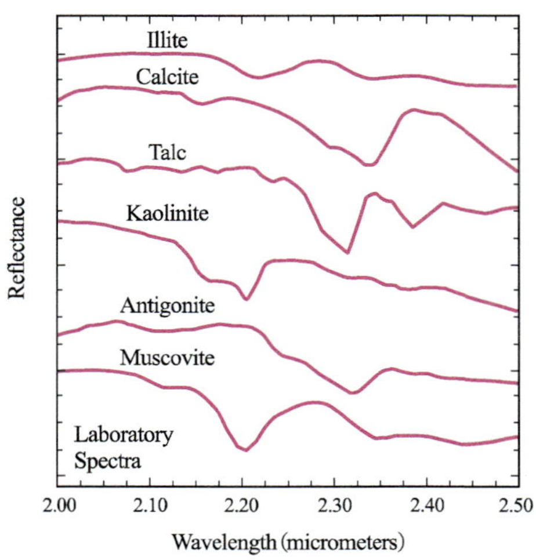

(c) 해당 광물의 실험실 분광정보

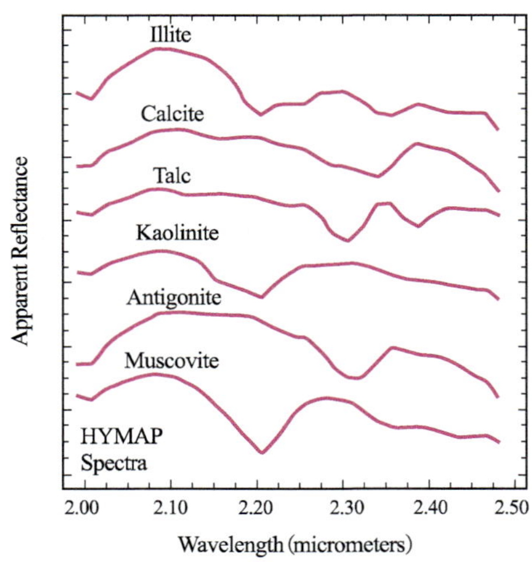

(d) 하이퍼스펙트럴영상으로부터 얻어진 해당 광물의 분광반사율

그림 19.8 하이퍼스펙트럴영상을 이용한 광물분류

표 19.2는 이번 절에서 설명한 하이퍼스펙트럴시스템의 두드러진 많은 특성을 요약한 것이다.

표 19.2 항공 하이퍼스펙트럴 센서

Sensor	Sensor Type	Sensor Bands	Wavelength Range(μm)	Bandwidth (nm)	Total Field of View	Samples Per Line
CASI 1500	Linear array	288	0.4-1.5	Down to 1.9	40.5°	1490
SASI 600	Linear array	100	0.95-2.45	15	40.0°	640
AVIRIS	Across-track scanner	224	0.4-2.5	10	34°	677
HYDICE	Linear array	210	0.4-2.5	10	9°	320
SEPS-H	Across-track scanner	136	0.3-2.5	Down to 5	UP to 90°	512
		12	8-12	375		
AISA Eagle	Linear array	244	0.4-0.97	2.9	30°-62°	1000
AISA Hawk	Linear array	240	1.0-2.4	8.5	18°-24°	320
HyMap	Across-track scanner	200	Variable	Variable	30°-65°	Variable
Probe-1	Across-track scanner	128	0.4-2.5	11-18	62°	600

복합적으로 하이퍼스펙트럴탐측은 지구상 물체에 대한 스펙트럴데이터 획득의 질적인 면에서의 도약을 제공하는 잠재력을 가지고 있다. 또한 획득하는 데이터의 양적인 면에서도 그렇다. 따라서 이들 시스템으로 얻은 많은 양의 데이터 분석의 최적화를 어떻게 할 것인가에 대한 연구가 지속되고 있다.

수천 개의 좁은 스펙트럴밴드부터 데이터를 제공하는 "Ultraspectral"센서의 개발에 대한 연구도 진행 중에 있다. Dl 분광예민도의 수준은 대기 중의 물질과 에어로졸(연무질), gas plume(가스 확산) 또는 다른 유출물 등의 확인을 위해 필요한 것이다.

CHAPTER

20 원격탐측의 활용

원격탐측(Remote sensing)의 활용범위는 중축척의 지도제작에서부터 지구환경, 농업, 해양, 산림, 도시에 이르기까지 광범위하며 인간의 관심이 있는 영역에 대해 그 활용범위를 넓혀나가고 있다. 응용범위가 너무 넓어 모든 예를 들 수는 없으나 중요한 적용사례 몇 가지를 설명한다.

20.1 환경분야의 활용

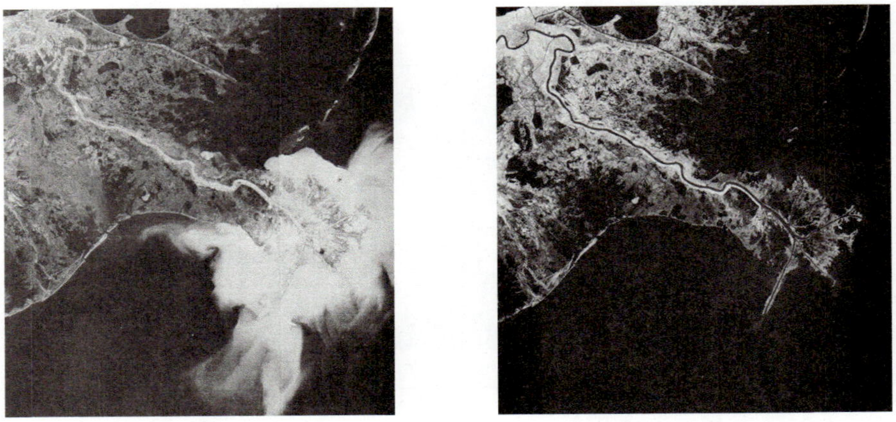

(a) Landsat MSS band 5(red)

(b) Landsat MSS band 7(near IR)

그림 20.1 뉴올리언즈 아래 미시시피강 델타와 맥시코만의 1월 중순 영상(NASA영상)

그림 20.1(a)는 Landsat band 5영상으로 강우 후의 육지에서 침식된 토양으로 인한 탁류의 유입형태가 명확하다. 반면 그림 20.1(b)의 경우 근적외선 영상으로 육지의 경계가 명확하게 나타나 보인다. 이로써 탁류의 확산형태와 면적을 알 수 있다.

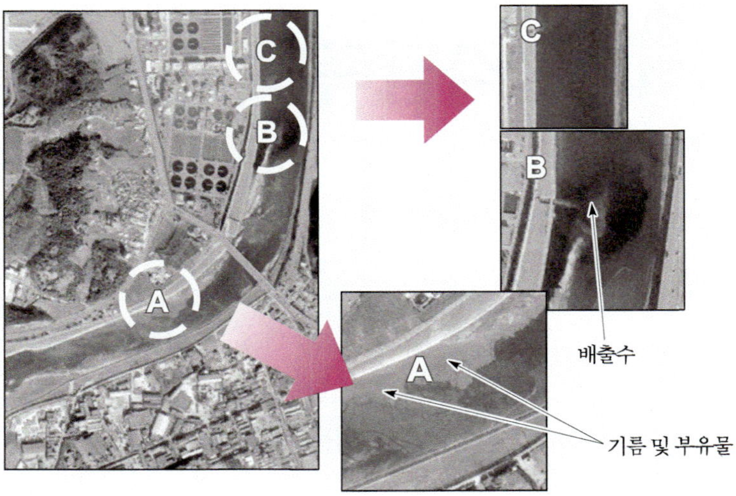

그림 20.2 하천환경 모니터링

그림 20.2는 어느 공업단지지역을 칼라영상으로 항공 촬영한 것이다. 그림에서 오염이 의심되는 지역을 확인할 수 있으며, 분석한 결과 배출수와 기름 및 부유물질로 판단되었다. 원격탐측으로 24시간 하천의 오염 여부를 감시할 수 있다.

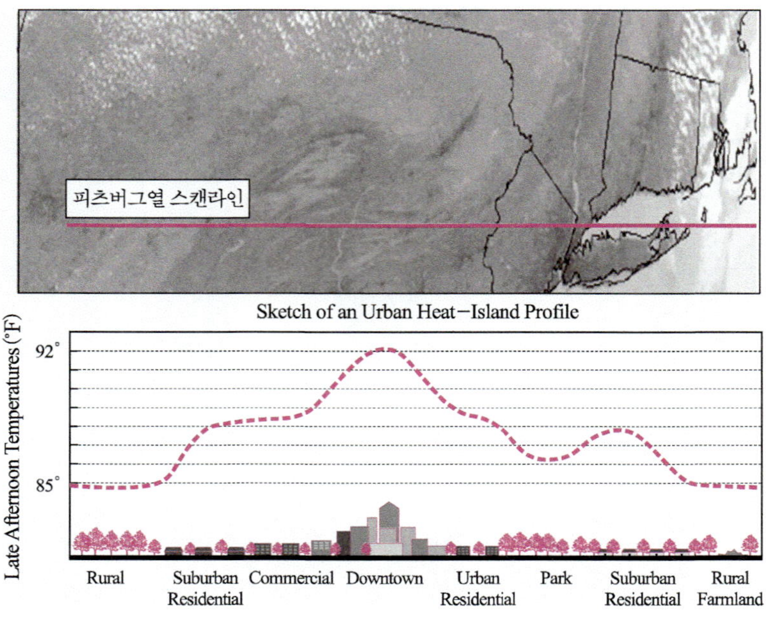

그림 20.3 피츠버그 지역의 열섬현상 분석

그림 20.3은 열적외선 영상을 이용한 도시의 열섬현상을 분석한 것이다. 분석라인에 대한 온도분포를 종단면도 형식으로 나타냈다. 도외지역 또는 숲에 비해 도시지역에서 온도분포가 훨씬 높아 열섬현상을 보이고 있다. 그림 20.4는 서울지역의 Landsat 열적외선 영상을 분석하여 6단계로 온도분포를 나타낸 것이다. 비접근 지역이나 광범위 지역의 지표면 온도파악에 사용할 수 있으며 오염지역 또는 핵시설물의 위치검색 및 방사능 유출여부를 판단할 수 있다.

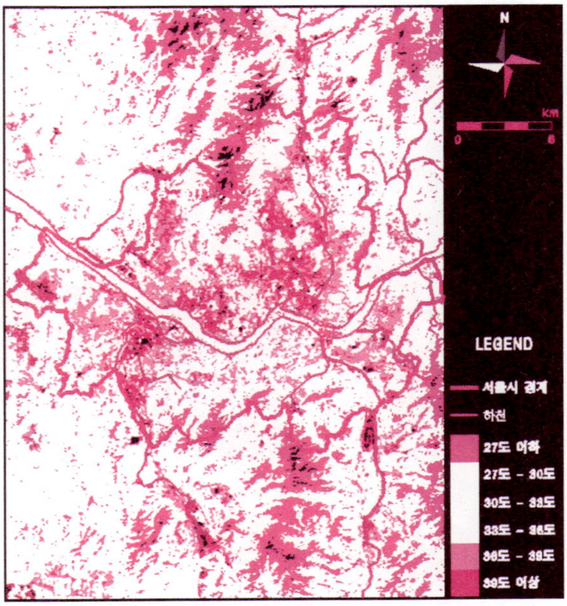

그림 20.4 서울의 도시온도분포(Landsat IR)

20.2 변화양상 분석

(a) 1990년 (b) 1992년 (c) 1995년

그림 20.5 대전광역시 서구 둔산동, 만년동 일대의 도시개발 변화(SPOT영상)

그림 20.5는 한 지역의 도시개발양상을 보여주고 있다. 영상처리기법을 사용하면 시가화 지역의 면적이 어떻게 증가했는지 어느 지역이 얼마만큼 변화했는지를 정량적으로 분석할 수 있다.

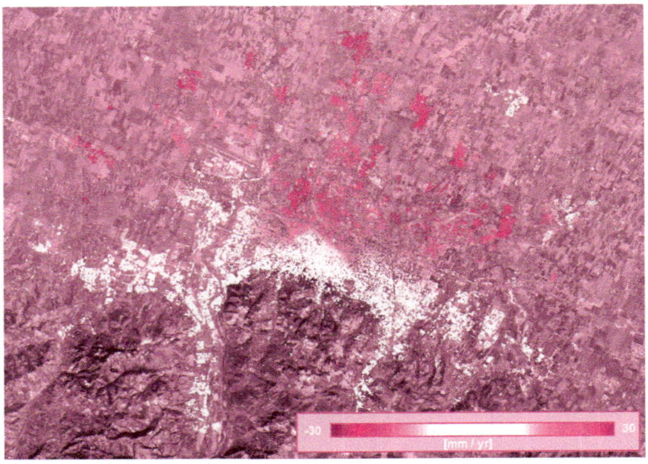

그림 20.6 변화탐지 기법으로 표현한 연간 지반침하량

그림 20.6은 약 1년 정도의 시간차를 가진 영상을 비교하여 지반의 연간 침하량을 표시한 것이다. 이 자료로 재해방지대책 수립 또는 토지이용계획에 활용할 수 있다.

20.3 생태분야

정규화식생지수(NDVI ; Normalized Difference Vegetation Index)를 이용하여 미국전역의 식생분포를 나타낸 것이다. 식생의 분포를 백분율(%)로 나타낼 수 있다.

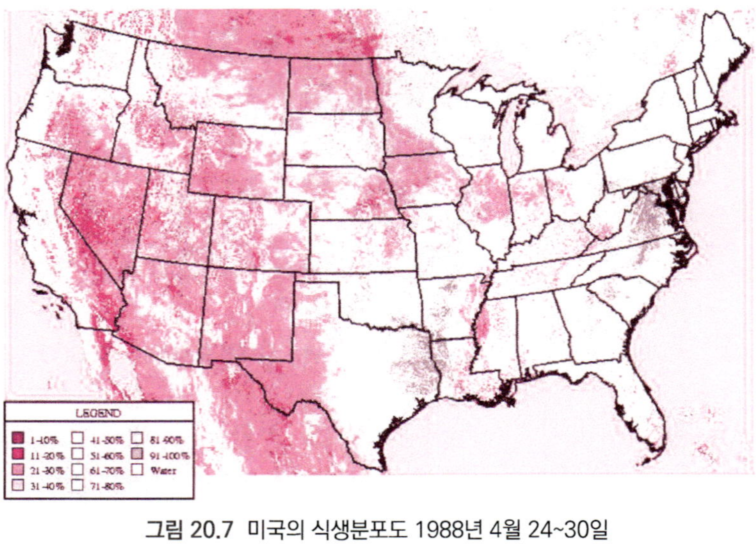

그림 20.7 미국의 식생분포도 1988년 4월 24~30일

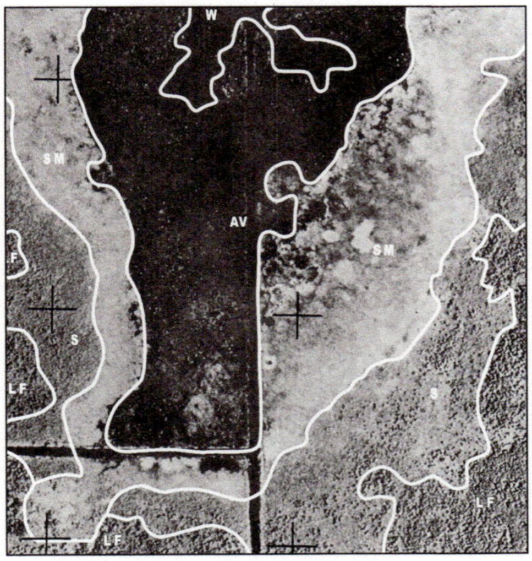

W = 개빙(開氷) 지역
S = 관목 지역
AV = 수중식물
LF = 저지대 침엽수림
SM = 사초(莎草)지

그림 20.8 톤과 텍스춰를 이용한 수종분류

20.4 자연재해

20.4.1 산 불

산불과 같이 피해지역의 범위가 넓을 경우에는 위성영상을 활용하는 것이 효율적이다. 특히, 살아있는 식물의 엽록소에 강한 반사특성을 가지고 있는 적외선사진을 이용하면 훨씬 명확하게 범위를 결정할 수 있다. 우리나라에서 발생한 2005년 4월 5일 최악의 강원도 산불피해가 있었다. 그림 20.9는 NOAA에서 당시 촬영한 한반도 사진이다. 낙산사 부근에서 피어오르는 산불 연기를 볼 수 있다. 그림 20.10은 삼척 일대의 IKONOS영상으로 근적외선, 레드와 그린 파장을 분석한 것으로 산불 피해지역을 명확하게 알 수 있다. 그림 20.11은 1996년도에 캘리포니아 산타바바라 일대에서 발생한 산불피해 전과 후의 칼라 위성영상을 이용하여 피해범위를 구한 것이다. 실시간으로 위성영상을 얻을 수 있다면 산불의 진행방향과 범위를 파악하여 진화하는데 많은 도움을 줄 수 있으며, 인명의 피해도 줄일 수 있을 것이다.

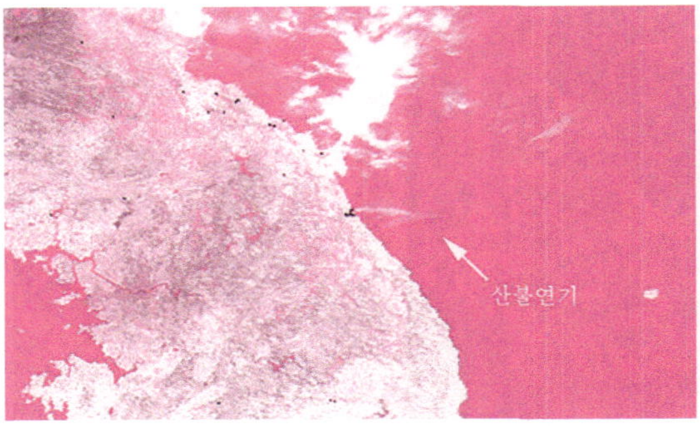

그림 20.9 2005년 4월 강원도 산불
(NOAA, 과학기술부 한중대기과학연구센터)

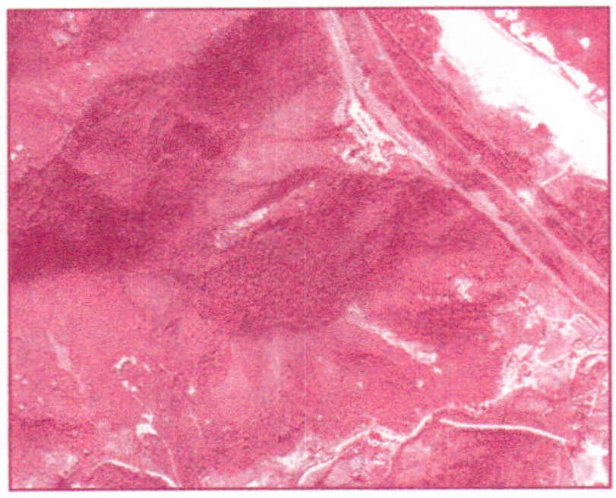

그림 20.10 강원도 삼척일대의 피해지역
(INOKOS NIR+RED+GREEN)

(a) 발화 전 1996.10.17

(b) 발화 후 1009.10.23

그림 20.11 캘리포니아 산타모니카의 산불피해지역(AVIRIS)

20.4.2 태풍, 홍수, 쓰나미

지구는 온난화로 인해 해마다 평균기온이 올라가고 있으며, 이는 해수면의 상승요인이 된다. 해수면의 상승은 잦은 해일(쓰나미)을 가져온다. 2004년 12월 26일 인도네시아 반다아체 주의 지진 및 쓰나미 피해가 있었다.

그림 20.12에서 보는 바와 같이 도로 및 가옥이 모두 유실되었다. 피해의 규모와 면적 산정 등을 통한 보상관련 업무, 복원을 위한 기본 데이터로의 활용이 가능하다.

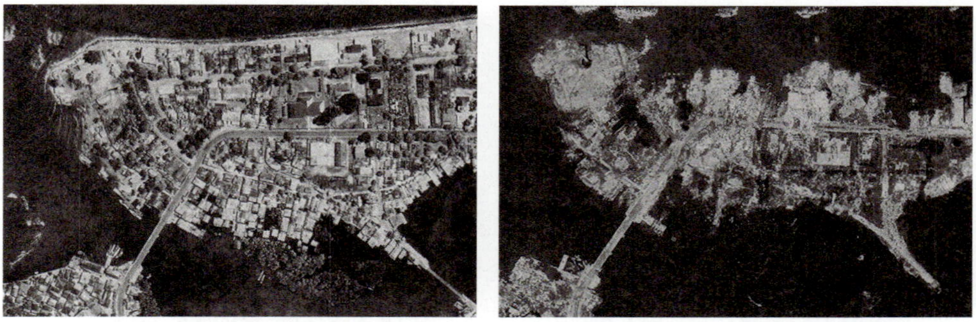

(a) 쓰나미 피해 전의 아름다운 아체(2007.6.23) (b) 피해 후 초토화된 아체(2007.12.28)

그림 20.12 인도네시아 반다아체 주의 쓰나미 피해 전 · 후(Digital Globe Quickbird 영상)

20.4.3 토네이도

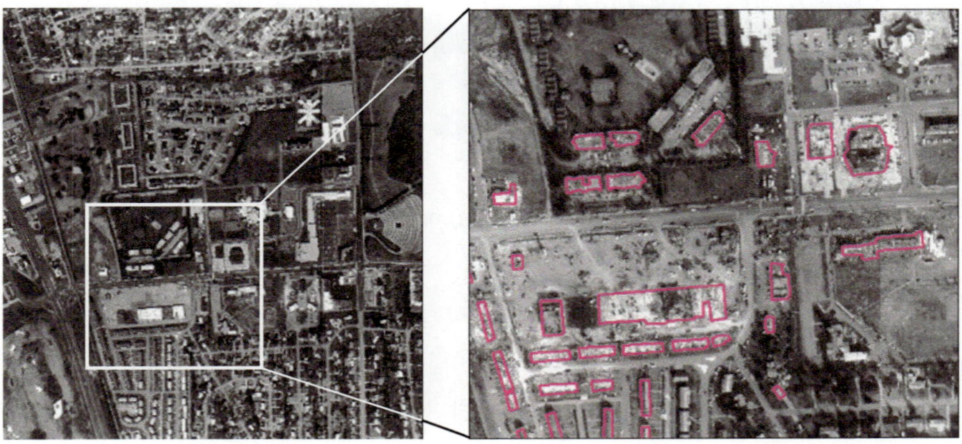

(a) 피해 전(1989년 3월) (b) 피해 후(1989년 11월)

그림 20.13 1989년 미국 알라바마 주 헌스빌에서 발생한 토네이도 피해

그림 20.13은 미국 알라바마주 헌스빌에서 발생한 토네이도 피해에 대한 1m 위성 영상이다. (a)는 피해 전의 모습이다. 피해 후의 영상 (b)와 비교하게 되면 피해 건물을 파악할 수 있다. 수치영상 간의 영상처리기법 중의 하나인 변화탐지기법을 통해 자동으로 피해 건물을 추출할 수 있다.

20.5 고고학

인간의 활동공간은 지표면이므로 지표의 대상물에 대해서의 시각이 매우 좁다. 따라서 대규모의 지역에 대한 전반적인 시각을 인식하지 못하고 살아간다. 대규모의 유적지가 지하에 매장되어 있다고 해도 알 수가 없다. 그러나 거시적 시각으로 볼 수 있다면 지하에 있는 유물의 윤곽을 간접적인 현상으로 감지할 수 있을 것이다. 방법 중의 하나로 지표에 대한 영상을 얻어 확인하는 것이다.

(a) 이탈리아 Spina의 고대도시 (b) 프랑스 북부의 로마주택의 기초

그림 20.14 경사 항공사진에 나타난 지하 고대도시의 지표모습

그림 20.14는 경사 항공사진에 나타난 지하 고대도시의 모습으로, 이러한 방법으로 지하의 유적을 종종 발견하곤 한다. (a)는 이탈리아 고대도시의 모습으로 길게 나있는 것은 농로이고, 어둡게 나타난 부분은 고대도시의 패턴을 보이고 있는 것이다. (b)는 밀밭 경작지에 나타난 로마주택단지의 기초 모습이다. 지하매장부분의 지표 밀은 다른 지역과 생장의 차이가 나므로 시각적으로 차이가 난다.

20.6 해양관련 분야

최근 해양개발의 추진이 매우 활발히 행해지고 있다. 환경적인 평가, 매립현황의 파악, 양식장 관리, 항만개발 등의 분석을 통해 보다 합리적인 개발을 유도할 수 있다.

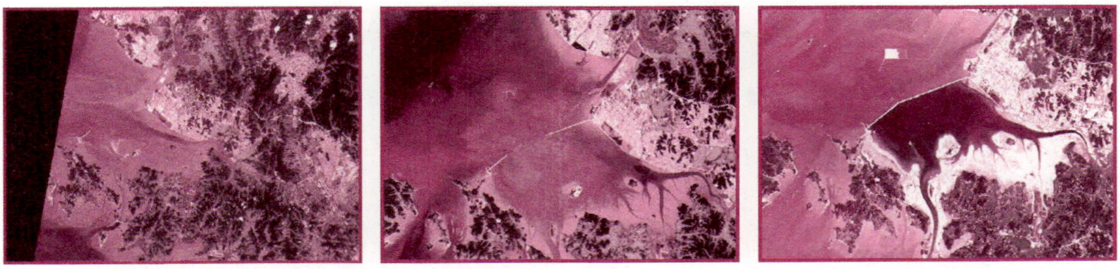

(a) 1982.9.1. (b) 1991.10.6. (c) 1996.9.1.

그림 20.15 시화호 간척 진행상황

그림 20.15는 서해 시화호의 간척 진행상황을 1982년, 1991년, 1996년별 위성영상으로 살펴본 것이다. 시화호에 담수가 진행됨에 따라 개펄의 경계선 변화가 진행되는 것을 알 수 있다.

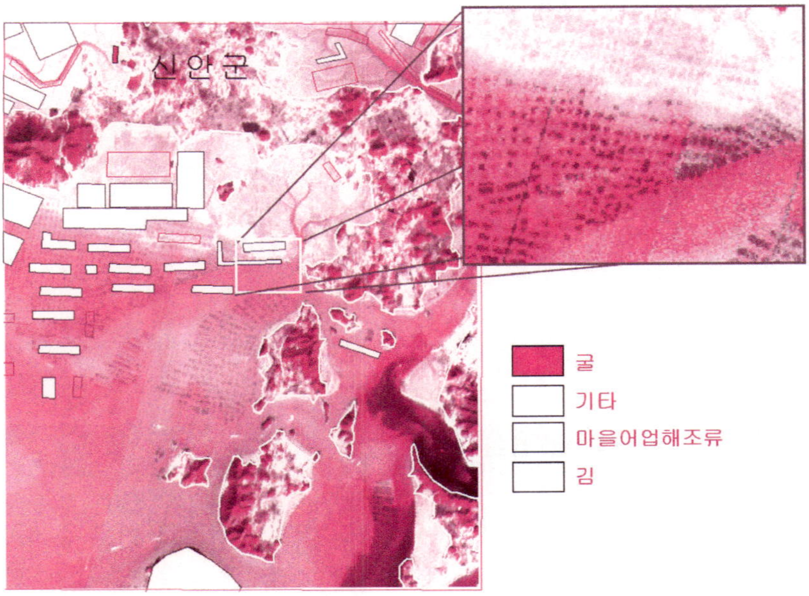

그림 20.16 연안지역의 양식장 분포조사(SPOT XS 3 Band, 20m)

그림 20.16은 신안군 앞바다의 양식장 분포조사를 위해 1996년 12월 15일 SPOT 20m XS 3 band 영상을 처리한 것이다. 원격탐측기법을 이용하면 실시간 실제적인 파악이 가능하다는 것이다. 어장의 영역과 어장의 개수 등을 면밀히 파악할 수 있으므로 행정적 관리에 중요한 자료가 된다. 특히, 굴양식장, 김양식장 등의 분류까지 할 수 있어 더욱 의미가 있다.

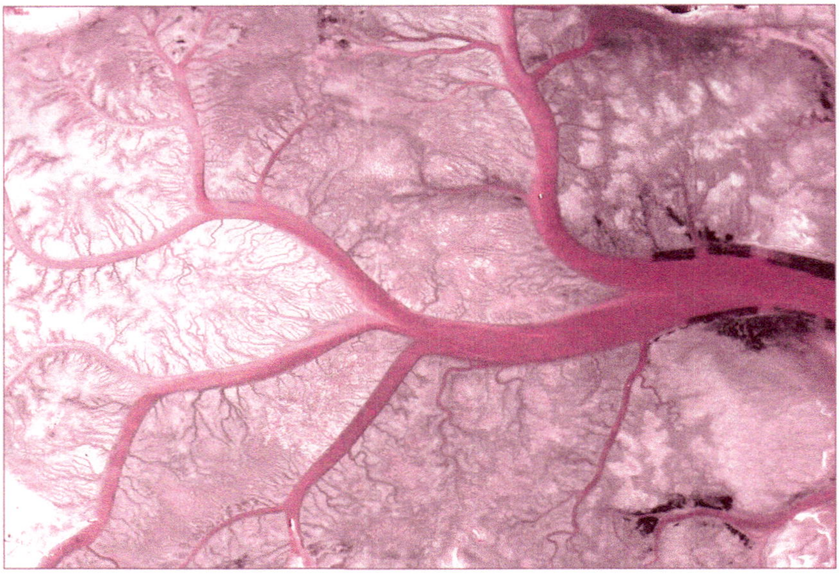

그림 20.17 신안군 압해도의 개펄(2000.12.6.)

그림 20.17은 개펄의 모습으로 썰물 시의 수계를 지류까지 상세하게 알 수 있다.

20.7 도시개발 분야

20.7.1 무허가 건물 파악

무허가 건물의 색출은 지자체의 행정적 처리에 중요한 업무 중 하나이다. 직접 현장을 방문하여 점검하기에는 매우 어려운 일이다. 그림 20.18은 서울의 일부 지역에 대한 1년 전 · 후의 항공영상이다. (c)는 영상변화탐지기법으로 두 영상을 처리하여 얻은 결과이고, (d)는 검출된 영상을 원 영상에 중첩한 것이다. 이를 수치지적도에 중복한다면 지번과 소유주를 알 수 있고, 행정적인 조치가 가능할 것이다.

원격탐측의 활용은 위에 예를 든 것 이외에도 여러 방면에 대해 폭넓게 활용이 되고 있으며, 최근 GIS의 자료수집의 방법으로 큰 역할을 담당하고 있다.

(a) 1999년 11월 6일

(b) 2000년 11월 6일

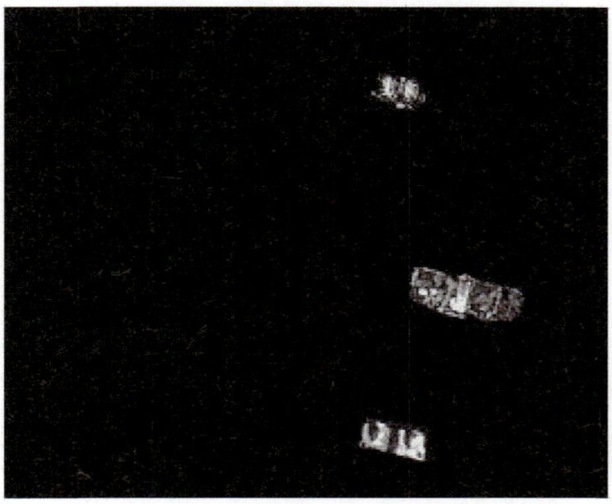

(c) 변화지역 추출

(d) 불법 건축물의 파악

그림 20.18 영상처리 기법을 통한 무허가 건물 색출(서울시 송파구, IKONOS영상)

참고문헌

Ab Rahman, Shaifulizan, Micheal Ong Ah Hup, Majid, Zulkifli, Close Range Photogrammetry Technique : A validation study on craniofacial soft tissue measurement, LAP Lambert Academic Publishing, 2010.

ASPRS & Cliff Greve, Digital Photogrammetry, 1996.

Cemagref, Thermal Remote Sensing : Workshop, 1994.

Charles Elachi, Introduction To The Physics and Techniques of Remote Sensing, Wiley−Interscience, 2014.

Clive Fraser, Advances in Close−Range Photogrammetry , Wichmann/VDE Verlag, Belin & Offenbach, 2015.

David A Landgrebe, Signal Theory Methods in Multispectral Remote Sensing, Wiley−Interscience, 2014.

DJI company

Edward M. Mikhail, Janes S. Bethel, J.Chris McGlone, Introduction to Modern Photogrammetry, John Wiley & Sons, 2001.

Egels, Yves / Kasser, Michel, Digital Photogrammetry, CRC Press, 2001.

Ferdinand Van der Heijden, Image Based Measurement Systems, Object Recognition and Parameter Estimation, John Wiley, 1995.

Gutierrez, Jose A., Armstrong, Brian S. R., Gutierrez, Jos a., Precision Landmark Location for Machine Vision and Photogrammetry : Finding and Achieving the Maximum Possible Accuracy, Springer, 2010.

Ince, E. L., A Course in Descriptive Geometry and Photogrammetry for the Mathematical Laboratory, Nabu Press, 2010.

Intergraph, ERDAS Field GuideTM , October 2013.

John R. Jensen, Introductory Digital Image Processing, A Remote Sensing perspective, 4th Ed.

Jones, Simon, Reinke, Karin, Innovations in Remote Sensing and Photo grammetry, Springer, 2009.

LAP Lambert, Remote Sensing and GIS : Land Use Land Cover Dynamics, Academic Publishing, 2011.

Lillsand, Kiffer, Chipman, Remote sensing and Image Interpretation 6th Ed., Wiley, 2008.

Lillsand, Kiffer, Chipman, Remote sensing and Image Interpretation 7th Ed., Wiley, 2015.

Linder, Wilfried, Digital Photogrammetry : A Practical Course, 3rd ed., Springer, 2009.

Nayak, Shailesh, Zlatanova, Sisi, Remote Sensing and GIS Technologies for Monitoring and Prediction of Disasters, Springer, 2008.

Merril K. Ridd & James D. Hipple, Remote Sensing of Human Settlements, Manual of Remote Sensing 3rd Ed., Vol.5, ASPRS, 2006.

Mikhail, Edward M., Bethel, James S., McGlone,J. Chris, Introduction to Modern Photogrammetry, Wiley, 2001.

Patrice Carbonneau, Fluvial Remote Sensing for Science and Management, Wiley-Blackwel, 2014.

Paul R. Wolf, Bon A. Dewitt, Benjamin E. Wilkinson, McGraw-Hill, Elements of Phorogrammetry with Application in GIS, 4th Ed., 2014.

Paul R. Wolf, Bon A. Dewitt, Elements of Photogrammetry with applications in GIS. 3rd edition, McGraw-Hill, 2000.

Qihao weng, McGraw-Hill, Remote Sensing and GIS Interpretation, Theories, Methods, and Application, 2010.

Riddle Hipple, Remote Sensing og Human Settlements, Manual of Remote Sensing 3rd Ed. Vol.5, ASPRS, 2006.

Robert A.Schowengerdt, Remote Sensing, elsvier, 2013.

Robert A. Schowengerdt, Elsevier, Remote Sensing, Models and Methods for Image Processing, 3rd. Ed., 2007.

Sam J. Purkis, Remote Sensing and Global Environmental Change, Wiley-Blackwel, 2014.

Shunlin Liang, Advanced Remote Sensing, elsvier, 2013.

Spurr, Stephen H., Photogrammetry and Photo-Interpretation : With a Section on Applications to Forestry, Kessinger Publishing, 2010.

Stan Aronoff, Remote Sensung for GIS Managers, ESRI Press, 2005.

T Luhmann, S Robson, S Kyle and I Harley, Close Range Photogrammetry, -Principles, techniques and applications, Whittles Publishing, 2006.

Toni Schenk, Digital Photogrammetry Volumn I, Terra Science, 1999.

Victor Mesev, Integration of GIS and Remote Sensing, Wiley, 2014.

Walter de Gruyter, Close-Range Photogrammetry and 3D Imaging : 3D Imaging Techniques, Revised edition, 2013.

Wolf, Paul, DeWitt, Bon, Wilkinson, Benjamin, Elements of Photogrammetry with Application in GIS, 6th edition, McGraw-Hill Professional Publishing, 2014.

Xiaojun Yang, Urban Remote Sensing, Wiley, 2014.

https://howtomechatronics.com/how-it-works/electrical-engineering/mems-accelerometer-gyrocope-magnetometer-arduino/

http://northstar-www.dartmouth.edu/doc/idl/html_6.2/Filtering_an_Imagehvr.html#wp1027822.

http://www.maxmax.com/ir_techniques.htm

http://www.optics.rochester.edu/workgroups/cml/opt307/spr04/jidong/

http://www.diffen.com/difference/CCD_vs_CMOS#Shutter_Differences_-_Global_vs._Rolling_Shutter

https://www.youtube.com/watch?v=gAz8ViyE5LI

http://c295.ca/resources/multimedia-library/search-and-rescue-sar/

http://but.unitbv.ro/BU2009/BULETIN2009/Series%20II/BULETIN%20II%20PDF/Forestry/Vorovencii%20I_09.pdf

공간정보 매거진 Vol 19

오원진, 박사학위논문(1991).

최한영, 항공사진측량, 구미서관, 2009.

한승희, 드론사진측량을 위한 프로젝드 설계방안, Journal of the Korean Society of Civil Engineers ISSN 1015-6348 (Print) Vol. 39, No. 1: 239-246

참
고
문
헌

찾아보기

3

3차원 conformal 변환 187, 189
3차원 직각좌표변환 131

4

4S-Van 250
4차원 측량 9

A

Aberration 88
Accelerometer 234
across track 299, 332, 439
across track 스캐너 300
ADS40 73
Aerosol 408
affine 변환 117, 214
Airborne GPS 10, 155, 166
AISA Dual 439
AISA Eagle 438, 439
AISA Hawk 439
AISA+ 439
Almaz-1 427
along track 299, 339, 439
Along track 스캐너 302
Analog 항공삼각측량 172
Analytical 항공삼각측량 172
ASA 29
ASPRS 399
ASTER 441
AVHRR 357
AVIRIS 342, 439
AVIRISAirborne 444
AWAR 83

B

Bayesian 390
BIL(Band Interleaved by Line) 343
BIM 249
BIP(Band Interleaved by Pixel) 343
Bit Errors 350
bridging 171, 206
BSQ(Band Sequential) 343

C

CASI 439
CCD센서 27, 37
CFL 91, 95, 99
Cholesky Decomposition 209
CMOS센서 27, 39
CMOS칩 40
CMY층 35
Comos 427
conformal 변환 117
convolution 370, 364
CORS데이터 244
COSMO 315
Crab 338
crossovers 412
CRT 429
cycle sleep 250

D

Depth of field 48
Digital 항공삼각측량 172
Distortion 88
DI 분광예민도 447
DLT 92
DN 286, 344, 345
dodging 217
Double grid 238
Drift 263
DSLR 232
DSM 212, 216, 217, 310

E

EFL 91, 94, 99
EO-1 308

ERS-1 427
ERTS 317
ESSI 439
ETM+ 437
Expectation Maximization 379

F

f-stop 29, 47
feathering 217
FLIR 423
Flying spot scanner 115
frame grabber 331

G

Gaussian 분포 388
GCP 195
Geocoding 354
GeoEye 325
GER 439
GPS 312
ground truth 291
GSD 241

H

Helmert변환 206
HRV 319
HYDICE 439
HyMap 439
Hyperion 308
Hyperspectral sensor 307

I

i-Van 251
ICAO 230
IFOV 287, 303, 416
IKONOS 269, 320
Image cube 342
IMT 205
IMU 74, 249, 312
INS 155, 195
ISO 29
ISO-12233 84
ISODATA 379
ISPRS 269

J

JERS-1 427

K

K-Means 378
K-Means 분류법 379
Kappa 정확도 402
KOMPSAT 3 328
Koren 차트 83

L

LANDSAT 317
Landsat TM 342, 437
Landsat-3 347
Landsat-5 347
Landsat8 332
Laplacian filter 369
Layover 430
LIDAR 269, 310
Lmax 348
Lmin 348
LUT 362

M

Maximum likelihood 388, 389
Maximum likelihood 분류자 382
MEMS 233
Minimum distance 분류자 382
MMS 249
modulation transfer 86
Moving Windows 350
MSC 305
MSS 288, 305, 317, 380
MTF 83, 85

N

Network RTK 154
Neural Network Classification 394

NOAA 331

O

Orbview 269, 324
Order filter 372
Orthorectification 354

P

Parallelepiped Classifier 386
Parallelepiped 분류자 382
pass point 173, 186, 188, 190, 192
Path Radiance 284
PCC 401
Pitch 338
PPA 92
PPK 244
PPS 92
push-broom 308
pushbroon scanning 331

Q

Quickbird 269, 322

R

Radar 315
Radarsat 427
RAR 305
RBV 317
Rectification 354
Registration 354
RINEX데이터 244
Roll 338
Rollei 6006 74
Rolling shutter 40
RTK 154

S

Salt and Pepper 350
SAR 305
Scheimpflug조건 82
seamline 217
Seasat-1 426
Semi-analytical 항공삼각측량 172, 186
Single grid 238
SIR-A 426
SIR-B 426
skew현상 40
SLAR 5, 305, 428
Snowy 350
Sobel filter 370
space intersection 145, 204
space resection 145
Spikey 350
SPOT 319
Sputnik 269, 317
Stefan-Boltzman 273
Stefan-Boltzman의 법칙 404, 410
swath 325

T

Taylor 급수 전개 137
TerraSAR 315
Thematic Mapper 292
tie point 173, 191, 192
TM 292, 305, 317

U

UAS 229
UAV 10, 230
Ultracam 113
UV 299

V

VMI 319
VRS 154

W

warping 354
water body 411
Whiskbroom 300
whiskbroom scanning 331
Wien 273
WorldView 326

ㄱ

가능치(Probability Values) 389
가우시안 최대-우도 분류자 388
간섭필터 300
감광유제 28
감독분류 376, 380
검사점 396
검정데이터 71
검출부 301
경사사진 14
계통샘플링 397
고각도 경사사진 14
고도시차 433
고주파 패스 공간필터 367
고주파 패스필터 367
공간전방교회 171
공간전방교회법 209
공간패턴인식 375
공간해상도 286
공간후방교회 171, 196
공간후방교회법 209
공삼차보간 219
공삼차보간법 223
공선조건 139, 193, 204
공선조건식 208, 213
공일차보간 219
공일차보간법 221
과고감 70, 228
과잉수정계수 182
관성항법 제어 시스템 430
관성항법장치 155
관용범위 49
광강도 37
광량 수확 46
광속조정법 173, 214
광학카메라 71
광학통로 50
구면수차(spherical aberration) 88
그루버 소거법 182
극초단파 425
글로벌셔터 38
글로벌호크 230
기복변위 52, 214, 217, 433
기선고도비 65, 69
기하보정 353

ㄴ

내부검정방법 420
내부표정 176, 178
녹색 감광층 33
누락오차 401
능동적 센서(Active sensor) 305
능동적 탐측기 299

ㄷ

다시기탐측 296
다중분광센서 288
다항식 조정법 173, 206
단순 무작위 샘플링 396
단촬영경로 163
대기모델 421
대기의 창 276, 407
대축척도화 15
대칭주점 105
데이터팩 26
독립모델조정법 173
독립입체모델법(IMT) 205
동기화 430
동시번들조정 193
동적온도 403, 411
두꺼운 렌즈 82
드론(Drone) 229
등각점 55
디지털영상좌표 116
디지털카메라 71

ㄹ

라이브러리데이터 441
라플라시안 필터 369
래스터데이터 298
래스터자료 298
렌즈셔터식 24
렌즈왜곡 71
리퍼 230

ㅁ

무감독 분류 376, 377

미분편위수정 212
밀도함수 389

ㅂ

반사 274
반사율 406
반사절점(emergent nodal point) 82
반조정집성 사진 224
밝기(Lens brightness) 75
밝기인자 46
방사 274
방사(복사)해상도 286
방사보정 345, 419
방사왜곡 91
방사왜곡 다항식 97
방사율 406
방사해상도(Radiometric Resolution) 289
방출온도 411, 415
벡터데이터 298
변조변환곡선 87
복사발산도 422
복사율 416
복사조도 284
분광 반사율 279
분광 방사량 293
분광 복사량 293
분광기 291
분광응답패턴 385
분광패턴인식 384
분광학 291
분광항목 377
분광해상도(Spectral Resolution) 286, 288
블록촬영 163
블록항공삼각측량 208
비점수차(Astigmatism) 89
비직교성 125
비행노선 159

ㅅ

사용자 정확도 401
사진상 주점 54
사진지도 223
사진축척 109
사진판독 226
산란·분산(Scatrering) 275
삼원색 34
상사좌표변환 206
상호표정 176, 178
색수차(chromatic aberration) 90
생산자 정확도 401
선점(premarking) 148
셔터스피드 44, 169
소축척도화 15
소프트카피사진측량 27
속도율 182
쇼벨필터 370
수동적 센서 305
수동적 탐측기 299
수렴수평촬영사진 12
수직기준점 145, 147
수직사진 13
수차 88
수차(aberration) 88
수치사진측량 6
수치지형모형 157
수치표고모델 212
수평기준점 145, 147, 166
순서필터 372
스카우트 230
스캐너미러 420
스트립모델 188
스팩트럴밴드 408
시간패턴인식 376
시차(parallax) 56
시차공식 60
시차방정식 59
시차차 62
신경망 분류 394
신호대 잡음비 303
심도 48

ㅇ

아리랑 1호 270
아리랑 2호 327, 381
아리랑 3A호 7
아리랑위성(KOMPSAT) 326
약(略)조정집성 사진지도 224
얇은 렌즈 79, 82
에너지 조화 방정식 278

여색입체시 67
역변환행렬 220
역설계 21
역입체시 69
연직점 55
열관성력 412
열복사 409
열스캐닝 412
열저장력 412
열적외다중파장 스캐너 419
열적외선 274
열적외선 영상 226
열전도율 412
영상 23
영상강조 344
영상분류 344, 375
영상분석 341
영상시차 433
영상융합 289, 358
영상재배열 212
영상전처리 344
영상처리 341
옵뷰 324
완전반사체 278
왜곡 88
왜곡(Distortion) 90
왜곡계수 97
외부표정 178
외부표정요소 209
외선차단필터 50
웨이브렛변환 358
위스크브룸스캐닝 331
위임오차 401
유효면적 163
인공타겟 148
입사절점(incident nodal point) 82
입체경식 입체시 67
입체시 51
입체영상시차 57

ㅈ

자동시준의 주점(PPA) 107
저각도 경사사진 14
저주파 패스 공간필터 367
저주파 패스필터 367
적색 감광층 33
적정노출 44
전자기파 272
전정색 31
전정색 사진 228
전체정확도 401
절대방사량 347
절대복사온도 420
절대표정 179
접선왜곡 91
접합표정 179
정사사진 211
정사영상 215
정사투영 51
정사투영 사진지도 224
제1절점 93
조리개 44
조정집성 사진지도 224
종시차 62
종중복도(end lap) 158
좌표변환 117
주기해상도(Temporal Resolution) 286, 290
준측정용 사진기 74
중복도(over lap) 158
중심투영 51
중앙값필터 368
중축척도화 15
지상기준점 145
지표 71
지표좌표시스템 58
직각수평촬영사진 12
집단화 378

ㅊ

참조데이터 291, 396
참조플레이트 420
청색 감광층 33
체커보드 101
초기근사값 196
초분광영상 307
초점거리(Focal length) 75
촬영간격(최소노출시간) 160, 168
촬영경로(strip) 159
촬영계획 158
촬영계획도 162

촬영기선(air base) 160
촬영종기선(B) 160
촬영횡기선(C) 160
최근린보간 219
최근린보간법 220
최단노출시간 168
최장노출시간 169
축척변환 118
층화 계통 비정렬 샘플링 398
층화 무작위 샘플링 398

ㅋ

컨벌루션(Convolution) 364
컬러네가 35
코마(Coma) 89
콜리메이터 94
쿼버드 322
크롭(Crop)센서 41

ㅌ

탐측기(sensor) 267, 299
탑재기 267
탑재체(platform) 317
투영중심 116
투영중심좌표 187
트루정사영상 215, 218
특수 3점 54

ㅍ

패널링(paneling) 148
편각수평촬영사진 12
편광입체시 68
편류각 170
편위수정 176, 211, 212, 225
편위수정기 225
평균벡터 378, 385
평행이동 120
포컬플레인 셔터 24
표고모델 217
표정점 180
푸쉬브룸스캐닝 331
풀프레임센서 41
프레임순차방법 68
프리데터 230
프리에변환 358
프리즘 78
필름베이스 32
필터 49

ㅎ

하이패스필터 367
하이퍼맵 211
하이퍼스펙트럴센서 288, 307
하이퍼스펙트럴영상 437
하이페리온 440
할레이션 32
항공삼각측량 171
해상도 83
해석사진측량 6, 171
해석적 항공삼각측량 192
허용흔들림양 169
헤이즈 필터 49
현상 34
화각(Field of view) 75
화면곡률(Curvature of field) 89
화소(pixel) 287
확산반사체 278
황필터층 33
회색체 406
회전변환 119
횡시차 62
횡중복도(side lap) 159
후방교회법(Space Resection) 150
훈련데이터 380
흑체 273, 405, 410
흑체방사 404
히스토그램 스트레칭 362
히스토그램 평활화 359

저자소개

한 승 희

현재 : 국립공주대학교 공과대학 도시융합시스템공학과 교수
대한토목학회 종신회원, 편집위원
한국측량학회 종신회원
대한공간정보학회 부회장
한국지리정보학회 이사
Univ. of NewSouthWales, Research Professor, 1997
Utah State University, Visiting Professor, 2016

저서 : 「공간정보공학」 구미서관
「GIS이론 및 실습」 구미서관
「지형공간정보실습」 구미서관

사진측량 및 원격탐측 정가 27,000원

저자 : 한승희

발행인 : 임해진
발행처 : 도서출판 구미서관

인쇄 : 2021년 1월 20일
발행 : 2021년 1월 27일

등록 : 1979년 6월 29일 No.9-6호

주소 : 서울시 마포구 신촌로 2길 5-15 구미빌딩
전화 : 02-333-1101
팩스 : 02-335-2201
http://www.goomibook.com

ISBN 979-11-6257-138-5 (93530)
